E-Book inside.

Mit folgendem persönlichen Code erhalten Sie die E-Book-Ausgabe dieses Buches zum kostenlosen Download.

3r65p-6wz80-
18601-0w1od

Registrieren Sie sich unter
www.hanser-fachbuch.de/ebookinside
und nutzen Sie das E-Book auf Ihrem Rechner*, Tablet-PC und E-Book-Reader.

* Systemvoraussetzungen:
Internet-Verbindung und Adobe® Reader®

Christof Gebhardt

Praxisbuch FEM mit ANSYS Workbench

Christof Gebhardt

Praxisbuch FEM mit ANSYS Workbench

Einführung in die lineare und nichtlineare Mechanik

2., überarbeitete Auflage

HANSER

Der Autor: Christof Gebhardt, CADFEM GmbH, Grafing bei München

MIX
Papier aus verantwortungsvollen Quellen
FSC® C013736

Bibliografische Information der deutschen Nationalbibliothek:

Die Deutsche Nationalbibliothek verzeichnet diese Publikation in der Deutschen Nationalbibliografie; detaillierte bibliografische Daten sind im Internet unter *http://dnb.d-nb.de* abrufbar.

Gesamtlektorat: Julia Stepp
Sprachlektorat: Kathrin Powik, Lassan
Herstellung: Andrea Reffke
Umschlagrealisation: Stephan Rönigk
Titelillustration: © 3D-Messmaschine Universal von Coord3, Bruzolo, Italien (Vertrieb: Zaske Software & Technik GmbH, Bad Camberg)
Satz: Kösel, Krugzell
Druck und Bindung: Kösel, Krugzell
Printed in Germany
ISBN 978-3-446-43919-1
E-Book-ISBN 978-3-446-43956-6
www.hanser-fachbuch.de

Inhalt

Vorwort

ANSYS Workbench ist eine der meistverbreiteten Softwarelösungen für strukturmechanische Simulationen, mit deren Hilfe Produkte schneller, zu geringeren Kosten und mit höherer Qualität auf den Markt gebracht werden können.

Dieses Praxisbuch vermittelt die notwendigen Grundlagen, um mit ANSYS Workbench typische Fragestellungen mithilfe strukturmechanischer Simulationen zu beantworten.

Der grundlegende Aufbau wurde in der vorliegenden zweiten Auflage beibehalten. Im ersten Teil (Kapitel 1 bis 6) werden die Grundlagen der verschiedenen Analysemöglichkeiten dargestellt, im zweiten Teil (Kapitel 7 und 8) werden die wichtigsten Funktionen für die strukturmechanische FEM-Simulation mit ANSYS erklärt und der dritte Teil (Kapitel 9) enthält Übungen zu typischen Applikationen.

Die Arbeitsabläufe wurden an den aktuellen Stand der Software (Version 15) angepasst und die Übungsbeispiele entsprechend aktualisiert.

Unter *http://downloads.hanser.de* finden Sie die Geometrien und Musterlösungen zu den im Buch beschriebenen Übungen.

In den letzten Jahren sind mir weitere interessante Anwendungen ans Herz gewachsen, in die Sie in dieser Auflage durch neu hingekommene Übungen einen Einblick erhalten:

- Ermüdungsfestigkeitsnachweis nach FKM
- transiente Dynamik auf Basis modaler Superposition
- Linearisierung nichtlinearer Strukturen
- Schallabstrahlung und Akustik
- Modellordnungsreduktion zur Verwendung von reduzierten FEM-Modellen in der Systemsimulation
- Systematische Designvariation

Ich danke allen Lesern für ihre Rückmeldungen zur ersten Auflage, meinen Kollegen bei CADFEM für ihr offenes Ohr bei all meinen Fragen, und vor allem meiner Frau Gerda für ihre Geduld.

Grafing, im Januar 2014

Christof Gebhardt

1 Vorteile der simulationsgetriebenen Produktentwicklung

Das Umfeld, in dem sich die heutige Produktentwicklung befindet, erfährt immer schnellere Zyklen. Die Anforderungen von Kundenseite steigen, die Komplexität von technischen Systemen nimmt zu. Steigende Variantenvielfalt und höhere Qualitätsanforderungen zwingen zu einer verbesserten Produktqualität. Gleichzeitig treten neue Konkurrenten auf den Weltmarkt, welche die traditionelle Produktentwicklung zu deutlich niedrigeren Kosten bewerkstelligen können.

Herausforderungen

Um sich unter diesen verschärften Wettbewerbsbedingungen behaupten zu können, müssen alle Anstrengungen unternommen werden,

- die Entwicklungszeiten zu verringern,
- die Herstellkosten zu senken,
- die Innovation und Kreativität zu steigern,
- und eine höhere Qualität zu erzielen.

Die Verkürzung der Entwicklungszeit erlaubt es, mit einem Produkt schneller am Markt zu sein, und ermöglicht einen schnelleren Produktwandel. Besonders bedeutsam ist eine rasche Prototypenentwicklung. Prof. Bullinger stellte in der Zeitschrift Technica fest, dass häufig 25 % der Entwicklungszeit für die Erstellung von Prototypen aufgewendet wird und dass bei 60 % der Prototypen die Fertigungszeit mehrere Monate in Anspruch nimmt.

Entwicklungszeit

1.1 Zahl der Prototypen reduzieren

Die FEM-Simulation erlaubt es, die Anzahl der Prototypen deutlich zu reduzieren. Bereits während der Entwicklung können in frühen Phasen des Entwurfs die wesentlichen Eigenschaften überprüft werden. Gerät z. B. der Maschinentisch einer Werkzeugmaschine in Resonanz, weil die Eigenfrequenz in der Nähe der Anregungsfrequenz des Antriebes liegt, sind tief greifende Änderungen notwendig. Anstatt solche Probleme erst am realen Prototypen festzustellen, wo Änderungen sehr zeit- und kostenintensiv sind, werden durch entwicklungsbegleitende Überprüfungen per FEM Problemzonen noch vor dem Bau eines

Zahl der Prototypen reduzieren

Prototypen sichtbar. Mit dem Einsatz der FEM-Simulation werden weniger Änderungen notwendig und die Entwicklungszeiten verkürzen sich dadurch drastisch.

Aufwendige Versuche

Ein wichtiger Aspekt, der zur Verkürzung der Entwicklungszeit beiträgt, ist, dass problematische Bereiche nicht mühsam in mehreren Versuchen ermittelt werden müssen. Im realen Versuch tritt beispielsweise bei einer bestimmten statischen Belastung oder nach einer bestimmten Anzahl von Lastzyklen ein Versagen eines Bauteils auf. Damit ist in der Regel der Versuch zu Ende und die maximale ertragbare Last ermittelt. Man sieht, welcher Bereich das Versagen verursacht hat (z. B. Anriss an einer Kerbe; Messpunkt 3), und kann entsprechende Konstruktionsänderungen vornehmen. In einem nächsten Versuch wird dann die maximal ertragbare Last der verbesserten Struktur ermittelt. Leider kann es jetzt geschehen, dass die neue, verbesserte Variante nur knapp bessere Werte ergibt, da das Spannungsniveau in anderen Bereichen der Struktur (hier Messpunkt 1) ähnlich hoch ist, im ersten Versuch jedoch nicht erkannt werden konnte. Der große Vorteil des Versuchs ist, dass er für klare Versuchsbedingungen genaue Werte ergibt, ein Gesamtüberblick über das Bauteilverhalten gerade hinsichtlich Festigkeit ist jedoch schwer zu erreichen. Selbst bei Verwendung von Dehnmessstreifen muss die Lage der DMS im Vorfeld schon richtig eingeschätzt werden, weil man auch mit falscher oder fehlender Positionierung eines Messpunktes kritische Bereiche nicht erkennt.

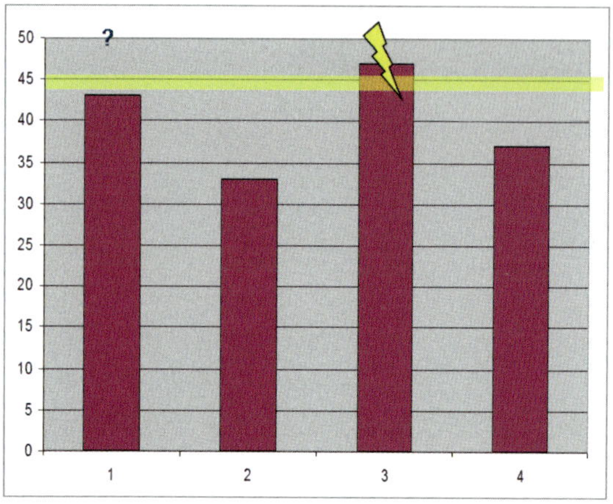

Ertragbare Belastung an vier verschiedenen Messpunkten

Weniger Durchläufe

Im Vergleich hierzu liefert die Berechnung nach der Finite-Elemente-Methode einen besseren Gesamtüberblick. Innerhalb der zu untersuchenden Baugruppe werden überall die Spannungen ermittelt und dargestellt, sodass in einem einzigen Durchlauf nicht nur ein einziges lokales Spannungsmaximum erkannt und bearbeitet werden kann, sondern auch alle weiteren Bereiche, deren Spannungsniveau sich in kritischen Regionen befindet.

Ausgelagerte Fertigung

Bei der Breyton Design GmbH entwickelt ein kleines Team von wenigen Ingenieuren Leichtmetallräder und Fahrwerkskomponenten für die Automobilindustrie. Gefertigt wird in Osteuropa, Test und Abnahme finden in Deutschland statt. Vor der Einführung der FEM-Simulation musste jede Design-Verifikation an realen Prototypen mit einem Biegeumlaufversuch durchgeführt werden. Die Zeit zur Beschaffung von Guss-Prototypen war und ist zeitaufwendig; mehrere Wochen sind hier nicht unüblich. Auch die Durchführung der Versuche braucht einige Zeit: Um die Streuung der im Versuch ermittelten Lebensdauer auszumerzen, werden mehrere Tests an gleichen Bauteilen durchgeführt. Insgesamt führte der hohe Aufwand bei der Beschaffung der Prototypen und im Versuch dazu, dass die Entwickler mit dieser traditionellen Methode erst sehr spät im Entwicklungsprozess auf eine zu geringe Lebensdauer aufmerksam wurden.

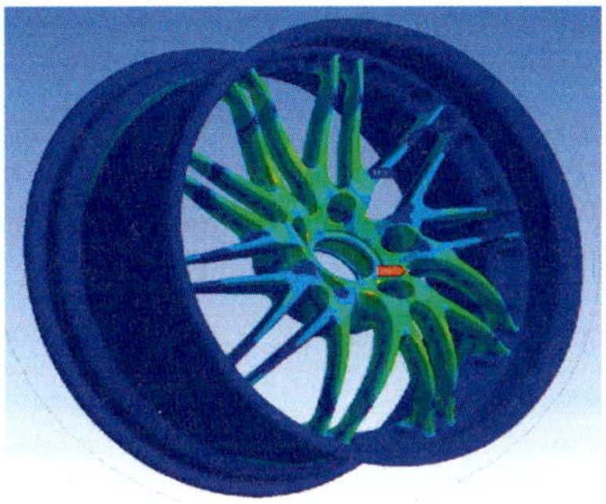

Virtueller Versuch

Mit der Einführung von ANSYS Workbench wird heute ein „virtueller Biegeumlaufversuch“ direkt am 3D-CAD-Modell durchgeführt. Kritische Belastungen werden so rechtzeitig erkannt. Über eine Design-Studie mit zwei bis drei konstruktiven Änderungen kann innerhalb eines halben Tages ein verbessertes, validiertes Design ermittelt werden.

1.2 Kosten einsparen

Materialkosten

Die Kosten eines Produktes werden vielfach auch durch das Material mitbestimmt. Die Stahlpreise haben sich seit 2000 mehr als verdoppelt, der zunehmende Ressourcenbedarf wird langfristig ein sinkendes Preisniveau für Rohstoffe verhindern. Die FEM-Berechnung erlaubt es, Bauteile hinsichtlich Festigkeit zu überprüfen. Überdimensionierungen gehören damit der Vergangenheit an. Überflüssiges Material kann eingespart und das Gewicht minimiert werden.

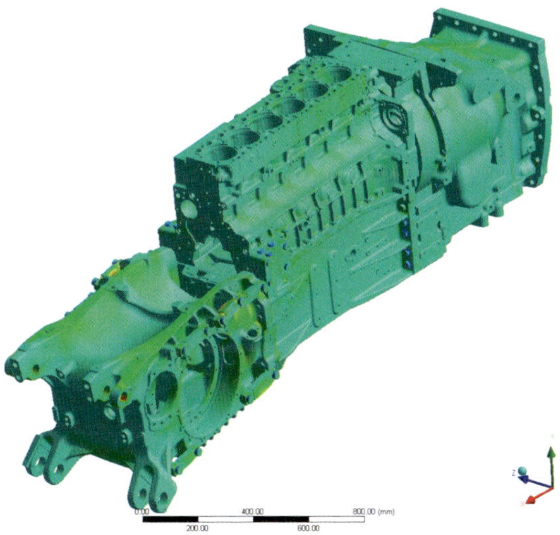

Beispiel AGCO FENDT: Durch Optimierung des mittragenden Antriebsstrangs bei Traktoren kann Material eingespart werden.

Fertigungskosten senken

Gerade bei schnell bewegten Strukturen wie z. B. Bestückungsautomaten oder Robotern kann dadurch der Antrieb verkleinert werden, was zusätzliche Kostenreduzierungen nach sich zieht. Geringeres Gewicht erfordert geringe Antriebsleistung, sodass auch der Energieverbrauch reduziert wird. Als mögliche Alternative können kostengünstigere oder leichtere Werkstoffe (Kunststoffe, Leichtmetalle) in einer Simulation sehr schnell auf ihre Tauglichkeit getestet werden.

Die in ANSYS Workbench enthaltene Materialdatenbank ist mit einem Grundstock von Materialien verschiedener Gruppen (Metalle, Keramik etc.) ausgestattet, kann aber einfach um die unternehmensspezifisch bevorzugten Materialien erweitert werden. Vom Anbieter, der CADFEM GmbH, wird eine kostenfreie Materialdatenbank mitgeliefert, die ca. 250 vorwiegend metallische Werkstoffe enthält.

Fertigungskosten senken

Neben dem Materialeinsatz selbst spielt auch die Verarbeitung eine wichtige Rolle. Große Schweißstrukturen, bei denen Wandstärken reduziert werden können, helfen nicht nur, Gewicht einzusparen, sondern minimieren auch die Größe der Schweißnähte und damit Fertigungskosten.

1.3 Produktinnovationen fördern

Innovation und Kreativität

Durch den zunehmenden Wettbewerb muss die traditionelle Entwicklung, die auch von den (internationalen) Mitbewerbern zunehmend beherrscht wird, in den Bereichen Innovation und Kreativität gestärkt werden. Nur durch eine höhere Produktivität kann ein höheres Kostenniveau ausgeglichen werden. Moderne Entwicklungswerkzeuge wie CAD und Simulation ermöglichen es durch ihre Schnelligkeit, auch einmal unkonventionelle Wege auszuprobieren. So konnte durch Berechnungen nachgewiesen werden, dass der bei elektronischen Baukörpern traditionell aufgeklebte oder verschraubte Kühlkörper durch einen Kühlkörper mit Clip ersetzt werden kann. Neben reduziertem Material- und Montageaufwand wurde auch eine einfachere Herstellung in Blech möglich.

Von der Prinzipstudie zum Produkt

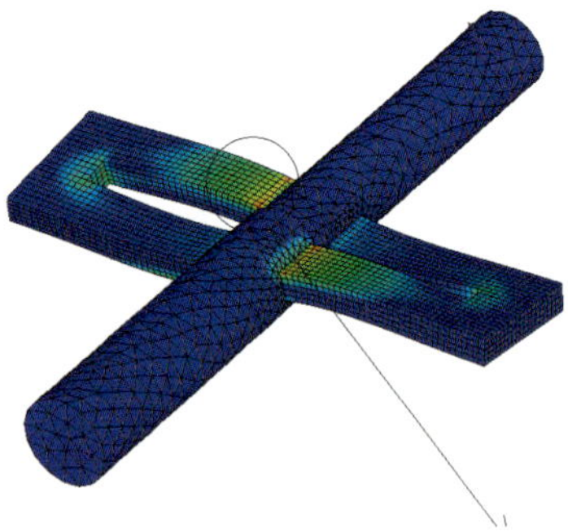

In einem anderen Anwendungsfall sollte bei VDO ein neuer Sensor zur Ermittlung von Torsion entwickelt werden. Die Besonderheit: Andere Lasten als Torsion sollten das Messergebnis nicht beeinflussen. Außerdem sollte die Bauform klein sein, um unter beengten Platzverhältnissen zum Einsatz kommen zu können. In einer Prinzipstudie wurden verschiedene Strukturen untersucht, bei denen Torsionsbelastungen zu eindeutigen DMS-Messergebnissen führen. Mit der hier gezeigten Variante wurde diese Bedingung erreicht, allerdings war die Bauform noch zu groß. Die Geometrie wurde dann verändert, das Wirkprinzip aber beibehalten, sodass auch die zweite Bedingung – kleine Bauform – erreicht werden konnte.

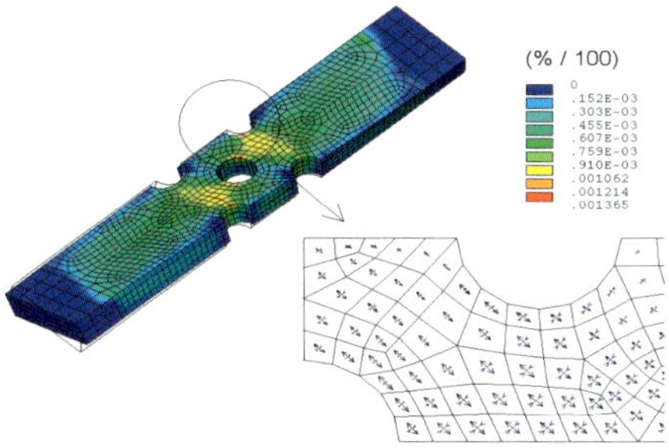

Topologie-Optimierung zur Formfindung

Eine weitere Möglichkeit, neue, innovative Designs zu finden, ist die Topologie-Optimierung. Dabei wird ein Designraum definiert, von dem Material an den Stellen entfernt wird, an denen die Steifigkeit am wenigsten beeinflusst wird. Bei Gussbauteilen wird diese Methode in der Automobilindustrie als Standardverfahren bereits seit einigen Jahren eingesetzt. Aber auch im Werkzeugmaschinenbau werden zunehmend komplexe Maschinenbetten auf dieser Methode basierend entwickelt. Für den Rahmen einer C-Presse, der ursprünglich mit einer geschlossenen Rückwand entworfen wurde, wäre nach der traditionellen Methode - Bauchgefühl und Erfahrung - eine verbesserte Formgebung durch eine außen umlaufende Materialanordnung umgesetzt worden.

Setzt man die Topologie-Optimierung ein, kann man bei gegebener Belastung für diese Rückwand eine Materialreduktion (hier 30 %) festlegen. Über mehrere Berechnungsschritte ermittelt ANSYS Workbench diejenige Form, die mit dem verbleibenden Restmaterial die beste Steifigkeit besitzt.

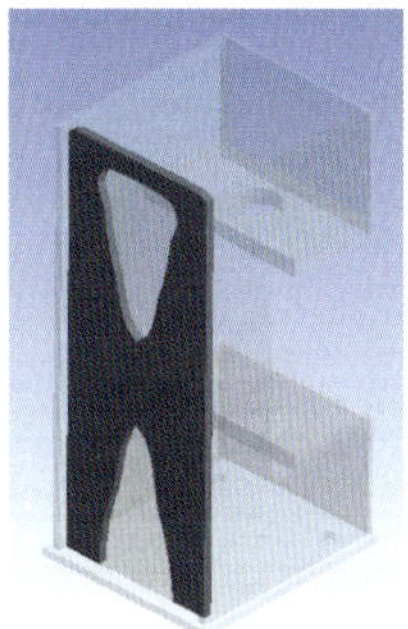

Ungewöhnliche Struktur

Diese auf den ersten Blick etwas ungewöhnliche Struktur erklärt sich dadurch, dass im mittleren Bereich der Rückwand die Biegung durch das Aufweiten der C-Presse am größten ist, während am oberen Ende ein Zugstab die seitliche Deformation des Rahmens verhindern hilft, wie man am Rahmen ohne Rückwand gut erkennen kann.

Geeignete Anwendungsgebiete

Solche Topologie-Optimierungen machen vor allem dann Sinn, wenn die Struktur der zu entwickelnden Bauteile belastungsgerecht konstruiert werden kann. Das ist beispielsweise bei Gussbauteilen der Fall, weil dort die Formgebung durch das Fertigungsverfahren vergleichsweise frei ist. Die Topologie-Optimierung wird beispielsweise beim Werkzeugmaschinenhersteller Heller in Nürtingen mit Erfolg dabei eingesetzt, hochkomplexe Maschinenbetten zu entwickeln.

1.4 Produktverständnis vertiefen

Einfache Handhabung

Wichtig für die entwicklungsbegleitende FEM-Berechnung ist den Anwendern – gerade bei sporadischer Nutzung – eine einfache und effektive Handhabung. Gut gestaltete Systeme wie ANSYS Workbench haben einen logischen Aufbau, der den Anwender Schritt für Schritt über die Modelldefinition begleitet. Das Modell wird durch einen Strukturbaum definiert, der über Symbole zeigt, ob die Modelldefinition komplett und fehlerfrei ist. Das FEM-System wird dadurch intuitiv bedienbar und kann nach kurzem Training sicher angewandt werden. Statt Berechnungsaufträge nach außen zu vergeben, kann der Entwicklungsingenieur mit solchen Werkzeugen heute seine Konzepte selbst unter die Lupe nehmen. Die Abstimmung mit Berechnungsdienstleistern entfällt, und mit den Erkenntnissen aus der Simulation erhält der berechnende Entwickler ein besseres Gespür für das Verhalten seiner Strukturen. Bei ähnlichen Aufgabenstellungen werden so von vornherein die effektiven Lösungsansätze bevorzugt, sodass der Einsatz der Simulation auch einen indirekten Wert – die Erfahrung des Anwenders – steigert.

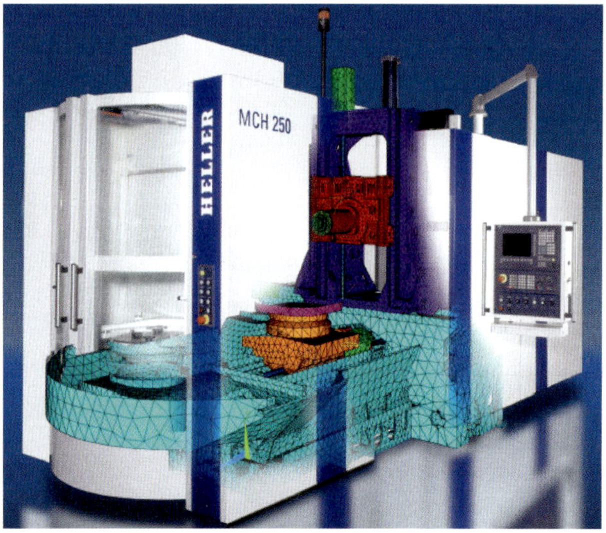

Vorteile

Gegenüber der traditionellen Vorgehensweise, Bauteile nach Erfahrungswerten, Berechnungshandbüchern oder Berechnungen von Hand auszulegen, hat die Simulation basierend auf FEM den Vorteil, dass sie vom Anwender schneller durchzuführen ist, dass die Genauigkeit höher ist und dass der Anwender ein besseres Verständnis für das Verhalten seiner Bauteile bekommt. Setzt der Entwickler die Simulation bereits sehr früh im Entwicklungsprozess ein, kann er mögliche Schwachstellen auch sehr früh erkennen und durch konstruktive Maßnahmen verhindern. Der frühzeitige Einsatz von FEM bereits in der Produktentwicklung hilft also, Prototypen einzusparen, Fehler zu vermeiden und damit die Faktoren Zeit und Kosten als Wettbewerbsvorteil für sich zu nutzen.

2 Voraussetzungen

Damit die Simulation schnelle und gute Ergebnisse bringt, sollten einige Rahmenbedingungen erfüllt sein. Das beinhaltet menschliche, technische und organisatorische Komponenten.

2.1 Grundlagenkenntnisse

Ausbildung

Als wichtigste notwendige Voraussetzung ist eine gute Ingenieurausbildung der Anwender zu nennen. Die Grundlagen der technischen Mechanik wurden im Studium erarbeitet, das heißt, die Begriffe Vergleichsspannung, Kerbfaktor, Fließgrenze, Eigenfrequenz sollten bekannt sein. Diese Grundlagen werden in einem Einführungstraining in die FEM-Software meist wieder kurz aufgefrischt, das Verständnis für die Größen und Begriffe sollte allerdings latent vorhanden sein. Fehlen die entsprechenden Grundlagen, besteht die Gefahr, dass Berechnungsergebnisse kritiklos verwendet werden und somit keine Sicherheit bei den Aussagen erreicht werden kann. Neben der Ausbildung, ist der zweite, mindestens ebenso wichtige Faktor die persönliche Motivation des Anwenders. Sieht er die Einführung der FEM-Simulation lediglich als zusätzliche Arbeitsbelastung, wird er sie, so zeigt die Erfahrung, nicht oder nicht effektiv einsetzen, um diese zusätzliche Tätigkeit möglichst bald einstellen zu können. Jedoch werden jene Ingenieure, welche die FEM-Berechnung als Chance begreifen, den eigenen Entwurf besser zu verstehen und die Produkteigenschaften von vornherein zu optimieren, die Entwicklung insgesamt nach vorne treiben. Bei der Einführung eines FEM-Paketes ist es deshalb entscheidend, gut ausgebildete und motivierte Pilotanwender einzubinden.

2.2 Organisatorische Unterstützung

Organisatorische Unterstützung

Damit die Motivation erhalten bleibt und der Nutzen möglichst bald zu erreichen ist, kann das Management diesen Prozess unterstützen, indem es geeignete Rahmenbedingungen schafft. Dazu gehören die geeignete Software, ein Anbieter mit einem Schulungsprogramm, das nicht nur Software-Schulungen, sondern auch Technologie-Schulungen („Schrauben, Schweißnähte, Pressverbindungen" …) enthält, aber auch organisatorische Unterstützung. Die simulationsgetriebene Produktentwicklung erfordert eine gewisse Investition von Zeit (für die Simulation), um im Verlauf der Produktentstehung Zeit für Prototypen und Versuche einzusparen. Gerade in der Anfangsphase ist daher ein Zeitpuffer hilfreich, um dem Anwender die Chance zu geben, sich mit der neuen Thematik auseinanderzusetzen. Es ist entscheidend, dass die Projektverantwortlichen den Gesamtprozess betrachten, vom Entwurf bis zum funktionsfähigen Produkt, da die Vorteile nicht unmittelbar während der Konstruktion realisierbar sind, sondern sich erst im Laufe der Produktentwicklung, z. B. im Versuch oder im Einsatz, zeigen.

2.3 Geeignete Soft- und Hardware-Umgebung

Weitere Voraussetzungen sind eine geeignete Soft- und Hardware-Umgebung. 3D-Modelle sind sozusagen die Eintrittskarte in die FEM-Simulation. Die gängigen Systeme sind Inventor, Creo Parametric, SolidWorks, SolidEdge, Unigraphics, CATIA und Creo Elements/Direct Modeling. Daneben gibt es eine Reihe weiterer Systeme wie HiCAD, Caddy oder Microstation. Allen diesen CAD-Systemen ist gemeinsam, dass Sie damit (unfacettierte) Volumenmodelle erstellen können.

3D-CAD

Die Datenübertragung solcher 3D-CAD-Modelle fand früher meist auf Basis einer sogenannten IGES-Datei statt. Das IGES-Format ist eine neutrale Schnittstelle, die es erlaubt, Oberflächen zu übertragen. Eine Zusammenfassung dieser Oberflächen zu Körpern wurde zwar vom Standard vorgesehen, aber von den wenigsten CAD-Anbietern implementiert. Daher war und ist die Übertragung von Volumengeometrie über IGES fehleranfällig und oft mit langer manueller Bereinigung der importierten Geometrie verbunden. Weitere flächenbasierte Austauschformate sind VDA-IS oder VDA-FS, die mit ähnlichen Problemen zu kämpfen haben.

Datenübertragung

Daher wurde in den 80er-Jahren ein neuer Standard namens STEP entwickelt, der 1994/95 schließlich in eine ISO-Norm 10303 mündete. Basierend auf STEP lassen sich Produktdaten zwischen verschiedenen Systemen austauschen, wozu eben auch 3D-Modelle gehören. Die beiden Anwendungsprotokolle 203 und 214 beschreiben das Format für die Übertragung von 3D-Volumengeometrie. Basierend auf STEP ist heute eine relativ zuverlässige Übertragung von 3D-Volumen möglich, auch wenn in einigen Einzelfällen immer noch Übertragungsfehler vorkommen. Bei der Übertragung über STEP wird die Modellhistorie nicht mit übertragen. Ein mit STEP importiertes Modell hat also die Geometrie, aber keine Konstruktionselemente mehr, die diese Geometrie erzeugen. Sind Änderungen nötig, muss über neu zu erzeugende Bearbeitungsschritte am 3D-Modell Geometrie modifiziert werden, es lassen sich keine bei der erstmaligen Geometrieerzeugung verwendeten Features modifizieren, weil diese Historie des Modells bei der Übertragung abgeschnitten wird.

Beim Datenaustausch zwischen verschiedenen Unternehmen wird dieser Verlust manchmal bewusst eingesetzt, um Konstruktions-Know-how, das in den Konstruktionselementen enthalten ist, nicht nach außen zu geben. Für die Geometrieübertragung eines Ingenieurs, der FEM-Berechnungen durchführen will, bedeutet eine Geometrieübertragung basierend auf STEP, dass er zwar die Geometrie selbst für eine erste Berechnung mit hoher Wahrscheinlichkeit brauchbar übertragen kann, dass bei Geometrieänderungen aber alle auf der Geometrie basierenden Definitionen im FEM-Modell neu zugeordnet werden müssen. Für eine schnelle Untersuchung von geometrischen Varianten ist dies sehr störend.

CAD-Kerne

Weitere Standardformate, die ähnlich STEP eine zuverlässige Geometrieübertragung realisieren, sind Parasolid (Datei-Extension *.x_t bzw. *.x_b) und ACIS (Datei-Extension *.SAT). Parasolid und ACIS sind sogenannte Modellierkerne, die in verschiedenen CAD-Systemen die Beschreibung des 3D-Modells übernehmen, während das CAD-System selbst die Interaktion des Anwenders mit dem 3D-Kern übernimmt. Parasolid-basierende CAD-Systeme sind z. B. SolidWorks, SolidEdge oder Unigraphics; ACIS-basierende Systeme sind Inventor oder MegaCAD.

Aufgrund der Beschränkungen der neutralen Formate wie IGES, STEP, Parasolid oder ACIS setzt ANSYS auf eine direkte Anbindung des FEM-Berechnungsmodells an die CAD-Geometrie. Die aktive Geometrie des CAD-Modells – das kann sowohl eine Baugruppe als auch ein Einzelteil sein – wird direkt an ANSYS übergeben. Der Vorteil: Die Geometrieübertragung verläuft einfach, schnell und zuverlässig. Ein weiterer entscheidender Vorteil ist die Assoziativität des in ANSYS vorliegenden Geometriemodells mit dem CAD-Modell. Wenn Änderungen am CAD-Modell vorgenommen werden, können diese Änderungen vom CAD-System nach ANSYS übertragen werden. Alle geometriebasierenden Definitionen in ANSYS, wie beispielsweise das Aufbringen von Lasten oder Lagerungen, werden automatisch auf die neue Geometrie adaptiert. Während der Anwender bei Verwendung neutraler Schnittstellen solche Geometriezuordnungen neu vornehmen muss, wird bei der Direktschnittstelle von ANSYS Workbench zum CAD-System diese Zuordnung automatisch aktualisiert, sodass die Berechnung einer Variante in einem Bruchteil der Zeit zu machen ist.

Betriebssystem

Das Betriebssystem der verwendeten Arbeitplatzrechner ist heute in der Regel Windows in der 64-Bit-Ausführung. Einige CAD-Systeme sind sogar ausschließlich unter Windows verfügbar (SolidWorks, SolidEdge, Inventor). Neben dem Betriebssystem sollte auch die Hardware angepasst sein. Selbst die größte Motivation lässt irgendwann nach, wenn aus falsch verstandener Sparsamkeit ungeeignete Rechner verwendet werden müssen, die den Anwender ausbremsen, während für geeignete Rechner heute geringe Kosten anfallen. Eine typische Konfiguration beinhaltet heute 8 Kerne und 32 GB RAM, während ambitionierte Anwendungen bereits auf Workstations mit 16 Kernen und 512 GB RAM, schnellen SSDs und mehreren Grafikkarten zur beschleunigten Gleichungslösung gut bedient werden können. Darüber hinaus ermöglichen Cluster-Systeme eine skalierbare Performance, um sowohl extrem detailreiche und damit auch genaue Simulationen auszuführen, als auch rechenintensive Simulationen zu beschleunigen, sowie den Durchsatz für eine Vielzahl von Variationen einer Simulation (Sensitivitätsstudien, Optimierung) durch simultane Berechnungen wirtschaftlich zu realisieren.

Zur Drucklegung dieses Buches (Anfang 2014) kristallisierte sich darüber hinaus der Trend zu Cloud-Lösungen heraus, die den flexiblen Zugriff auf in Rechenzentren ausgelagerte Workstations und Compute-Server realisieren. Aufgrund der großen Datenmengen werden die Simulationen komplett „in der Cloud" durchgeführt und visualisiert, lediglich die Ergebnisinformationen (Grafiken, Animationen, Berichte) werden zum Anwender transferiert. Durch die Spezialisierung von Cloud-Anbietern auf die Belange der Simulation (3D-Grafik, hohe Datenmenge, Interaktion von mehreren Prozessen) ist eine hohe Performance sichergestellt. Flexible Mietmodelle für einen einzelnen Rechner ab einem Tag Nutzungszeit bis hin zur dauerhaften Hardware-Nutzung für ganze Simulationsteams sichern Simulationsanwendern mit verschiedensten Anforderungen eine schnelle Reaktionsfähigkeit und den bedarfsgerechten Zugriff auf die optimale Hardware für jede anfallende Aufgabe.

3 Grundlagen der FEM

Wenn ein Bauteil berechnet werden soll, hat man grundsätzlich die Möglichkeit, in der Literatur nach entsprechenden geschlossenen Lösungen zu suchen, um über eine Gleichung das physikalische Verhalten eines Bauteils zu beschreiben. So lässt sich z. B. für einen Biegebalken die Gleichung Geschlossene Lösung

u = F × l3/3EI

finden, mit der die Durchbiegung berechnet werden kann.

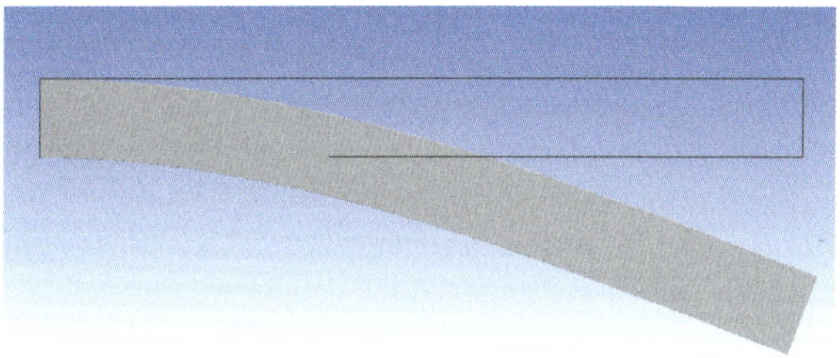

Bei komplexeren Geometrien – und dazu gehört schon eine vergleichsweise einfach aufgebaute Geometrie wie der abgebildete Flansch – stößt diese Vorgehensweise schnell an ihre Grenzen, weil es keine geschlossenen Lösungen mehr gibt.

3.1 Grundidee

Die Grundidee ist daher, diese komplexe Geometrie in einzelne Teilbereiche (die sogenannten Elemente) zu zerlegen. Jeder Teilbereich ist einfach beschreibbar (z. B. hinsichtlich seines Verformungsverhaltens). Die Einzellösungen der einzelnen Bereiche (Elemente) werden aufsummiert, um die Lösung für das Gesamtsystem zu erhalten. Nachdem die Anzahl der Teillösungen endlich ist, leitet sich aus dieser Grundidee der Name **F**inite- Grundidee der FEM

Elemente-**M**ethode (FE-Methode oder FEM) ab. Die Verbindung der einzelnen Elemente besteht an den sogenannten Knoten, d.h. Punkten an den Ecken, manchmal auch auf den Verbindungslinien dazwischen.

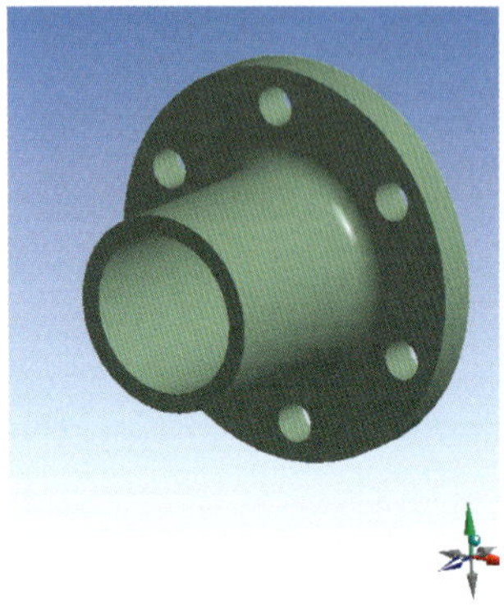

Die Grundgleichung der Statik lautet:

K × u = F (F: Kraft; K: Steifigkeit; u: Verschiebung)

Verformung berechnen

Diese Grundgleichung kennt jeder Ingenieur als Federgleichung. Man kann sich also vorstellen, dass jedes einzelne Element mit solchen Federgleichungen beschrieben wird. Für jeden Knoten ergeben sich dabei drei Unbekannte, die Verschiebungen in die drei Koordinatenrichtungen. Dadurch ergibt sich ein Gleichungssystem.

$$\begin{bmatrix} . & . & . & . \\ . & . & . & . \\ . & . & . & . \\ . & . & . & . \\ . & . & . & . \end{bmatrix} \cdot \begin{Bmatrix} u_{y_1} \\ \phi_{z_1} \\ . \\ u_{y_i} \\ \phi_{z_i} \end{Bmatrix} = \begin{Bmatrix} . \\ . \\ . \\ . \\ . \end{Bmatrix}$$

$$[K] \cdot \{u\} = \{F\}$$

Spannungen ableiten

Dieses kann durch iterative oder direkte Gleichungslöser gelöst werden, sodass die Verschiebungen für jeden Knoten vorliegen. Anschließend wird durch ein Materialgesetz, im einfachsten Fall durch ein lineares Materialgesetz nach Hook $\sigma = \varepsilon \times E$, die Spannung aus den Verschiebungen abgeleitet. Dieses Ableiten der Spannungen aus den Verschiebungen ist von großer Bedeutung, wie an einem einfachen Prinzipmodell gezeigt werden soll.

Ein Biegebalken sei links fest eingespannt und rechts mit einer Kraft nach unten belastet. Dabei ergeben sich Biegespannungen, die von rechts nach links linear ansteigen, weil das Widerstandsmoment konstant ist und das Biegemoment mit dem Hebelarm linear ansteigt.

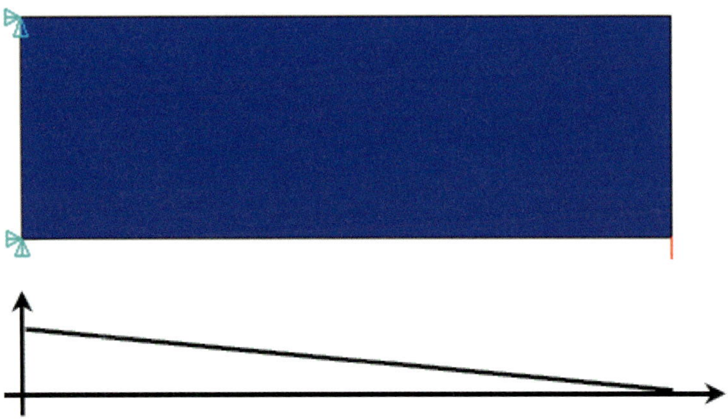

Theoretische Lösung

Verwendet man einen einfachen Finite-Elemente-Ansatz, könnte man diesen Biegebalken in vier Elemente aufteilen (man spricht dann auch von „vernetzen").

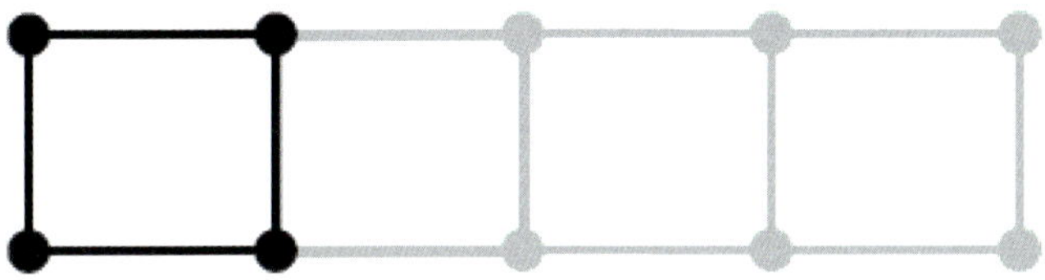

Innerhalb eines Elementes könnten die Verschiebungen über eine lineare Gleichung beschrieben werden:

$u(x) = ax + b$

Einfacher FEM-Ansatz

Zur Berechnung der Spannungen innerhalb eines Elementes wird das Hooke'sche Gesetz $\sigma = \varepsilon \times E$ verwendet, wobei mit $\varepsilon = \Delta l/l$ die Dehnung aus den Verschiebungen abgeleitet wird. Für eine lineare Funktion $u(x) = ax + b$ für die Verschiebungen ergibt sich mit der Ableitung dann ein konstanter Wert für die Spannung innerhalb eines Elements.

Demzufolge wird der Spannungsverlauf mit konstanten Werten für die Biegespannung abgebildet. Von der Einspannstelle links bis zum freien Ende ergibt sich damit ein Spannungsverlauf wie in der nachfolgenden Abbildung dargestellt.

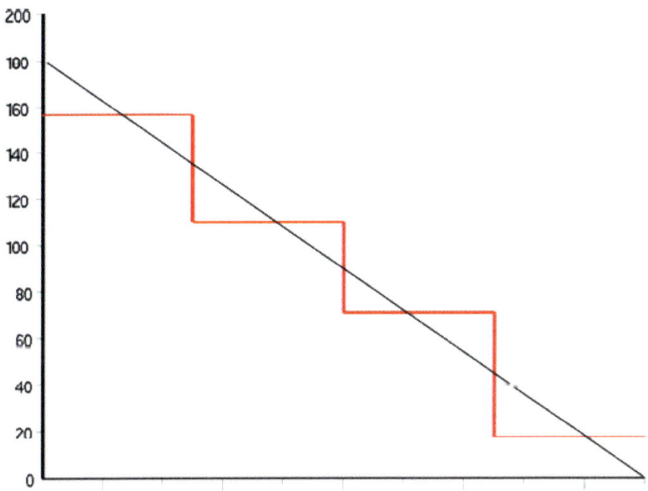

Näherungsansatz

Der über die Länge des Biegebalkens eigentlich lineare Spannungsverlauf wird mit den hier verwendeten vier Elementen nur sehr grob abgebildet. Mit halbierter Elementgröße wäre der Verlauf schon etwas besser zu erkennen (siehe nachfolgende Abbildung).

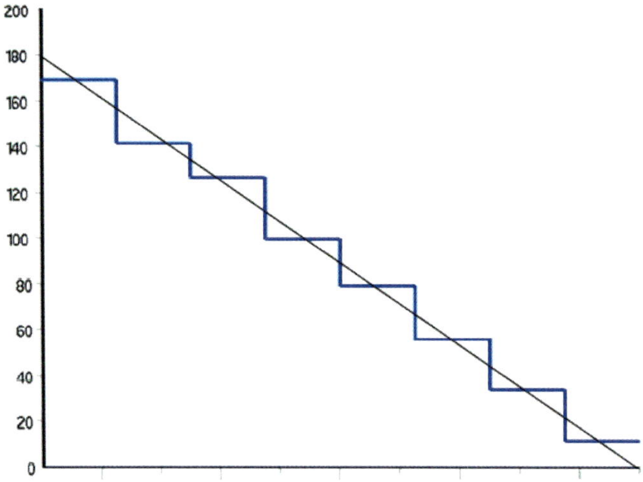

Betrachtet man den Maximalwert an der Einspannstelle links, sieht man, dass mit der groben Einteilung der Spannungswert unterhalb des korrekten Wertes liegt. Mit feinerer Einteilung wird diese Abweichung geringer. Mit zu geringer Netzdichte ist der Spannungswert zu niedrig und steigt mit feinerer Netzdichte an. Diese Aussage ist deshalb von hoher praktischer Bedeutung, weil mit einer unpassenden Vernetzung zu niedrige (optimistische) Spannungen berechnet werden. Das kann bedeuten, dass aufgrund einer zu groben Vernetzung kritische Spannungen nicht als solche erkannt werden.

Bei einem gekerbten Flachstab ist dieser Effekt sehr deutlich erkennbar.

Der Spannungsverlauf weist zu den Kerben hin einen sehr starken Gradienten auf. Verwendet man über den Querschnitt nur drei Elemente mit linearer Funktion für die Verschiebung, sind die Spannungen innerhalb eines Elementes konstant, wodurch sich ein ungenauer Maximalwert und Verlauf der Spannungen ergibt (rot, Grad 1).

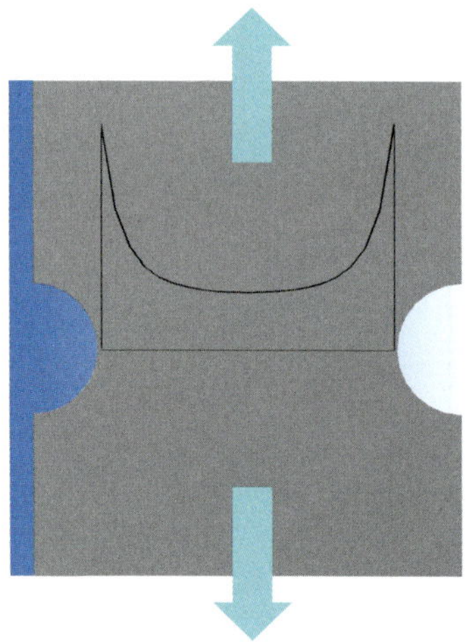

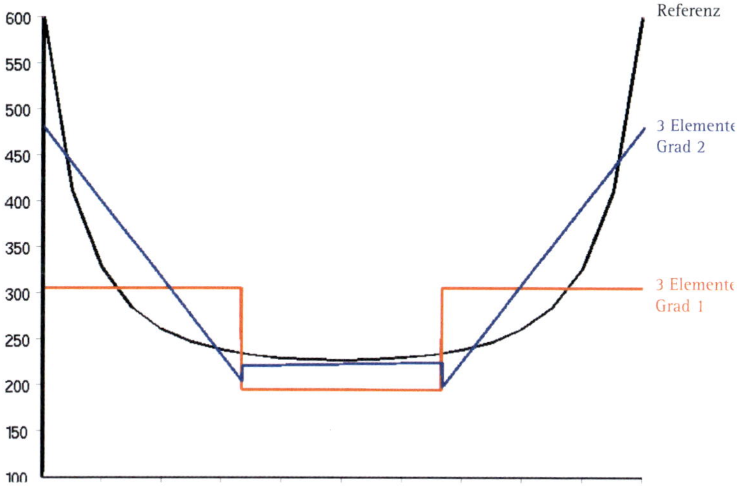

Verwendet man stattdessen Elemente mit parabolischer Funktion für die Verschiebungen (blau, Grad 2), können lineare Spannungsverteilungen innerhalb eines Elementes abgebildet werden, sodass der Verlauf, aber auch der Maximalwert der Spannungen deutlich besser berechnet werden können.

In der praktischen Anwendung der FEM mit ANSYS Workbench werden keine Volumenelemente mit linearer Funktion für die Verschiebungen – man nennt diese auch Ansatzfunktion – eingesetzt, weil damit erst bei sehr starker Netzverfeinerung eine gute Genauigkeit erreichbar wäre. Stattdessen werden in der Regel Elemente mit parabolischer Ansatzfunktion verwendet. Für eine lineare Spannungsverteilung (z. B. über die Wandstärke eines Gehäuses unter globaler Biegung, Zug oder Druck) reicht ein einzelnes Element aus, den Spannungsverlauf hinreichend gut zu beschreiben. Bei lokalen Spannungskonzentrationen wie z. B. Kerben sind lokale Netzverdichtungen erforderlich, wenn auch nicht in dem Maße wie mit linearer Ansatzfunktion.

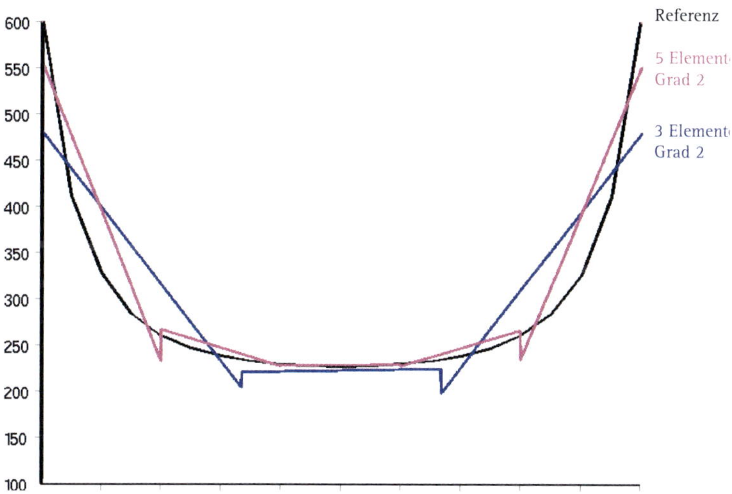

Spannungen erfordern gute Netze

Betrachtet man den Maximalspannungswert, stellt man fest, dass an dem Beispiel des gekerbten Flachstabes mit nur drei linearen Elementen der Spannungswert im Maximalpunkt mit einer Abweichung von 50 % zur Referenz berechnet wird (rote Kurve, letzte Seite). Drei Elemente mit parabolischer Ansatzfunktion ergeben eine Abweichung von 20 % (blaue Kurve), fünf Elemente eine Abweichung von 10 % (magentafarbene Kurve). Die Abweichung wird immer kleiner, je besser die Vernetzung wird. Daher spricht man bei der FEM auch von einem Näherungsverfahren und einer Konvergenz des Ergebnisses in Bezug auf die Vernetzung (nicht zu verwechseln mit der Konvergenz, d. h. dem Gleichgewicht bei nichtlinearen Analysen).

3.2 Was heißt Konvergenz?

Abhängigkeit von der Vernetzung

Wie gezeigt wurde, ist die FEM ein Näherungsverfahren, bei dem ein Kontinuum über einzelne Teilbereiche, die Elemente, abgebildet wird. Innerhalb eines Elementes wird dabei eine bestimmte Ergebnisgröße (Verformung oder Temperatur) mit einer Funktion abgebildet (in ANSYS Workbench bei Volumenmodellen typischerweise mit einer Funktion vom Grad 2). Bei einem Gradienten im Ergebnis (z. B. Spannungskonzentration) ist die hinreichend genaue Abbildung einer abgeleiteten Ergebnisgröße wie z. B. einer Spannung nur möglich, wenn der jeweilige Teilbereich klein genug ist. An den Stellen hoher Gradienten sind demnach lokale Netzverdichtungen durchzuführen. Wird die Netzdichte also lokal angepasst, steigt die Berechnungsgenauigkeit an, und das Ergebnis nähert sich asymptotisch dem physikalisch richtigen Ergebnis.

Zeichnet man sich z. B. die Spannung in Abhängigkeit von der Netzdichte auf, ergibt sich im Prinzip das in der folgenden Abbildung dargestellte Bild.

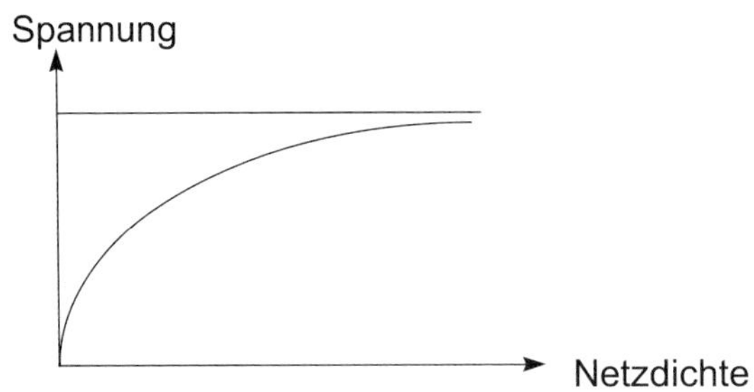

Alterative Lösung

Man sieht also, dass mit zunehmender Netzdichte das Ergebnis immer näher an einen Grenzwert herankommt. Man spricht bei einer solchen Annäherung an ein Ergebnis von Konvergenz. In ANSYS Workbench kann diese Konvergenz durch mehrere aufeinanderfolgende Analysen mit zunehmender Netzdichte überprüft oder als Eigenschaft eines Berechnungsergebnisses definiert werden. Wählt man z. B. für ein Ergebnis eine Konvergenz von 10 %, heißt dies, dass automatisch mehrere aufeinanderfolgende Berechnungsschritte durchgeführt werden, die wiederholt lokale Netzverdichtungen durchführen, bis sich das Ergebnis von Analyse zu Analyse um weniger als diese 10 % unterscheidet. Das bedeutet jedoch nicht, dass die Absolutgenauigkeit (d. h. der Abstand der Ergebniskurve zur Asymptote) 10 % beträgt.

3.3 Was heißt Divergenz?

Stellt man sich ein Bauteil vor, das eine theoretisch unendlich scharfe Kerbe enthält, so ist dort die Spannung unendlich hoch. In der Realität tritt dies jedoch so nicht auf, da:

a) jede Kerbe eine Ausrundung enthält, sei sie auch noch so klein, und

b) das Material sehr lokal plastifiziert und dadurch die Spannungen abbaut.

Scharfe Kerben

Da beide Effekte in vielen Berechnungen nicht berücksichtigt werden, wird mit zunehmender Netzdichte an dieser scharfkantigen Kerbe der unendlich hohe Spannungswert immer genauer, d. h. immer höher, berechnet. Das äußert sich darin, dass mit zunehmender Netzdichte der Spannungswert immer weiter ansteigt. Man spricht dann auch von Divergenz.

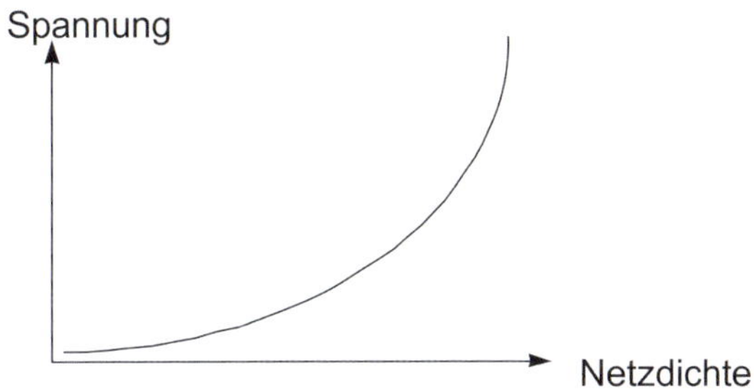

In solchen Fällen macht also eine globale Genauigkeitsbetrachtung keinen Sinn. Diese singulären Stellen können nicht sinnvoll ausgewertet werden. Es sollte daher eine Fokussierung der Ergebnisse auf sinnvolle Bereiche erfolgen (siehe auch Abschnitt 8.8.2.1), sodass die Prüfung der Ergebnisgüte nicht auf dem Gesamtmodell, sondern nur auf sinnvoll auswertbaren Teilgebieten erfolgt. Bei singulären Spannungen in scharfen Kerben kann auch eine Verrundung erzeugt werden, um wieder eine sinnvolle Auswertung vornehmen zu können.

Neben scharfen Kerben mit Kerbradius 0, treten Singularitäten auch an Lagerbedingungen auf: Bei einer Lagerung werden oft eine oder mehrere Bewegungsrichtungen gesperrt. Damit entsteht dort eine Lagerung mit unendlich hoher Steifigkeit, die an der Grenzfläche zu unendlich großen Steifigkeitssprüngen und damit unendlich hohen Spannungen führt. Diese Bereiche sollten also ebenfalls aus einer Konvergenzbetrachtung ausgeschlossen werden.

3.4 Genauigkeit

Vernetzung ist nicht der einzige Faktor

Durch die in ANSYS Workbench verwendete Technologie der Finite-Elemente-Berechnung ist eine absolute Genauigkeitsangabe nicht möglich. Die Finite-Elemente-Methode ist ein Näherungsverfahren, das mit oben beschriebenen Verfahren aber eine gute Übereinstimmung mit der Praxis zeigt. Die automatische Genauigkeitssteuerung betrifft nur die Diskretisierung der Geometrie (Dichte des FE-Netzes). Unsicherheiten bei der Definition der Randbedingungen oder des Materials spielen in der Praxis meist eine deutlich größere Rolle.

Neben der Vernetzungsgüte sollte bei jeder Berechnung die Realitätstreue der Simulation überprüft werden. Wenn Sie mit ANSYS Workbench arbeiten, prüfen Sie bitte folgende Punkte:

- Wie gut trifft mein Berechnungsmodell das physikalische Problem?
- Ist das Einheitensystem korrekt gewählt?
- Ist das Materialverhalten ausreichend genau beschrieben? Tritt evtl. nichtlineares, temperaturabhängiges, orthotropes oder inhomogenes Material auf? Ist dies der Fall, sollte das Ergebnis vorsichtig interpretiert werden, wenn das verwendete Materialmodell diese Eigenschaften nicht abbilden kann. Weitergehende Berechnungen können solche spezifischen Effekte mit berücksichtigen.
- Tritt bei gefertigten Bauteilen eine gewisse Streuung im Ergebnis auf? In solchen Fällen empfiehlt es sich, eine Robustheitsbewertung und -optimierung durchzuführen.
- Sind die Randbedingungen korrekt definiert? Sind die Kraftgröße und Richtung korrekt?
- Enthalten die Randbedingungen Singularitäten wie beispielsweise eine Einzelkraft, die auf einem Punkt wirkt (die unendlich kleine Fläche bewirkt eine unendlich große Spannung). Eine ähnliche Situation tritt auf bei „scharfen“ Ecken, die – wie singuläre Kräfte – zu unrealistisch hohen Spannungen in der Berechnung führen. Entweder müssen diese Bereiche genauer modelliert werden (Kraft auf Fläche statt auf Punkt oder kleiner Ausrundungsradius statt der scharfen Ecke), oder bei der Ergebnisauswertung werden solche Bereiche ignoriert.
- Ist ein Bauteil sehr nachgiebig (elastisch) gelagert? In solchen Fällen ist eine fixierte Lagerung im Berechnungsmodell eine zu starke Vereinfachung. Die Elastizität kann in einer Baugruppenanalyse genauer beschrieben werden.
- Ist die maximale Belastung richtig erfasst? Ein Bauteil wird unter Umständen nicht während des Einsatzes, sondern vielleicht während der Fertigung oder des Transports maximaler Belastung unterworfen.
- Sind in der Berechnung alle wesentlichen Einflüsse erfasst? Sollten einzelne Randbedingungen unklar spezifiziert sein, können vergleichende Untersuchungen mit einem oberen und unteren Grenzwert den Einfluss der Unschärfe auf das Ergebnis aufzeigen.
- Ist die Antwort plausibel? Untersuchen Sie das Bauteilverhalten, bis Sie es verstanden haben. Akzeptieren Sie keine unlogischen Ergebnisse.

Was ist das Ziel?

Besondere Bedeutung kommt der Berechnungsgenauigkeit zu, wenn die errechneten Spannungswerte für eine Lebensdauerberechnung verwendet werden sollen. Die Lebensdauer erfordert extrem genaue Ergebnisse, da sie logarithmischer Natur ist. So kann z. B. bei einer Abweichung der Spannungen um 30 % die Lebensdauer auf 1/6 herabgesetzt werden. Es ist daher empfehlenswert, im Zweifel die Berechnungsgüte einer Analyse von einem Spezialisten prüfen zu lassen, um sicherzugehen, dass alle Einflussgrößen (hier insbesondere die Randbedingungen) korrekt abgebildet sind.

Die Sensitivität von Berechnungsergebnissen hängt u. a. vom Analysetyp ab. So sind Eigenfrequenzen meist ohne größeren Aufwand von hoher Ergebnisgüte, während für Spannung- oder Lebensdauerberechnungen das Ergebnis meist erst mit einer adaptiven oder manuell verfeinerten Vernetzung ausreichend gut wird.

$\omega = \sqrt{(k/m)}$ $\quad$ $F = K*u$ $\quad$ $\sigma = \varepsilon * E$, $\varepsilon = \Delta l / l$ $\quad$ $Life = (load)^{-k}$

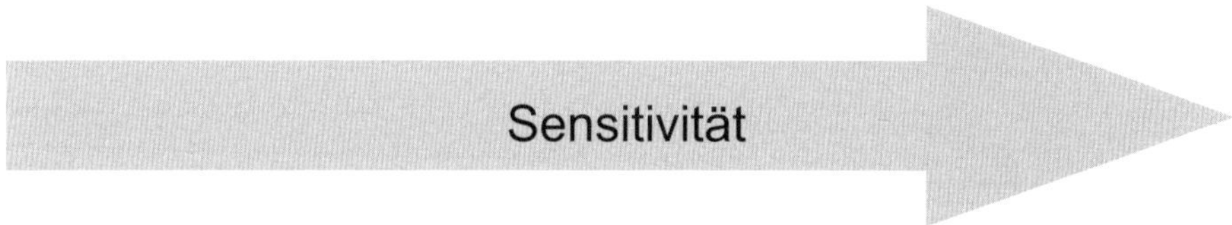

Abschätzen des Einflusses

Die eigentlich sehr angenehme Eigenschaft, dass die Vernetzung bei der Berechnung von Eigenfrequenzen keinen starken Einfluss hat, hat auch eine unangenehme Kehrseite. Wenn ein Resonanzfall eintritt, die Eigenfrequenz einer entworfenen Struktur also in der Nähe einer Erreger-Frequenz liegt, sollte diese Eigenfrequenz durch konstruktive Maßnahmen nach oben verschoben werden. Selbst wenn es gelingt, die Steifigkeit der Struktur um 10 % ($K \rightarrow 1.1 \times K$) und die Masse dabei nur um 5 % zu erhöhen ($m \rightarrow 1.05 \times m$), ergibt sich damit lediglich eine Veränderung von Faktor $\sqrt{1.1/1.05}$, also nur 2.4 %! Daran sieht man, dass das Verschieben von Eigenfrequenzen nicht mit kleinen konstruktiven Maßnahmen, wie z. B. das Ändern einer Verrundung, zu erreichen ist, sondern ein grundlegender Eingriff in die Steifigkeit der Struktur erforderlich ist. Daher ist es empfehlenswert, gerade bei Schwingungsproblemen möglichst früh mit der Simulation zu beginnen, um Erkenntnisse daraus noch mit geringem Änderungsaufwand realisieren zu können.

4 Anwendungsgebiete

Die FEM-Simulation ist seit den 70er-Jahren im industriellen Einsatz. Zu Beginn war sie ein Werkzeug für Berechnungsspezialisten, heute wird sie auch von Konstrukteuren, Entwicklungs- und Versuchsingenieuren eingesetzt.

Komplexität entscheidet

Das Unterscheidungsmerkmal der Simulationen dieser Anwendergruppen ist die Art und Zahl der physikalischen Effekte, die abgebildet werden. Je mehr physikalische Phänomene in einer Simulation abgebildet werden, desto aufwendiger ist sie durchzuführen. Dabei spielt das FEM-spezifische Detailwissen, das für die Aufbereitung und Auswertung einer Simulation erforderlich ist, noch viel mehr jedoch der Zugang zum physikalischen Problem die entscheidende Rolle.

Vereinfacht für Konstrukteure

Um beispielsweise das Materialverhalten eines aus kurzfaserverstärkten Kunststoff bestehenden Bauteils zu beschreiben, lässt sich das Material in seiner Mikrostruktur beschreiben und dann orts- und richtungsabhängig in eine makroskopische Simulation auf Baugruppenebene übernehmen. Diese Detailkenntnis in der Materialberechnung kann man bei Berechnungsingenieuren voraussetzen, weil sie sich auf Aufgabenstellungen u. a. dieser Art spezialisiert haben. Bei Konstrukteuren, die neben dem festigkeitsgerechten Bauteilentwurf noch viele andere Aufgaben erfüllen müssen, besteht oftmals nicht die Möglichkeit, sich in solche Details einzuarbeiten. Für die grobe Bewertung zweier konstruktiver Varianten – beispielsweise ob eine Rippe an einem Gehäuse besser verlängert oder durch eine zusätzliche Rippe entlastet werden sollte – kann mit einem vereinfachten, linear elastischen Material ein Vergleich der beiden Konstruktionsvarianten mit einem Bruchteil des Aufwands durchgeführt werden. Für solche vergleichenden Aussagen besteht deshalb auch gar nicht die Notwendigkeit, die Zeit für eine verfeinerte Materialdefinition zu investieren.

Viel hilft viel?

Man sollte daher vor der Durchführung einer Simulation die erforderlichen Ziele eindeutig festlegen und das Berechnungsmodell so definieren, dass es die geforderten Ziele erfüllt, aber keine darüber hinausgehenden Ansprüche, weil der Aufwand dann meist deutlich steigt, ohne einen entsprechenden Gegenwert zu bringen. Das Pareto-Prinzip, auch „80-zu-20-Regel“, „80-20-Verteilung“ oder „Pareto-Effekt“ genannt, gilt in der Produktentwicklung mit Simulationsunterstützung ebenso wie in vielen anderen Bereichen des (Wirtschafts-)Lebens.

„Die Pareto-Verteilung beschreibt das statistische Phänomen, wenn eine kleine Anzahl von hohen Werten einer Wertemenge mehr zu deren Gesamtwert beiträgt als die hohe Anzahl der kleinen Werte dieser Menge. Vilfredo Pareto untersuchte die Verteilung des Volksvermögens in Italien und fand heraus, dass ca. 20 % der Familien ca. 80 % des Vermögens besitzen. Banken sollten sich also vornehmlich um diese 20 % der Menschen kümmern, und ein Großteil ihrer Auftragslage wäre gesichert.

Daraus leitet sich das Pareto-Prinzip ab, auch „80-zu-20-Regel", „80-20-Verteilung" oder „Pareto-Effekt" genannt. Es besagt, dass sich viele Aufgaben mit einem Mitteleinsatz von ca. 20 % so erledigen lassen, dass 80 % aller Probleme gelöst werden."[1]

Günstiges Preis-Leistungs-Verhältnis

In der Berechnung ist also immer abzuwägen, welche Ergebnisse wirklich relevant sind und welche vielleicht nur „nice to have". Es geht darum, Zusammenhänge zu erkennen und daraus Lösungen abzuleiten. Das Anwendungsspektrum für strukturmechanische Simulationen ist sehr groß. Praktisch alle mechanischen Problemstellungen lassen sich mithilfe der Simulation untersuchen und optimieren. Für eine wirtschaftliche Lösung zählt jedoch neben der Abbildungsqualität auch der Invest, diese zu erreichen. Daher ist bei allen Analysen abzuwägen, welche Zielgrößen erfolgsentscheidend sind und welche nicht, weil diese Unterscheidung sehr über das finanzielle oder zeitliche Budget für eine Simulation entscheidet.

4.1 Nichtlinearitäten

Vor- und Nachteile

Nichtlinearitäten sind oft das entscheidende Merkmal, wie viele Ressourcen eine FEM-Analyse benötigt. Der Unterschied zu linearen Analysen liegt darin, dass nichtlineare Analysen die Realität mit komplexeren Effekten beschreiben können, allerdings auch ein deutlich tief greifenderes Verständnis für die Simulation erfordern. Die Analyse wird aufwendiger, da die Lösung in mehreren Schritten ermittelt wird.

Um den Begriff der Nichtlinearitäten zu klären, ist es sinnvoll, sich das Verhalten eines linearen Systems bewusst zu machen. Lineare Analysen weisen das in der folgenden Abbildung dargestellte Verhalten auf.

1 *http://de.wikipedia.org/wiki/Paretoprinzip*

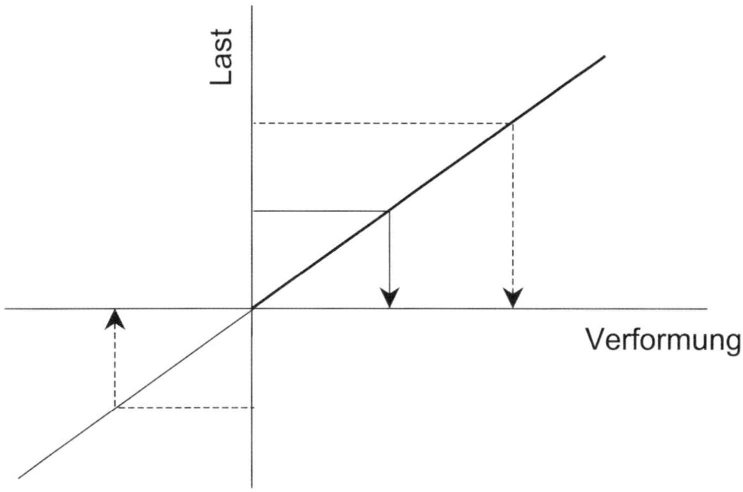

Lineare Systeme

Wenn für eine bestimmte Kraft F_1 eine Verformung u_1 berechnet wird, ergibt sich beispielsweise bei doppelter Kraft F_2 die doppelte Verformung u_2. Bei umgekehrter Kraftrichtung F_3 ergibt sich die umgekehrte Verformung u_3. Es ist also nicht erforderlich, diese verschiedenen Lasten per FEM-Analyse durchzurechnen, sondern man kann das erste Berechnungsergebnis mit dem entsprechenden Faktor skalieren, um die Ergebnisse für die anderen Lasten zu erhalten. Dies gilt für alle Ergebnisse der FEM-Berechnung, also nicht nur für Verformungen, sondern auch für Spannungen und Reaktionskräfte.

Nichtlineare Systeme

Dieser lineare Zusammenhang kann in der Praxis durch verschiedene Faktoren aufgehoben oder begrenzt werden, sodass sich ein nichtlinearer Verlauf der Kraft-Weg-Kurve ergibt (siehe folgende Abbildung).

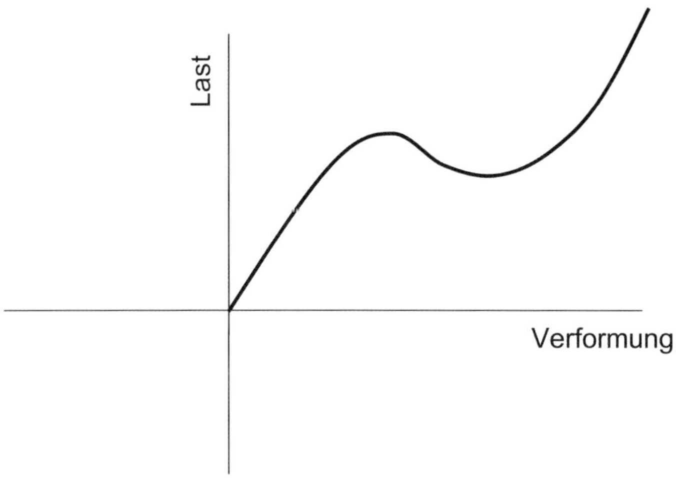

Ursachen

Ursachen für diesen nichtlinearen Verlauf können drei Faktoren sein:

- öffnender oder schließender Kontakt
- nichtlineares Material
- geometrische Nichtlinearität

4.1.1 Kontakt

Kontakte, die sich öffnen oder schließen können, verändern die Steifigkeit einer Baugruppe in Abhängigkeit von der Kraftgröße und/oder -richtung.

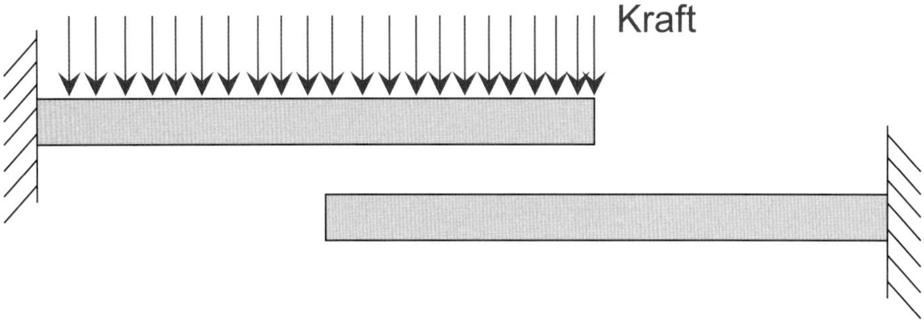

Kraftfluss ändert sich

In diesem Beispiel ist die Anfangssteifigkeit relativ gering, da nur der obere Biegebalken die Last aufnimmt. Mit zunehmender Last steigt die Verformung an, bis der obere Biegebalken den unteren berührt. Ab diesem Zeitpunkt tragen beide Balken die Last, d. h., die Steifigkeit ist dann höher.

Wirkt die Last nach oben statt nach unten, trägt wiederum nur der obere Biegebalken die Last. Der untere bleibt auch bei größeren Kräften außerhalb des Kraftflusses.

Demzufolge ergibt sich eine schematische Kraft-Weg-Kurve (siehe folgende Abbildung).

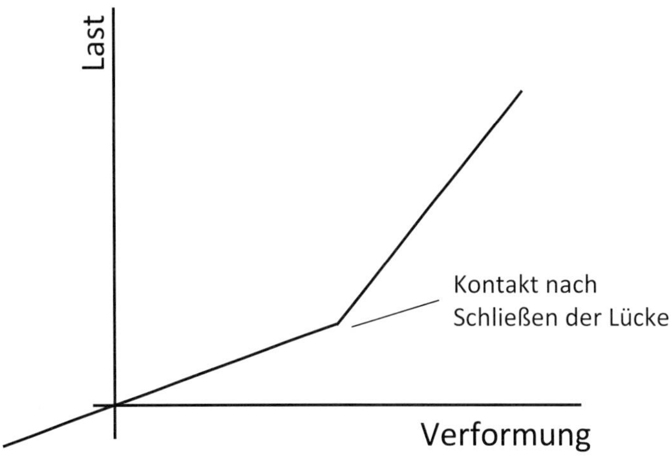

Durch die unterschiedliche Steifigkeit in Zug-/Druckrichtung bzw. mit der Kraftgröße ergibt sich ein nichtlinearer Zusammenhang zwischen Kraft und Verformung. Man spricht daher in solchen Fällen auch von nichtlinearen Kontakten. Im Unterschied dazu gibt es auch lineare Kontakte, die zwei Bauteile fest miteinander verbinden, um Schweiß-, Klebe- oder idealisierte Schraubverbindungen abzubilden. Dabei ändert sich die Steifigkeit nicht durch die Kraftgröße oder -richtung.

Unterscheidung der Kontakte

Der Effekt zweier sich mit der Belastung berührender oder trennender Bauteile ist sehr grundlegend und bestimmt die Steifigkeit einer Struktur in vielen Situationen in entscheidender Weise. Daher ist diese Nichtlinearität in allen Lizenzstufen enthalten.

4.1.2 Nichtlineares Material

In linearen Analysen wird das Material durch das Hooke'sche Gesetz $\sigma = \varepsilon \times E$ beschrieben. Dies entspricht der Geraden am Anfang einer Spannungs-Dehnungs-Kurve.

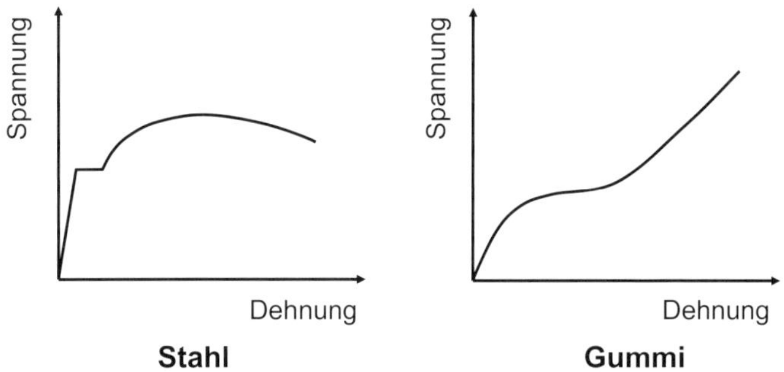

Treten beispielsweise in einer Analyse mit einem zähen Stahl Spannungen oberhalb der Fließgrenze auf, ist mit einem linearen Materialverhalten das Verhalten nicht mehr korrekt beschrieben, da der Werkstoff in der Realität plastifiziert und weich wird. Dadurch steigen die Spannungen langsamer und die Dehnungen werden größer. Ohne ein plastisches Materialgesetz tritt dieser Effekt nicht ein, d. h., die Spannungen sind zu hoch, weil das Fließen des Materials und das Umlagern der Spannungen nicht stattfinden. Eine Analyse mit linearem Material lässt aber zumindest die Aussage zu, *ob* die Spannung noch im elastischen Bereich unterhalb der Fließgrenze liegt (bis hierhin ist das Materialgesetz noch gültig) oder nicht. Dies ist für viele Anwendungen im Maschinenbau eine hinreichende Information. Daher werden für Festigkeitsberechnungen mit Sicherheiten größer 1 gegen Fließen (d. h. Spannungen im linear-elastischen Bereich) meist lineare Materialgesetze eingesetzt. Für Aussagen oberhalb der Fließgrenze sollte in der FEM-Berechnung dagegen ein plastisches Materialgesetz verwendet werden.

Reales Materialverhalten

In den weitergehenden ANSYS-Lizenzstufen stehen verschiedene plastische Materialgesetze zur Verfügung.

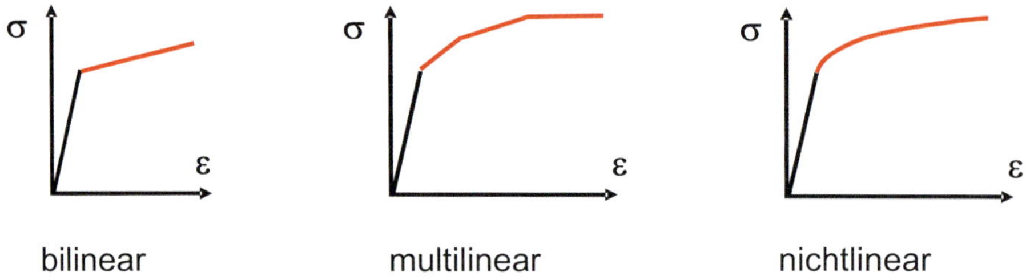

Materialgesetze für Plastizität

Je nach Form der verwendeten Materialkurve unterscheidet man bilineare, multilineare oder nichtlineare Spannungs-Dehnungs-Kurven, das Fließkriterium, die Verfestigung und dass Fließgesetz. Mit diesen Angaben wird während der Analyse die Steifigkeit jedes Elements in Abhängigkeit von den auftretenden Spannungen modifiziert und dem auftretenden Spannungsniveau angepasst.

Ingenieurspannungen und wahre Spannungen

Bei der Verarbeitung von Spannungs-Dehnungs-Kurven sollte man sich bewusst sein, ob man mit Ingenieur- oder wahren Spannungen und Dehnungen arbeitet. Die Unterscheidung liegt im Bezugsquerschnitt bei der Berechnung der Werte aus dem Zugversuch. Bei Ingenieurspannungen wird als Bezugsgröße der Ausgangsquerschnitt verwendet. Damit wird der durch die Einschnürung verkleinernde Querschnitt außer Acht gelassen. In der FEM-Analyse wird die Querschnittsveränderung aber berücksichtigt, daher müssen die tatsächlichen (Cauchy-)Spannungen und (logarithmische oder Hencky-)Dehnungen, die sich aus dem veränderten Querschnitt ergeben, verwendet werden.

$$\sigma = \frac{F}{A_0}$$

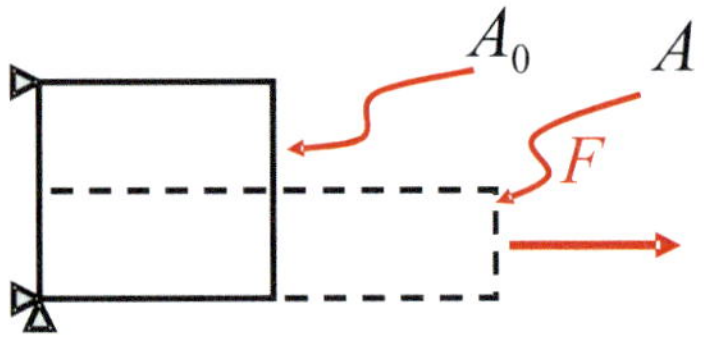

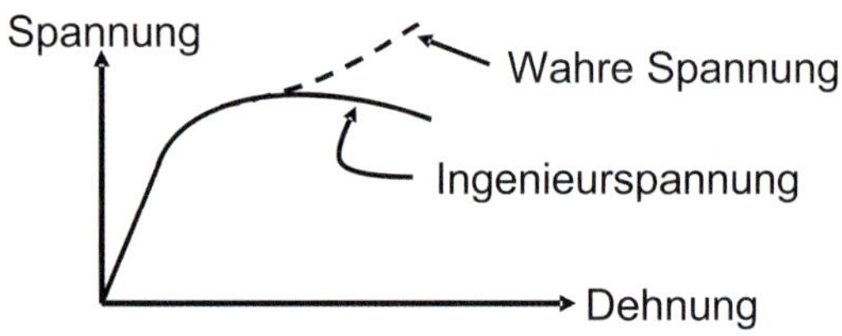

Die wahren Werte können näherungsweise aus den Ingenieurdaten nach folgenden Gleichungen berechnet werden:

$$\varepsilon = \ln(1 + \varepsilon_{ing})$$

$$\sigma = \sigma_{ing}(1 + \varepsilon_{ing})$$

Weitere Materialgesetze

Neben plastischen gibt es eine ganze Reihe weiterer Materialgesetze, wie Hyperelastizität, Viskoelastizität, Viskoplastizität und Kriechen.

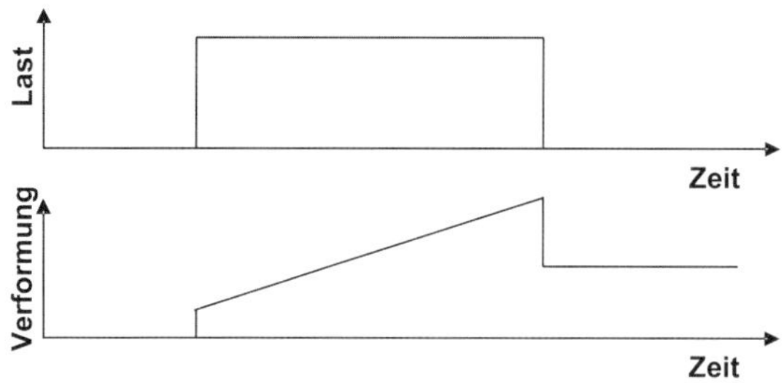

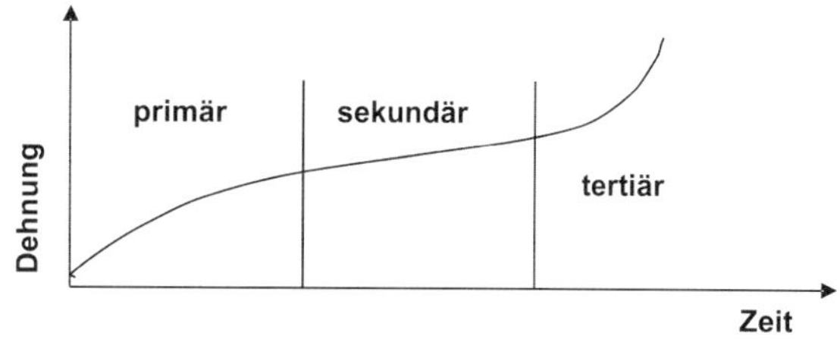

4.1.3 Geometrische Nichtlinearitäten

Verformung berücksichtigen

Für die Gleichgewichtsbetrachtung wird in ANSYS Workbench das unverformte Modell verwendet. Solange die Deformation klein ist und die Steifigkeit sich durch die Verformung nicht wesentlich ändert, ist dies eine zulässige Vereinfachung, die dazu führt, dass die Ausgangsgeometrie mit ihrer Steifigkeit während der Berechnung beibehalten und für die Gleichgewichtsbedingung verwendet werden kann. Es ist daher kein iteratives (in mehreren Schritten stattfindendes) Berechnungsverfahren mit aktualisierter Steifigkeit erforderlich. Dieses Berechnungsverfahren stößt allerdings an Grenzen, wenn

- sich die Lasten mit der Deformation ändern,
- die mit der Verformung auftretende Spannung die Steifigkeit wesentlich beeinflusst.

Ein Beispiel für Lasten, die sich mit der Deformation verändern, sind Kräfte, die durch einen sich vergrößernden Druckraum anwachsen, oder Kräfte, deren Angriffspunkt mit der Deformation wandert. Hohe Zugbelastungen in dünnwandigen Strukturen führen ebenfalls zu veränderten Steifigkeiten, die nicht mehr alleine aus Material und Geometrie zu bestimmen sind. Solche Situationen erfordern eine Berechnung mit geometrischen Nichtlinearitäten, die oft auch mit dem Begriff „große Verformungen" gleichgesetzt werden. Sie werden mit einem iterativen Berechnungsverfahren berechnet, in dem die Last langsam gesteigert wird und das sich ändernde Steifigkeiten und Lasten berücksichtigt.

Typische Einsatzfälle, bei denen man geometrische Nichtlinearitäten berücksichtigen muss, sind:

- Federkennlinien
- Membrane (z. B. in Druckmesssystemen)
- Dünnwandige Behälter unter hohem Innendruck
- Stabilitätsprobleme (Traglastanalysen)

Membran einer Druckmesszelle: Vergleich von geometrisch linearer und nichtlinearer Berechnung

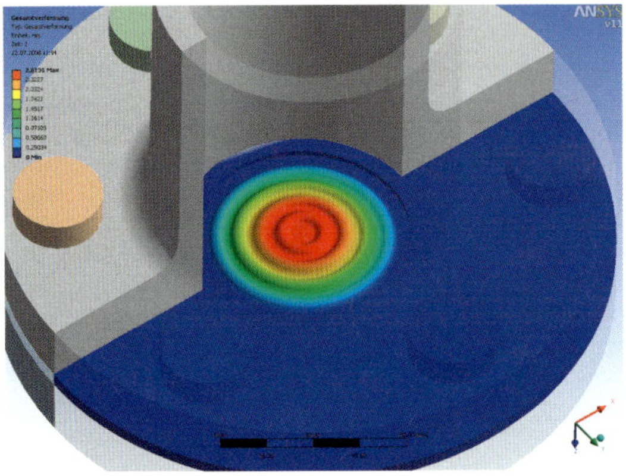

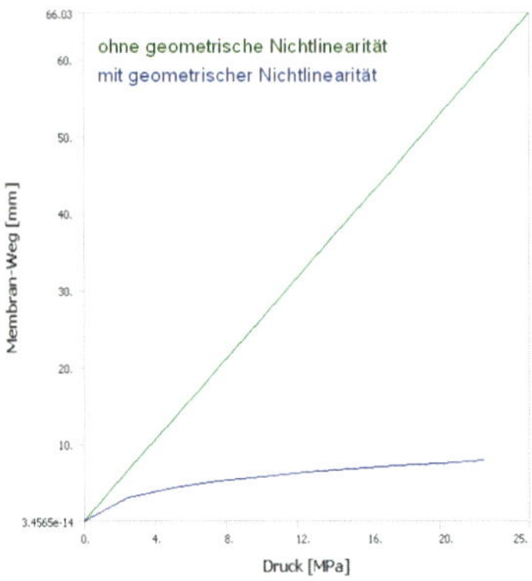

4.2 Statik

Typische Lasten

In der Statik werden Verformungen und Spannungen unter einer gleichbleibenden Last im Gleichgewichtszustand berechnet. Statische Analysen sind die häufigste Analyseart strukturmechanischer FEM-Berechnung. Als Belastung können äußere Kräfte, Momente oder Drücke auftreten, aber auch Massenkräfte durch Eigengewicht oder Beschleunigung sowie thermische Dehnung. In einigen Fällen werden auch Verformungen als Belastung vorgegeben, aus denen sich je nach Bauteilsteifigkeit Reaktionskräfte ergeben wie z. B. beim Auffedern einer Schnappverbindung.

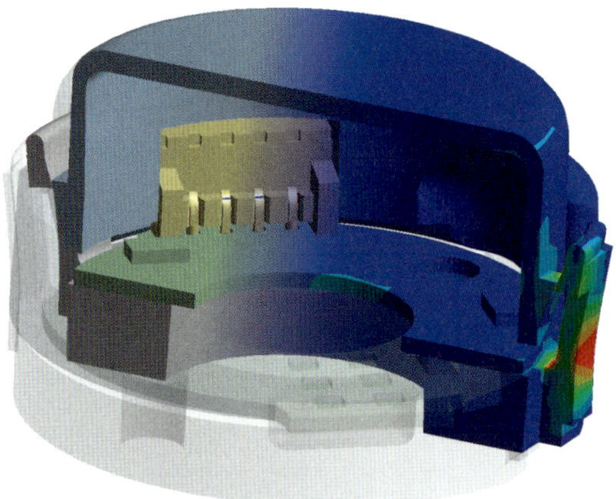

Um eine gute Ergebnisqualität zu bekommen, ist gerade für die Berechnung von Spannungen eine automatische oder manuelle Netzsteuerung erforderlich (siehe Abschnitt 8.5.6). Typische Anwendungsgebiete sind:

Branche	Berechnete Bauteile	Berechnungsziel
Antriebstechnik	Wellen, Kupplungen, Getriebegehäuse	Festigkeit für hohe Lebensdauer
Werkzeugmaschinen	Maschinenbetten, Spannsysteme	Steifigkeit für hohe Bearbeitungsgüte
(Schienen-)Fahrzeugbau	Fahrzeugrahmen, Aufbauten	Festigkeit für Gewichtsoptimierung
Anlagenbau	Behälter, Flansche, Ventile, Wärmedämmung	Festigkeit und Dichtigkeit, thermischer Verzug, Wärmeleitung
Elektrotechnik	Gehäuse, Stecker, Kühlkörper	Schwingungen, Festigkeit, Klemmkräfte, Wärmeleitung
Hydraulik, Pneumatik, Pumpen	Gehäuse, Wellen, Schraubverbindungen	Festigkeit, Dichtigkeit

Anwendungsbeispiel Westphal Maschinenbau

Seit über zehn Jahren entwickelt und fertigt Westphal CNC-Bearbeitungszentren für die Holz-, Kunststoff- und Metallbearbeitung. Das innovative, mittelständische Unternehmen reagiert schnell und flexibel auf die individuellen Bearbeitungsvorgaben seiner Kunden. Bereits in der Angebotsphase fließen die Vorstellungen und Wünsche der Anwender in die Maschinentechnik ein. KMU

Durch die Bereitschaft, auf die speziellen Vorgaben seiner Kunden einzugehen und diese Vorgaben optimal umzusetzen, kann sich Westphal immer mehr auf dem Markt durchsetzen.

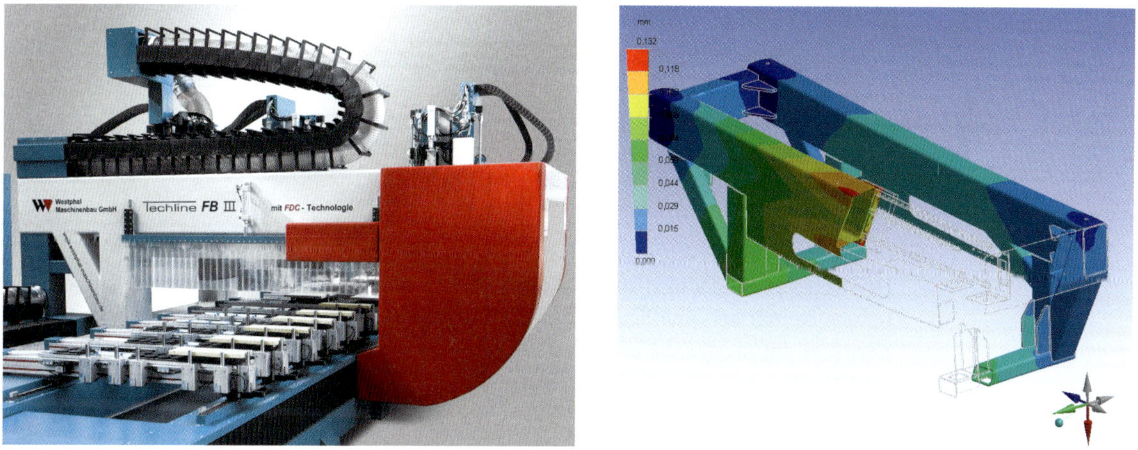

Verformung einer Bearbeitungsmaschine unter den Zerspanungskräften (überhöhte Darstellung)

„Wir setzen FEM im Zusammenhang mit Solid Edge ein. Durch diverse Berechnungen haben wir sehr interessante Erkenntnisse gewonnen, die wir an unsere anspruchsvollen Kunden durch eine optimierte Konstruktion weitergeben konnten. Durch diverse Maß- Anwendermeinung nahmen wurde eine bessere Sicht in den Bearbeitungsraum der Maschine realisiert. Weiterhin konnten durch Änderungen an der Konstruktion erheblich bessere Fräsergebnisse erzielt werden. Dieses hat uns ein Kunde, der bereits zwei Westphal-Anlagen betreibt, bestätigt.“ (René Westphal, Westphal Maschinenbau GmbH)

Aufgabe:

- Konstruktion von Bearbeitungsmaschinen
- hohe Bearbeitungsgenauigkeit
- flexibles, schnelles Reagieren auf Kundenwünsche
- kurze Projektlaufzeiten

Vorteile:

- bessere Produktqualität
- besseres Verständnis für die Effektivität verschiedener konstruktiver Maßnahmen
- schnelle Machbarkeitsanalyse bei individuellen Kundenwünschen
- Flexibilität und Leistungsfähigkeit sichern Unternehmenszukunft im Markt

Anwendungsbeispiel Tracto-Technik

Mittelstand

Die TRACTO-TECHNIK ist ein Unternehmen für Bohrgeräte und -anlagen zur unterirdischen Leitungsverlegung.

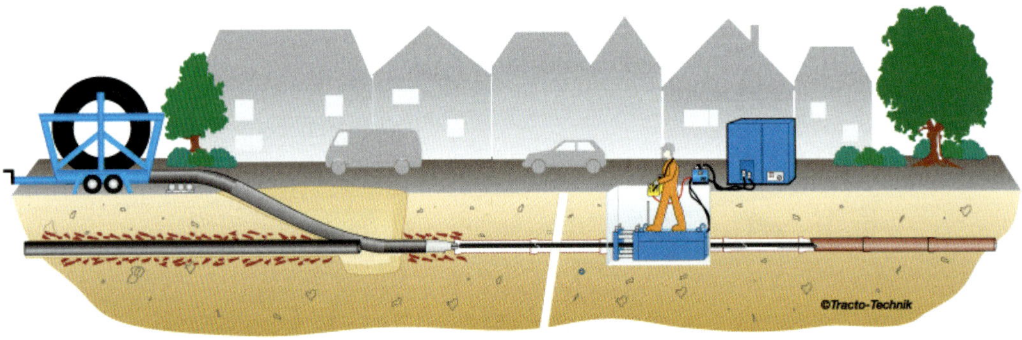

Ein weiteres Standbein ist die Rohrumformtechnologie. Herausragende Produkte mit hohem Benefit und exzellentem Service bilden die Grundlage des soliden Unternehmens. Beispiele dafür sind die Grundomat-Erdrakete, die Grundodrill-HDD-Spülbohrtechnnik, die Grundoburst-Technik für die Rohrerneuerung mit einem Zuggestänge oder die GRD-Bohranlagen zur Erdwärmegewinnung. Markenzeichen ist der bekannte Maulwurf.

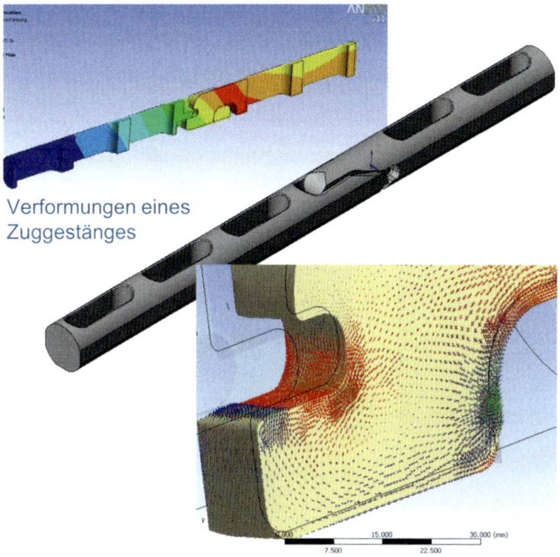

Verformungen eines Zuggestänges

Hauptspannungen innerhalb eines Zuggestänges

Aufgabe:

- Spannungs- und Verformungsanalyse eines Zuggestänges zur Optimierung der Geometrie
- hohe Steifigkeit und Festigkeit
- Ermittlung der plastischen Dehnung eines Gestängestückes

Vorteile:

- Einsparung von Konstruktions- und Entwicklungszeit durch virtuelle Bauteiländerung
- schnelle und einfache Geometrieänderung durch assoziative Verbindung zu Solid Works
- Nichtlineares Materialverhalten ermöglicht realitätsnahe Ergebnisse.

Statische Analyse bei dynamischen Lasten

Anwendung ausweiten

Die statische Analyse ist manchmal auch die Grundlage, um eine Lebensdauerabschätzung durchzuführen. Dabei wird die Last zeitlich veränderlich harmonisch (sinusförmig) oder nach einem gemessenen Kollektiv definiert, sodass sich mit entsprechenden Materialdaten Aussagen über die Zahl der ertragbaren Zyklen gewinnen lassen. So wurde beispielsweise ein Pumpengehäuse des Pumpspeicherwerks Erzhausen, das nach 45 Jahren einen Riss in der Schweißnaht aufwies, per FEM-Analyse analysiert.

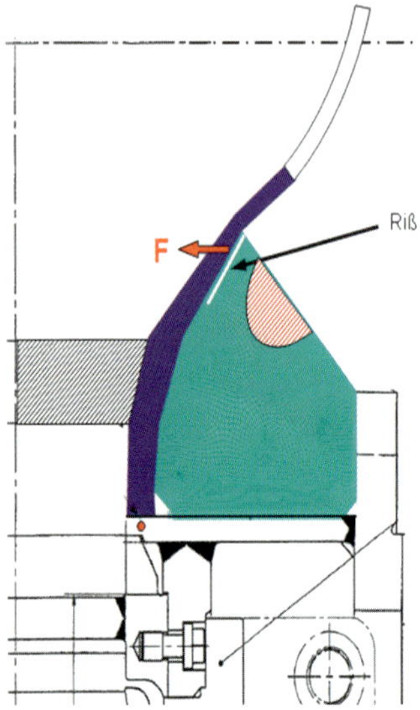

Bild: © Andritz AG

Durch das zyklische Anlaufen der Pumpe kam es am Übergang des Gehäuses zu einer Versteifung durch den großen Steifigkeitssprung zu einem Ermüdungsbruch an der Schweißnaht. Durch eine statische FEM-Berechnung wurde ermittelt, wie eine Entlastungskerbe den Steifigkeitssprung abmildern kann, sodass der Kraftfluss nicht ganz so stark konzentriert ist und damit das Spannungsniveau sinkt. Durch die Absenkung des schwellenden Spannungsmaximums konnte eine Erhöhung der Lebensdauer um den Faktor 2.5 erreicht werden.

Dynamik statisch rechnen

Manchmal kommt die statische Analyse auch bei stoßartiger Belastung zum Einsatz, um in einer stark vereinfachenden Überschlagsbetrachtung eine transient-mechanische Analyse zu vermeiden, die schnell um zwei Größenordnungen mehr Berechnungsaufwand verursachen kann. Beispielsweise kann so die stoßartige Belastung eines Stuhls, auf den eine Masse schlagartig abgeworfen wird, mit geringerem Aufwand abgeschätzt werden. Absolut-Aussagen sind mit diesem Verfahren allerdings nicht zu erzielen.

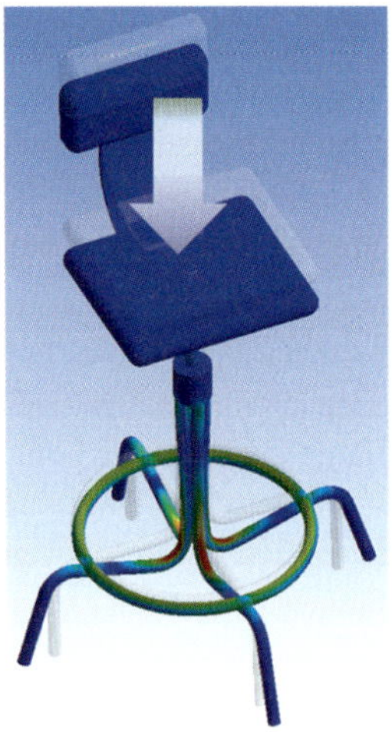

Für den vereinfachten Ansatz über die statische Analyse wird in einem ersten Berechnungsschritt die Steifigkeit der Struktur ermittelt. Anschließend wird idealisierend die Energie der Stoßbelastung mit der Formänderungsarbeit der deformierten Struktur gleichgesetzt.

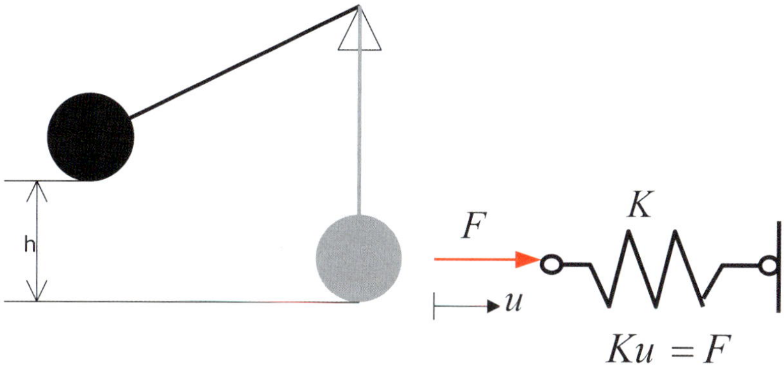

$W_{pot} = m \times g \times h = W_{Feder} = \frac{1}{2} \times K \times u^2$

Durch Umformen erhält man einen Ausdruck für die entstehende Kraft als Funktion der Energie und der Steifigkeit (hohe Steifigkeit → hohe Kraft; niedrige Steifigkeit → niedrige Kraft).

Dieses Beispiel zeigt, mit geeigneten Vorüberlegungen und Modelldefinitionen kann – insbesondere bei Unterstützung durch erfahrene Anwender – der Aufwand für das Erzielen einer Aussage stark reduziert werden, wenn die Zielsetzung klar definiert ist und die Einschränkungen durch die getroffenen Vereinfachungen berücksichtigt werden.

Gekoppelte Analysen

Neben rein mechanischen Randbedingungen werden oft auch andere physikalische Domänen mit statischen Analysen verknüpft. Der thermische Verzug von Bauteilen kann so z. B. nicht nur für gleichmäßige Temperaturverteilungen ermittelt werden, sondern auch bei einem Temperaturgefälle innerhalb einer Struktur. Dazu wird mithilfe der FEM-Simulation eine stationäre oder instationäre Temperaturverteilung im Festkörper berechnet und auf die nachfolgende mechanische Analyse übertragen. Aus der lokalen Temperatur und einer Referenztemperatur für den verformungsfreien Referenzzustand wird analog zu der Gleichung

$\Delta l = \alpha * l * \Delta T$

eine Deformation berechnet, die zu thermischem Verzug und elastisch-plastischen Spannungen führen kann. Analog zur Übertragung von Temperaturen aus der Thermalanalyse lassen sich Druckverteilungen aus Strömungsanalysen übernehmen. Anwendungen dafür finden sich z. B. bei der Simulation von künstlichen Herzklappen, deren Öffnungsverhalten durch eine gekoppelte Simulation des mechanischen und strömungsmechanischen Verhaltens optimiert werden kann (Fluid-Struktur-Interaktion).

Durch die einheitliche Workbench-Umgebung für die verschiedenen Disziplinen der Physik ist eine unkomplizierte Kopplung möglich, die ohne zusätzliche Software-Installation und mit automatischer Umrechnung der Last zwischen den verschiedenen Netzen (Mapping) überträgt. In ähnlicher Weise lassen sich magnetische Kräfte aus Magnetfeldanalysen mit Maxwell an statische strukturmechanische Analysen übergeben z. B. für die Berechnung der Verformung stromdurchflossener Leiter aufgrund der Lorentzkräfte.

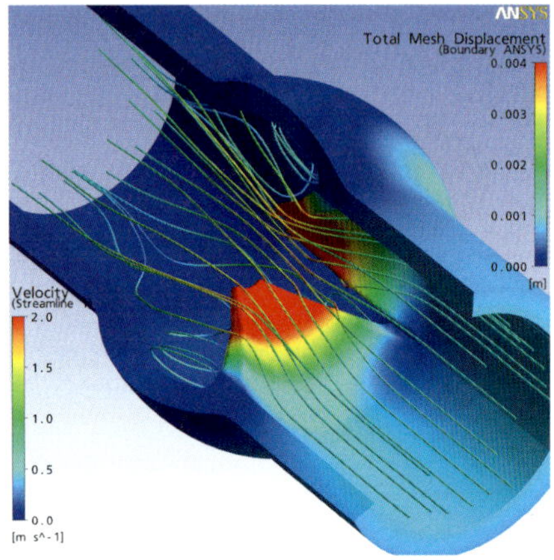

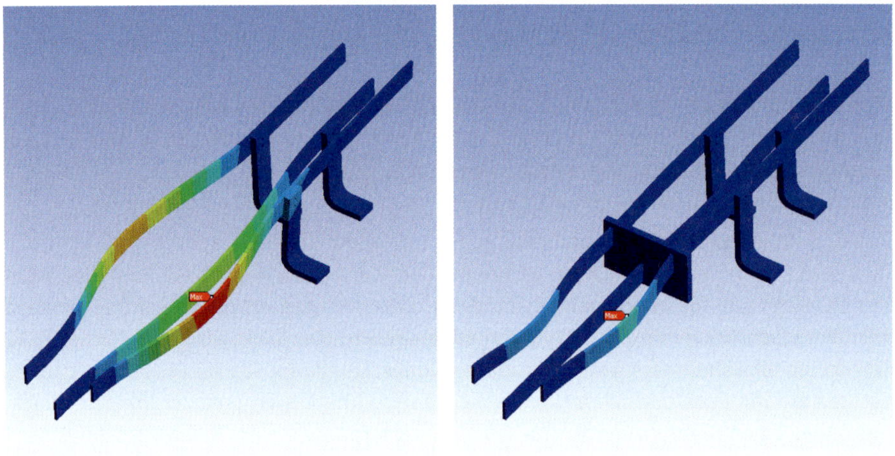

Deformation eines stromdurchflossenen Leiters aufgrund der Lorentzkräfte ohne und mit Abstützung

Auch Abfolgen von Belastungen können in statischen Analysen berücksichtigt werden, solange kein dynamischer Effekt berücksichtigt werden muss. Das können beispielsweise langsam ablaufende Montage- oder Fertigungsprozesse sein wie z. B. das Fügen einer Steckverbindung, die Belastungssituation in einer Schraubverbindung, bei der zuerst die Vorspannung aufgebracht wird und anschließend die äußere Last oder eine Stabilitätsanalyse, bei der die Last schrittweise erhöht wird, bis die Struktur kollabiert. Eine weitere Analyseart, die in den Grenzbereich zwischen Statik und Dynamik gehört, ist die Metallumformung. Die Geschwindigkeiten sind dort oft gering, sodass eigentlich ein statischer Gleichgewichtszustand herrscht, das numerische Verfahren basiert aber auf einer dynamischen Analyse, die lediglich so langsam abläuft, dass die dynamischen Effekte nicht auftreten. Daher spricht man dann von Quasistatik.

4.3 Beulen und Knicken

Unter Beulen und Knicken versteht man ein Stabilitätsversagen von Strukturen unter Druckkräften oder Biegemomenten. Von Beulen spricht man bei flächigen Strukturen, während Knicken das Versagen von stabförmigen Bauteilen bezeichnet.

Bei der Eigenwertbeulanalyse wird die theoretische Beulfestigkeit einer linearen elastischen Struktur bestimmt. Diese Methode wird auch als elastische Beulanalyse bezeichnet: So stimmt z. B. die Eigenwertbeulanalyse eines Knickstabes mit der klassischen Knickung nach Euler überein. Linear

Für eine Eigenwert-Beulanalyse wird in ANSYS Workbench ein Einheitslastfall definiert, also z. B. 1 N, 1 kN, 1 MN. Dies geschieht in einer statisch strukturmechanischen Analyse, für die auch Spannungen und Verformungen berechnet werden.

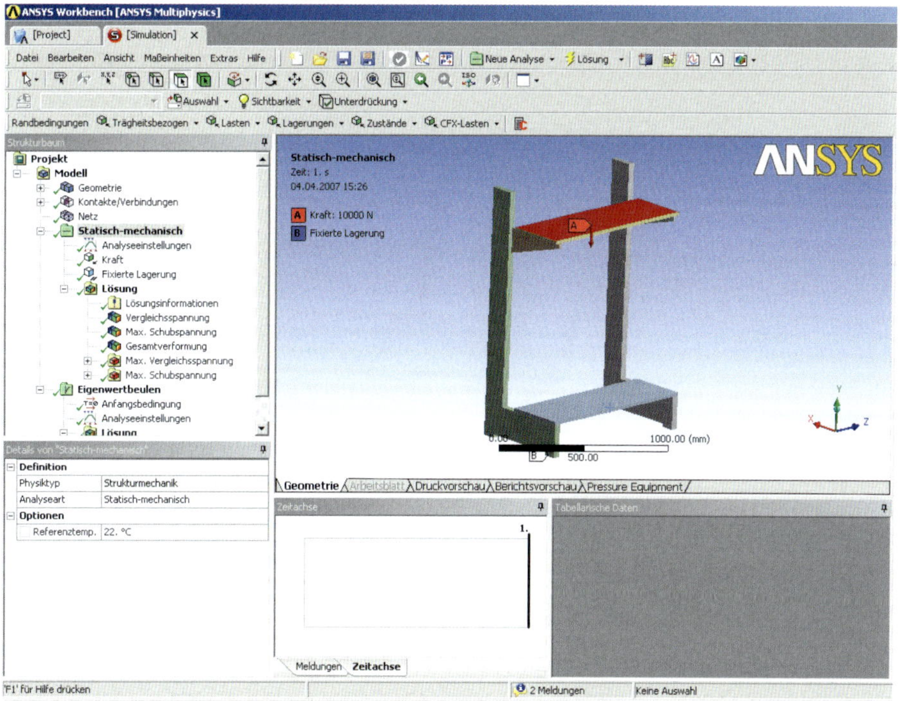

Für diese Last wird dann in einem 2. Lastfall ein sogenannter Lastmultiplikator errechnet. Die **ANFANGSBEDINGUNG** sollte dann durch den vorab gerechneten statisch-mechanischen Lastfall definiert werden. Um eine solche kombinierte Analyse zu definieren, verknüpfen Sie im Projektmanager eine statisch-mechanische Analyse mit einer Beulanalyse. Ablauf

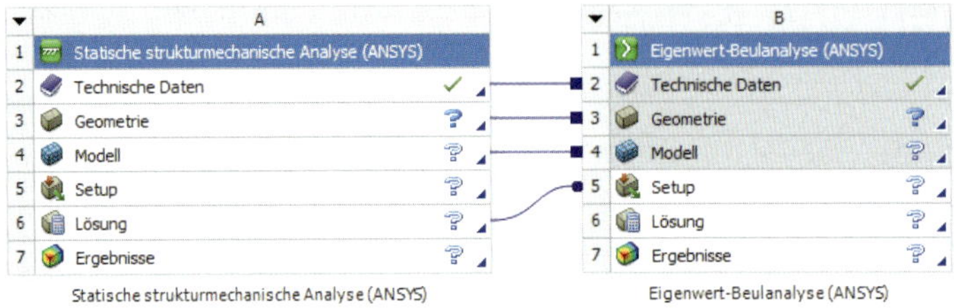

Lastmultiplikator

Im Strukturbaum wird die Anfangsbedingung der Beulanalyse als Vorspannungszustand aus der statisch-mechanischen Analyse definiert. Startet man die Analyse, werden beide Berechnungsschritte nacheinander durchgeführt. Als Berechnungsergebnis erhält man unter der Lösung in der Beulanalyse den Lastmultiplikator. Die in der statisch-mechanischen Analyse definierte Last multipliziert mit diesem Lastmultiplikator ist die Beullast.

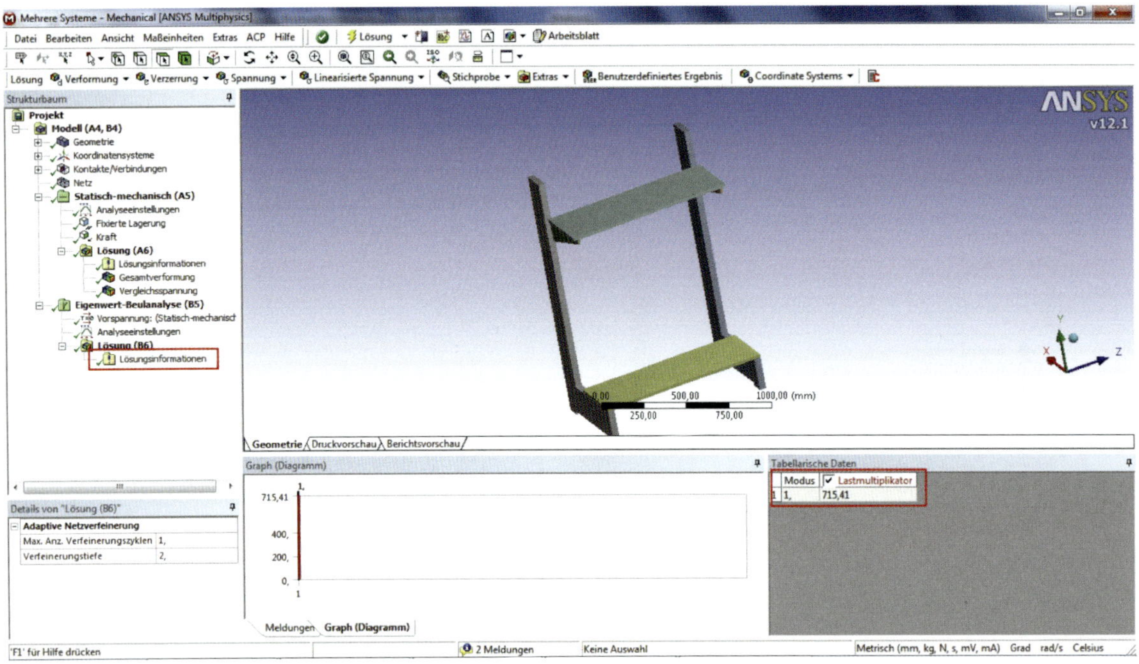

Wie jedoch allgemein bekannt ist, verhindern Imperfektionen und Nichtlinearitäten, dass die meisten realen Strukturen ihre theoretische Beulfestigkeit erreichen. Aus diesem Grund führt die Eigenwert-Beulanayse oft zu nichtkonservativen Ergebnissen (spiegelt also eine zu hohe Sicherheit vor) und sollte deshalb im Allgemeinen nicht allein verwendet werden.

Nichtlinear

Die weitergehende, genauere nichtlineare Beulanalyse ist im Prinzip eine statische Analyse, bei der die Last schrittweise gesteigert wird, bis die Beullast erreicht ist. Da im Beulpunkt keine Stabilität, d.h. keine Steifigkeit mehr vorhanden ist, ist die Analyse ab diesem Punkt streng genommen keine statische mehr, weil im Beulpunkt ein dynamisches Durchschlagen auftritt. Bei Lasten im Bereich der physikalischen Instabilität entsteht durch die fehlende Dämpfung per Massenträgheit auch numerische Instabilität (Konvergenzprobleme), sodass man in der nichtlinearen Beulanalyse diese Instabilität als ein Kriterium (neben anderen) für das Erreichen der Beullast heranzieht. Ist also lediglich das Verhalten bis zum Beulen interessant, kann man durch eine lineare Beulanalyse eine grobe Abschätzung und durch das nichtlineare Beulen eine verfeinerte Bewertung der Beullast und der Beulform erhalten. Möchte man dagegen auch eine Aussage im Nachbeul-Verhalten erzielen, ist der dynamische Kollaps durch eine transient-dynamische Analyse leichter abzubilden als durch eine Abfolge statischer Gleichgewichtszustände (siehe auch Abschnitt 9.17).

Analysen gegen Knicken werden häufig im Bauwesen und Anlagenbau durchgeführt, weil dort oft schlanke Strukturen vorliegen.

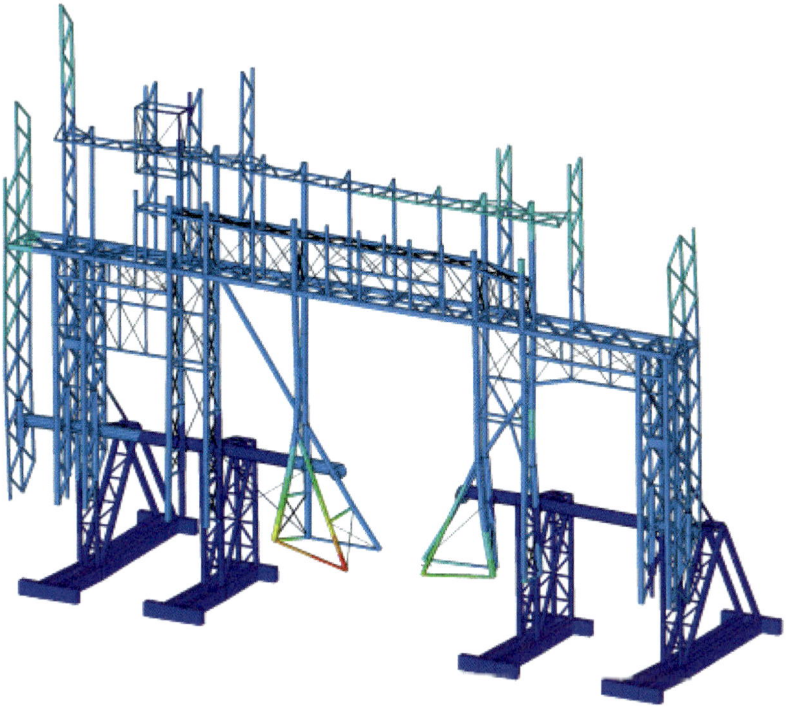

Aber auch im Bereich von Konsumgütern untersucht man Strukturen auf Stabilität, beispielsweise Gummidichtungen und -bälge in Waschmaschinen, um deren Funktion und Dichtigkeit sicherzustellen.

Quelle: © V-ZUG Ltd.

4.4 Dynamik

Dynamische FEM-Analysen lassen sich grob in zwei Klassen einteilen:

Die *lineare Dynamik* erfasst das Schwingungsverhalten von Systemen im Frequenzbereich. Damit lassen sich per Modalanalyse die Eigenfrequenzen und zugehörigen Schwingungsformen (Eigenformen) ermitteln, in angeregten Schwingungen der Einfluss der Anregung und Dämpfung berücksichtigen und in weitergehenden Analysen zyklische Symmetrie, Rotordynamik, reibungsinduzierte Schwingungen, der Einfluss von internen oder externen Flüssigkeiten (Fluid-Struktur-Interaktion – FSI), Erdbeben und zeitliche Abläufe untersuchen.

Die *nichtlineare Dynamik* basiert auf einer Lösung im Zeitbereich, d. h., der zeitliche Ablauf wird in kleinen Zeitschritten schrittweise aufgelöst. Es lassen sich alle Arten von Nichtlinearitäten berücksichtigen (Material, Kontakt, geometrische Nichtlinearität).

4.4.1 Modalanalyse

Grundlagen

Für einfache schwingende Systeme sind geschlossene Lösungen verfügbar, die auch in der Anwendung von FE-Systemen hilfreich sind, die grundlegenden Einflussgrößen zu beschreiben. So lassen sich an einem Einmassen-Schwinger die ungedämpften und gedämpften Eigen(kreis)frequenzen wie folgt bestimmen:

$$\omega_u = \sqrt{k/m}$$

k = Steifigkeit, m = Masse, ω_u = Eigenkreisfrequenz des ungedämpften Systems

$$\omega_d = \omega_u \sqrt{1 - D^2}$$

ω_d = Eigenkreisfrequenz des gedämpften Systems; D = Dämpfungsgrad

Bei der Entwicklung von Bauteilen ist zu berücksichtigen, dass es diese idealisierte Trennung von Masse und Steifigkeit nicht gibt. Jeder Körper hat eine eigene Masse und eine eigene Steifigkeit, demzufolge wirkt jeder Körper als Mehrmassenschwinger, sodass auch mehrere Eigenfrequenzen auftreten können. Bei einem zweidimensionalen, translatorisch fixierten Balken treten z. B. die in der folgenden Abbildung dargestellten Schwingungsformen (auch Eigenformen genannt) bei den ersten fünf Eigenfrequenzen auf.

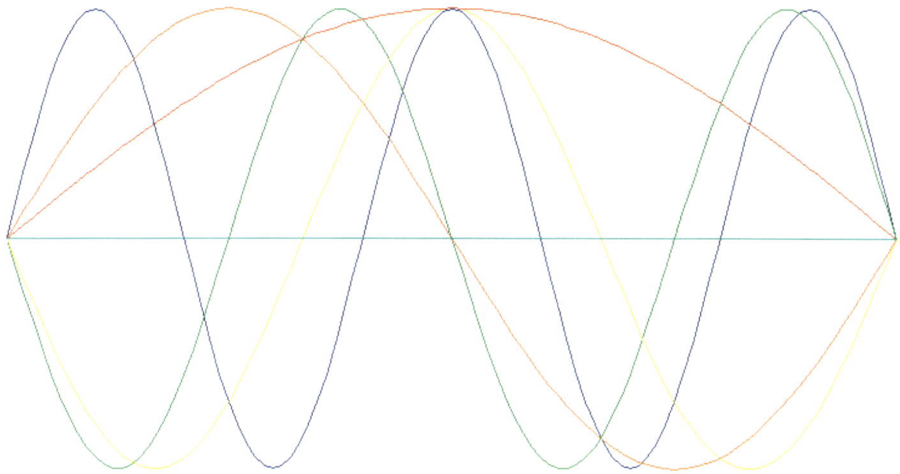

Schwingungsformen eines Balkens (Cyan) für 1. bis 5. Eigenfrequenz: rot, orange, gelb, grün, blau

In Strukturen mit dynamischen Belastungen werden diese Eigenschwingungen mehr oder weniger stark angeregt. Je näher die Anregungsfrequenz bei einer Eigenfrequenz liegt, je geringer die Dämpfung ist und je mehr die Anregung mit der Schwingungsbewegung übereinstimmt, desto größer fallen die Schwingungsamplituden aus.

Bei dynamisch zu untersuchenden Strukturen werden bei FEM-Simulationen die Eigenfrequenzen und Eigenformen (Moden) als primäres Ergebnis berechnet. Mit geringem Aufwand lässt sich so das grundlegende Schwingungsverhalten einer Struktur untersuchen. Dafür vergleicht man die berechneten Eigenfrequenzen mit den Frequenzen der Anregung. Liegen diese nahe beieinander, ist die Resonanz besonders stark, was erwünschte und unerwünschte Wirkungen haben kann.

Schwingungsprobleme erkennen

Falls ein solcher Resonanzfall auftritt, kann die zu der kritischen Eigenfrequenz gehörige Schwingungsform als Animation dargestellt werden, sodass man leicht erkennen kann, wie die Schwingung aussieht und welche Gegenmaßnahmen man ergreifen muss.

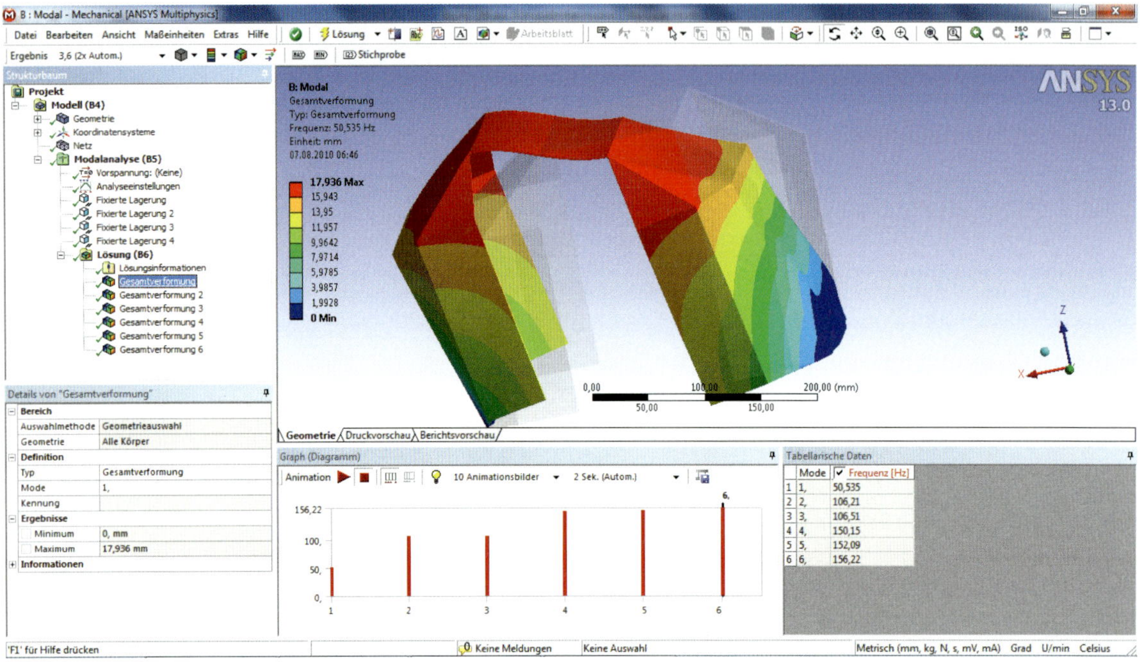

Resonanz

Beispiel: Die in der vorangehenden Abbildung gezeigte Abdeckhaube sitzt über einem Antrieb mit einer Drehzahl von 3000 U/min. Dies entspricht einer Frequenz von 50 U/sek = 50 Hz. Berechnet man mit ANSYS Workbench die Eigenfrequenzen, zeigt sich die erste Eigenfrequenz bei 50,3 Hz. Die erste Eigenfrequenz wird demnach wahrscheinlich zum Schwingen angeregt. Die zugehörige Eigenform (Form der Schwingung) der Abdeckhaube deutet darauf hin, dass im oberen Bereich eine Versteifung in Querrichtung hilfreich wäre, die diese Schwingungsform behindert.

Alles relativ

Neben den Eigenfrequenzen lässt sich für jede Schwingungsform auch die relative Spannungsverteilung berechnen (im Strukturbaum **LÖSUNG** anwählen, rechte Maustaste klicken und **EINFÜGEN/SPANNUNG/VERGLEICHSSPANNUNG** auswählen; im Detailfenster „Schwingungsmode" eingeben). Unter **ANALYSEEINSTELLUNGEN** ist dafür unter den **AUSGABEOPTIONEN/SPANNUNG BERECHNEN** ein **JA** einzustellen. Die Spannungsverteilung in der Modalanalyse zeigt mit den hochbelasteten Bereichen die Stellen, die großen Verzerrungen unterworfen sind, d. h., wo versteifende Maßnahmen ansetzen sollten.

Die Zahlenwerte an der Farblegende haben keine physikalische Bedeutung. Der einzige Zahlenwert, der sich in der Modalanalyse ermitteln lässt, sind die Frequenzen selbst. Weder Verformung noch Spannung lassen sich berechnen, weil dafür zwei wesentliche Größen, nämlich Anregung und Dämpfung, fehlen. Dies kann mit der harmonischen für sinusförmige oder der PSD-Analyse für Anregung durch Rauschen abgedeckt werden (siehe Abschnitt 4.4.2).

Erwünschte Resonanzschwingungen werden beispielsweise bei sogenannten Sonotroden eingesetzt. Das sind Werkzeuge z. B. für das Ultraschallschweißen oder Homogenisieren, die schwingende Bewegungen in einer bestimmten Richtung ausführen sollen. Gut konstruierte Sonotroden weisen gleichmäßige Amplituden an der Arbeitsfläche und geringe Querschwingungen auf. Die FEM-Simulation zeigt für solche Anwendungen nicht nur, mit welcher Eigenfrequenz die entworfene Sonotrode schwingen wird, sondern auch, wie gut die Schwingungsform zu dem geforderten Anwendungsfall passt und wo gegebenenfalls Änderungen vorzunehmen sind.

Anwendungsbeispiel Bandelin

Die Bandelin electronic GmbH & Co KG ist ein familiengeführtes Unternehmen aus Berlin. Seit mehr als 60 Jahren ist Bandelin ein führendes Unternehmen für Ultraschallgeräte wie z. B. Ultraschallbäder, -Homogenisatoren, -reaktoren und -Therapiegeräte.

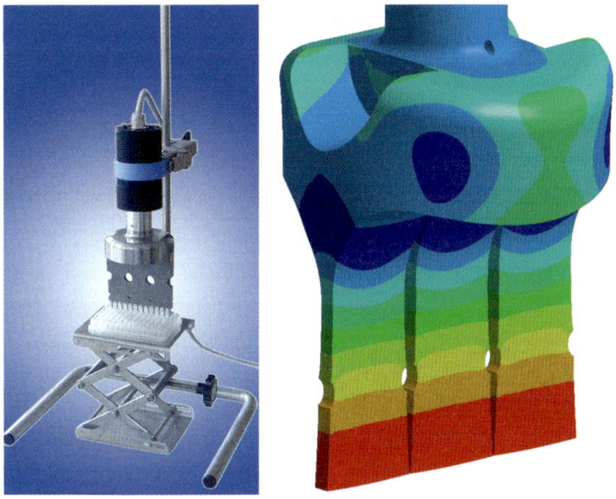

Bild: © BANDELIN electronic GmbH & Co KG

Anwendermeinung

„Um komplizierte Schwingungsformen zu verstehen und optimieren zu können, nutzen wir Pro/ENGINEER zusammen mit DesignSpace. Damit können wir verschiedene Ultraschall-Wandlergeometrien untersuchen, um eine hohe und gleichmäßige Amplitudenverteilung zu erreichen. Im Rahmen von Musterbauten ist eine solche Optimierung wegen der vielen Einflussparameter sehr unwirtschaftlich. Mit DesignSpace können wir die Wunschform schon im Vorfeld simulieren und mit geeigneter Parameterkopplung optimal abstimmen.“ (Dipl.-Ing. Rainer Jung, Technischer Leiter Bandelin)

Aufgabe:

- breiterer Marktzugang durch neue Anwendungen
- Technologieführerschaft
- Wechsel von 2D auf 3D und konstruktionsbegleitende FEM-Analysen

Vorteile:

- optimiertes Produktverhalten
- signifikante Einsparungen bei Kosten und Zeit
- Erhöhung des Marktanteils

Unerwünschte Schwingungen treten leider weit häufiger auf als z. B. Biegeschwingungen von Wellen, Drehschwingungen in Antrieben, reibungsinduzierte Schwingungen bei Bremsen oder Schwingungen von Getriebe- oder Elektrogehäusen und sind oft nur mit hohem Aufwand im Nachhinein abzumildern. Konstruktive Ansätze liefern einen sehr viel effektiveren Hebel, wenn das Schwingungsverhalten bereits früh im Entwicklungsprozess mit berücksichtigt wird. Die FEM-Simulation ist dafür das ideale Werkzeug.

Einsatzfälle

4.4.2 Angeregte Schwingungen

Harmonische Analyse

Mit der FEM ist die korrekte Abbildung der Steifigkeits- und Massenverteilung in der Regel eine unkomplizierte Sache, sodass bereits CAD-integrierte Berechnungsprogramme die Möglichkeit bieten, mittels Modalanalyse die Eigenfrequenzen und zugehörigen Schwingungsformen zu berechnen. In der Praxis ist das Ergebnis jedoch häufig unbefriedigend, weil in der Nähe der Anregungsfrequenz oft mehrere Eigenfrequenzen liegen, sodass erst die Berücksichtigung der Anregung einen Aufschluss darüber zulässt, wie hoch die Antwortamplituden werden können und welche Ursache dahinter steckt. Dazu stehen verschiedene Arten der Anregung zur Verfügung.

Bei einer harmonischen Anregung wirken eine oder mehrere Belastungen in einer oder mehreren Richtungen über einen bestimmten Frequenzbereich sinusförmig bzw. mit beliebig periodischem Zeitverlauf auf die Struktur ein. Analog zum Beschleunigungsaufnehmer bei einem Shakertest wird auch in der harmonischen Analyse mittels FEM an bestimmten Punkten der Struktur das Antwortverhalten über der Frequenz aufgetragen und beurteilt.

Harmonische Analyse mit Anregung (blau) und Systemantwort (rot)

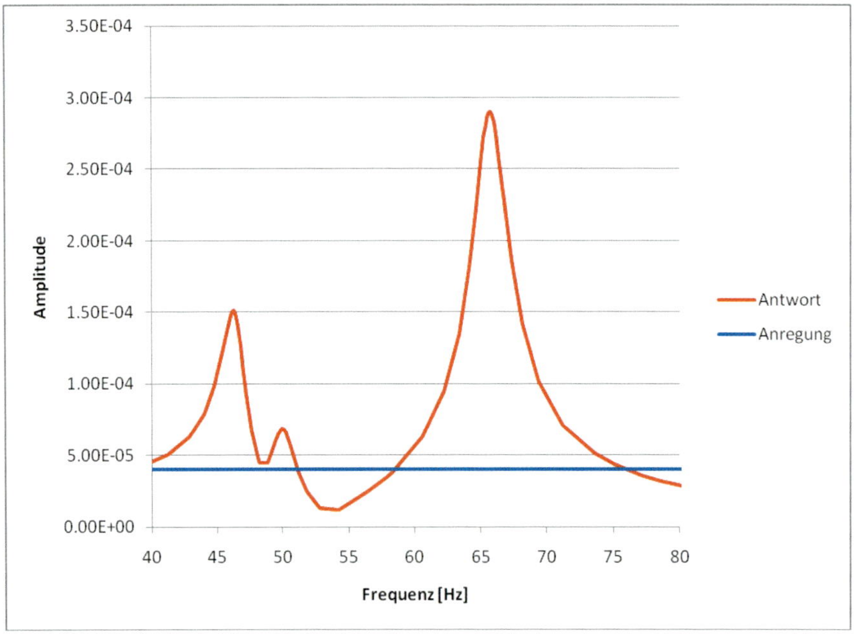

Auf diese Weise lässt sich nicht nur feststellen, ob eine Eigenfrequenz vorhanden ist, sondern auch eine quantitative Aussage treffen, wie stark das Schwingungsverhalten davon beeinflusst wird. Neben der Anregung spielt dabei auch die Dämpfung eine entscheidende Rolle. Sie ist in der Lage, den Abfluss der Energie aufgrund von Verlusten im Material, in Fügestellen (Schweißnähte, Schraubverbindungen) oder diskrete Dämpfer zu beschreiben.

Quantitative Bewertung

ANSYS bietet verschiedene Methoden wie z. B. viskose (geschwindigkeitsabhängige) oder steifigkeitsabhängige Dämpfungswerte sowie spezielle Dämpferelemente, um die verschiedenen Wirkmechanismen abbilden zu können. In der Praxis wird vielfach auch die sogenannte modale Dämpfung verwendet, welche die Berücksichtigung eines diskreten Dämpfungsgrades für jede einzelne Eigenform erlaubt.

Rauschförmige Anregung

Einige praktische Anwendungen lassen sich durch eine solche deterministische Anregung (z. B. Anregungsamplitude und -phase) nur unzureichend beschreiben. Eine höhere Genauigkeit ergibt sich, wenn die realen Belastungen gemessen werden, um diese als Grundlage der anschließenden FEM-Simulation zu verwenden. So werden z. B. mit Nutzfahrzeugen Testfahrten in West- und Osteuropa durchgeführt, um regionsspezifische Lastkollektive zu ermitteln. Andere stochastische Lasten finden sich z. B. in der Luft- und Raumfahrt als Ersatzlasten für die Vibrationen aus dem Raketenantrieb oder als Drucklasten zur idealisierten Abbildung turbulenter Grenzschichten bzw. für energiereiche Schallfelder. Im Bauwesen sowie in der Meerestechnik sind entsprechend die Belastungen durch Wind und Wellen zu berücksichtigen. All diesen Aufgaben ist gemeinsam, dass die Last nicht mehr im deterministischen Sinne mittels Frequenz, Amplitude und Phase angegeben werden kann. Vielmehr zeigt der Vergleich verschiedener Abschnitte der Lastzeitreihe, dass keine periodischen Signale mit vorhersagbarem Verlauf mehr vorliegen. Anregungsamplituden und Phasen sind nur noch über ihre stochastische Verteilung sinnvoll beschreibbar, und auch das Simulationsergebnis ist nun stochastisch zu interpretieren.

PSD-Analyse

Eine wesentliche Rolle bei der Beschreibung dieser Zufallsschwingungen im Frequenzbereich kommt der spektralen Leistungsdichte (Power Spectral Density = PSD) zu. Diese Größe kann physikalisch als Energieinhalt eines Signals pro Frequenzband interpretiert werden und wird entweder messtechnisch ermittelt oder aus Berechnungsvorschriften entnommen. Verwendet man dieses Leistungsdichtespektrum als Anregung in einer sogenannten PSD-Analyse zur Simulation der Zufallsschwingung, erhält man auch als Resultat ein Leistungsdichtespektrum z. B. für die Verformung an jedem beliebigen Auswertepunkt. Aus diesen Daten kann beispielsweise ermittelt werden, wie wahrscheinlich es ist, dass ein gewählter Grenzwert der Verformung überschritten wird. In der Praxis wird die gleiche Aussage meist etwas modifiziert in Form des sogenannten 3σ-Werts angegeben, der ausdrückt, dass die dargestellte Ergebnisamplitude mit 99.7 % Wahrscheinlichkeit nicht überschritten wird. Auch für die Spannungsschwingspiele lässt sich aus dem Ergebnis-PSD-Spektrum eine Wahrscheinlichkeitsverteilungsfunktion ableiten. Bei gleichzeitiger Kenntnis der Wöhlerlinie des Materials wird daraus letztlich die Bauteilschädigung D im Sinne einer Lebensdauerbewertung ermittelt.

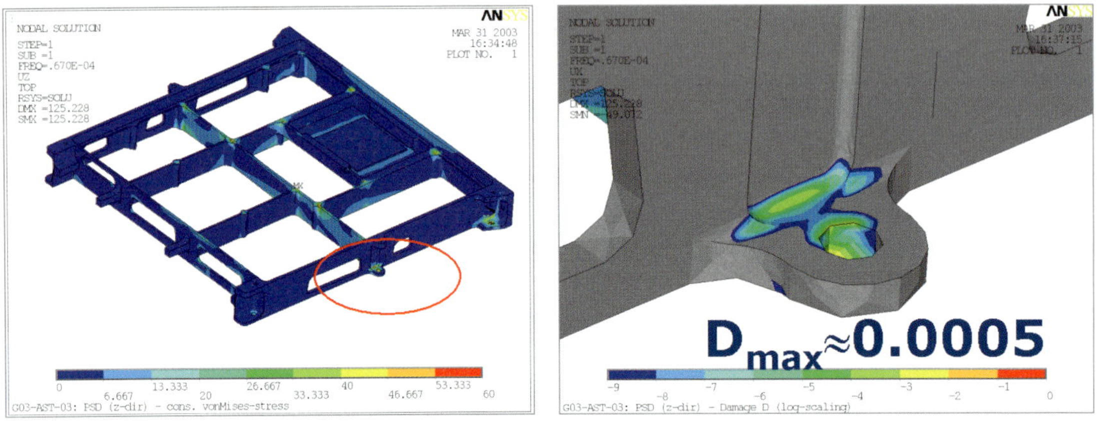

Ermüdungsfestigkeit modularer Elektronikstrukturen

4.4.3 Fortgeschrittene modalbasierte Dynamik

Neben den grundlegenden Schwingungsanalysen

- Modalanalyse
- Harmonische Analyse (auch als Frequenzganganalyse bekannt)
- PSD-Analyse bzw. Zufallsschwingungen

die in praktisch allen Bereichen der Schwingungsberechnung zu finden sind, gibt es noch einige Spezialitäten für besondere Anwendungen, die im Folgenden kurz dargestellt werden sollen.

Zyklische Symmetrie

Berechnung beschleunigen

Bei zyklisch-symmetrischen Modellen (siehe Abschnitt 8.6.2.3) wird statt eines kompletten Systems ein einzelnes Segment simuliert.

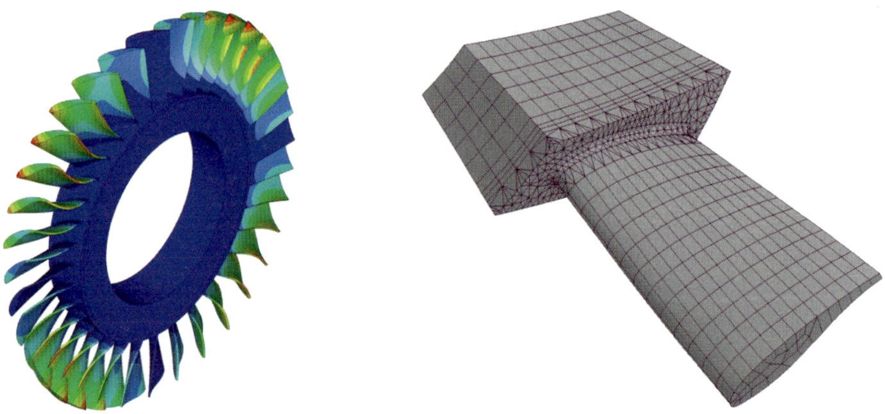

Unter normalen zyklisch-symmetrischen Randbedingungen wäre es mit diesem Segmentmodell lediglich möglich, Schwingungsformen zu berechnen, die sich komplett innerhalb des Segments abspielen. Durch einen speziellen Berechnungsansatz, nämlich die Kopplung der Schnittufer in verschiedenen Kombinationen, um Versatz und Phasenwinkel abzubilden, ist ANSYS jedoch in der Lage, auch mit einem solchen Segmentmodell globale Schwingungsformen (wie links in der vorangehenden Abbildung gezeigt) abzubilden. Der Vorteil liegt darin, dass insbesondere bei einer hohen Zahl von Segmenten, wie z. B. bei Turbinen im Kraftwerksbau, damit eine deutliche Beschleunigung um mehr als eine Größenordnung erreicht werden kann.

Rotordynamik

Rotierende Systeme

Drehende Strukturen weisen verschiedene Effekte auf, die je nach Bedarf berücksichtigt werden. Das beginnt bei einfachen Phänomenen wie der statischen und dynamischen Unwucht (Gleichgewicht der Kräfte bzw. Momente), der Selbstzentrierung exzentrischer Massen, dem sogenannten Spin-Softening, dem Weichwerden der Struktur aufgrund der sich mit der Drehzahl aufweitenden Struktur, oder dem Stress-Stiffening, der Versteifung aufgrund von Fliehkräften. Von Rotordynamik im engeren Sinn spricht man allerdings meist erst dann, wenn gyroskopische Effekte auftreten, z. B. bei drehenden Scheiben, die aufgrund einer Schwingung senkrecht zur Drehachse verkippt werden, wie bei auskragenden Wellen oder unsymmetrischen Lagerungen.

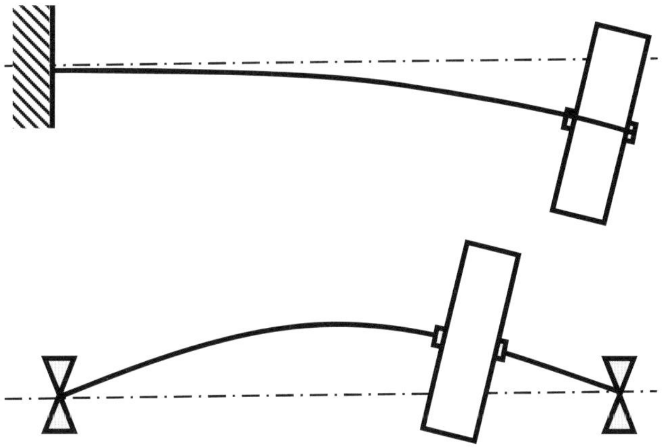

Die doppelten Eigenfrequenzen der stehenden Welle spalten sich mit zunehmender Drehzahl in eine gleichläufige (Forward Whirl) und eine gegenläufige (Backward Whirl) Biegeschwingung auf. Dargestellt über der Drehzahl ergibt der Eintrag dieser Eigenfrequenzen das sogenannte Campbell-Diagramm, aus dem die Verschiebung der Eigenfrequenzen aufgrund der mit ansteigender Drehzahl ebenfalls zunehmenden Kreiseleffekte erkennbar ist. Die ebenfalls eingetragene „Hochlaufgerade" gibt die entsprechende Frequenz zur Drehzahl (f = rpm/60) an und zeigt im Schnittpunkt mit den Kurven die potenziellen Resonanzstellen des Rotors auf, die bei der immer vorhandenen Unwucht angeregt werden würden. Erst mit der Berücksichtigung dieses Effektes werden die Eigenfrequenzen der drehenden Welle korrekt berechnet.

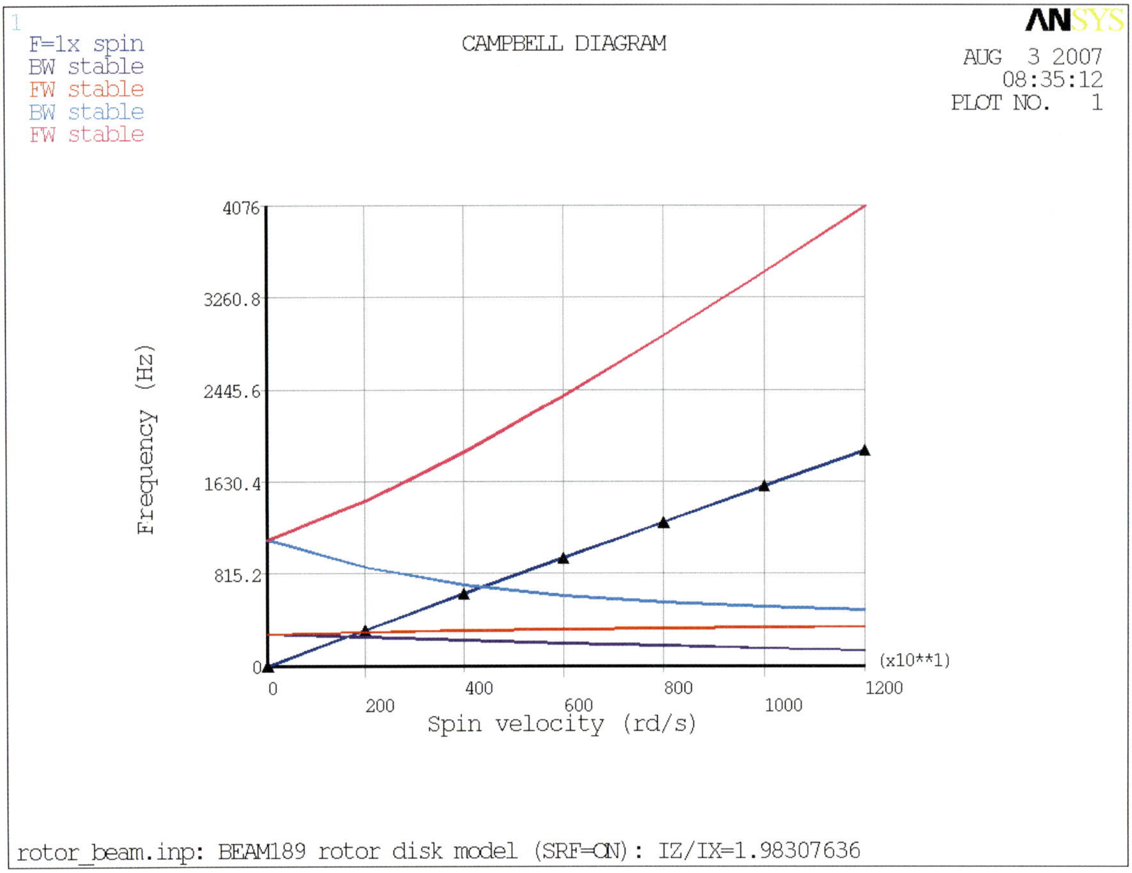

Zwei doppelte Eigenfrequenzen, die sich mit zunehmender Drehzahl weiter aufspalten sowie eine mit Markierungen dargestellte Hochlaufgerade

Neben den Analysen im Frequenzbereich (Modalanalyse, harmonische Analyse) wird die Rotordynamik auch im Zeitbereich genutzt. Dabei wird ermittelt, wie groß die Amplituden beim Hochdrehen eines Rotors ausfallen. Je höher die Antriebsleistung, desto schneller wird der kritische Drehzahlbereich durchfahren und desto kleiner sind die Amplituden der Schwingungen – umso höher sind jedoch auch die Kosten für großzügig dimensionierte Antriebselemente wie Motoren und Wellen. Die transiente Hochlaufsimulation bietet also die Möglichkeit, in Abhängigkeit der auftretenden Amplituden und Lagersteifigkeiten die Antriebsleistung wirtschaftlich und trotzdem sicher zu dimensionieren.

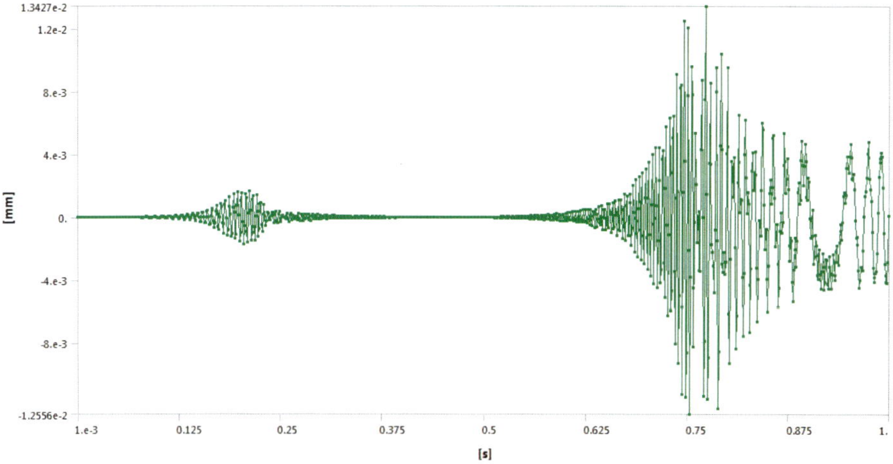

Amplitudenverlauf beim Durchfahren der biegekritischen Drehzahlen

Reibungsinduzierte Schwingungen

Bremsenquietschen

Bei einer alltäglichen Anwendung spielt ein anspruchsvolles Thema eine große Rolle: das reibungsinduzierte Quietschen von Bremsen. Was physikalisch dabei passiert, kann man sich wie folgt vorstellen: Die Bremsscheibe hat z. B. eine Eigenfrequenz A und der Sattel eine benachbarte Eigenfrequenz B. Mit zunehmender Reibung sinkt jetzt die Eigenfrequenz A der Scheibe und die des Sattels (B) steigt. Irgendwann gibt es dann einen Punkt, an dem die beiden Frequenzen zusammenfallen. Das Unangenehme daran ist, dass ab diesem Punkt ein Energieaustausch stattfindet. Also gibt z. B. der Sattel Energie ab, und die Scheibe nimmt Energie auf, die Schwingung der Bremsscheibe kann sich damit also immer stärker aufschaukeln. Eine FE-basierte Modalanalyse mit Berücksichtigung der Reibungsverhältnisse im Kontaktbereich erlaubt die Simulation dieser Moden und die Beurteilung der möglichen Instabilitäten. Dies ist mittlerweile ein Standardprozess bei Bremsenherstellern.

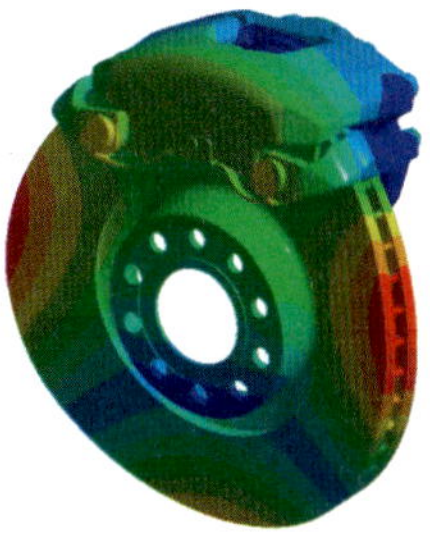

Mechanische Schwingungen und Akustik

Sobald ein mechanisches System schwingt, wird mehr oder weniger Schall abgestrahlt. Man kann zwei Betrachtungsebenen unterscheiden.

Körperschall:

Akustik ohne Luftübertragung

Hierbei untersucht man die mechanische Schwingung unter akustischen Gesichtspunkten. So ist erfahrungsgemäß nur eine Schwingung mit großflächigen Bewegungen in Richtung der Oberflächennormalen akustisch relevant. Bei einem Getriebegehäuse sind das z. B. die Biegeschwingungen, aber nicht die Membranschwingungen oder die Torsionsschwingungen. Anhand der entsprechend aufbereiteten mechanischen Größen nach einer FE-Frequenzganganalyse lässt sich ein schneller „akustischer Fingerabdruck“ mittels der

Körperschallleistung über der Frequenz ermitteln und bewerten. Auch Anteile von einzelnen Moden oder beteiligten Blechkomponenten am Gesamtpegel können ausgewiesen werden, um gezielt konstruktive Gegenmaßnahmen ergreifen zu können.

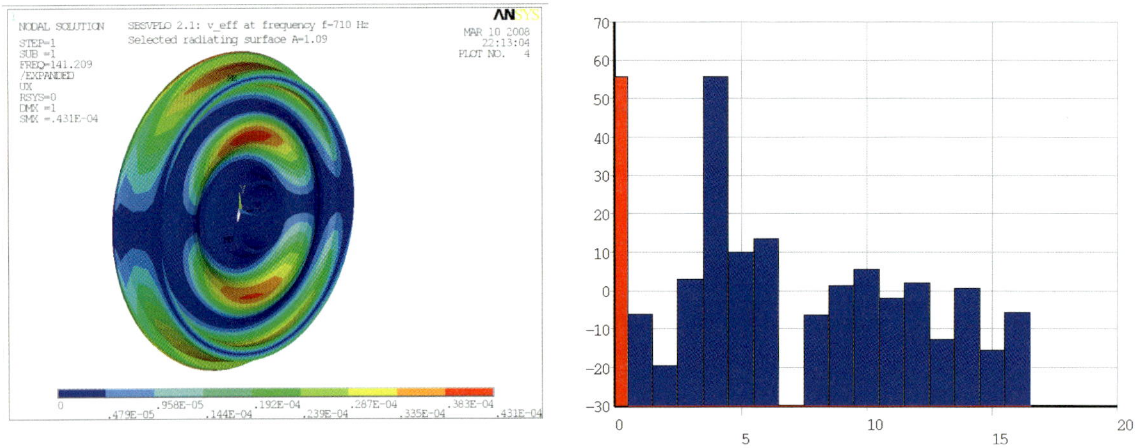

Wandnormale Schnelleverteilung eines Eisenbahnrades (links) als typisches Ergebnis einer Körperschallanalyse sowie Körperschall-Leistungspegel in dB (rechts) zusammen mit den Anteilen der verschiedenen Moden

Luftschall:

Struktur und Fluid

Bei der Körperschallanalyse wird letztlich simuliert, was im Versuch über verteilte Beschleunigungsaufnehmer auf der schwingenden Oberfläche gemessen wird. Unberücksichtigt bleibt dabei, wie gut der „akustische Wirkungsgrad" (präziser: der Abstrahlgrad) bei der betreffenden Schwingung ist. Der folgende Vergleich zwischen Körperschall- und Luftschall-Analyse zeigt den Einfluss des Abstrahlgrades bezüglich der Schallleistung.

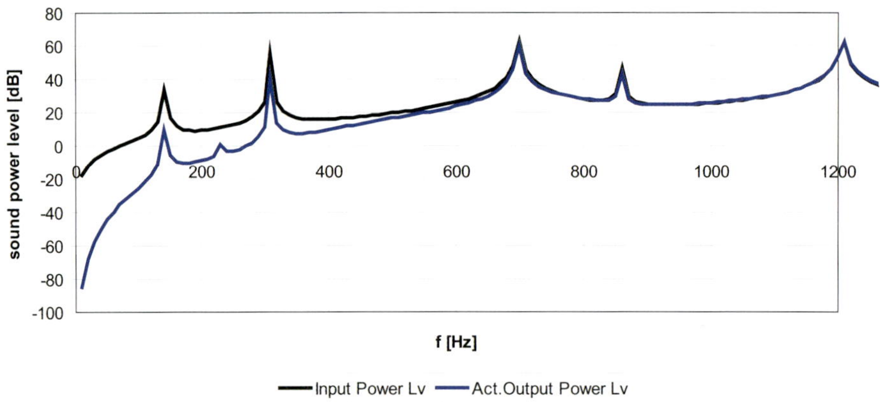

Soll das abgestrahlte Schallfeld quantitativ korrekt erfasst werden, ist die Einbeziehung der umgebenden Luft in das Simulationsmodell unumgänglich. Neben der reinen FEM mit entsprechenden Akustikelementen zur Vernetzung des gesamten Luftraumes bietet sich hier die Boundary Element Method (BEM) oder eine Kombination aus FEM und IFEM, also aus finiten und sogenannten infiniten Elementen, an.

BEM-Simulationen liefern Schalldruck, Schallintensität oder Schallleistung an bestimmten Mikrofonpositionen, ohne eine Vernetzung des Luftraums. Die Berechnung erfolgt alleine auf Basis der vernetzten Oberfläche des Schallstrahlers, die daher nicht zu verschachtelt sein sollte. Zudem ist die Methode auf einfache, homogene Materialmodelle für das schalltragende Medium und auf die reine Abstrahlung von Schall beschränkt.

Finite und infinite Elemente:

FEM/IFEM-Verfahren modellieren geschlossene Lufträume sowie das Nahfeld bei freier Abstrahlung mit finiten Elementen. Das abgestrahlte Fernfeld wird durch infinite Elemente abgebildet.

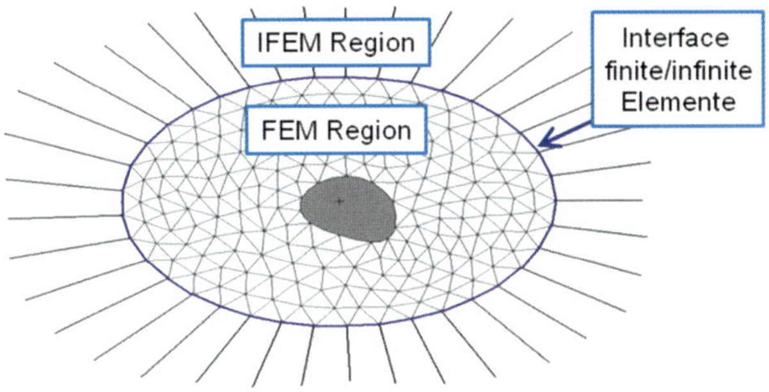

Hiermit erweitert sich die Palette der möglichen Randbedingungen. Aufwendige Geometrie kann problemlos durch feinere Elementierung behandelt werden. Die Methode erfasst auch bewegte, inhomogene und orthotrope Medien, wodurch auch poröse Materialien abgebildet werden können, die gerade in der Schalldämmung eine große Rolle spielen.

Die folgenden beiden Abbildungen zeigen die Schwingung eines Eisenbahnrades durch eine harmonische Anregung (linkes Bild) und die daraus resultierende Luftschallabstrahlung, welche mittels FEM/IFEM simuliert wird (rechtes Bild, Schalldruck in dB).

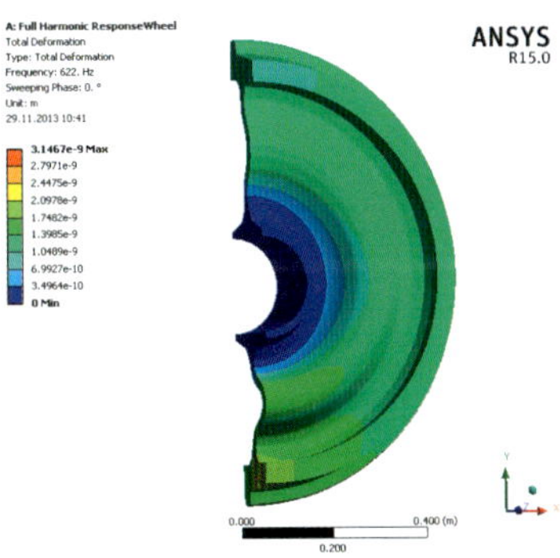

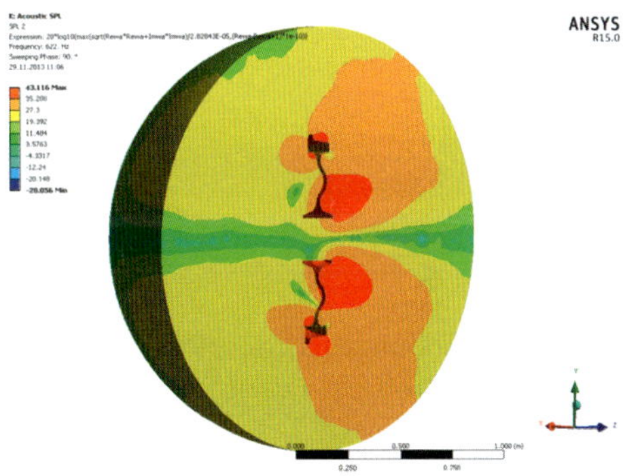

Das Luftvolumen im Nahfeld um das Eisenbahnrad enthält die finiten Elemente. Dessen Oberfläche (in diesem Fall die Kugeloberfläche) bildet die Basis der infiniten Elemente.

Durchschallung:

Bei Gehäusen, Wandungen und Fenstern stellt sich häufig die Frage nach der Transferfunktion, also welcher Anteil der Schallleistung durch den Körper auf die andere Seite gelangt. Hierzu ist eine Erregung des Körpers, z. B. einer Windschutzscheibe, durch Luftschall auf der einen und die Schallabstrahlung auf der anderen Seite nötig, also eine gekoppelte Rechnung von Luft-, Körper- und Luftschall.

Fluid-Struktur-Interaktion

Kopplung

In vielen technischen Applikationen sind schwingende Strukturen von einem flüssigen oder gasförmigen Medium abhängig. Spezielle Fluid-Elemente erlauben es in ANSYS, den Einfluss eines internen oder externen Fluids auf die Frequenz zu berücksichtigen. So sieht man z. B. bei folgender Box im ungefüllten Zustand eine Eigenfrequenz von 32 Hz, wenn sie dagegen zu ¾ mit Wasser gefüllt ist, eine Frequenz von 10 Hz.

Erste Eigenfrequenz und -form einer Box: Ungefüllt 32 Hz, mit Flüssigkeit gefüllt 10 Hz

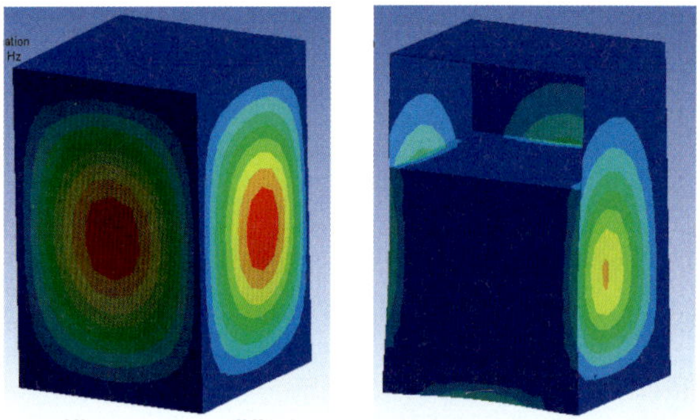

Anwendungsfälle für diese Berechnungstechnologie ergeben sich auch bei pneumatischen Zylindern, die nicht geklemmt werden und Schwingungen über die Luftsäule übertragen.

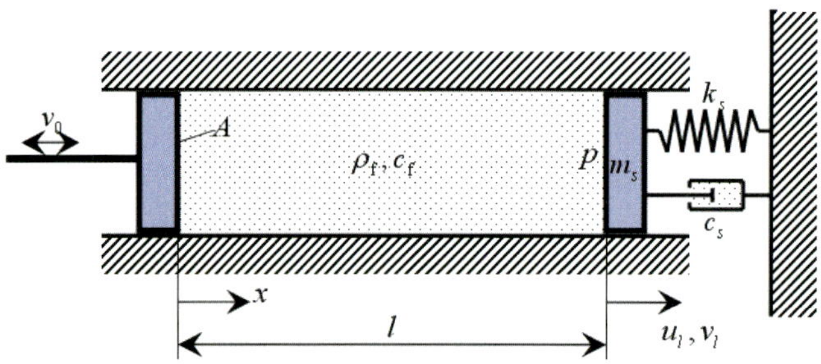

Weitere Anwendungen: Ölgefüllte Transformatoren, Tanks in der chemischen Industrie/ Anlagenbau, ölgefüllte Getriebegehäuse, wassergefüllte Turbinen, Mischer oder auch Schiffsrümpfe.

Seismische Analysen

Sonderfall Erdbeben

Eine seismische Analyse wird oft für Bauwerke oder große Anlagen gefordert, um die Erdbebensicherheit nachzuweisen. Da das energiereiche Erdbebensignal z. B. mit zehn Sekunden in Bezug auf die transiente FEM-Simulation vergleichsweise „lange" Zeiten umfasst, wäre der Berechnungsaufwand für eine Analyse im Zeitbereich recht hoch. Daher hat sich ein Standardverfahren etabliert, das auch im Eurocode 8 festgehalten ist, das auf der Entstehung von Schwingungen in Eigenformen basiert und damit eine Lösung im Frequenzbereich erlaubt. Ein sogenanntes Antwortspektrum repräsentiert die maximale Antwort von Einmassenschwingern verschiedener Frequenzen auf ein bestimmtes Erdbeben. In der praktischen Anwendung wird statt eines einzelnen Bebens meist die Hüllkurve für eine Klasse von Erdbeben z. B. an einem Ort verwendet. Mithilfe dieses Antwortspektrums und einer Modalanalyse sowie anschließender modaler Superposition lässt sich eine konservative Abschätzung der maximal auftretenden Amplitude berechnen. Der Vorteil dieses Verfahrens liegt in der hohen Geschwindigkeit gegenüber einer Lösung im Zeitbereich.

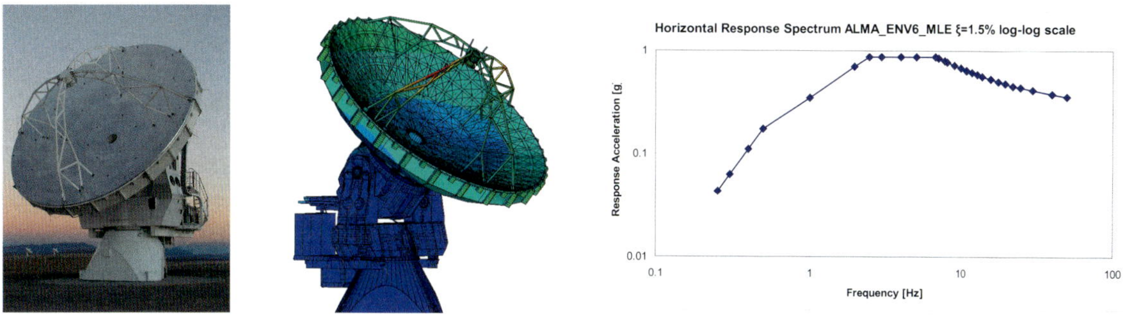

Seismische Analyse für eine ALMA-Teleskop-Antenne mit Antwortspektrum

Lineare transiente Dynamik

Modale Superposition

Eine transiente Analyse beschreibt den instationären Verlauf von Größen über die Zeit. Basierend auf den Eigenformen ist für lineare Systeme per modaler Superposition das instationäre Systemverhalten berechenbar. Die zeitliche Antwort auf eine zeitlich veränderliche Last wird demnach durch faktorisierte Eigenmoden zusammengesetzt. Auf diese Weise lässt sich beispielsweise das Verhalten eines Lamellenventils bei einem Druckpuls untersuchen, solange das Verhalten linear ist, d. h. keine großen Verformungen relevant sind und kein Anschlagen des Ventils auf einen Sitz (also Kontakt) auftritt. In der folgenden Abbildung ist die Deformation eines solchen Ventils unter ansteigendem Druck für verschiedene Belastungsgeschwindigkeiten aufgetragen.

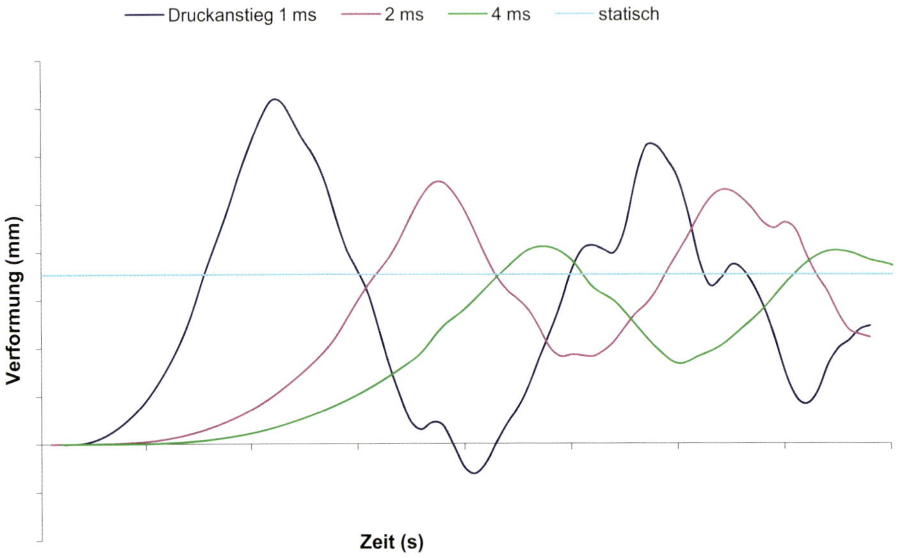

Man sieht, dass ein schneller Druckanstieg in einer Millisekunde zu einem deutlich stärkeren Überschwingen führt als der langsamere Druckanstieg mit 2 oder 4 ms. Im Mittel bewegen sich die Verformungen auf den statischen Gleichgewichtszustand (hellblau) zu, sodass sich dieser bei hinreichend langem Betrachtungszeitraum und/oder einer entsprechend hohen Dämpfung auch in der dynamischen Analyse einstellen würde.

4.4.4 Nichtlineare Dynamik

Zeitbereich

Sobald nichtlineare Effekte wie Kontakt, Material oder geometrische Nichtlinearitäten eine Rolle spielen und eine Vereinfachung auf ein lineares Verhalten das Ergebnis zu stark verfälschen würde, ist die dynamische Analyse im Zeitbereich durchzuführen. Das bedeutet, dass für viele aufeinanderfolgende Zeitschritte die Verformungen und die daraus abgeleiteten Größen berechnet werden. Dabei ist zu beachten, dass die Zeitschritte hinreichend klein sein müssen, um den zu untersuchenden Effekt zeitlich aufzulösen.

Beispiel: Der in der folgenden Abbildung dargestellte transiente Verlauf einer Spannung oder einer Verformung tritt bei einem physikalischen Problem auf.

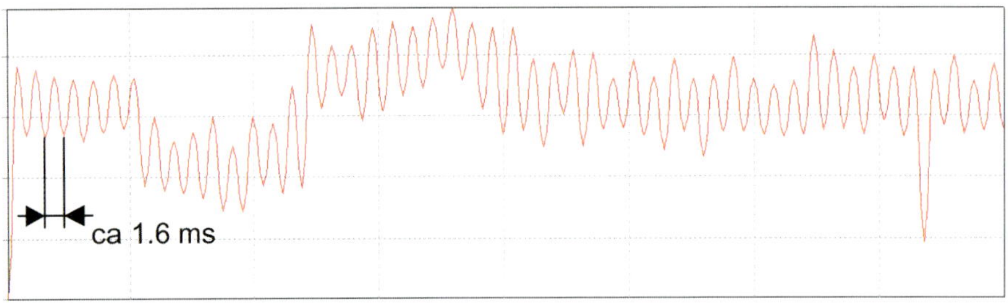

Zeitschritte

Das gesamte dargestellte Diagramm umfasst einen Zeitbereich von 80 ms, dann ergeben sich für 10 ms ca. 6.2 Perioden, d. h. pro Periode ca. 1.6 ms und damit eine Frequenz von 1/0.0016 s = 620 Hz. Um diese Schwingung von 620 Hz in der Simulation zu sehen, muss jede Periode mit mindestens zehn bis 20 Zeitschritten aufgelöst werden. Damit ergibt sich ein Zeitschritt von mindesten 1.6e-4 s bis 8e-5 s (oder kleiner). Wird der Zeitschritt größer gewählt, wird diese Schwingung in der Analyse nicht auftreten und damit das Berechnungsergebnis verfälschen. Andererseits bedeutet jeder unnötig kleine Zeitschritt mehr Zeitpunkte, um ein zu untersuchendes Zeitfenster abzubilden, und damit unnötig hohen Berechnungsaufwand. Es ist daher empfehlenswert, sich über die relevanten Schwingungen und Frequenzen einen Überblick zu verschaffen, z. B. indem vorab eine Modalanalyse an einem vereinfachten, linearisierten Modell durchgeführt wird.

In der nichtlinearen Dynamik bewegt man sich also von einem Zeitpunkt, den man kennt (n), zu einem neuen Zeitpunkt (n + 1) hin und von dort aus weiter, bis der gesamte zu untersuchende Prozess abgebildet ist.

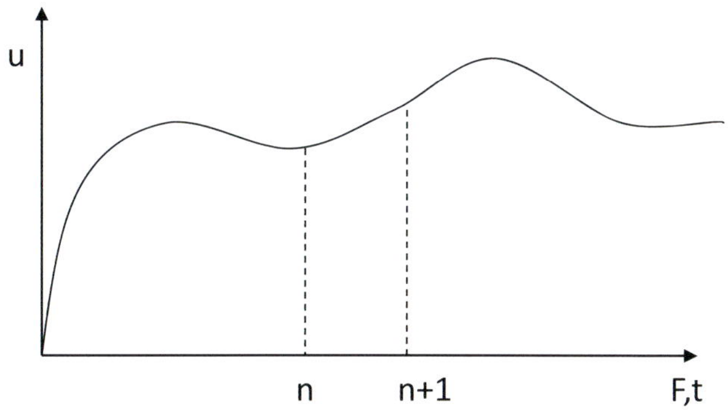

Um nun in der Zeit bzw. in der Lastgeschichte vorwärts zu kommen, gibt es grundsätzlich zwei Lösungsverfahren: die implizite und die explizite Zeitintegration. Diese beiden Lösungsverfahren haben einen großen Einfluss auf die Arbeitsweise und die Berechnungsmöglichkeiten, deshalb sollen sie noch ein wenig näher beleuchtet werden.

Die allgemeine Bewegungsgleichung für einen Einmassenschwinger sieht wie folgt aus:

$$M \cdot \ddot{u}(t) + C \cdot \dot{u}(t) + K \cdot u(t) = p(t)$$

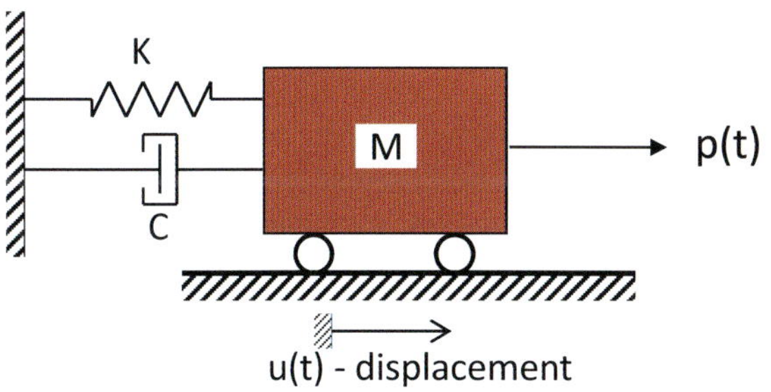

Implizites Verfahren

Mit der Diskretisierung der Zeit und einer impliziten Zeitintegration kann man folgenden Ausdruck für den Zeitpunkt t_{n+1} aufstellen:

$$\overline{K}_{n+1} \cdot u_{n+1} = \overline{F}_{n+1}$$

Beim impliziten Verfahren ist die Steifigkeitsmatrix für den jeweils neuen Zeitschritt t_{n+1} unbekannt und von der noch unbekannten Verschiebung u_{n+1} abhängig. Daher werden für jeden Zeitschritt Steifigkeitsmatrix und Verschiebungsvektor per Gleichgewichtsiteration ermittelt (Newton-Raphson-Verfahren).

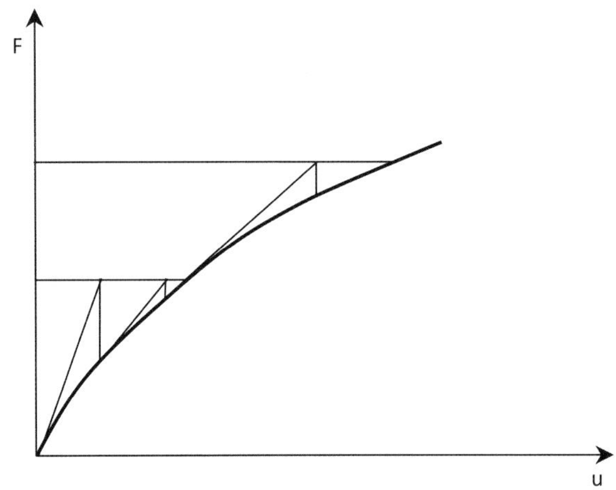

Implizit braucht Konvergenz

Das Gleichungssystem F = K*u wird ausgehend von einer Anfangssteifigkeit K_0 gelöst und u_0 ermittelt. Anschließend wird mit diesem deformierten Zustand (d. h. unter Berücksichtigung von geänderten Kontaktbedingungen, Elementsteifigkeiten oder Lasten) die Steifigkeit aktualisiert und mit der neuen Steifigkeit K_1 das Gleichungssystem erneut gelöst. Dieses Aktualisieren und Neuberechnen findet so lange statt, bis keine nennenswerte Änderung mehr auftritt, d. h., das Gleichgewicht erreicht ist. Diesen Verlauf nennt man konvergieren, also über mehrere Berechnungsschleifen (Iterationen) wird das Gleichgewicht immer besser angenähert, bis am Ende das Gleichgewicht vorliegt, die Konvergenz erreicht ist.

Bei sehr anspruchsvollen Nichtlinearitäten, d. h. in Situationen, bei denen sich von Zeitschritt zu Zeitschritt sehr starke Änderungen ergeben (z. B. Materialversagen oder stark verändernde Kontaktsituationen), ändert sich auch der Kraftfluss grundlegend, sodass die numerische Abfolge das sich plötzlich ändernde Verhalten nicht mehr so gut abbilden kann. In solchen Fällen sind viele interne Iterationen erforderlich, bis der nächste Gleichgewichtszustand erreicht ist, was eine hohe Rechenzeit ergeben kann. Den Verlauf der Konvergenz kann man sich während der Analyse darstellen lassen, um rechtzeitig zu erkennen, ob Maßnahmen zu ergreifen sind, um das numerische Verhalten zu stabilisieren. Wählen Sie dazu während oder nach der Analyse im Strukturbaum unter **LÖSUNG** die **LÖSUNGSINFORMATIONEN** und wechseln Sie im Detailfenster von **SOLVER AUSGABE** nach **KRAFT KONVERGENZ**.

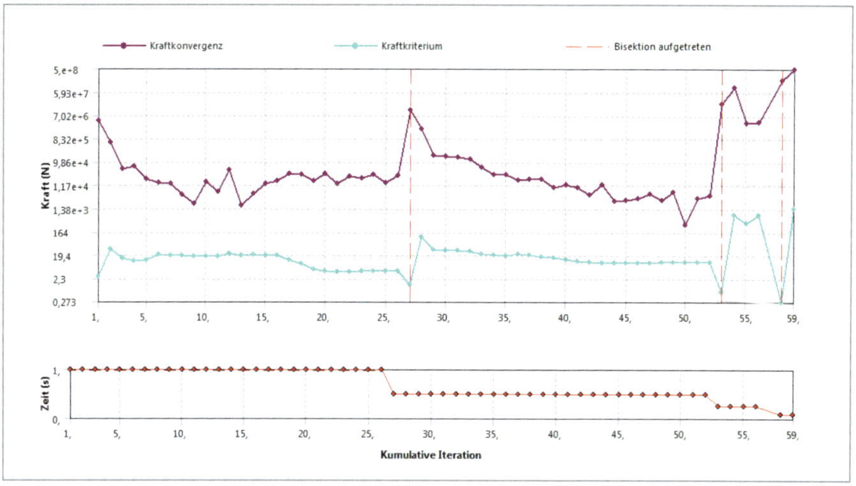

In diesem Konvergenzmonitor sieht man in Violett das Residuum, d. h. das Kraft-Ungleichgewicht, das in diesem Beispiel bis zur 9. Iteration nach unten geht. Würde die Kurve für das Residuum die hellblaue Linie unterschreiten, wäre der Gleichgewichtszustand erreicht. Aufgrund unsauberer Rand- und Kontaktbedingungen im Modellaufbau kann in dieser Analyse der Gleichgewichtszustand aber nicht ermittelt werden, sichtbar an der violetten Kurve, die von der 10. bis 26. Iteration keinen Fortschritt in der Konvergenz erreicht (das Residuum wird nicht kleiner). Daher bricht der ANSYS Solver nach der 26. Iteration die Zeit (= die Last) auf die Hälfte herunter (sichtbar an der rote Kurve unten). Auch mit der halben Last ist nach weiteren 26 Iterationen bis zur 52. Iteration keine Lösung erzielt. ANSYS bricht die Last noch zwei Mal auf jeweils die Hälfte herunter, erreicht nach einigen weiteren Iterationen immer noch keine Lösung und wird nach der 59. Iteration kontrolliert gestoppt. Mit korrekten Last- und Kontaktbedingungen ergibt sich das in der folgenden Abbildung dargestellte Verhalten.

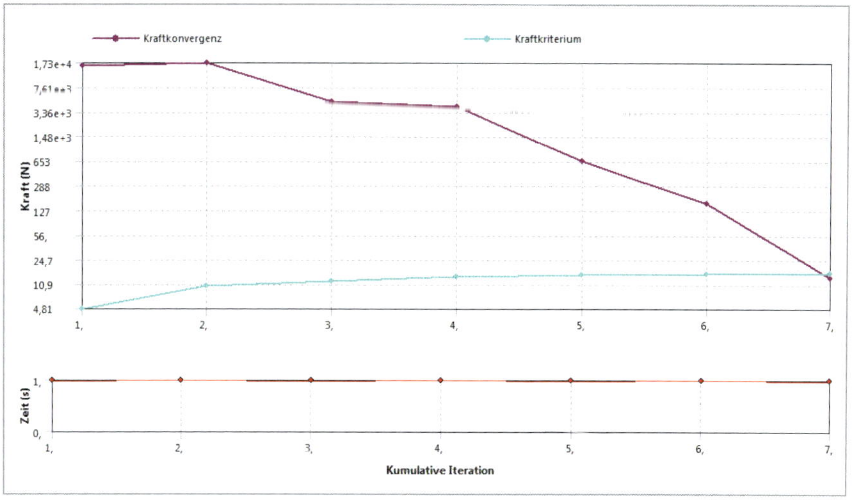

Innerhalb von sieben Iterationen wird das Residuum kontinuierlich kleiner und dokumentiert hier ein sehr stabiles Konvergenzverhalten.

Im Hintergrund stehen verschiedene numerische Verfahren zur Verfügung, um das Konvergenzverhalten zu optimieren wie z.B. die oben gezeigte automatische Zeitsteuerung, die den Zeitschritt an den Grad der Nichtlinearität anpasst. Diese werden in ANSYS automatisch ausgewählt, sodass der Anwender sich nicht um diese Verfahren kümmern muss, sondern sich auf die physikalische Aufgabenstellung konzentrieren kann. Für den fortgeschrittenen Anwender lassen sich hier aber oft noch Performance-Vorteile realisieren, wenn die Automatismen des Solvers von der Erfahrung des Anwenders ergänzt werden.

Der Vorteil des impliziten Verfahrens liegt in einer stabilen Zeitintegration, die es im Prinzip erlaubt, große Zeitschritte zu wählen, was zugunsten einer robusten Konvergenz (und möglicherweise auftretenden physikalischen Schwingungen) jedoch nicht überstrapaziert werden sollte. Aufgrund der für jeden Zeitschritt erforderlichen Gleichgewichtsiterationen, kann die transiente Dynamik recht rechenintensiv werden. Die Herausforderung für eine effiziente Lösung liegt darin, eine gute Konvergenz zu erhalten, d.h. in wenigen Iterationen den Gleichgewichtszustand schnell zu finden. In der industriellen Praxis wird die nichtlineare Dynamik mit impliziten Solvern oft mit einer Modellreduktion verknüpft.

Explizites Verfahren

Aus der Bewegungsgleichung lässt sich mit der Diskretisierung der Zeit und einer expliziten Integration folgende Gleichung für den Zeitpunkt t_{n+1} herleiten:

$$\overline{K}_n \cdot u_{n+1} = \overline{F}_{n+1}$$

Explizit braucht kleine Zeitschritte

Man sieht, dass das explizite Verfahren zur Berechnung des neuen Zeitschritts die Steifigkeitsmatrix des zuvor berechneten verwendet und auf den neuen Zeitpunkt hin quasi „extrapoliert". Dadurch wird keine Gleichgewichtsiteration benötigt, und der einzelne Zeitschritt kann sehr schnell berechnet werden. Allerdings darf der Zeitschritt nicht sehr groß sein, weil die Verwendung der „alten" Matrizen sonst nicht mehr zulässig ist. Das explizite Verfahren braucht also kleine Zeitschritte, um eine stabile Zeitintegration aufzuweisen. Für ein zu untersuchendes Zeitfenster von z.B. 0.5 s bedeutet ein halbierter Zeitschritt die doppelte Anzahl zu berechnender Zeitpunkte und damit die doppelte Berechnungszeit. Dieser Zusammenhang ist deshalb von Bedeutung, weil die kleinste Elementkantenlänge den Zeitschritt definiert. Phänomenologisch betrachtet heißt das, dass der Zeitschritt nicht so groß werden darf, dass die sich ausbreitende Schockwelle in einem Zeitschritt ein finites Element überspringt. Als Grenzwert des Zeitschrittes gilt

$$\Delta t = l/c$$

l = kleinste Element-Kantenlänge, c = Schallgeschwindigkeit

$$c = \sqrt{\frac{E}{\rho}}$$

E = E-Modul, ρ = Dichte

Einfluss der Vernetzung

Bei einer Elementgröße von 6 mm, z. B. für die Berechnung von Fahrzeugstrukturen, ergibt sich für Stahl ein Zeitschritt von ca. 1e-6 s. Eine Crash-Analyse, die ein Zeitfenster von 100 ms = 1e-1 s abdeckt, erfordert damit ca. 100 000 Zeitschritte. Ein einziges Element mit halbierter Elementkantenlänge verdoppelt den Berechnungsaufwand, wenn keine weiteren Maßnahmen ergriffen werden.

Lokale Netzverdichtungen haben in expliziten Berechnungen deshalb auf die Berechnungszeit einen ungleich höheren Einfluss als in impliziten Analysen. Um die Netzdichte und damit den Zeitschritt und damit die Rechenzeit zu kontrollieren, versucht man, in der expliziten Analyse ein möglichst gleichmäßiges Netz zu generieren.

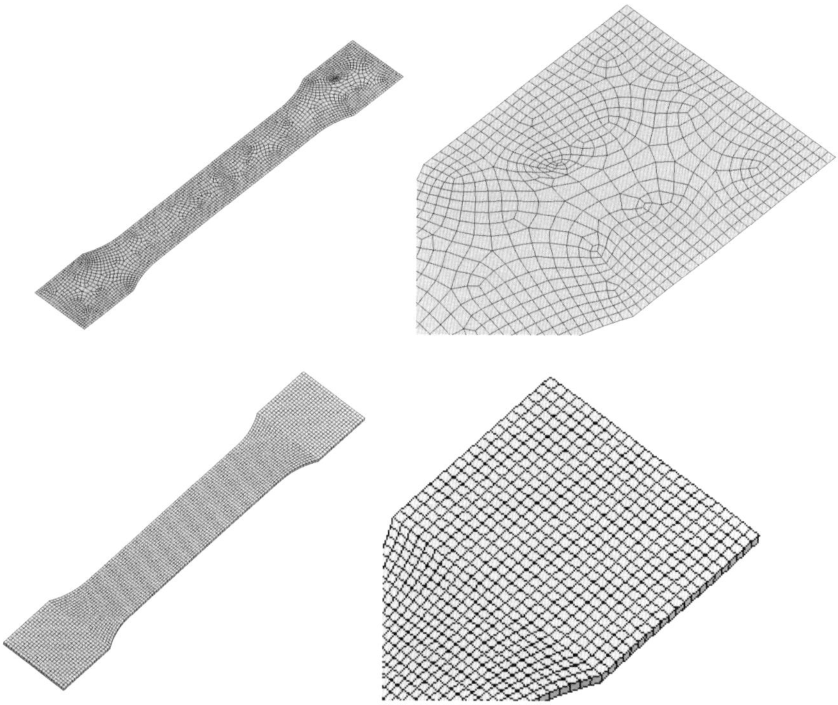

Massenskalierung

Während in der impliziten Analyse die Vernetzung oben links in der Abbildung einen nur unerheblichen Einfluss auf die Rechenzeit hat, ist bei der expliziten Analyse durch die unnötige Netzverfeinerung die Rechenzeit unnötig hoch. Deshalb besteht für explizite Analysen oft der Wunsch, die Vernetzung direkt zu steuern, um Elementformen und -größen besser kontrollieren zu können (unten links, unten rechts).

In zeitkritischen Situationen, in denen die Geschwindigkeit eine höhere Priorität als die Genauigkeit hat, besteht die Möglichkeit, den Einfluss des kleinsten Elementes auf den Zeitschritt und die Rechenzeit abzumindern: Bei Bedarf wird den Elementen mit der kleinsten Elementkantenlänge eine höhere Dichte zugewiesen, sodass dadurch die Schallgeschwindigkeit sinkt und der zulässige Zeitschritt steigt. Die erhöhte Masse führt aber auch zu größeren Massenkräften, sodass diese sogenannte Massenskalierung nur in begrenztem Maße stattfinden darf. Diese Funktion wird erst nach Aktivieren durch den

Anwender verwendet. Dabei steuert er lediglich die maximale Massenzunahme. Ort und Grad der Dichteänderung werden vom Solver während der Analyse automatisch bestimmt (was im Postprocessing auch visualisiert werden kann), wodurch auch einem sich verkleinernden Zeitschritt aufgrund von Elementdeformationen entgegengewirkt wird.

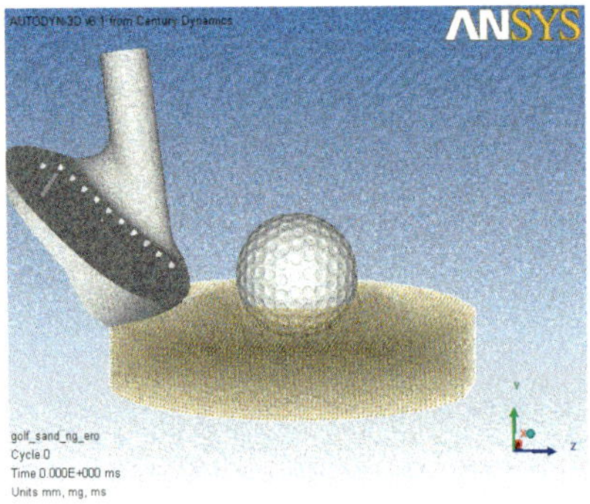

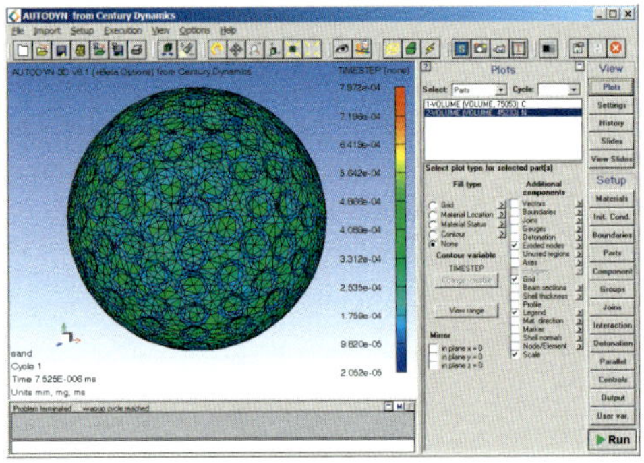

MASS SCALING SUMMARY BY PART

PART	MASS	ADDED MASS	TOTAL MASS	%ADDED
1-VOLUME	2.307E+04	4.945E+00	2.307E+04	2.144E-02
2-VOLUME	2.035E+05	0.000E+00	2.035E+05	0.000E+00

Auf diese Weise wurde beispielsweise bei der Berechnung des Abschlags eines Golfballs der Zeitschritt von 0.2e-4 Sekunden auf 1e-4 Sekunden verfünffacht. Die Masse wurde lediglich um 0.02 % erhöht und so eine sehr effektive Beschleunigung der Analyse bei sehr geringem Einfluss auf die Genauigkeit erreicht.

Wie viel schneller?

Während bei transient dynamischen Analysen das Zeitfenster durch den physikalischen Prozess vorgegeben ist, muss der Anwender bei langsamen Prozessen (z. B. Tiefziehen eines Blechs) oder statischen Anwendungsfällen die Geschwindigkeit selbst sinnvoll wählen. Wird ein langsamer Prozess, der in Wirklichkeit z. B. in einer Sekunde abläuft, in der expliziten Simulation auf eine halbe Sekunde beschleunigt, ergibt sich durch den aus der Vernetzung definierten festen Analysezeitschritt ein Rechenzeitgewinn um Faktor 2. Jede langsame Analyse wird man in der expliziten Analyse so weit beschleunigt betrachten, solange sich das nicht auf das Ergebnis auswirkt. Ein statischer Gleichgewichtszustand wird ebenfalls als „langsam“ ansteigende Belastung gerechnet. Auch hier gilt, je kürzer die Zeit, desto effizienter die Analyse, desto eher aber auch die Gefahr von dynamischen Effekten. In solchen Fällen gilt es also, eine ingenieurtechnische Entscheidung darüber zu fällen, wie stark man den realen Prozess beschleunigen kann, ohne dynamische Effekte zu provozieren. Eine Möglichkeit, dies zu prüfen, ist die Voraussetzung der Statik: Das Gleichgewicht der Kräfte. In der Statik dürfen keine Trägheitseffekte wirken, d. h., die aufgegebenen Kräfte müssen den Reaktionskräften entsprechen.

Das folgende Diagramm zeigt die Reaktionskräfte einer expliziten, quasistatischen Analyse, bei der ein linearer Anstieg der Kraft vorgegeben war.

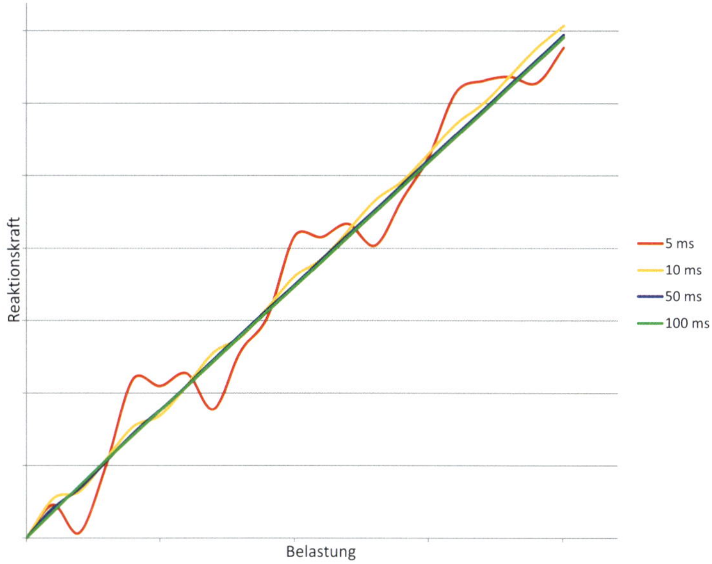

Normierte Reaktionskraft für verschiedene Belastungsgeschwindigkeiten bei linearem Kraftanstieg

Wird die Analyse in einem Zeitfenster von 100 ms durchgeführt, steigt die Reaktionskraft mit der Belastung linear an (grüne Linie), was eine gute Abbildung des tatsächlichen Verlaufs darstellt, aber auch eine vergleichsweise lange Rechenzeit bedeutet. Bei einer Beschleunigung der Analyse um den Faktor 2 (blaue Kurve für 50 ms) ist die Situation bis auf einige kleine Überschwinger zu Beginn der Belastung noch ähnlich. Bei einer weiteren Verkürzung des Zeitfensters auf 10 ms (gelbe Kurve) wird deutlich, dass dynamische Effekte auftreten, die für eine grobe Vorabberechnung vielleicht noch akzeptabel sind, während das kürzeste Zeitfenster von 5 ms für eine statische Analyse zu einem unbrauchbaren dynamischen Verhalten der Struktur führt. Dieses Antwortverhalten ist für jede Struktur und Belastung unterschiedlich, weil die gegebenenfalls auftretenden Schwingungen von der Bauteilsteifigkeit und -masse sowie der Anregung abhängen. Eine Modalanalyse vor der transienten hilft dabei, die Zeit abzuschätzen, die mindestens angesetzt werden sollte, um die Last aufzubringen (> Periodendauer der zugehörigen Eigenfrequenz). Durch das Auswerten der Reaktionen der Struktur kann nach der Analyse ermittelt werden, ob das Zeitfenster hinreichend lang gewählt wurde, um eine statische Antwort zu erhalten. Ein weiteres Kriterium ist das Verhältnis von kinetischer zu interner Energie, das in statischen Analysen klein sein sollte.

Auch wenn diese Beschleunigung der Analyse durch ein kürzeres Zeitfenster im ersten Moment kompliziert klingt, ist sie eine sehr oft angewandte Methode, da man durch diesen Kniff oft einige Faktoren an Rechenzeit herausholen und so konstruktive Maßnahmen durchrechnen und bewerten kann, die sonst in eng gesteckten Projektplänen nicht realisierbar wären.

Hourglassing

Ein weiterer Aspekt, der bei expliziten Berechnungen besonders beachtet werden sollte, ist die sogenannte Hourglass-Energie. In expliziten Analysen werden bei Hexaeder- und Viereckselementen für die Formulierung von Dehnraten und Kräften lediglich die Differenzen der Koordinaten der diagonal gegenüberliegenden Ecken des Elements einbezogen.

Wenn sich ein solches Element so deformiert, dass diese Differenzen gleich bleiben, entsteht keine Dehnungsänderung im Element, d. h., es gibt keinen Widerstand gegen diese Art der Elementdeformation.

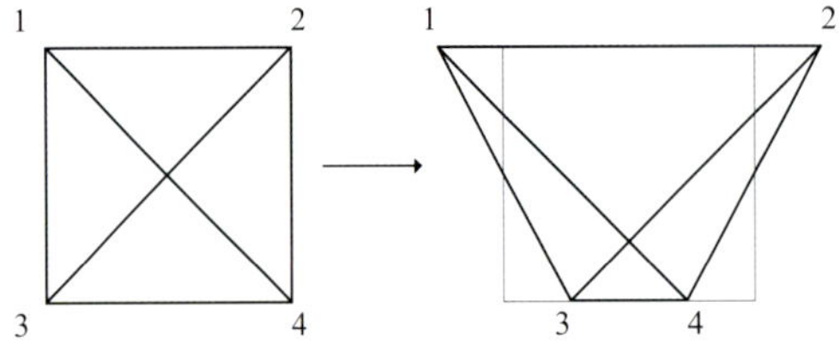

Treten diese Deformationen an einem Muster von Elementen auf, setzen sie sich von einem Element in das nächste fort und können für zwei Elemente zu einer Form ähnlich einer Sanduhr (Hourglass) führen.

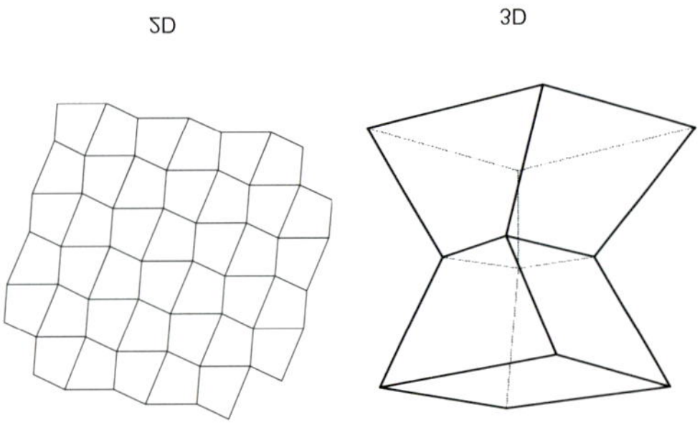

Bei einer punktuellen Belastung werden diese energiefreien Elementdeformationen besonders leicht erzeugt und können sich insbesondere bei grober Vernetzung fortsetzen.

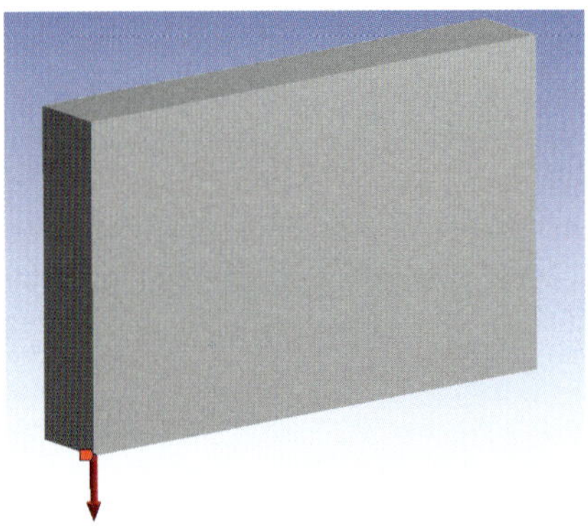

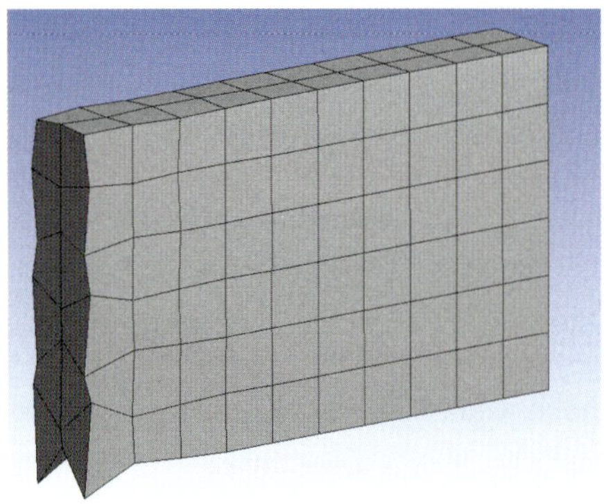

Um diese physikalisch unsinnige Deformation der Elemente zu vermeiden, kann man höherwertige Elemente einsetzen (die wiederum andere Nachteile mit sich bringen), die Lasten verteilen, das Netz verfeinern und/oder eine Hourglass-Dämpfung in der Elementformulierung aktivieren. Die Dämpfung sollte nach der Durchführung der Analyse geprüft werden, indem man im Strukturbaum **LÖSUNG** anwählt und dann die **SOLVERAUSGABE** auf **ENERGIEÜBERSICHT** umstellt.

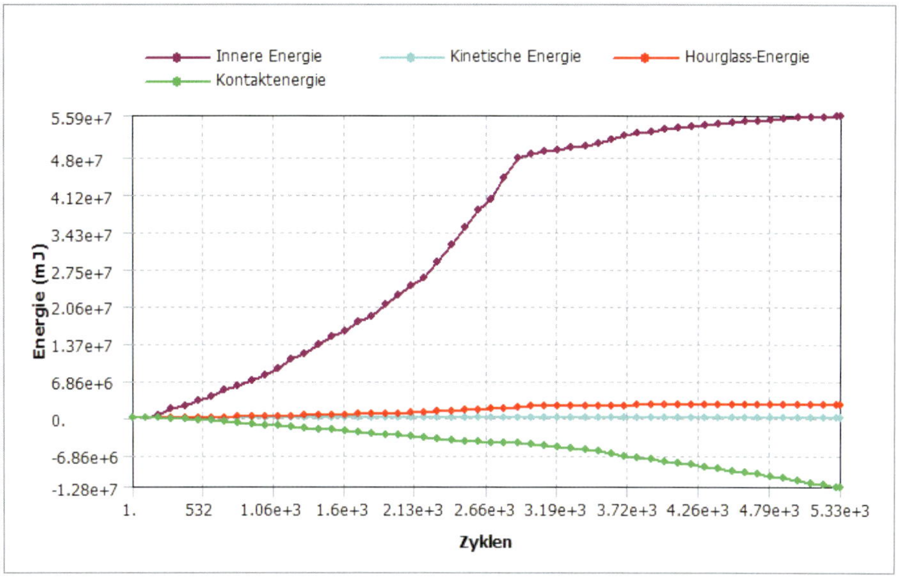

Beträgt die Hourglass-Dämpfungsenergie mehr als fünf bis zehn Prozent der internen Energie (also der Energie, die das Bauteil deformiert), besteht die Gefahr, dass sie das physikalische Ergebnis beeinflusst. In einem solchen Fall sollte die Hourglass-Dämpfung reduziert und die Berechnung neu durchgeführt werden. In ANSYS Explicit STR stehen zwei verschiedene Arten der Hourglass-Dämpfung zur Verfügung: Die Standard-Hourglass-Dämpfung (AUTODYN Standard) und FLANAGAN BELYTSCHKO. Beides sind viskose, d. h. geschwindigkeitsabhängige Dämpfungen, wobei die Standard-Dämpfung auch Starrkörper-Rotationen dämpft. In vielen Fällen wird daher die FLANAGAN BELYTSCHKO-Dämpfung für eine bessere Energiebilanz sorgen, weshalb es sich empfiehlt, im Zweifelsfall diese zu verwenden.

Neben der Hourglass-Energie kann auch die Kontaktenergie zur Beurteilung der Modellgüte herangezogen werden. Bei einem reibungsfreien Kontakt sollte sie vom Betrag her ebenfalls klein sein. Ist sie das nicht, kann die Ursache z. B. in einer großen Durchdringung der Kontaktpartner liegen. Reibungsbehaftete Kontakte werden dagegen einen Teil der Energie aufnehmen und physikalisch in Wärme umsetzen. Dieser Teil der Energie wird in der rein mechanischen Betrachtung als negative Energie in die Energiebilanz eingehen, eine positive Kontaktenergie spiegelt einen unphysikalischen Energie-„Gewinn“ wider. Neben der rein grafischen Darstellung besteht die Möglichkeit, sich die Energien bezogen auf Bauteile oder Materialien in der Textdatei *PROJECT_files\dp0\SYSXXX\MECH\admodel.prt* auflisten zu lassen. Energiebilanz

Der Vorteil des expliziten Verfahrens liegt in der großen Robustheit der Lösung auch bei sehr dominanten Nichtlinearitäten. Komplexe Kontaktsituationen, Materialversagen oder Instabilitäten, die beim impliziten Verfahren zu Konvergenzproblemen führen können und die viel Rechenzeit und/oder den Eingriff des Anwenders erfordern, werden beim expliziten Verfahren mit hoher Zuverlässigkeit und recht genau abschätzbarer Rechenzeit gelöst (Zeitfenster/Zeitschritt * Dauer eines Zeitschritts).

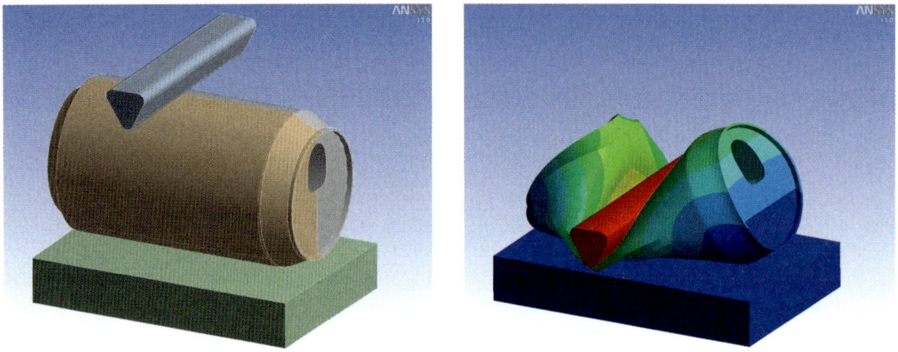

Bei nichtlinear-transienten Analysen, die hohe Frequenzen abdecken sollen und damit kleine Zeitschritte erfordern, ist das explizite Verfahren durch die hohe Geschwindigkeit jedes einzelnen Zeitschritts dem impliziten auch in Bezug auf die Rechenzeit überlegen. Bei großen Zeitschritten oder langen Zeiträumen spielt die implizite Analyse ihre Vorteile aus, z. B. bei der Kopplung der Mechanik mit thermischen oder strömungsmechanischen Effekten, die häufig längere Zeitskalen voraussetzen.

Gegenüberstellung impliziter und expliziter Analysen

Vorteile implizit/explizit

Zusammenfassend lässt sich also sagen, dass das implizite Verfahren seine Vorteile hat, wenn:

- der Zeitschritt groß sein soll → lang andauernde transiente Dynamik (mehrere Sekunden)
- die Vernetzung lokal sehr fein werden muss → Lebensdauerberechnung
- der Masseneffekt keine Rolle spielt → Statik
- Dynamik im Frequenzbereich berechnet werden soll → freie und angeregte Schwingungen

Auf der anderen Seite bietet die explizite Methode Vorteile bei:

- nichtlinear-transienten Analysen und hohen Eigenfrequenzen (die einen kleinen Zeitschritt erfordern) → Crash
- Prozessen oder statischen Zuständen mit starken Nichtlinearitäten, die implizit sehr viele Gleichgewichtsiterationen brauchen, explizit jedoch mit hoher Robustheit quasistatisch berechnet werden können → Umformen, Materialversagen, komplexer Kontakt

Damit ergeben sich folgende typische Anwendungsschwerpunkte:

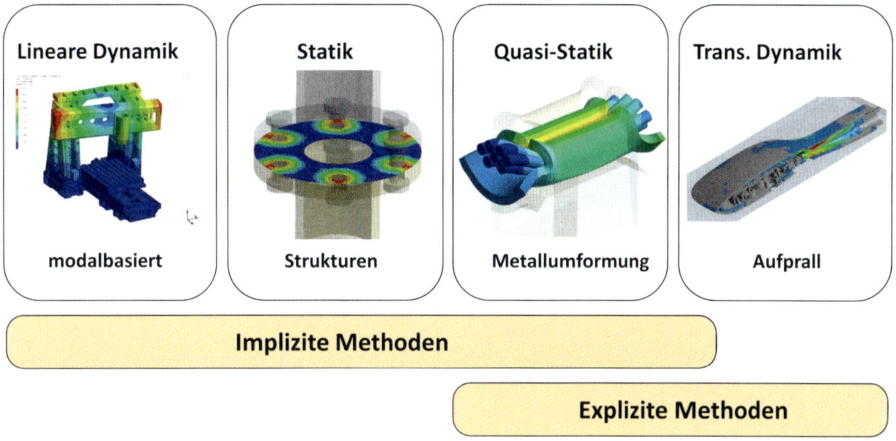

Anwendungsschwerpunkte Implizit

In der Statik werden Steifigkeit und Festigkeit unter ruhenden Lasten untersucht, z. B. die Steifigkeit von Bearbeitungs- und Fertigungsanlagen (Werkzeugmaschinen, Walzwerke), oder die Festigkeit von hochbelasteten Teilen, beispielsweise in der Antriebstechnik (Getriebe, Gehäuse, Wälzlager). ANSYS unterstützt dabei alle Arten von Nichtlinearitäten wie nichtlineares Material, Kontakt und große Deformationen z. B. für die virtuelle Funktionsprüfung von Elastomer- und Kunststoffteilen (Faltenbälge, Dichtungen, Schnappverschlüsse). Für Traglastberechnungen und Simulationen hinsichtlich Knicken und Beulen schlanker und dünnwandiger Strukturen liefert der implizite Lösungsweg in ANSYS dank bewährter Lösungsverfahren (Bogenlängenverfahren, numerische Stabilisierung) eine hohe Robustheit und Rechengeschwindigkeit.

Mit Modalanalysen können in ANSYS Eigenschwingungen und Eigenfrequenzen berechnet werden, um Resonanzen zu vermeiden (z. B. Brücken) oder zu provozieren (z. B. Sonotroden). Darauf aufbauend ermittelt ANSYS die Amplitude einer Schwingung, wenn harmonische, rauschförmige (PSD) oder Spektrum-(Erdbeben-)Anregungen vorliegen. Damit lässt sich über einen bestimmten Frequenz- oder Zeitbereich beobachten, wie die Antwort der Struktur auf die Anregung aussieht, vergleichbar mit einem Versuch auf einem Shaker. Rotordynamik und gyroskopische Effekte, reibungsinduzierte Schwingungen (Bremsenquietschen), zyklische Symmetrie und die Schwingungsdämpfung durch Fluide per Fluid-Struktur-Interaktion (FSI) löst ANSYS mit einem speziell für unsymmetrische Matrizen optimierten Gleichungslöser. Für transiente Analysen steht sowohl eine Lösung im Frequenzbereich (lineare Systeme) als auch im Zeitbereich (nichtlineare, transiente Systeme) zur Verfügung, wobei der Letztere in der Praxis wegen des hohen Rechenzeitbedarfs kaum genutzt wird.

Anwendungsschwerpunkte Explizit

In der Produktentwicklung sind neben den klassischen Anwendungsgebieten der expliziten Methode wie Crash, Insassensicherheit, Umformung und Explosion zunehmend auch allgemeine nichtlinear-transiente Analysen gefragt. Dazu gehören z. B. Falltest-, Traglast und Versagensanalysen. Bei virtuellen Falltests ist eine anspruchsvolle Kontaktbehandlung in Verbindung mit hochfrequenten Schwingungen, die sich zeitlich im Bauteil ausbreiten, von zentraler Bedeutung. Im Fall von Traglast- und Versagensanalysen müssen zusätzlich große Elementdeformationen und entsprechende nichtlineare Materialmodelle vorliegen, die auch eine Schädigung des Materials mit anschließendem Versagen berücksichtigen. Statische Analysen werden mit expliziten Solvern transient-dynamisch gerechnet, die Dynamik ist immer inklusive, das Zeitfenster kann aber so ausgedehnt werden, dass der dynamische Effekt quasi keine Rolle mehr spielt, daher der Begriff „Quasistatik".

Mehrkörpersimulation

Bewegte Systeme

Um den Berechnungsaufwand zu minimieren, gibt es verschiedene Möglichkeiten, um Komponenten oder ganze Systeme zu kondensieren. Eine sehr weitreichende Reduktion kann bei der Mehrkörpersimulation (MKS) bzw. Multi Body Simulation (MBS) stattfinden: Im Extremfall werden alle Körper auf ihren Massepunkt mit entsprechenden Trägheitseigenschaften reduziert und weisen keine Elastizität mehr auf (Starrkörpersimulation, Rigid Body Simulation). Über Gelenke oder Kontakte sind diese Körper miteinander verbunden. Man unterscheidet drei Arten der Analysen:

- *Kinematik:* Bewegung des Systems
- *Dynamik:* Bewegung des Systems für gegebene Kräfte und Momente
- *Inverse Dynamik:* Ermittlung der Reaktionskräfte/Momente für eine gegebene Bewegung

Der Reiz einer Mehrkörpersimulation mit ANSYS liegt weniger im Ersetzen traditioneller MKS-Lösungen, sondern in der weitergehenden Funktionalität, die Elastizität der einzelnen Körper zu berücksichtigen. Durch ein Verfahren namens Component Mode Synthesis (CMS), einer Form der Substrukturtechnik, wird zuerst das statische und dynamische Verhalten jeder Komponente in einem Superelement zusammengefasst und auf diese Weise das Gesamtsystem modelliert. Gegenüber der statischen Reduktion (Guyan) bietet das CMS-Verfahren eine deutlich bessere Genauigkeit und im Fall von Konstruktionsänderungen ist nur die jeweilige Komponente betroffen, sodass die Berechnungen für alle anderen Subsysteme erhalten bleiben können. Die effiziente und genaue Abbildung des elastischen Verhaltens von Bauteilen in dynamischen Mehrkörpersimulationen bietet damit auch die Möglichkeit, realitätsnahe Betriebsfestigkeitsanalysen durchzuführen, da Last-Zeit-Reihen nicht mehr nur per Messung, sondern auch durch Simulation ermittelt werden können.

4.5 Topologie-Optimierung

Formfindung

Die Topologie-Optimierung ist ein Verfahren, um ohne parametrische Geometrie für ein Bauteil eine belastungsgerechte Form zu ermitteln. Der Anwender definiert den zur Verfügung stehenden Bauraum und den Grad des Materials, den er einsparen möchte. In einem iterativen Verfahren wird das Material schrittweise an den Stellen entfernt, an denen es die Steifigkeit am wenigsten beeinflusst. Die Topologie-Optimierung kann so helfen, für komplexe Belastungen oder Bauräume eine belastungsgerechte Form zu finden.

Wo Material entfernen?

Die Topologie-Optimierung sieht die in ANSYS Workbench geladene Geometrie als Verfügungsmasse, um für einen definierten Lastfall die ideale Materialverteilung *in diesem Raum* zu ermitteln. D. h., es kann kein Material außen hinzugefügt, sondern lediglich in bestimmten Bereichen entfernt werden. Der Anwender definiert dabei den Grad an Material, den er entfernen möchte (fünf bis 90 %). Geringe Werte der Materialreduktion zeigen ihm die Stellen, wo in der bestehenden Konstruktion Material eingespart werden kann. Ein hoher Grad an Materialreduktion zeigt mit dem verbleibenden „Gerippe", wo Versteifungsrippen in der bestehenden Konstruktion angebracht werden können.

Für Werkzeugmaschinenbauer, wo gerade die Steifigkeit eine zentrale Rolle spielt, kann die Topologie-Optimierung den steifigkeitsgerechten Aufbau der Grobstruktur vereinfachen. So konnte z. B. mit der Topologie-Optimierung in ANSYS Workbench ein Pressengestell gegenüber der manuellen Optimierung um 50 % versteift werden.

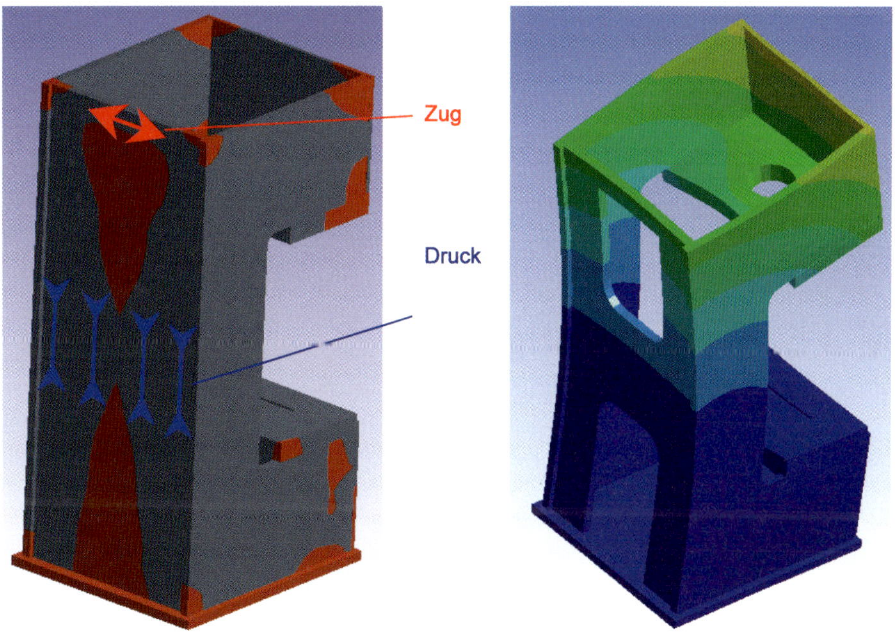

Anwendungsbeispiel AGCO-FENDT

Die Marke Fendt aus Marktoberdorf gehört seit 1997 zur AGCO-Corporation und ist die Hightech-Marke im Konzern für Kunden mit den höchsten Ansprüchen. Das Angebot von Fendt umfasst sieben Traktorenbaureihen im Leistungsbereich von 48 kW bis 228 kW, Mähdrescher und Quaderballenpressen sowie Rundballenpressen.

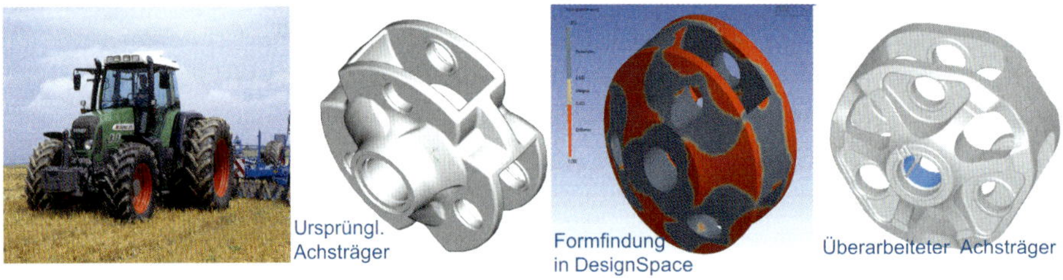

Aufgabe:

- Re-Design eines Achsträgers für ein Planetengetriebe in der Hinterachse
- optimaler Materialeinsatz
- geringst mögliches Gewicht
- ohne Steifigkeit und Festigkeit

Vorteile:

- neue Ideen für die Formfindung
- schnelle Ergebnisse für einen zielgerichteten Konstruktionsprozess
- Einsparung von Konstruktions- und Berechnungsschleifen
- innovative Bauteilkonstruktion
- Sicherung der Premium-Position im Konzern
- Wettbewerbsvorsprung

4.6 Betriebsfestigkeit

Statische Festigkeit reicht nicht aus

Beim Versagen von Bauteilen unterscheidet man zwischen Gewalt- und Ermüdungsbruch. Der Gewaltbruch findet bei statischen Lastfällen durch Überschreiten des statischen Festigkeitswertes der Bruchgrenze statt. Bei zyklischer Belastung tritt dagegen der sogenannte Ermüdungsbruch bereits bei sehr viel geringeren Spannungswerten auf. Kann ein Bauteil eine beliebig hohe Anzahl von Lastzyklen ertragen, bezeichnet man es als dauerfest. In der Praxis wird dies z. B. durch eine Lastspielzahl von 10^6 repräsentiert. Daneben gibt es auch Bauteile, die nur für eine begrenzte Anzahl von Lastzyklen ausgelegt und demnach einer Lebensdaueruntersuchung unterzogen werden. Durch die hohe Anzahl von Lastzyklen sind die Zeiten für reale Versuche relativ hoch. Dazu kommt, dass aufgrund der Streuung der Messergebnisse mehrere Versuche durchgeführt werden müssen, um statistisch abgesicherte Werte zu erhalten.

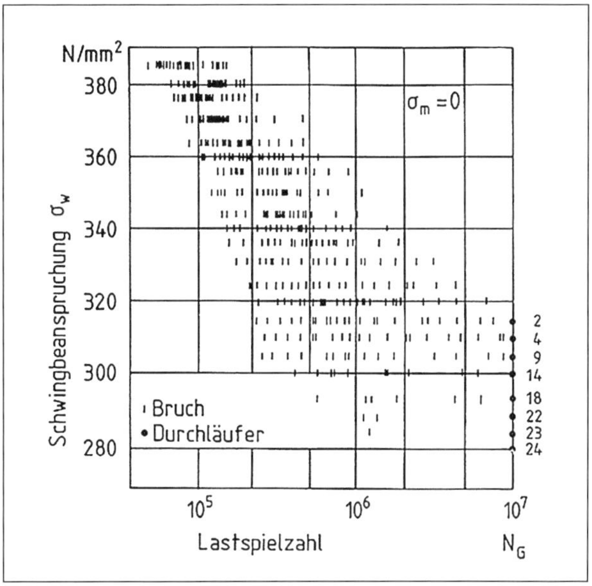

Messergebnisse zur Ermittlung einer Wöhlerkurve inklusive Streuung

Ermüdung ist also kein deterministisches, sondern ein statistisches Phänomen. Neben der Belastungsamplitude bestehen noch viele weitere Einflussgrößen wie z. B. die Mittelspannung, Wärmebehandlung, Kerbspannungsempfindlichkeit, Oberfläche, Eigenspannungen, Temperatur oder korrosive Medien.

Ermüdung kann mit drei unterschiedlichen Ansätzen analysiert werden: Spannungsbasiert (Stress Life, SN), dehnungsbasiert (Strain Life, EN) und über die Bruchmechanik.

Nennspannungskonzept

Der Weg über eine Spannungs-Wöhlerlinie (SN) schätzt die Lebensdauer anhand der elastischen Spannungen ab und wird im Nennspannungskonzept angewendet. Dabei wird die Schwingfestigkeit des betreffenden Bauteils mit der rechnerisch ermittelten Nennspannung verglichen. Da eine Bauteil-Wöhlerlinie in vielen Fällen nicht vorliegt (z. B. weil das Bauteil noch gar nicht existiert), wurden Varianten des Nennspannungskonzeptes entwickelt, um bauteilunabhängige Wöhlerlinien einsetzen zu können: Im Strukturspannungskonzept wird die Spannung an bestimmten Stellen der Struktur (z. B. im Abstand von einer Schweißnaht) ermittelt, zum Auswertepunkt hin extrapoliert und mit darauf abgestimmten (Strukturspannungs-)Wöhlerlinien verglichen. Das Kerbspannungskonzept basiert auf den lokalen, linear elastisch berechneten Kerbspannungen, um sie mit Kerbspannungs-Wöhlerlinien in Relation zu setzen. Die Wöhlerlinie ist für eine bestimmte Mittelspannung (meist 0, also unter wechselnder Last) ermittelt worden und wird durch eine Mittelspannungskorrektur (z. B. Haigh-Diagramm) angepasst.

Wöhlerlinie bei Mittelspannung 0

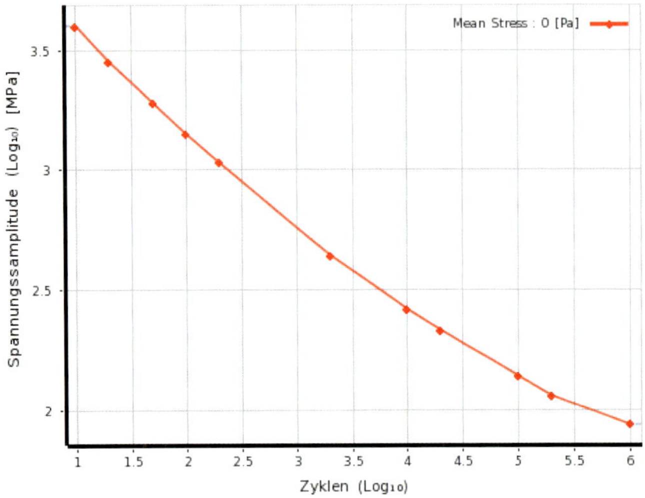

Die Schadensakkumulation nach Palmgren und Miner sieht vor, dass jedes Schwingspiel zu einer Schädigung führt, die anhand der Teilschädigungen (Verhältnis auftretender zu ertragbarer Zyklenzahl) nach verschiedenen Methoden zur Schadenssumme aufsummiert wird (Miner original, elementar, konsequent, modifiziert nach Haibach, modifiziert nach Zenner/Liu usw.).

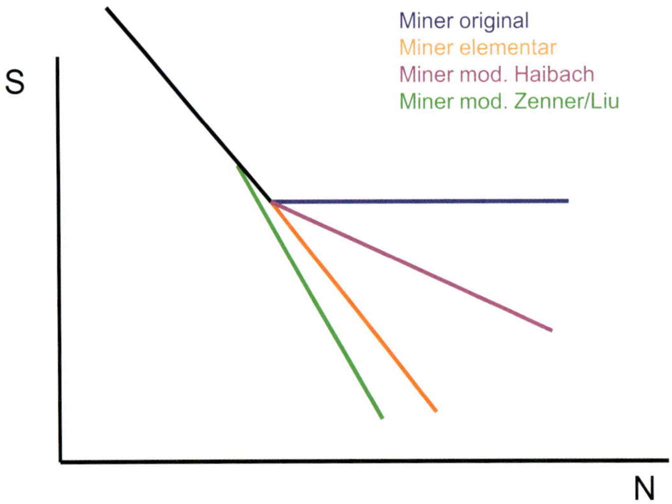

Örtliches Konzept

Diese Vielzahl lässt schon erahnen, dass das Verfahren die Schädigung nicht immer gut erfasst (z.B. wegen Dauerfestigkeits- und Reihenfolgeeinfluss), sodass vielfach auch anwendungsspezifische Schadenssummen zur Bewertung verwendet werden (relative Miner-Regel). Das Nennspannungskonzept (und seine Unterarten) eignen sich für Zyklenzahlen größer 10^4 (High Cycle Fatigue, HCF), metallische und nichtmetallische Werkstoffe sowie geschweißte Strukturen und ist die Basis vieler Regelwerke wie IIW oder ASME.

Das örtliche Konzept (auch Kerbgrund- oder Kerbdehnungskonzept) basiert auf einem werkstoffmechanischen Modell. Ausgangspunkt ist eine Dehnungs-Wöhlerlinie (EN) nach Manson/Coffin, deren Parameter aus den statischen Kenngrößen näherungsweise per Unified Material Law (UML) abgeleitet werden können.

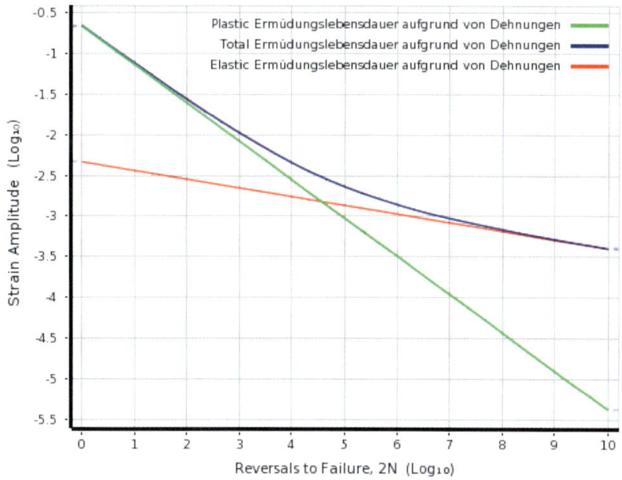

Für den Mittelspannungseinfluss existiert in diesem Modell ein Schädigungsparameter, für den es verschiedene Vorschläge gibt (z. B. nach Morrow, Manson/Halford oder – am häufigsten eingesetzt – Smith/Watson/Topper). Im Bereich von 10^2 bis 10^4 Zyklen wird über eine rein elastische FEM-Analyse mit Plastizitätskorrektur z. B. nach Neuber (siehe auch Abschnitt 9.12) und dem zyklischen Spannungs-Dehnungs-Verhalten (ZSD nach Ramberg-Osgood) die Dehnungsamplitude berechnet. Dies setzt jedoch voraus, dass der plastische Bereich relativ eng begrenzt ist, andernfalls ist eine elastisch-plastische FEM-Analyse erforderlich. In der überelastischen, zyklischen Belastung entstehen im Spannungs-Dehnungs-Pfad Hystereseschleifen.

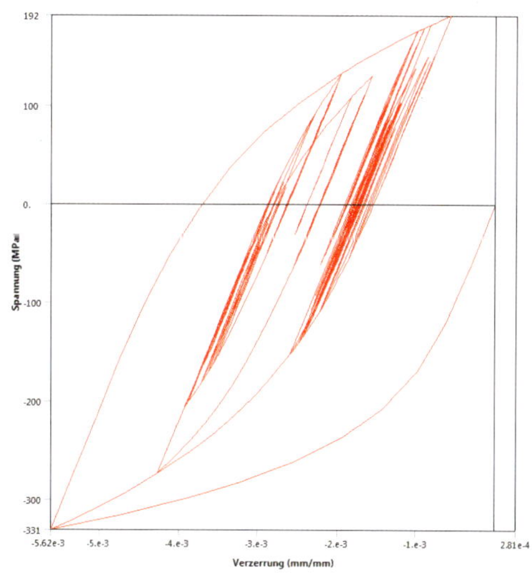

Unterhalb von 10^2 Zyklen erfolgt die Berechnung der Dehnung in jedem Fall durch eine elastisch-plastische FEM-Analyse. Es ist allerdings genau zu prüfen, ob in diesem Bereich eine Ermüdungsanalyse gegenüber einer statischen Betrachtung noch Sinn macht.

Mehrstufige und mehrachsige Belastungen

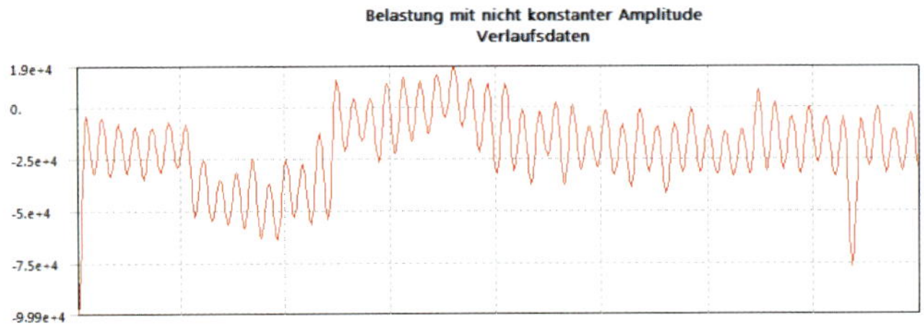

Für mehrstufige Belastungen wird in einem Zählverfahren (z. B. Rainflow) eine Klassierung vorgenommen, um Amplitudenkollektive zu erhalten, für die nach den zuvor beschriebenen Verfahren die Teilschädigungen ermittelt werden können.

Rainflow-Matrix der Last-Zeit-Funktion: Viele Zyklen mit kleiner Amplitude

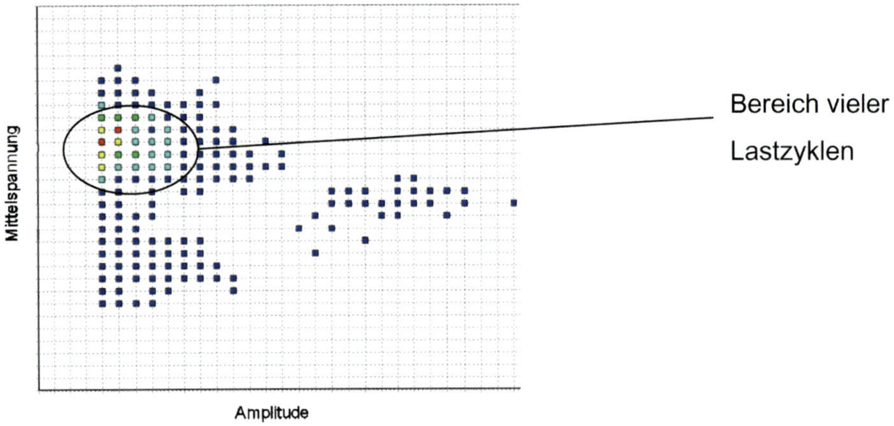

Schädigungsmatrix: Hohe Schädigung durch wenige Zyklen mit hoher Amplitude

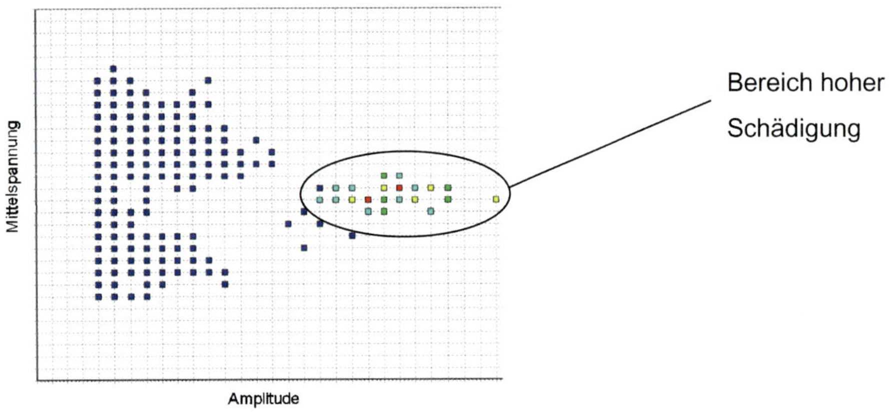

Die Betriebfestigkeitslösung ANSYS nCode DesignLife ist in besonderer Weise geeignet, anspruchsvolle, auch mehrachsige Betriebszustände zu verarbeiten. Neben konstanten Amplituden, die über Ober- und Unterspannung definiert sind, können importierte Zeitreihen verarbeitet und eigene Lastfolgen definiert werden (auch als Kombination dieser drei in sogenannte Duty Cycles). Basierend auf dem zeitabhängigen Spannungstensor werden Maße für die Mehrachsigkeit ermittelt (Biaxialität, Orientierung, Proportionalität) und automatisch geeignete Algorithmen verwendet (Max. Hauptspannungen, vorzeichenbehaftete Schubspannungen, kritische Schnittebene in dominanter Richtung oder Winkelintervall). Als FEM-Analysen werden statische, transiente, Temperatur- und Schwingungsanalysen verarbeitet.

ANSYS nCode DesignLife

ANSYS nCode DesignLife ist direkt in die Workbench-Umgebung integriert, mit allen Vorteilen der assoziativen Verknüpfung: Einmal definierte Abläufe bleiben erhalten, sodass Geometrie- und Lastvarianten sowie Optimierungsberechnungen effizient umgesetzt werden können. Konfigurierbare Workflows mit unternehmensspezifischen Einstellungen erleichtern sporadischen Anwendern den Einsatz und sichern die Qualität der Bewertung.

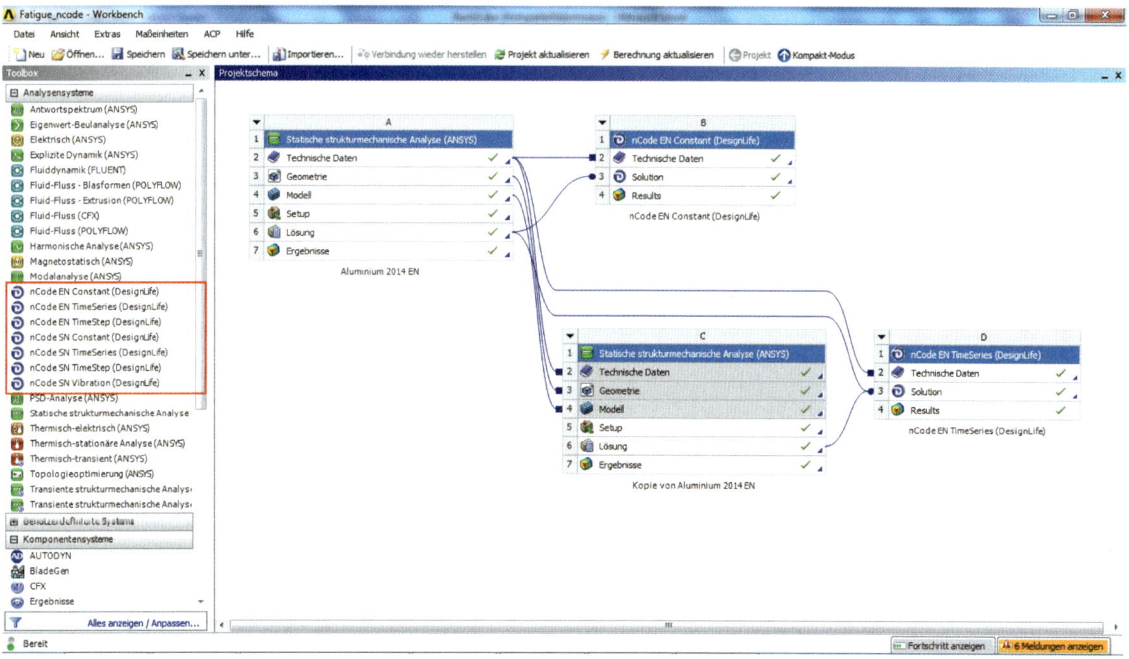

Toolbox mit vordefinierten Betriebsfestigkeitsanalysen, Betriebsfestigkeitsberechnung in System B mit konstanter Amplitude, System D mit zweikanaliger Zeitreihe bezogen auf FEM-Analyse von System A und C

Die Betriebsfestigkeitsanalyse selbst wird – analog zu dem ANSYS-Projekt – über Betriebfestigkeits-Bausteine aufgebaut, die das FE-Ergebnis, das Material, die Belastung, die eigentliche Analyse und verschiedene Auswertungen (3D-Plot, Tabellen, Bericht) repräsentieren.

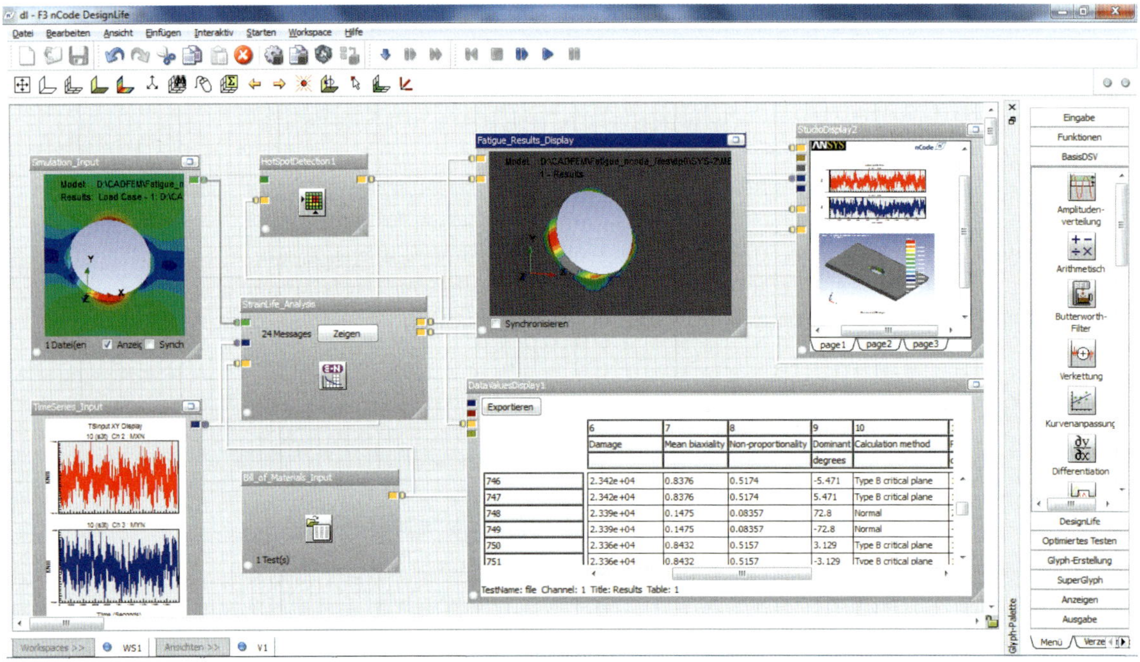

Die tief gehende Funktionalität und logische Bedienung werden durch eine umfangreiche Materialdatenbank abgerundet.

Bruchmechanik

Die Bruchmechanik befasst sich mit dem Ausbreiten und der Stabilität von Rissen aufgrund eines Anrisses oder Materialinhomogenitäten. Sie wird beispielsweise in der Luftfahrt eingesetzt, um Composite-Strukturen mit Fehlstellen (Delamination ...) zu bewerten, die Restlebensdauer abzuschätzen und Inspektionsintervalle festzulegen.

Auch in der Bruchmechanik wurden verschiedene Ansätze entwickelt, die auf spezifischen Kennwerten basieren, z. B. der Energiefreisetzungsrate G (elastisches Materialverhalten), dem Spannungsintensitätsfaktor K (ebenfalls nur elastisches Materialverhalten) oder dem sogenannten J-Integral (elastisch-plastisch). Die Anforderungen an die Vernetzung sind streng, die Modellaufbereitung und -auswertung oft aufwendig. In ANSYS Workbench wurde daher die Rissmodellierung automatisiert, sodass der Anwender anhand eines Koordinatensystems und einigen geometrischen Parametern in wenigen Minuten ein automatisiertes Netz für den Anriss in ein FEM-Modell einbauen kann.

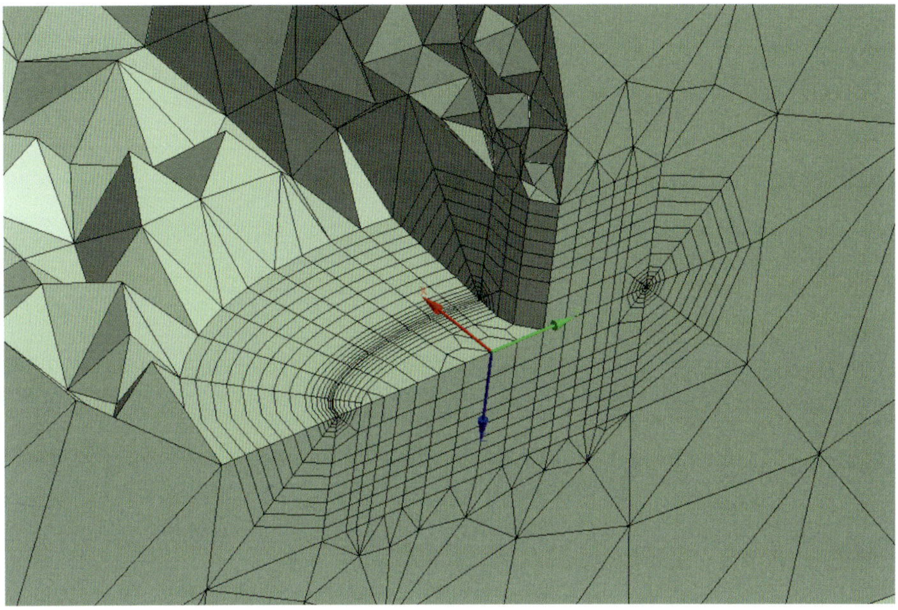

Anriss mit automatischer Netzerstellung (Bild: © Ansys, Inc.)

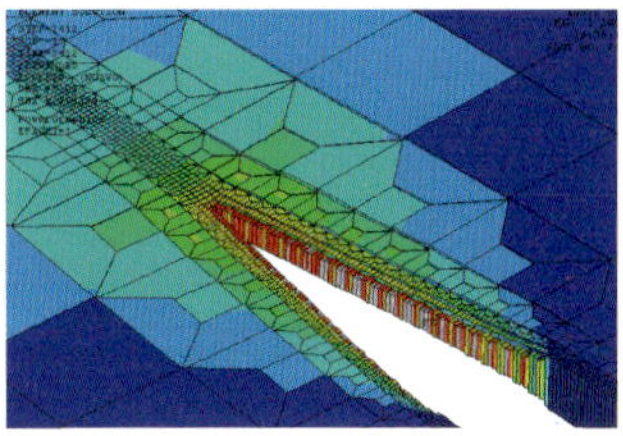

Neuere Methoden wählen deshalb andere Wege, beispielsweise über energiedissipierende Verbindungen mit Interface- oder Kontaktelementen, einem Materialmodell für duktile Schädigung (GTN-Modell, Gurson, Tvergaard, Needleman) oder die Abbildung von Unstetigkeiten auf Elementebene (Riss innerhalb eines Elements, XFEM).

4.7 Composites

Eine Sonderstellung in der Materialmodellierung nehmen faserverstärkte Kunststoffe, sogenannte Composites, ein. Sie bestehen aus einer Matrix, z. B. aus Duromeren oder Thermoplasten, und enthalten Fasern, z. B. aus Carbon, Glas oder Kevlar, die zusätzliche Steifigkeit und Festigkeit verleihen.

GFK im Mikroskop (Bild: © Wikipedia)

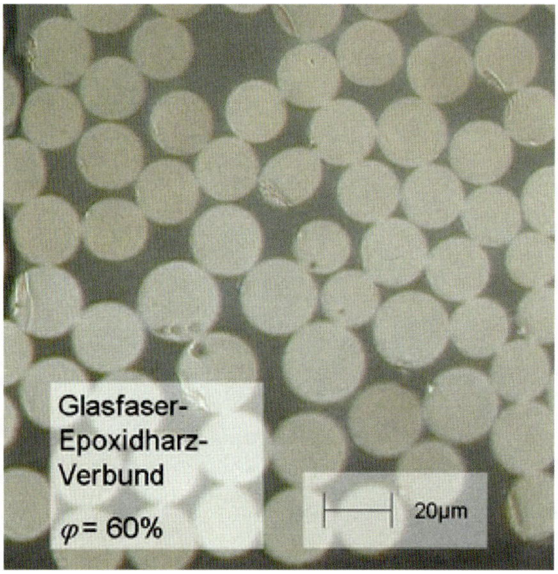

Je nach der Länge und dem Aufbau der Fasern unterscheidet man kurz- und langfaserverstärkte Composites, die auch in der Simulation mit unterschiedlichen Ansätzen abgebildet werden.

Kurzfaserverstärkte Kunststoffe

Spritzgegossen

Kurzfaserverstärkte Kunststoffe (Faserlänge 0.1 bis 1 mm) wie z. B. PA66 GF30, also ein Polyamid 6.6 (Nylon) mit 30 % Glasfasern, werden per Spritzgießen gefertigt, wodurch sich eine fertigungsbedingte Orientierung der Fasern ergibt. Diese Orientierung zusammen mit den sehr unterschiedlichen, oft nichtlinearen Materialeigenschaften der Matrix und der Fasern ergeben eine derart starke Variation der Steifigkeit und Festigkeit, dass sie bereits bei der Auslegung der Bauteile berücksichtigt werden müssen. So zeigen Untersuchungen an spritzgegossenen Bauteilen den großen Einfluss der Faserorientierung zwischen ungerichtet (3D) und gerichtet (1D), wie die folgende Abbildung zeigt.

Einfluss der Faserorientierung eines kurzfaserverstärkten Kunststoffes auf die Steifigkeit

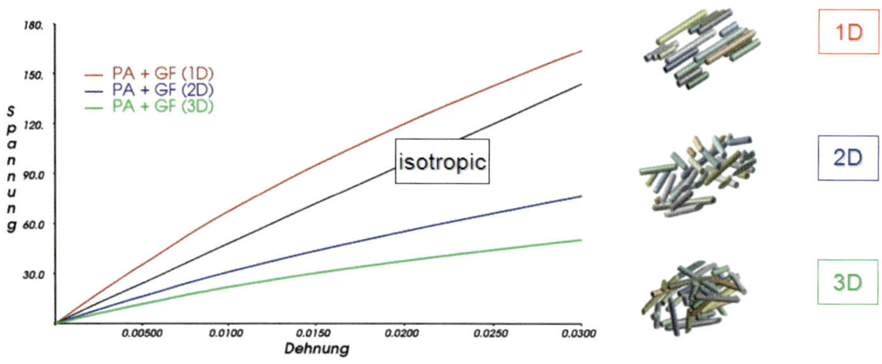

Neben der Faserorientierung sind aber vor allem die Nichtlinearitäten im Verhalten der Composite-Werkstoffe von zentraler Bedeutung. Bestimmte Simulationen wie z. B. Bauteilversagen in expliziten Analysen setzen solche nichtlinearen Effekte sogar voraus, sodass erst mit einer nichtlinearen Materialbeschreibung die Voraussetzungen für eine erfolgreiche Simulation gegeben sind.

Bei einer Kopplung von Spritzgieß- und FEM-Simulation waren diese beiden Kriterien – Berücksichtigung der Faserorientierung plus nichtlineares Materialverhalten – lange Zeit nicht gemeinsam realisierbar. Mit der Kopplung von Spritzgieß-Simulation und FEM-Simulation besteht für interessierte Konstrukteure und Berechnungsingenieure die Möglichkeit, die mikroskopische Struktur von Werkstoffen abzubilden und damit die makroskopischen Eigenschaften von Composites zu berechnen. Anhand der Faserorientierung aus der Spritzgießsimulation, den Materialdaten von Matrix und Füllkörpern sowie den Temperaturen werden die für die FEM-Berechnung zu verwendenden Materialeigenschaften durch eine Schnittstelle in ANSYS zur Spritzgießsimulation automatisiert berechnet. Aufgrund unterschiedlicher Netze zwischen FEM und Spritzgießsimulation stehen dafür Mapping-Funktionen zur Verfügung, um Ergebnisse bei unterschiedlicher Netzdichte, Raumlage, Skalierung und Orientierung zu übertragen.

Langfaserverstärkte Kunststoffe

Geschichtet

Bei langfaserverstärkten Kunststoffen werden Fasern zu verdrillten Faserbündeln, sogenannten Rovings, zusammengefasst und zu Geweben, Gelegen, belastungsorientierten Gestricken, Geflechten, Matten oder Vliesen vorverarbeitet. Diese Halbzeuge werden durch Wickeln, Legen oder als vorimprägnierte Gewebe (Prepregs) in mehreren Schichten zu einem Verbund aufgebaut und durch Aushärten der aufgetragenen, eingespritzten (RTM-Verfahren) oder vorimprägnierten Matrix zu einem leichten und leistungsfähigen Werkstoff für Luftfahrt, Motorsport und Automobilindustrie. Der besondere Herstellungsprozess und die sich dadurch ergebende Faserorientierung erfordern eine daran angelehnte Methodik bei der Erstellung des Berechnungsmodells. Traditionelle Ansätze modellierten einzelne Elemente oder Elementgruppen mit ihren einzelnen Schichten. Komplexe Strukturen wie z. B. der Lufteinlass eines Formel-1-Fahrzeugs mit komplexen Faserorientierungen sind auf diese Weise nur unzureichend und mit hohem Aufwand zu modellieren.

Daneben ist auch die Bewertung des Versagens von geschichteten Faserverbundwerkstoffen deutlich unterschiedlich zu homogenen Materialien wie beispielsweise Stahl oder Aluminium. Während bei diesen oft eine skalare Vergleichsgröße (z. B. Von-Mises-Vergleichsspannung) herangezogen wird, ist bei geschichteten Faserverbundwerkstoffen ein weitergehendes Verfahren erforderlich. Aufgrund der Faserorientierung ergeben sich orthotrope Festigkeiten. Der schichtweise Aufbau kann zu verschiedenen Versagensarten führen (Faserbruch, Zwischenfaserbruch, Delamination), die nach besonderen Kriterien überprüft werden müssen.

Basierend auf den Anforderungen der Industrie wurde für ANSYS eine spezielle Simulationsumgebung für die Berechnung solcher Composites entwickelt: ANSYS Composite PrepPost (ACP). Die frühere EVEN AG, Dienstleister für verschiedene Teams der Formel 1 und des America's Cup, inzwischen übernommen von Ansys, Inc., brachte dazu in Form eines eigenen Postprocessors viel praktische Erfahrung in der Berechnung und Programmierung ein. Die vorhandene Postprocessing-Technologie wurde ergänzt um ein breites Spektrum an Preprocessing-Funktionalitäten und in ANSYS integriert. Damit kann der Anwender die Vorteile der Workbench nutzen wie z. B. voll assoziative CAD-Anbindung oder den vollparametrischen Simulationsaufbau für schnellen Variantenvergleich und Optimierung. Materialdefinitionen umfassen neben den Basismaterialien, ein- und mehrachsige Gewebe, die über mehrere Lagen zu Sublaminaten zusammengefasst werden können. Die Materialorientierung und -auflegerichtung kann unabhängig von der Schalennormale sowie durch automatische Interpolation zwischen verschiedenen Koordinatensystemen definiert werden und erlaubt auch das Überlappen mehrerer Orientierungen sowie einzigartige Möglichkeiten asymmetrischer Lagendefinitionen. Drapierung und Abwicklung sowie ein automatisch generiertes Lagenbuch runden die praxisorientierte Anwendung ab.

Untersuchung der Drapierbarkeit und Abwicklung einer Lage

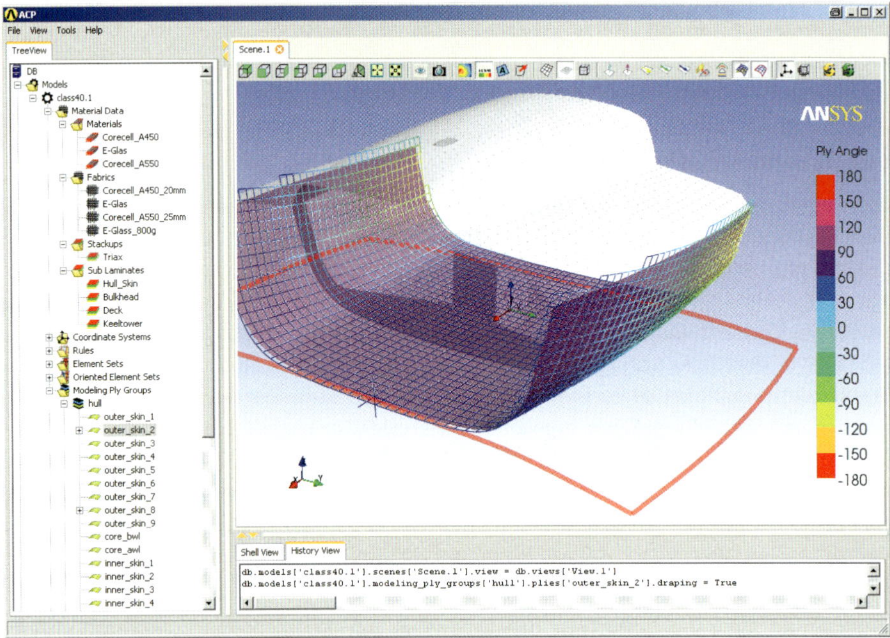

Zur Auswertung können verschiedene Versagenskriterien definiert und gemeinsam in Form des inversen Reserve-Faktors (IRF) für alle Integrationspunkte, Layer und Lastfälle übersichtlich dargestellt werden. Auf Wunsch lassen sich Ergebnisse auch lagenbasiert mit Versagensmodus, versagender Schicht und Lastfall darstellen.

4.8 Weitergehende Simulationen

ANSYS ermöglicht Simulationen nicht nur auf dem Gebiet der Strukturmechanik, sondern deckt darüber hinaus die physikalischen Domänen Temperatur, Strömung und magnetische Felder ab. Sie können sowohl separat als auch in Kombination verwendet werden, wofür von ANSYS, Inc. der Begriff Multiphysics geprägt wurde.

Mehr als Mechanik?

4.8.1 Temperaturfelder

Temperaturverteilung

ANSYS Workbench ist dazu in der Lage, stationäre oder instationäre Temperaturverteilungen zu berechnen d. h. die Temperaturverteilung im eingeschwungenen (stationären) Betriebszustand oder während des Aufheizens oder Abkühlens (instationär). Die drei Effekte des Energietransports sind Wärmeleitung, Strahlung und Konvektion. Je nach physikalischem Prozess werden sie einzeln oder kombiniert in der Simulation aufgelöst. Die Konvektion kann entweder als Randbedingung vereinfacht definiert werden, ist dann aber oft vom Zahlenwert nicht leicht zu bestimmen. Es existieren vielfältige Tabellen, die in Abhängigkeit vom Medium (Luft, Wasser ...) oder von Strömungsbedingungen (Geschwindigkeiten, Anordnung à Kamineffekt!) helfen sollen, einen Übergangskoeffizienten zu ermitteln. Für Gase ergeben sich so typische Kennwerte von 2 bis 25 W/m^{2}K für natürliche und 25 bis 250 W/m^{2}K für erzwungene Konvektion. Eine gute Quelle für Konvektionswerte stellt der VDI Wärmeatlas dar. Steigt der Anspruch, kann man eine Strömungsanalyse (Computational Fluid Dynamics, CFD) durchführen, die den Massentransport und damit den Wärmeübergang genauer beschreibt.

Der Energieeintrag in der thermischen Analyse kann über eine Leistung, Temperatur, Konvektion oder Strahlung erfolgen, z. B. als Ersatz für eine elektrische Verlustleistung, Reibung, Heizleistung etc.

Thermische Analysen können ebenso wie strukturmechanische Analysen nichtlinear sein. Temperaturabhängige Materialeigenschaften wie Wärmeleitfähigkeit, Wärmekapazität oder Dichte oder temperaturabhängige Randbedingungen wie Wärmeübergangskoeffizienten oder Strahlung erfordern dann eine iterative Lösung. Bei den meisten Materialien variieren die thermischen Eigenschaften mit der Temperatur, d. h., üblicherweise ist die Temperaturfeldanalyse nichtlinear.

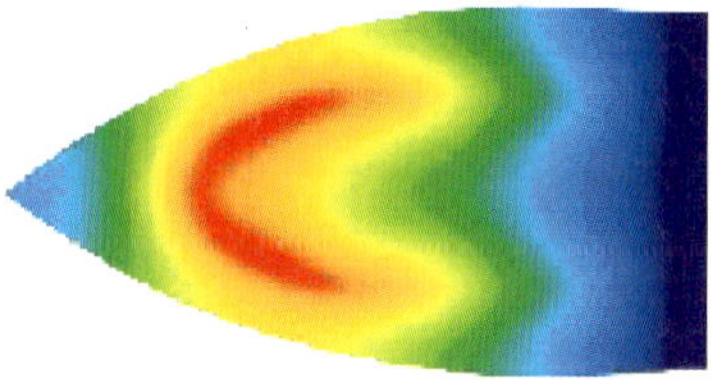

Nachdem die Temperaturverteilung berechnet wurde, kann darauf aufbauend eine mechanische Analyse durchgeführt werden, um den thermischen Verzug und die thermischen Spannungen zu ermitteln.

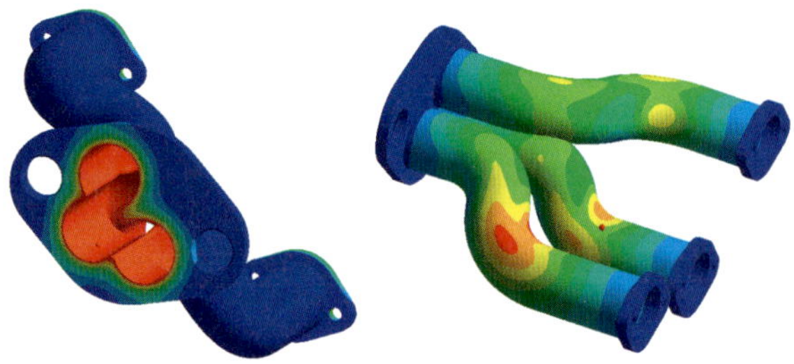

Temperaturen Thermische Deformation

4.8.2 Strömung

Temperatur und CFD

Die Strömungsanalyse (CFD, Computational Fluid Dynamics) erlaubt es, Druckabfall, Geschwindigkeitsverteilung, Massenstrom, Wärmeübertragung, Strömungskräfte und Partikel zu untersuchen. Ein wichtiges Element der CFD ist die Modellierung der Turbulenz. Sie wird in vielen industriellen Anwendungen nicht aufgelöst, sondern durch sogenannte Turbulenzmodelle zeitlich und örtlich gemittelt. Ebenso wird Kavitation über Kavitationsmodelle in der Simulation abgebildet, um z. B. die Schädigung von Schiffsschrauben oder Turbinen vorherzusagen. Für rotierende Maschinen, Verbrennung und chemische Reaktionen, Mehrphasenströmungen (z. B. Öl-Wasser oder Luft-Wasser) und die damit verbundenen Effekte wie Verdampfen, Kondensation, freie Oberflächen, Tröpfchen und Blasen stehen effiziente Methoden zur Verfügung, die in den unterschiedlichsten Branchen eingesetzt werden: Von der Zerstäubung von Flüssigkeiten, dem Ausstreuen von Saatgut, der Optimierung von Kraftwerksturbinen, Komponenten der Hydraulik und Pneumatik, bei Ventilen, Pumpen und Wärmetauschern.

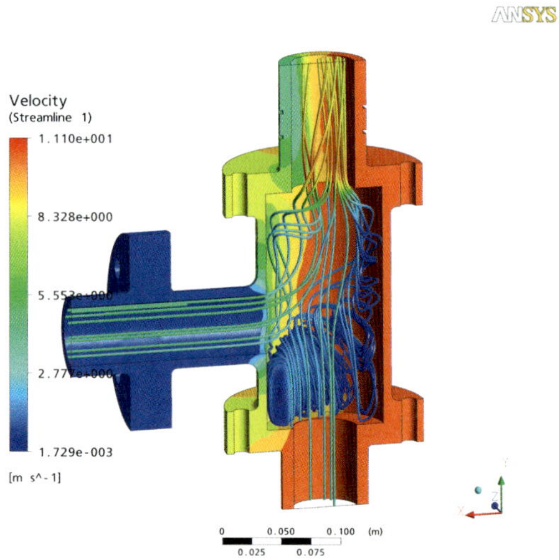

4.8.3 Elektromagnetische Felder

Antennen, Sensoren, Motoren

Elektromagnetische Feldberechnungen dienen dazu, elektrostatische sowie nieder- und hochfrequente Felder zu optimieren. In der Elektrostatik wird z. B. das Durchschlagverhalten in Hochspannungsleistungsschaltern für die Energieverteilung optimiert. Niederfrequente elektromagnetische Felder untersucht man bei der Entwicklung von elektrischen Maschinen (Motoren, Generatoren) oder Sensoren.

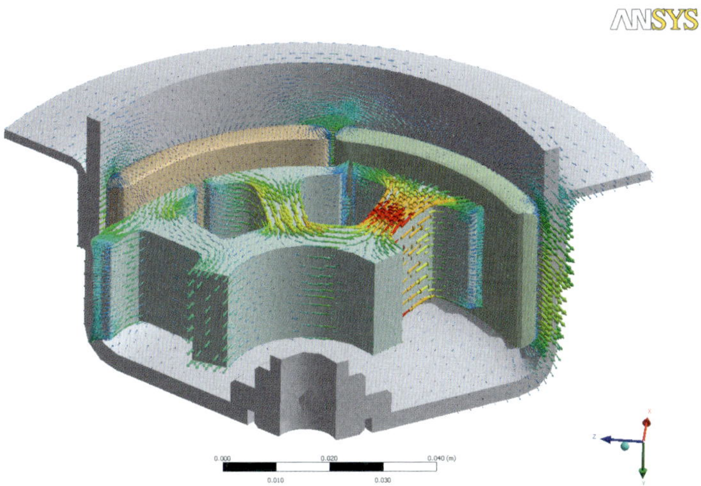

Im Hochfrequenzbereich werden Radio- und Mikrowellen (z. B. Antennen), Signal- und Powerintegrität in der Mikroelektronik (z. B. Leiterplatten) sowie der Aufbau von integrierten Schaltungen untersucht.

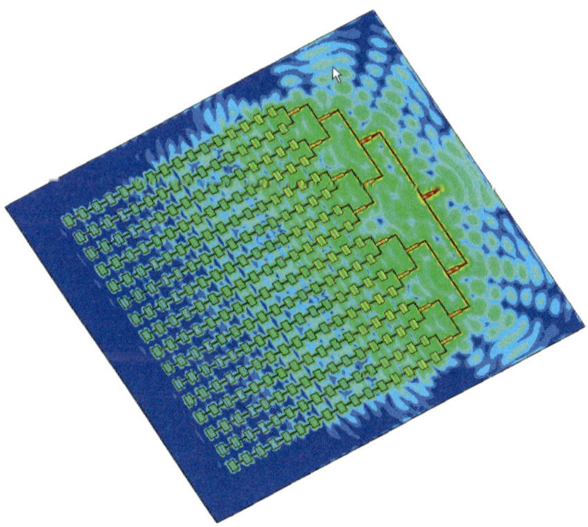

4.8.4 Gekoppelte Analysen

Multiphysics

Diese verschiedenen physikalischen Disziplinen können in einer Simulation miteinander kombiniert werden, wenn Wechselwirkungen zwischen ihnen das Ergebnis beeinflussen. ANSYS Multiphysics bietet eine einheitliche Oberfläche, unter der strukturmechanische, thermische, strömungsmechanische, akustische und elektromagnetische Effekte untersucht werden können.

Anwendungsbeispiel MAN

MAN Vierzylinder-Motor; Verwendung hauptsächlich für Kreuzfahrtschiffe, Fähren und große Mehrzweck-Frachter

Verteilung der berechneten Vergleichsspannungen im Zylinderkopf unter Berücksichtigung der Verbrennung

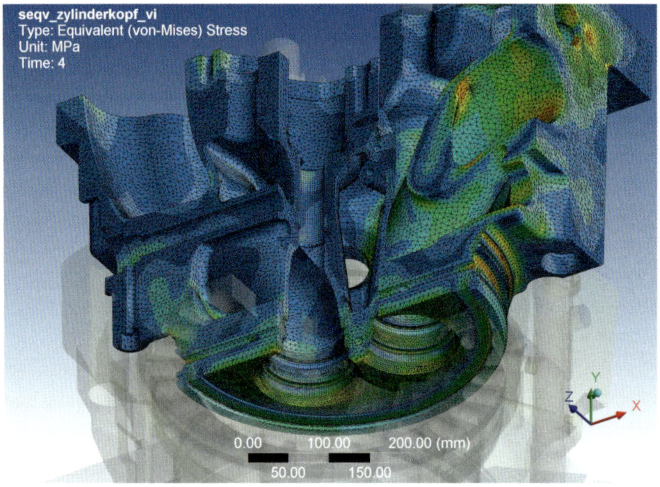

Eine Strömungsanalyse mit ANSYS CFX, in der die Kühlung und Verbrennung abgebildet werden, erlaubt die Simulation des thermischen Verhaltens und bildet damit die Basis für eine nachfolgende mechanische Spannungsanalyse. Diese mechanische Analyse beinhaltet temperaturabhängiges Materialverhalten, die Belastungen aufgrund der Verbrennung und nichtlineare Kontakte in einem umfassenden Finite-Elemente-Modell (3,2 Millionen Knoten und 60 nichtlineare Kontaktbereiche).

Ein weiteres Beispiel für gekoppelte Simulationen ist die elektromagnetisch-thermisch gekoppelte Analyse der Erwärmung über Induktion. Sie wird z. B. eingesetzt, um die induktive Erwärmung beim Härten oder Anlassen von Radlagern zu berechnen.

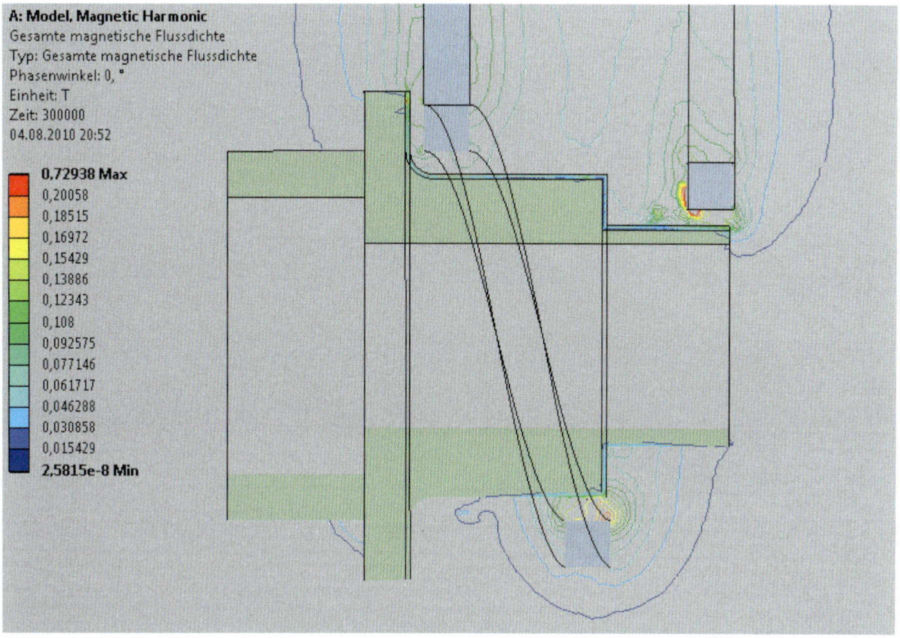

Magnetische Flussdichte beim induktiven Erwärmen eines Radlagers (grün: Radlager im Schnitt, grau: Luft, grau-blau: Kupferspule)

In ANSYS Multiphysics kommen zwei Methoden zum Tragen, die sich für die gekoppelte Berechnung verschiedener physikalischer Effekte als sehr leistungsfähig erwiesen haben.

Koppeln von physikalischen Disziplinen

Direkte Methode, Matrixkopplung: Alle Freiheitsgrade werden auf der Finite-Elemente-Koeffizienten-Matrix aufgelöst.

Sequenzielle Methode, Lastvektorkopplung: Freiheitsgrade werden für die erste physikalische Last aufgelöst und anschließend werden die Ergebnisse als Lastfälle mit Randbedingungen auf die nächste übertragen.

Anwendungsbeispiele

Typische Anwendungsgebiete für gekoppelte Analysen sind:

- *elektrisch-thermische Analysen*: Elektrische Leiter haben oft einen temperaturabhängigen Widerstand. Mit einem Stromfluss ändern sich die Temperatur und damit der Widerstand, daher ist ein iteratives Verfahren zur Kopplung von elektrischem und thermischem Feld erforderlich.
- *elektromagnetisch-mechanische Analysen*: Die Bewegung eines magnetischen Aktuators verändert das Magnetfeld, wodurch sich wiederum die Kräfte und damit die Bewegung ändern.
- *Fluid-Struktur-Interaktion*: Die Veränderung eines Strömungskanals durch mechanische Deformation des Kanals ändert die Strömungsbedingungen und damit die Drücke und die resultierenden Kräfte, was die Deformation wiederum verändert.

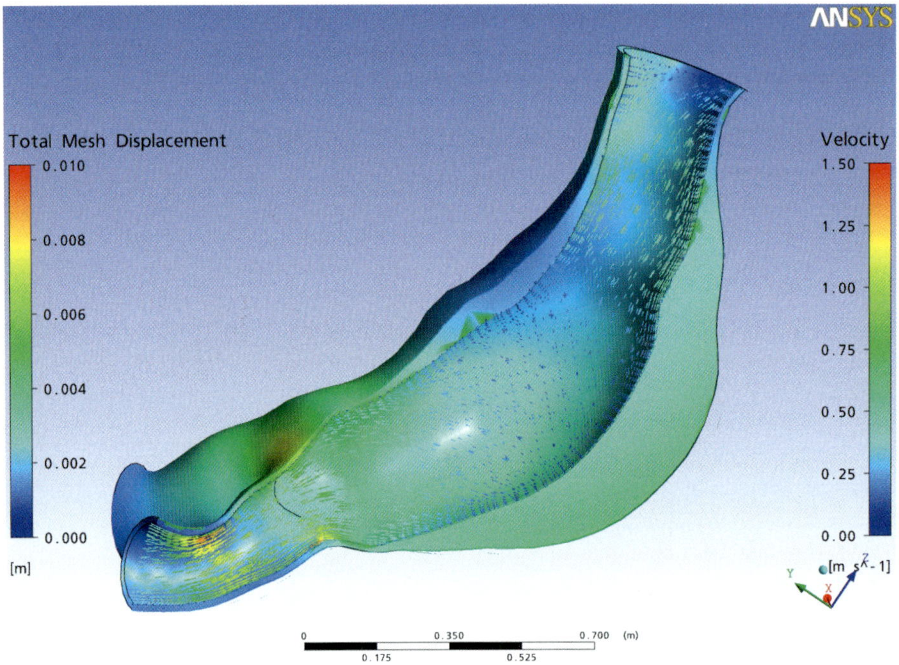

Geschwindigkeitsverteilung der Strömung und Deformation in einem Aneurysma.

4.8.5 Systemsimulation

Beispiel Kühlung

Bei der Untersuchung von kompletten Systemen gibt es zwei Merkmale, welche die Simulation vor besondere Herausforderungen stellt: Mehrere Komponenten beeinflussen sich gegenseitig, und der Unterschied im Detailgrad ist extrem hoch. Eine typische Systemsimulation liegt bei der Simulation der Kühlung elektrischer und elektronischer Geräte vor. So wird beispielsweise in einem Computersystem die Kühlung maßgeblich durch die durchströmende Luft definiert, die wiederum von den Kennlinien der Lüfter, der Anordnung der Komponenten und Kühlkörper, den Luftleitblechen und den Ein- und Auslassgittern beeinflusst wird. Daneben spielt die Wärmeleitung eine wichtige Rolle, die von sehr kleinen Abmessungen wie auf einem Chip über die gut wärmeleitenden Kupfer-Leiterbahnen auf der Leiterplatte bis hin zu großen Dimensionen wie der Wärmeleitung im Gehäuse reicht.

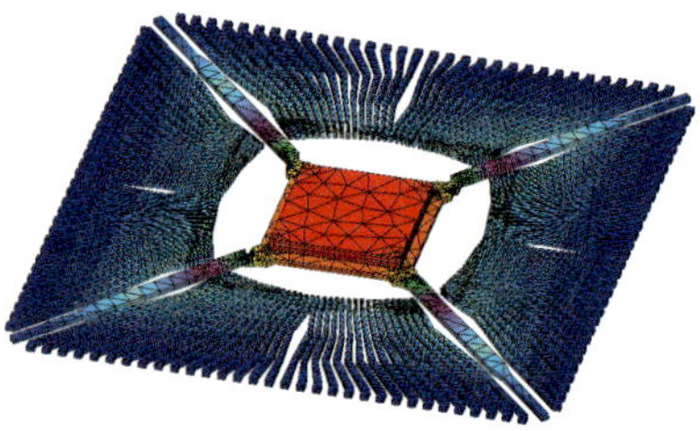

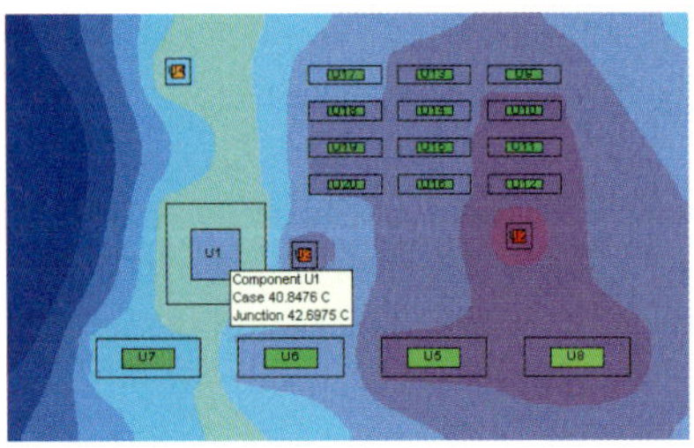

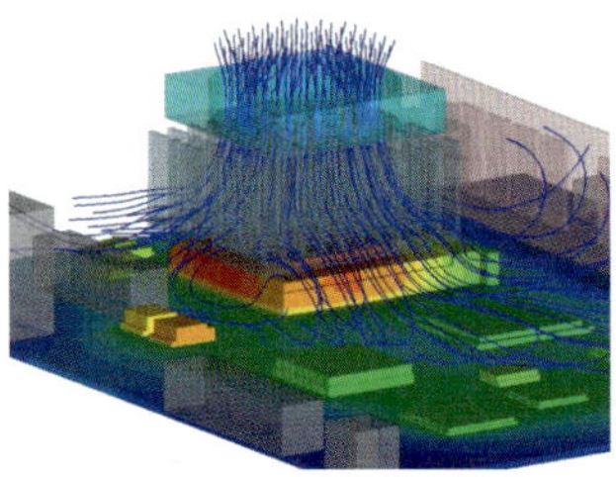

Um alle diese Einflussgrößen in einer Simulation zu erfassen, braucht es ein geeignetes Simulationsmodell, das alle Effekte in hinreichend genauer Weise abbildet, ohne alle Details im Simulationsmodell zu enthalten, da der Berechnungsaufwand sonst nicht mehr zu bewältigen wäre. Für die Systemsimulation wird daher bei den einzelnen Komponenten eine geeignete Modellreduktion durchgeführt, die das Verhalten für die zu betrachteten Größen wiedergeben kann, den Rest jedoch aus der Simulation außen vor lässt. Für die Kühlung des oben genannten Computersystems bedeutet dies beispielsweise, dass der Lüfter als Block mit einem kennlinienabhängigen Massenstrom abgebildet werden kann oder ein Mikrochip als thermischer Widerstand R_{th}. Da ganze Industrien an der Kühlung elektrischer Geräte arbeiten, wird diese Art der Systemsimulation in einer vertikalen Applikation (ICEPAK) mit hohem Spezialisierungsgrad effizient durchgeführt. Fertige Bibliothekselemente für typische Komponenten wie Wärmetauscher, Lüfter, Kühlkörper oder Leiterplatten werden mit den spezifischen Kennwerten, Kennlinien oder Tabellen hinterlegt und zu einem System zusammengebaut. Reduktion des Aufwands

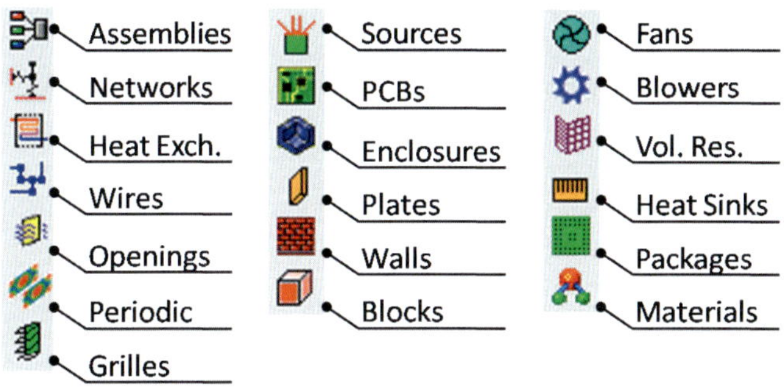

In den Bereichen, in denen Geometrie aus einem mechanischen CAD-Programm verwendet werden soll, kann über einen Schieberegler der Detailgrad festgelegt werden, sodass der Anwender mit einem Minimum an Aufwand ein effizientes Simulationsmodell aufbaut.

Diese im Bereich der Thermosimulation seit Jahren bewährte Methodik, Bibliothekselemente mit physikalischen Eigenschaften zu einem Gesamtsystem aufzubauen, lässt sich selbstverständlich auch auf andere Bereiche übertragen. Für die damit sehr viel breiter gefassten Anforderungen steht als allgemeines System-Simulationswerkzeug SIMPLORER zur Verfügung. Universelle Systemsimulation

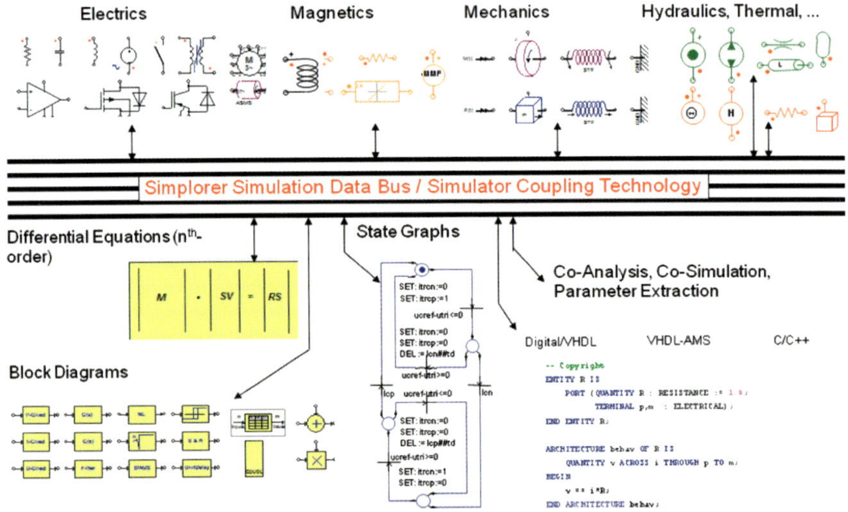

Eine umfangreiche und erweiterbare Modellbibliothek für Mechanik, Magnetik, Hydraulik, Pneumatik Thermik, Elektronik, Sensoren, Aktuatoren, Motoren und Steuerungen sowie Objekte für Schaltungen, Blockdiagramme, Zustände, VHDL-AMS, Gleichungssysteme und die Möglichkeit einer Ordnungsreduktion (Nutzung von Verhaltensmodellen) oder Co-Simulation mit den klassischen ANSYS-Simulationen in den verschiedenen physikalischen Domänen machen SIMPLORER zu einem Multi-Domain-System-Simulator. Durch die Verknüpfung mit ESTEREL, einer modellbasierten Entwicklungsumgebung zur Generierung zertifizierter Software für eingebettete Systeme (embedded systems), kann darüber hinaus das Zusammenspiel von virtueller Hardware – von der Komponente (3D-FEM-Modelle) über das System (Systemsimulation mit reduzierten 3D-Modellen) bis hin zur Ansteuerung mit Regelung – und Software im dynamischen Zusammenspiel untersucht und optimiert werden.

4.9 Robust-Design-Optimierung

Der Beginn der technischen Entwicklung von Produkten und Prozessen lag häufig in der Nachahmung der Natur. Darauf folgte ein evolutionärer Entwicklungsprozess des Probierens und Verwerfens (Trial and Error), inklusive technologischer Revolutionen wie der Dampfmaschine sowie technologischer Evolutionen wie die Entwicklung des Verbrennungsmotors bis zum heute erreichten Optimierungsgrad. Im Prinzip funktioniert technologischer Fortschritt heute wie vor 500 Jahren gleich – nur sehr viel schneller.

Holzhammer-Methode

Die Simulation in der virtuellen Welt ermöglicht es, einen virtuellen Prototypen auf seine physikalischen Eigenschaften zu testen und durch automatische Variation der Einflussgrößen wie Geometrie, Material oder Belastung zu untersuchen.

Der einfachste Weg wäre, so lange Varianten zu erzeugen, durchzurechnen und zu bewerten, bis man mit den Produkteigenschaften zufrieden ist. Hierbei kann man z. B. systematisch Varianten (Experimente) erzeugen, durch Kombinatorik oder für alle Extremwerte von Designparametern. Derartige Verfahren werden häufig als Design of Experiments (DoE) bezeichnet. Oder man erzeugt die Varianten zufällig (Spieltheorie), benannt nach einem berühmten Kasino in Monte Carlo (Monte-Carlo-Verfahren). Hier würden also Fleiß oder Zufall zum Erfolg führen.

Ein Ingenieur würde natürlich „mitdenken" und „vorausdenken" und den Verbesserungsprozess beeinflussen wollen. Daraus motivieren sich zahlreiche Optimierungsstrategien.

Optimierungsstrategien: Mit welchen Algorithmen finde ich das tiefste Tal?

Gradienten-Verfahren

Eine Strategie bildet Gradienten von Designmodifikationen, indem kleine Veränderungen pro Designvariable berechnet werden, und verwendet diese Informationen auf der Suche nach dem optimalen Design. Gradientenbasierte Verfahren werden häufig als mathematische Optimierungsverfahren bezeichnet. Erfolg und Misserfolg dieser Verfahren der mathematischen Optimierung liegen im Vermögen, aussagekräftige Gradienten ermitteln zu können. Sie haben deshalb hohe Anforderungen an Genauigkeit der Berechnung und an die Struktur der Probleme. Sind diese Randbedingungen erfüllt, sind mathematische Optimierungsverfahren in ihrer Geschwindigkeit, optimale Designs zu suchen, unschlagbar.

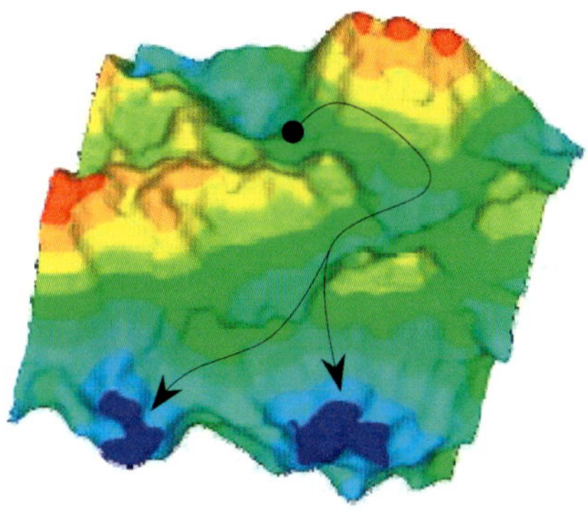

Evolution

Eine zweite Strategie schaut der Natur auf die Finger und versucht, den Evolutionsprozess nachzuempfinden und auf technologische Fragestellungen anzuwenden. Hieraus entstanden zahlreiche evolutionsbasierte Optimierungsstrategien, wie genetische Algorithmen, welche die Evolution durch genetischen Austausch imitieren, evolutionäre Strategien, die hauptsächlich durch Mutation (zufällige Änderung) das Design weiterentwickeln, oder Schwarmmechanismen, welche die Intelligenz eines Bienenschwarms auf Futtersuche nachempfinden und zur Designverbesserung einsetzen.

Gen- und vererbungsbasierte Optimierung

Evolutionsbasierte Optimierungsstrategien sind heute wegen ihrer Robustheit sehr populär geworden. Ihnen gelingt es fast immer, ein Design weiterzuentwickeln, auch wenn die virtuelle Welt ungenaue Ergebnisse liefert oder einzelne Designs nicht erfolgreich berechnet werden können. Ob die Verbesserung signifikant ist, ob also das Optimierungspotenzial weitgehend ausgeschöpft ist, kann bei Evolutionsstrategien nur mit erheblichem Aufwand verifiziert werden, oder mit anderen Worten: Ihr Konvergenzverhalten ist in der Regel bescheiden.

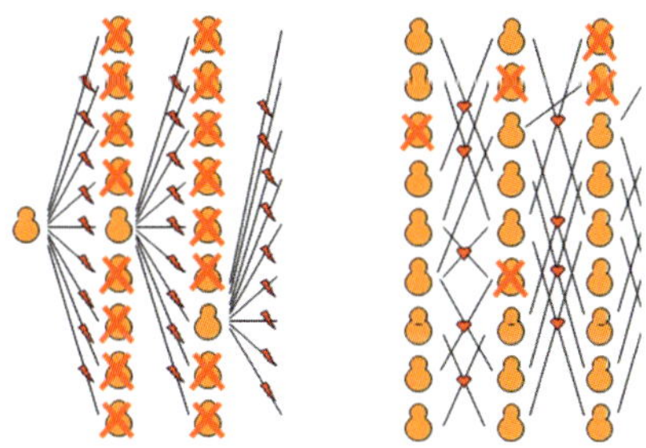

Antwortflächen

Wenn eine einzelne Designbewertung mit langen Rechenzeiten verbunden ist, werden gerne Approximationsmodelle der Designräume bei der Optimierung verwendet (Antwortflächenverfahren – Response-Surface-Methoden – RSM). Dann werden in vorhandene Sets von Stützstellen im Designraum Antwortflächen gefittet und die Optimierung auf den Antwortflächen ausgeführt.

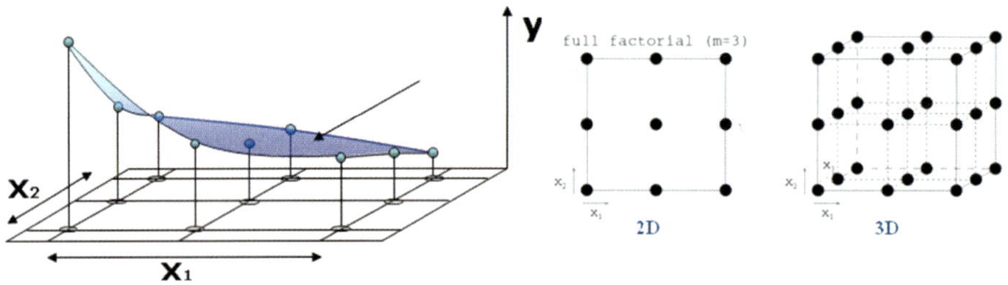

Antwortfläche und mögliches Stützstellen-Schema für zwei und drei Parameter (Full Factorial DOE)

Weil die Optimierung auf der Antwortfläche sehr schnell durchgeführt wird, können sehr leicht variierende Optimierungsberechnungen durchgeführt werden. Nachteilig ist andererseits, dass lediglich eine kleine Anzahl von Optimierungsparametern erfasst werden kann, weil die Zahl der Stützstellen (d. h. der erforderlichen Analysen) mit der Anzahl der Optimierungsvariablen recht schnell anwächst. Um lokale Effekte besser abbilden zu können, wurden sogenannte iterative oder adaptive Antwortflächen entwickelt. Hier werden iterativ mehrere Response-Surface-Approximationen aufgebaut, die im Bereich des vermuteten Optimums immer lokaler werden und damit auch lokale Effekte gut abbilden können.

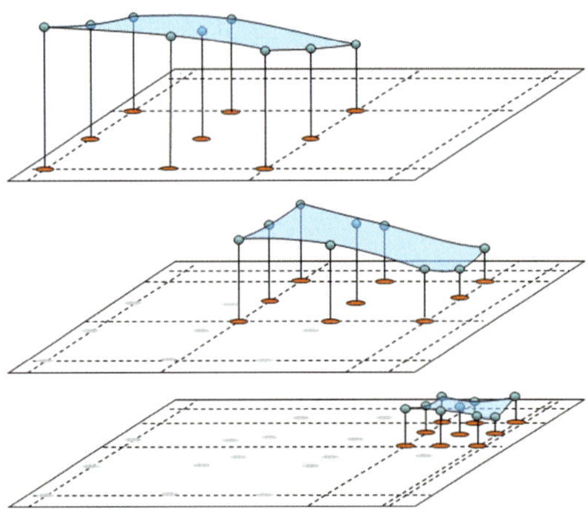

Streuungen berücksichtigen

Virtuelle Welten idealisieren die Realität und gehen erst einmal von perfekten Randbedingungen aus. So wird z. B. für den Elastizitätsmodul des Stahls ein „idealisierter" Wert angenommen, häufig ein Mittelwert oder Wert zugeordneter Wahrscheinlichkeit (z. B. 5 % Fraktilwert). Wird ein Design optimiert und seine Performance immer nur unter dem Idealwert des E-Moduls bewertet, muss die Robustheit des Designs gegenüber in der Praxis auftretenden Streuungen aller wichtigen Randbedingungen untersucht werden. Eine solche Bewertung nennt man Robustheitsbewertung. Hier werden für ein Design alle relevanten Streuungen mithilfe statistischer Kennwerte definiert, und es werden mithilfe eines Zufallsgenerators aus der Menge möglicher Designrealisierungen mögliche Situationen erzeugt, durchgerechnet und bewertet. Das Generieren eines Sets möglicher Designs auf der Basis von Verteilungsinformationen unsicherer Eingangswerte nennt man stochastische Analyse. Deren Ergebnisse werden mit statistischen Maßen bewertet. Es werden Mittelwerte, Standardabweichungen und Variationskoeffizienten berechnet. Ist die Streuung wichtiger Produkteigenschaften klein, spricht man von einem robusten Design.

Wird untersucht, ob das resultierende Streuband der Produkteigenschaften definierte Zustände nicht unter- oder überschreitet, spricht man von Zuverlässigkeit.

Robustheit und Zuverlässigkeit

Ein technisches Design soll üblicherweise möglichst zuverlässig seine Funktion erfüllen, aber zum Beispiel aus wirtschaftlichen Gründen leicht sein, um möglichst wenig Energie zu beanspruchen. Gegebenenfalls stehen die Anforderungen im Widerspruch, und es muss ein wirtschaftlicher Kompromiss gefunden werden. Dann wird ein Design gesucht, was mit einer definierten Wahrscheinlichkeit funktioniert.

Natürlich haben Ingenieure sich zu allen Zeiten um die Zuverlässigkeit ihrer Designs Gedanken machen müssen und haben hier hauptsächlich auf Erfahrungswerte zurückgegriffen und sich an notwendige Sicherheitsabstände herangetastet. Dies sei am Beispiel der Dombauhütten des Mittelalters illustriert. In der Zeit der Romanik waren Fensteröffnungen schmal und mit Halbkreisen überdeckt. Aus statischen Gesichtspunkten war das sehr sicher. In der Romanik wurde die Fassaden immer filigraner, die Öffnungen und Spannweiten immer gewagter. Dabei gingen die Dombaumeister Schritt für Schritt an die Grenzen statisch machbarer Konstruktionen, und so mancher Kirchenbau blieb unvollendet oder stürzte ein. Aus diesen Erfahrungen wurden Konstruktionsregeln für Mauerwerksbauten abgeleitet, die teilweise bis heute Gültigkeit haben. Damit wurden Sicherheitsabstände etabliert, die einen ausreichenden Abstand gegenüber Unsicherheiten des Baugrunds, geometrischer Abweichungen der Kirchenbauwerke oder Materialstreuungen enthalten.

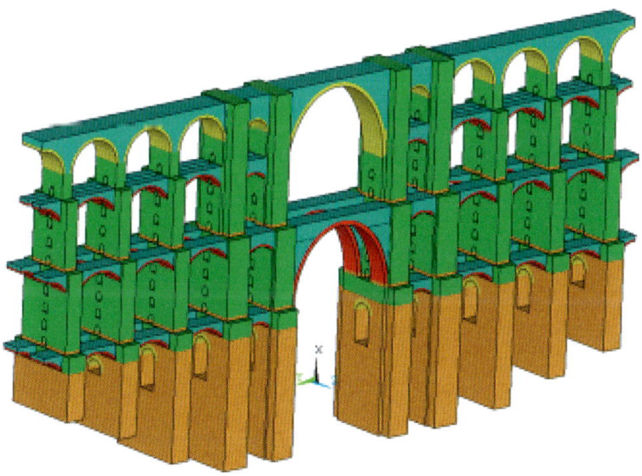

Beim Entwurf großer Mauerwerksviadukte in der Pionierzeit der Eisenbahn standen Konstruktionsregeln der Dombauhütten Pate – die Strukturen sind auch nach 100 Jahren noch uneingeschränkt standsicher.

In dieser Tradition gibt es heute viele Normenwerke, die für standardisierbare Konstruktionen Sicherheitsabstände festlegen. Wenn allerdings Grenzen ausgelotet werden oder Vorschriften zu Sicherheitsabständen fehlen, verlagert sich der Nachweis der Zuverlässigkeit häufig in die virtuelle Welt, flankiert von einzelnen Versuchen am auskonstruierten Design. Numerische Methoden der Zuverlässigkeitsanalyse verbinden dann stochastische Analysemethoden mit Optimierungsalgorithmen zum Auffinden und Absichern kleiner Wahrscheinlichkeiten.

Zuverlässigkeitsbewertung auf der Antwortfläche (Blau = o. k., Rot = nicht o. k.)

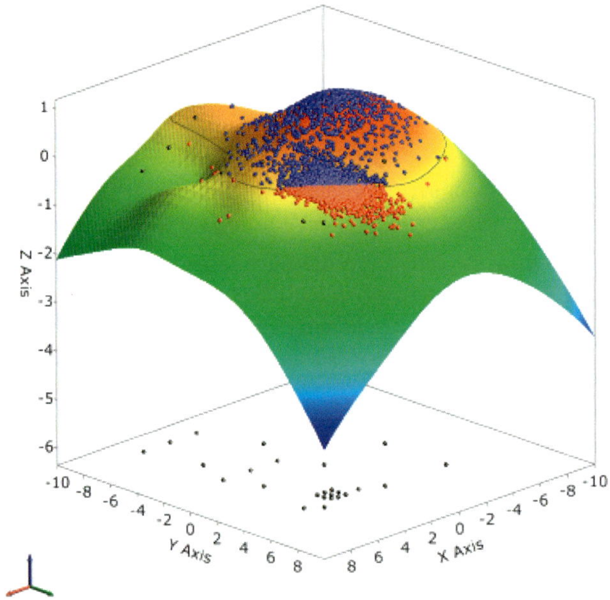

Gehen Optimierungsstrategien und Bestimmung von Robustheit und Zuverlässigkeit Hand in Hand, spricht man von Robust-Design-Optimierung (RDO). Im einfachsten Fall wird für das optimierte Design die Robustheit oder Zuverlässigkeit nachgewiesen, im Bedarfsfall werden Sicherheitsabstände justiert, und es werden Schleifen der Optimierung und Zuverlässigkeitsbewertung wiederholt. Im Idealfall fließen in die Optimierungsaufgabenstellung Robustheits- und Zuverlässigkeitsmaße ein.

5 Standardisierung und Automatisierung

Analysen, die in ähnlicher Form immer wieder vorkommen, können auf verschiedene Weise standardisiert werden. Dies ist immer dann hilfreich, wenn Anwender eine stärkere Unterstützung brauchen, sei es, weil sie neu in die Thematik einsteigen, die FE-Software nur selten einsetzen oder die Modellbildung so anspruchsvoll ist, dass ein Berechnungsingenieur die Analyse aufbereiten muss. Motivation

5.1 Generische Lastfälle

Die Modelle von Berechnungen mit ANSYS Workbench werden im Projektmanager abgelegt. Er enthält die komplette Definition von der Geometrie, über Materialeigenschaften, Kontakte, Lasten, Randbedingungen, Analyseart und Analyse-Einstellungen bis hin zu den Ergebnissen in Form von x-y-Graphen, Bildern und eines Berichts. Die assoziative CAD-Schnittstelle erlaubt den Austausch der ursprünglichen Geometrie durch eine neue, geänderte Variante. Auf diese Weise lässt sich eine einmal durchgeführte Analyse leicht auf eine andere Geometrien übertragen. So ließe sich beispielsweise das Rohr in unten gezeigter Hydroforming-Simulation durch ein anderes austauschen, alle sonstigen Definitionen können erhalten bleiben. Erklärende Textbausteine mit Grafiken innerhalb des Strukturbaums helfen weniger geübten Anwendern, die richtigen Definitionen vorzunehmen.

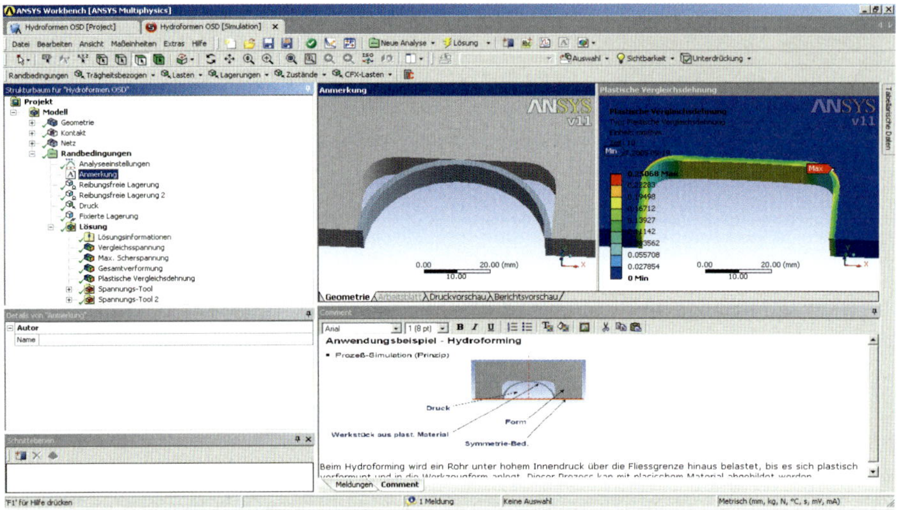

Unkomplizierte Vorgehensweise

Ist die neue Geometrie aus der ursprünglichen Geometrie durch Änderungen hervorgegangen, sind nach dem Aktualisieren die Modelldefinitionen und ihre jeweiligen geometrischen Zuordnungen vollständig erhalten. Möchte man komplett neue Modelle ohne Bezug zur Originalgeometrie verwenden, kann man die Geometrie ebenfalls aktualisieren, es werden jedoch alle geometrischen Bezüge (Selektionen bei Lasten, Lagerstellen, manuelle Kontaktdefinitionen, manuelle Netzverfeinerungen etc.) aufgelöst. Der Status der jeweiligen Definition wird im Strukturbaum angezeigt.

Blaue Fragezeichen deuten darauf hin, wenn an einer Modelleigenschaft Angaben fehlen oder inkorrekt sind, so z. B. der Verlust einer geometrischen Zuordnung. Diese kann jedoch wiederhergestellt werden, indem die betreffende Geometrie selektiert und dann im Fenster „Keine Auswahl" und anschließend „Anwenden" verwendet wird.

Vorteile

- Musterlösung für beliebig komplexe Aufgabenstellungen
- Erläuterung von Modelldefinitionen durch detaillierte Kommentare inklusive Bildern und Links
- geringer Aufwand für Aufbereitung

Nachteile

- Selektion bei neuen Modellen erforderlich
- Anwender brauchen Einblick in die Workbench-Philosophie

5.2 Skriptprogrammierung

Vollautomatik

Durch Skriptsprachen lassen sich Objekte, die manuell in ANSYS Workbench definiert werden können, automatisch generieren. Dadurch lassen sich wiederkehrende Arbeitsschritte zusammenfassen und beschleunigen.

Beispiel: Liebherr Kranberechnungen

Ablaufplan mit Lastdefinition in Excel

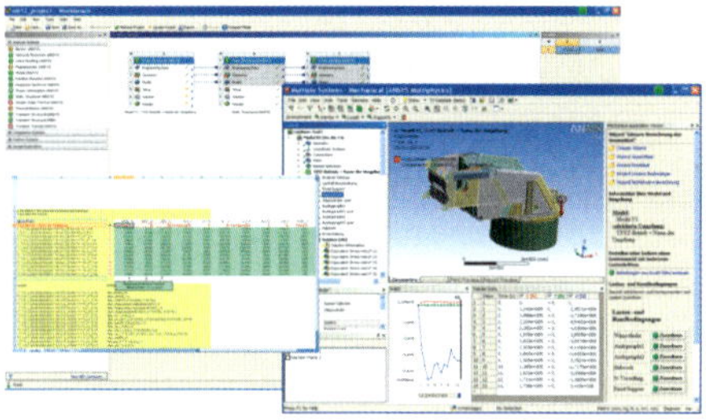

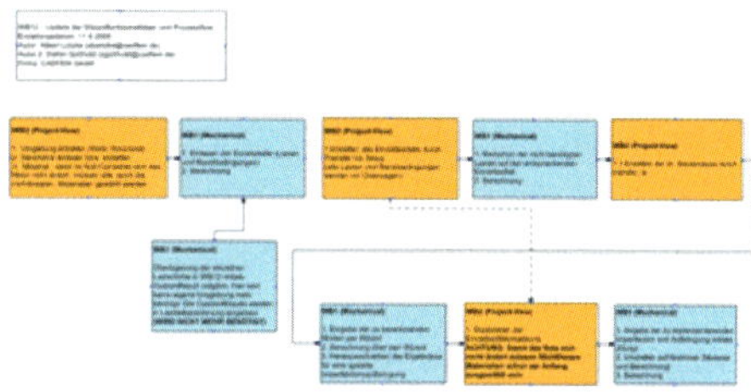

Aufgabenstellung

Die Berechnung einer Kranstruktur unterteilt sich in vier voneinander abhängige Einzelberechnungen. Neben einer statischen Berechnung mit mehreren Lastschritten erfolgt eine Einzellastschrittberechnung mit Pre-Stress, auf der eine lineare Beulanalyse aufgesetzt wird. Darauf erfolgt eine nichtlineare Berechnung mit Imperfektion, die wiederum aus den Verformungen der Beulanalyse resultiert. Für diesen Prozess muss der Berechnungsingenieur diverse Eingaben in ANSYS Workbench vornehmen und dafür Sorge tragen, dass die Daten von einer Berechnungsumgebung in die nächste ordnungsgemäß und fehlerfrei übertragen werden.

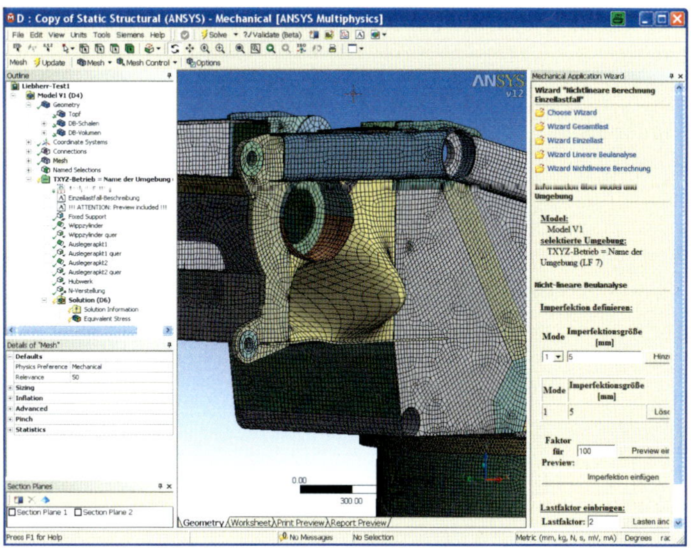

Lösung per Scripting

Durch die Integration von Assistenten mit den spezifischen Funktionen hat der Berechnungsingenieur nun die Möglichkeit, alle notwendigen Schritte auf einfache Weise durchzuführen. Neben den integrierten Funktionen zur Erstellung der einzelnen Berechnungsumgebungen besitzen die Assistenten auch Prüffunktionen, welche die Modellbäume und Benutzereingaben auf Richtigkeit kontrollieren.

Die Assistenten unterteilen sich in vier Bereiche:

- Einlesen der Belastungen aus einer Microsoft-Excel-Tabelle und Erstellung aller darin definierten Randbedingungen
- automatische Reduktion der Lastschritte auf einen zuvor definierten einzelnen Lastschritt
- Definition der Beulanalyse mit Datenhandling für die spätere Imperfektion
- Aufbringung der Imperfektion direkt auf das ANSYS Workbench-Netz mit Previewfunktion zur Darstellung der verformten Struktur

Nutzen für den Kunden

Durch die Integration der Prozessautomatisierung konnte zum einen die Zeit zur Erstellung der Umgebungen reduziert werden, zum anderen ist eine robuste Möglichkeit geschaffen worden, die Imperfektion direkt auf das ANSYS Workbench-Netz aufzubringen und in derselben Umgebung anzuschauen. Des Weiteren wurde die Fehleranfälligkeit gegenüber der Erstellung der einzelnen Berechnungsumgebungen per Hand reduziert.

Vorteile

- hohe Flexibilität
- Anpassung der Workbench-Oberfläche an eigene Prozesse möglich
- starke Führung und Entlastung des Anwenders
- Automatisierte Abläufe beschleunigen den Simulationsprozess.

Nachteil

- Programmierung erforderlich

5.3 Makrosprache Mechanical APDL

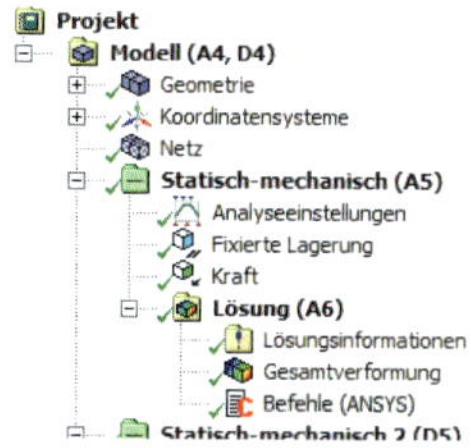

ANSYS Professional und alle weitergehenden Strukturmechanikprodukte ermöglichen den Eingriff in den Berechnungsprozess, indem den Objekten im ANSYS-Strukturbaum Makro-Funktionen zugeordnet werden, die während der Berechnung ausgeführt werden. APDL steht für ANSYS Parametric Design Language. Diese Makrosprache ist Fortran-ähnlich aufgebaut, sehr mächtig und ermöglicht die automatisierte Definition zusätzlicher Modellelemente wie z. B. Steifigkeiten zwischen Bauteilen, Lastverteilungen oder Import und Export in ASCII-Formaten. Auf diese Weise wurde beispielsweise der Export der verformten Geometrie aus einer FEM-Analyse zurück ins CAD-System über IGES realisiert.

Auszug aus dem Makro (der vollständige Ablauf ist bei den Übungsmodellen im Projekt *23_APDL.WBPJ* enthalten):

NSEL,S,EXT	! ALLE EXTERNEN KNOTEN SELEKTIEREN
*GET,NN,NODE,,COUNT	! ALLE EXTERNEN KNOTEN ZÄHLEN
*DO,I,1,NN	! SCHLEIFE ÜBER ALLE EXTERNEN KNOTEN
*GET,NMIN,NODE,,NUM,MIN	! KLEINSTE KNOTENNUMMER DER SELEKTIERTEN KNOTEN ERMITTELN
K,NMIN,NX(NMIN),NY(NMIN),NZ(NMIN)	! GEOMETRIEPUNKT AM ORT DES KNOTENS ERZEUGEN
NSEL,U,,,NMIN	! KNOTEN DESELEKTIEREN
*ENDDO	! NÄCHSTEN KNOTEN VERARBEITEN

Die mit diesem APDL-Makro erzeugte, verformte Geometrie aus einer ANSYS-Berechnung kann in CAD-Systeme eingelesen werden, um z. B. Kollisionsbetrachtungen am verformten Bauteil durchzuführen.

Werden in APDL geometrische Zuordnungen benötigt, können in ANSYS Workbench Komponenten (siehe Abschnitt 8.5.1.2) definiert werden. Es stehen dann Knotenkomponenten mit diesen Namen zur Verfügung, die in der Makrosprache weiterverarbeitet werden können (CMSEL Kommando).

Neben dem Export von Daten ist die Automatisierung von Abläufen eine typische Anwendung der APDL-Makrosprache. Bei der manuellen Betriebsfestigkeitsbewertung wird beispielsweise der Spannungsgradient im Ort der Maximalspannung senkrecht zur Oberfläche gefordert. Eine manuelle Pfaddefinition ist nicht nur ungenau, sondern auch mit einigem Aufwand verbunden, da für jeden Lastfall und jeden auszuwertenden Hotspot der Beginn und Ende des Pfades definiert werden müssen. Es wurde daher ein Makro erzeugt, das für eine beliebige Zahl von durch Komponenten markierte Flächen (FKM1, FKM2 usw.) jeweils den Ort der Maximalspannung sucht, die Senkrechte zur Oberfläche berechnet, die Spannungen darauf mappt und ausgibt (siehe Musterlösung 23).

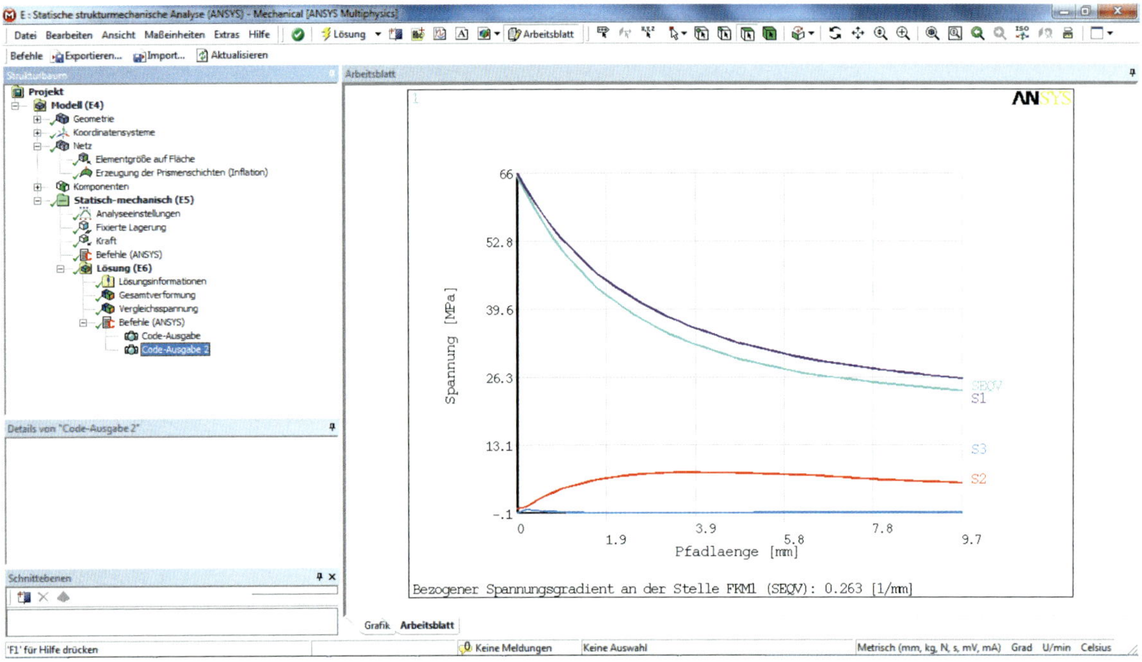

Zur Einarbeitung in die Makrosprache und zum Nachschlagen sind die folgenden beiden Kapitel der Hilfe gute Anlaufstellen:

- //Mechanical APDL//ANSYS Parametric Design Language Guide
- //Mechanical APDL//Command Reference

5.4 FEM-Simulation mit dem Web-Browser

Sind ähnlich ablaufende Analysen in großer Zahl von einer Vielzahl von Anwendern durchzuführen, bietet die Automatisierung von Analysen gute Möglichkeiten einer sicheren Anwendung (auch für komplexe Aufgabenstellungen). Auch wenn solche Analysen automatisiert auf dem Rechner des Anwenders ablaufen, ist die Installation der ANSYS-Software nebst individuellen Automatismen, die Konfiguration der Software, die Verfügbarkeit von Daten (CAD-, Material- und Messdaten), die Nutzung geeigneter Rechnerressourcen und die Organisation der Ergebnisdaten oft eine gewisse Herausforderung. Das Erstellen von automatisch zu installierenden Installationspaketen, deren Verifikation und Verteilung sowie die Ausstattung einer großen Zahl von Rechnern mit geeigneter Hard- und Software bremst den Einsatz – gerade bei sporadischer Nutzung – dann oft etwas, sodass das Potential einer konstruktionsnahen Anwendung nicht voll ausgeschöpft wird.

Für solche Fälle bietet ANSYS mit dem Engineering Knowledge Manager (EKM) eine Plattform, die IT und Berechnungsspezialisten bei der Organisation der Daten und Prozesse auf Basis von Web-Technologie unterstützt. Generische Workflows, für die entsprechende Berechnungsabläufe definiert, parametrische Simulationsmodelle aufgebaut und – bei Bedarf – unternehmensspezifische Automatismen für ANSYS erstellt wurden, lassen sich mit geringem Aufwand in eine Web-Applikation überführen. Mit einer solchen Web-Applikation kann der Anwender z. B. in der Konstruktion oder im Versuch einen von den Berechnungsexperten bereitgestellten Simulationsablauf im Web-Browser nutzen, um das Verhalten seines Produktes per Simulation zu optimieren. Dabei ist keine dezentrale Software-Installation erforderlich, da ANSYS EKM dafür sorgt, dass die Eingaben des Anwenders auf zentral verfügbaren Rechnersystemen abgearbeitet werden. Durch die geringen Systemanforderungen der Webapplikation, lässt sich die Analyse auch über mobile Geräte wie Tablets oder Smartphones steuern und ermöglicht so eine schnelle und flexible Reaktion der Entwicklung auf die Anforderungen an die Produktentwicklung. ANSYS EKM setzt die Eingaben des Anwenders auf dem zentralen Compute-Server anhand der von Berechnungsexperten festgelegten Arbeitsprozesse in Simulationen um, die nacheinander oder simultan – je nach verfügbaren Ressourcen – abgearbeitet werden. Die Ergebnisse der Analysen werden in Form von Ergebnisberichten per Email automatisch an den Anwender zurückgesendet. Neben der sicheren Handhabung sind die geringen Voraussetzung für eine Nutzung dieser Vorgehensweise wesentliche Vorteile gegenüber interaktiven, über Assistenten geführte Arbeitsprozesse.

6 Implementierung

Grundlagen schaffen

Die Einführung einer Simulationslösung fordert den Ingenieur auf einem für ihn neuen Gebiet. Neben den geometrischen Eigenschaften können nun am Rechner auch physikalische Größen untersucht werden. Die funktionale Absicherung rückt damit stärker ins Bewusstsein. Sie fordert aber auch eine stärkere Auseinandersetzung mit den zugrunde liegenden Größen. Grundbegriffe wie Spannung, Festigkeit, Verformung, Steifigkeit oder Resonanz müssen wieder reaktiviert werden. Gerade wenn seit dem Studium schon einige Jahre praktischer Arbeit vergangen sind, müssen diese Grundlagen aufgefrischt werden. In größeren Unternehmen sollten organisatorische Abläufe, Verantwortlichkeiten, Zuständigkeiten und Grenzen definiert werden, um Missverständnisse zu vermeiden. Zu einer guten Einführung gehören aber auch Überlegungen zur praktischen Anwendung der konstruktionsbegleitenden FEM, z. B. wie die Daten verwaltet werden und welche Möglichkeiten der Hardware-Nutzung es gibt.

6.1 Training

Standardtraining

Ein Standardeinführungstraining für ANSYS Workbench dauert vier Tage. Es bietet den Teilnehmern den Überblick über die gesamte Berechnungsfunktionalität von der Steifigkeits- und Festigkeitsberechnung über Schwingungsanalysen und Knicken, Temperaturfelder und Thermospannungen bis hin zur Variantenberechnung und Optimierung. Nach dieser Einführung ist der frisch geschulte Anwender in der Lage, die Software gut zu bedienen. Allerdings ist ein wichtiger Aspekt in der Anwendung noch ausbaufähig: die Modellbildung und Ergebnisbewertung.

Die wirklich wichtigen Dinge

Bei der Modellbildung geht es darum, ein physikalisches Problem auf ein rechnerinternes Ersatzmodell zu reduzieren. Dazu braucht der Anwender Kenntnisse darüber, wo und wie die Grenzen des zu berechnenden Systems zum „Rest der Welt“ zu ziehen sind. Er muss die relevanten Effekte für die Simulation berücksichtigen und durch entsprechende Modellobjekte abbilden. Eine Schraube kann beispielsweise durch ein Detailmodell mit

Gewinde abgebildet werden; es kann jedoch auch korrekt sein, sie in der FE-Analyse komplett wegzulassen – je nach Berechnungsziel.

Ebenso wie die Modellaufbereitung ist auch die Ergebnisbewertung ein entscheidender Schritt. So muss nach der Analyse immer eine Kontrolle durchgeführt werden, ob die Analyse die gewünschte Aussage liefern kann. Hier ist das Vorstellungsvermögen des Anwenders gefordert, um das Berechnungsergebnis auf Plausibilität zu prüfen.

Training an eigenen Aufgaben

Diese beiden Schritte – Modellbildung und Ergebnisbewertung – setzen die Übung an eigenen Strukturen voraus. Theoretische Beispiele können nur unzureichend vermitteln, wie eine reale Einbausituation praxisgerecht aufbereitet und umgesetzt wird. Es ist daher empfehlenswert, in Ergänzung zum Standardtraining ein individuelles Training durchzuführen, im Idealfall direkt im Anschluss an das Standardtraining. In diesem individuellen Training sollten drei bis vier typische Aufgabenstellungen aus dem eigenen Anwendungsbericht durchgespielt werden. Das reicht von der CAD-Modell-Aufbereitung über die Beschaffung der Material- und Lastdaten bis hin zur Ergebnisbewertung und dem Abgleich mit evtl. vorhandenen Versuchsdaten. Gerade in der Anfangsphase ist es hilfreich, Bauteile, für die bereits Messdaten vorliegen, per FEM zu untersuchen, um den Bezug zur Realität aufzubauen, das Vertrauen zu festigen und unscharfe Bedingungen einzugrenzen. Diese Übungsbeispiele sollten vor dem Training mit dem Referenten besprochen werden, um ihm die Möglichkeit zu geben, sich mit der Aufgabenstellung gedanklich auseinanderzusetzen und um wertvolle Trainingszeit nicht mit der Suche von Daten zu verschwenden.

Auf das Wesentliche beschränken

Bei einer Gruppe von zwei bis drei Anwendern ist es überlegenswert, statt der Kombination Standard- und individuelles Training ganz auf ein individuelles Training umzusatteln. Die Zahl der Teilnehmer sollte sechs nicht überschreiten; jeder Teilnehmer sollte seinen eigenen Arbeitsplatz zur Verfügung haben. Der Umfang der Software-Bedienung kann auf die für das jeweilige Unternehmen Sinnvolle beschränkt werden; eher selten gebrauchte Funktionen können in der Anfangsphase außen vor bleiben, sodass die Bedienung für den Anwender fokussierter und einfacher wird.

Nach einer Zeit der selbstständigen Arbeit kann ein weiterer individueller Trainingstag dabei helfen, die Arbeitsweise zu verfeinern und anspruchsvollere Details zu bearbeiten. Beispielsweise ist die Berechnung von Schweißnähten für das Einstiegstraining nicht ideal. Neben der Software-Bedienung sind sehr umfangreiche, weitergehende Informationen zur Spannungsbewertung erforderlich, weshalb solche Aufgabenstellungen erst in einem zweiten Training vermittelt werden sollten.

Software ist nicht alles

Ein gutes Trainingsangebot umfasst neben den software-spezifischen Themen weitergehende Angebote für die Bewertung typischer Fragestellungen. Für strukturmechanische Aufgabenstellungen gehört dazu beispielsweise:

- Berechnung von Wellen, Achsen, Naben
- Betriebsfestigkeit
- Schweißnähte, Schrauben
- Projektmanagement

Neben dem Trainingsangebot des Software-Anbieters, der internen (oder externen) Unterstützung durch Berechnungsingenieure und einer Engineering-Hotline sind das CAE-Wiki *(http://www.cae-wiki.de)*, die NAFEMS *(http://www.nafems.org)* oder Foren wie *http://www.cad.de* Anlaufstellen für weitergehende Informationen.

Master-Studiengang

Programmübergreifende Möglichkeiten der Ausbildung bietet die „European School of Computer Aided Engineering Technology" (esocaet, *http://www.esocaet.com)*. Im zweijährigen, berufsbegleitenden Master-Studiengang Applied Computational Mechanics werden die neuesten Entwicklungen im Bereich Computer Aided Engineering (CAE) vermittelt, ergänzt um „Soft Skills", Präsentationstechniken und Projektmanagement. Durch den englischsprachigen Kurs erhält man den akademischen Titel „Master of Engineering" (M. Eng.).

Darüber hinaus wird der dreimonatige Kurs „eFEM für Praktiker" *(http://efem.esocaet.com)* angeboten, der sich in einer Kombination von Präsenzseminaren und E-Learning vor allem an FEM-Einsteiger wendet. Es handelt sich dabei um eine gemeinsame Weiterentwicklung des von der Fachhochschule Nordwestschweiz entwickelten E-Learning-Kurses FE-Transfer *(http://www.fe-transfer.ch)*.

6.2 Anwenderunterstützung

Pilotanwender

Die Ausbildung und Unterstützung der Anwender sollte dem Pilot-User-Konzept folgen. Das bedeutet, dass wenige ausgewählte Anwender ein weitergehendes Training und Anwenderunterstützung erhalten und so in den einzelnen Bereichen als „Support vor Ort" wirken können, der nicht nur das numerische Verfahren, sondern auch die zu untersuchenden Produkte und daran gestellte Anforderungen kennt. Gegebenenfalls kann der Pilotanwender auch geeignete Standardisierungsmaßnahmen wählen wie z. B. generische Lastfälle (siehe Abschnitt 5.1). Der Pilotanwender seinerseits sollte engen Kontakt haben zu einem erfahrenen Berechnungsingenieur, der ihn in der Handhabung, Modelldefinition und Ergebnisbewertung unterstützt. Gibt es – wie oft in klein- und mittelständischen Unternehmen – keinen dedizierten Berechnungsingenieur, kann und muss diese Aufgabe der Software-Support übernehmen. Daher ist ein Support-Team mit breiter praktischer Erfahrung eine essenzielle Voraussetzung für die erfolgreiche Implementierung der FEM. Der Zusammenarbeit förderlich ist dabei eine einheitliche Software für Berechnungsingenieure und Konstrukteure, sodass typische Vorgehensweisen, die die Berechnungsingenieure erarbeitet haben, in ähnlicher Form auch durch die Konstrukteure angewendet werden können.

Engineering Support

Oft ist es erforderlich, einen gemeinsamen Blick auf ein Modell mit seinen Randbedingungen oder dem berechneten Ergebnis zu werfen. Statt Bilder oder Bericht hin und her zu schicken, wird heute der Bildschirminhalt direkt für beide verfügbar gemacht. Software wie Netmeeting *(http://www.microsoft.com/windowsxp/using/networking/default.mspx)*, Netviewer *(http://www.netviewer.de)* oder Webex *(http://www.webex.de)* erlaubt beiden Anwendern den Blick auf einen gemeinsamen Bildschirm auch über Standortgrenzen hinweg. Komplizierte Lastfälle und Randbedingungen lassen sich so sehr effizient miteinander diskutieren und absichern.

In größeren Unternehmen werden oft Kataloge von typischen Berechnungsaufgaben erstellt, die sehr detailliert erklären, welche Arbeitsschritte für eine Berechnung erforderlich und welche unternehmensspezifischen Angaben, Normen oder Bewertungen anzuwenden sind.

6.3 Qualitätssicherung

Die Qualitätssicherung für die Simulation hängt wesentlich von zwei Faktoren ab:

- dem Verständnis des Anwenders
- der Verwendung der berechneten Ergebnisse

Anwender sensibilisieren

Jedes noch so ausgefeilte System, den Anwender durch Anwendungskataloge, Assistenten oder Musterlösungen zu unterstützen, kann in besonderen Einzelfällen versagen. Daher ist es unbedingt erforderlich, dem Anwender zu vermitteln, dass jede FEM-Analyse einer Kontrolle bedarf. Unplausible, unlogische Ergebnisse sollten ihn dazu veranlassen, entweder selbst die Berechnung genauer zu prüfen oder sich Hilfe zu holen. Das bedeutet, dass die Ausbildung ein wichtiger Beitrag zur Qualitätssicherung ist.

Berechnungsingenieure als Coach

Manche Unternehmen haben die simulationsgetriebene Produktentwicklung mit einem formalen Freigabeprozess verknüpft, bei dem ein erfahrener Anwender ein Berechnungsergebnis freigibt. Hier ist es von Vorteil, wenn die Modelldefinition auf eine dem Berechnungsspezialisten bekannte Weise erfolgt. Da ANSYS Workbench in verschiedenen Ausbaustufen genutzt werden kann, hat der Berechnungsingenieur durch die gewohnten Funktionen, Randbedingungen und Kontakteinstellungen einen direkten Überblick. Als schnelle Kontrollmöglichkeit hat sich der automatisch generierte ANSYS-Bericht bewährt, der auf Knopfdruck am Ende einer Studie alle Modellvarianten mit allen Einstellungen dokumentiert.

Regeln definieren

Ähnlich wie bei Berechnungsdienstleistern, die je nach Gefährdungspotenzial die Analyse in verschiedenen Kategorien einteilen und absichern, sollte den Anwendern bewusst sein, welcher Verwendung die von ihnen produzierten Ergebnisse unterliegen. Der Vergleich von verschiedenen Designvarianten kann mit relativ einfachen Mitteln erfolgen, d. h., die Modellbildung braucht nicht unbedingt alle Details abzubilden, wenn die zu vergleichende Größe davon unbeeinflusst ist. Wird ein solches Berechnungsergebnis jedoch für andere Zwecke verwendet, z. B. zur Abschätzung einer Lebensdauer, widerspricht dies der ursprünglichen Projektdefinition, nach der die Modellannahmen getroffen wurden. Deshalb sind klare Vorgaben für die Verwertung der produzierten Ergebnisse für alle Beteiligten von Vorteil.

6.4 Datenmanagement

Wo liegen welche Daten?

FEM-Analysen können während der Analyse sehr viel Plattenplatz beanspruchen. Die Daten sind in verschiedenen Dateien abgelegt, deren Zusammenspiel der ANSYS Workbench-Projektmanager organisiert. Ein Workbench-Berechnungsprojekt wird in einer Datei *PROJEKTNAME.WBPJ* und einem zugehörigen Verzeichnis *PROJEKTNAME_FILES* gespeichert. In diesem Verzeichnis legt ANSYS Workbench für jede Analyse ein oder mehrere Unterverzeichnisse an, in dem die temporären Daten abgelegt werden. Die Geschwindigkeit dieses Datenspeichers ist entscheidend für die Berechnungsgeschwindigkeit. Es ist daher *nicht* empfehlenswert, dieses Projektverzeichnis im Netzwerk zu speichern, weil sonst die ANSYS-Berechnung, aber auch sonstige serverbasierten Aktivitäten ausgebremst werden. Die ANSYS-Daten sollten während der Bearbeitung des Berechnungsprojektes auf der lokalen Festplatte verbleiben, sodass auch alle temporären Daten lokal bleiben. Eine Übertragung auf Netzlaufwerke zum Zwecke der Archivierung sollte erst nach Abschluss der Analyse im Windows-Dateimanager durch Kopieren oder Verschieben der Projektdatei und des Projektverzeichnisses erfolgen.

Größere Arbeitsgruppen

Für das Arbeiten in größeren Gruppen ist ein datei- und verzeichnisbasierter Ansatz nicht optimal. Hier bietet es sich an, die Daten über ein bereits existierendes PDM-System zu verwalten, die jedoch mit den in der FEM anfallenden Datenmengen meist nicht sehr gut harmonieren, oder die dafür passende Erweiterung von ANSYS zu verwenden.

ANSYS EKM ist eine webbasierte Lösung, um Simulationsdaten, Prozesse und Tools zu verwalten. Die Vielfältigkeit und Menge an Daten, die in der Berechnung anfällt, kann mit einer spezialisierten Applikation besser verwaltet werden. Neben dem Datenmanagement gehören Prozess- und Wissensmanagement zu den tragenden Säulen. Durch ein Prozessmanagement werden standardisierte Abläufe abgelegt, die zu einer effektiveren Anwendung der Simulation, minimierten Fehlern und höherer Qualität führen. Über ein Wissensmanagement können Funktionalitäten und Abhängigkeiten organisiert werden, sodass das mit den abgelegten Projekten verbundene Wissen für nachfolgende Projekte genutzt werden kann.

6.5 Hardware und Organisation der Berechnung

Bereits in den 1980er Jahren hat das IT-Beratungsunternehmen Gartner der simulationsgesteuerten Produktentwicklung große Entwicklungspotentiale vorhergesagt, die sich unter anderem durch die Verfügbarkeit exponentiell ansteigender Rechenleistung erschließen lassen sollten. Werden heutige Computer betrachtet, stellt man fest, dass die Leistung früherer Supercomputer heute schon an normalen Büro-Arbeitsplätzen verfügbar ist. Außerdem hat sich in den 1980er und 1990er Jahren für Simulationsanwendungen vielfach ein Wandel von zentralisierten Mikrocomputern hin zu Workstations direkt am Arbeitsplatz vollzogen. Aktuelle Trends lassen dagegen eine neue Zentralisierung erwarten.

Workstations

Günstig und schnell

Workstations bieten eine große Leistungsfähigkeit bei sehr gutem Preis-Leistungs-Verhältnis und sind autark und dezentral nutzbar. Große Arbeitsspeicher von bis zu 512 GB und Mehrprozessor-Systeme sorgen für eine hohe Rechenleistung. Festplatten und Solid State Disks lassen sich gemeinsam einsetzen und ermöglichen eine schnelle Datenspeicherung temporärer Berechnungsdaten. Einzelne Anwender können auf einer solchen Workstation sämtliche Arbeitsschritte, die für die Simulation relevant sind, effektiv durchführen. Dazu gehören neben der Lösung des Gleichungssystems auch die Aufbereitung der Aufgabenstellung mit Geometrieerzeugung, Vernetzung und Randbedingungen sowie die Ergebnisvisualisierung. Eine hohe 3D-Grafikleistung und die lokale Verfügbarkeit aller Daten gewährleisten einen direkten Zugriff und schnelle Verarbeitung für den Anwender.

Compute-Server

Skalierbare Rechenleistung

Mit der zunehmenden Nutzung von Simulationen steigt der Bedarf nach skalierbarer Rechenleistung. Zentralisierte Compute-Server bieten vielfältige Ausbaumöglichkeiten in Bezug auf Prozessorkerne, Arbeitsspeicher, Plattenkapazität und -geschwindigkeit. Typische Compute-Server für Berechnungsgruppen von fünf bis zehn Personen mit strukturmechanischen Aufgabenstellungen sind heute mit 64 bis 512 Kernen und 512 GB bis 4 TB Arbeitsspeicher ausgestattet. Neben der absolut höheren Rechenleistung spielen vielfach auch die flexible, weil zentral organisierte Leistungsverteilung, die bessere Auslastung, die höhere Energieeffizienz und die zentrale Datenablage eine große Rolle. Da Compute-Server keine 3D-Grafikleistung enthalten, wird das Pre- und Postprozessing oft mit dezentralen Workstations durchgeführt, was jedoch eine leistungsfähige Netzwerkanbindung aufgrund der großen Ergebnisdaten voraussetzt.

Blade-Workstations

Ausgelagerte Workstation

Leider ist die Netzwerk-Bandbreite für eine leistungsfähige Anbindung eines dezentralen Pre- und Postprozessings auf Workstations nicht immer gegeben. Folglich werden die Workstations heute oftmals in Form von sogenannten Blade-Workstations zum Compute-Server verlagert. Diese Blades bringen Workstation-Technologie mit 3D-Grafikleistung in kompakter, serverkompatibler und ausfallsicherer Technik zum Compute-Server. Durch die direkte Anbindung der Blade-Workstations an den Compute-Server (10 GigEthernet) können Ergebnisdaten vom Compute-Server mit hoher Geschwindigkeit direkt verarbeitet werden. Die in der Workstation berechnete 3D-Grafikdarstellung wird über das Netzwerk – auch über Standortgrenzen hinweg – mit geringer Netzwerkbelastung an den Arbeitsplatz des Anwenders übertragen, der keine lokale Rechenleistung mehr benötigt, sondern nur noch ein Terminal (thin client). Das Aufschalten (remote access) eines Anwenders auf eine Blade Workstation erfolgt exklusiv, sodass die entsprechende 3D-Grafikleistung für diesen Anwender reserviert ist.

Virtuelle Workstations

Entkopplung von der Hardware

Für eine höhere Flexibilität bei der Zuordnung von Anwendern zur Hardware hat sich in den letzten Jahren die Virtualisierung etabliert. Desktop-Virtualisierung für übliche Büro-Arbeitsplätze ist ein gängiges Verfahren, um einheitliche Software-Umgebungen, zentrale Datenhaltung und flexible Hardware-Auslastung zu ermöglichen. Diese Art der flexiblen Kopplung von Anwendern mit der für sie erforderlichen Hardware war für 3D-Anwendungen (wie ANSYS) auf Basis des OpenGL-Standards lange Zeit nicht realisierbar. Neue Entwicklungen (z.B. NICE DCV) schließen diese Lücke in der Virtualisierungstechnik, sodass auch für 3D-Anwendungen eine gemeinsame Nutzung von Hardware zu höherer Effizienz, vereinfachter Administration und geringeren Kosten führt. Im Cluster wird dafür neben zentralisierter Rechenleistung auch zentralisierte Grafikleistung zur Verfügung gestellt, die dann gemeinsam optimal genutzt werden kann.

(Private) Cloud

Maximale Flexibilität

Die Kombination von zentral bereitgestellter Rechenleistung für die Lösung anspruchsvoller Simulationsaufgaben und von 3D-Grafikleistung für das Pre- und Postprozessing ermöglicht es, die gesamte erforderliche CAE-Infrastruktur zu zentralisieren. Diese Zentralisierung bietet dem Anwender mehrere Vorteile: Erstens einen flexiblen Zugriff von verschiedenen Standorten innerhalb des Unternehmens, zweitens eine hohe Rechen- und Grafikleistung, die bei Bedarf flexibel erweitert werden kann, und drittens eine hohe Verfügbarkeit. Für die IT-Abteilung sind der direkte Zugriff, die einfache Administration, eine hohe Datensicherheit und die einfache Erweiterbarkeit wichtige Argumente. Die Wahl des Standortes eines solchen Rechnersystems spielt für den Anwender keine Rolle, sofern der Betreiber die unternehmensspezifischen und gesetzlichen Vorgaben zum Datenschutz erfüllt. Unternehmensspezifische Lösungen bieten hier den Vorteil der eigenen Datenhoheit und gewährleisten Datensicherheit, fordern von der IT jedoch detaillierte Kenntnisse der simulationsspezifischen Anforderungen.

Konfiguration und Management

Die Konfiguration der vorgestellten Hardware-Lösungen hängt von vielen Faktoren ab, beispielsweise von der Anzahl der Anwender, der Analyseart (CFD, FEM, implizit, explizit), der Modellgröße, der Anzahl der simultanen Analysen, der Netzwerkanbindung oder dem Datenmanagement. Es ist empfehlenswert, einen CAE-erfahrenden Lösungsanbieter einzubinden, der nicht nur bei der Auswahl und Konfiguration einer kundenspezifischen Hardware-Lösung berät, sondern auch bei der Inbetriebnahme der passenden IT-Infrastruktur Unterstützung liefert, damit die speziellen Anforderungen der Simulation an Hardware und Software effektiv erfüllt werden können. Darüber hinaus bietet es sich an, auch den Betrieb durch einen spezialisierten Partner zu prüfen, um die Systemverfügbarkeit der CAE-Cluster aufrecht zu erhalten und zu gewährleisten (SLA – Service Level Agreement), damit die Entwickler und die IT-Abteilung sich ungestört auf ihre Kernaufgaben konzentrieren können. Eine solche ganzheitliche Betreuung gewährleistet definierte, kurze Antwortzeiten, klare Zuständigkeiten und kurze Wege zur Lösung eventuell auftretender Probleme.

Wofür so viel Rechenleistung?

Jede Simulation ist ein Abbild der Realität, das Vereinfachungen beinhaltet, die das Ergebnis mehr oder weniger beeinflussen. Eine höhere verfügbare Rechenleistung bedeutet daher, diesen Vereinfachungen weniger Raum zu geben und damit die Genauigkeit der Simulation weiter zu steigern. Entscheidend dabei ist, dass man die gewünschten Ergebnisse zeitnah erhält – auch bei anspruchsvollen Simulationen und großen Modellen. Nach wie vor wird die Berechnung über Nacht als typische Grenze deklariert, an der man sich bezüglich des Detail- und damit des Genauigkeitsgrades orientiert. Liegen Berechnungsergebnisse erst nach 30 statt nach 14 Stunden vor, kann die Designbewertung nicht mehr am nächsten, sondern erst am übernächsten Tag erfolgen. In den heutigen, eng gesteckten Projektplänen führt dies zu nicht akzeptablen Verzögerungen.

Neben der Beschleunigung einzelner, großer oder anspruchsvoller Simulationsaufgaben bietet hohe Rechenleistung den Vorteil, die Simulation nicht mehr nur als Werkzeug zum Nachweis bestimmter Produkteigenschaften einzusetzen, sondern vielmehr durch systematische Variation ein besseres Verständnis von Zusammenhängen zu erzielen. Damit wird eine simulationsgesteuerte Produktentwicklung ermöglicht.

Parallele und simultane Simulationen

Um hohe Rechenleistung effektiv und kostengünstig nutzen zu können, wurden von ANSYS, Inc. neue Solver-Technologien entwickelt. Sie ermöglichen eine Parallelisierung der Berechnung und damit das Verteilen einer Simulationsaufgabe auf verschiedene Kerne innerhalb eines Rechners oder verteilt über verschiedene Rechner. Auf diese Weise lässt sich eine exponentielle Steigerung der nutzbaren Prozessorkerne (bis 2048!) erreichen. Darüber hinaus bieten GPUs (graphics processing units), die analog einem mathematischen Co-Prozessor nutzbar sind, zusätzliche Leistungssteigerungen von bis zu 50 %.

Bei der systematischen Variation von Analysen anhand eines Versuchsplans (Design of Experiments, DoE) kann durch eine geeignete Lizenzkonfiguration die Anzahl der möglichen Zugriffe vervielfacht werden und ermöglicht so die simultane (gleichzeitige) Analyse mehrerer Designs, wodurch sich die Rechenzeiten sehr deutlich reduzieren lassen.

Elektronische und menschliche Gehirne

Rechenleistung war und ist auch heute noch ein Schlüsselelement für eine sinnvolle Modellbildung und eine genaue Ergebnisaussage. Während Anfang der 1990er Jahre Modellgrößen mit 10 000 Knoten üblich waren, liegen diese heute bei einigen Millionen. Das Moor'sche Gesetz, welches alle 24 Monate eine Verdopplung der Rechenleistung vorsieht, bestätigt dies. Diesen Gewinn an Rechenleistung können Ingenieure heute nutzen, um größere Strukturen mit mehr Details zu berechnen. Vor allem können sie auf Automatismen, beispielsweise automatische Netzverfeinerungen, zurückgreifen, sodass sie nicht ständig zu einer möglichst „knotensparenden“ Modellierung gezwungen sind, sondern den Fokus auf die Bewertung von Simulationsergebnissen, die Interpretation der physikalischen Zusammenhänge und damit den Erkenntnisgewinn legen können. Durch die immense Rechenleistung „elektronischer Gehirne“ ist der Weg für eine sinnvolle Aufgabenverteilung geebnet, das heißt, menschliche Gehirne können sich auf den eigentlich interessanten Teil der Ingenieurarbeit konzentrieren: Wissen, Kreativität und Innovation.

Remote Solver Manager (RSM)

Einfache komfortable Handhabung

Mit Lizenzen ab ANSYS Professional steht dem Anwender der sogenannte Remote Solver Manager (RSM) zur Verfügung. Mit diesem wird der Prozess, die Daten auf einen Compute-Server zu kopieren, die Berechnung dort zu starten und die fertigen Berechnungsergebnisse zurückzukopieren, automatisiert. Zum Verlagern der Analyse auf einen Compute-Server wird statt des normalen Icons „Lösung" das alternative Lösungs-Icon für den Compute-Server ausgewählt (hier ein Server „MSCC extern" mit dem Betriebssystem Microsoft Compute Cluster).

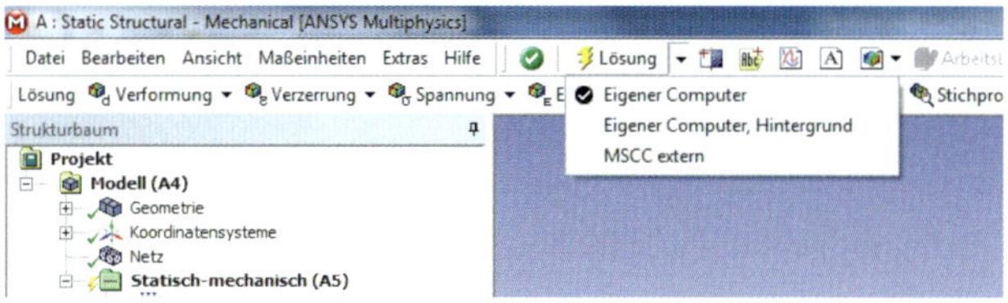

Die Datenübertragung zum Server beginnt, die Berechnung wird auf dem Server gestartet, und sobald die Analyse fertig ist, wird dies mit einem Download-Symbol (grüner Pfeil nach unten) in der ANSYS Workbench-Umgebung auf dem lokalen Arbeitsplatz dargestellt.

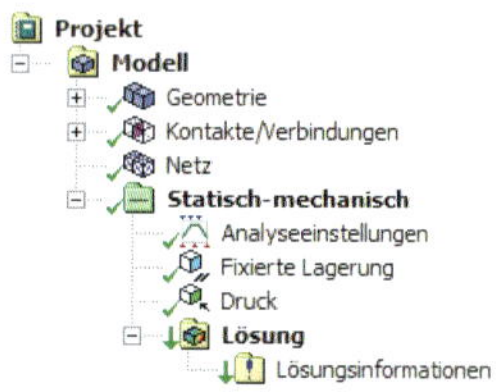

Warteschlange

Während der Analyse kann der Status unter Lösungsinformation auf Anfrage aktualisiert werden. Alle Berechnungen werden in sogenannten Warteschlangen (Queues) organisiert. Sie funktionieren nach dem FIFO-Prinzip (First In, First Out). Das bedeutet, dass mehrere Personen Berechnungsaufträge an eine Warteschlange senden können, die automatisch nacheinander abgearbeitet werden. Es lassen sich auch mehrere Warteschlangen einrichten, wenn die Hardware potent genug ist und genügend Berechnungslizenzen zur Verfügung stehen.

7 Erster Start

Ablauf üben

Für den ersten Berechnungsgang ist es empfehlenswert, ein einfaches, überschaubares Modell zu verwenden, um erst einmal die grundlegenden Funktionen kennenzulernen. Gönnen Sie sich diese Zeit und widerstehen Sie der Versuchung, gleich mit einem eigenen Modell zu beginnen. Sie können sich so besser auf die Handhabung konzentrieren und sind nicht von der physikalisch anspruchsvolleren eigenen Aufgabenstellung abgelenkt.

Ein kleiner Winkelhalter aus Stahl soll in einer linear statischen Analyse auf Spannungen und Verformungen berechnet werden. Vereinfacht wird angenommen, dass er in der Anlagefläche komplett fixiert wird. Auf das etwas vorstehende Auge soll eine Kraft von 1 kN nach unten wirken.

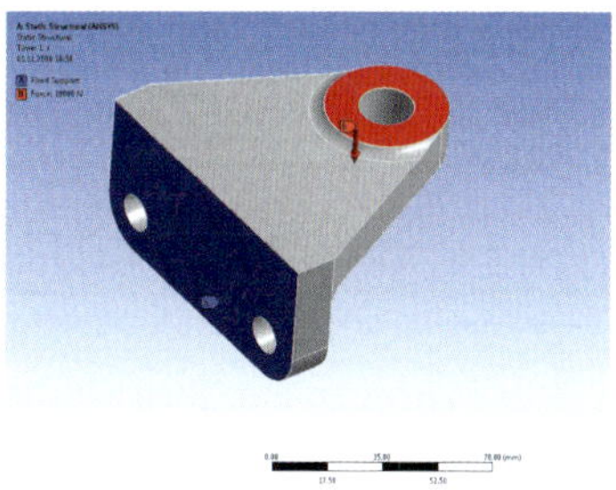

7.1 Analyse definieren

Starten Sie ANSYS Workbench über das Windows-Startmenü **START/PROGRAMME/ ANSYS 13/ANSYS WORKBENCH**. Daraufhin erscheint der in der folgenden Abbildung dargestellte Projektmanager.

Wie geht's los?

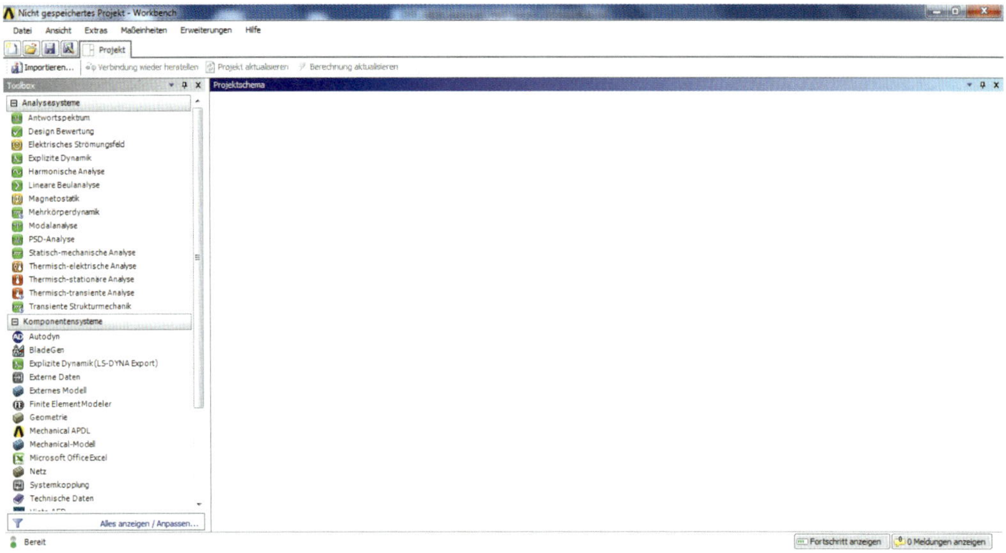

Analyse definieren

Auf der linken Seite der Abbildung werden die verfügbaren Analysearten dargestellt. Für den Winkelhalter definieren wir eine statisch-mechanische Analyse. Mit einem Doppelklick auf **STATISCHE STRUKTURMECHANISCHE ANALYSE** unterhalb von **ANALYSENSYSTEME** wird eine neue Analyse – im Projektmanager „System" genannt – angelegt. Statt des Doppelklicks kann im Projektbereich (großer leerer Bereich rechts) mit der rechten Maustaste mit **NEU: ANALYSENSYSTEME/STATISCH STRUKTURMECHANISCHE ANALYSE** ebenfalls ein neues System angelegt werden. Ebenso kann der Analysetyp **STATISCH STRUKTURMECHANISCHE ANALYSE** von links per Drag & Drop nach rechts in den Projektbereich gezogen werden.

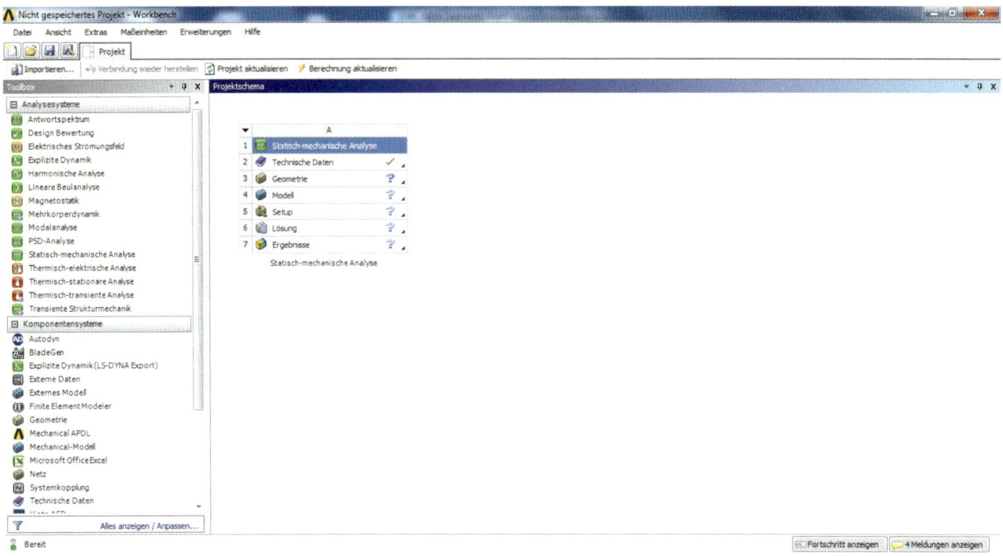

Projektkomponenten

Jedes System besteht aus den folgenden Komponenten, die in Kapitel 8 noch genauer beschrieben werden:

- **ANALYSE-ART**: Hier wird festgelegt, welche Physik und welches numerische Verfahren verwendet werden.
- **TECHNISCHE DATEN**: Hiermit werden Materialdaten für das Bauteil oder die Baugruppe beschrieben. Es wird ein Standardmaterial verwendet, sofern die Materialdaten vom CAD-System nicht mit übernommen werden. Daher ist diese Komponente auch ohne eine Materialauswahl durch den Anwender mit einem grünen Haken versehen.
- **GEOMETRIE**: Hier können die nativen Dateien eines CAD-Systems eingeladen, ein neutrales Format wie IGES, STEP, Parasolid und ACIS importiert oder eine Geometrie mit dem ANSYS DesignModeler neu erstellt werden. Auch die Übernahme eines in einem CAD-System geladenen Modells ist möglich.
- **MODELL**: Alle Definitionen, die neben der Geometrie notwendig sind, um ein FE-Modell zu beschreiben, wie z. B. die Vernetzungseinstellungen, Kontakte oder auch lokale Koordinatensysteme, werden unter dem Begriff Modell zusammengefasst.
- **SETUP**: Die Analyse-Einstellungen, die Belastung und die sonstigen Randbedingungen werden in den Setup-Einstellungen zusammengefasst.
- **LÖSUNG**: Die Rückmeldungen des Gleichungslösers sind unter der Lösung verfügbar.
- **ERGEBNISSE**: Unter **ERGEBNISSE** sind die durch die FEM-Analyse ermittelten Resultate zu finden.

Gehen Sie die einzelnen Komponenten von oben nach unten mit der rechten Maustaste durch, um das System für die erste Berechnungsaufgabe zu definieren. Die Analyseart wurde mit dem Anlegen des Systems schon definiert und sollte nicht nachträglich verändert werden. Das Material wird standardmäßig als Stahl definiert, deshalb können in diesem ersten Ablauf die Materialdaten so verwendet werden.

- Klicken Sie mit der rechten Maustaste auf **GEOMETRIE** und wählen Sie unter **GEOMETRIE IMPORTIEREN/DURCHSUCHEN** die STEP-Datei *halter_verrundet.stp* aus. Die Beispieldaten finden Sie unter *http://downloads.hanser.de*.

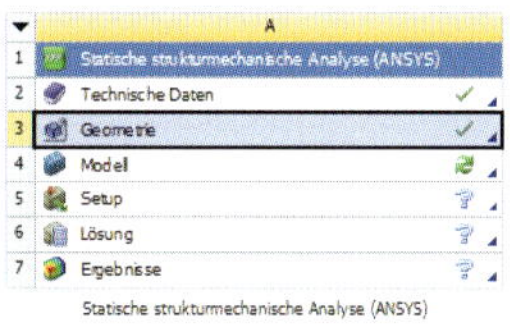

TIPP: Bevor Sie in die Definition einzelner Komponenten wie Modelle, Lasten oder Ergebnisse einsteigen, sollten Sie Ihr Projekt speichern, auch wenn in den ersten Projektphasen noch wenige Projektdaten sicherungswürdig erscheinen. Im Hintergrund werden mit dem Speichern des Projekts Pfade für temporäre Dateien festgelegt und andere Einstellungen getätigt, die für einen reibungslosen Projektablauf sorgen. Verwenden Sie dazu kein Netzlaufwerkt und nicht den Desktop, sondern ein Verzeichnis auf Ihrer lokalen Festplatte.

7.2 Berechnungsmodell und Lastfall definieren

Nachdem das Projekt gespeichert und die Geometriezuordnung abgeschlossen ist, können Sie mit der rechten Maustaste auf **MODELL** klicken und über **BEARBEITEN** das Berechnungsmodell und den Lastfall definieren. Dazu öffnet sich das Fenster der Mechanical-Applikation.

Das Berechnungsmodell, bestehend aus Geometrie, Koordinatensystemen und Netz, kann mit den Default-Einstellungen verwendet werden, sodass hier keine weiteren Ergänzungen vorzunehmen sind. Um Lasten und Lagerungen zu definieren, wählen Sie im Strukturbaum den Lastfall **STATISCH-MECHANISCH** an. Für eine einfachere Definition wählen Sie bei den folgenden Schritten zuerst die Geometrie, dann die zugehörige Randbedingung.

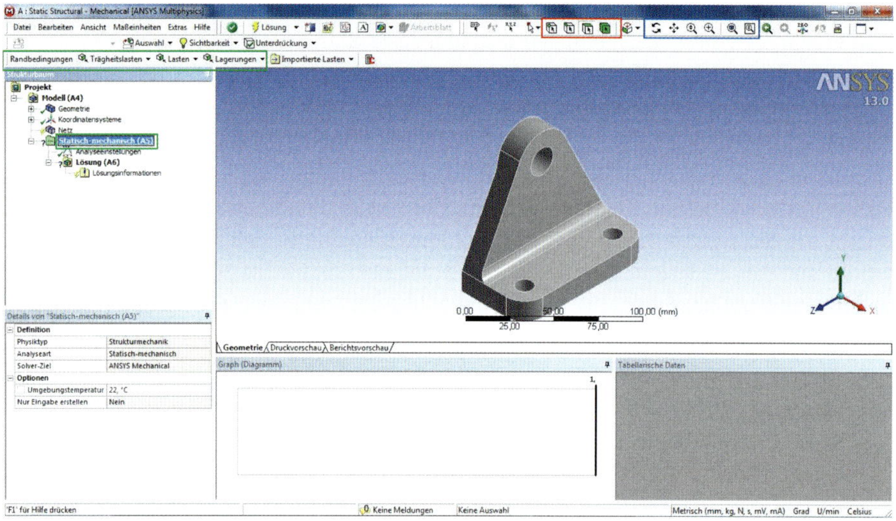

Ansicht verändern

Der Selektionsfilter (roter Rahmen) ist per Default auf Flächenselektion eingestellt. Mit den Funktionen zur Ansichtssteuerung (blauer Rahmen) oder einer Space-Mouse können Sie Ihr Modell drehen, schieben, skalieren, zoomen oder einpassen. Wenn Sie die **DREHEN**-Funktion (blauer Rahmen, ganz links) verwenden, wird der Selektionsfilter aufgehoben, sodass nach dem Drehen der Selektionsfilter **FLÄCHE** wieder aktiviert werden muss. Um dies zu vermeiden, kann man statt der **DREHEN**-Funktion das Bauteil mit der mittleren Maustaste (Mausrad) drehen, ohne dass der Selektionsfilter neu aktiviert werden muss.

Fährt man mit der Maus über das Modell, wird das geometrische Element, das mit einem Linksklick selektiert werden kann, mit einer Markierung hervorgehoben.

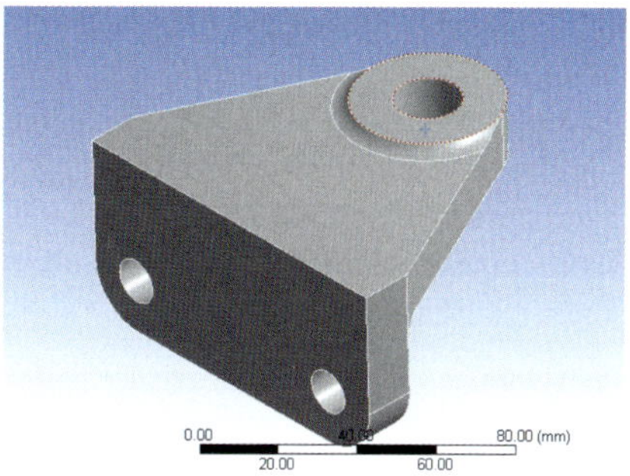

Wird der Linksklick ausgeführt, wird die selektierte Geometrie grün dargestellt.

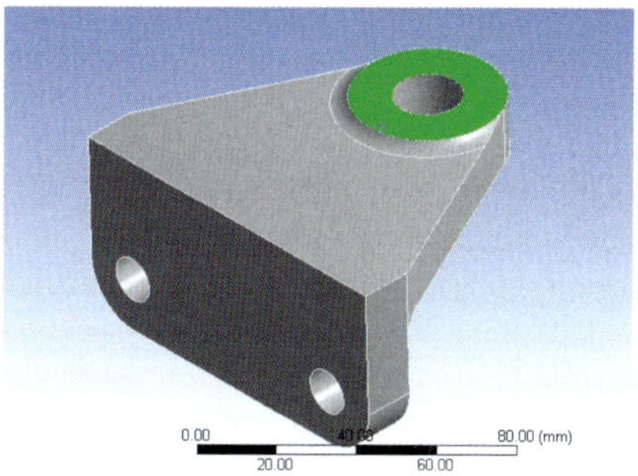

Kraftangriff selektieren

In der Statusleiste am unteren Rand des Mechanical-Applikationsfensters werden die Anzahl der selektierten Flächen und der Flächeninhalt angezeigt (eine Fläche ausgewählt; Flächeninhalt ca. = 992 mm^2).

Wählen Sie aus der kontextsensitiven Funktionsleiste direkt oberhalb des Grafikfensters unter **LASTEN** die Funktion **KRAFT**. Alternativ können Sie im Strukturbaum oder im Grafikfenster durch die rechte Maustaste **EINFÜGEN/KRAFT** auswählen und die Kraftrandbedingung definieren.

Während der Kraftdefinition wird im Strukturbaum die Kraft mit einem blauen Fragezeichen versehen, solange noch nicht alle erforderlichen Angaben gemacht sind. Ist die Kraft vollständig definiert, z. T. auch über Default-Einstellungen, wird dies durch einen grünen Haken im Strukturbaum visualisiert.

Im Detailfenster unten links erwartet ANSYS Workbench unter **GRÖSSE** den Wert der Kraft im eingestellten Einheitensystem. Für die Strukturmechnik hat sich das Einheitensystem mm/kg/N bewährt, deshalb ist es empfehlenswert, im Menü **MASSEINHEITEN** dieses Einheitensystem einzustellen. Tragen Sie die Zahl 1000 ein und bestätigen Sie mit der Eingabetaste. Die Checkbox vor **GRÖSSE** bleibt leer.

Orientieren der Kraft

Die nächste zu definierende Eigenschaft ist die Kraftrichtung. Bei einer einzelnen selektierten Fläche wird die Kraft mit einer Default-Richtung versehen. Für eine Zylinderfläche ist sie die Richtung der Achse, bei einer ebenen Fläche die Richtung der Flächennormale. So wird auch in diesem Fall die Flächennormale verwendet, um die Default-Richtung nach oben zu definieren. Mit einem Klick auf **ZUM ÄNDERN KLICKEN** im Detailfenster könnten am CAD-Modell eine andere Fläche, Kante oder zwei Punkte angewählt werden, welche die Richtung (nicht den Ort) der Krafteinleitung bestimmt. Der zweite rote Pfeil zeigt die gerade aktuell gefundene, aber noch nicht zugewiesene Kraftrichtung. Nachdem die Flächennormale der Ringfläche des Auges zur Richtungsdefinition verwendet werden kann, kann mit einem Klick auf die beiden rot-schwarzen Pfeile im CAD-Fenster die Kraftrichtung einfach umgedreht werden. Mit **ANWENDEN** wird die temporäre Richtung übernommen und die Kraftdefinition abgeschlossen (siehe nachfolgende Abbildung).

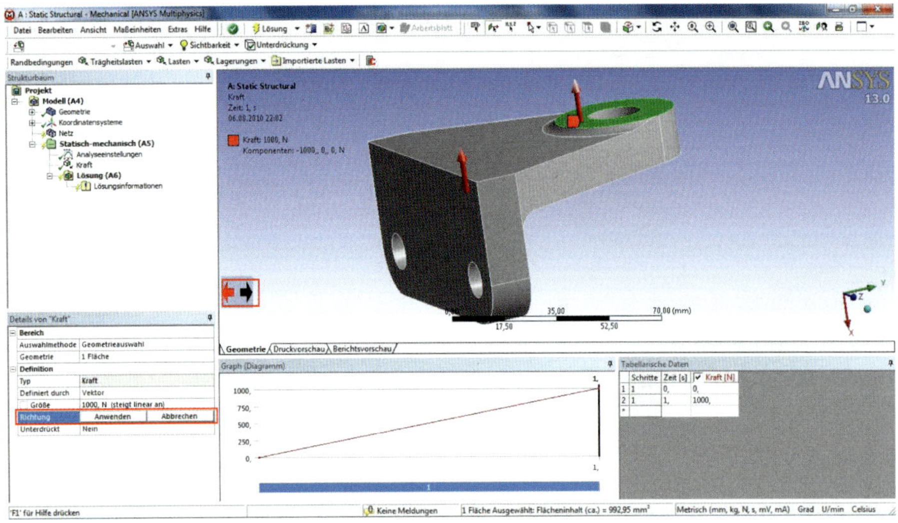

Lagerung definieren

Ähnlich wird auch die fixierte Lagerung definiert. Selektieren Sie die Anlagefläche, wählen Sie im Kontextmenü unter **LAGERUNGEN** oder über die rechte Maustaste unter **EINFÜGEN** die **FIXIERTE LAGERUNG**, um das Bauteil dort einzuspannen (siehe nachfolgende Abbildung). Weitere Angaben zur Lagerung sind im Detailfenster unten links nicht erforderlich.

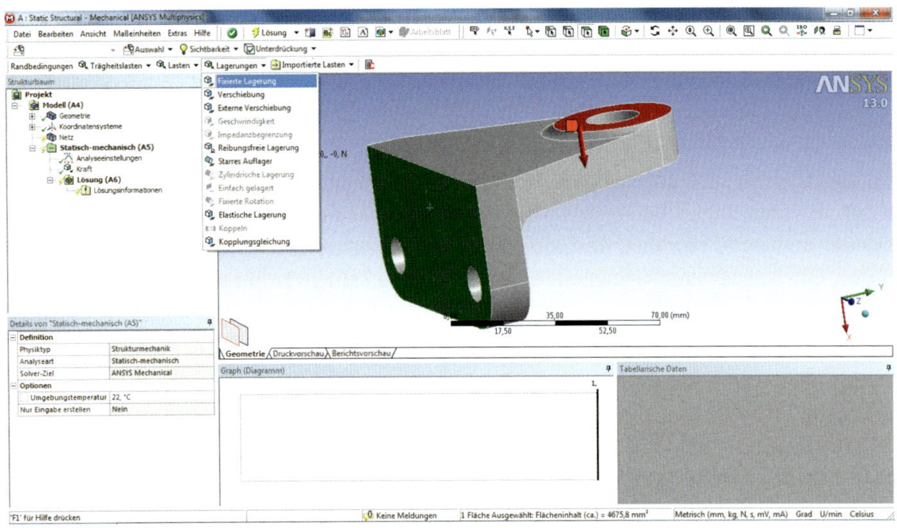

Nachdem im Strukturbaum lediglich die gerade definierte Lagerung markiert wird, wird auch nur diese im Grafikfenster angezeigt. Um alle definierten Randbedingungen zu sehen, können mit der CTRL/STRG-Taste im Strukturbaum zusätzliche Randbedingungen oder mit einem Klick auf **STATISCH-STRUKTURMECHANISCH** der gesamte Lastfall markiert werden (siehe nachfolgende Abbildung).

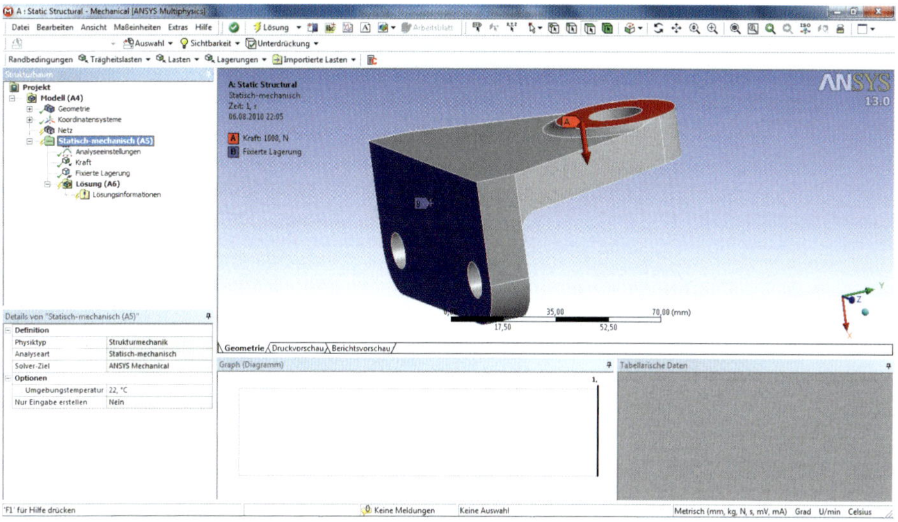

Im Strukturbaum sollte jetzt alles grün angehakt sein, bis auf Netz und Lösung, die mit einem gelben Blitz versehen sind, der symbolisiert, dass diese noch berechnet werden müssen. Sind darüber hinaus unvollständig definierte Randbedingungen (erkennbar an einem blauen Fragezeichen) definiert, löschen Sie diese (anklicken, rechte Maustaste). Mit **DATEI/PROJEKT SPEICHERN** wird die bisherige Definition der Berechnung gespeichert.

Definition kontrollieren

Die Berechnung kann gestartet werden, indem Sie in der oberen Icon-Leiste oder im Baum mit der rechten Maustaste auf **STATISCH-STRUKTURMECHANISCH/LÖSUNG** gehen und die Funktion **LÖSUNG** oder oben in der Icon-Leiste **LÖSUNG** wählen. Vernetzung und Berechnung werden mit den Standardeinstellungen in einem Schritt durchgeführt. Ein Fortschrittsbalken zeigt den Status der Analyse an. Nach kurzer Zeit ist der Strukturbaum komplett mit grünen Haken versehen und die Berechnung abgeschlossen.

7.3 Ergebnisse erzeugen und prüfen

Um ein Berechnungsergebnis zu definieren, wählen Sie im Strukturbaum **LÖSUNG** und im Kontextmenü oder über die rechte Maustaste unter **EINFÜGEN** eine der Ergebniskategorien wie **VERFORMUNG**, **DEHNUNG**, **SPANNUNG**, **ENERGIE**, **LINEARISIERTE SPANNUNG**, **STICHPROBE**, **EXTRAS** oder **BENUTZERDEFINIERTE ERGEBNISSE**. Für den Winkelhalter

Ergebnisse erzeugen

sollten mindestens zwei Ergebnisse, nämlich die Gesamtverformung (**VERFORMUNG/GESAMT**) und die Von-Mises-Vergleichsspannung, definiert werden.

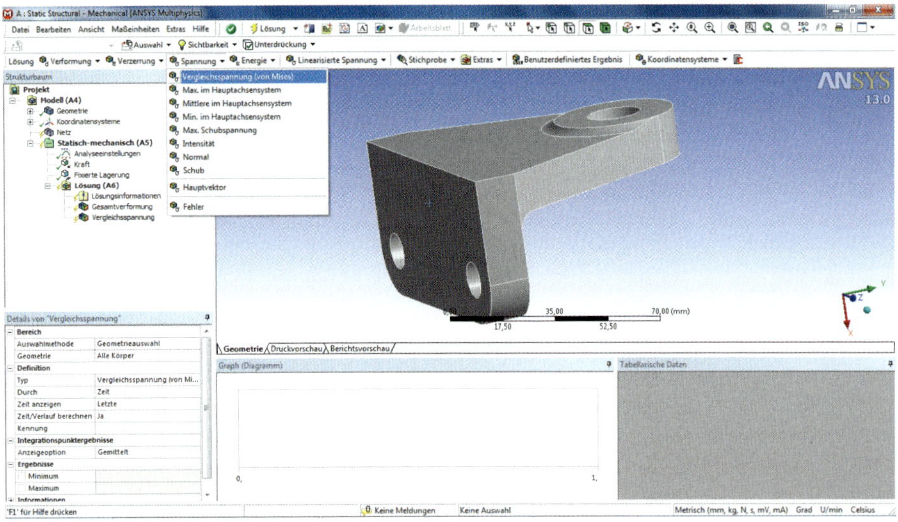

Ergebnis prüfen

Mit einem erneuten Klick auf **LÖSUNG** oben in der Mitte der Icon-Leiste werden die Ergebnisse aktualisiert. Das erste visualisierte Berechnungsergebnis jeder statisch-mechanischen Analyse sollte die Verformung sein, um eine Plausibilitätsprüfung durchführen zu können: Verformt sich das Bauteil so wie erwartet (in diesem Fall nach unten)? Ist die Verformung in einer realistischen Größenordnung?

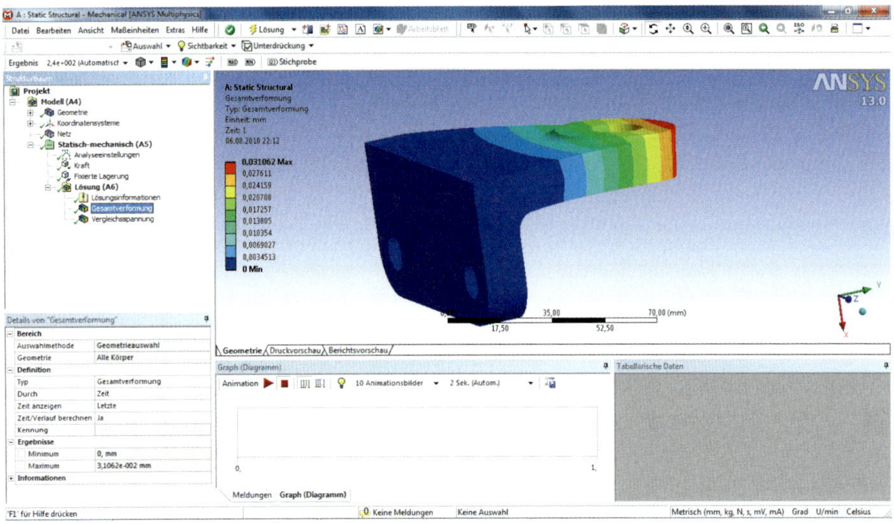

Der Winkel verformt sich in Kraftrichtung, die Größe der Verformung mit 0,03 mm scheint realistisch. Die Verteilung der Verformung wird durch abgestufte Farbbänder dargestellt, deren Grenzlinien (z. B. zwischen Blau und Hellblau) glatt und rund sind. Damit ist ein erster grober Anhaltswert auch bezüglich der Genauigkeit des verwendeten Netzes gegeben.

Bei der Darstellung der Spannungen sieht man einen Maximalwert von ca. 20 MPa, der an der Innenseite des Winkels auftritt (siehe nachfolgende Abbildung).

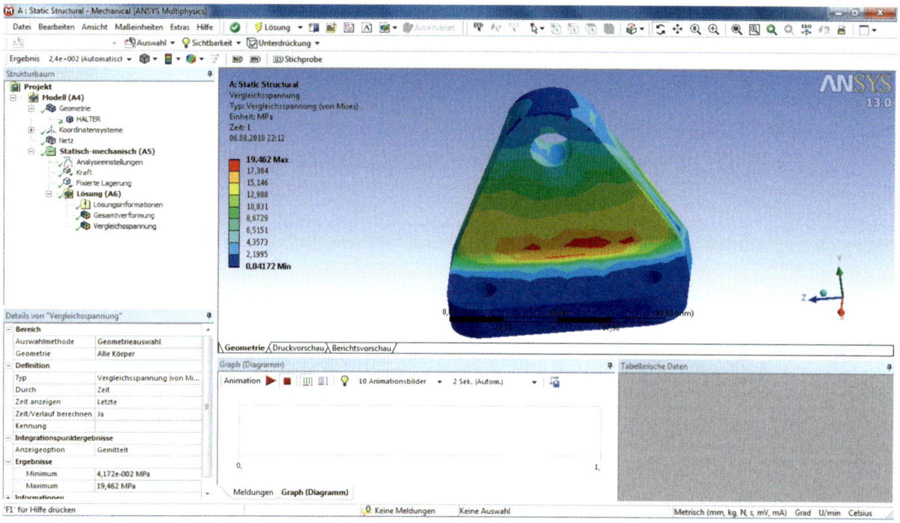

Genauigkeit steigern

Das Spannungsmaximum erscheint nicht mit einer glatten Verteilung, sondern die Abgrenzung der verschiedenen Farben ist grob und gezackt. Dies deutet auf eine unzureichende Vernetzung für eine Spannungsbewertung hin. Genauere Spannungen können berechnet werden, indem in der Kerbe eine feinere Vernetzung definiert wird. Dazu stehen zwei Methoden zur Verfügung:

- die manuelle Vernetzung, bei der der Anwender selbst definiert, wo und wie das Netz lokal verdichtet wird
- die adaptive Vernetzung, bei der das System die Vernetzung automatisch so weit verfeinert, bis eine voreingestellte Genauigkeitsschranke erreicht wird

Nähere Informationen zur Vernetzung finden sich in Abschnitt 8.5.6, die Grundlagen in Kapitel 3.

Manuelle Netzverdichtung

Für eine manuelle Netzverdichtung an der Verrundung, wählen Sie im Strukturbaum die Vernetzung (**NETZ**), selektieren Sie im Grafikfenster die Verrundungsfläche (Selektionsfilter **FLÄCHE** aktivieren, falls erforderlich) und definieren Sie im Kontextmenü über **NETZSTEUERUNG** oder im Strukturbaum mit der rechten Maustaste **EINFÜGEN** eine lokale Elementgröße mit **ELEMENTGRÖSSE**. Legen sie im Detailfenster unten links die Elementgröße für die selektierte Fläche mit 1 mm fest. Aktualisieren Sie die Analyse durch eine erneute Berechnung mit **LÖSUNG**. Wählen Sie im Strukturbaum die Von-Mises-Vergleichsspannung an und vergleichen Sie das Ergebnis mit dem vorherigen.

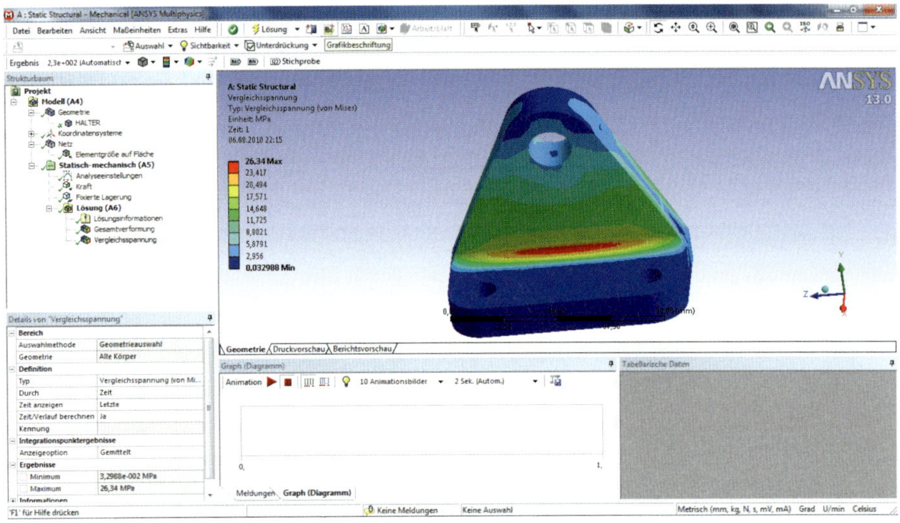

Vernetzung o. k.? Die Spannungsverteilung weist – zumindest in dem für die Festigkeits-Aussage relevanten Bereich der Maximalspannung – eine glatte Spannungsverteilung auf. Die Farbbänder zwischen Rot und Orange bzw. Orange und Gelb sind glatt. Der Spannungswert liegt mit 26 MPa aber etwa 30 % über der zuvor ermittelten Spannung mit der groben Vernetzung. Dieses Verhalten ist typisch und zeigt, dass für genaue Spannungswerte eine lokale Netzanpassung zwingend erforderlich ist (siehe vorangehende Abbildung).

Weitere Hinweise zur optischen Darstellung der Ergebnisse finden Sie in Abschnitt 8.8.2.

Zum Abschluss der Analyse wählen Sie DATEI und PROJEKT SPEICHERN an, danach schließen Sie das Fenster der Mechanical-Applikation durch einen Klick auf das X im Fensterrahmen oben rechts oder über das Menü. Auf der Festplatte liegt das Berechnungsprojekt unter dem während der Analyse angegebenen Namen einmal als Datei mit der Endung *.WBPJ* und als Verzeichnis mit gleichem Namen und der Erweiterung _FILES. Datei und Verzeichnis gehören zusammen und sollten nur miteinander auf andere Datenträger oder in andere Verzeichnisse verlagert werden.

8 Der Simulationsprozess mit ANSYS Workbench

Um ein besseres Verständnis für das Verhalten Ihres Entwurfs zu bekommen, können Sie in mehreren vergleichenden Untersuchungen unterschiedliche konstruktive Varianten am Rechner „ausprobieren". Durch Vergleich der Ergebnisse erhalten Sie sehr schnell eine Vorstellung davon, welche der gewählten Varianten effektiv ist und welche nicht. In mehreren Schritten können Sie also mehrere Varianten durchspielen, um so auch unter kosten- und fertigungsbezogenen Gesichtspunkten die beste herauszuarbeiten.

Projektmanager

Die Oberfläche von ANSYS Workbench ist in mehreren Fenstern organisiert. Das zentrale ist der sogenannte Projektmanager. In ihm werden die verschiedenen Daten, die ein Berechnungsprojekt ausmachen, verwaltet. Das reicht von der Verwaltung verschiedener Lastfälle und Analysetypen über Materialdaten bis hin zu Geometrievarianten und vordefinierten Abläufen.

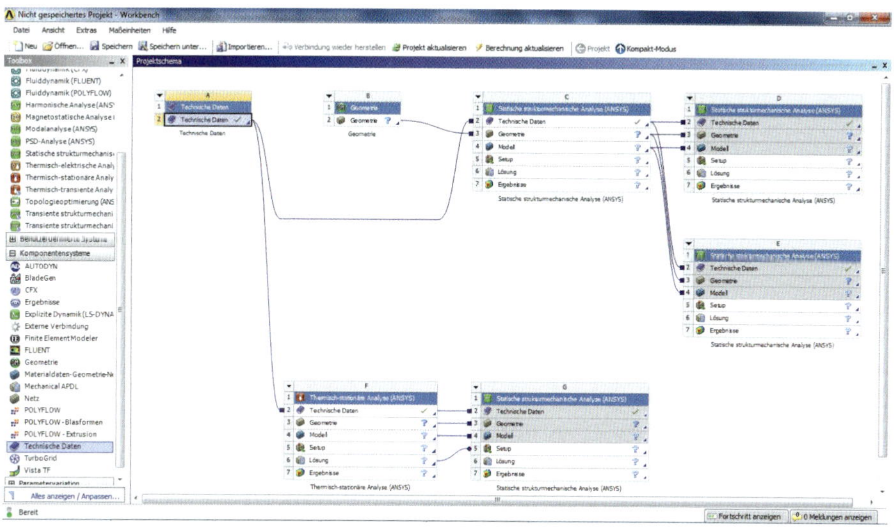

Mit diesem Projektmanager werden die Abhängigkeiten und Verknüpfungen unterschiedlicher Simulationen und Bearbeitungsschritte sichtbar, sodass sich kleine und große Berechnungsaufgaben effektiv verwalten lassen.

Mechanical-Applikation

Sobald ein Objekt im Projektmanager aktiviert wird, erscheint das eigentliche Applikationsfenster, z. B. **MECHANICAL** (siehe Titelleiste), in dem die Analyse selbst durchgeführt wird oder andere Applikationen, in denen simulationsspezifische Aufgaben erledigt werden (Geometrie-Aufbereitung, Optimierung etc.).

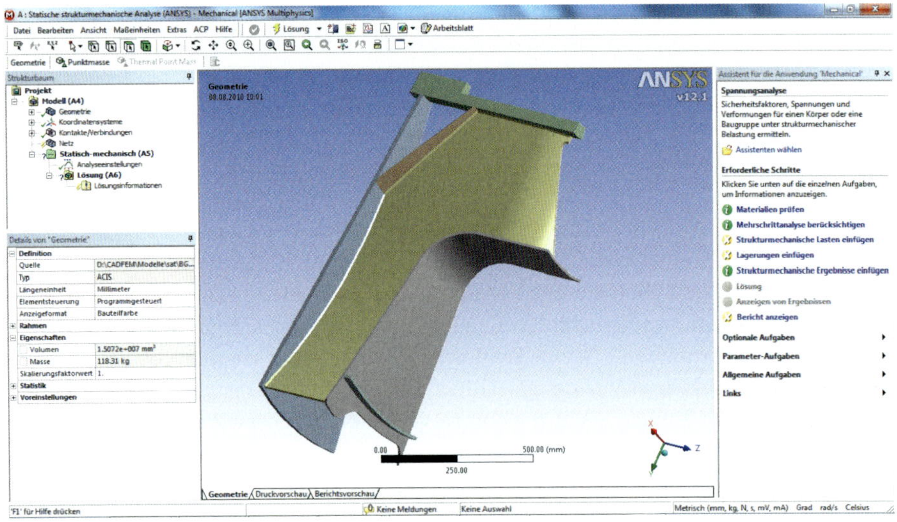

Der Wechsel zwischen den einzelnen Applikationen und dem Projektmanager erfolgt über die Taskleiste von Windows oder über die Tastenkombination **STRG/CTRL + TAB**.

■ 8.1 Projekte

Organisation

Berechnungsprojekte bestehen oft aus verschiedenen Geometrievarianten, setzen sich fast immer aus mehreren Lastfällen und Analysearten zusammen und beinhalten viele verschiedene Berechnungsdateien. Um diese Berechnungen und Daten zu verwalten, beinhaltet ANSYS Workbench einen Projektmanager. In der ersten Anwendung in Kapitel 7 bestand das Projekt aus einer einzigen Analyse, die im Projektmanager als eigenes System dargestellt wurde. Mit zunehmender Projektdauer kann aus der ursprünglichen Analyse eine Last- oder Geometrievariante abgeleitet werden. Neue Systeme mit anderen Geometrien können mit aufgenommen und ebenfalls in verschiedenen Berechnungen untersucht und optimiert werden. Die Verknüpfungen der einzelnen Analysen untereinander werden im Projektmanager grafisch angezeigt, sodass direkt ersichtlich ist, welche Systeme wie miteinander zusammenhängen (siehe nachfolgende Abbildung).

8.1.1 Systeme und Abhängigkeiten

Orientierung im Projekt

Damit die einzelnen Analysen und Objekte einfacher voneinander zu unterscheiden sind, werden sie als Systeme alphabetisch nummeriert. Die einzelnen Komponenten eines Systems (**TECHNISCHE DATEN**, **GEOMETRIE**, **MODELL**, **SETUP** ...) werden mit Zahlen durchnummeriert. Diese Nummerierung kann je nach Konfiguration des Projektmanagers unter **EXTRAS/OPTIONEN/DARSTELLUNG/SYSTEMKOORDINATEN WERDEN BEIM START ANGEZEIGT** ein- oder ausgeschaltet sein. Für die aktuelle Ansicht kann diese Voreinstellung mit der rechten Maustaste und der Funktion **SYSTEMKOORDINATEN EINBLENDEN** temporär modifiziert werden. Alle änderbaren Komponenten werden weiß, alle fest verknüpften werden grau markiert und mit einer Verknüpfung zum Ursprungssystem dargestellt. Verknüpfungen zu weißen Zellen können durch Anklicken und Löschen mit der rechten Maustaste unterbrochen werden, d. h., dass Veränderungen im Ursprungssystem nicht in dieses System übernommen werden.

Im vorangehend gezeigten Projekt ist im System A eine thermische Analyse definiert, deren berechnete Temperaturverteilung in der statisch-mechanischen Analyse B als Belastung eingelesen wird. Eine Verbindung dieser Analyse zu anderen besteht nicht.

Aus einer statisch-mechanischen Analyse C wurden zwei Lastfälle D und G abgeleitet. Aus der Lastvariante D wurde eine Variante E abgeleitet, die andere Modelleigenschaften (Vernetzung, Kontakte) aufweist. Aus dieser wurde wiederum eine Variante F abgeleitet, die lediglich das gleiche Modell aufweist, alle anderen Eigenschaften können sich unterscheiden. Die Systeme H und G besitzen lediglich ein gemeinsames Material. Hier hätte man zur besseren Übersicht auch eine eigenständige Analyse definieren können. Die statische Belastung aus Analyse H wird für eine Beulanalyse in System I verwendet.

Abhängigkeiten nutzen

Bei einer Geometrieänderung in C, zieht sich diese in die Systeme D, E, F, G durch, wobei E und F bei Bedarf die Verknüpfung aufbrechen könnten, wenn die Geometrie dort anders aussehen soll, D und G jedoch nicht, weil sie als Lastfälle definiert sind (d. h. Geometrie zwangsweise gleich, lediglich Randbedingungen unterschiedlich). Eine Veränderung der Materialeigenschaften in Analyse C würde auch die Analysen D, E und G, H, I betreffen, wobei E und H die Verknüpfung aufbrechen könnten, um ein eigenes Material zu erhalten.

Folgende Funktionen stehen im Projektmanager bei den verschiedenen Komponenten eines Systems über die rechte Maustaste zur Verfügung:

Systemkomponente	Funktion	Auswirkung
Analyse	Duplizieren	Kopie, nicht verknüpft
	Ersetzen durch	Analysetyp ändern
Techn. Daten	Duplizieren	Kopie, nicht verknüpft
	Bearbeiten	Material ändern
Geometrie	Duplizieren	Kopie, Material lösbar verknüpft
	Geometrie ersetzen	Geometriemodell austauschen
	Aktualisieren von CAD	Geometrie von CAD aktualisieren
Modell	Duplizieren	Kopie, Material + Geometrie lösbar verknüpft
	Bearbeiten	Modelleinstellungen in Mechanical Applikation ändern
Setup	Duplizieren	Lastfall: Material, Geometrie + Modell unlösbar verknüpft
	Bearbeiten	Randbedingungen in Mechanical-Applikation ändern
	Daten übertragen von/zu ...	Übernehmen/Übergeben von Ergebnissen von vorhergehender/an nachfolgende Analyse
Lösung	Duplizieren	Lastfall: Material, Geometrie + Modell unlösbar verknüpft
	Bearbeiten	Lösungseinstellungen und -Rückmeldungen
	Daten übertragen zu ...	Übergeben von Ergebnisse zu nachfolgender Analyse
Ergebnisse	Duplizieren	Lastfall: Material, Geometrie + Modell unlösbar verknüpft
	Bearbeiten	Ergebnisse einfügen

Zur Übung soll aus der ersten Analyse aus Kapitel 7 ein neuer Lastfall abgeleitet werden. Öffnen Sie dazu den Projektmanager, laden Sie das Projekt und machen Sie eine Kopie der Komponente, die Sie verändern möchten. Für eine Lastvariante bedeutet das, dass die Komponente **SETUP** (A5) in einer Kopie verändert werden soll. Markieren Sie also die Komponente A5 und wählen Sie über die rechte Maustaste **DUPLIZIEREN** (siehe nachfolgende Abbildung).

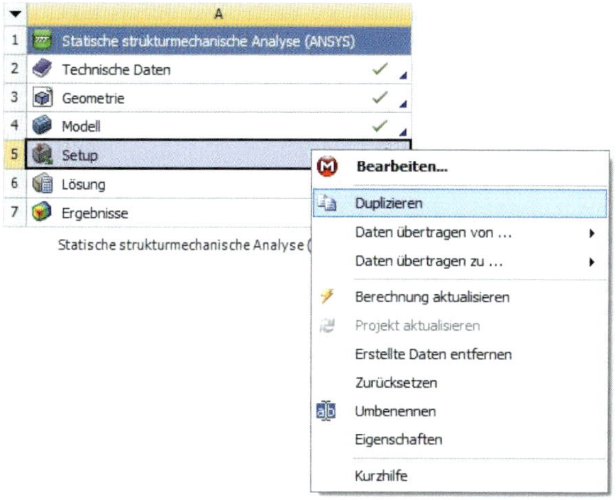

Die Daten der ersten Analyse werden modifiziert und in einem zweiten System rechts daneben abgelegt. Während dieses Prozesses wird der Status des Projektmanagers unten links mit Rot = **BESCHÄFTIGT** oder Grün = **BEREIT** angezeigt.

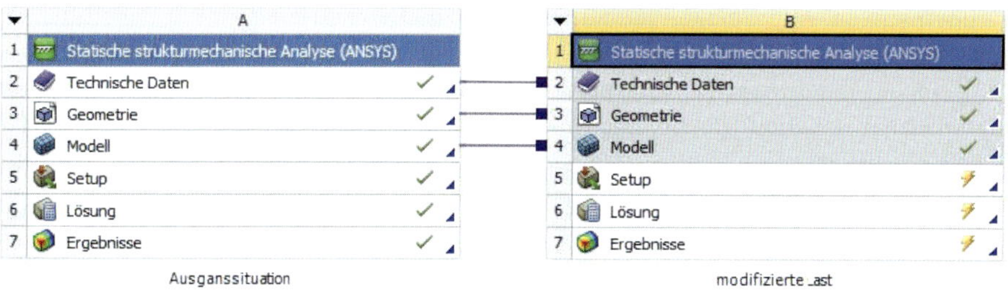

Mit der rechten Maustaste können die Systeme umbenannt werden, wenn die oberste Zelle 1 aktiv ist. Ebenso können auch einzelne Komponenten umbenannt werden. Mit einem Doppelklick auf **SETUP** oder mit der rechten Maustaste und **BEARBEITEN** kann der Lastfall modifiziert und gerechnet werden.

Neben kompletten Analysen können weitere Systeme definiert werden:

Komponentensysteme bilden Teilaspekte einer Simulation mit ANSYS Workbench ab. So können z. B. Geometrie, technische Daten oder Netze in einem Projekt abgelegt werden, ohne sie gleich einer bestimmten Analyse zuordnen zu müssen. Darüber hinaus werden über Komponentensysteme viele Schnittstellen zu externen Programmen realisiert, die mit ANSYS Workbench zusammenarbeiten wie z. B. Excel, die vertikale Applikation ICEPAK zur Kühlung elektronischer Systeme oder eigenständige Prä- und Postprozessoren oder Solver.

Benutzerdefinierte Systeme ermöglichen es dem Anwender, einen Standard-Simulationsprozess, der eine bestimmte Kombination von Systemen benötigt, in vordefinierter Form abzulegen. Beispiele finden sich z. B. für die **THERMISCHE SPANNUNG**, bei der ein System für eine stationäre Temperaturfeldanalyse mit einer statisch-strukturmechanischen Analyse per Doppelklick definiert und verknüpft wird. Eigene benutzerdefinierte Systeme können im Projektschema über die rechte Maustaste mit **ZU BENUTZERDEFINIERT HINZUFÜGEN** ergänzt werden.

Parametervariation umfasst Systeme für die automatisierte Variantenberechnung, Optimierungen und Robustheitsanalysen.

8.1.2 CAD-Anbindung und geometrische Varianten

Variantenstudien

Durchgängigkeit durch Assoziativität

Einer engen Anbindung an die CAD-Welt kommt eine zentrale Bedeutung zu, um die Simulation in den Entwicklungsprozess zu integrieren. Dabei geht es heute nicht mehr nur um die robuste Übertragung von Geometrie aus dem CAD- zum FEM-System. Vielmehr soll eine durchgängige Verknüpfung geschaffen werden, die es erlaubt, konstruktive Varianten mit geringem Aufwand in kurzer Zeit zu untersuchen. Die objektorientierte Struktur von ANSYS Workbench ist dazu ideal geeignet. Der ANSYS Workbench-Projektmanager enthält und dokumentiert alle durchgeführten Varianten. Mit einer assoziativen CAD-Schnittstelle ist es möglich, nach einer ersten FEM-Simulation Änderungen im CAD-System vorzunehmen und diese Änderungen durch die Funktion **AKTUALISIEREN** in ANSYS zu übernehmen. Alle Objekte werden auf die neue Geometrie adaptiert. Dabei können auch Topologie-Änderungen verarbeitet werden. Wird z. B. durch eine Geometrieänderung eine mit einer Lagerung versehene Fläche verschoben, bleibt die Randbedingung an dieser Fläche erhalten, gleichgültig ob sich deren Form durch neue Verschneidungen ändert oder nicht.

Verknüpfung zum CAD-System

Diese intelligente Verknüpfung, mit der sich geometrische Alternativen nun mit einem Bruchteil des Aufwands untersuchen lassen, ist eine einfache (unidirektionale) Assoziativität. Sie ist verfügbar für die CAD-Systeme Creo Parametric, Unigraphics NX, CATIA V5 (CADNexus), SolidWorks, SolidEdge, Inventor und Creo Elements/Direct Modeling. Um die Assoziativität nutzen zu können, muss das CAD-System auf dem Rechner lauffähig installiert sein. Es werden direkt die nativen Dateien des jeweiligen CAD-Systems unterstützt.

ANSYS aus dem CAD-System starten

Wie in Kapitel 7 gezeigt wurde, kann die native CAD-Datei vom File-System importiert werden. Darüber hinaus gibt es auch die Möglichkeit, direkt aus dem CAD-System heraus über den Menüpunkt ANSYS 15/Workbench eine Simulation zu starten. Dies ist für viele CAD-Anwender der bevorzugte Weg, da sie ohnehin das CAD-System geöffnet und die zu untersuchende CAD-Geometrie geladen und aktiv haben. Sobald aus dem CAD-System heraus eine Analyse gestartet wird, erzeugt der Projektmanager ein neues System, das lediglich aus der im CAD-System vorhandenen Geometrie besteht.

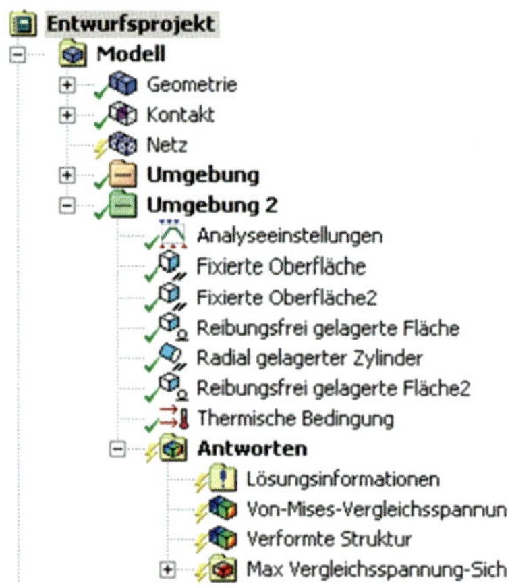

Um diese Geometrie nun für eine oder mehrere Analysen zu verwenden, ziehen Sie aus der Liste der verfügbaren Analysen (Toolbox, links) den gewünschten Analysetyp auf die grün angehakte Geometrie (A2). Wenn Sie mehrere Analysen für die gleiche Geometrie durchführen wollen, führen Sie diese Aktion mehrfach durch.

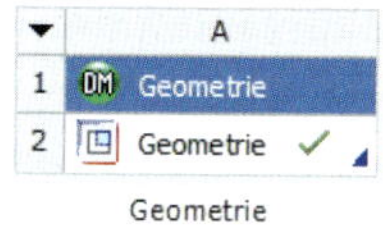

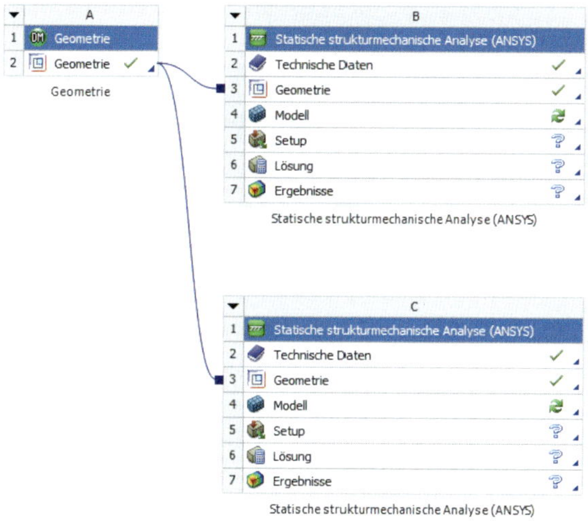

Bei Bedarf verschieben Sie die Systeme über Bewegen der obersten Zelle (z. B. C1) im Projektmanager, um eine optisch bessere Platzierung zu erreichen.

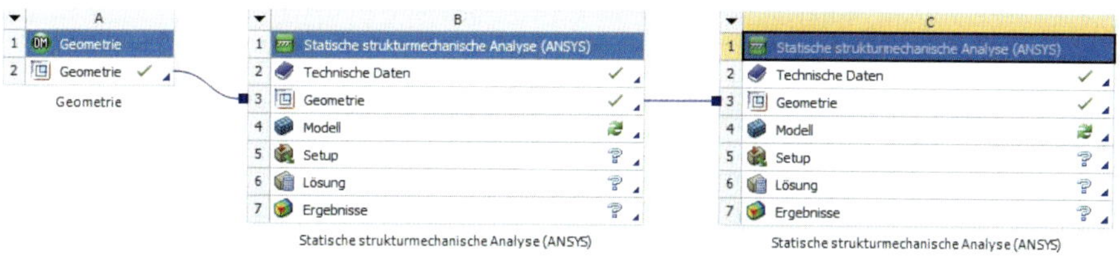

Geometrieaufbereitung mit DesignModeler

Wird der ANSYS DesignModeler verwendet, um CAD Geometrie aus den genannten CAD-Systemen aufzubereiten, sind diese geometrischen Operationen des ANSYS DesignModelers ebenfalls assoziativ mit der CAD-Geometrie verknüpft. Ist z. B. eine Zerschneiden-Operation konzentrisch um eine Bohrung definiert, verschiebt sich dieser Schnitt bei einer Geometrieänderung im CAD-System mit, wenn im ANSYS DesignModeler **AKTUALISIEREN** ausgeführt wird.

Die Assoziativität von ANSYS Workbench ist ein wesentliches Merkmal, um die FEM-Simulation in den Entwicklungsprozess zu integrieren. Konstruktive Änderungen können mit geringem Aufwand übernommen werden, sodass die Simulation wirklich zu einem Entscheidungsmittel im Entwicklungsprozess werden kann.

Bidirektionale Assoziativität

Zugriff auf die CAD-Parameter

Parametrische CAD-Systeme halten die Entstehungsgeschichte einer Konstruktion in Form eines Strukturbaums fest, dessen Features durch Parameter gesteuert sind. Diese Parameter können – entweder alle oder aus Gründen der Übersichtlichkeit gefiltert – an ANSYS Workbench übergeben werden.

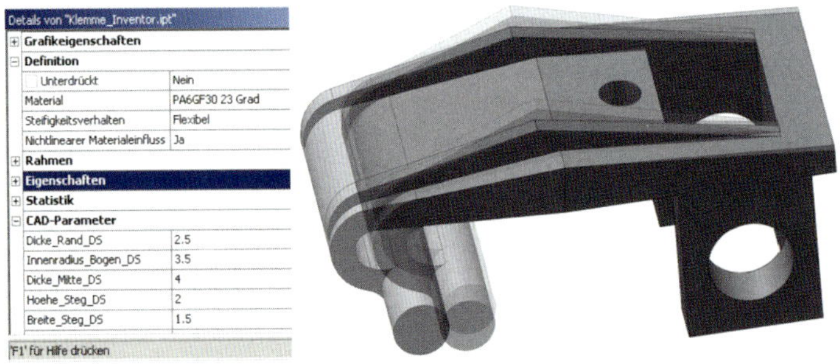

Einfluss von Geometrieänderungen

Mit dem Zugriff auf die Parameter des Geometriemodells kann ANSYS Workbench die Geometrie im CAD-System modifizieren. Dabei ändert ANSYS Workbench die Geometrie nicht selbst, sondern übergibt den geänderten Parametersatz an das CAD-System, das die Geometrie mit den neuen Abmessungen regeneriert und dann erneut an ANSYS übergibt. Dies kann z. B. für einen Konstrukteur eine sehr hilfreiche Funktion sein, um den Einfluss von ein oder zwei Parametern mithilfe einer Sensitivitätsstudie abzuschätzen. Durch den ANSYS DesignXplorer oder die Software OptiSlang zur Optimierung und Robustheitsbewertung werden bei mehreren Variablen die sinnvollen Parameterkombinationen innerhalb des vorgegebenen Wertebereiches automatisch ermittelt, ans CAD-System zur Geometrieregenerierung übermittelt und von ANSYS berechnet.

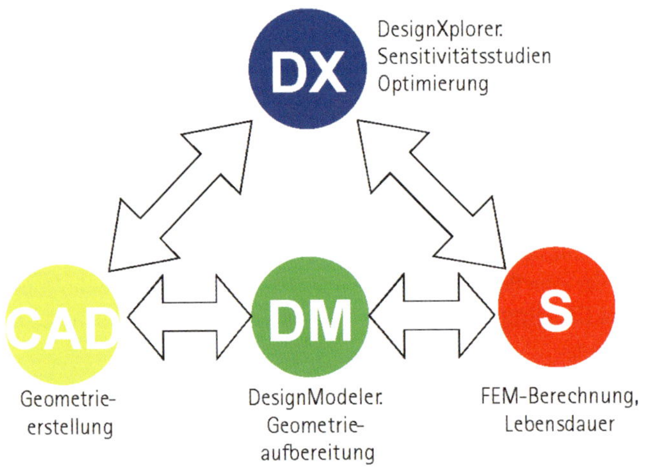

Die Durchgängigkeit der Geometrieparameter vom CAD-System nach ANSYS Workbench sowie zurück besitzt eine bidirektionale Assoziativität. Sie ist verfügbar für CATIA V5, Creo Parametric, Unigraphics NX, SolidWorks, SolidEdge und Inventor.

Losgelöst vom CAD-System

Ohne CAD-System

Neben diesen assoziativen Schnittstellen gibt es auch nichtassoziative Schnittstellen. Diese erlauben zwar die robuste Übertragung von Volumengeometrie, können aber keine Geometrieänderungen durch **AKTUALISIEREN** übernehmen und die Randbedingungen auf die neue Geometrie adaptieren. Nichtassoziative Schnittstellen sind die Parasolid-, ACIS(SAT)-, CATIA V4-, CATIA V5- und die STEP-Schnittstelle. Sie setzen kein lauffähiges CAD-System voraus, sind also immer dann eine gute Alternative, wenn auf das CAD-System nicht per Direkt-Schnittstelle zugegriffen werden kann. Um mit diesen unparametrischen Geometrien arbeiten zu können, empfiehlt sich der Einsatz des ANSYS SpaceClaimDirectModelers, da er als direkter Modellierer Geometrieänderungen auch für historienfreien CAD-Modelle realisieren kann.

TeamCenterEngineering

Datenverwaltung

Unternehmen, die Unigraphics als CAD-System einsetzen, verwenden häufig TeamCenterEngineering, um ihre CAD-Daten zu verwalten. Ein UG-Modell, das vom File-System in Unigraphics eingeladen wurde, kann an ANSYS Workbench übergeben werden, wenn das ANSYS Interface for UG installiert und lizenziert ist. Wird das CAD-Modell aus TeamCenterEngineering in UG geladen, ist neben der ANSYS Connection for UG auch das ANSYS Interface für TeamCenterEngineering erforderlich, um es an ANSYS Workbench zu übergeben. Am Ende der Analyse kann das Berechnungsergebnis im Teamcenter gespeichert und nach dem Master-Model-Konzept mit verwaltet werden.

Verarbeiten von Geometrieänderungen mit assoziativen CAD-Schnittstellen

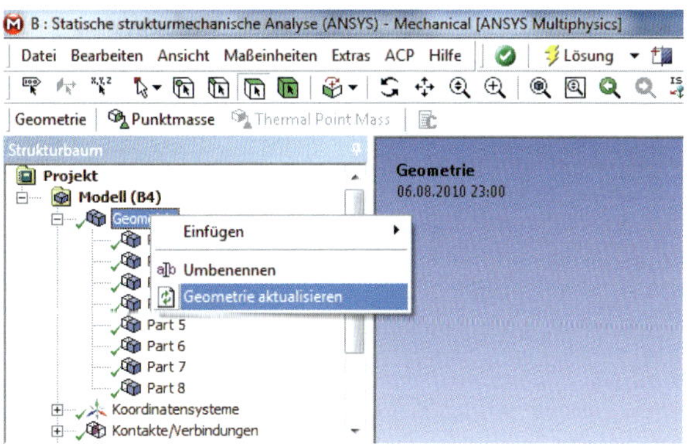

Geometrieänderungen von CAD übernehmen

In der Mechanical-Applikation werden mit dem Befehl **GEOMETRIE AKTUALISIEREN** (im Strukturbau **GEOMETRIE**, rechte Maustaste) Modifikationen, die nachträglich an den CAD-Daten vorgenommen wurden, in die Geometrie, die in ANSYS Workbench vorliegt, einbezogen. Dieses Aktualisieren kann auch nur für bestimmte Bauteile einer Baugruppe durchgeführt werden. Dazu sind die Bauteile im Baum anzuwählen und mit der rechten Maustaste **AUSGEWÄHLTE BAUTEILE AKTUALISIEREN**.

Tipps

- Überprüfen Sie nach Geometrieänderungen alle Lastfälle unter dem aktualisierten Modell, und vergewissern Sie sich, dass alle Lasten und Einspannungen weiterhin an den richtigen Stellen wirken. Wenn Flächen wegfallen, auf denen in der ursprünglichen Variante Lasten oder Lagerungen definiert wurden, zeigt ANSYS Workbench dies mit einem blauen Fragezeichen an. Diese Randbedingungen sind dann nicht mehr wirksam!
- Die Assoziativität ist verfügbar für Creo Parametric, Unigraphics, Inventor, SolidWorks, Solid Edge, CATIA V5 mit CADNexus-Schnittstelle und Creo Elements/Direct Modeling – jedoch nicht für die ACIS-, die statische CATIA-, IGES-, STEP- oder PARASOLID-Schnittstelle.
- Es empfiehlt sich, vor einem **AKTUALISIEREN** den Projektmanager zu öffnen, dort eine Kopie des aktuellen Systems anzulegen und im kopierten System zu aktualisieren. Auf diese Weise bleiben beide Berechnungsergebnisse erhalten und können miteinander verglichen werden. Wählen Sie dazu im Projektmanager im betroffenen System die Komponente Geometrie (z. B. A3), und erzeugen Sie mit der rechten Maustaste und **DUPLIZIEREN** eine Kopie.

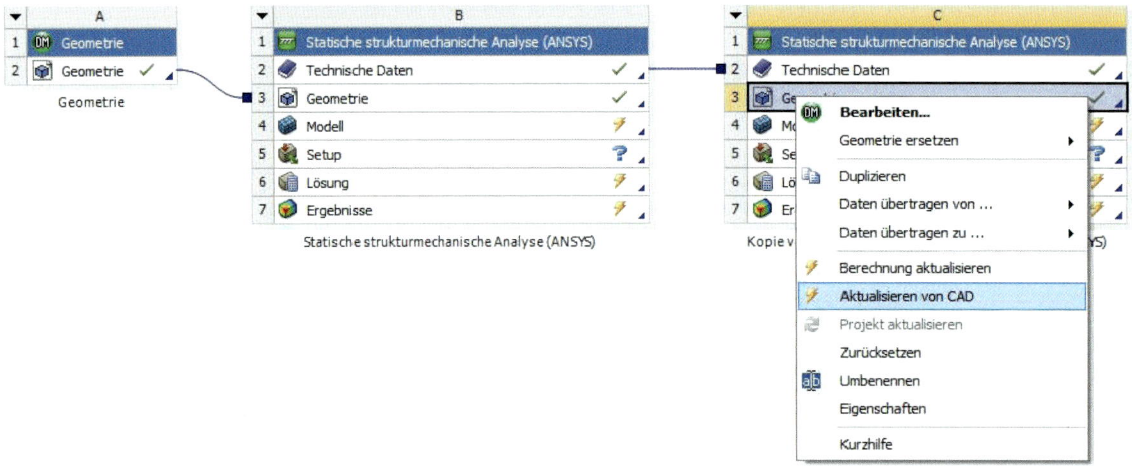

- Beim Aktualisieren kann die ursprüngliche CAD-Datei mit **GEOMETRIE ERSETZEN** ersetzt werden. Diese Option ist immer dann sinnvoll, wenn eine weiter ausdetaillierte Konstruktion unter einem anderen Namen abgespeichert wurde. Sie sollte aber nicht für einfache Änderungen verwendet werden, da die Gefahr besteht, dass geometrische Zuordnungen für Randbedingungen und Kontakte neu erstellt werden müssen.
- Falls Sie nicht aktualisierte Ergebnisse angezeigt bekommen (rote Felder in **DETAIL** bzw. gelbe Blitze im Strukturbaum oder Projektmanager), sollten Sie sie mit **LÖSUNG** bzw. **BERECHNUNG AKTUALISIEREN** aktualisieren.
- Falls in Ihrem Strukturbaum ein blaues Fragezeichen erscheint, ist die Eingabe noch nicht vollständig. Sie sollten Ihre Eingaben noch einmal überprüfen. Dazu wählen Sie bitte die einzelnen Punkte im Strukturbaum an, und prüfen Sie den Status im **DETAIL-FENSTER**.

8.1.3 Archivieren von Daten

Um Berechnungsprojekte zu archivieren oder zu anderen Computersystemen zu übertragen, bietet der Projektmanager eine Archivieren-Funktion.

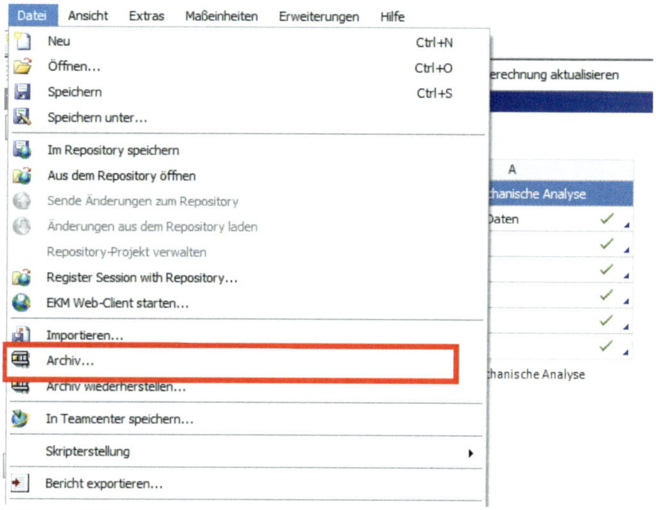

Damit werden die Projektdatei (Endung *wbpj*) und das zugehörige Projektverzeichnis in eine Zip-Datei zusammengefasst und komprimiert. Auf Wunsch können die Berechnungs- und Ergebnisdaten, importierte Dateien oder Userdaten ein- oder ausgeschlossen werden.

Archivieren & Datenmenge

Bei größeren Berechnungsprojekten mit mehreren Systemen kann die Datenmenge deutlich größer (Faktor 10 und mehr) ausfallen, als dies im CAD-Umfeld üblich ist. Werden alle diese Optionen angewählt, wird das Projekt mit allen Daten, so wie es im Originalzustand verfügbar ist, archiviert. Es findet also keine Reduktion der Datenmenge statt. Werden alle Archivoptionen abgewählt, wird die Datenmenge reduziert, indem Ergebnis- und importierte Daten nicht mit archiviert werden. Es werden lediglich die in dem Strukturbaum des jeweiligen Systems enthaltenen Objekte archiviert. Das beinhaltet alle Netze und die im Strukturbaum enthaltenen Ergebnisse. Die Datenmenge wird geringer (typisch: Reduktion auf 5 bis 10 %), kann dabei aber immer noch vergleichsweise groß sein, sodass ein Versand per Mail unmöglich wird. Sind über die im Strukturbaum enthaltenen Ergebnisse weitere Berechnungsergebnisse erforderlich, muss die betreffende Analyse erneut durchgeführt werden, damit die relevanten Ergebnisdateien wieder erzeugt werden (wodurch die Datenmenge auch wieder steigt). Für eine weitere Reduktion der Datenmenge bietet ANSYS Workbench deshalb eine Funktion an, einzelne oder zusammenhängende Systeme in der Mechanical-Applikation oder im Projektmanager auf der Ebene MODELL (!) zu BEREINIGEN/ERSTELLTE DATEN ZU ENTFERNEN.

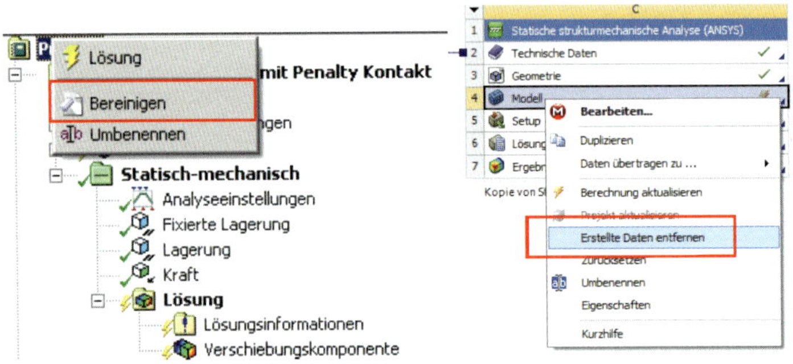

Dabei werden die FEM-Daten (Netze, Ergebnisse) aus dem jeweiligen Ast des Strukturbaums bzw. des jeweiligen Systems gelöscht, sodass die Datenmenge nochmals deutlich sinkt. Dieses bereinigte Workbench-Projekt eignet sich aufgrund der reduzierten Größe gut zur Archivierung. Im Bedarfsfall kann das Berechnungsergebnis durch Neuberechnen wiederhergestellt werden. Um den direkten Zugriff auf das Berechnungsergebnis zu haben, ist es sinnvoll, zusätzlich den automatisch zu erzeugenden HTML- oder Word-Bericht mit abzulegen, der die durchgeführten Analysen dokumentiert. Mit dieser Kombination – bereinigtes Workbench-Projekt und Bericht – wird sowohl die Datenmenge klein als auch der schnelle Zugriff auf das Berechnungsergebnis realisiert.

Format	Typische Datenmenge	Vorteil	Nachteil
Projekt und Projektverzeichnis	100 %	alle Daten und Ergebnisse direkt zugreifbar	zwei Dateien; sehr hohe Datenmenge
Archiviertes Projekt inklusive aller Archivierungsoptionen	50 %	nach Entkomprimieren alle Daten und Ergebnisse direkt zugreifbar; eine Datei	hohe Datenmenge
Archiviertes Projekt ohne alle Archivierungsoptionen	5 %	nach Entkomprimieren, Daten und Ergebnisse des Strukturbaums zugreifbar; eine Datei	zusätzliche Ergebnisse nur nach Neuberechnung
Archiviertes Projekt nach Bereinigung aller Analysen	1 %	nach Entkomprimieren, Modelldefinition im Strukturbaums zugreifbar; eine Datei	keine Ergebnisse enthalten; daher Bericht speichern
Export einzelner Analysen (nach Bereinigung)	<1 %	eine einzelne Analyse eines Projekt separat zugreifbar; sehr geringe Datenmenge	keine Ergebnisse enthalten

8.2 Analysearten

Zu Beginn der Analyse wird der Ablauf der Analyse festgelegt. Dazu gehören der Analysetyp und gegebenenfalls die Abfolge von aufeinander aufbauenden Berechnungen, aber auch Komponenten wie Geometrie, Material, Netz oder die Verknüpfung zu Fremdsoftware. Je nach Lizenz stehen unterschiedliche Analysearten zur Verfügung. Strukturmechanische Analysen sind grün, strömungsmechanische blau, Thermalanalysen rot und elektrische oder magnetische braun.

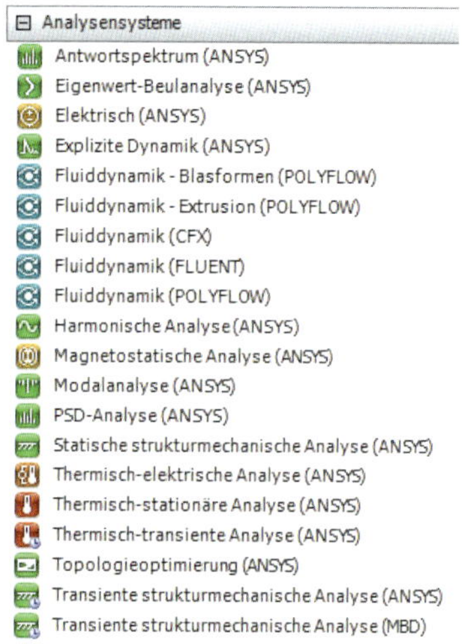

Typische mechanische Aufgabenstellungen

- Antwortspektrum-Berechnungen sind ein beschleunigtes Verfahren zur Erdbebenanalyse.
- Eigenwert-Beulen bietet ein lineares Knicken/Beulen dünnwandiger Strukturen unter hohen Druckbelastungen.
- Explizite Dynamik ermöglicht es, transiente Dynamik mit nichtlinearen Effekten zu beschreiben z. B. für Falltests oder Containment-Tests.
- Harmonische Analysen bieten die Untersuchung von schwingenden Systemen auf eine harmonische Anregung.
- Modalanalysen ermitteln die Eigenfrequenzen und die Schwingungsformen einer Struktur. Die Eigenfrequenzen werden als Vergleichswerte für mögliche Anregungen herangezogen (Resonanz), die Schwingungsformen zeigen Ansatzpunkte für mögliche Versteifungen zur Erhöhung der jeweiligen Frequenz.
- PSD-Analysen berechnen das Schwingungsverhalten bei einer rauschförmigen Anregung.
- Statisch-strukturmechanische Analysen ermitteln die Verformung, Spannungen und Dehnungen in Bauteilen in Abhängigkeit von äußeren, ruhenden Lasten ohne dynamische oder dämpfende Effekte. Optional liefert die Betriebsfestigkeitsanalyse die Lebensdauer eines Designs unter dynamischen Lasten. Unter Berücksichtigung von geometrischen Nichtlinearitäten können mit statisch-mechanischen Analysen auch nichtlineare Beulberechnungen durchgeführt werden.
- Thermisch-stationäre Analysen dienen dazu, die Temperaturverteilung unter thermischen Lasten im eingeschwungenen (stationären) Zustand zu ermitteln.
- Thermisch-transiente Analysen bilden den zeitlichen Verlauf eines Temperaturfeldes ab.
- Topologie-Optimierungen helfen, die grundlegende Form eines Bauteils belastungsgerecht zu gestalten.

- Transiente strukturmechanische Analysen auf Basis von ANSYS beruhen auf dem impliziten Verfahren und können transiente Abläufe mit flexiblen Körpern beschreiben. Für diese Art der Analyse sollte eine Modellreduktion verwendet werden, da sonst die Rechenzeit recht hoch werden kann.
- Transiente strukturmechanische Analysen auf Basis von Mehrkörperdynamik (MBD, Multi Body Dynamics) erlauben kinematische und dynamische Analysen von Systemen aus Starrkörpern.

8.3 Technische Daten für Material

Die in ANSYS Workbench enthaltene Materialdatenbank enthält nur eine kleine, beispielhafte Auswahl an vordefinierten Materialien. Von der CADFEM GmbH können Sie weitere Materialdaten für Standardmaterialien erhalten. Aus ANSYS Workbench kann auf diese Materialien zugegriffen werden, wenn im Projektmanager die Komponente **TECHNISCHE DATEN** bearbeitet wird (rechte Maustaste auf Zelle A2). Der daraufhin erscheinende Materialbereich ist hierarchisch gegliedert (siehe nachfolgende Abbildung).

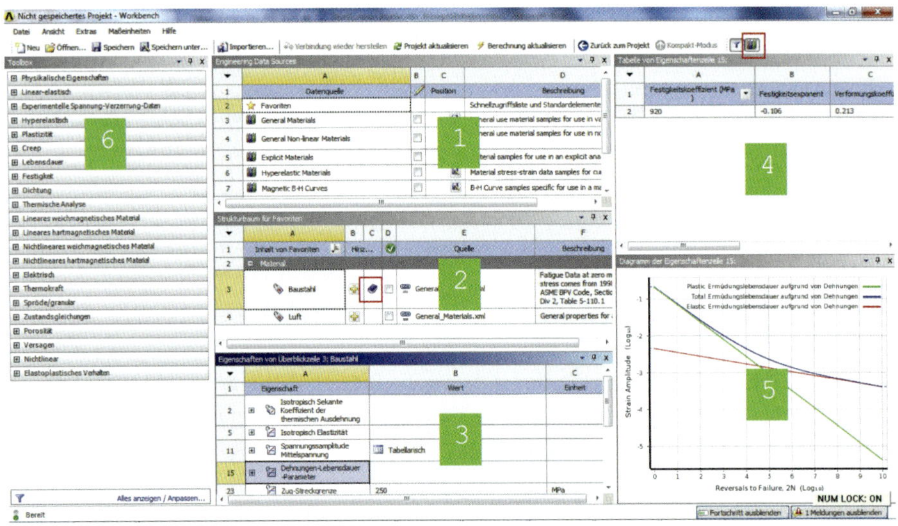

Material definieren

Auf der obersten Ebene **(1)** stehen alle verfügbaren Materialquellen, sofern deren Anzeige aktiviert ist (roter Rahmen oben rechts). Die im aktuellen System verfügbaren Materialien werden mit einem blauen Buchsymbol markiert. Um weitere Materialien in der aktuellen Analyse (genauer: in dem aktuellen System) verwenden zu können, fügen Sie das jeweilige Material mit dem gelben +-Symbol dem aktuellen System zu. Eine Ebene darunter **(2)** werden die in der jeweiligen Materialdatenbank verfügbaren Materialien aufgelistet. Für das dort markierte Material werden eine Ebene darunter (Bereich **3**) die Eigenschaften dieses Materials angezeigt. Wird eine Eigenschaft angewählt, werden die Details dieser Materialeigenschaft im Bereich **4** und gegebenenfalls **5** dargestellt. Auch bei der Materialdefinition gilt: Graue Felder sind zur Information und damit nicht änderbar, weiße Felder können modifiziert und gelbe Felder müssen mit Daten belegt werden. Wenn beispielsweise der E-Modul geändert werden soll, ist dies im Bereich 3 unter **ISOTROPE ELASTIZITÄT** möglich, nicht jedoch im Bereich 4, weil dort grau hinterlegt.

Um ein neues Material zu definieren, wählen Sie im Bereich **1** die Datenquelle, z. B. Ihre eigene Materialdatenbank, der Sie das neue Material zuweisen möchten (dafür muss diese editierfähig sein, Haken unter dem **SCHREIBEN**-Symbol setzen). Wählen Sie dann im Bereich **2** das Feld **HIER KLICKEN, UM EIN NEUES MATERIAL ZU DEFINIEREN** und geben Sie dem Material einen Namen (Doppelklick auf den Materialnamen, siehe nachfolgende Abbildung).

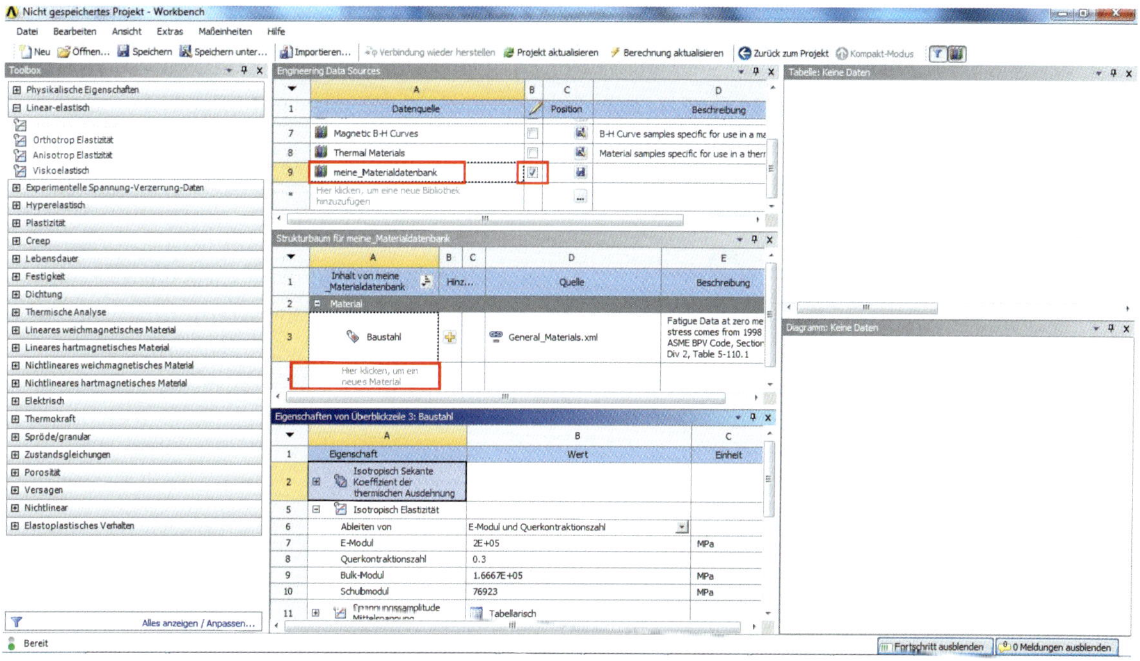

Eigenschaften auswählen

Aus den verfügbaren Materialeigenschaften aus der Toolbox (Bereich **6**) können Sie die gewünschten Eigenschaften per Drag & Drop auf die Eigenschaften des jeweiligen Materials (Bereich **3**) ziehen und fallen lassen (siehe Abbildung auf S. 130). Wenn Sie so die **ISOTROPE ELASTIZITÄT** von der Toolbox **(6)** auf die Eigenschaften ihres Materials **(3)** ziehen, steht Ihnen diese Materialeigenschaft zur Definition zur Verfügung. Manche Eigenschaften wie z. B. die **ISOTROPE ELASTIZITÄT** bestehen aus mehreren Parametern, die erst sichtbar sind, wenn die Eigenschaft doppelt geklickt wird. Bereits definierte Eigenschaften werden aus der Toolbox ausgeblendet, um eine doppelte Definition der Eigenschaften zu verhindern. E-Modul, Dichte und Querkontraktion sollten für mechanische Simulationen auf jeden Fall definiert werden.

Materialdatenbank

Materialdaten können per Drag & Drop von einer Materialdatenbank in eine andere kopiert werden, solange die „empfangende" Datenbank editierbar ist (Stift-Symbol angehakt).

Material zuweisen

Die Zuweisung des Materials findet bei der Definition der Modells in der Mechanical-Applikation statt (siehe Abschnitt 8.5.2).

8.4 Geometrie

Im Projektmanager dient die Zelle 3 dazu, Geometrie für die jeweilige Simulation bereitzustellen. Die geschieht durch Übernahme von bestehenden Systemen, Import von externen Quellen wie dem CAD- oder File-System oder durch Neumodellieren bzw. Überarbeiten mit dem ANSYS DesignModeler.

Beim Importieren können direkt die Daten der aktiven CAD-Sitzung übernommen werden, auch ohne ANSYS Workbench aus der CAD-Umgebung heraus zu starten. Die aktive Geometrie wird dann im **IMPORTIEREN**-Menü direkt unter **DURCHSUCHEN** durch zwei separate Linien hervorgehoben (hier *achse_1.prt*).

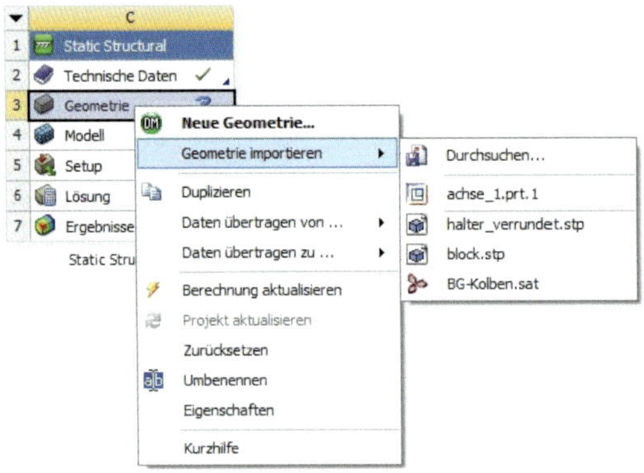

8.4.1 Modellieren mit dem DesignModeler

Ergänzung zum CAD-System

ANSYS Workbench ist als Werkzeug für den Ingenieur oft in Verbindung mit einem CAD-System im Einsatz. Wenn also Modifikationen in der Geometrie erforderlich sind (z. B. Symmetrieschnitte, Auftrennen von Geometrien für lokale Randbedingungen), können diese in der Regel im CAD-System vorgenommen werden. Als effiziente Alternative kann aber auch der optional verfügbare ANSYS DesignModeler eine hilfreiche Ergänzung sein, z. B. wenn kein CAD-Know-how verfügbar ist, keine CAD-Lizenz frei ist etc. Dieser Modellierkern kann Geometrie neu erstellen oder bestehende CAD-Modelle einladen und bearbeiten. Darüber hinaus bietet der DesignModeler besondere Funktionen, um Modelle für die Berechnung aufzubereiten, so z. B. die Definition von Balken- und Schalenmodellen, Schnitten, Flächentrennungen oder Punkte für Punktschweißverbindungen und Lasteinleitungen. Die im DesignModeler erstellte Geometrie ist parametrisch, sodass sowohl

Änderungen im CAD-Modell als auch im DesignModeler sehr einfach realisiert werden können. Der DesignModeler ist über die Tab-Leiste nahtlos in ANSYS Workbench-Umgebung und den Projektmanager integriert.

8.4.2 Geometrie erstellen

Beispiel Kettenglied

Folgende Kette wird als einfaches Übungsbeispiel modelliert, an der in Abschnitt 9.3 eine Parameterstudie durchgeführt wird.

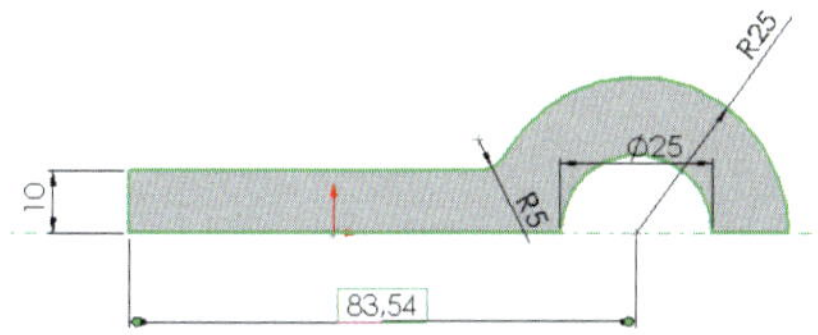

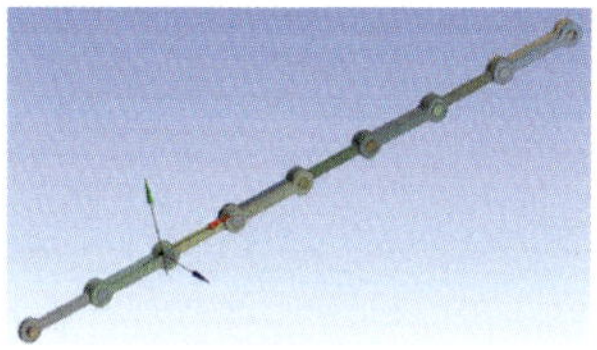

Modellieren des Kettengliedes

Starten Sie ANSYS Workbench, definieren Sie im Projektmanager ein neues System z. B. für eine statisch-mechanische Analyse, wählen Sie die Komponente **GEOMETRIE** und über die rechte Maustaste das Kontextmenü **NEUE GEOMETRIE**. Bestätigen Sie gegebenenfalls die Abfrage nach den Einheiten mit „mm“. Wählen Sie im Strukturbaum die **X-Y-EBENE**, danach das Icon, um die Ansicht danach auszurichten. Wählen Sie links unterhalb des Strukturbaums den Reiter **SKIZZIEREN**. Nun befinden Sie sich im **ZEICHNEN**-Modus. Wählen Sie die Funktion **KREIS** und zeichnen Sie zwei konzentrische Kreise um den Ursprungspunkt. Ob ein Geometrie-Element gefangen wird, sehen Sie am Cursor. „C“ bedeutet dabei „Coincident“, d. h. auf einer Linie liegend; „P“ bedeutet „Point“, d. h. auf einem Punkt liegend. Schalten Sie die Funktionsgruppe links auf **ABMESSUNGEN**, wählen Sie den ersten Kreis zum Bemaßen und platzieren Sie das Maß. Wiederholen Sie den Schritt für den zweiten Kreis. Ändern Sie die Werte auf Durchmesser 50 und 25 m.

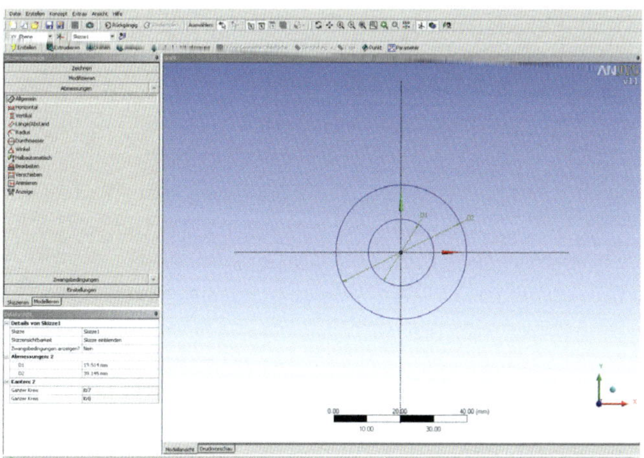

2D-Skizze erzeugen

Schalten Sie links wieder die Funktionsgruppe auf **ZEICHNEN**. Wählen Sie **RECHTECK** aus, setzen Sie den ersten Punkt auf die horizontale schwarze Linie (auf das „C" achten!) und den zweiten knapp innerhalb des größeren Kreises. Schalten Sie links die Funktionsgruppe auf **ABMESSUNGEN**, wählen Sie die linke senkrechte Linie und platzieren Sie das Maß links davon (Maustaste gedrückt halten).

Sollten Sie im Skizziermodus eine fehlerhafte Eingabe machen, können Sie die Funktion **RÜCKGÄNGIG** verwenden, um einen oder mehrere Schritte zurückzugehen.

Wählen Sie zuerst die senkrechte schwarze Linie durch den Mittelpunkt des Kreises (muss gelb werden), wählen Sie dann die linke senkrechte Linie und platzieren Sie das horizontale Maß. Modifizieren Sie die Länge der senkrechten Linie auf 10 und das horizontale Maß auf 83.54.

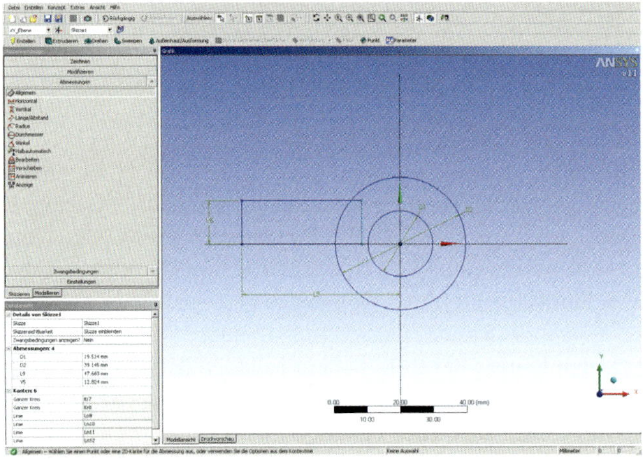

Wechseln Sie die Funktionsgruppe auf **MODIFIZIEREN**. Wählen Sie die Funktion **TRIMMEN** und klicken Sie auf die Linien, die dem späteren Linienzug nicht angehören werden, bis nur noch die in der folgenden Abbildung dargestellten Linien übrig bleiben.

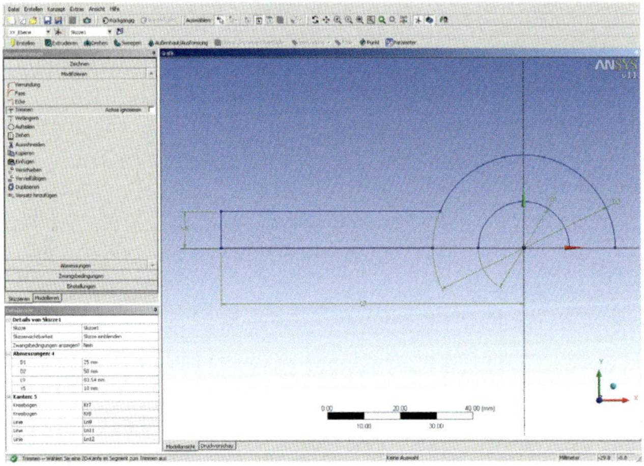

Achten Sie darauf, dass keine kleinen Linienstücke irgendwo frei zurückbleiben oder überstehen. Wählen Sie **VERLÄNGERN** und klicken Sie die horizontale Linie links unten an ihrem rechten Ende an, sodass sie bis zum Kreisbogen verlängert wird:

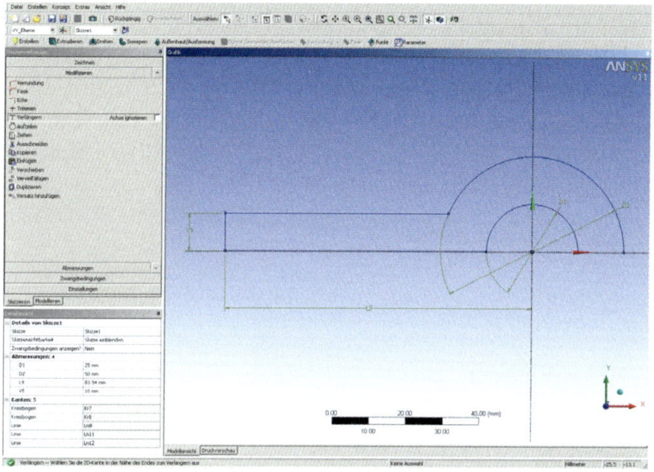

3D-Extrusion

Wechseln Sie die Funktionsgruppe auf **ZEICHNEN** und ziehen Sie eine Linie von dem verbleibenden offenen Enden des inneren zum äußeren Kreisbogen, sodass die Kontur geschlossen wird. Achten Sie dabei auf das „C" beim Selektieren von Start- und Endpunkt. Nachdem die Skizze geschlossen ist, wählen Sie unterhalb der Funktionsgruppen auf **MODELLIEREN**, um in den Modelliermodus zu wechseln. Wählen Sie oberhalb des Grafikfensters **EXTRUDIEREN** aus, wird die aktive Skizze extrudiert dargestellt. Passen Sie im Detailfenster die Richtung auf **BEIDE-SYMMETRISCH** sowie die **EXTRUSIONSTIEFE** auf 5 mm (in jede Richtung) an und wählen Sie den gelben Blitz **ERSTELLEN**, um das 3D-Modell zu erstellen. Wollen Sie Parameter der Skizze ändern, klappen Sie den Strukturbaum der Ebene oder der 3D-Operation auf, zu der die Skizze gehört, modifizieren Sie die Werte und regenerieren Sie mit **ERSTELLEN**.

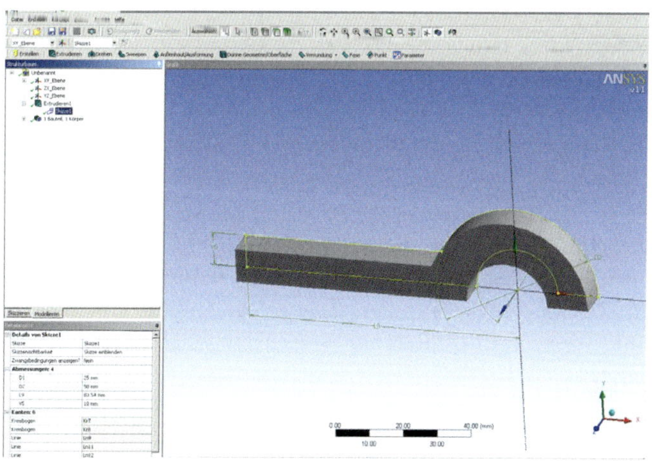

Spiegeln zum Vollmodell

Um aus dem Viertelmodell ein Halbmodell zu erzeugen, wählen Sie **ERSTELLEN/KÖRPEROPERATIONEN**, wählen Sie den Körper aus und klicken dann im Detailfenster auf **ANWENDEN**. Markieren Sie im Strukturbaum die **Z-X-EBENE** und ordnen Sie sie im Detailfenster bei **SPIEGELEBENE** zu. Mit **ERSTELLEN** wird aus dem Viertelmodell ein Halbmodell. Um eine vergessene Operation (z. B. für die Verrundung R5) vor den Spiegelvorgang einzuflechten, wählen Sie im Strukturbaum die Operation, vor die eingefügt werden soll und definieren Sie mit der rechten Maustaste den Modellierungsschritt (hier: **EINFÜGEN/FIXIERTER RADIUS**). Selektieren Sie die Kante, ändern Sie den Wert auf 5 mm. **ERSTELLEN** Sie den Radius. Um das Halbmodell zu einem Vollmodell zu erweitern, ist wieder eine Spiegeloperation erforderlich, allerdings besteht noch keine Spiegelebene an der erforderlichen Stelle. Um die neue Ebene zu erzeugen, wählen Sie die Stirnfläche und dann das Icon zum Erzeugen neuer Ebenen (siehe nachfolgende Abbildung).

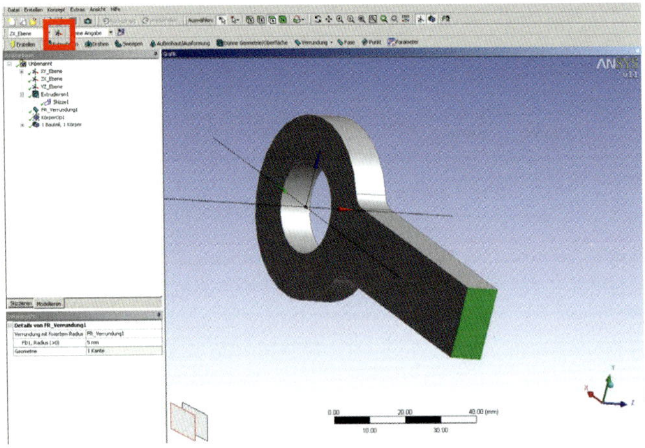

Mit **ERSTELLEN** wird die Ebene erzeugt und im Strukturbaum eingefügt. Analog der vorherigen Spiegelung kann mit einer weiteren Körperoperation das Vollmodell generiert werden (als Spiegelebene die neu erstellte Ebene verwenden).

Modellieren des Bolzens

Zweites Bauteil

Um im ANSYS DesignModeler einen zweiten Körper zu erzeugen, muss vorhandene Geometrie mit **FRIEREN** als unveränderlich markiert werden. Nach dem Frieren kann die **X-Y-EBENE** im Strukturbaum angewählt werden, um eine neue Skizze zu erzeugen.

Markieren Sie im Strukturbaum die neue *Skizze2* (wichtig, sonst wird evtl. *Skizze1* modifiziert!) und wechseln Sie in den Skizziermodus (Reiter unterhalb des Strukturbaums). Zeichnen Sie einen Kreis vom Zentrumspunkt der Bohrung („P") bis zu einem Punkt auf dem kleineren Kreisbogen („T"). Durch diese Zwangsbedingungen ändert sich der Bolzendurchmesser automatisch, falls das Kettenglied einen anderen Durchmesser erhält. Wechseln Sie zum **MODELLIEREN** und **EXTRUDIEREN** auf *Skizze2* mit der Richtung **BEIDE – SYMMETRISCH** um 18 mm.

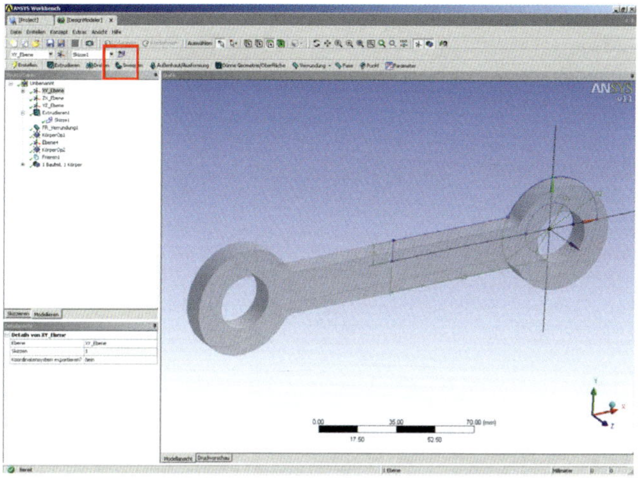

Kopieren und Mustern von Teilen

Vervielfältigen von Teilen

Das Kettenglied kann kopiert und verschoben werden, um die Kette zu erweitern. Dazu sind Ebenen erforderlich, die die Anfangs- und Endlage beschreiben. Das Kettenglied soll um 2 × 83.56 mm = 167.12 mm in x-Richtung und 10 mm nach vorn bzw. nach hinten versetzt werden. Wählen Sie die x-y-Ebene, dann das Icon für das Erzeugen einer neuen Ebene. Wählen Sie im Detailfenster für **TRANSFORMATION1** einen **X-VERSATZ** von 167.12 und für **TRANSFORMATION2** einen **Z-VERSATZ** von 10. Kopieren Sie das Kettenglied mit **ERSTELLEN/KÖRPEROPERATION**. Wechseln Sie dazu von **SPIEGELN** auf **KOPIEREN**, wählen Sie das Kettenglied, und geben Sie die Ausgangsebene und Zielebene an.

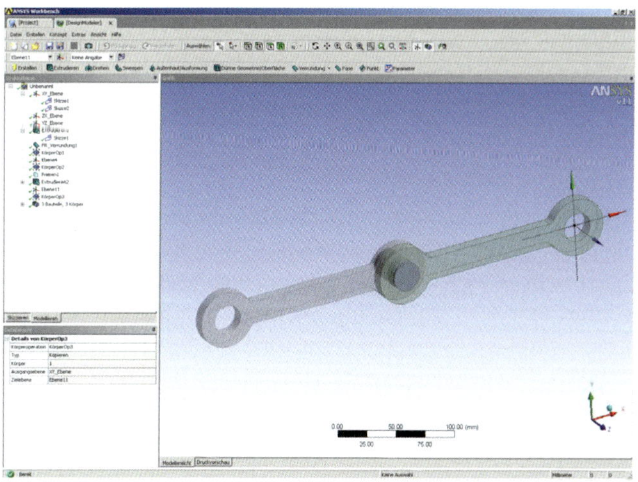

Analog verfahren Sie mit dem Kopieren des Bolzen (Transformation um −167.12 mm in x) und des hinteren Kettengliedes.

Wenn Sie die **TRANSPARENZ GEFRORENER KÖRPER** deaktivieren möchten, wählen Sie dies unter **ANSICHT** aus.

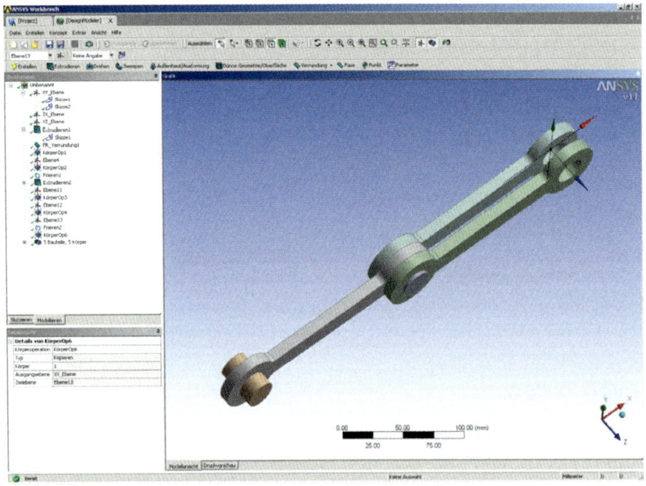

Um aus diesem Abschnitt eine längere Kette zu erzeugen, wählen Sie **ERSTELLEN/MUSTER**, selektieren Sie alle Körper, geben Sie die Richtung durch das Anwählen einer Kante, die in x-Richtung verläuft vor, definieren Sie den Abstand von $2 \times 167.12 = 334.24$ mm und die Anzahl der Wiederholteile (z. B. 3).

8.4.2.1 Geometrie aufbereiten

Für die FEM-Simulation gibt es oftmals den Wunsch, importierte oder neu erstellte Geometrie für die Berechnung so aufzubereiten, dass die Definition von Randbedingungen oder die Vernetzung vereinfacht wird. Exemplarisch werden dazu vier Funktionen gezeigt: Trennen von Volumen und Flächen, Defeaturing und die Mitteflächenableitung.

Trennen von Volumen

Vernetzung vorbereiten

Für eine kontrollierte Vernetzung ist es manchmal hilfreich, ein Volumen in Teilvolumen zu zerschneiden und trotzdem gemeinsame Knoten statt Kontakte zwischen diesen Teilvolumen zu haben. Dabei geht man in zwei Schritten vor: Im ersten zerschneidet man die Geometrie, im zweiten formt man eine sogenannte Bauteilgruppe. Für ein Gehäuse soll der dünnwandige Teil mit SolidShell-Elementen (blau dargestellt) vernetzt und mit gemeinsamen Knoten mit den Volumenelementen (gelb) des massiven Bundes verbunden sein.

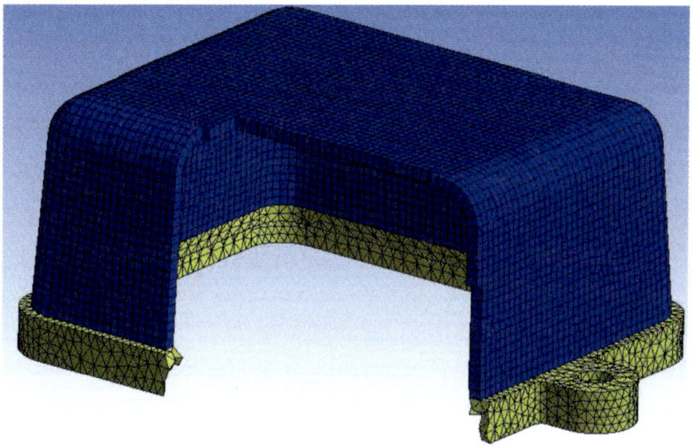

Legen Sie ein neues Projekt an und erzeugen Sie ein Komponentensystem Geometrie. Bearbeiten Sie die Eigenschaften (rechte Maus, Zelle 2) und ordnen Sie die Datei *Gehaeuse.stp* zu. Wählen Sie nochmals die rechte Maustaste und **BEARBEITEN** aus, um die existierende Geometrie in den DesignModeler zu laden. Wählen Sie im DesignModeler die Funktion **ERSTELLEN**, um den Import abzuschließen. Definieren Sie eine Ebene auf der langen schmalen Seitenfläche des Bundes. Zeichnen Sie eine Linie auf Höhe der Bund-Oberkanten, die an den Enden weit genug über das Modell herausragt. Extrudieren Sie die Linie mit der Option **MATERIAL WEGSCHNEIDEN**, so entstehen zwei Teilvolumen (siehe nachfolgende Abbildung).

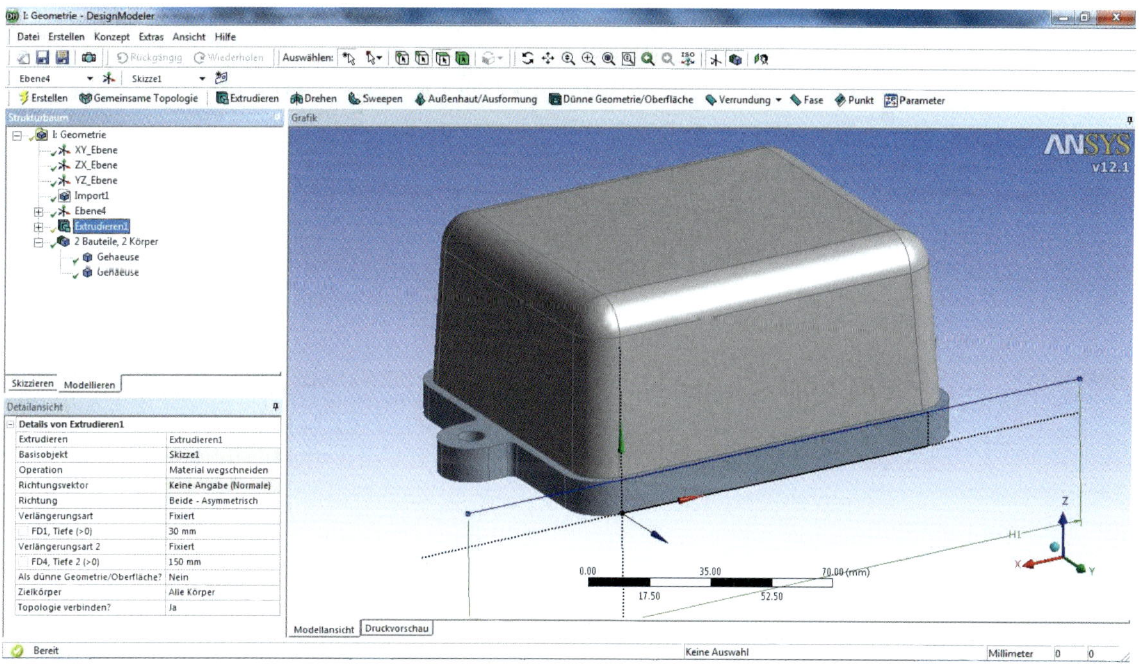

Markieren Sie die beiden Bauteile in der Bauteilliste am Ende des Modell-Strukturbaums und fügen Sie sie über die rechte Maustaste mit der Funktion **BAUTEILGRUPPE ERZEUGEN** zusammen. Die beiden Volumen werden nicht komplett miteinander verschmolzen, sondern teilen sich die Berührfläche, sodass sich später an dieser Stelle auch Knoten befinden, die von beiden Teilvolumen verwendet werden und damit die beiden Netze verbinden.

Trennen von Flächen

Randbedingungen vorbereiten

Speziell für die Definition von Rand- oder Kontaktbedingungen möchte man manchmal Teilbereiche einer Fläche selektieren. Dazu können Flächen ähnlich wie Volumen getrennt werden. Im getauten Körper können Sie eine Skizze auf der betreffenden Fläche erzeugen und dann per Extrusion mit der Option **FLÄCHEN MIT PRÄGUNG** versehen aufteilen (siehe nachfolgende Abbildung).

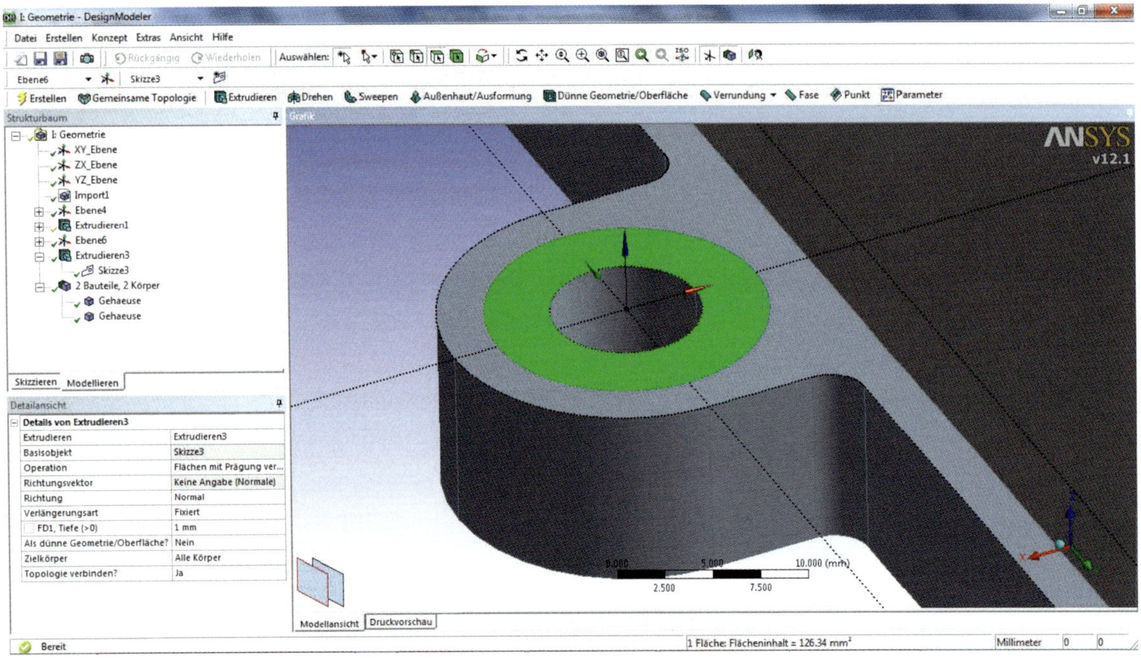

Wählen Sie die Extrusionsrichtung nach unten und die Tiefe **DURCH ALLES**, wird auch die Fläche auf der Unterseite des Volumens aufgetrennt, dagegen führt die Richtung nach oben dazu, dass lediglich die obere Fläche getrennt wird.

Ungewollte Flächentrennungen eliminieren

Bei Geometrien von CATIA V5 oder Creo Parametric werden viele Zylinderflächen in Form von zwei Halbschalen definiert. Möchten Sie diese unnötig hohe Zahl von Flächen minimieren, wählen Sie unter dem Menü **ERSTELLEN** die **KÖRPEROPERATIONEN** mit der Option **VEREINFACHEN**. Dann werden mehrere gleiche Flächen nach Möglichkeit zusammengefasst und damit verschwinden alle Flächentrennungen.

Defeaturing

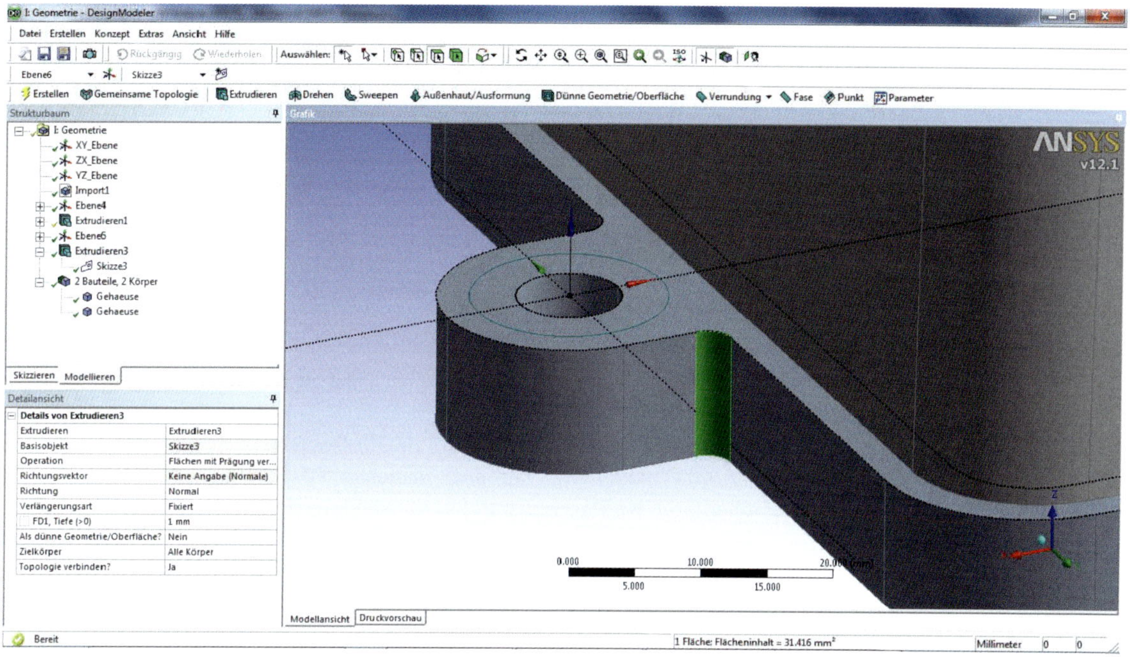

Um die markierte Fläche zu entfernen, gibt es mehrere Modellierungsansätze:

- Mit ERSTELLEN/FLÄCHE LÖSCHEN wird die Fläche nach Selektion komplett gelöscht, solange die verbleibenden Flächen durch automatische Erweiterung die Lücke schließen und das Volumen bilden können.

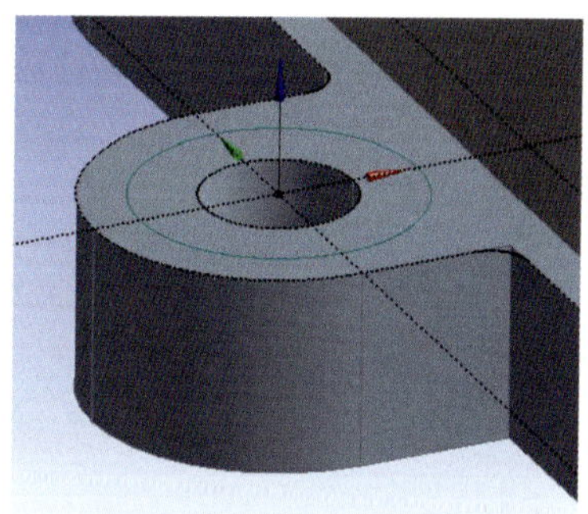

- Mit EXTRAS/VERBINDEN werden zwei Punkte auf einen zusammengelegt, sodass sich die dazwischenliegende Linie auflöst und die davon definierte Fläche zusammenzieht.

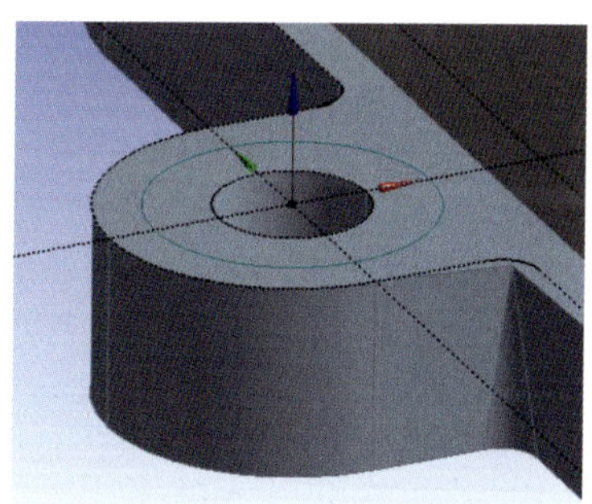

- Mit **EXTRAS/VERSCHMELZEN** werden zwei Flächen zu einer zusammengefasst, ähnlich der virtuellen Topologie in der Mechanical-Applikation.

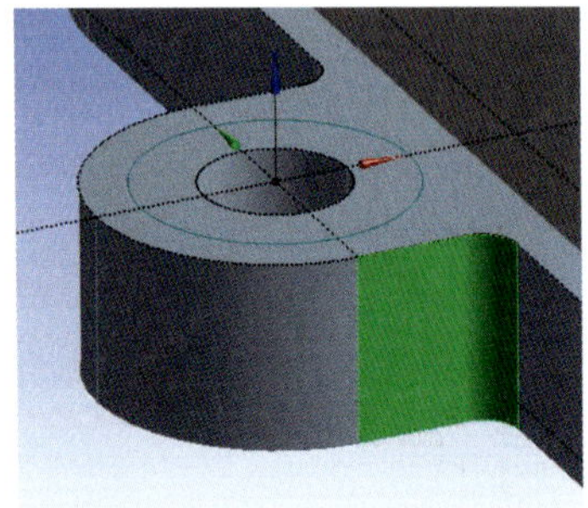

Darüber hinaus stehen unter **EXTRAS/REPARIEREN** automatische Reparaturfunktionen zur Verfügung, die für einen oder mehrere Körper Fehlstellen suchen und beseitigen können.

Mittelflächenableitung

Schalenmodelle erzeugen

Für Anwendungsfälle, bei denen dünnwandige Strukturen nicht über SolidShell-Elemente (siehe Abschnitt 8.5) beschrieben werden können, kann im DesignModeler das Volumenmodell in ein Flächenmodell überführt werden.

Importieren Sie die Geometrie *c-presse_20.stp* in den DesignModeler und wählen Sie die Option **EXTRAS/MITTELFLÄCHE**. Für eine manuelle Flächenpaarung wählen Sie die jeweils gegenüberliegenden Flächen eines Blechbauteils an. Nutzen Sie dabei die verdeckte Selektion (siehe Abschnitt 8.5.1.1), um das Modell nicht durchgehend drehen zu müssen. Nachdem alle Flächenpaare manuell definiert sind, schließen Sie die Selektion mit einem Klick auf das gelbe Feld bei **ANZAHL DER FLÄCHENPAARE** und **ANWENDEN** ab. Möchten Sie die automatische Suche nach Flächenpaaren verwenden, wechseln Sie die Option **AUSWAHLMETHODE** auf **AUTOMATISCH**. Geben Sie die Blechstärken der betroffenen Bauteile an (im Beispiel 10 bis 80 mm) und aktivieren Sie **FLÄCHENPAARE JETZT SUCHEN?** mit **JA**.

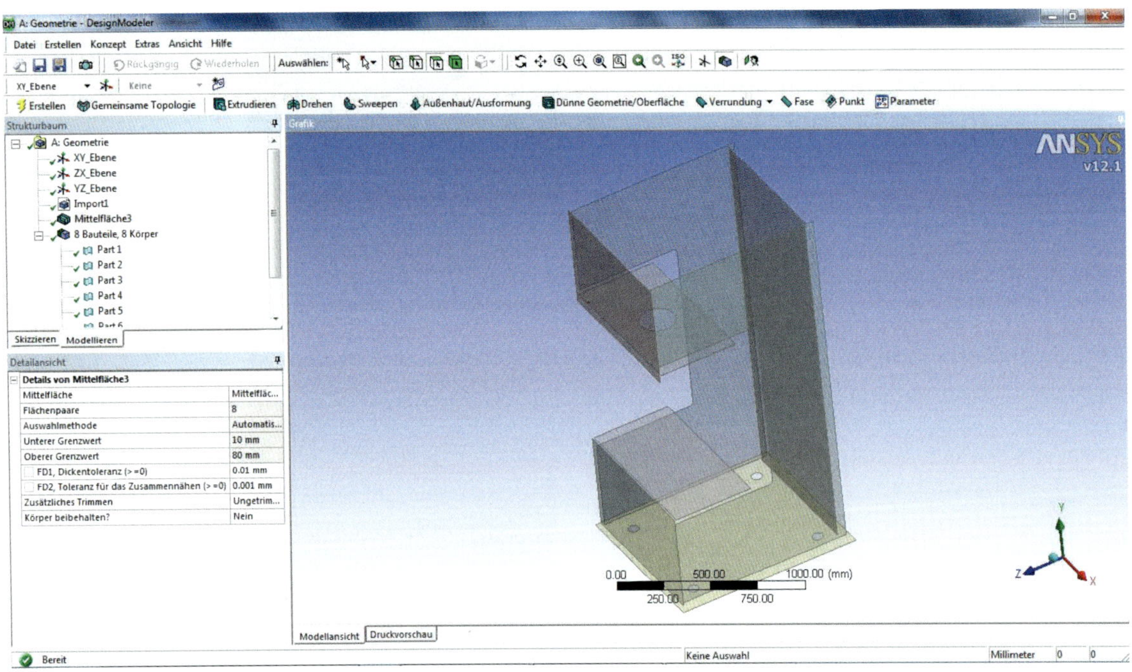

Mit **ERSTELLEN** schließen Sie die Mittelflächengenerierung ab. Aus Ihrem Volumenmodell wird nun ein Flächenmodell, dessen Flächen die Dicke als Attribut zugewiesen haben. Sie können dies kontrollieren, indem Sie die einzelnen Bauteile am Ende des Modellier-Strukturbaums anwählen und sich die Eigenschaften im Detailfenster anschauen. Mit **EXTRAS/FLÄCHENVERLÄNGERUNG** verlängern Sie die Flächen, bis sie sich berühren, indem Sie die Linien selektieren und um einen bestimmten Betrag, bis zu einer bestimmten Fläche, bis zu einer bestimmten Ebene (Oberfläche) oder bis zur jeweils nächsten Fläche verlängern. Möchten Sie gemeinsame Knoten an den Verbindungslinien, gibt es zwei Möglichkeiten, diese Verbindung herzustellen:

- Sie kombinieren die Teile in einer Bauteilgruppe, dann entstehen an allen Verbindungslinien gemeinsame Knoten.
- Sie definieren im DesignModeler mit **EXTRAS/VERBINDUNG** gezielte Verbindungen nur in einzelnen Bereichen.

Darüber hinaus können in komplexen Situationen auch Linie-Linie- oder Linie-Fläche-Kontakte in der Mechanical-Applikation eine Lösung darstellen.

8.4.3 Analysen in 2D

Warum 2D?

In vielen Fällen lässt sich ein Problem in 2D hinreichend gut beschreiben, sodass man darauf verzichten kann, ein 3D-Modell zu definieren. Der Vorteil ist eine bessere Performance und manchmal auch eine genauere Abbildung des zu berechnenden Zustandes, weil mehr Elemente im relevanten Bereich verwendet werden können.

Man unterscheidet dabei drei Varianten:

- **Ebener Spannungszustand**: Die Spannungen senkrecht zur Betrachtungsebene sind null, die Dimensionen senkrecht zur Ebene sind deutlich geringer als in der Ebene. Die Dicke ist für die Berechnung notwendig. Belastungen liegen in der Ebene.
  Beispiel: Runde Blechscheibe unter Fliehkraft
- **Ebener Dehnungszustand** (Verzerrungszustand): Die Verformungen senkrecht zur Betrachtungsebene sind null, die Dimensionen senkrecht zur Ebene sind deutlich größer als in der Ebene. Belastungen liegen in der Ebene über die gesamte Tiefe des Profils.
  Beispiel: Verformung einer Profildichtung, die im Querschnitt betrachtet wird
- **Axialsymmetrie**: Ein axialsymmetrisches Bauteil wird nur in seinem Querschnitt untersucht. Die Y-Richtung ist die Rotationsachse, Lasten gelten für die gesamte Geometrie (360 Grad).

Nicht für Schwingungen

Es können jedoch nur symmetrische Lasten und Ergebnisse berechnet werden. Daher scheidet die 2D-Analyse für Modalanalysen meist aus, da unebene (unsymmetrische) Moden nicht berechnet werden können. Ebenso gilt das für eine rotationssymmetrische Welle unter Biegung.

Die Geometrie muss sich in der x-y-Ebene befinden, bei axialsymmetrischen Bauteilen im positiven x- und y-Bereich (1. Quadrant). In 2D sollten Linie-Linie-Kontakte verwendet werden

Beim Importieren der Geometrie muss die Berechnung als 2D definiert werden. Dazu wählen Sie im Projektmanager die Komponente Geometrie an (A3), klicken die rechte Maustaste und wählen **EIGENSCHAFTEN** aus.

Ändern Sie die Analyseart von 3D auf 2D und starten Sie anschließend die Modelldefinition (siehe nachfolgende Abbildung).

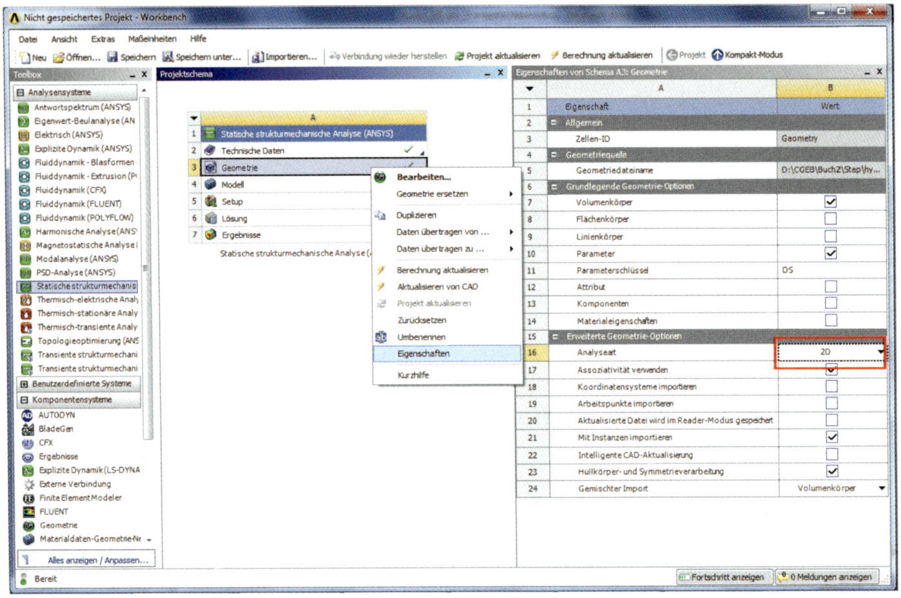

In der Mechanical-Applikation wählen Sie die Art der 2D-Analyse aus, indem Sie im Strukturbaum die Geometrie anwählen und dann im Detailfenster das **2D-VERHALTEN** anpassen (siehe nachfolgende Abbildung).

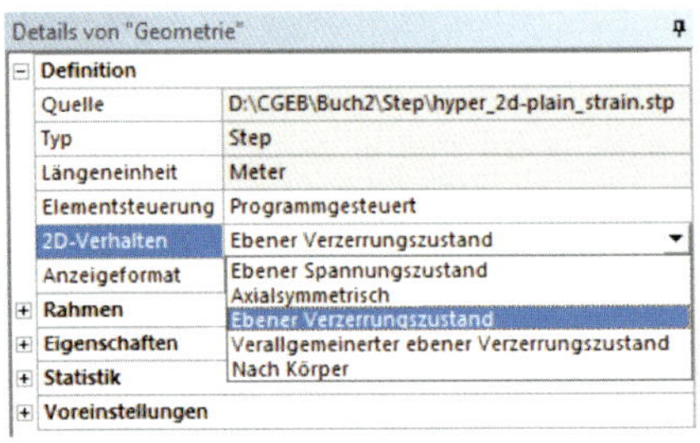

Beispiele

- Ebener Spannungszustand bei einem dünnen Blech, das in der Ebene (Draufsicht) belastet wird
- Ebener Verzerrungszustand bei einem Profil unendlicher Länge, das über die gesamte Länge gleichartig im Querschnitt belastet wird; die Dehnungen in Z-Richtung sind null.
- Verallgemeinerter ebener Verzerrungszustand bei einem Profil endlicher Länge
- Axialsymmetrie: Rotationssymmetrische Geometrie, die im Profil gezeichnet (Achtung: positiver x-y-Quadrant) und rotationssymmetrisch belastet ist
- Nach Körper: Die oben genannten Optionen können den einzelnen Bauteilen zugewiesen werden.

Wenn nur 3D-Daten vorhanden sind ...

Die Berechnung in 2D liefert in geeigneten Fällen das Ergebnis sehr viel schneller als ein 3D-Modell. Es müssen allerdings die Lasten *und* die Geometrie in der jeweiligen Ebene liegen. Stellt das CAD-System keine 2D-Geometrien zur Verfügung, können auch an aufbereiteten 3D-Modellen mit entsprechenden Randbedingungen schnelle Analysen durchgeführt werden. Statt einer axialsymmetrischen 2D-Analyse kann mit einem 2°- oder 5°-Segmentmodell (jeder andere Winkel ist genauso zulässig) in 3D gerechnet werden. Die durch den Symmetrieschnitt entstehenden Flächen werden mit einer „reibungsfreien Lagerung“ beaufschlagt. Analog kann ein ebener Spannungszustand mit einem Halb(-Dicken)-Modell bzw. ein ebener Verzerrungszustand mit einem zweiseitig „reibungsfrei“ gelagerten Querschnitt durch die Symmetriebedingungen und den kleinen Ausschnitt auch immer noch sehr effizient in 3D gerechnet werden.

8.4.4 Balken

Grundlagen

Bei Strukturen, die aus Profilen aufgebaut sind, wie z. B. Kränen, wird statt einer detaillierten Beschreibung über das Volumen oft eine reduzierte Form über Linien verwendet. Den Linien werden Querschnitte zugeordnet, aus denen steifigkeitsgebende Informationen abgeleitet werden. Der Vorteil: sehr geringer Berechnungsaufwand, leichte Änderbarkeit der Profile. Der Nachteil: Das Geometriemodell muss meist neu – als Linienmodell – erstellt werden, es sei denn, über besonderen Modellierungsfunktionalitäten wie z. B. im ANSYS SpaceClaim Direkt Modeler stehen Funktionen zur Verfügung, um aus dem Volumenmodell Linien mit Querschnittseigenschaften abzuleiten.

Die Erzeugung von Liniengeometrien als Grundlage für FE-Balkenmodelle erfolgt bei ANSYS Workbench im DesignModeler. Neben den eigentlichen Linien werden hier auch die Querschnitte bereits definiert. So erzeugte Geometrien werden in ANSYS Workbench automatisch mit Balkenelementen vernetzt und berechnet.

Diese Vorgehensweise erfordert weitergehende Kenntnisse, die den Rahmen dieses Buches sprengen, und wird daher nur oberflächlich am Beispiel einer einfachen Trittleiter dargestellt, um die Grundidee zu vermitteln.

Zu Beginn definieren Sie im ANSYS DesignModeler eine Skizze mit den Linien einer Ebene, aus denen später Balken generiert werden sollen.

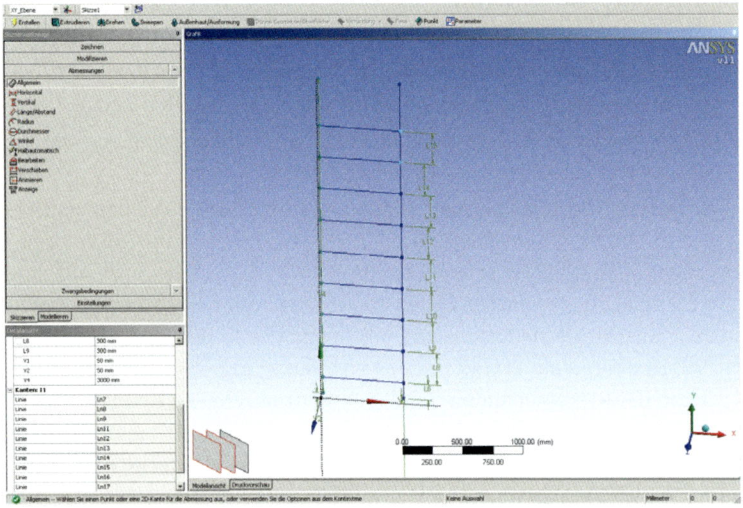

Erzeugen Sie sich zwei Ebenen, die um jeweils +/– 10 Grad um die x-Achse gedreht sind (siehe Abschnitt 8.4.1). Generieren Sie sich für jede dieser Ebenen eine Skizzeninstanz (rechte Maustaste) und wählen Sie die Anfangsskizze aus.

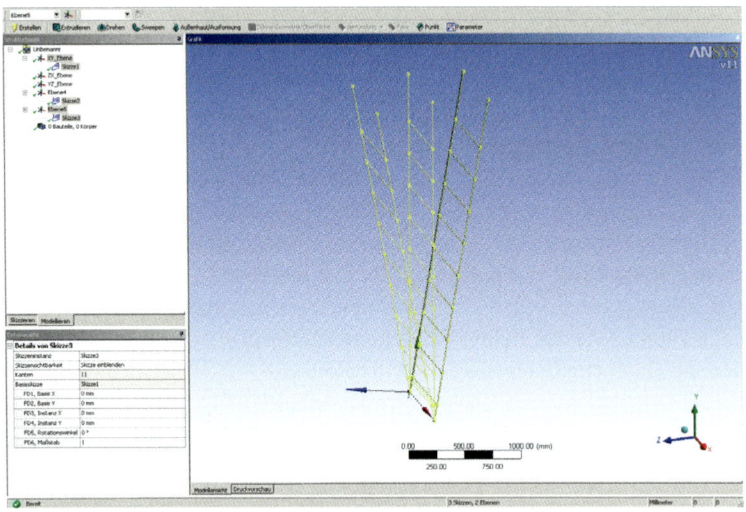

Liniengerüst erstellen

Erzeugen Sie aus den Skizzen **3D-LINIEN MIT KONZEPT/LINIEN AUS SKIZZEN** und wählen Sie die beiden verdrehten Skizzen 2 und 3 an. **FRIEREN** Sie das Modell, generieren Sie zwei Streben mit **KONZEPT/LINIEN DURCH PUNKTE** und wählen Sie die vier Punkte als Anfangs- und Endpunkte an.

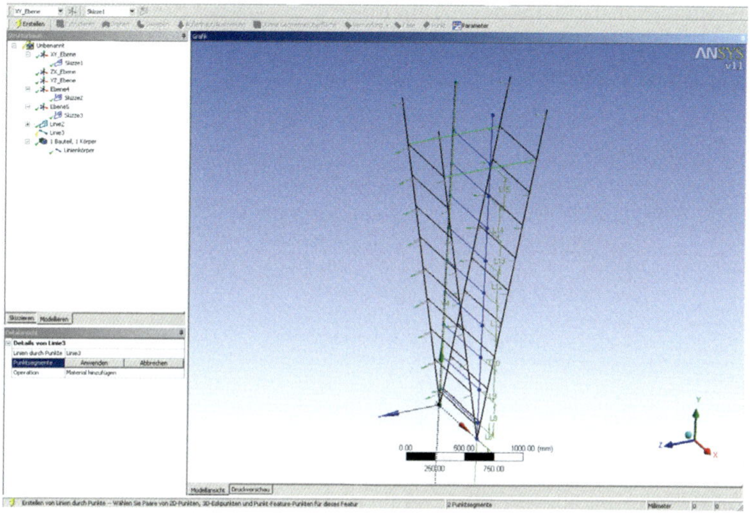

Alle Geometrien werden miteinander verbunden, bis auf die beiden Streben, da ein **FRIEREN** erfolgt. Um den Linien einen Querschnitt zuzuweisen, kann unter **KONZEPT/QUERSCHNITT** aus den in folgenden Abbildungen dargestellten Profilen der Rohrquerschnitt (Ringprofil) ausgewählt werden:

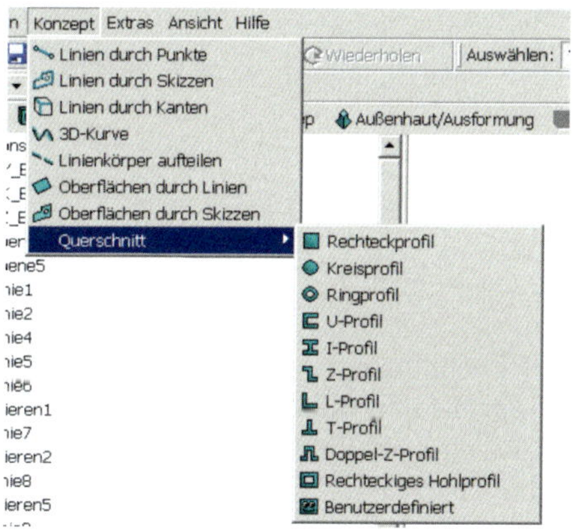

Querschnitte definieren

Den Linienkörpern kann links unten nun ein Querschnitt zugeordnet werden. Definieren Sie verschiedene Querschnitte, um sie den Streben und den restlichen Linienkörpern zuzuordnen. Um die verschiedenen Linien miteinander zu verbinden, können sie links unten markiert und mit der rechten Maustaste in eine **BAUTEILGRUPPE** zusammengefasst werden.

Zur besseren Darstellung kann unter **ANSICHT** die Option **QUERSCHNITTSVOLUMENKÖRPER** aktiviert werden.

Nach der Übertragung in die Simulation können die üblichen Randbedingungen definiert werden. Um drehsteife Lagerungen zu definieren, gibt es zusätzlich die **FIXIERTE ROTATION**, die bei Volumenmodellen nicht verfügbar ist.

Die Ergebnisdarstellung für die Balken erfolgt mit dem sogenannten **BALKENTOOL**. Im Strukturbaum können damit unter **LÖSUNG** zusätzliche Ergebnisse speziell für die Bewertung von Balkenelementen generiert und dargestellt werden (siehe nachfolgende Abbildung).

Ergebnisse darstellen

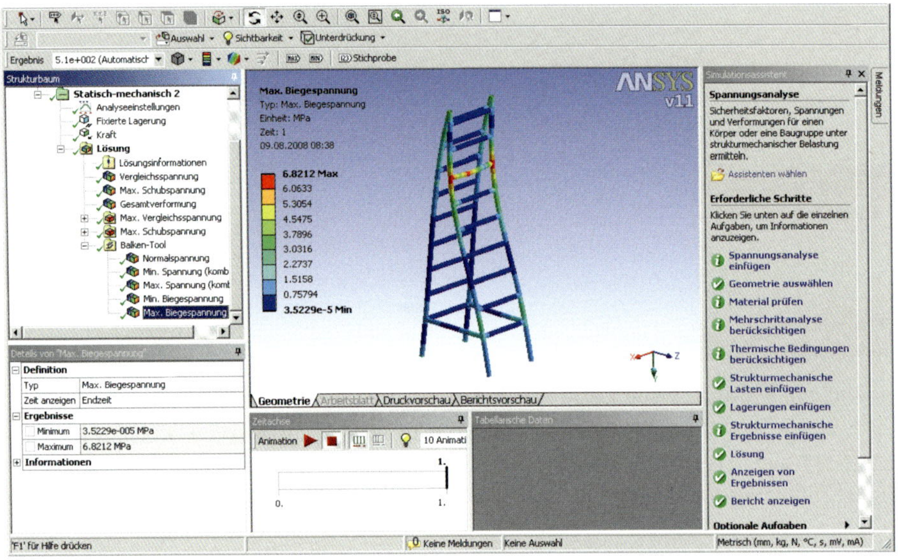

8.5 Modell

In ANSYS Workbench werden unter **MODELL** alle Definitionen zusammengefasst, die zwischen Geometrieerzeugung und Definition des Lastfalls liegen. Dazu gehören die Definition von physikalischen Eigenschaften für die Geometrie (Material, Zusatzmassen), Hilfsgeometrie für Randbedingungen und Auswertung (Konstruktionsgeometrie als Flächen und Pfade für die Auswertung, externe Punkte zusätzlich für Randbedingungen) sowie für Vernetzung (virtuelle Topologie), Koordinatensysteme, Kontakte, die Vernetzungssteuerung und die Lösungskombination zur Überlagerung mehrerer Lastfälle.

8.5.1 Die Mechanical-Applikation

Kern der Simulation

Die Mechanical-Applikation ist das eigentliche Simulationswerkzeug für die FEM, in der die Analyse mit ihren physikalischen Eigenschaften beschrieben und die Simulation mit den einzelnen Arbeitsschritten wie Vernetzung, Berechnung und Ergebnisdarstellung durchgeführt wird. In jedem Mechanical-Fenster können mehrere Berechnungen mit unterschiedlichen Lastfällen definiert werden. Der Aufbau des Strukturbaums wird dabei durch den Projektmanager definiert. Für sämtliche Elemente des Strukturbaums werden automatisch generierte Namen vergeben, die jeweils mit den Koordinaten des Projektmanagers ergänzt sind. Diese können durch eigene, sprechende Namen ersetzt werden (Taste F2). Über Symbole an den Elementen des Strukturbaums und an den Farben im Detailfenster ist der Status der jeweiligen Analyse ersichtlich.

Folgende Symbole werden im Strukturbaum verwendet

Status im Strukturbaum erkennen

- Grüner Haken: Alles o. k.
- Blaues Fragezeichen: Eingabe fehlt
- Graues X: Unterdrückt
- Rotes Ausrufezeichen: Achtung
- Gelber Blitz: Bereit zur Berechnung
- Grüner Blitz: Wird gerade berechnet
- Roter Blitz: Berechnung wurde abgebrochen.
- Grüner Pfeil nach unten: Ausgelagerte Berechnung fertig zum Laden
- Roter Pfeil nach unten: Ausgelagerte Berechnung wurde abgebrochen und ist bereit zum Laden.

Folgende Farben werden im Detailfenster verwendet

Status im Detailfenster erkennen

- Gelb: Fehlende/unvollständige Eingabe
- Grau: Ausgabe zur Information (nicht änderbar)
- Weiß: Änderbares Feld oder änderbare Eigenschaft
- Rot: Ungültig (z. B. nach Änderungen ohne Neuberechnung)

Modelleigenschaften verwalten

Zu jedem Punkt des Projektbaums (**PROJEKT-MODELL-ANALYSE-LÖSUNG**) können Eingaben geändert oder zusätzliche Eigenschaften definiert werden. Dazu wird der entsprechende Punkt mit der linken Maustaste angewählt. Im **DETAILFENSTER** erscheinen nun alle Parameter dazu.

Zur Dokumentation kann unter Projekt eine Kurzbeschreibung der Berechnungsaufgabe (Autor, Thema …) abgelegt werden.

8.5.1.1 Selektion

Selektionsfilter

Bei der Definition von Lasten, Randbedingungen oder Kontaktbereichen in der Mechanical oder anderen Applikationen ist es notwendig, bestimmte geometrische Elemente auszuwählen, zu selektieren. In der Icon-Leiste von ANSYS Workbench finden Sie Funktionen zur Selektion. Mit folgenden Icons können Sie den Typ festlegen, den Sie selektieren möchten: Punkt, Kante, Fläche, Körper 

Mehrfachselektion

Wenn Sie dann mit der Maus über die Geometrie fahren, wird die jeweilige Fläche, Kante, Punkt oder Volumen gepunktet ausgeleuchtet. Beim Betätigen der linken Maustaste wird dieses Element selektiert. Sind mehrere Geometrien zu selektieren, erfolgt dies durch Drücken der **STRG/CTRL**-Taste während der Selektion. Sollen aus der Selektionsmenge bestimmte Elemente entfernt werden, ist dies durch nochmaliges Anwählen der Geometrie möglich (**STRG/CTRL**-Taste gedrückt halten). Bei Flächen, die mit Druck oder Konvektion beaufschlagt werden, sind oft sehr viele Flächen zu selektieren. Um nicht jede Fläche einzeln anzupicken, kann die Funktion **FORTLAUFENDE SELEKTION** genutzt werden: Bei gedrückter linker Maustaste wird mit der Maus über das Modell gefahren. Alle überstrichenen Flächen werden selektiert. Mit der Funktion **AUSWAHL ERWEITERN**  werden die benachbarten Flächen der ausgewählten Fläche mit selektiert (**ANGRENZEND/NÄCHSTE** bzw. **ANGRENZEND/ALLE**).

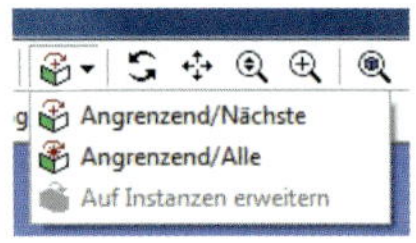

Der zulässige Winkel, bis zu dem Flächen als benachbart angesehen werden, wird über die Systemsteuerung festgelegt (Default 20°). Diese Tangentialselektion funktioniert auch mehrfach (gleiches Icon ein 2. Mal selektieren = tangentiale Flächen zu der bereits erweiterten Selektion). Mit **ANGRENZEND/ALLE** werden automatisch alle tangential miteinander verbundenen Flächen selektiert bis zur nächsten scharfen Kante.

Verdeckt selektieren

Zum Selektieren von verdeckten Elementen fahren Sie mit der Maus über das verdeckte Element und klicken auf die linke Maustaste. Beim Selektieren mit der linken Maustaste wird zuerst das vorderste Element selektiert. Gleichzeitig erscheint im Grafikfenster die in der folgenden Abbildung dargestellte Anzeige.

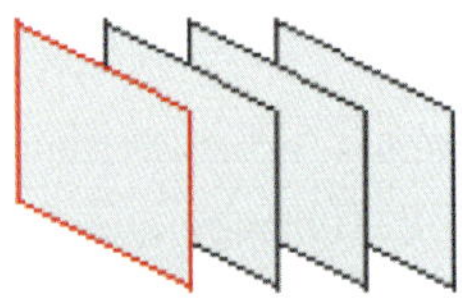

Fährt man mit der Maus z. B. auf die dritte Fläche in diesem Symbol, wird das dritte Element von vorne hervorgehoben. Bei Baugruppen werden die Flächensymbole analog den Bauteilfarben eingefärbt gekennzeichnet. Auch im Schnitt kann man verdeckte Flächen gut selektieren.

Fenster aufziehen

Wird dieses Icon  angewählt, kann zwischen der Selektion einzelner oder mehrerer Objekte umgeschaltet werden.

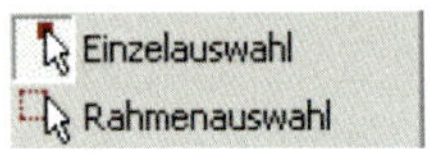

Bei **RAHMENAUSWAHL** kann über ein Rechteck selektiert werden. Dabei werden alle Elemente ausgewählt, die komplett innerhalb des Rahmens selektiert sind, wenn der Rahmen von links nach rechts aufgezogen wird. Wird er von rechts nach links aufgezogen, sind alle die Elemente enthalten, die teilweise im Rahmen enthalten sind.

8.5.1.2 Komponenten

Gruppieren und benennen

Zur Strukturierung von Selektionen können geometrische Elemente in sogenannte **KOMPONENTEN** zusammengefasst werden. Diese fassen mehrere Elemente gleichen Typs (Flächen, Kanten, Punkte, Volumen) zusammen. Bei der Übergabe eines solchen ANSYS Workbench-Modells an ANSYS oder der Nutzung von APDL-Makro-Funktionen kann auf diese Selektionen in Form von Knotenkomponenten zugegriffen werden. Darüber hinaus erlauben es die Selektionen, in Baugruppen Teilegruppen ein- und auszublenden bzw. zu unterdrücken.

Für die Definition von Auswahlgruppen gibt es eine eigene Symbolleiste, mit der man die in der folgenden Abbildung dargestellten Funktionen ausführen kann.

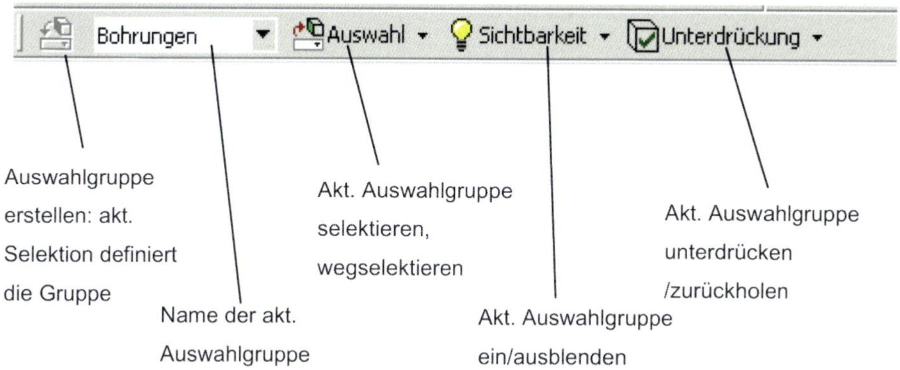

Sollte diese Funktionsleiste nicht sichtbar sein, kann sie unter **ANSICHT/SYMBOLLEISTEN/KOMPONENTEN** eingeschaltet werden.

8.5.1.3 Steuerung der Ansichten

Im Grafikfenster kann die Orientierung des Modells über mehrere Verfahren gesteuert werden.

Standardansichten

Eine leichtere Orientierung erhält man durch Standardansichten, indem die Achsen oder die ISO-Kugel des Koordinatensystems angeklickt werden. Das Modell dreht sich dann von der aktuellen Ansicht in die neue. Fährt man mit der Maus über die Achsen, wird die Richtung (X, Y, Z) angezeigt.

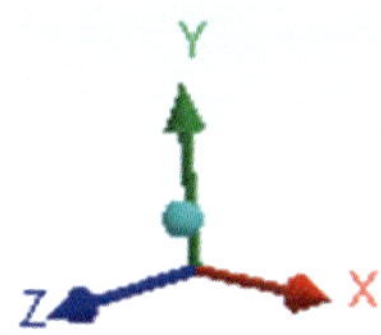

Grafik-Funktionen

Die nachfolgend gezeigten Icons verändern die Ansichten mit folgenden Funktionen: **ROTIEREN**; **VERSCHIEBEN**, **SKALIEREN**, **IN RAHMEN VERGRÖSSERN**, **IN FENSTER ZOOMEN**, **LUPE**, **VORIGE ANSICHT**, **NÄCHSTE ANSICHT**, **NÄCHSTE ISO-ANSICHT**, **DRAUFSICHT**, **DRAHTMODUS**, **FENSTER**

ROTIEREN: Details zu dieser Funktion finden Sie in der nachfolgenden Tabelle.

- **VERSCHIEBEN**: Verschieben des Teils in der Bildschirmebene
- **SKALIEREN**: Maus auf und ab = vergrößern/verkleinern
- **IN RAHMEN VERGRÖSSERN**: Rechteck aufziehen für neue Ansicht
- **IN FENSTER ZOOMEN**: Das Modell wird so skaliert, dass es komplett sichtbar ist.
- **LUPE**: Ein Bildschirmbereich wird vergrößert dargestellt.
- **VORIGE ANSICHT**: Es wird auf die letzte Ansicht umgeschaltet.
- **NÄCHSTE ANSICHT**: Es wird auf die nächste Ansicht umgeschaltet.
- **ISO**: Die nächste ISO-Ansicht (ausgehend von der aktuellen)
- **DRAUFSICHT**: Fläche selektieren und Icon wählen = Normale Ansicht

- **DRAHTMODUS/SCHATTIERTER MODUS**: Wechselnde Darstellung
- **FENSTER**: Ein/mehrere Ansichtsfenster

	In der Mitte des Grafikfensters: Räumliches Drehen
	An den unmittelbaren Rändern des Grafikfensters: Um die Bildschirm-x- bzw. -y-Achse drehen
	In der breiteren Randzone des Grafikfensters: Um die Bildschirmnormale drehen
	An den unmittelbaren Rändern des Grafikfensters: Um die Bildschirm-x- bzw. -y-Achse drehen
	In der breiteren Randzone des Grafikfensters: Um die Bildschirmnormale drehen
	Klick auf das Modell: Neues Rotationszentrum (dargestellt durch eine kleine rote Kugel)
	Klick neben das Modell: Zurücksetzen des Rotationszentrums

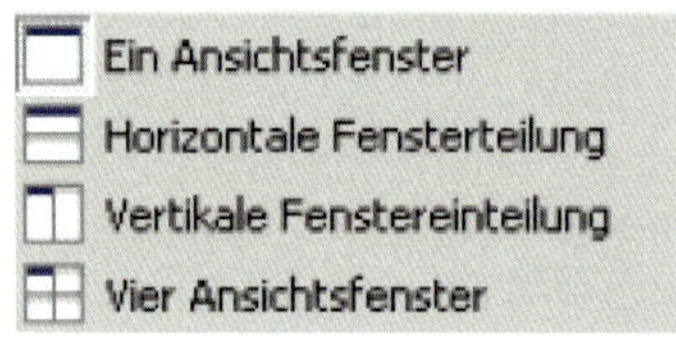

Das Menü **ANSICHT** schaltet den Drahtmodus bzw. die schattierte Darstellung ein/aus.

Unter dem Icon **ANSICHTSFENSTER** können Sie die Zahl der gleichzeitig sichtbaren Fenster einstellen.

Mehrere Fenster

Durch Anklicken des Fensters im Grafikbereich wird das jeweilige Fenster aktiv gesetzt, auf das sich alle folgenden Darstellungen beziehen. Möchten Sie den Inhalt des 2., 3. oder 4. Fensters ändern, aktivieren Sie es durch Anwählen, bevor Sie sich ein Ergebnisbild erzeugen lassen.

Es gibt die Möglichkeit, die Ansichtsteuerung (Drehen, Schieben, Zoomen) über eigene Tastenkombinationen zu definieren.

8.5.2 Geometrie in der Mechanical-Applikation

Unter **GEOMETRIE** werden alle eingelesenen Teile mit ihren Eigenschaften wie Material, Masse, Status, Sichtbarkeit, Farbe etc. aufgelistet. Jedes Teil kann über das **DETAILFENSTER** unterdrückt oder ausgeblendet werden, andere Materialeigenschaften erhalten, transparent dargestellt werden etc. Für die Materialzuordnung stehen diejenigen Materialien zur Verfügung, die unter den technischen Daten (siehe Abschnitt 8.3) definiert oder importiert wurden.

Neben der importierten Geometrie können Zusatzmassen über die Funktion Punktmasse definiert werden (**GEOMETRIE**, rechte Maustaste **EINFÜGEN/PUNKTMASSE**). Wird zuerst eine Geometrie selektiert, funktioniert die Positionierung der Punktmasse analog den Koordinatensystemen. Die Position der Punktmassen kann über manuell definierte globale Koordinaten oder (sofern vorhanden) auch in lokalen Koordinatensystemen definiert werden. Die angebundene Fläche kann deformierbar oder starr sein. Bei großflächigen oder weit verteilten Anbindungen der Punktmasse an das FE-Modell besteht bei starrer Anbindung die Gefahr, dass die Steifigkeit verfälscht wird.

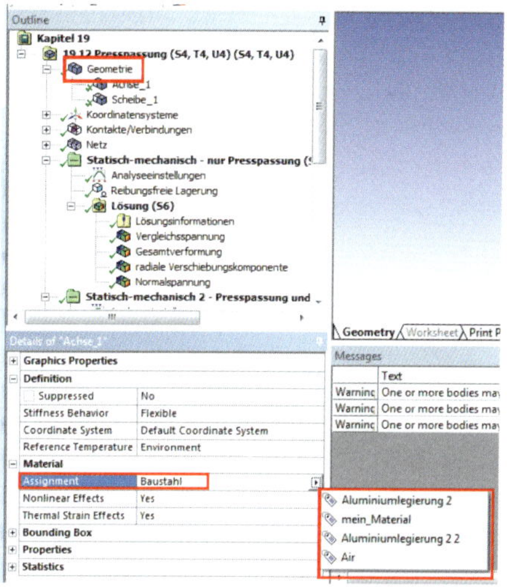

8.5.3 Koordinatensysteme

Lokale Koordinatensysteme können dazu verwendet werden, bezogen auf gewisse Richtungen, Lasten zu definieren oder Ergebnisse auszuwerten.

Dazu müssen Koordinatensysteme erzeugt und verwaltet werden (siehe nachfolgende Abbildung).

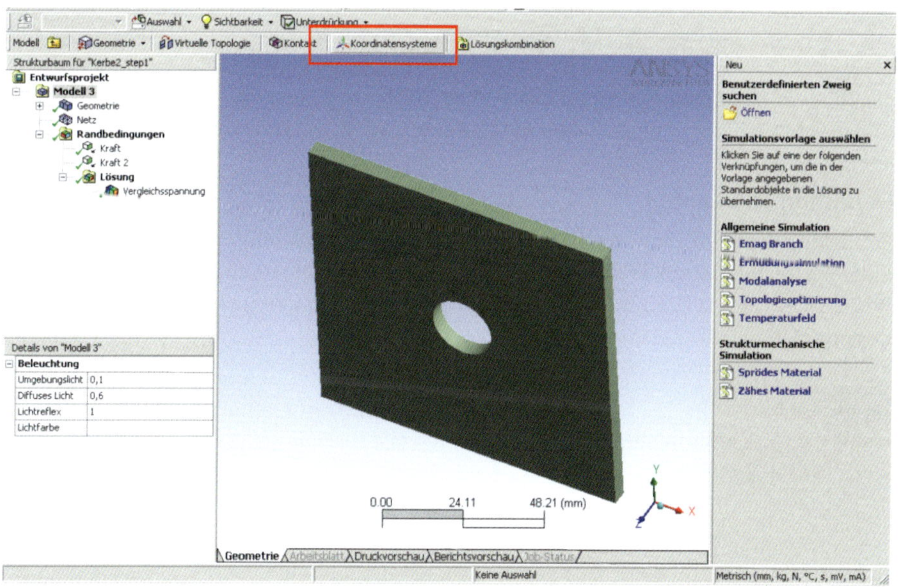

Mit dem Betätigen von **KOORDINATENSYSTEME** im Kontextbereich wird im Strukturbaum ein Ordner **KOORDINATENSYSTEME** eingeblendet, der mindestens ein Koordinatensystem beinhaltet. Das globale Koordinatensystem wird vom CAD-Modell übernommen, entweder das Bauteil-Koordinatensystem oder das Baugruppen-Koordinatensystem. Je nach CAD-System *und* Importeinstellungen werden auch lokale Koordinatensysteme übernommen.

Ursprung

Es können mit der rechten Maustaste mit **EINFÜGEN** weitere Koordinatensysteme erzeugt werden. Dazu selektieren Sie am besten zuerst eine Geometrie. Nach folgender Logik wird dann der Ursprung definiert:

- Punkt → Ursprung am Punkt
- Linie → Ursprung in der Mitte
- Kreislinie und Bogen → Ursprung im Zentrum
- Ebene Fläche → Ursprung in der Ebene, im Flächenschwerpunkt
- Zylinderfläche → Ursprung in der Rotationsachse, axial in der Mitte

Orientierung

Jedes Koordinatensystem kann neben dem Ursprung noch in seiner Ausrichtung definiert werden. Dazu müssen Sie in den Strukturbaum auf das betreffende **KOORDINATENSYSTEM** klicken und im Detailfenster bei der jeweiligen Achse auf **ZUM ÄNDERN KLICKEN**. Danach sollten Sie Geometrie auswählen, die die Richtung passend definiert, und dann im Detailfenster auf **ANWENDEN** wechseln.

Koordinatensysteme können auch verändert werden, indem sie verschoben oder gedreht werden. Dazu stehen bei selektiertem Koordinatensystem die in folgender Abbildung dargestellten Funktionen zur Verfügung (3 × Verschieben, 3 × Drehen, 3 × Achsrichtung wechseln).

Es gibt zwei Arten von Koordinatensystemen: kartesische und zylindrische. Bei zylindrischen Koordinatensystemen stehen die Komponenten x, y, z für radial, tangential, axial.

Definition von Lasten

Bei Kräften oder Verschiebungen können – sofern Koordinatensysteme definiert sind – diese zur Definition der Richtung der Komponenten x, y, z verwendet werden. Auf diese Weise lassen sich z. B. Kräfte in Umfangsrichtung (y) definieren, wenn ein zylindrisches Koordinatensystem zugrunde liegt.

> **HINWEIS:** Bei der Darstellung der Symbole wird die Kraft nicht im lokalen Koordinatensystem angezeigt, d. h., die Darstellung des Kraftvektors ist nicht korrekt, er wirkt aber in Umfangsrichtung (siehe Beispiel). ■

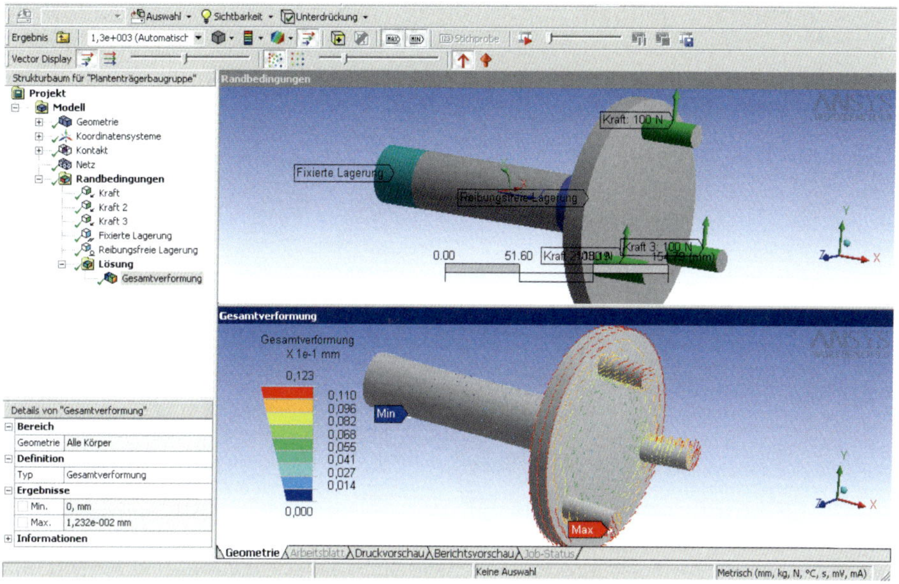

Die Kräfte wurden in dem lokalen zylindrischen Koordinatensystem in y-Richtung (d. h. tangential) definiert. Sie werden aber in dem globalen Koordinatensystem in y-Richtung dargestellt. Die Berechnung erfolgt allerdings korrekt, die Deformation ist eine Torsion, die über die Stehbolzen tangential eingeleitet wird.

Analog können auch Ergebnisse in lokalen Koordinatensystemen dargestellt werden. Also z. B. Verformungen in radialer und tangentialer Richtung. Dazu müssen bei der Ergebnisdarstellung bei einer gerichteten Größe (z. B. Verschiebungskomponente) eine Richtung (z. B. x) und ein Koordinatensystem (z. B. das zylindrische) ausgewählt werden. Dieses Ergebnis ist dann die radiale Verformung des Bauteils. Neben radialen und tangentialen Verformungen lassen sich so auch radiale und tangentiale Spannungen auswerten.

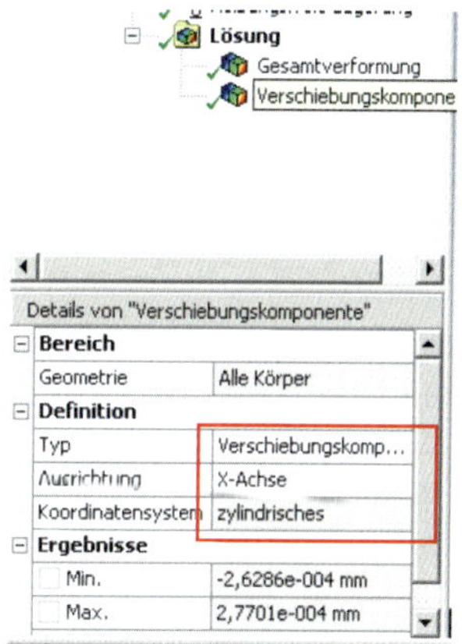

8.5.4 Virtuelle Topologie

Netz von Geometrie entkoppeln

Mit der virtuellen Topologie lassen sich Flächen oder Linien zusammenfassen, um kleine geometrische Details in der Vernetzung zu vereinfachen.

Originalgeometrie (1) - flächenabhängige Vernetzung (2) - virtuelle Topologie mit wenigen Flächen (3) - Netz mit virtueller Topologie (4)

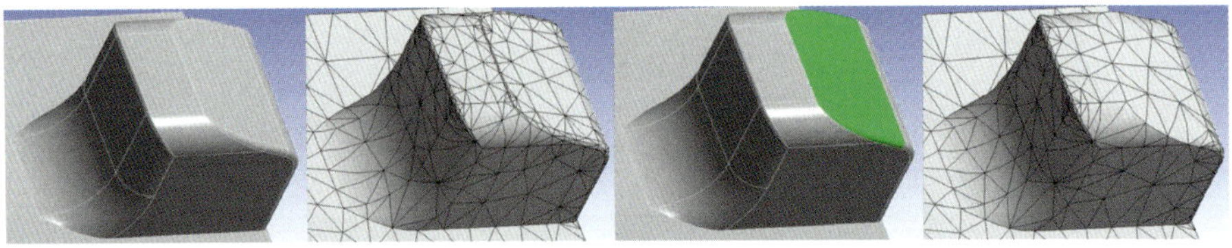

Originalgeometrie (1) - virtuelle Topologie mit vielen Flächen (2) - grobes und feines Netz mit virtueller Topologie (3) und (4)

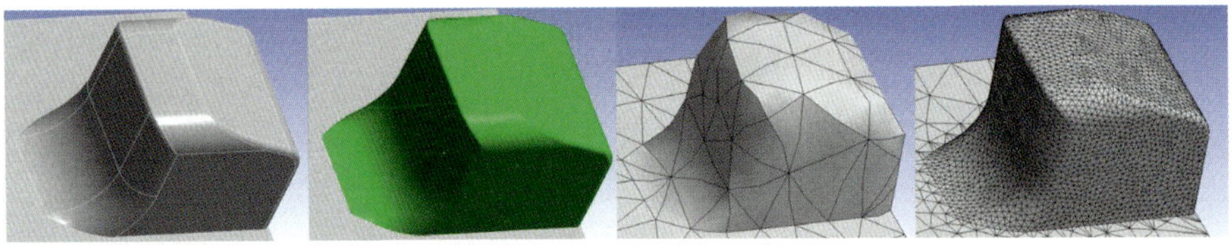

Mit der virtuellen Topologie folgt das Netz nicht mehr exakt der Geometrie, sondern nur noch näherungsweise. Diese Näherung ist umso besser, je feiner die Netzgröße ist. Bei den Vernetzungsmöglichkeiten steht dafür auch eine flächenunabhängige Tetraedervernetzung zur Verfügung, allerdings wird dabei immer der gesamte Körper flächenunabhängig vernetzt. Mit der virtuellen Topologie hat der Anwender die Kontrolle darüber, in welchen Modellbereichen die strikte Verbindung von Netz und Geometrie aufgehoben ist.

8.5.5 Kontakte

Interaktion zwischen Bauteilen

Bei der Berechnung von Baugruppen werden zwischen den einzelnen Bauteilen automatisch Kontaktbereiche generiert. Diese Kontakte haben die Aufgabe sicherzustellen, dass gegenüberliegende Flächen sich nicht durchdringen und Kräfte bzw. Energie zwischen Bauteilen wirken. Der in ANSYS Workbench verwendete Kontaktalgorithmus entspricht dem neuesten Stand der Technik: Flächen-Flächen-Kontaktelemente mit parabolischer Ansatzfunktion und automatische Konvergenzkontrolle sorgen für eine stabile und robuste Berechnung von Baugruppen.

Im **KONTAKT**-Ordner des Strukturbaums werden die Kontakte zwischen den Teilen verwaltet. Die automatische Kontakttoleranz kann im **DETAILFENSTER** verändert werden. Manuelle Kontakte werden über die Kontextfunktion **KONTAKT** generiert.

8.5.5.1 Funktionsprinzip von Kontaktelementen

Die in ANSYS Workbench am häufigsten verwendeten Kontaktelemente (ANSYS-Typ 173 und 174) werden automatisch an den Flächen generiert, die nahe beieinander liegen. Die Kontaktelemente prüfen, ob die jeweils zugehörige Kontakt-Partner-Fläche durchdrungen wird.

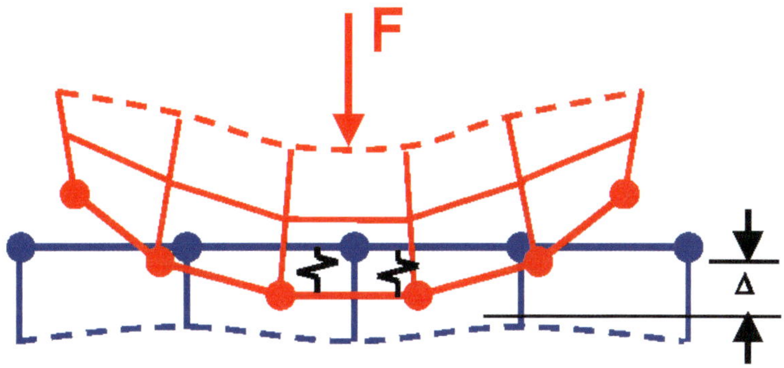

Gleichgewicht

Ist dies der Fall, wirkt eine sogenannte Kontaktsteifigkeit – vergleichbar einer Rückstellfeder – dieser Durchdringung entgegen. In mehreren Iterationen werden die Durchdringung und die daraus resultierenden Rückstellkräfte gegenüber den äußeren Belastungen ins Gleichgewicht gebracht, bis die Durchdringung vernachlässigbar klein geworden ist. Man spricht dann auch von einer konvergenten Lösung. Folgende Kontakttypen stehen in ANSYS Workbench zur Verfügung:

Kontakttypen

Kontakttyp	Eigenschaft
Verbund	fest, verklebt, verschweißt
Keine Trennung	reibungsfrei gleitend, nicht abhebend
Reibungsfrei	abhebender Kontakt, reibungsfrei
Rau	abhebender Kontakt, Reibfaktor unendlich
Reibungsbehaftet	abhebender Kontakt, Reibfaktor einstellbar

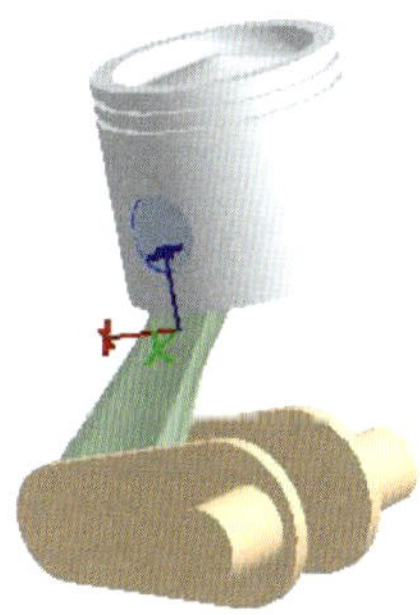

Für jeden Kontakt kann damit individuell eingestellt werden, wie er sich physikalisch verhalten soll. Bei der im Folgenden abgebildeten Baugruppe „Kolben“ sind vereinfachend die einzelnen Bauteile mit der Kontaktoption **KEINE TRENNUNG** miteinander verbunden: Das Pleuel ist drehbar mit der Kurbelwelle verbunden. Eine Relativbewegung zwischen Pleuellagerfläche und Kurbelwellenexzenter wird dadurch ermöglicht. Ein Durchdringen der Pleuellagerfläche durch die Kurbelwellenexzenterfläche ist nicht möglich. Die Vereinfachung, die Reibung und das Abheben der Bauteile wegzulassen führt zu einem linearen System, das deutlich schneller rechnet.

Feste Kontakte

Eine „fest“ durch Schweißen, Kleben oder Verschrauben miteinander verbundene Baugruppe wie die in folgender Abbildung dargestellte Schweißkonstruktion wird in ANSYS Workbench mit der **VERBUND**-Option abgebildet.

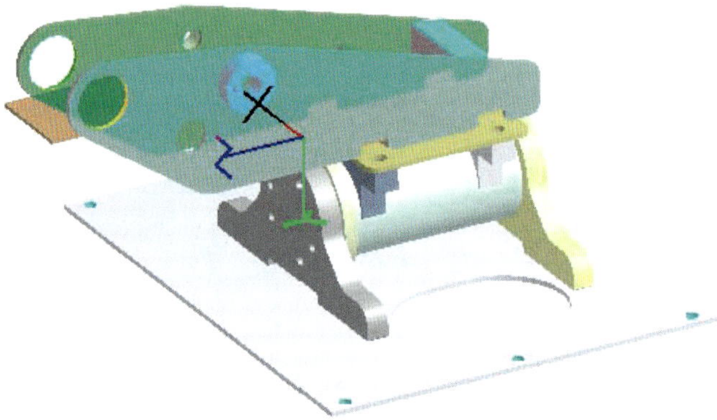

Weitergehende Kontaktanalysen mit abhebenden Kontakten sind möglich, die aufgrund der Nichtlinearität mehr Rechenzeit erfordern. In vielen Fällen hat man mit den beiden linearen Kontaktoptionen **VERBUND** und **KEINE TRENNUNG** ein günstiges Verhältnis von Aufwand zu Nutzen und verwendet dann vereinfachend diese.

Linear oder nichtlinear?

Die erweiterten Kontaktoptionen **REIBUNGSFREI**, **RAU** und **REIBUNGSBEHAFTET** sollten mit entsprechender Einweisung in die Natur nichtlinearer Simulationen eingesetzt werden. Auf diese Weise lassen sich auch diese weitergehenden Kontaktoptionen effektiv nutzen, um Aussagen über Kontaktbereiche und Kontaktspannungen zu erhalten.

8.5.5.2 Baugruppen-Handling

Zentrales Instrument zum Handling der Baugruppe und zur Modifikation oder Definition von Kontaktbereichen ist das Detailfenster. Hier werden die Sichtbarkeit, der Status (unterdrückt/nicht unterdrückt) und die Kontaktdefinition abgelegt.

Bauteile unterdrücken

Im Strukturbaum wird unter dem Punkt **GEOMETRIE** jedes Bauteil der Baugruppe aufgelistet. Die Bauteilnamen werden von CAD übernommen. Einzelne Teile können über das Detailfenster mit **UNTERDRÜCKEN** in der Berechnung ignoriert werden. Dies empfiehlt sich jedoch nur für einzelne, wenige Bauteile. Sollen zahlreiche Bauteile in der Berechnung ignoriert werden, sind diese auf der CAD-Seite effektiver zu unterdrücken, da unterdrückte Bauteile in ANSYS Workbench immer noch in der Bauteilliste erhalten bleiben. Unterdrückte Bauteile erhalten im Strukturbaum ein kleines x.

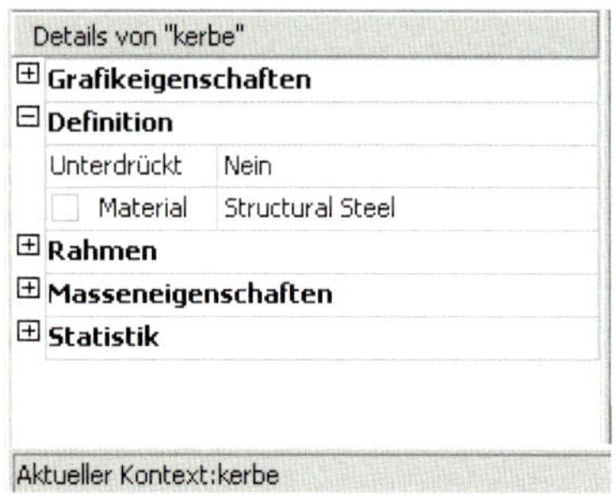

Um die Darstellung bei komplexen Bauteilen zu verbessern, kann die Visualisierung verändert werden. Dazu wird ein Bauteil selektiert und im Detailfenster werden die Parameter für die grafischen Eigenschaften verändert.

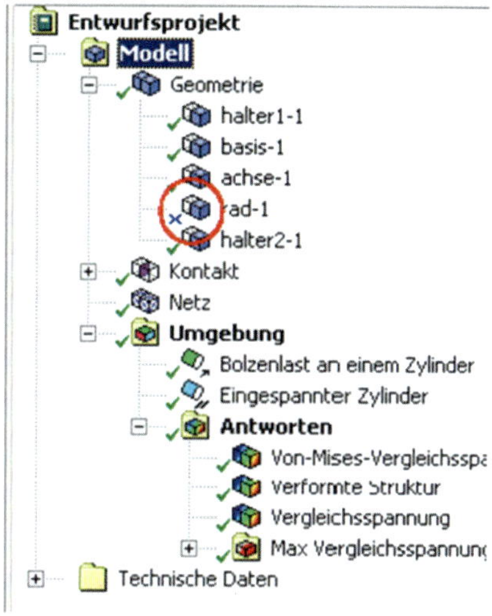

Im Strukturbaum können über die rechte Maustaste ein oder mehrere Bauteile unterdrückt oder zurückgeholt werden oder der Status der unterdrückten/nicht unterdrückten Teile kann gewechselt werden. Sollen von einer Baugruppe mit 50 Teilen nur zwei berechnet werden, macht es Sinn, diese beiden zu unterdrücken und den **UNTERDRÜCKTEN TEILESATZ UM(ZU)KEHREN**. Wenn Sie Bauteile nicht über den Namen, sondern grafisch zum Unterdrücken auswählen möchten, wählen Sie jeweils eine Fläche dieser Teile und gehen im Grafikfenster mit der rechten Maustaste auf **GEHE ZU/ENTSPR. TEILE IM STRUKTURBAUM**, um sie dann unterdrücken zu können (Detailfenster oder rechte Maus im Strukturbaum).

Ebenfalls sinnvoll ist das Ein- und Ausblenden von Teilegruppen über die sogenannten „Komponenten" oder „Auswahlgruppen". Verschiedene Teile können zu einer Selektionsmenge zusammengefasst und gemeinsam ein- und ausgeblendet bzw. unterdrückt und aktiviert werden.

8.5.5.3 Kontaktdefinition

Beim Einlesen von Baugruppen werden automatisch Kontaktpaare erzeugt. Bei Selektion des Kontakts im Strukturbaum wird der Kontaktbereich im CAD-Fenster visualisiert. Zu jedem Kontakt kann im Detailfenster die Kontaktoption unter Typ von **VERBUND** auf **KEINE TRENNUNG**, **RAU**, **REIBUNGSFREI** oder **REIBUNGSBEHAFTET** gestellt werden.

Details von "Kontaktbereich"

Bereich	
Methode	Geometrieauswahl
Kontakt	2 Flächen
Ziel	2 Flächen
Kontaktkörper	Volumenkörper
Zielkörper	Volumenkörper
Definition	
Typ	Verbund
Kontaktfindung	Automatisch
Unterdrückt	Nein
Erweitert	
Algorithmus	Pure Penalty-Verfahren
Kontaktsteifigkeit aktualisieren	Bei jedem Iterationsschritt

Kontakteigenschaften

Die verfügbaren Kontakte haben folgende Eigenschaften:

Kontakttyp	Berücksichtigung von Spalten/ Durchdringungen	Übertragen von Kräften in Normalenrichtung	Übertragen von Schubkräften	Gleichgewichtsiterationen
Verbund	nein	Zug + Druck	ja	1
Keine Trennung	nein	Zug + Druck	nein[2]	1
Reibungsfrei	ja	nur Druck[1]	nein[2]	mehrere
Rau	ja	nur Druck[1]	ja	mehrere
Reibungsbehaftet	ja	nur Druck[1]	bis zu einem Grenzwert[2]	mehrere

1 Statt Zug: Abheben
2 Gleiten möglich

Kontakte manuell erzeugen

Um in einer Baugruppe zusätzliche Kontakte zu definieren, ist im Kontextbereich die Funktion **KONTAKT** verfügbar. Wählt man diese an, können im Detailfenster unter **QUELLE** und **ZIEL** die beiden Kontaktpartner (jeweils eine oder mehrere Flächen) sowie die sonstigen Kontakteigenschaften definiert werden.

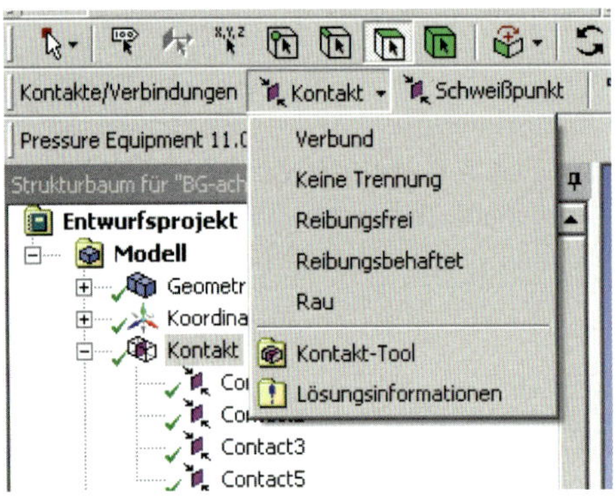

Wenn Sie einen Kontakt anwählen, können Sie sich alle nicht am Kontakt beteiligten Bauteile nur schwach, die beteiligten Kontaktpartner stärker darstellen lassen, der Kontakt dazwischen wird in Blau-Rot dargestellt (vgl. erste Abbildung auf S. 161).

Kontakte automatisch generieren

Sind sehr viele Kontaktbereiche zu definieren, kann die automatische Kontakterzeugung von ANSYS Workbench mit einstellbarer Kontakterkennungstoleranz verwendet werden. Diese ist im Detailfenster verfügbar, sobald im Strukturbaum die **KONTAKTE/VERBINDUNGEN**-Ebene angewählt ist. Der hier vorhandene Schieberegler steuert die Entfernung, ab der Kontaktelemente zwischen nahe gelegenen Flächen erzeugt werden. Die **TOLERANZ** ist eine relative Größe in Bezug zur Baugruppengröße. Fährt man mit der Maus über das Modell, wird der aktuelle Suchabstand durch einen Kreis am Fadenkreuz symbolisiert und im Detailfenster unter Toleranzwert angezeigt. Wenn der Kontaktordner angewählt ist, kann die automatische Kontakterkennung mit der modifizierten Toleranz unter der rechten Maustaste gestartet werden. Ohne die erneute Kontakterkennung wirkt sich eine Änderung der Toleranz nicht aus (vgl. zweite Abbildung auf S. 161).

Kontakte visualisieren

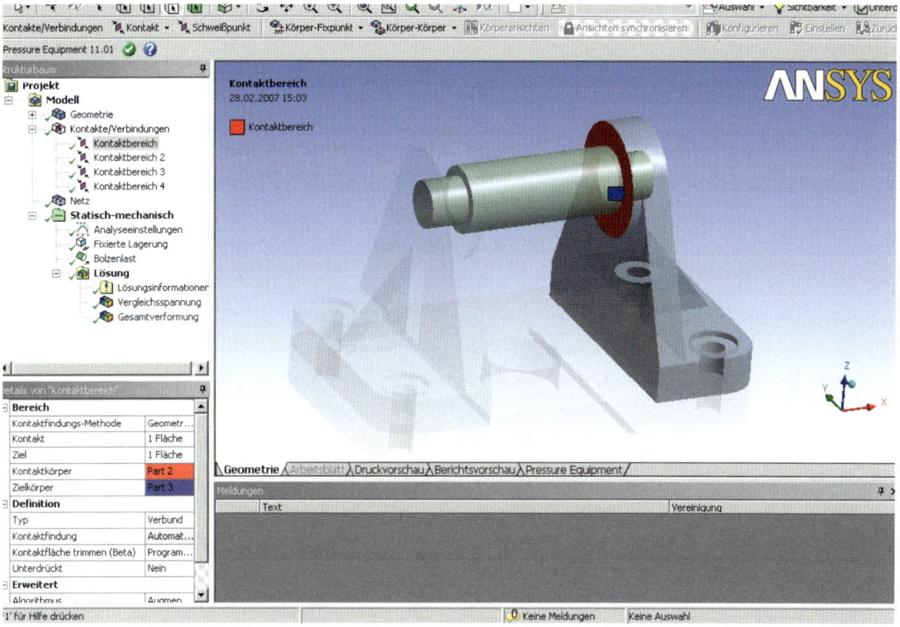

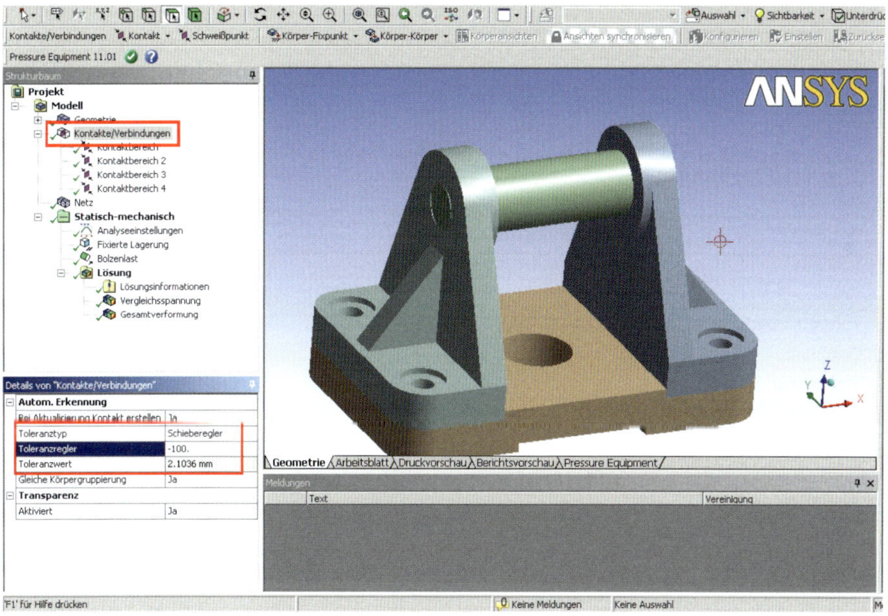

Die Eigenschaften der automatisch erzeugten Kontakte sind über **EXTRAS/OPTIONEN/KONTAKT** einstellbar.

Kontakte überprüfen

Um zu überprüfen, ob es Bauteile gibt, die nicht über Kontakt mit anderen Bauteilen verbunden sind („frei im Raum schweben"), gehen Sie im Grafikfenster mit der rechten Maustaste auf **GEHE ZU/BAUTEILE OHNE KONTAKTFLÄCHEN IM STRUKTURBAUM**. Wenn kein Teil im Strukturbaum angewählt wird, sind alle Bauteile mit mindestens einem Kontakt versehen. In der Regel sollte jedes Teil mindestens einen Kontakt zu den anderen Teilen der Baugruppe besitzen, da sonst keine Interaktion (Kraftfluss, Wärmefluss) stattfinden kann.

Spalte und Durchdringungen

Bei Spalten und Durchdringungen von Teilen wird der Versatz bei den Kontakttypen **VERBUND** und **KEINE TRENNUNG** nicht berücksichtigt, so als ob beide Kontaktpartner berührend aneinander liegen, d. h., Durchdringung und Spalt werden ignoriert. Die Kontaktarten **REIBUNGSFREI**, **RAU** und **REIBUNGSBEHAFTET** bieten im Detailfenster unter **ERWEITERT** die Möglichkeit, vorhandene Lücken oder Durchdringungen in der Berechnung mit zu berücksichtigen (Versatz hinzufügen) oder auszuschalten (auf Berührung anpassen, sinnvoll, um z. B. ein konstruiertes Übermaß zur Berechnung einer Presspassung auszuschalten).

Numerische Kontaktbehandlung

Eine weitere Kontakteigenschaft betrifft das verwendete numerische Verfahren. Per Default ist das Pure-Penalty-Verfahren eingestellt. Es können aber auch andere Verfahren genutzt werden. Es ist empfehlenswert, das Pure-Penalty-Verfahren durch das Augmented-Lagrange-Verfahren zu ersetzen. Es ist ein sinnvoller Kompromiss zwischen universeller Einsetzbarkeit, Geschwindigkeit und Genauigkeit. Andere Einstellungen sollten Sie nur treffen, wenn Sie sich über die Vor- und Nachteile der einzelnen Verfahren bewusst sind. Ich empfehle Ihnen hier dringend eine Schulung.

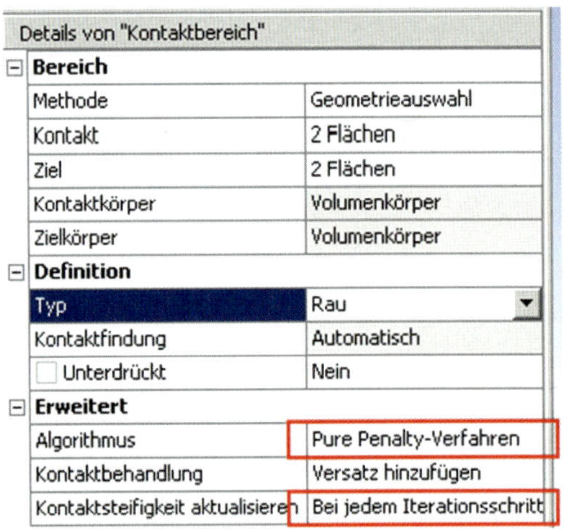

Folgende Algorithmen stehen zur Verfügung:

- **Pure Penalty:** Basiseinstellung, universell einsetzbar, geringe Rechenzeit
- **Augmented Lagrange:** erweitertes Penalty-Verfahren mit zusätzlicher Prüfung der Durchdringung, höhere Genauigkeit, mehr Rechenzeit

- **MPC-Verfahren:** nur bei Verbundkontakt verfügbar, höhere Genauigkeit, keine Relativbewegung, Gefahr bei verschachtelten Kontakten („Overconstraint"-Problem: Löschen von Koppelgleichungen wegen Mehrfachkopplung), erforderlich bei Solid-Shell-Elementen
- **Lagrange-Verfahren:** hohe Genauigkeit, deutlich höhere Rechenzeit (keine iterativen Solver), eingeschränktes Einsatzspektrum, gut geeignet für 2D und Punkt- bzw. linienförmige Kontakte

Für die abhebenden Kontakte **RAU**, **REIBUNGSFREI** und **REIBUNGSBEHAFTET** sollte die Kontaktsteifigkeit bei jedem Iterationsschritt aktualisiert sein (je nach Algorithmus). Dies kann auch als Voreinstellung definiert werden.
Ausnahme: Presspassungen und Schraubverbindungen, sofern nicht eine Kontrolle der Penetration erfolgt

Trennen und Zusammenfassen

Bei Kontakten zwischen zwei Bauteilen, die sich über mehrere Regionen erstrecken, werden alle Kontakte in einer Kontaktdefinition zusammengefasst (siehe nachfolgende Abbildung, der Kontakt „geht um die Ecke").

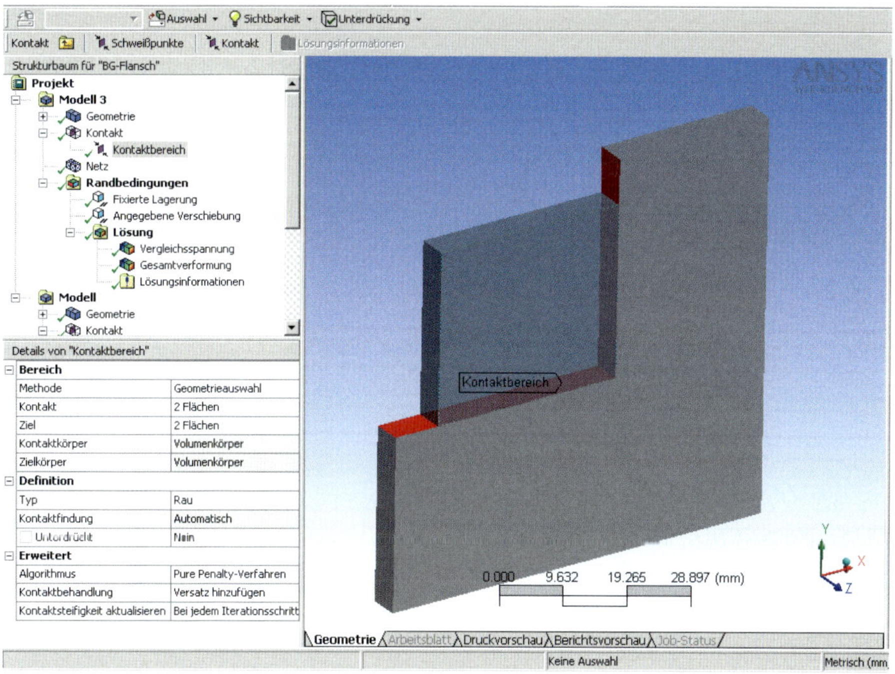

Wenn man in verschiedenen Regionen unterschiedliche Eigenschaften (**VERBUND**, **KEINE TRENNUNG**, **REIBUNGSFREI**, **RAU**, **VERSATZ**, **VERFAHREN** etc.) definieren möchte, müssen dazu die Kontakte aufgetrennt werden. Dies kann in ANSYS Workbench durch das Ausschalten der **GLEICHEN KÖRPERGRUPPIERUNG** und Neuberechnen des Kontakts (rechte Maustaste, **KONTAKTFINDUNG**) erreicht werden.

Damit werden automatisch passende Kontaktpaare erzeugt, denen einzeln Eigenschaften vergeben werden können. Auf diese Weise lassen sich z. B. einzelne Regionen über Verbundkontakte, andere über abhebende Kontakte definieren.

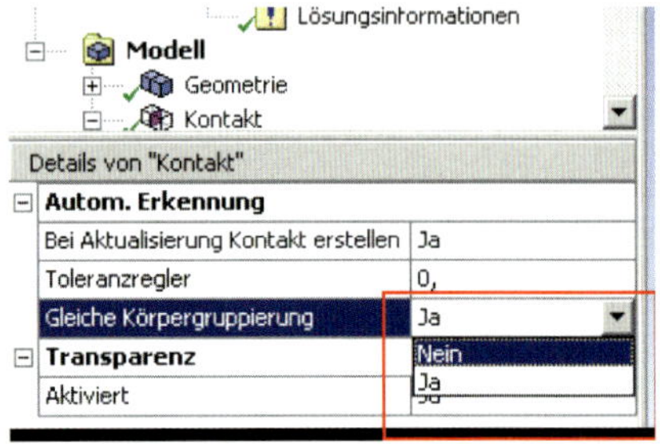

HINWEIS: Bei der Kontaktoption **KEINE TRENNUNG** können die Bauteile nicht voneinander abheben, aber aufeinander gleiten. Dies wird erreicht durch eine interne Kopplung der Verformung in Normalenrichtung. Allerdings sollte man darauf achten, nur Flächen, welche die gleiche Normalenrichtung besitzen, in diesem Kontakt zu verwenden. Ist dies nicht der Fall, bedeutet das, dass die Kopplung nicht korrekt arbeitet, d. h., dass der eigentlich gleitende Kontakt nicht mehr gleitet.

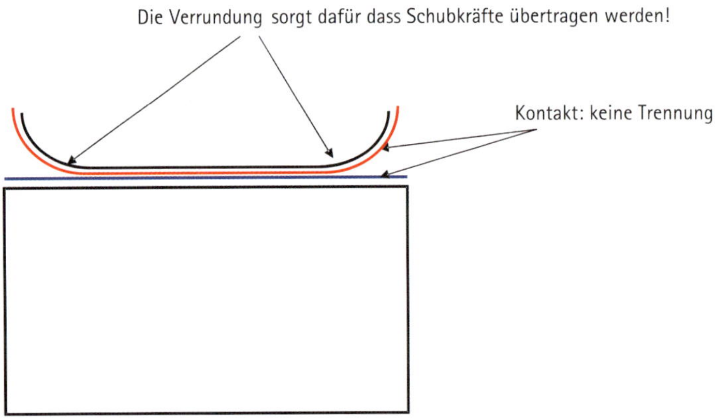

Um dies zu vermeiden, dürfen nur Flächen mit gleicher Flächennormale in einem Kontakt **KEINE TRENNUNG** verwendet werden.

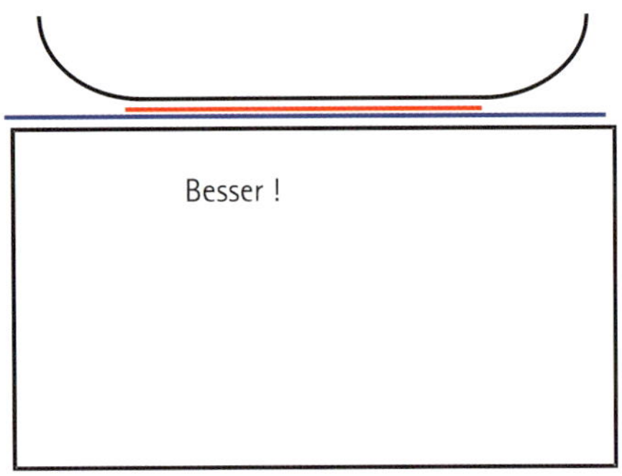

Um Kontakte besser organisieren zu können, gibt es die Möglichkeit, Kontaktgruppen anzulegen. Beim Einladen einer Baugruppe werden alle automatisch erzeugten Kontakte in einer Kontaktgruppe einsortiert. Werden zusätzlich manuelle Kontakte erzeugt, wird eine zweite Kontaktgruppe für diese manuellen Kontakte angelegt. Wenn gewünscht, können Sie weitere Kontaktgruppen erzeugen, um Ihre Kontakte besser zu sortieren.

Per Drag & Drop können Sie Kontakte von einer Gruppe in eine andere übertragen.

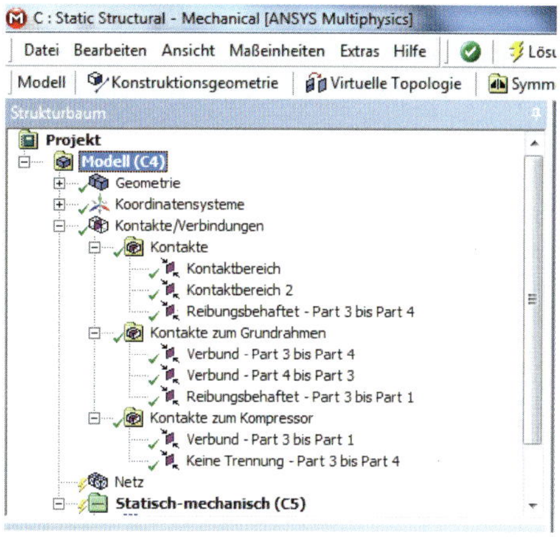

8.5.6 Netz

Die Vernetzung ist das Zerlegen der Geometrie in einfach beschreibbare Teilgebiete: die Elemente. Die einzelnen Elemente sind an den Eckknoten und soweit vorhanden an den Mittelknoten miteinander verbunden.

Die Vernetzung war früher ein Prozess, der von erfahrenen Spezialisten vorgenommen werden musste. Die Kunst bestand darin, die Geometrie und ihre Steifigkeit gut abzubilden und gleichzeitig aufgrund der begrenzten Rechenleistung mit möglichst geringen Element- und Knotenzahlen auszukommen. Noch zu Beginn der 90er-Jahre durfte ein typisches Modell nur einige Zehntausend Knoten enthalten, womit die Beschreibung einer detaillierten 3D-Geometrie nicht direkt machbar war. Ersatzmodelle mussten geschaffen und verifiziert werden, ein durchgängiger Datenfluss war für komplexe Baugruppen nicht realisierbar.

Rechenleistung hilft

Durch die gestiegene Rechen- und Solver-Leistung können heute mehrere Hunderttausend oder Millionen Knoten ohne Probleme berechnet werden. Das erlaubt es, heute für die Vernetzung Automatismen oder konservative manuelle Vernetzungsmethoden einzusetzen, die zwar zu größeren Knotenzahlen führen, und den Anwender von der Frage einer detaillierten Qualitätsprüfung einzelner Elemente zu entlasten.

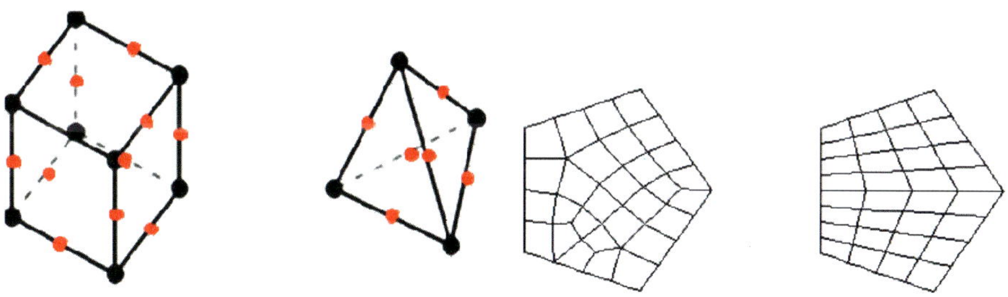

Sichere Anwendung

Bei der Vernetzung gab es jahrelang Diskussionen, z. B. über Verwendung von linearen gegenüber parabolischen Elementen, Hexaederelementen (links oben) gegenüber Tetraederelementen (rechts oben), freie Vernetzung (Free Mesh, links unten) oder gesteuerte Vernetzung (Mapped Mesh, rechts unten). Viele der verschiedenen Vernetzungsmöglichkeiten stehen auch in ANSYS Workbench zur Verfügung. Nachdem es bei der Anwendung der FEM in vielen Fällen nicht auf das letzte Quäntchen Berechnungsgeschwindigkeit ankommt, verzichtet dieses Buch darauf, alle diese Details zu vermitteln. Stattdessen setzt es auf eine prägnante einfache Darstellung zugunsten einer routinierten, sicheren Anwendung.

8.5.6.1 Adaptive Vernetzung

Netz wird angepasst

Bei der adaptiven Vernetzung wird die Vernetzung dem Spannungszustand (oder anderen Ergebnisgrößen) angepasst. Per Default berechnet ANSYS Workbench die Ergebnisse ohne adaptive Netzverfeinerungen. Bei der ersten Berechnung wird das Bauteil mit einem Netz überzogen, das zwar an kleinen Geometrien lokale Verfeinerungen besitzt, das aber noch keine Anpassung an die jeweilige Belastung (Spannungskonzentrationen) erfährt, da zum Zeitpunkt der Vernetzung noch keine Spannungsverteilung vorliegt. Um die adaptive Vernetzung zu aktivieren, kann jedem Ergebnis, dessen Genauigkeit durch die adaptive Vernetzung verifiziert werden soll, durch Hinzufügen der Kontextfunktion **KONVERGENZ** eine automatische Konvergenzprüfung zugewiesen werden. Damit wird die Vernetzung so lange angepasst, bis sie keinen nennenswerten Einfluss mehr auf das Ergebnis hat. Was dabei „kein nennenswerter Einfluss“ ist, legt der Anwender mit seiner Konvergenzschranke zwischen 1 % und 20 % fest.

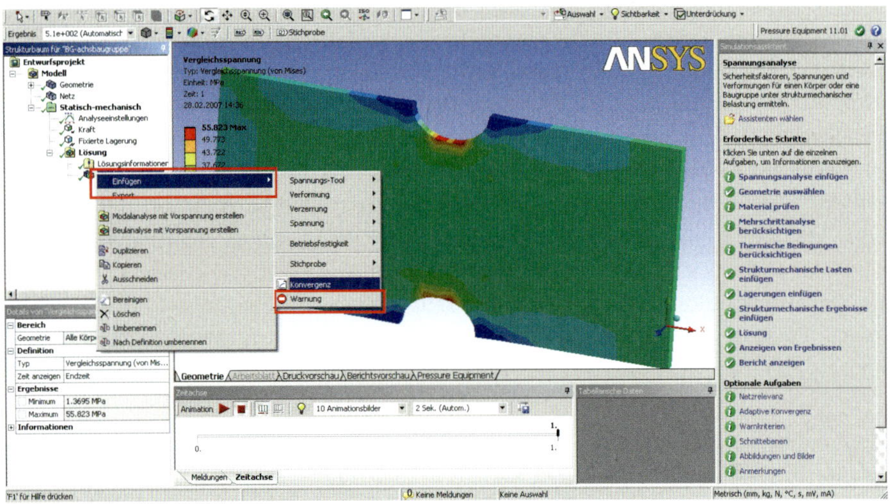

Automatische Netzverfeinerung

Zusätzlich ist die maximale Anzahl von Verfeinerungsschritten anzugeben (Strukturbaum **LÖSUNG**, dann Detailfenster). Diese steht per Default auf 1×, d. h., bei jedem Verfeinerungsschritt wird die Berechnung gestoppt, um das Zwischenergebnis zu kontrollieren. Ist dies nicht gewünscht, sollten Sie die Verfeinerungsschritte hoch setzen. Dabei sollte man daran denken, dass primäre Ergebnisgrößen wie Verformungen und Temperaturen relativ schnell gute Konvergenz erreichen, abgeleitete Ergebnisse wie Spannungen oder Wärmeflüsse jedoch deutlich mehr Iterationsschritte und damit mehr Rechenzeit und Speicherplatz benötigen.

Not-Aus

Die Zahl der Verfeinerungsschritte sollte auf ca. 3 bis 4 gesetzt werden (siehe folgende Abbildung), da in vielen Fällen damit schon deutlich erkennbar ist, wie hoch die Genauigkeit eines Ergebnisses einzuschätzen ist, ob eine Spannung korrekt berechnet wird (konvergiert) oder eine singuläre Spannung vorliegt (divergiert). Ein höherer Wert führt im Falle von Singularitäten (siehe Abschnitt 3.3) zu unnötig hohen Rechenzeiten. Falls die Zahl von Verfeinerungsschritten für die Konvergenz noch nicht ausreicht, kann die Berechnung durch erneutes Starten weitergeführt werden.

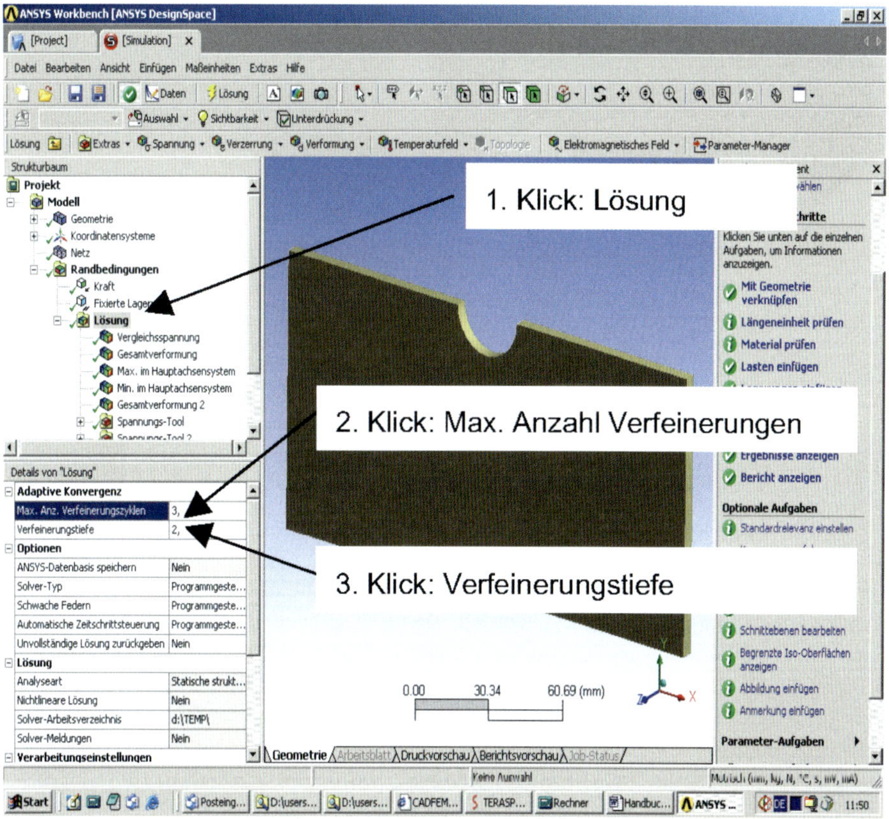

Übergang von fein zu grob

Das Feld **ÜBERGANG** (Strukturbaum **NETZ**; dann Detailfenster unter **ELEMENTGRÖSSE**) bestimmt, wie schnell der Übergang von den groben zu den feinen Elementen stattfinden soll (siehe folgende Abbildung). Ein schneller Übergang führt zu weniger Elementen, allerdings kann bei kniffligen Spannungsverläufen der Gradient nicht immer korrekt abgebildet werden. Der sanftere Übergang erzeugt mehr Elemente, bietet dadurch aber auch die Sicherheit, den Spannungsverlauf besser zu berechnen. Dies ist insbesondere dann von Bedeutung, wenn der Spannungsverlauf verwendet wird, um die Stützwirkung bei einer Bewertung der Betriebsfestigkeit abzuschätzen.

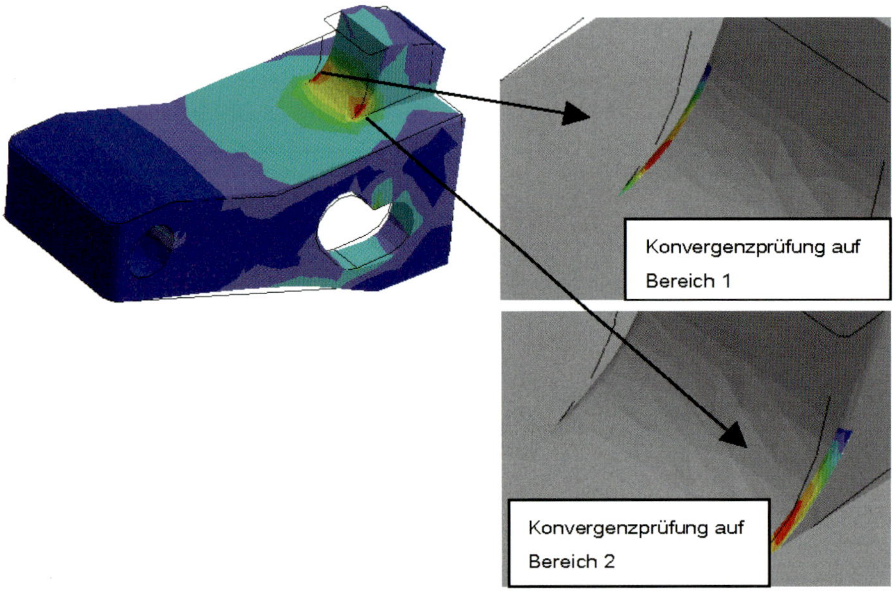

Konvergenzprüfung richtig definieren

Es ist empfehlenswert, die Konvergenzprüfung nur für fokussierte Ergebnisse (siehe Abschnitt 8.8.2.1) zu aktivieren, da sonst die Gefahr besteht, dass singuläre Stellen in der Konvergenzprüfung mit aufgelöst werden. Dadurch steigen die Modellgröße und der Rechenaufwand unnötig an. Führen Sie den ersten Schritt der Analyse ohne Konvergenzprüfung durch. Danach sollten die Bereiche mit genau zu berechnenden Ergebnissen einzeln (!) fokussiert werden. Jede Spannungsspitze sollte daher in einem separaten Fokus (eine oder mehrere Flächen) erfasst werden. Für jeden Fokus, also für jede Spannungskonzentration, sollte dann eine eigene Konvergenzprüfung eingeschaltet werden.

Nicht sinnvolle Ergebnisse, wie z. B. Hauptzugspannungen im Bereich dominierender Hauptdruckspannungen, sollten nicht mit einer Konvergenzprüfung versehen werden, da sie die Modellgröße unnötig erhöhen.

Verlauf prüfen

Nach erfolgter Berechnung sollte das auszuwertende Ergebnis mit einem grünen Haken versehen sein, womit angezeigt wird, dass die Konvergenz erreicht wurde. Ist stattdessen ein rotes Ausrufezeichen vorhanden, ist das Ergebnis nicht konvergiert. In diesem Fall sollte man prüfen, ob eine Singularität vorliegt (Verlauf in die Vertikale) oder ob einfach noch nicht genügend viele Verfeinerungen berechnet wurden, die Konvergenz mit nochmaliger **LÖSUNG** aber zu erwarten ist (Konvergenzkurve nähert sich der Horizontalen).

Tipps

- Definieren Sie eine Konvergenz erst, nachdem Sie eine erste Analyse ohne Konvergenz durchgeführt und auf Plausibilität der Randbedingungen geprüft haben.
- Definieren Sie eine Konvergenz nur auf lokale Ergebnisse, nie für das gesamte Modell.
- Definieren Sie eine Konvergenz nur für sinnvolle Ergebnisse (z. B. minimale Hauptspannung oder Vergleichsspannung in Bereichen hoher Druckbelastung, dort jedoch nicht für die maximale Zugspannung).
- Definieren Sie pro Spannungskonzentration, wenn möglich, ein eigenes fokussiertes Ergebnis mit eigener Konvergenz.
- Lassen Sie bei mehreren Konvergenzkurven innerhalb einer Lösung alle Verfeinerungen simultan ablaufen (d. h. erste Analyse durchführen für Plausibilitätscheck, dann Konvergenz für *alle* Spannungskonzentrationen von Interesse definieren, dann Berechung neu starten).

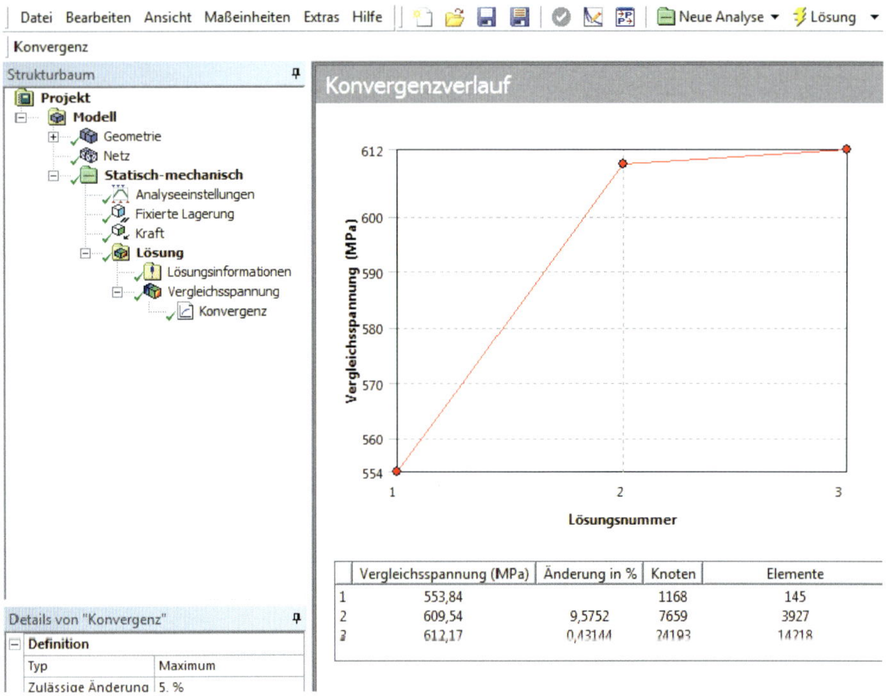

8.5.6.2 Manuelle Vernetzung

Bei der manuellen Vernetzung legt der Anwender fest, wie die Geometrie in Elemente zerlegt werden soll. Im einfachsten Fall definiert man für die gesamte Baugruppe eine globale Netzfeinheit.

Globale Steuerung

Wählen Sie im Strukturbaum **NETZ** an. Unter dem Punkt **RELEVANZ** im Detailfenster kann ein Schieberegler zwischen „–100“ (= grob) und „100“ (= fein) eingestellt werden. Demnach wird ein grobes oder feines FEM-Netz generiert (siehe nachfolgende Abbildung).

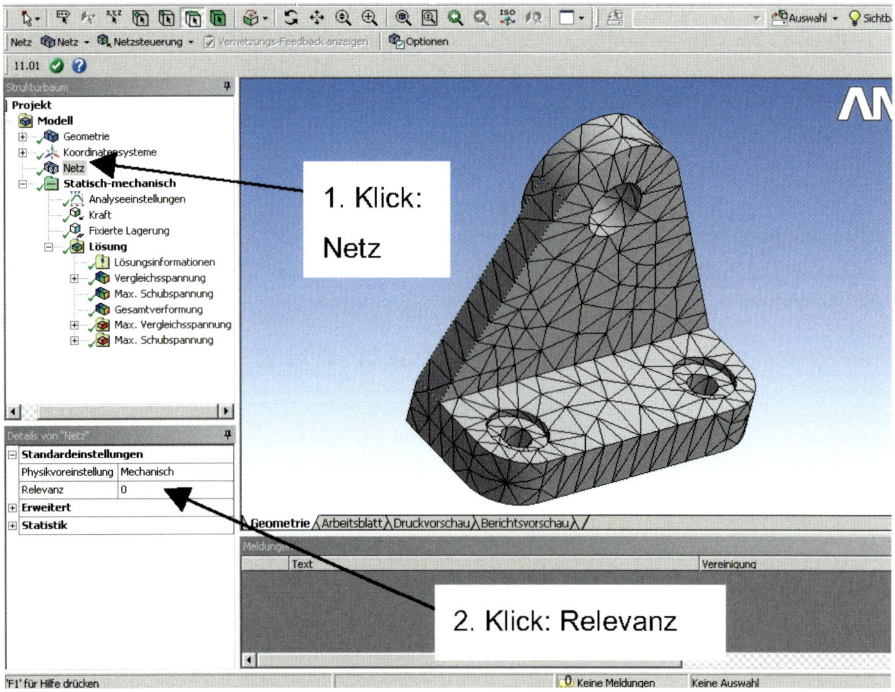

Erweiterter Wertebereich

Stellt man im Detailfenster unter **GLOBALE STEUERUNG** die **PHYSIKGESTÜTZTE RELEVANZ** von **GROB** auf **MITTEL** oder **FEIN** um, lässt sich die Netzdichte für die mittlere Einstellung des Relevanzreglers zu feineren Netzen verändern. Darüber hinaus kann man dort die globale Netzdichte statt über **STANDARDEINSTELLUNG** über absolute Größen in mm steuern. Alle Geometrien, die keine sonstige Elementgrößen-Definition erhalten, werden demnach mit diesen globalen Vernetzungseinstellungen vernetzt.

Eine Vernetzung, die ausschließlich auf globalen Netzdefinitionen basiert, ist geeignet, globale Ergebnisse wie Verformungen, Eigenfrequenzen oder Temperaturen zu berechnen. Für lokale Ergebnisse wie Spannungen oder Wärmeflüsse ist die globale Netzsteuerung nicht effektiv. Setzt man die globale Netzdichte so weit herunter, dass z. B. ein lokaler Spannungsverlauf gut abgebildet werden kann, steigt die Zahl der Knoten und Elemente und damit die Rechenzeit sehr stark an. Es ist daher empfehlenswert, auch lokale Netzverfeinerungen zu definieren. Dazu gibt es lokale **ELEMENTGRÖSSEN**. Für jedes Bauteil kann durch die Funktion **ELEMENTGRÖSSE** eine Elementgröße in mm definiert werden (siehe nachfolgende Abbildung).

Geometriebezogene Elementgröße

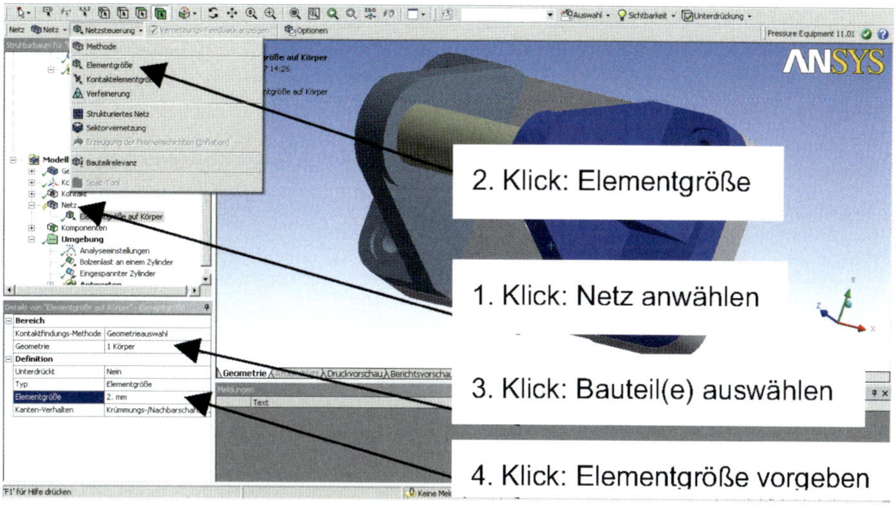

Ebenso können an bestimmten Geometrien innerhalb eines Volumens oder einer Fläche lokale Netzverfeinerungen definiert werden.

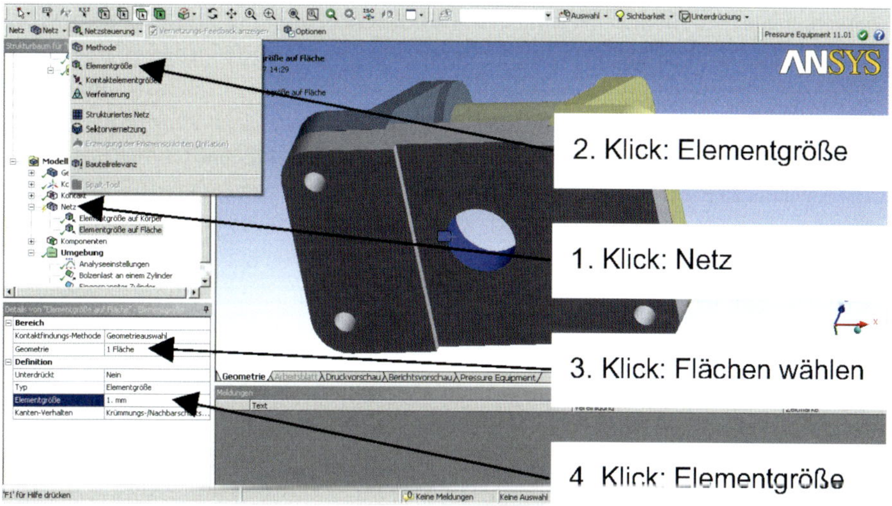

TIPP: Die Namensgebung lässt viele Anwender die Funktion **VERFEINERUNG** anwählen. Mit ihr wird ein bestehendes Netz an dieser Stelle, ausgehend von der groben Vernetzung, verfeinert. Damit können leider keine allzu großen Verfeinerungsgrade erreicht werden, außerdem ist die lokale Elementqualität oft nicht ganz so gut. Es empfiehlt sich daher generell, mit der Funktion **ELEMENTGRÖSSE** zu arbeiten und die anderen Funktionen zur Netzsteuerung (gerade zum Einstieg) eher nicht zu verwenden.

Der Übergang von der lokalen in die globale Elementgröße erfolgt schnell, da damit auch wenige Knoten und Elemente generiert werden. Wenn Sie einen langsameren Übergang möchten, wählen Sie im Strukturbaum **NETZ** und schalten Sie im Detailfenster unter **ELEMENTGRÖSSE** den **ÜBERGANG** auf **LANGSAM**.

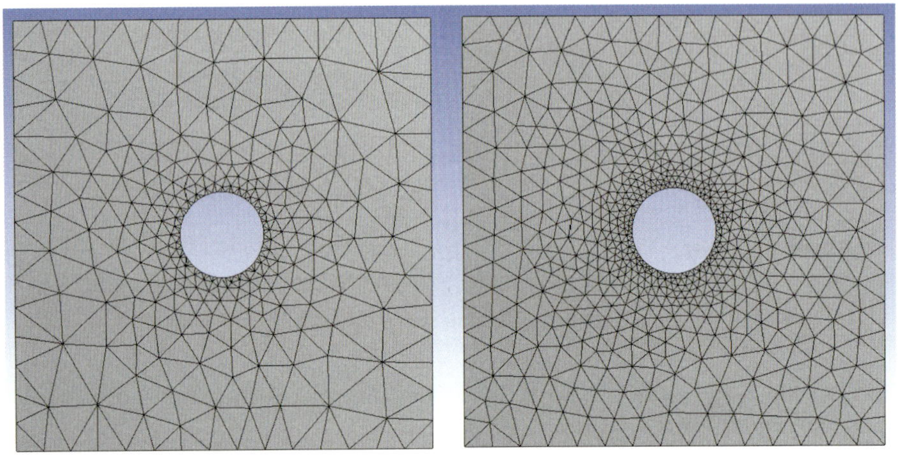

Weitergehende Funktionen zur automatischen Netzverfeinerung werden unter **NETZ/ERWEITERTE GRÖSSENFUNKTIONEN VERWENDEN** mit **EIN: NACHBARSCHAFT UND KRÜMMUNG** aktiviert. Die wichtigsten Parameter dabei sind:

- Der **WINKEL DER KRÜMMUNGSNORMALEN** definiert, welchen Winkel ein Element überbrücken darf, d.h., wie stark bei Krümmungen das Netz automatisch verfeinert wird.
- Die **ANZAHL DER ZELLEN ÜBER SPALT** ermöglicht dem Anwender festzulegen, wie viele Elemente mindestens in dünnwandigen Bereichen der Geometrie erzeugt werden sollen.
- Die **WACHSTUMSRATE** erlaubt eine stufenlose Einstellung, wie schnell der Übergang vom feinen ins grobe Netz erfolgen soll.

Prismenschichten – Inflation Layer

Für Kontakt und Ermüdung

Möchte man einen Gradienten von der Oberfläche der Struktur ins Material hinein fein auflösen (z.B. um die Stützwirkung in der Betriebsfestigkeit oder den Bereich lokalen Plastifizierens zu erfassen), bedeutet das für eine Tetraedervernetzung eine sehr kleine lokale Elementgröße. Dadurch entstehen zwar kleine Elemente in Tiefenrichtung, aber auch in der Fläche, was zur Folge hat, dass die Zahl der Elemente sehr groß wird. Eine klassische Hexaedervernetzung ist aufgrund der komplexen Geometrie industrieller Anwendungen meist nicht auf Knopfdruck möglich, deshalb bietet ANSYS mit der Inflation-Layer-Technologie einen eleganten Kniff: An der Oberfläche des Volumens werden flache Prismenschichten generiert, die nach innen langsam gröber werden und irgendwann in eine unstrukturierte Tetraedervernetzung übergehen. Die Prismenschichten vereinen also die Vorteile der Tetraeder (geringer Bearbeitungsaufwand) und der Hexaeder (hohe Genauigkeit bei geringen Knotenzahlen). Für Skeptiker: Probieren Sie die Übung in Abschnitt 9.12 mit Tetraedern in der erforderlichen Feinheit (wenn Sie genügend Arbeitsspeicher in Ihrem Rechner haben) und werfen Sie einen Blick auf System B in der Musterlösung.

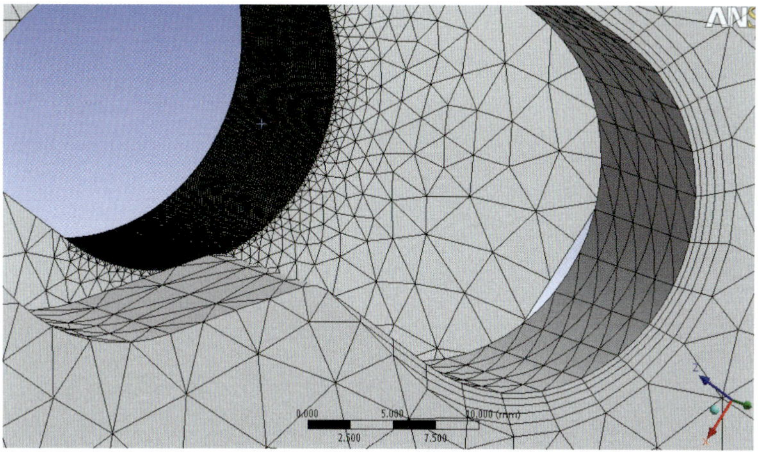

Um eine Prismenschicht zu definieren, selektieren Sie den Körper (auf Selektionsfilter Körper umschalten), wählen Sie unter **NETZ/EINFÜGEN/ERZEUGUNG DER PRISMENSCHICHTEN (INFLATION)**, wechseln Sie den Selektionsfilter wieder auf **FLÄCHEN** und ordnen Sie die Flächen zu, bei denen eine Prismenschicht erzeugt werden soll. Die Auslaufzone der Prismenschichten befindet sich noch innerhalb der selektierten Flächen, deshalb sind die Flächen etwas großzügiger auszuwählen.

Vernetzungsmethoden

Elementformen festlegen

Über **NETZ/EINFÜGEN/METHODE** können Sie für jeden Körper separat eine Vernetzungsmethode wählen. Ohne eine solche Definition wählt ANSYS automatisch zwischen einer Hexaedervernetzung für prismatische Körper und einer Tetraedervernetzung für beliebig komplexe Körper. Dieser Automatismus kann aber übersteuert werden, indem die in den folgenden Abbildungen dargestellten Methoden gewählt werden.

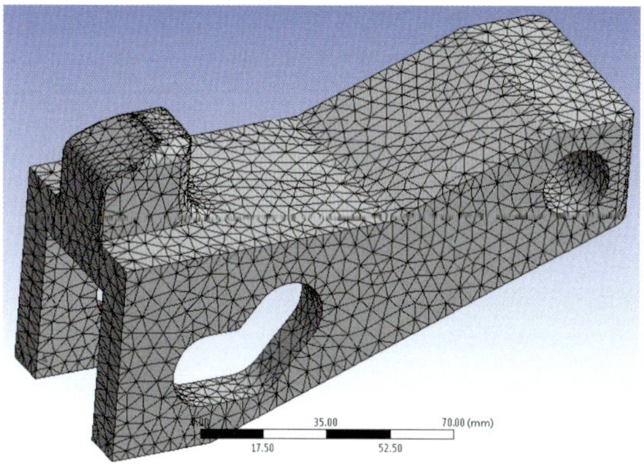

Tetraeder flächenabhängig: Die Standardvernetzung löst alle Flächen auf, kleine Flächen erzeugen dadurch zwangsweise kleine Elemente. Das Verhalten an Krümmungen, Stegen und im Übergang ist umfangreich konfigurierbar.

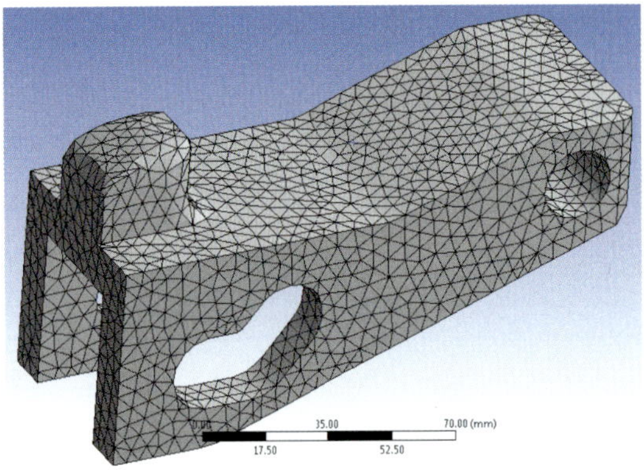

Tetraeder flächenunabhängig: Die Tetraedervernetzung löst nicht alle kleinen Teilflächen auf, ähnlich der virtuellen Topologie, im Gegensatz zu dieser aber immer auf den ganzen Körper bezogen. Die vom Anwender definierte Elementgröße legt den Detailgrad der Geometrieabbildung fest.

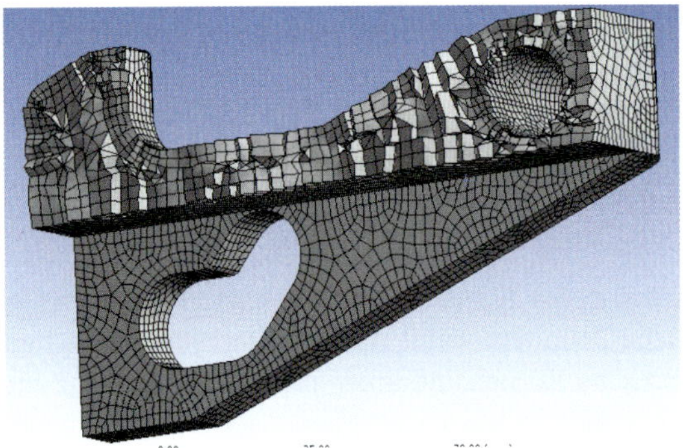

HexDominant: Innerhalb eines Volumens automatischer Mix von Hexaedern, vorwiegend an der Oberfläche, und Tetraedern mit Pyramiden im Kernbereich. Besonders geeignet für massive Bauteile.

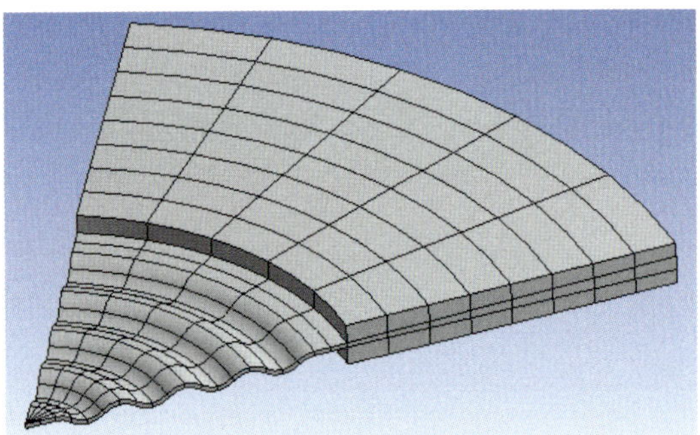

Sweep: Prismatische Körper oder Rotationssegmente mit Hexaedern vernetzen, auch für Solid-Shell-Elemente verwendet

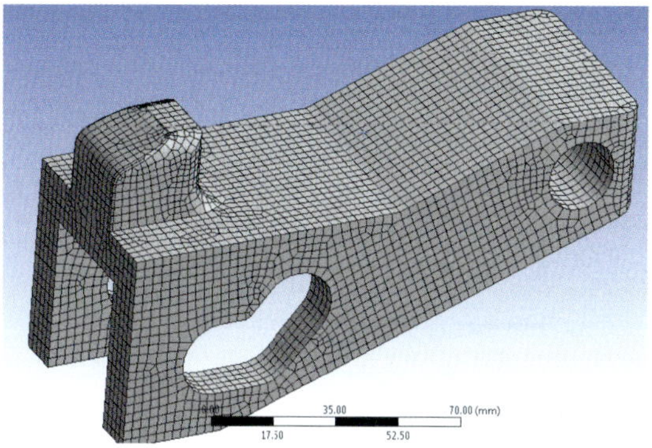

Multizone: Automatische interne Zerlegung eines Volumens in hexaedervernetzbare Teilbereiche. Dadurch sind Teile aus mehreren prismatischen Teilbereichen automatisch hexaedervernetzbar.

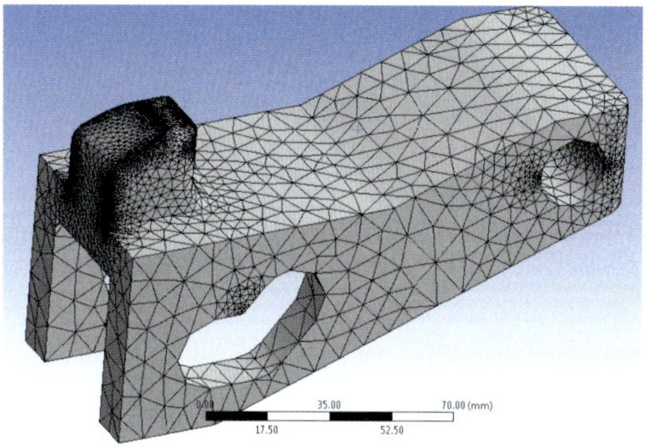

Erweiterte Größenfunktion: Automatische, starke Verfeinerung in Bereichen von Krümmungen und schmalen Stegen

8.5.6.3 Kontrolle der Vernetzung

Kriterien für Vernetzungsgüte

Nach der Berechnung können Sie durch verschiedene Methoden prüfen, ob das Berechnungsergebnis bezüglich der numerischen Genauigkeit „gut" oder „schlecht" ist. „Das richtige Ergebnis" ist nicht bekannt, d. h., eine absolute Aussage ist in der Regel nicht möglich. Man muss sich also mit relativen Aussagen behelfen.

Prüfen Sie die Elementqualität bei Bedarf bereits vor der Analyse. Dazu wählen Sie im Strukturbaum **NETZ** und im Detailfenster unter Statistik (aufklappen) **NETZQUALITÄT**. Wählen Sie das Kriterium, das Sie sehen möchten, z. B. Seitenverhältnis, erhalten Sie unterhalb des Grafikfensters einen Graphen, der auf der x-Achse das Kriterium und auf der y-Achse die Zahl der entsprechenden Elemente, die dieses Kriterium aufweist, darstellt. Wählen Sie eine der Säulen an, sehen Sie die entsprechenden Elemente. Elemente mit ungünstigem Seitenverhältnis sollten nach Möglichkeit nicht im Bereich Ihrer Spannungsauswertung liegen.

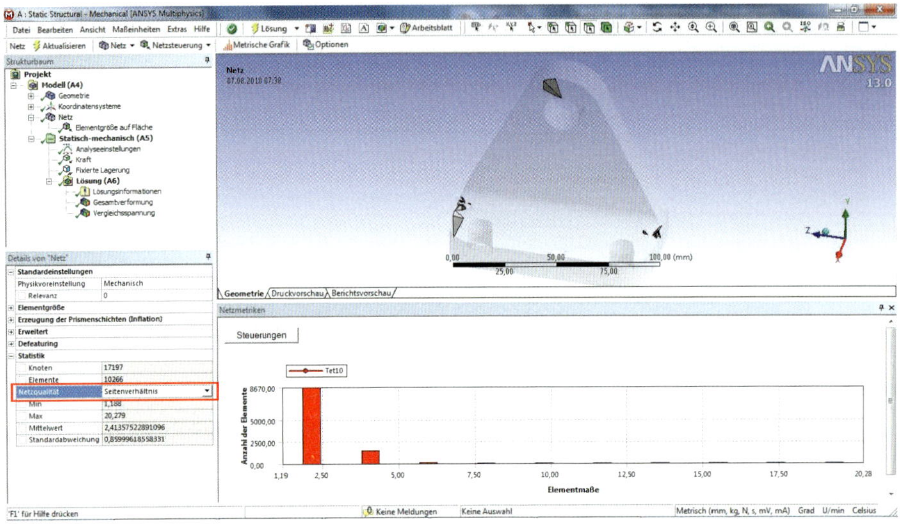

Die Form der Elemente bietet jedoch nur einen groben Einblick, viel entscheidender ist die Abbildungsqualität des Ergebnisses.

Prüfen Sie, ob das Berechnungsergebnis von der Vernetzung unabhängig ist. Die adaptive Vernetzung mit Konvergenzprüfung macht genau dies automatisch. Sie können in zweifelhaften Fällen auch eine manuelle Netzverfeinerung an der interessanten Stelle definieren. Unterscheidet sich das Ergebnis mit dem verfeinerten Netz nicht deutlich von dem Ergebnis mit dem Ausgangsnetz, war das Ausgangsnetz in Ordnung. Sie können übrigens auch an einem Modell mit manuellen Netzverfeinerungen immer noch eine Konvergenzprüfung definieren. War Ihr Ausgangsnetz ausreichend fein, wird die Konvergenzprüfung innerhalb einer Iteration das ursprüngliche Ergebnis bestätigen.

Prüfen Sie den Verlauf der Spannungen, am besten in der Darstellung mit Farbbändern. In sehr zackigen Verläufen in der Spannungsdarstellung spiegelt sich der Verlauf der einzelnen finiten Elemente – dem numerischen Verfahren. Es sollte stattdessen aber – wie in der Spannungsoptik – ein glatter, runder Verlauf sein.

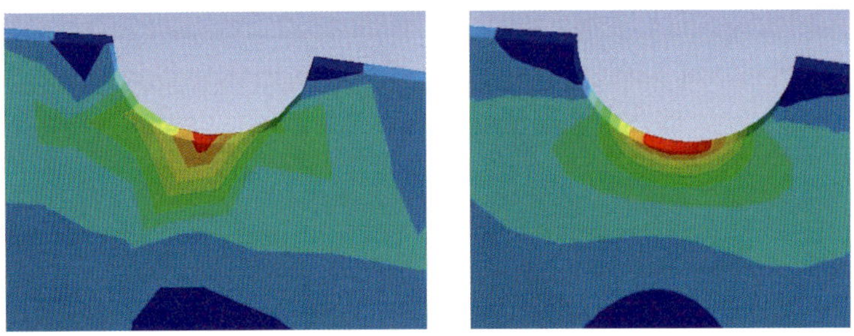

Links: grober Spannungsverlauf ⟶ grobes Netz; rechts: glatter Spannungsverlauf ⟶ feines Netz

Prüfen Sie den Fehler bei den Spannungen durch die sogenannte Fehlerenergie.

Die Bereiche hoher Fehlerenergie sollten sich nicht mit den Bereichen decken, wo Sie Ergebnisse auswerten möchten. Liegen die Bereiche hoher Fehler an den Stellen hoher Spannungen, sollte dort das Netz weiter verfeinert werden.

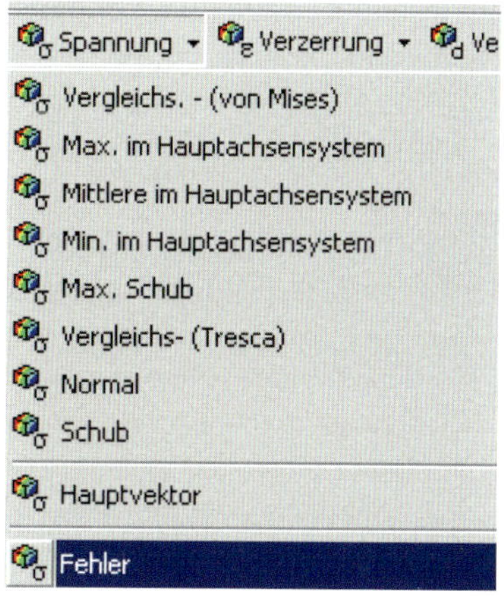

Beispiel

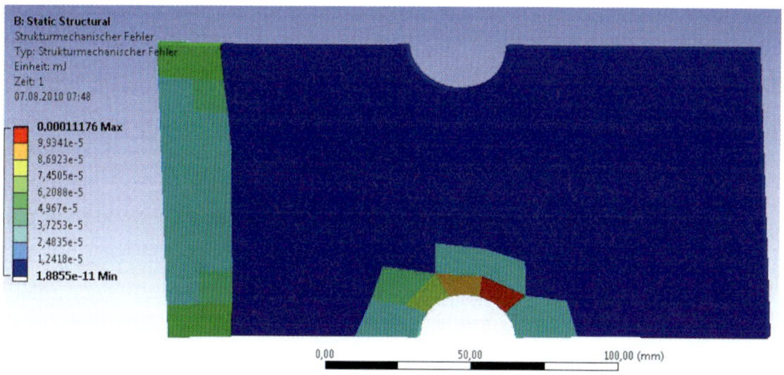

Die Fehlerenergie ist in den finiten Elementen an der unteren Kerbe und auch noch am linken Ende hoch. Die obere Kerbe mit einem manuell verfeinerten Netz hat geringe Fehlerenergie. Fehlerenergie

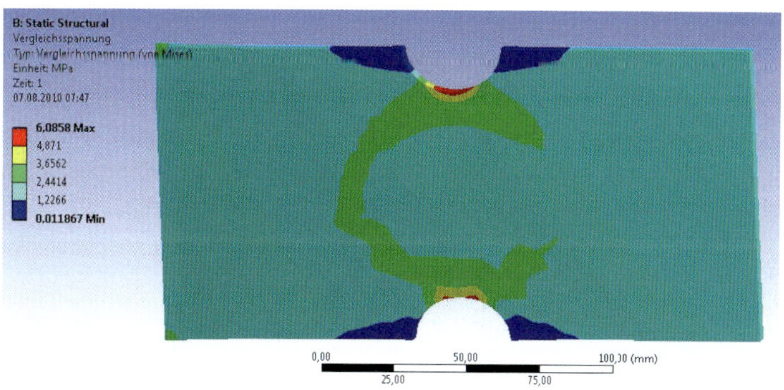

Der Spannungsverlauf an der unteren Kerbe und am linken Ende ist grob, gezackt, was ebenfalls auf geringe Genauigkeit schließen lässt. Der Spannungsverlauf an der oberen Kerbe ist glatt und rund, was - wie die geringe Fehlerenergie - auf gute Genauigkeit schließen lässt.

TIPP: Eine geringe Fehlerenergie an der Bewertungsstelle heißt noch nicht, dass die Vernetzung dort fein genug ist. Singularitäten, z. B. an einer Lagerbedingung, können die Skalierung der Fehlerenergie nämlich so weit nach oben schrauben, dass hohe Fehlerenergie durch zu grobe Vernetzung im Vergleich zur Singularität klein scheint. Daher ist die Fehlerenergie kein wirklich sicheres Kriterium, die Netzgüte zu prüfen. Es empfiehlt sich daher, die Genauigkeit anhand des Vergleichs gemittelter und ungemittelter Spannungen zu prüfen.

Sichere Bewertung der Netzgüte

Ein weiteres Kriterium, um die Güte einer Vernetzung zu prüfen, ist der Vergleich von gemittelten und ungemittelten Spannungen. Intern werden die Spannungen elementweise berechnet. Das kann dazu führen, dass bei großen Gradienten und grober Vernetzung die Spannungen von Element zu Element stark schwanken. Für eine optisch schöne Darstellung werden diese Unterschiede zwischen den Elementen gemittelt.

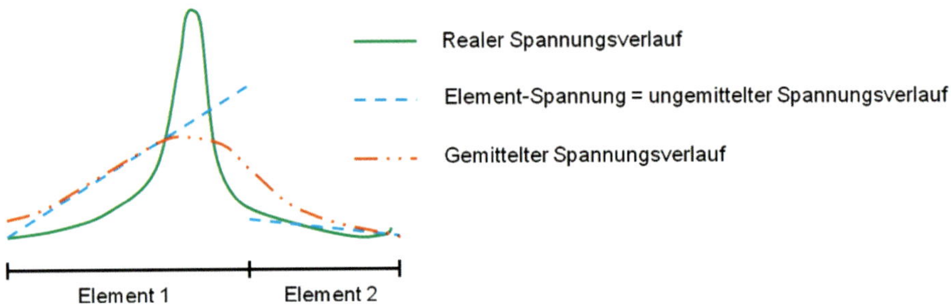

Bei einem starken Unterschied zwischen den gemittelten Spannungen und den ungemittelten Spannungen (den Elementspannungen) muss man also davon ausgehen, dass der reale Spannungsverlauf nicht gut abgebildet ist. Daher kann man diesen Unterschied auch als Bewertungskriterium für die Netzgüte verwenden.

Betrachten wir die Ergebnisse des ersten Modells (Kapitel 7) mit unterdrückter Netzverfeinerung, ist der Unterschied von gemittelter und ungemittelter Spannung 5,6 MPa (25.1-19,6), also ca. 29%! Mit einer Netzverfeinerung von 0,5 mm in der Kerbe ergibt sich ein Unterschied von 0,2%, sodass man davon ausgehen kann, damit ein hinreichend gutes Netz definiert zu haben (siehe nachfolgende Abbildungen).

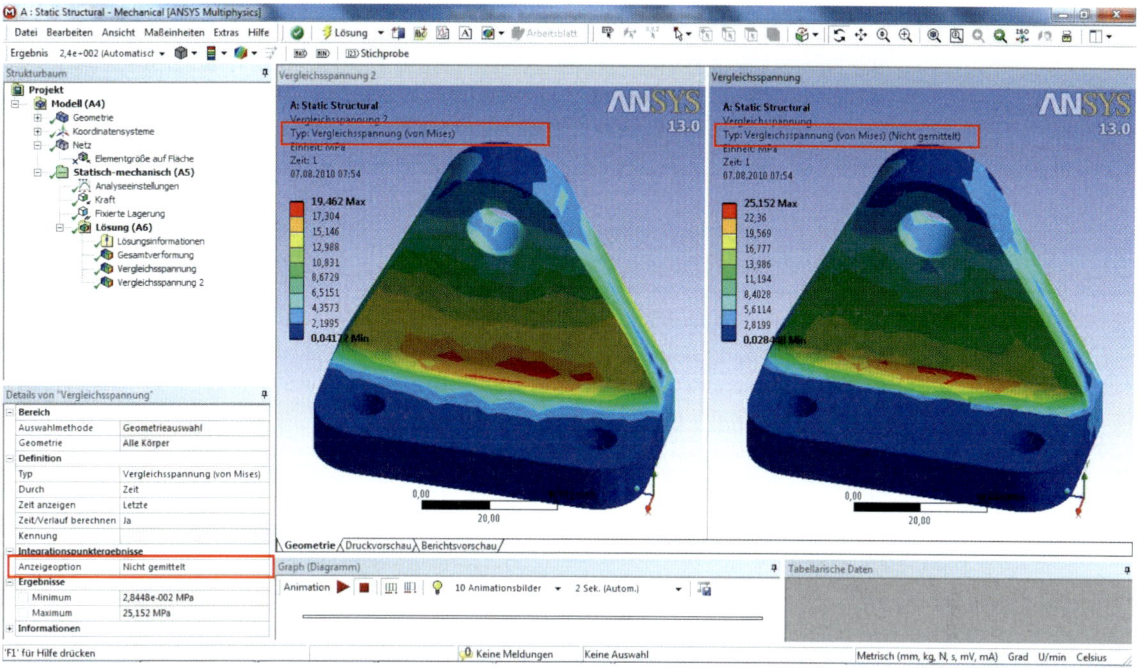
A : Static Structural - Mechanical [ANSYS Multiphysics]
Datei Bearbeiten Ansicht Maßeinheiten Extras Hilfe
Lösung
Arbeitsblatt
Ergebnis 2,4e+002 (Automatisch)
Stichprobe
Strukturbaum
Projekt
Modell (A4)
Geometrie
Koordinatensysteme
Netz
Elementgröße auf Fläche
Statisch-mechanisch (A5)
Analyseeinstellungen
Kraft
Fixierte Lagerung
Lösung (A6)
Lösungsinformationen
Gesamtverformung
Vergleichsspannung
Vergleichsspannung 2
Details von "Vergleichsspannung"
Bereich
Auswahlmethode Geometrieauswahl
Geometrie Alle Körper
Definition
Typ Vergleichsspannung (von Mises)
Durch Zeit
Zeit anzeigen Letzte
Zeit/Verlauf berechnen Ja
Kennung
Integrationspunktergebnisse
Anzeigeoption Nicht gemittelt
Ergebnisse
Minimum 2,8448e-002 MPa
Maximum 25,152 MPa
Informationen
Vergleichsspannung 2
A: Static Structural
Vergleichsspannung 2
Typ: Vergleichsspannung (von Mises)
Einheit: MPa
Zeit: 1
07.08.2010 07:54
19,462 Max
17,304
15,146
12,988
10,831
8,6729
6,5151
4,3573
2,1995
0,04172 Min
ANSYS
13.0
0,00
20,00
Vergleichsspannung
A: Static Structural
Vergleichsspannung
Typ: Vergleichsspannung (von Mises) (Nicht gemittelt)
Einheit: MPa
Zeit: 1
07.08.2010 07:54
25,152 Max
22,36
19,569
16,777
13,986
11,194
8,4028
5,6114
2,8199
0,028448 Min
Geometrie Druckvorschau Berichtsvorschau
Graph (Diagramm)
Animation
10 Animationsbilder
2 Sek. (Autom.)
Tabellarische Daten
'F1' für Hilfe drücken
Keine Meldungen
Keine Auswahl
Metrisch (mm, kg, N, s, mV, mA) Grad U/min Celsius

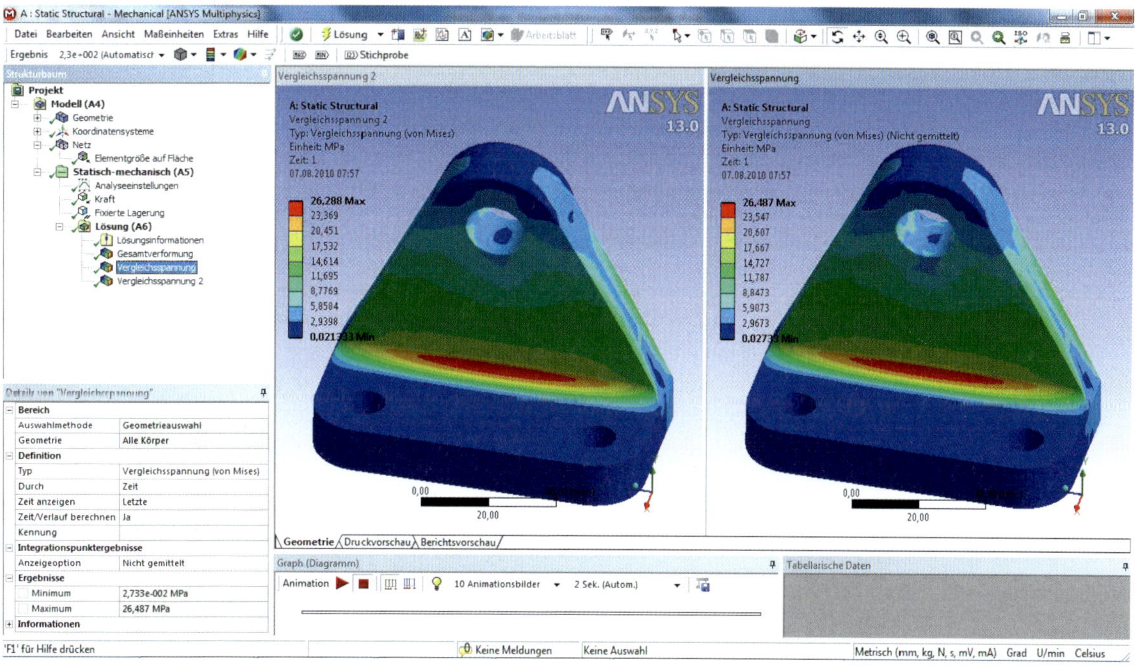
A : Static Structural - Mechanical [ANSYS Multiphysics]
Datei Bearbeiten Ansicht Maßeinheiten Extras Hilfe
Lösung
Arbeitsblatt
Ergebnis 2,3e+002 (Automatisch)
Stichprobe
Strukturbaum
Projekt
Modell (A4)
Geometrie
Koordinatensysteme
Netz
Elementgröße auf Fläche
Statisch-mechanisch (A5)
Analyseeinstellungen
Kraft
Fixierte Lagerung
Lösung (A6)
Lösungsinformationen
Gesamtverformung
Vergleichsspannung
Vergleichsspannung 2
Bereich
Auswahlmethode Geometrieauswahl
Geometrie Alle Körper
Definition
Typ Vergleichsspannung (von Mises)
Durch Zeit
Zeit anzeigen Letzte
Zeit/Verlauf berechnen Ja
Kennung
Integrationspunktergebnisse
Anzeigeoption Nicht gemittelt
Ergebnisse
Minimum 2,733e-002 MPa
Maximum 26,487 MPa
Informationen
Vergleichsspannung 2
A: Static Structural
Vergleichsspannung 2
Typ: Vergleichsspannung (von Mises)
Einheit: MPa
Zeit: 1
07.08.2010 07:57
26,288 Max
23,369
20,451
17,532
14,614
11,695
8,7769
5,8584
2,9398
0,021333 Min
ANSYS
13.0
0,00
20,00
Vergleichsspannung
A: Static Structural
Vergleichsspannung
Typ: Vergleichsspannung (von Mises) (Nicht gemittelt)
Einheit: MPa
Zeit: 1
07.08.2010 07:57
26,487 Max
23,547
20,607
17,667
14,727
11,787
8,8473
5,9073
2,9673
0,02733 Min
Geometrie Druckvorschau Berichtsvorschau
Graph (Diagramm)
Animation
10 Animationsbilder
2 Sek. (Autom.)
Tabellarische Daten
'F1' für Hilfe drücken
Keine Meldungen
Keine Auswahl
Metrisch (mm, kg, N, s, mV, mA) Grad U/min Celsius

8.5.6.4 Dünnwandige Bauteile

Klassische Schalenelemente

Für dünnwandige Bauteile (typisch: Bauteile aus Blech) besteht in ANSYS Workbench die Möglichkeit, Schalenelemente zu verwenden. Dabei wird die Geometrie nicht über das gesamte Volumen abgebildet, sondern lediglich über eine Fläche, die eine Dickeninformation besitzt.

Schalen erzeugen

Voraussetzung für die Schalenelemente ist, dass die Geometrie als Fläche vorliegt und damit die wesentliche Geometrieinformation (zuzüglich der Dicke) beinhaltet. Viele CAD-Systeme bieten Funktionen, um Volumengeometrie in Flächenmodelle umzuwandeln. Im Idealfall ist dies ein Mittelflächenmodell (in der Mitte der Volumengeometrie), es wird aber oft auch eine der beiden Außenflächen verwendet. Falls das CAD-System keine oder keine effiziente Möglichkeit der Mittelflächenableitung aus dem Volumenmodell bietet, kann der optionale ANSYS DesignModeler dazu verwendet werden.

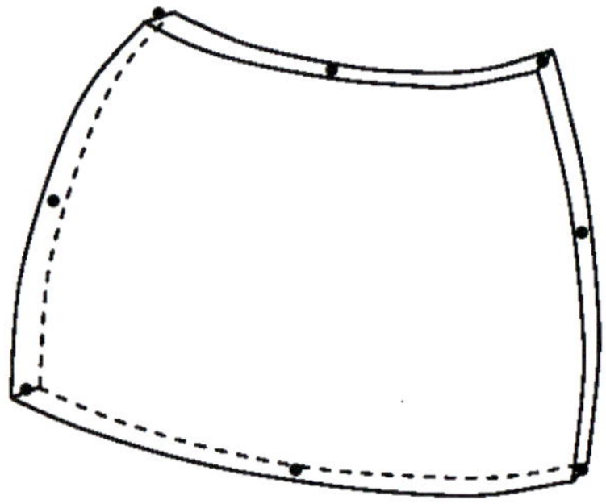

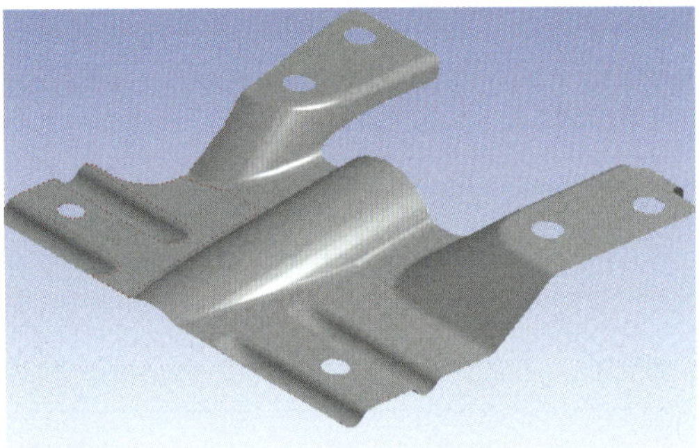

Die Vernetzung erfolgt mit Dreieck- oder Viereckelementen. Diese Elemente werden jedoch als Prismen oder Würfel in „aufgedickter“ Form dargestellt.

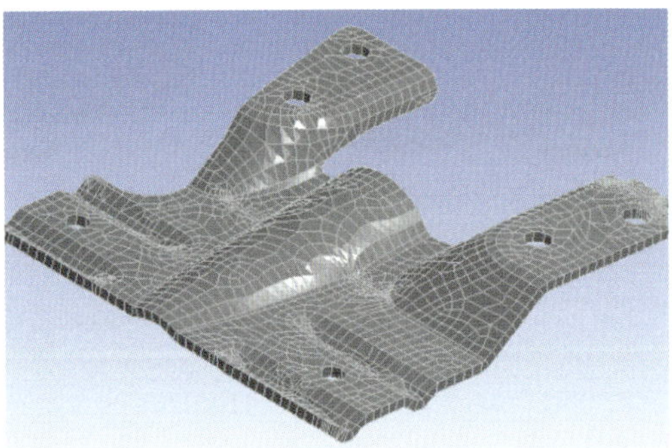

Schalen darstellen

Bei der Ergebnisdarstellung wird ebenfalls die „aufgedickte“ Darstellung verwendet. Das Ergebnis wird an seinem wahren Ort dargestellt. Es braucht also nicht wie in vielen klassischen FE-Systemen die Ebene (Top-Mid-Bottom) ausgewählt zu werden, sondern man sieht das Ergebnis an der jeweiligen Stelle.

Grenzen kennen

Mit diesen Schalenelementen lassen sich Felder errechnen, die über die Dicke einen konstanten oder linearen Spannungsverlauf besitzen. Sie sind also in der Mechanik z. B. dazu geeignet, Normal- und Biegespannungen abzubilden. Lokale Effekte über die Dicke lassen sich damit jedoch nicht beschreiben. So sind z. B. keine Spannungsaussagen an Dickensprüngen zwischen verschiedenen Schalendicken möglich. Ebenso ist der T-Stoß von zwei Schalenelementen eine singuläre Stelle ohne direkt verwertbare Spannungsaussage. Auch die außermittige Krafteinleitung kann über Schalenmodelle nicht abgebildet werden. Wenn Spannungsergebnisse an solchen Stellen gewünscht sind, muss hier die Geometrie mit Volumen genauer abgebildet werden.

Volumenelemente ungeeignet

Für dünnwandige Bauteile bieten Schalenelemente jedoch hohe Performance-Vorteile. Bei dünnwandigen Volumen müsste ein Tetraedernetz extrem viele Elemente beinhalten, um spitze Winkel in dem Tetraeder (Grenze: Seitenverhältnis 1 : 5 bis 1 : 10) zu vermeiden und damit den Fehler klein zu halten.

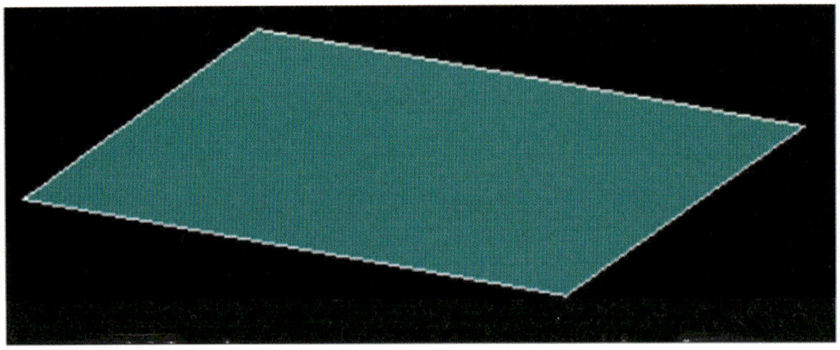

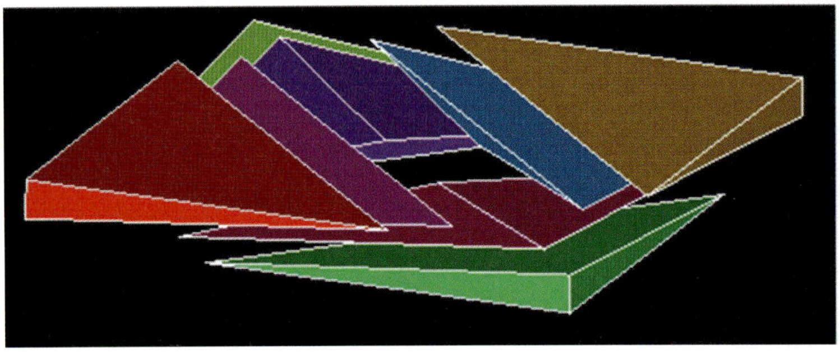

Vorteile der Schale

Die Blechstärke definiert demnach die Elementgröße. Dünne Bleche führen also zu kleinen Elementgrößen und großen Elementzahlen. Setzt man eine gleich große Elementierung voraus, benötigt man für die Volumenelemente etwa zehnmal so viele Knoten und fünfmal so viele Freiheitsgrade. Die Schale hat jedoch den Vorteil, dass die Elementgröße auch deutlich größer als die Blechstärke sein kann, sodass sich bei größeren Elementkantenlängen der Vorteil der Schale vergrößert. Schalenelemente sind also ein effektiver Weg, den Berechnungsaufwand bei dünnwandigen Bauteilen zu reduzieren. Da in der Praxis die Ableitung von Schalenmodellen aus einer bestehenden Volumengeometrie oft nicht ohne manuelle Handarbeit möglich ist, geht die Tendenz dazu, auch solche Bauteile mehr und mehr über Volumen zu rechnen. Trotz größerer FE-Modelle ist der gesamte Bearbeitungsaufwand für eine automatische Tetraedervernetzung so viel geringer, dass dadurch die höhere Berechnungszeit mehr als kompensiert wird.

Schalen verwenden

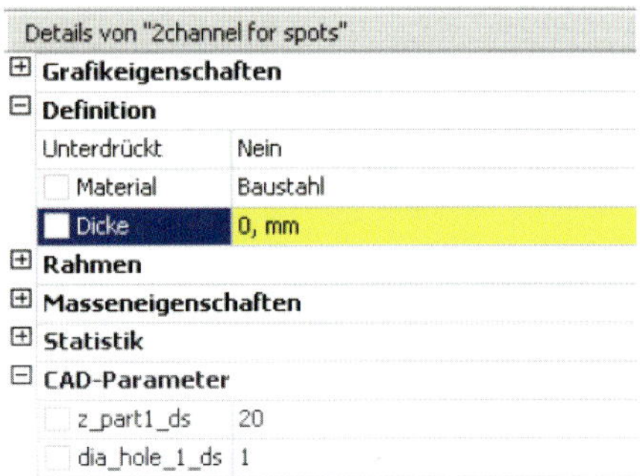

Bei Schalengeometrien wird eine zusammenhängende Fläche, die aus mehreren Teilflächen besteht, als ein Schalenbauteil mit einer gleichbleibenden Dicke definiert. Diese kann nach dem Einlesen im Detail-Menü eingegeben werden.

Durch die Farbgebung der Linien im Drahtmodus kann man erkennen, wo verschiedene Schalengeometrien gemeinsame oder getrennte Knoten besitzen. Schwarze Linien zeigen zusammenhängende Flächen und damit durch gemeinsame Knoten verbundene Elemente, rote Linien sind dagegen Randlinien einer Schale und zeigen gegebenenfalls getrennte Randlinien.

Schalenverbindungen

Bei Modellen mit mehreren Bauteilen kann eine Verbindung (Kontakt) zwischen diesen Teilen über Kontakte und Schweißpunkte definiert werden. Kontakte sind Fläche-Fläche-Verbindungen (keine Linie-Linie- oder Linie-Fläche-Verbindungen). Schweißpunkte sind Punkt-Punkt-Verbindungen. Im Finite-Elemente-Modell wird an dieser Stelle ein Balkenelement erzeugt, das die beiden Schalen miteinander verbindet. Das Balkenelement ist nicht nur über einen einzelnen Knoten mit der Schale verbunden, sondern über einen Balkenstern.

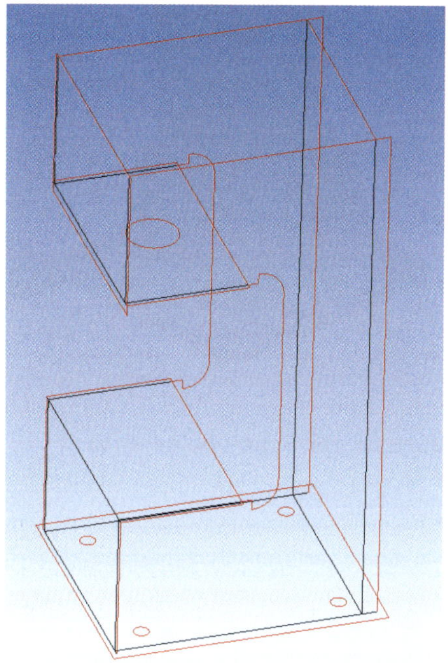

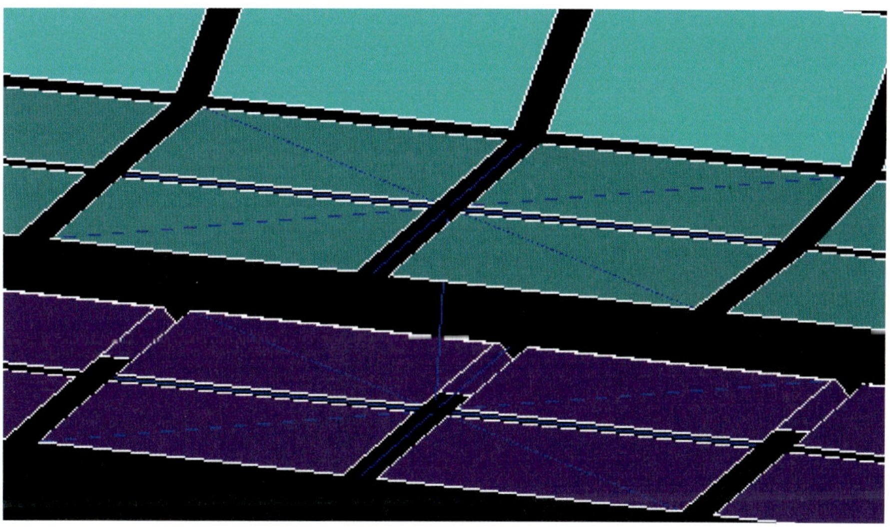

Diese Spotweld-Kontakte können manuell zwischen nichtkoinzidenten Punkten in ANSYS Workbench erzeugt werden. Eine komfortablere Möglichkeit ist die Definition von Spotweld-Mustern im CAD-System (derzeit unterstützt von UG) oder in DesignModeler von ANSYS Inc., einem Programm zur Aufbereitung von Geometrie für FEM-Analysen.

Beispiel: Dünnwandige Blechstruktur, Rechenzeit Schale: Tet = 1:8

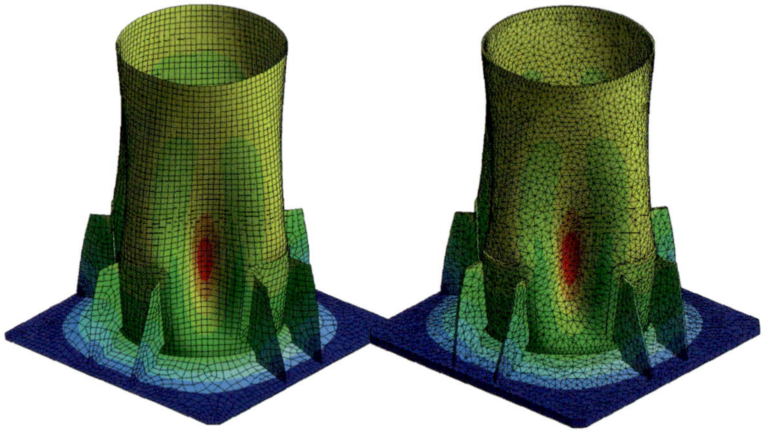

Vorteile der Schalenelemente

- „beliebig" große Verhältnisse Seitenlänge zu Dicke
- Große Elementkantenlängen sind im Gegensatz zu Volumenelementen kein Problem.
- deutlich geringere Knotenzahlen im Vergleich zu Volumenmodelle
- bessere Performance gegenüber Volumenmodellen

Nachteile der Schalenelemente

- Es ist eine Mittelflächenableitung aus dem Volumenmodell erforderlich. Dieses Problem ist heute für Blechstrukturen durch leistungsfähige Modellierungswerkzeuge (z. B. den ANSYS DesignModeler) weitgehend gelöst.

Ableiten von Mittelflächenmodellen mit dem ANSYS DesignModeler

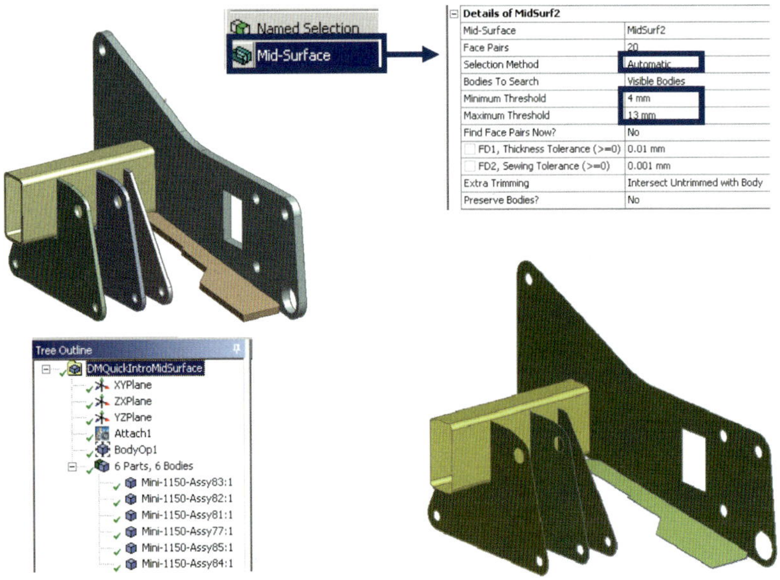

- Die Verbindung der Mittelflächen bei Baugruppen ist vollständig automatisierbar. Durch die Rückführung auf die Mittelfläche entsteht bei aufeinander stehenden Flächen eine Lücke in Größe der halben Blechstärke. Eine automatische Flächenverlängerung ist teilweise möglich, aufgrund der komplexen Verschneidungskurven aber limitiert.

SolidShell-Elemente

Die SolidShell-Elemente verbinden die Vorteile der klassischen Schalenelemente mit denen der Volumenelemente. Dies sind im Wesentlichen:

- gute Performance, da große Elementkantenlängen erlaubt sind
- keine Mittelflächenableitung erforderlich
- keine Lücken zwischen verschiedenen Bauteilen, wie sie bei der Mittelflächenableitung entstehen
- komfortable Anbindung an Volumenelemente

Um dünnwandige Strukturen mit SolidShell-Elementen zu erzeugen, führen Sie die in der folgenden Abbildung dargestellten Schritte durch.

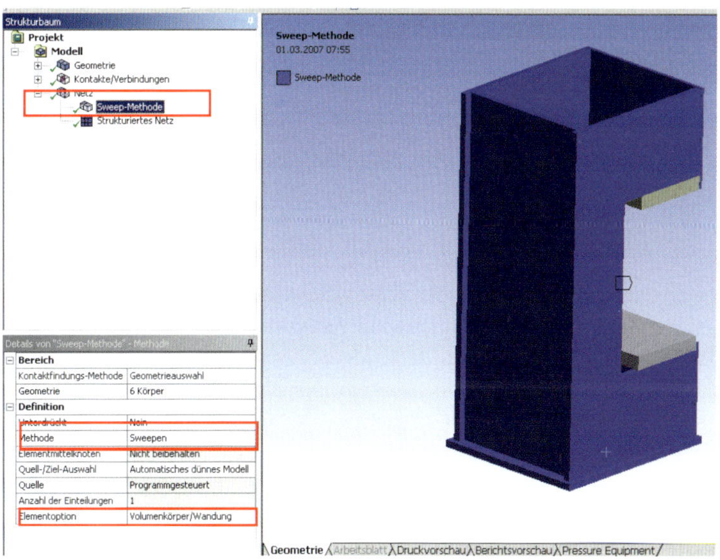

Definieren Sie für die betreffenden Volumen die Vernetzungsmethode mit **SWEEPEN** und die Quell-/Zielauswahl mit **AUTOMATISCH DÜNNES MODELL**. Definieren Sie eine geeignete Elementgröße. Gehen Sie im Strukturbaum auf **NETZ**, klicken Sie die rechte Maustaste und wählen Sie **NETZVORSCHAU** aus. Das Netz sollte dann erzeugt und mit einem grünen Haken im Strukturbaum markiert werden.

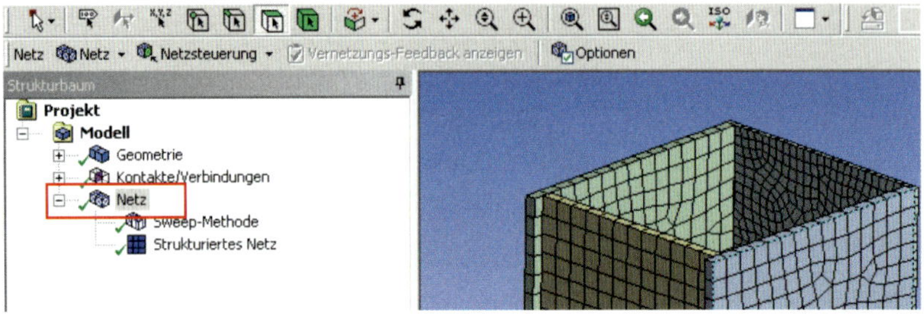

Sollte dies nicht der Fall sein und bei einem Bauteil ein Vernetzungsproblem vorliegen, ist es empfehlenswert, dieses Bauteil aus der Definition **SWEEP-METHODE** zu entfernen und eine separate Methode (**SWEEP**) für den problematischen Körper zu definieren. Dies ist notwendig, um eine manuelle Quell-/Zielauswahl mit **MANUELLES DÜNNES MODELL** zu definieren (geht nur bei Selektion eines einzelnen Teils). Als Quelle sollte anschließend eine der beiden Parallelflächen (sozusagen die Abwicklungsfläche, hier rot dargestellt) selektiert werden.

Sollten weiterhin Vernetzungsprobleme bestehen, definieren Sie für dieses Bauteil eine kleinere Elementgröße (ca. 50 bis 100 % des Durchmessers der kleinsten Bohrung).

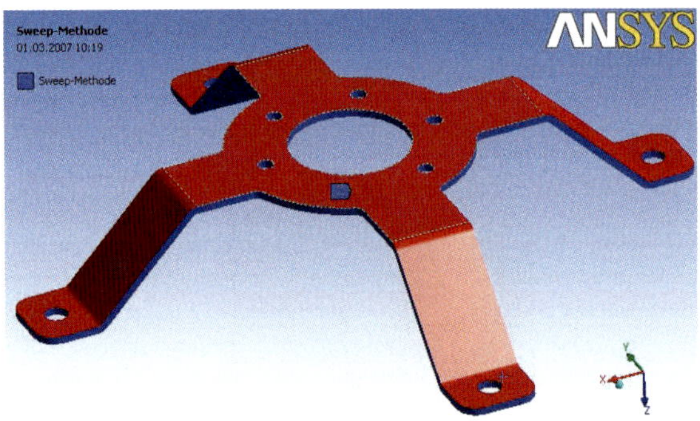

Kontakteinstellungen

Bei Blechbaugruppen, deren Teile nicht direkt aufeinander stehen, sondern die Lücken zwischen den einzelnen Bauteilen aufweisen, die mit Kontakt überbrückt werden, sollte der entsprechende Kontakt unbedingt mit dem Algorithmus MPC definiert werden. Dadurch wird sichergestellt, dass auch Momente über den Kontakt übertragen werden (Penalty oder Augmented-Lagrange-Kontakte übertragen Momente bei Lücken zwischen den Kontaktpartnern nicht immer korrekt). Werden sehr viele verschachtelte Kontakte mit MPC-Algorithmus definiert, besteht die Gefahr des „Overconstraint“ (Solver-Ausgabe beachten). Bei koinzidenten Kontaktflächen sollte daher der Pure-Penalty- oder Augmented-Lagrange-Kontaktalgorithmus beibehalten werden.

Gegenüber einer reinen Tetraedervernetzung dürfte der Geschwindigkeitsvorteil der SolidShell-Elemente wie bei der Schale etwa Faktor 10 bis 20 betragen, da die Tetraeder-Elementgröße von der Blechstärke definiert ist (mittlere Elementgröße ca. 3 × Blechstärke ergibt max. Elementgröße von ca. 5 × Blechstärke, damit Seitenverhältnis von 1 : 5). Gegenüber den Hexaeder-Volumenelementen, deren Größe weniger stark von der Blechstärke abhängt, ergibt sich erfahrungsgemäß immer noch ein Geschwindigkeitsvorteil von etwa Faktor 3 bis 5.

8.6 Setup

Das Setup umfasst die Analyseeinstellungen und die Randbedingungen für die jeweilige Berechnung.

8.6.1 Analyseeinstellungen

Mehrschritt-Analysen

Schrittweise Belastung

In einigen Anwendungen kann es auch in statischen Berechnungen sinnvoll sein, die auftretenden Verformungen und Spannungen in mehreren Zwischenschritten zu untersuchen. Dies ist z. B. für Füge-Prozesse hilfreich. Dies soll am Beispiel einer Schnappverbindung gezeigt werden. Dieser Prozess soll aufgeteilt in mehrere Schritte untersucht werden. Eine dynamische Simulation ist nicht erforderlich, solange keine dynamischen Effekte auftreten (z. B. ein sehr schnelles Einrasten).

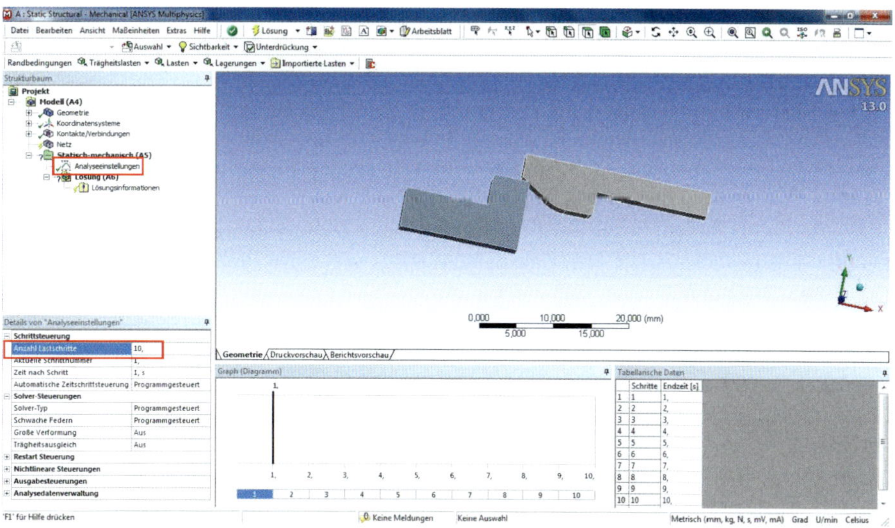

Keine Dynamik!

Wählt man im Strukturbaum **ANALYSEEINSTELLUNGEN**, erscheint im Detailfenster ein Feld, in dem man die **ANZAHL DER LASTSCHRITTE** in zehn Schritten definiert (siehe vorangehende Abbildung). In den **TABELLARISCHEN DATEN** unterhalb des Grafikfensters können die Daten eingegeben werden, die über die Schritte variieren sollen (z. B. die angegebene Verschiebung des Schnapphakens). Die Zeit, die hier in Sekunden angegeben wird, spielt keine Rolle, sie ist lediglich ein Ordnungskriterium. Der zeitliche Effekt wird in der Statik nicht berücksichtigt, weil keine transiente Analyse durchgeführt wird (Zeitintegration ist ausgeschaltet). Für die Lagerung (Verschiebung) des Schnapphakens kann im Fenster **TABELLARISCHE DATEN** die Verschiebung über die zehn Lastschritte vorgegeben werden (siehe nachfolgende Abbildung). Hier erfolgt die Verschiebung in zehn gleichmäßigen Schritten in negative X-Richtung. Es können auch andere (ungleichmäßige) Schrittweiten vorgegeben werden.

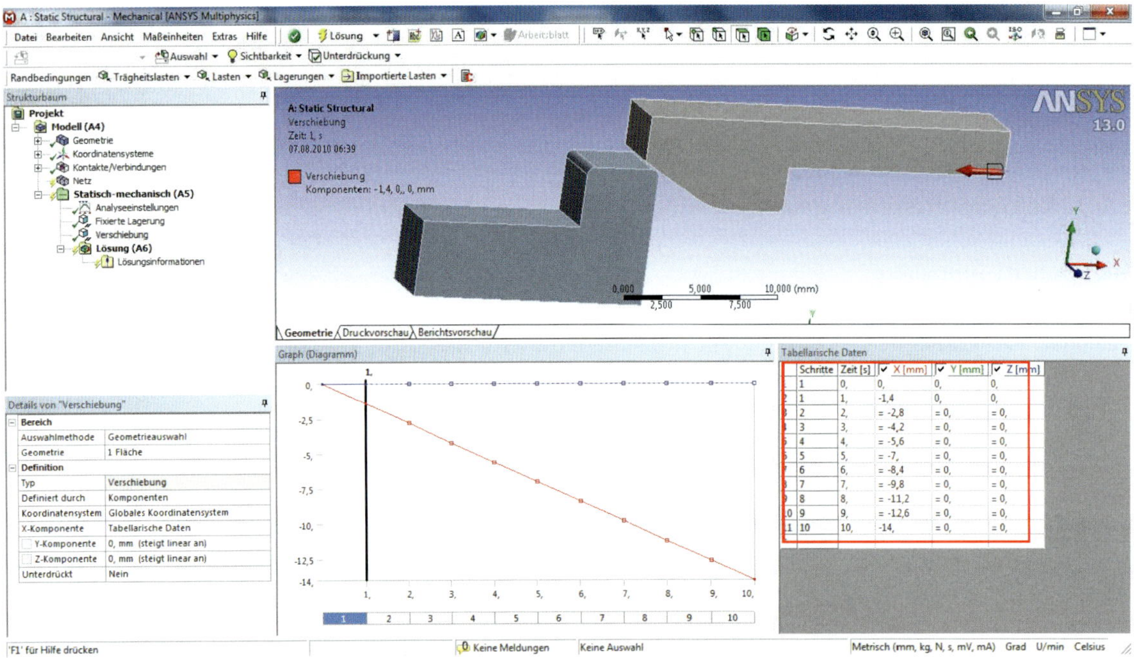

Die Definition mehrerer Schritte ist notwendig, wenn Zwischenergebnisse (hier das Gleiten des Schnapphakens auf dem Gegenstück) ausgewertet werden sollen (siehe nachfolgende Abbildung).

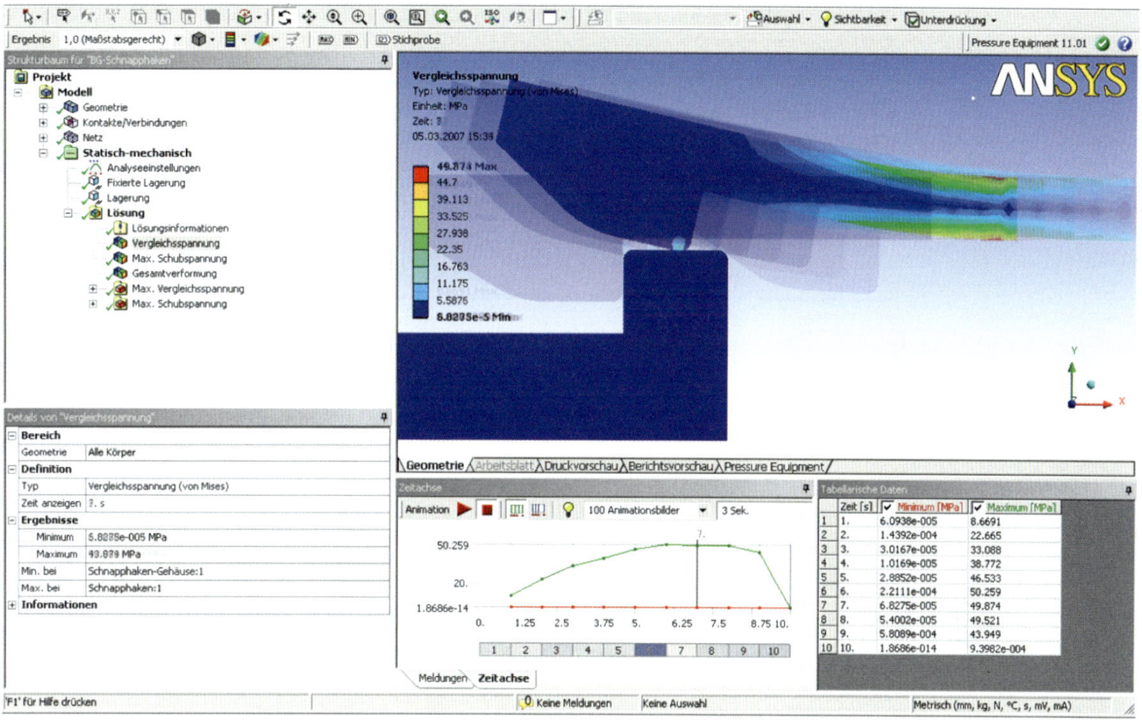

8.6.2 Randbedingungen

Randbedingungen sind Vereinfachungen

Bei der Definition der Randbedingung sollte man deren Idealisierung beachten: Jede Randbedingung ist eine Vereinfachung für den „Rest der Welt", der in der Berechnung durch die Randbedingung ersetzt ist. Durch diese Vereinfachung sind Ungenauigkeiten an der Randbedingung selbst eher die Regel als die Ausnahme. Daher sollte direkt an Randbedingungen nicht ausgewertet werden. Der Abstand, bis zu dem man sich mit der Auswertung an die Randbedingung nähern kann, sollte so groß sein wie die Ausdehnung der Vereinfachung, mindestens jedoch zwei Elementreihen. Über diese Distanz kann sich z. B. der verfälschende Einfluss der verhinderten Querkontraktion in einer **FIXIERTEN LAGERUNG** abbauen. In der Übung in Abschnitt 9.1 mit einem Querschnitt von 10 × 10 mm ist die Randbedingung 10 mm groß, d. h., der Abstand zur Einspannstelle sollte bei der Auswertung jene 10 mm betragen.

Geometrie aufbereiten

Randbedingungen beziehen sich in der Regel auf die selektierte Geometrie. Ausnahmen bilden die Randbedingungen, die sich auf externe Punkte beziehen wie **KOPPLUNGSGLEICHUNG**, **EXTERNE KRAFT** und die **EXTERNE VERSCHIEBUNG**, die Kraft- bzw. Lagerpunkte an beliebigen Positionen im Raum, innerhalb oder außerhalb der vorliegenden Geometrie zulassen. Bei den sonstigen Randbedingungen besteht daher oft der Wunsch, statt einer kompletten Fläche oder Kante nur einen Teil davon zu verwenden. Dafür ist es erforderlich, die Geometrie entsprechend aufzuteilen. Viele CAD-Systeme stellen entsprechende Funktionen zur Verfügung, die **TRENNEN**, **TRENNLINIE**, **AUFTRENNEN** oder **SPLITTEN** heißen. Falls das CAD-System die **TRENNEN**-Funktion nicht oder nur rudimentär zur Verfügung stellt, kann das CAD-Modell im ANSYS DesignModeler bearbeitet und die Fläche aufgetrennt werden. Für diejenigen Anwender, die weder eine **TRENNEN**-Funktion im CAD noch den ANSYS DesignModeler zur Verfügung haben, empfiehlt sich ein Sekantenschnitt, um separat selektierbare Flächen oder Kanten zu erhalten. Eine Extrusion mit sehr kleiner Extrusionstiefe ist nicht empfehlenswert, weil die kleine Extrusionstiefe zu Vernetzungsproblemen führen kann.

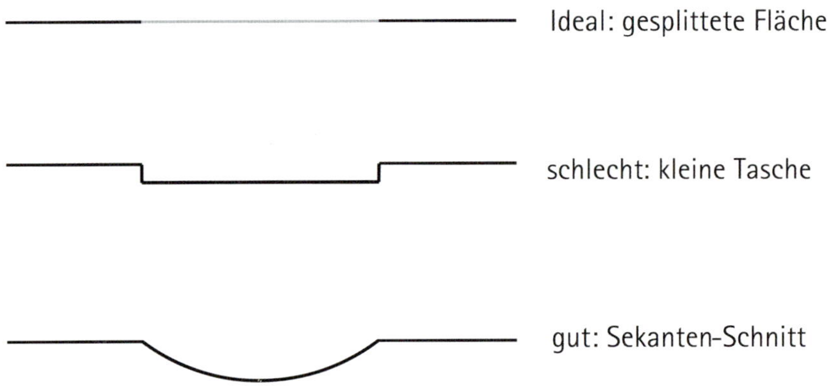

8.6.2.1 Mechanische Randbedingungen

Kein Kraftgleichgewicht

Jedes Bauteil besitzt sechs Freiheitsgrade (Degree of Freedom, DOF), drei Verschiebungen und drei Rotationen, jeweils entlang bzw. um eine der Hauptachsen. Auch wenn ein Bauteil rein rechnerisch durch äußere Kräfte im Gleichgewicht ist, sollte es aus numerischen Gründen besser durch eine Lagerung (Support) gehalten werden.

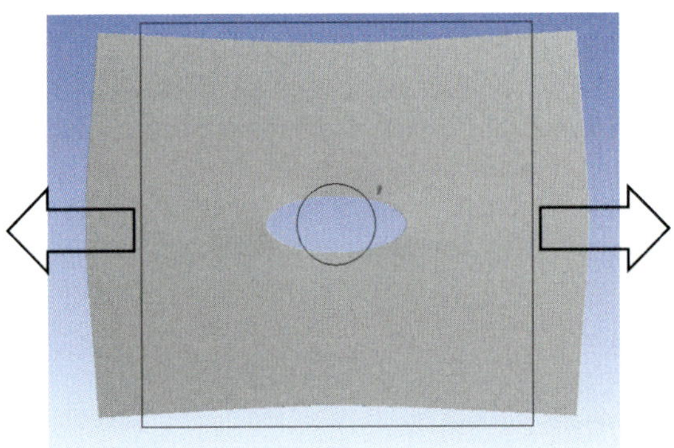

Man sollte daher vor einer Analyse prüfen, ob die sechs Freiheitsgrade jedes Bauteils in der Simulation durch Randbedingungen (Lagerungen) definiert sind. Vergisst man eine dieser Lagerungen, weil man ein Kräftegleichgewicht definiert, fügt ANSYS Workbench automatisch weiche Federn ein, welche die Struktur an Ort und Stelle halten sollen, für den Fall, dass die Kräfte nicht 100 % im Gleichgewicht sind. Dies kann schon allein aus numerischen Gründen (Rundungsfehler) geschehen, darüber hinaus aber auch durch falsche Lasten. Die weichen Federn haben eine so geringe Steifigkeit, dass sie keinen Einfluss auf das Ergebnis haben, solange diese Absicherung überflüssig und das System im Gleichgewicht ist. Ist das Kraft-Ungleichgewicht hoch, führt dies zu einer sogenannten Starrkörperbewegung (Rigid Body Motion). Das bedeutet, das Bauteil macht eine Bewegung mit meist recht großen Wegen (mehrere Hundert oder Tausend Millimeter oder Meter). Diese Starrkörperverschiebung erkennt man in der Animation und am Betrag der Verformung. Mit 1 N Ungleichgewicht ergibt sich beispielsweise für die gezeigte Geometrie eine Verschiebung von über 100 mm. Die Deformation des Bauteils ist sehr viel geringer, sodass sie nur noch in der Farbverteilung, nicht jedoch an den Werten erkennbar ist (allenfalls wenn man die Zahl der Nachkommastellen erhöht).

Statt auf die Stabilisierung durch die weichen Federn zu setzen, ist es eine robustere Alternative, entsprechende Lagerungen zu verwenden (wichtig bei nichtlinearen Analysen!). Dabei muss in jeder Analyse auf die Bewegungs- und Verformungsmöglichkeiten der Bauteile geachtet werden, um eine adäquate Lagerbedingung zu definieren. Im aktuellen Beispiel gehört dazu eine Lagerung, die eine Verformung an der Lagerstelle zulässt: die externe Verschiebung (siehe nachfolgende Abbildung).

Freie Bewegung verhindern, aber Deformation nicht behindern

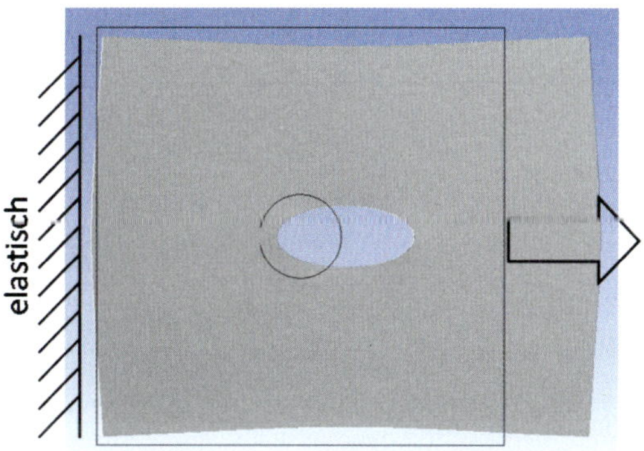

Es ist entscheidend, nach jeder Analyse zuerst einen Plausibilitätscheck zu machen, d. h. zu prüfen, ob das Bauteil in der Berechnung die Deformation erfährt, die es auch in der Praxis unter den realen Einbaubedingungen erfährt. Sind die Deformationen in der Berechnung nicht plausibel, müssen die Lagerbedingungen korrigiert werden.

Druck

Druck wirkt meist normal (senkrecht) auf eine Fläche, die sowohl eben als auch gekrümmt sein kann. Positiver Druck wirkt in die Fläche, d. h., das Bauteil wird komprimiert. Ändert sich durch geometrische Änderungen der Flächeninhalt, ändert sich auch die Kraftresultierende bei gleichbleibendem Druck. Die Richtung des Drucks kann auch über einen Vektor definiert werden.

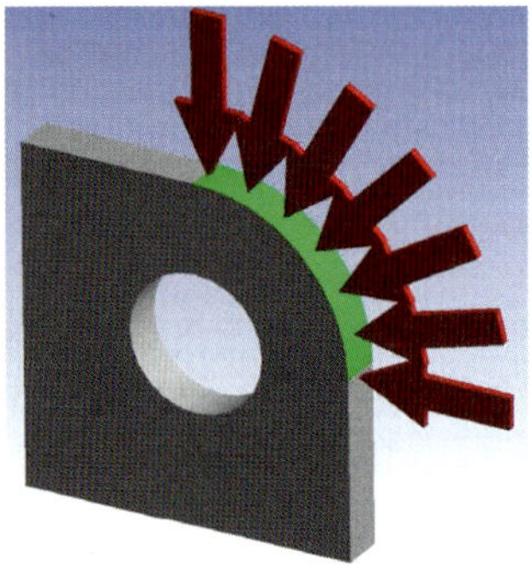

Hydrostatischer Druck

Hydrostatischer Druck beschreibt den ansteigenden Druck, der durch Flüssigkeiten oder Schüttgut in Behältern auftritt. Dazu benötigt man die Fluid-Dichte, den Beschleunigungsvektor (typischerweise 9810 mm/s^2) und den Flüssigkeitsspiegel, von dem aus der Druck linear ansteigt.

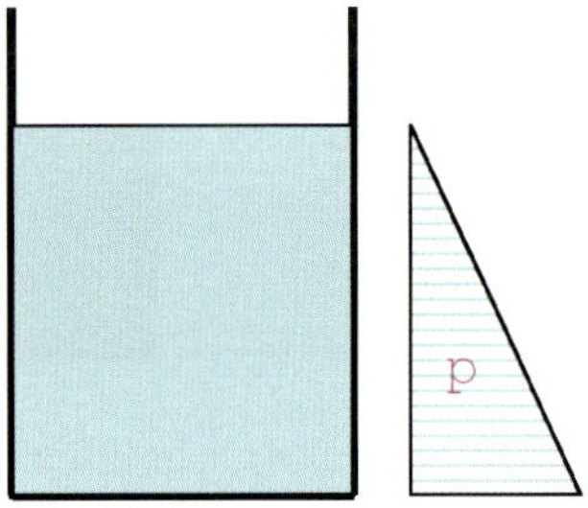

Kraft

Selektion einer oder mehrerer Flächen, Kanten oder Punkte: Die Kraft wird gleichmäßig auf die selektierte Geometrie verteilt (bei Flächen anteilig nach dem Flächenanteil, bei Linien anteilig nach dem Streckenanteil).

Falls sich durch geometrische Änderungen die Fläche ändert, bleibt die Kraftsumme identisch, der Druck jedoch ändert sich.

Eine Kraft, die konzentriert über einen Punkt eingeleitet wird, ist nicht realistisch und führt zu unrealistisch hohen lokalen Spannungen und Verformungen an der Einleitungsstelle. Sie sollten diese lokalen Effekte aus der Ergebnisauswertung herausfiltern.

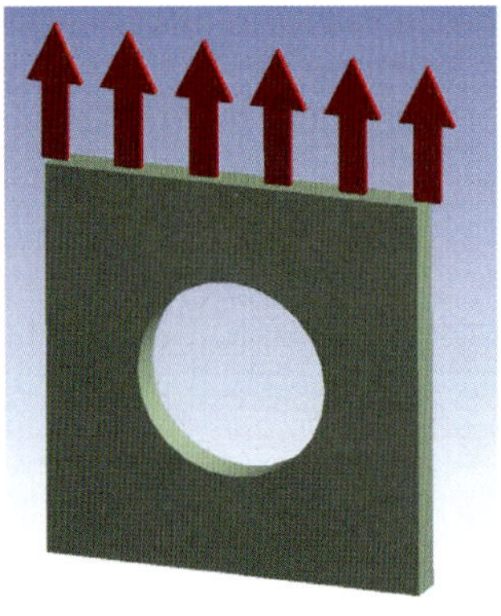

Bolzenlast

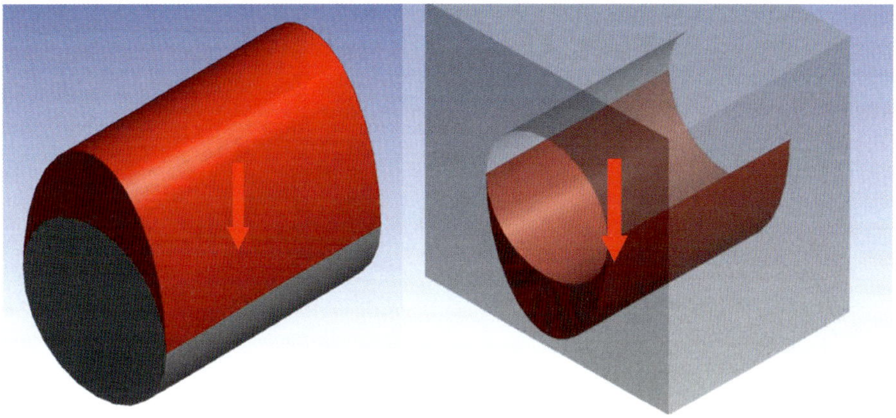

Auf einer Zylinderfläche, die an den Enden mit Kreisbögen beschrieben ist, wird eine variable Kraftverteilung definiert. Der Bereich erstreckt sich über 180° in Kraftrichtung. Diese Verteilung entspricht einer Cosinus-Form. Die axiale Komponente ist gleichmäßig verteilt.

Außenflächen werden auf der der Kraft entgegenliegenden Hälfte belastet (Beispiel: Stehbolzen). Bohrungsflächen werden auf der in Kraftrichtung liegenden Hälfte belastet.

Moment auf einer Fläche

Verteilt ein vorgegebenes Moment über eine Fläche: Das Moment wird über die Rechte-Hand-Regel über einen Vektor definiert.

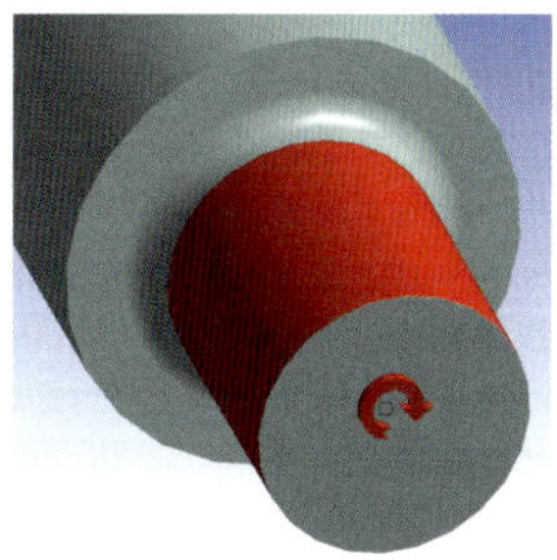

Externe Kraft

Eine externe Kraft greift nicht direkt am zu berechnenden Bauteil an, sondern über Bauteile, die im Berechnungsmodell nicht vorhanden sind. Der Ort des Kraftangriffes kann über lokale Koordinatensysteme definiert werden. Zwischen diesem Punkt und der zugewiesenen Geometrie (dort, wo die Kraft im Bauteil eingeleitet wird) werden automatisch Koppelgleichungen eingefügt.

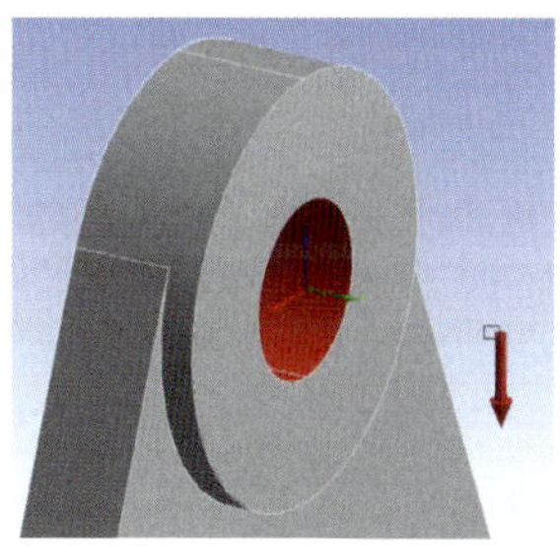

Schraubenvorspannung

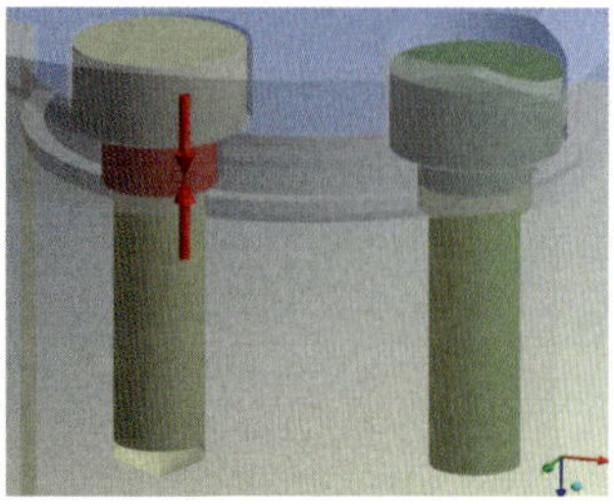

Die Schraubenvorspannung (in früheren Versionen auch statische Spannung genannt) wird dazu verwendet, Strukturen mit Vorspannung zu versehen. Typische Anwendungsfälle sind Schrauben und Nieten (siehe Abschnitt 8.6.2.4).

Fixierte Lagerung

Verhindert die Verformung und Bewegung einer Fläche, einer Kante oder eines Punktes: Bei der Lagerung von Punkten werden keine Momente aufgenommen, d. h., die Lagerung ist drehweich. Bei einer Lagerung wird kein Moment entlang der Kante aufgenommen.

Fixierte Lagerungen sind oft Quellen für Spannungssingularitäten durch die unendliche hohe Steifigkeit.

Verschiebung

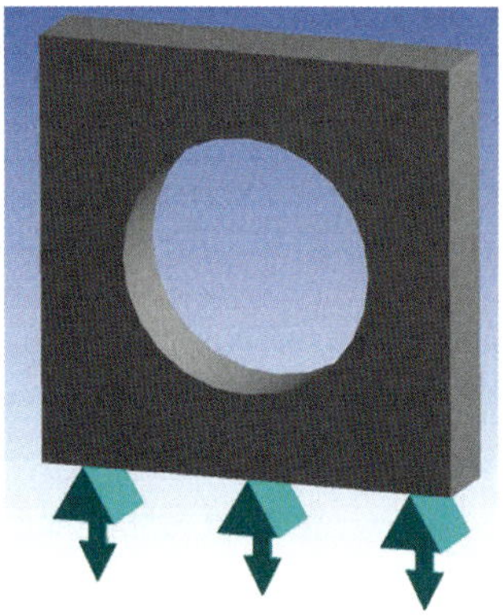

Statt einer Kraft oder eines Druckes kann als Belastung auch eine vorgegebene Verschiebung definiert werden. Die Verschiebung bezieht sich als Delta gegenüber der Originallage (unverformt). Wenn alle drei Verschiebungskomponenten festgehalten werden, ist das Bauteil über diese Fläche komplett eingespannt.

Die Verschiebung kann an einer Fläche, Kante oder einem Punkt definiert werden. Wird ein Verschiebungswert von 0 definiert, ist das Bauteil in dieser Richtung gelagert. Eine „Verschiebung" von x = frei, y = frei und z = 0 heißt also, dass die betreffende Geometrie in z-Richtung gelagert, in x und y aber frei beweglich ist.

Auch bei dieser Randbedingung werden oft unrealistisch hohe Spannungen auftreten, die bei der Ergebnisinterpretation entsprechend herausgefiltert werden müssen.

Externe Verschiebung

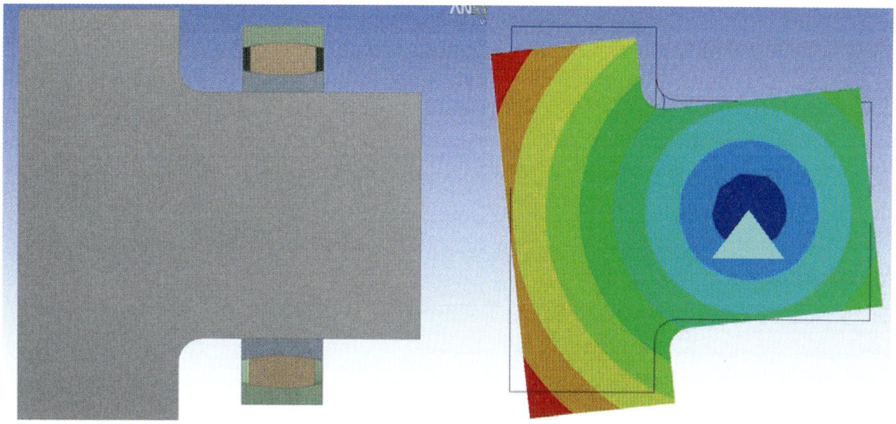

Die externe Verschiebung ermöglicht die Lagerung einer Bauteilfläche an irgendeinem Punkt im Raum. An diesem Punkt können drei translatorische und drei rotatorische Lagerungen definiert werden. Sie wird verwendet, um lagernde Bauteile, die in der Berechnung fehlen, zu ersetzen oder um komplexe Randbedingungen vereinfacht abzubilden (z. B. abwälzender Kontakt, Pendelrollenlager), da alle Freiheitsgrade vorhanden sind. Die Bauteilfläche kann starr oder elastisch sein. Dadurch kommt die externe Verschiebung auch als Ersatz für fast alle anderen Lagerungen zum Einsatz, wenn die gelagerte Fläche nicht starr sein darf.

Reibungsfreie Lagerung

Eine ebene oder gekrümmte Fläche kann sich nicht normal aus sich heraus bewegen oder verformen. Alle anderen Bewegungsmöglichkeiten bleiben frei (eine Verschiebung + zwei Rotationen fest, zwei Verschiebungen + eine Rotation frei). Die reibungsfreie Lagerung wird als Symmetriebedingung verwendet und ist als Lagerung vergleichbar mit einem Magneten auf einer geölten Stahlplatte.

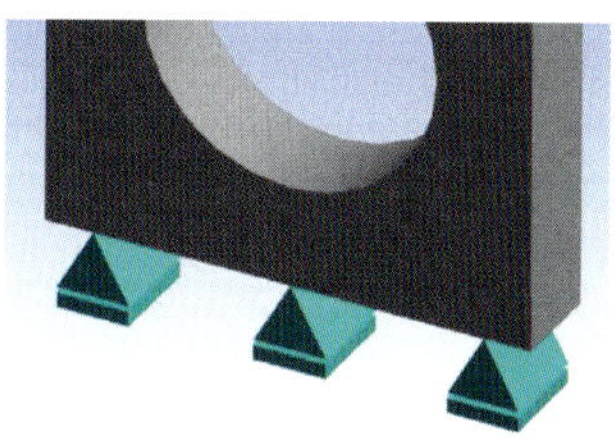

Starres Auflager

Wirkt wie eine **REIBUNGSFREIE LAGERUNG**, allerdings wird nur bei Druckkräften gelagert, bei Zugkräften hebt das Bauteil ab, und die Lagerung wird gelöst. Stellt eine nichtlineare Kontaktstelle dar, dadurch Faktor 10 bis 20 an Rechenzeit oder mehr.

Zylindrische Lagerung

Bei zylindrischen Flächen kann die Verformung in radialer, tangentialer und axialer Richtung separat freigegeben oder gesperrt werden.

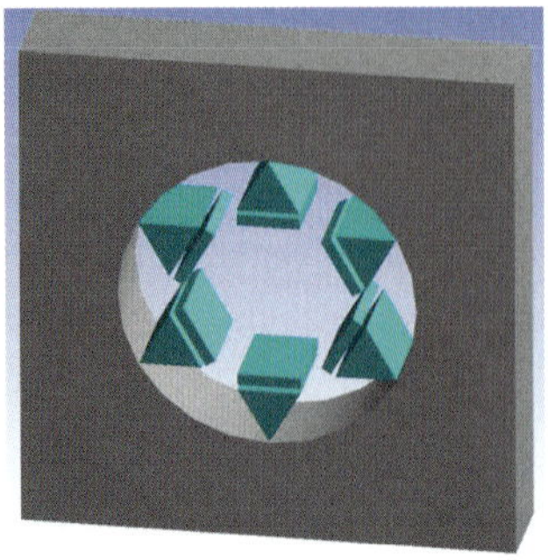

Elastische Lagerung

Die elastische Lagerung ermöglicht die Definition einer Steifigkeit des Anschlussbauteils in N/mm^3.

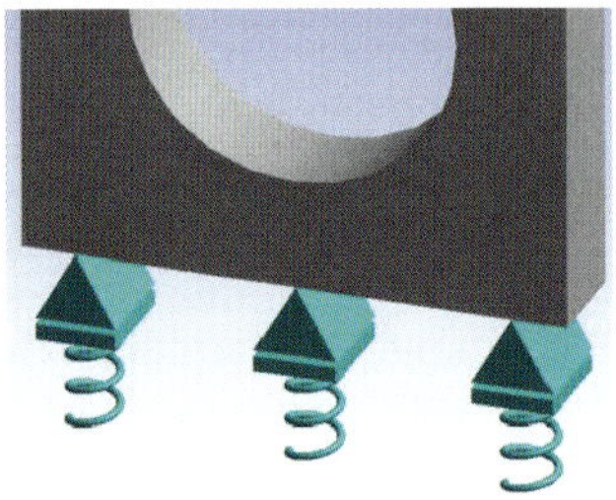

Beispiel: Eine Linearführung hat eine Steifigkeit von 2000 kN/mm. Die Fläche, an der die Lagerung definiert wird, ist 400 mm^2 groß. Um diese Steifigkeit von 2e6 N/mm zu erhalten, ist eine elastische Lagerung mit 5000 N/mm^3 erforderlich (5000 $N/mm^3 \times 400\ mm^2 =$ 2e6 N/mm).

Kopplungsgleichung

Bereiche des Modells werden über eine Koppelgleichung gekoppelt, z. B. die Verschiebung eines (externen) Punktes A mit der Verschiebung eines anderen (externen) Punktes B. Die Koppelgleichung für eine gleiche Bewegung in Y-Richtung sieht dann wie folgt aus:

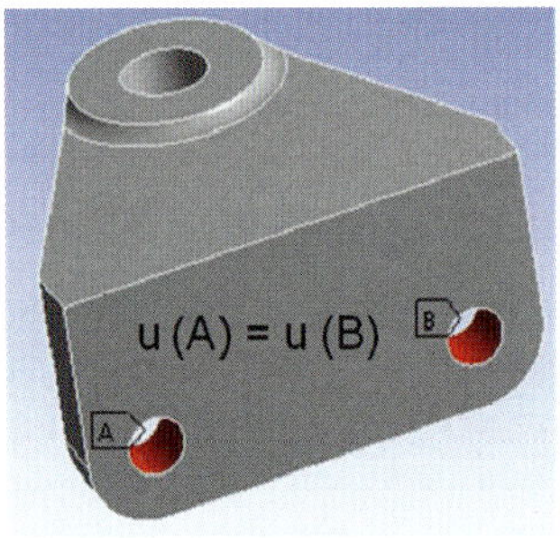

0 = 1 x uy (externer Punkt A) + (−1) x uy (externer Punkt B). Die Koppelgleichungen können auch nicht gleichartige Freiheitsgrade (z. B. x-Richtung mit y-Richtung) mit Übersetzungsverhältnis koppeln. Diese Gleichung gilt nur ohne geometrische Nichtlinearitäten.

Sind die Bewegungen gleich, lassen sich die Freiheitsgrade ohne Koppelgleichung direkt koppeln, sodass die vorangehend gezeigte Vorgehensweise abgekürzt werden kann.

Beschleunigung

Um den Effekt durch Eigengewicht oder sonstige Beschleunigungen mit zu berücksichtigen, sollten Sie die Beschleunigung im richtigen Einheitensystem angeben. Die Verformung findet entgegengesetzt der Wirkrichtung der Beschleunigung statt, da die Massenträgheit für die Verformung sorgt.

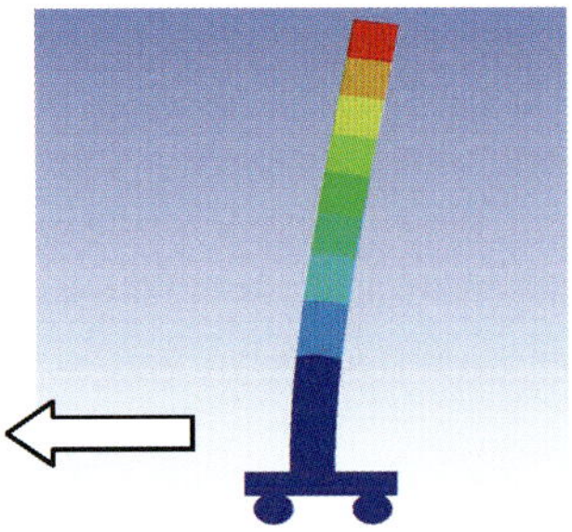

Erdanziehungskraft

Die Erdanziehungskraft (Eigengewicht) bewirkt als Kraft eine Verformung in Richtung des Vektors. Die Kraftgröße ergibt sich aus der Masse der Bauteile. Die Verformung findet statt in Richtung der Definition dieser Randbedingung.

Drehgeschwindigkeit

Rotierende Bauteile können in einer statischen Rechnung simuliert werden. Die Aufweitung aufgrund der Drehzahl kann hiermit ermittelt werden, z. B. Spannungen in Schwungrädern.

Importierte Lasten

Kräfte aus Magnetfeldberechnungen und Temperatur- und Druckverteilungen aus thermischen oder Strömungsanalysen können für die mechanische Berechnung importiert werden. ANSYS übernimmt dabei auf Basis der Knotenpositionen ein automatisches Übertragen (Mapping) der Randbedingungen vom vorhergehenden Berechnungsmodell auf das aktuelle.

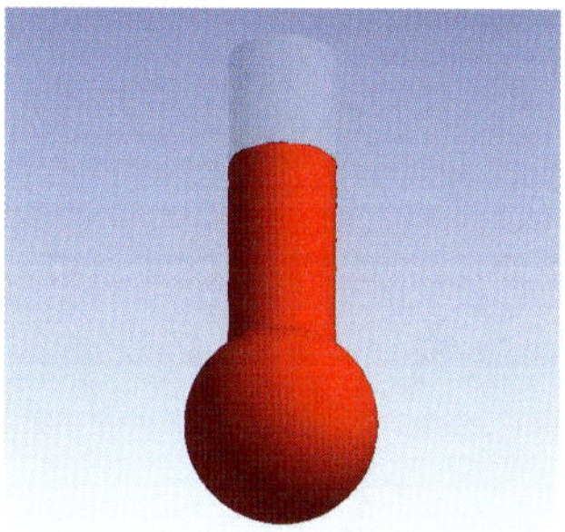

Detonationspunkt

Definiert den Startpunkt für Detonationsberechnungen. Nur verfügbar in expliziten Analysen auf Basis des Autodyn-Solvers.

Impedanzbegrenzung

Schockwellen können ohne Reflexion den Festkörper verlassen. Sie sind nur in expliziten Analysen verfügbar.

Orientierung von Kräften

Strukturmechanische Belastungen können auf zwei unterschiedliche Arten definiert werden: Nach dem Koordinatensystem mit entsprechenden Komponenten in x-, y-, z-Richtung oder über geometrische Orientierung. Im **DETAILFENSTER** kann man unter **DEFINIERT DURCH** umschalten zwischen **KOMPONENTEN** (Komponenten bzgl. des Koordinatensystems) und **VEKTOR** (geometrische Orientierung). Die geometrische oder Vektororientierung erlaubt es z. B., dass eine Kraft über eine Ebene (normal) oder eine Kante (kolinear) orientiert wird. Die jeweilige Richtung wird dann während der Definition am Modell angezeigt.

Beim Orientieren per Vektor wird eine beliebige Geometrie verwendet, um die Kraft richtig anzugeben. Die Kraft selbst wirkt jedoch immer an dem zuerst selektierten geometrischen Element.

Ebene Fläche

Fläche selektieren: Kraft wirkt normal zur Fläche

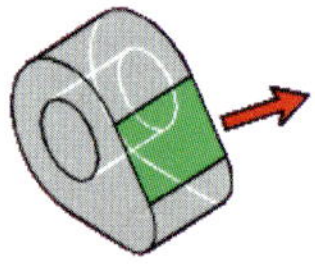

Kante

Kante selektieren: Kraft wirkt in Kantenrichtung

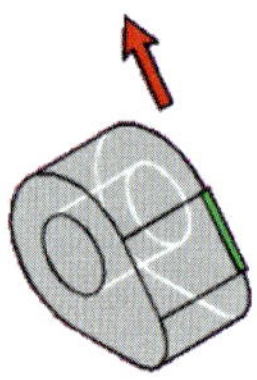

Geometrische Achsen

Zylinderfläche selektieren: Kraft wirkt in Achsenrichtung

Zwei Ecken

STRG/CTRL-Taste halten und zwei Punkte selektieren

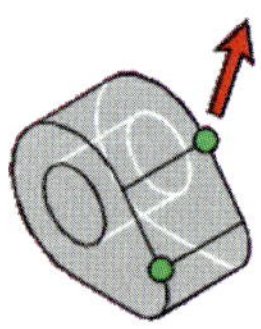

8.6.2.2 Thermische Randbedingungen

Durch Temperaturfelder können thermische Dehnungen und Spannungen verursacht werden. Die thermische Dehnung errechnet sich zu $\alpha \times (T_d - T_r)$, wobei T_d die Arbeitstemperatur und T_r die Referenztemperatur (spannungsfrei) ist.

Wärmestrom, Wärmestromdichte, interne Wärmeerzeugung

Eintrag einer Leistung absolut, flächen- oder volumenbezogen

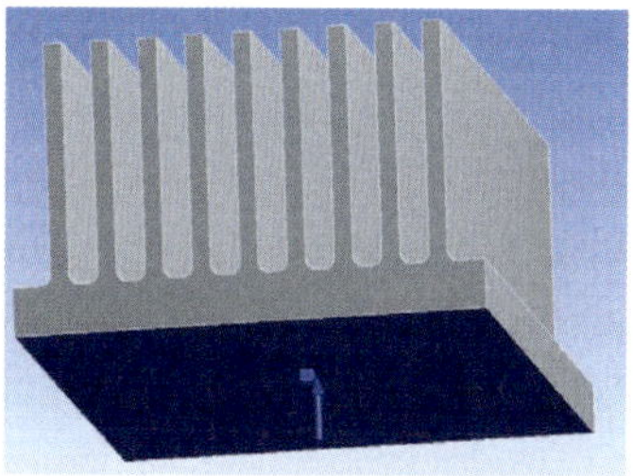

Konvektion

Hier wird ein konvektiver Temperaturübergang auf einer Fläche definiert.

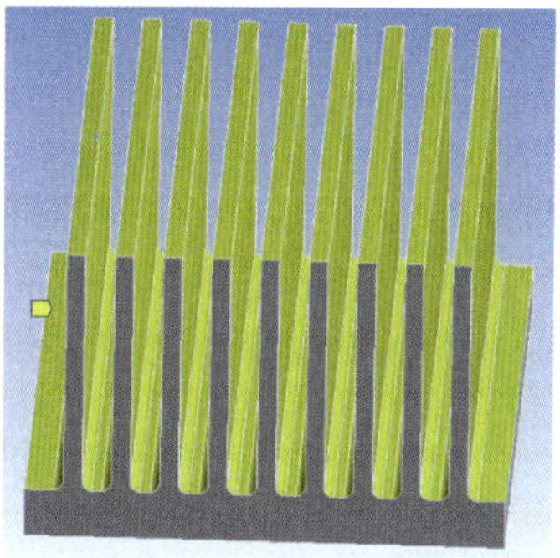

Der Wärmeübergangskoeffizient ist ein Wert, der vom Medium und von den Strömungsbedingungen abhängt. Für genaue Angaben des Wärmeübergangskoeffizienten sollten entsprechende Handbücher zum Thema Temperaturfelder herangezogen werden (gute Quelle: VDI Wärmeatlas). Um den Beschaffungsaufwand für diese Wärmeübergangskennzahlen gering zu halten, können diese Werte auch in einer ANSYS Workbench-Datenbank hinterlegt und eingeladen werden. Bei der Definition sollte man auf das Einheitensystem achten und am besten SI-Einheiten (m, kg, s) verwenden.

Temperatur

Hier wird eine bekannte Temperatur auf einer Geometrie festgelegt. Werden unterschiedliche Flächen bei der Angabe der Temperatur gewählt, wird derselbe Wert auf alle gewählten Flächen angewandt.

Strahlung

Strahlung kann zwischen dem Körper und der Umgebung oder zwischen zwei Körpern erfolgen. Modelle mit Strahlung brauchen ein iteratives Lösungsverfahren.

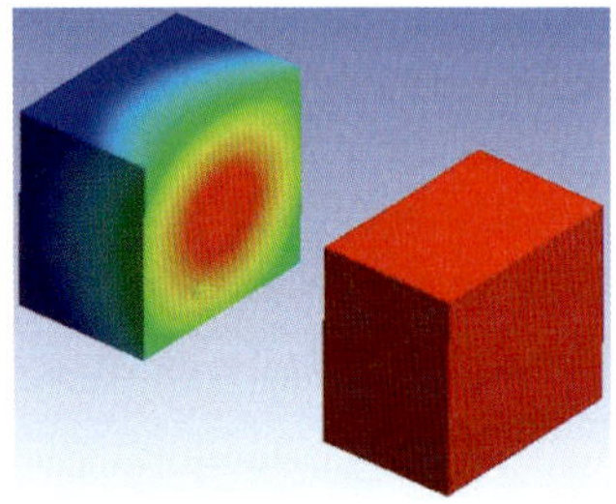

Koppeln

Bereiche des Modells werden über eine Koppelgleichung gekoppelt. Damit wird z. B. die Temperatur einer Fläche A mit der Temperatur einer Fläche B gleichgesetzt.

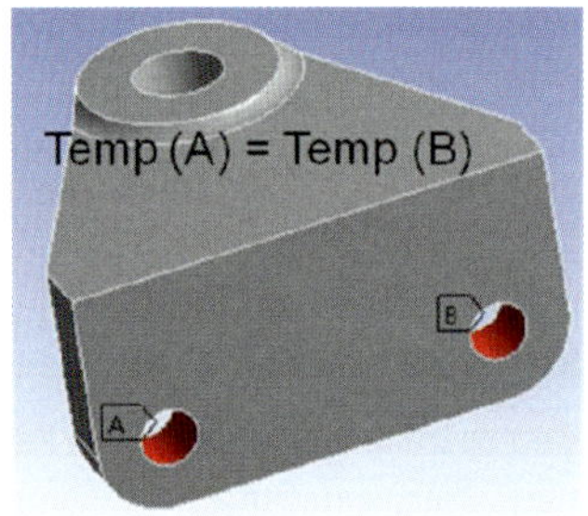

8.6.2.3 Symmetrie

Schneller

Symmetrie ermöglicht in der FEM-Simulation, statt der kompletten Struktur nur einen symmetrischen Bruchteil zu berechnen, also ein Halb-, Drittel-, Viertel-, Achtelmodell usw.

Der Vorteil der Symmetrie besteht in zwei Faktoren

Robuster

- Das Symmetriemodell braucht weniger Knoten und Elemente als ein Komplettmodell – für ein Halbmodell nur die Hälfte, für ein Viertelmodell nur ein Viertel der Knoten usw. In den meisten modernen Gleichungslösern geht die Anzahl der Knoten linear in die Berechnungszeit ein, d. h., die Berechnungszeit reduziert sich demzufolge auch auf die Hälfte bzw. ein Viertel. Einige Gleichungslöser haben sogar eine quadratische Abhängigkeit von Rechenzeit zu Anzahl der Knoten, d. h. bei halber Knotenzahl sogar nur noch ein Viertel der Berechnungszeit.
- Das Symmetriemodell ist eine elegante Möglichkeit, Bauteile zu lagern, die sonst nur schwierig zu lagern sind. Beispiele sind rotationssymmetrische Bauteile unter Innendruck, die sich in alle Richtungen ausdehnen und demnach eigentlich nirgendwo gelagert werden können, oder die in Abschnitt 8.6.2.1 gezeigte Schreibe mit Loch, die sich ebenfalls in alle Richtungen verformt. Symmetrie stabilisiert also die Analyse, was insbesondere bei nichtlinearen Aufgabenstellungen sehr hilfreich ist.

Voraussetzungen

Voraussetzung für die Berücksichtigung der Symmetrie ist, dass sowohl die Geometrie als auch die Last symmetrisch sind. Symmetrische Geometrien unter symmetrischer Belastung führen auch zu symmetrischer Verformung. Dadurch kann die Symmetrie auch in der Berechnung genutzt werden. Bei der Symmetrie der Geometrie geht man in der Praxis durchaus Kompromisse ein. Das bedeutet, dass kleine unsymmetrische Konstruktionselemente wie einseitige Bohrungen vernachlässigt werden, wenn man davon ausgehen kann, dass sie die Steifigkeit und damit die symmetrische Verformung nicht nennenswert beeinflussen.

Symmetrie ist als Spiegelsymmetrie gemeint, d. h., wenn man sich gedanklich einen Spiegel an der Symmetrieebene vorstellt, muss das sich einstellende Gesamtbild dem realen Anwendungsfall entsprechen. Genauso wie die Geometrie nur mit einem Bruchteil abgebildet wird, müssen auch die Lasten entsprechend angepasst werden (im Halbmodell also entsprechend nur die Hälfte der Kraft).

Für Schwingungsanalysen ist Symmetrie in der Regel nicht zulässig, da alle unsymmetrischen Schwingungsformen eliminiert werden.

Wie definieren?

Durch die Symmetrie ist die Bewegung der Knoten in der Symmetrieebene zwar möglich, aber nicht senkrecht dazu. Als Symmetriebedingung müssen daher alle Verschiebungen aus der Symmetrieebene heraus unterbunden werden. Die geeignete Randbedingung dazu ist die REIBUNGSFREIE LAGERUNG. Sie wird an allen Flächen definiert, die durch den Symmetrieschnitt entstanden sind. Alle Symmetrieflächen können in einer gemeinsamen REIBUNGSFREIEN LAGERUNG zusammengefasst werden.

Eine mächtigere Funktion für Symmetrie steht über die Symmetriefunktion zur Verfügung. Fügen Sie im Strukturbaum auf der Modellebene den Symmetrie-Ordner ein und dort wiederum für jede Symmetrie eine Symmetrierandbedingung. Wählen Sie den Typ SYMMETRISCH.

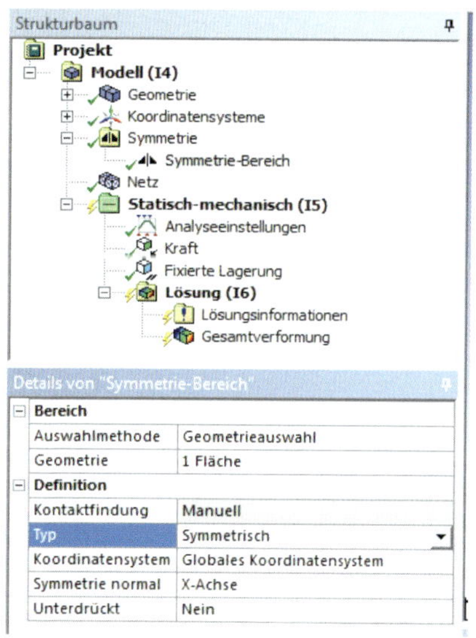

Bei Temperaturfeldanalysen ist sicherzustellen, dass kein Energiefluss über die Symmetriefläche hinweg stattfindet. Sind keine Randbedingungen definiert, reicht dies aus. Sind jedoch bauteilbezogene Randbedingungen definiert, kann es erforderlich sein, die Symmetriefläche mit der Randbedingung PERFEKT ISOLIERT zu versehen.

Die in Abschnitt 8.6.2.1 gezeigte Scheibe würde im Symmetriemodell wie in der nachfolgenden Abbildung (siehe S. 202) aussehen.

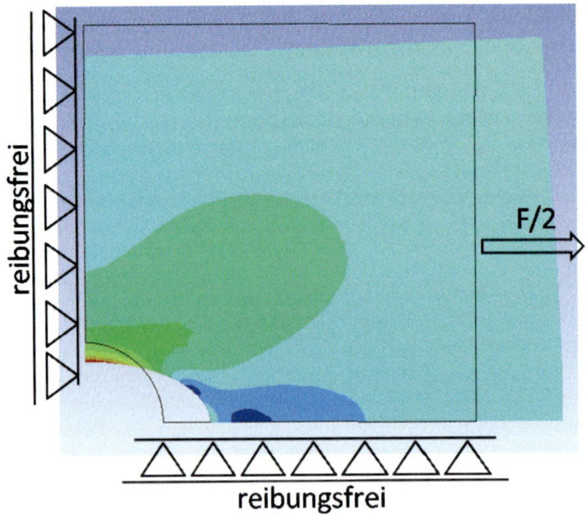

Keine Verfälschung

Symmetrie ist die einzige Randbedingung, an der kein lokaler Fehler durch die Randbedingung auftritt, sodass Ergebnisse direkt an dieser Randbedingung ausgewertet werden können.

Antimetrie

Sie tritt auf, wenn ein spiegelsymmetrisches Bauteil unsymmetrisch belastet wird. Mit den Randbedingungen für Antimetrie lässt sich auch hier der Berechnungsaufwand auf die Hälfte reduzieren. Wählen Sie in der Symmetriebedingung den Typ **NICHT SYMMETRISCH**.

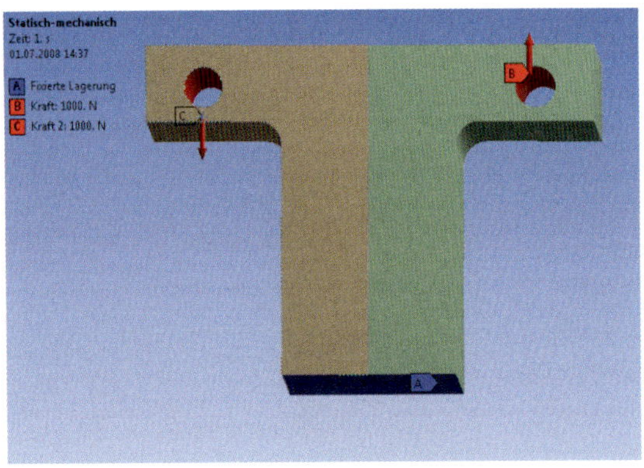

Zyklische Symmetrie

Sonderfall

Sie wird angewendet, wenn ein rotationssymmetrisches Bauteil mit sich wiederholenden Geometrien aufgebaut ist. Beispiele dafür sind Lüfter oder Turbinenschaufeln (normale Spiegelsymmetrie ginge davon aus, die Schaufeln sind gegenläufig; deshalb hier nicht anwendbar). Der Berechnungsaufwand reduziert sich analog der Zahl der Wiederholungen (in der Statik bei 15 Schaufeln auf 1/15).

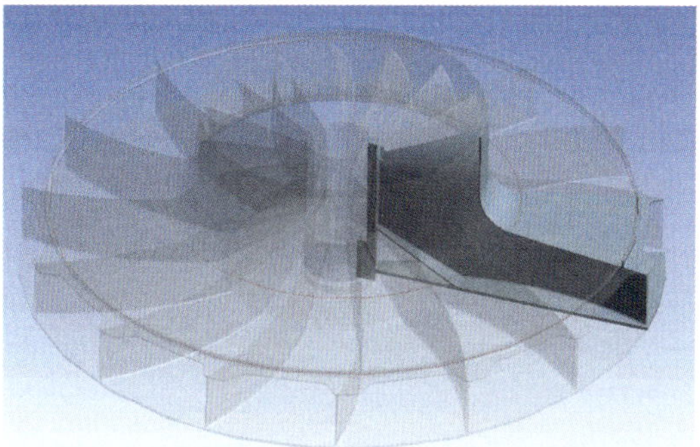

Zur Definition der zyklischen Geometrie kann im Strukturbaum der Ordner Symmetrie aktiviert werden (**MODELL**, rechte Maustaste, **EINFÜGEN/SYMMETRIE**), darin wiederum kann der **CYCLIC**-Bereich eingefügt werden (siehe nachfolgende Abbildung). Zu dessen Detaileigenschaften gehören ein zylindrisches Koordinatensystem sowie in der Tangentialrichtung gesehen das erste (niedrige) und das zweite (hohe) Schnittufer, d.h. die Flächen, die durch den zyklischen Schnitt entstanden sind.

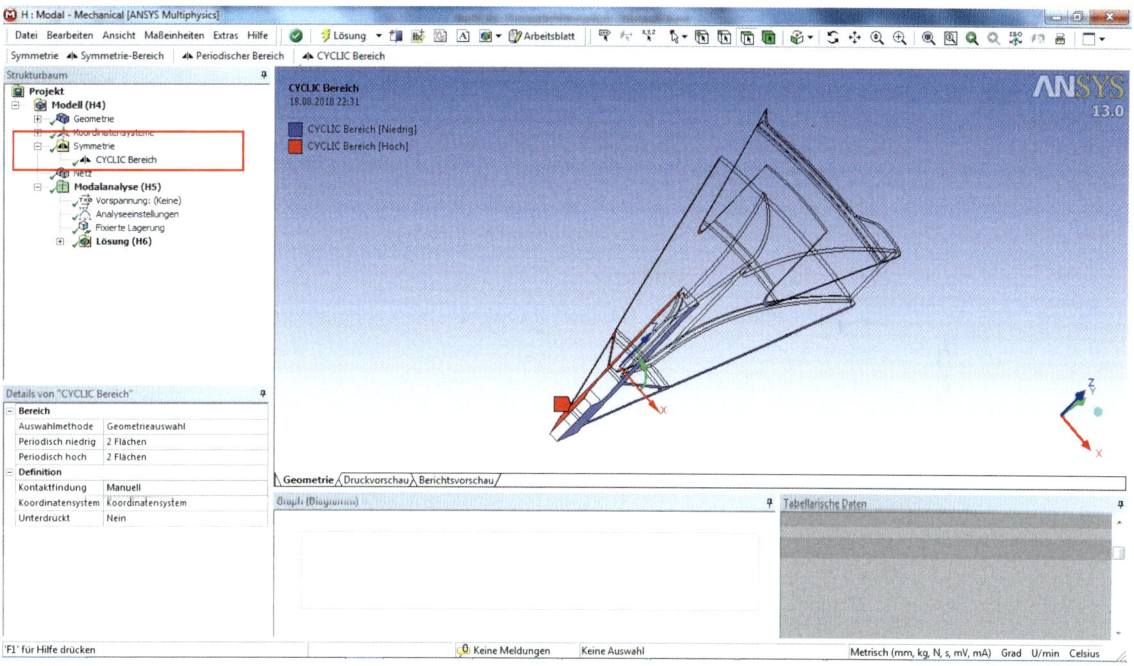

Bei der Visualisierung der Ergebnisse wird die Darstellung automatisch auf das Vollmodell expandiert. Bei modalbasierten Analysen werden die Schwingungsformen mithilfe eines sogenannten. harmonischen Index berechnet. Er dient dazu, den Versatz und die verschiedenen Phasenwinkel der einzelnen Segmente abzubilden und dadurch Schwingungsformen zu berechnen, die sich über mehr als ein Segment erstrecken. Der Vorteil dieses Verfahrens ist auch hier eine deutlich höhere Geschwindigkeit gegenüber dem Vollmodell, insbesondere bei einer hohen Zahl von Teilungen.

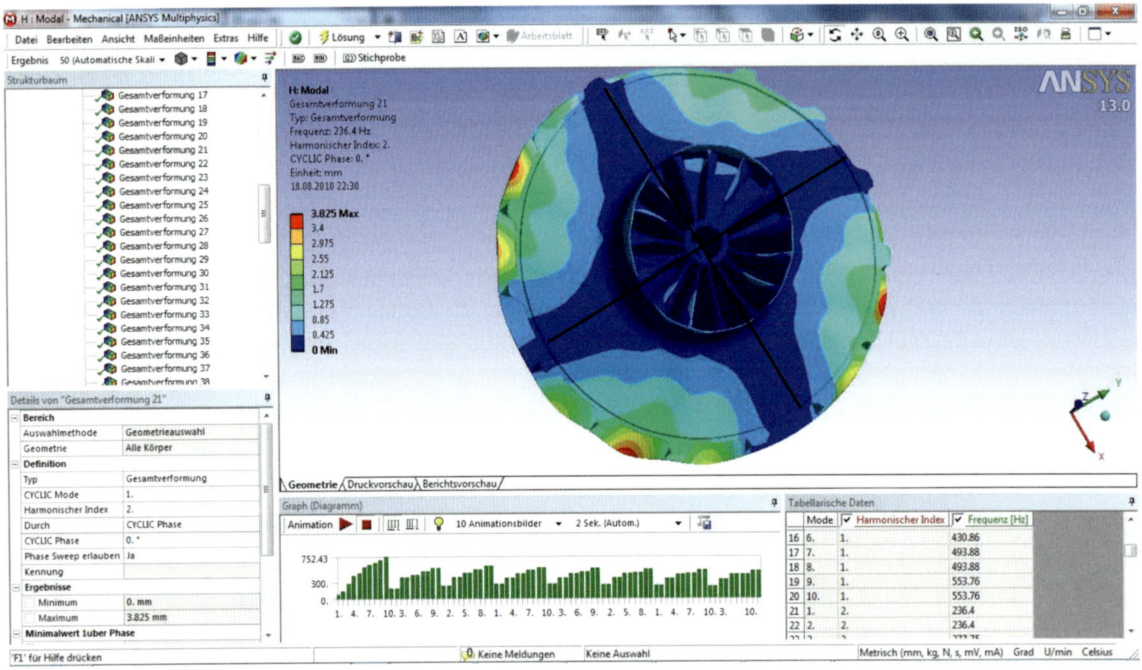

Erste Schwingungsform mit Knotendurchmesser zwei

Harmonische Elemente

Bei axialsymmetrischen Geometrien, aber unsymmetrischen Lasten wie Biegung oder Torsion können harmonische Elemente dazu verwendet werden, den eigentlich dreidimensionalen Belastungszustand in einer zweidimensionalen Analyse zu ermitteln.

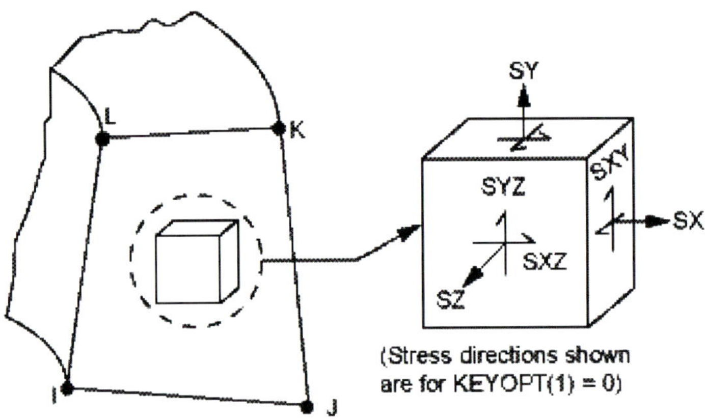

8.6.2.4 Schrauben

Kraftrandbedingungen ungeeignet

Die Verwendung von Schrauben in Berechnungsmodellen ermöglicht es, Betriebskräfte für die Schrauben zu ermitteln und die Steifigkeit (und damit Verformung und Spannungsverteilung) in den verschraubten Bereichen besser abzubilden. Die Wirkungsweise einer Schraube kann nicht einfach durch äußere Kräfte simuliert werden, weil die Schraubenkräfte unter Belastung (Betriebskraft) größer oder kleiner sind als die Schraubenvorspannkraft. Dies hängt von der Größe der Vorspannung und der Flansch- und Schraubensteifigkeit ab und wird oft in einem Verspannungsschaubild dargestellt.

HINWEIS: Beachten Sie, dass die von ANSYS Workbench ausgegebene Kraft die Schraubengesamtkraft F_{Smax} ist, d. h. die Vorspannkraft zuzüglich dem durch die Betriebskraft in der Schraube zusätzlich ankommenden Anteil F_{SA}. Diese Kraft wird in ANSYS Workbench als Betriebskraft/Working Load ausgegeben und entspricht damit nicht der im deutschsprachigen Raum üblichen Bedeutung der Betriebskraft F_A.

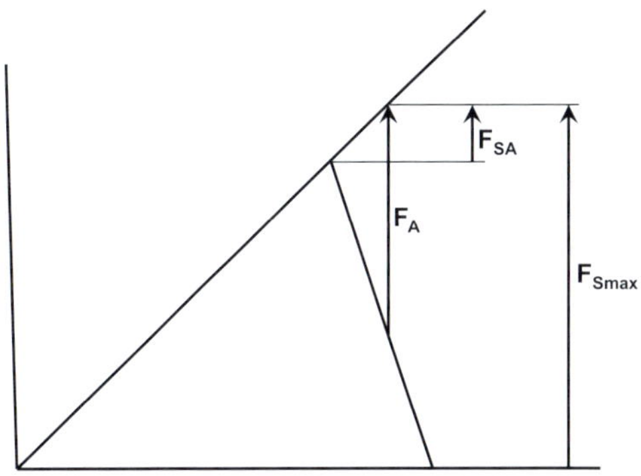

Diese Art der Belastung steht in ANSYS Workbench über die strukturmechanische Randbedingung **SCHRAUBENVORSPANNUNG** zur Verfügung (siehe nachfolgende Abbildung).

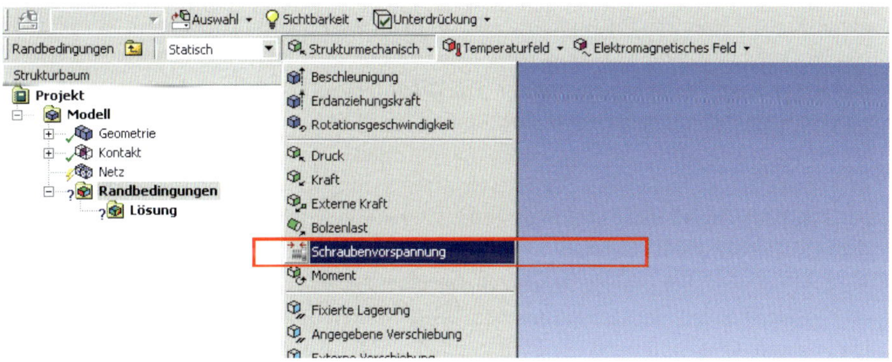

Interne Umsetzung

Mittels dieser Randbedingung wird der Körper in axialer Richtung mittig der gewählten Zylinderfläche intern in zwei Teile gespalten. Diese beiden Teile werden in einem ersten Berechnungsschritt (noch ohne äußere Kraftwirkung) gegeneinander versetzt.

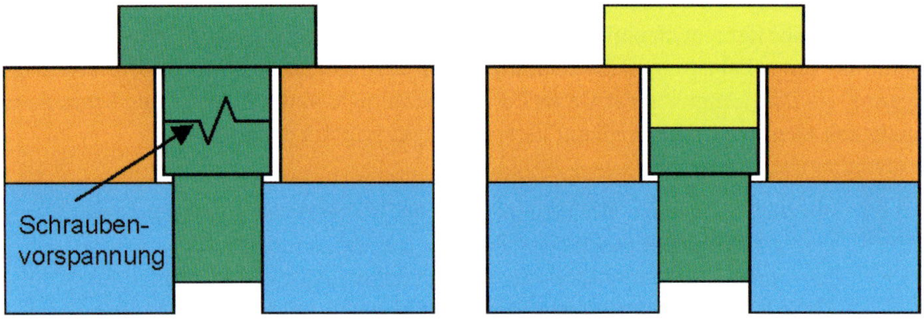

In Abhängigkeit von den Flanschsteifigkeiten ergibt sich dann eine Reaktionskraft. Der Versatz wird nun so modifiziert, dass sich als Reaktionskraft die Schraubenvorspannkraft ergibt, gleichzeitig wird auch die äußere Kraft aktiviert und in ihrer Wirkung berechnet.

Auf folgende Punkte sollte geachtet werden

- **Kontakterkennung:** Sind alle Kontakte erzeugt, die notwendig sind? Zum einen der Kontakt zwischen Schraubenkopf-Unterseite und Flansch, zum anderen Kontakt zwischen unterem Schraubenschaft und Gewindebohrung. Dazu sollten Sie die Kontakterkennungstoleranz modifizieren oder Kontakte manuell definieren.
- **Kontakterkennung 2:** Sind *keine* Kontakte definiert, wo keine wirken sollen? Hier ist insbesondere die Durchgangsbohrung zu beachten. Dort soll typischerweise *kein* Kontakt definiert sein.
- **Welche Kontakteigenschaften sind definiert?** Idealer Kompromiss zwischen Berechnungsaufwand und Modellgüte: Unter dem Schraubenkopf und im eingeschraubten Gewinde sollte Verbundkontakt definiert sein. Zwischen den beiden verschraubten Bauteilen sollte es ein abhebender Kontakt sein.
- Die Schraubenvorspannkraft darf nur auf zylindrischen Flächen definiert werden, auf denen sonst keine Randbedingung und vor allem **kein Kontakt** definiert ist (Achtung mit der automatischen Kontakterkennung). Deshalb muss man den Schraubenschaft in der Regel teilen, entweder durch die Funktion TRENNEN (falls das CAD-System dies unterstützt) oder durch einen Absatz. Denken Sie daran, dass das interne Zerteilen der Schraube in der Mitte der Zylinderfläche stattfindet, auf der die Schraubenvorspannkraft definiert ist. Definieren Sie die Trennung so, dass der Bereich für die Randbedingung SCHRAUBENVORSPANNUNG etwas weniger lang ist als die Durchgangsbohrung (siehe vorangegangene Skizze).
- Bei zylindrischen Schrauben, deren Zylinderfläche in zwei Hälften – Halbschalen mit je 180° – geteilt ist (z. B. in Creo Parametric), wird nur eine Hälfte mit der gesamten Schraubenvorspannkraft definiert. Die Zylinderfläche identifiziert eindeutig, in welche Richtung die Schraubenvorspannkraft wirkt, wie groß diese ist und wo (axial in der Mitte) der zylindrische Teil der Schraube geteilt und gegeneinander verspannt wird.

Ein einfaches, aber die wesentlichen Effekte abbildendes Modell einer Schraubverbindung könnte wie in der folgenden Abbildung aussehen.

Möglicher Modellaufbau

Beachten Sie, dass in diesem Beispiel die Schraube aus zwei Zylindern besteht. Der lange Zylinder ist an seiner Mantelfläche in axialer Richtung geteilt. Die gerade selektierte Fläche kann mit einer Schraubenvorspannkraft versehen werden, weil diese Fläche in keiner Kontaktdefinition enthalten ist. Eine bessere Schraubengeometrie ist die zuvor beschriebene abgestufte Modellierung mit unterschiedlichen Durchmessern für Schraubenschaft und Schraubengewinde.

Die nachfolgenden Abbildungen zeigen die Kontakte zwischen den einzelnen Bauteilen.

Verbund zwischen Kopf und Flansch

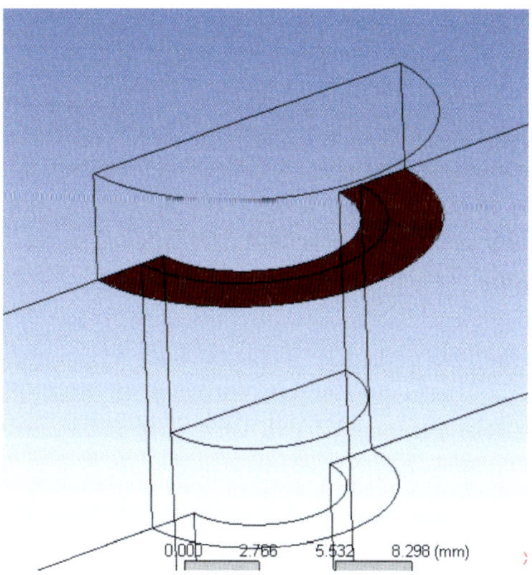

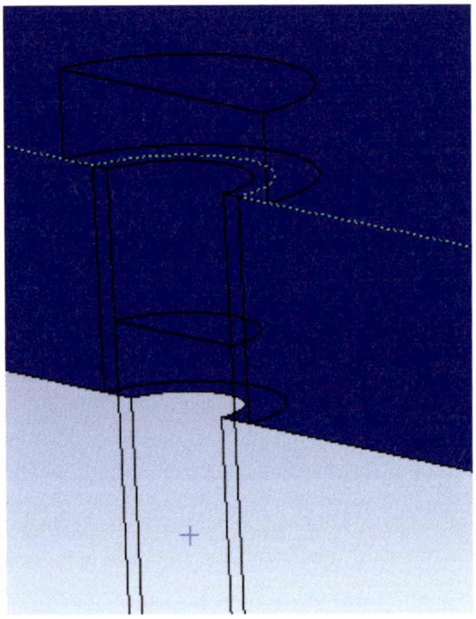

RAU, REIBUNGSBEHAFTET oder **REIBUNGSFREI** zwischen den Flanschen

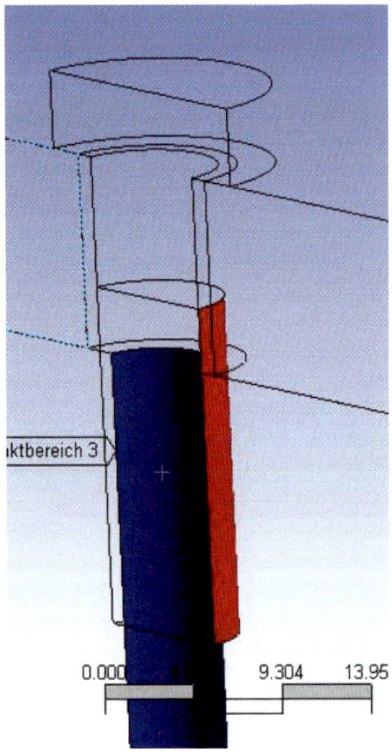

VERBUND zwischen unterem (!) Teil der Schraube und der Gewindebohrung

TIPP: Eine bessere Alternative ist es, den unteren Bereich des Schraubenschaftes mit dem „Gewinde"-Bohrungsdurchmesser zu definieren (d. h. die Schraube abzusetzen, Schaftbereiche = Nenndurchmesser, Gewindebereich = Kerndurchmesser), weil dann die Kontaktfindung dort automatisch laufen kann. ■

Lastschritte

Beachten Sie, dass während der Berechnung zwei Lastschritte berechnet werden müssen. Im ersten Lastschritt muss die äußere Kraft auf die Baugruppe deaktiviert werden, um die Verspannung (Vorspannweg) der Schraube als Längenänderung zu ermitteln, die u. a. von den Flanschsteifigkeiten abhängt. Erst im zweiten Lastschritt darf die äußere Last wirken, sodass die in der Schraube wirksame Kraft erhöht (Zug) oder erniedrigt (Druck) wird.

Die Analyse muss als Mehrschrittanalyse definiert werden. Wählt man im Assistenten **MEHRSCHRITTANALYSE BERÜCKSICHTIGEN**, wird man im Strukturbaum auf die **ANALYSEEINSTELLUNGEN** hingewiesen. Dort sollte unter **ANZAHL DER SUBSTEPS** (Lastschritte) „2" eingetragen werden.

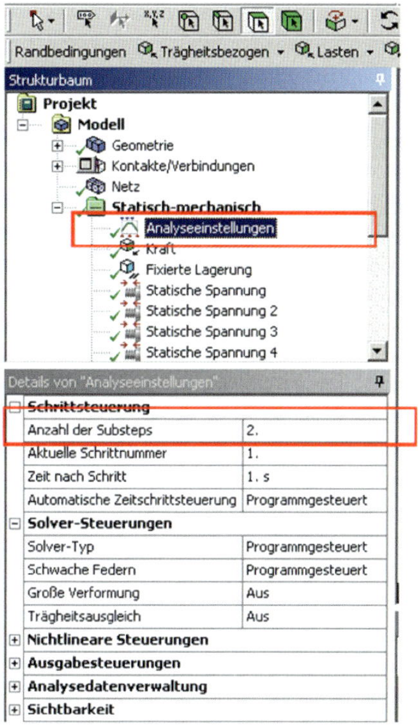

Für jede Schraubenvorspannung sollte die entsprechende Schraubenschaftfläche (bei zwei 180°-Halbschalen pro Schraube nur eine Halbschale) selektiert und eine **SCHRAUBENVORSPANNUNG** definiert werden. Im ersten Lastschritt wird die Schraubenvorspannkraft definiert, im zweiten Lastschritt wird diese Schraubenvorspannung gesperrt (die Schraubenverkürzung fixiert = **SPERREN**). Die Tabelle für jede Schraubenkraft sollte also wie in folgender Abbildung aussehen. Vorspannkraft definieren

schau / Pressure Equipment

Tabellarische Daten

	Schritte	Definiert durch	Vorspannkraft [N]	Vorspannweg [mm
1	1.	Vorspannkraft	20000	Nicht zutreffend
2	2.	Sperren	Nicht zutreffend	Nicht zutreffend

Die äußeren Lasten (Kräfte, Momente, Temperaturen, Eigengewicht usw.) sollten erst ab dem zweiten Lastschritt wirken, wenn also die Kalibrierung der Schraube abgeschlossen ist. Die Kraftdefinition könnte z. B. wie in folgender Abbildung aussehen.

Tabellarische Daten

	Schritte	Time [s]	X [N]	Y [N]	Z [N]
1	1	0.	0.	0.	0.
2	1	1.	0.	0.	0.
3	2	2.	= 0.	-20000	= 0.

Die äußere Kraft ist also erst wirksam, wenn die Schraube gesperrt ist.

Lastschritt	Schrauben-vorspannung	Äußere Lasten wie Kräfte, Momente etc.	Ergebnis
1	Vorspannkraft in N angeben	Null	Keine Aussage
2	„Sperren“	Werte definieren	Spannung und Verformung unter Schraubenvorspannung und äußerer Last

Als Berechnungsergebnis erhält man für jede Schraube die Betriebskraft F_{smax} und die korrekte Abbildung der Steifigkeiten: In einigen Bereichen liegen die verschraubten Teile aneinander an, in anderen Bereichen besteht die Tendenz zu klaffen.

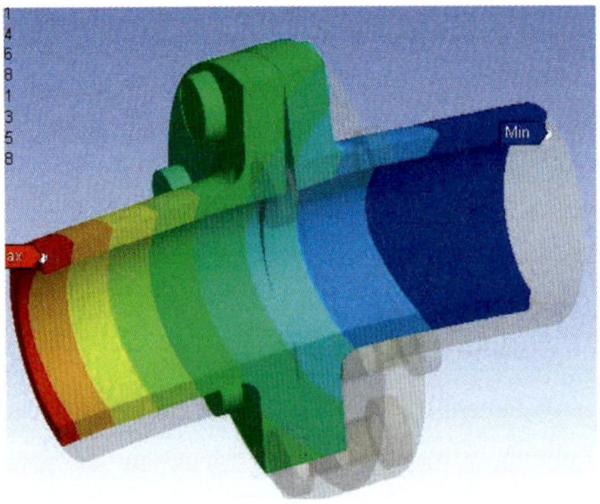

Lastfolge

Um die einzelnen Schraubenkräfte zu erhalten, zieht man die Randbedingung **SCHRAUBENVORSPANNKRAFT** im Strukturbaum per Drag & Drop auf **LÖSUNGEN**, sodass ein zusätzliches Berechnungsergebnis für diese Schraubenkraft erzeugt wird. Der erste Lastschritt dient dabei lediglich der internen Ermittlung der Steifigkeiten von Flanschen und Schrauben und sollte daher nicht ausgewertet werden. Ab dem zweiten Lastschritt sieht man die Schraubenkräfte über die verschiedenen Lastschritte auch in einem x-y-Diagramm. Wenn man die Spannungen und Verformungen auswerten will, die wirken, wenn die Schraubenvorspannkraft ohne äußere Belastungen wirkt, empfiehlt es sich, drei Lastschritte zu definieren.

Lastschritt	Schrauben-vorspannung	Äußere Lasten wie Kräfte, Momente etc.	Ergebnis
1	Vorspannkraft in N angeben	Null	Keine Aussage
2	„Sperren“	Null	Spannung und Verformung unter Schraubenvorspannung
3	„Sperren“	Werte definieren	Spannung und Verformung unter Schraubenvorspannung und äußerer Last

Die Schraubverbindung sollte an drei Stellen der ANSYS Workbench-Analyse vereinfacht werden: unter dem Schraubenkopf, im Flansch und im Gewinde. Das Gewinde sollte in jedem Fall über einen Verbundkontakt definiert werden (am besten mit MPC-Algorithmus).

Kontaktdefinition

Der Kontakt zwischen Schraubenkopf-Unterseite und Flansch sollte ebenfalls vereinfacht werden. Durch die hohen Schraubenkräfte kann ein Abheben in der Regel ausgeschlossen werden, so dass ein nicht abhebender Kontakt (Verbund, Keine Trennung) sinnvoll erscheint. Welcher dieser beiden verwendet wird, leitet sich aus der Höhe der Reibung ab. Wenn man aufgrund der Lizenzkonfiguration den realen Reibwert nicht eingeben kann, muss zwischen den beiden Polen keine Reibung und unendlich hohe Reibung gewählt werden. Es hat sich eingebürgert, den Kopf mit dem Flansch als reibschlüssig zu betrachten, daher verwendet man im Allgemeinen den Kontakt **VERBUND** (auch hier am besten mit dem MPC-Algorithmus).

Zwischen den beiden Flanschen (bzw. den zu verschraubenden Teilen) ist eine ähnliche Überlegung anzustellen. Hohe Reibung (Kontakttyp **RAU**) spiegelt die Steifigkeit, insbesondere bei hohen Querkräften, besser ab als keine Reibung (Kontakttyp **REIBUNGSFREI**), allerdings sind die Betriebslasten der Schraube dann etwas geringer. Ein praxisnaher Ansatz könnte so aussehen, dass der Kontakt einmal als reibungsfrei und einmal als rau berechnet wird. Die Realität liegt dann irgendwo dazwischen. Wenn genauere Aussagen erforderlich sind, gibt es in ANSYS Professional NLS und höherwertigen Lizenzen einen reibungsbehafteten Kontakt mit einem selbst zu definierenden Reibwert.

Ablauf

Typischer Ablauf analog VDI2230

Die praktische Berechnung einer Schraubverbindung gliedert sich in folgende Schritte:

1. Berechnung mit maximaler Vorspannkraft: Überprüfung der statischen und dynamischen Festigkeit
2. Berechnung mit minimaler Vorspannkraft:
   a) Berücksichtigung des Anziehfaktors
   Ermittlung des Vorspannkraftverlustes durch Setzen (mit den Ergebnissen aus 1.)

$$F_Z = \frac{f_Z}{\delta_S + \delta_P}$$

$$\delta_S + \delta_P = \frac{Schrauben-Vorspann-Weg}{Schrauben-Vorspann-Kraft}$$

   b) Überprüfung der dynamischen Festigkeit und Klaffen

3. Flächenpressung
4. Einschraubtiefe

Insbesondere die dynamische Bewertung von Schraubverbindungen muss sorgfältig überprüft werden. Die zulässigen Spannungsamplituden liegen bei kleinen Durchmessern (M4) bei etwa 70 MPa, bei großen Durchmessern (M30) bei etwa 40 MPa. Diese Werte verbessern sich *nicht* durch einen Wechsel zu einer höheren Festigkeitsklasse. Vielmehr kann durch eine optimale Gestaltung des Gewindeauslaufs die zulässige Spannungsamplitude um bis zu 35 % verbessert werden. Weitreichendere Optimierungsmöglichkeiten liegen in der Abstimmung der Steifigkeiten von Schraube und Flansch, sodass die Schraubenzusatzkraft aufgrund der äußeren Last möglichst klein ist (weiche Schraube, steifer Flansch, Anziehverfahren).

8.6.2.5 Schweißnähte

Die Berechnung von Schweißnähten auf Festigkeit ist ein sehr umfangreiches Thema, mit dem alleine sich schon einige Bücher oder Seminartage füllen ließen. Deshalb sei hier nur ein grober Überblick der zur Verfügung stehenden Verfahren gegeben.

Ohne Geometrie-aufbereitung

Beim **NENNSPANNUNGSKONZEPT** dient die FEM-Berechnung dazu, die Schnittlasten an einer einzelnen Schweißnaht zu ermitteln. Dazu braucht das Geometriemodell meist nicht oder in nur geringem Umfang aufbereitet zu werden. Die Baugruppe wird in der FEM-Berechnung mit Kontakten an den Stellen der Schweißverbindung versehen, sodass sich am Ende die Kontaktkräfte und -momente als Berechnungsergebnis ermitteln lassen. In einem zweiten Berechnungsschritt wird analytisch, entweder von Hand oder rechnergestützt, z. B. per Excel, die Spannung anhand der auftretenden Schnittgrößen (Kräfte, Momente) und der vorhandenen Querschnittsflächen und Widerstandmomente der Schweißnähte berechnet.

	A	B	C	D	E	F	G	H	I	J
1	Name	Schub in X	Schub in Y	Zug/Druck in Z	Biegung um X	Biegung um Y	Biegung um Z	Beanspruchungsgruppe	FAT Klasse	Auslastungsgrad
2	Name								100	
3	**Grundplatte Bis Dom 6-1**									
4	Geometrie	268 mm^2	268 mm^2	268 mm^2	2400 mm^3	1570 mm^3	3320 mm^3	B6	FAT	76%
5	Kraft / Moment	154 N	1248 N	11871 N	84595 Nmm	18153 Nmm	1698 Nmm			
6	Spannumg MPa	1 MPa	5 MPa	44 MPa	35 MPa	12 MPa	1 MPa		100	
7	**Grundplatte Bis Dom 6-1**									
8	Geometrie	268 mm^2	268 mm^2	268 mm^2	2400 mm^3	1570 mm^3	3320 mm^3	B6	FAT	76%
9	Kraft / Moment	154 N	1248 N	11871 N	84595 Nmm	18153 Nmm	1698 Nmm			
10	Spannumg MPa	1 MPa	5 MPa	44 MPa	35 MPa	12 MPa	1 MPa		100	
11	**Grundplatte Bis Dom 5-6**									
12	Geometrie	268 mm^2	268 mm^2	268 mm^2	2400 mm^3	1570 mm^3	3320 mm^3	B6	FAT	24%
13	Kraft / Moment	1123 N	577 N	5773 N	23372 Nmm	47958 Nmm	137 Nmm			
14	Spannumg MPa	4 MPa	2 MPa	22 MPa	10 MPa	31 MPa	0 MPa		100	
15	**Grundplatte Bis Dom 4-5**									
16	Geometrie	268 mm^2	268 mm^2	268 mm^2	2400 mm^3	1570 mm^3	3320 mm^3	B6	FAT	53%
17	Kraft / Moment	1078 N	742 N	6550 N	26007 Nmm	71312 Nmm	4138 Nmm			
18	Spannumg MPa	4 MPa	3 MPa	24 MPa	11 MPa	45 MPa	1 MPa		100	
19	**Grundplatte Bis Dom 3-4**									
20	Geometrie	268 mm^2	268 mm^2	268 mm^2	2400 mm^3	1570 mm^3	3320 mm^3	B6	FAT	99%
21	Kraft / Moment	144 N	1384 N	12891 N	92261 Nmm	20731 Nmm	1395 Nmm			
22	Spannumg MPa	1 MPa	5 MPa	48 MPa	38 MPa	13 MPa	0 MPa		100	
23	**Grundplatte Bis Dom 3-4**									
24	Geometrie	268 mm^2	268 mm^2	268 mm^2	2400 mm^3	1570 mm^3	3320 mm^3	B6	FAT	99%
25	Kraft / Moment	144 N	1384 N	12891 N	92261 Nmm	20731 Nmm	1395 Nmm			
26	Spannumg MPa	1 MPa	5 MPa	48 MPa	38 MPa	13 MPa	0 MPa		100	
27	**Grundplatte Bis Dom 2-3**									
28	Geometrie	268 mm^2	268 mm^2	268 mm^2	2400 mm^3	1570 mm^3	3320 mm^3	B6	FAT	29%
29	Kraft / Moment	1224 N	513 N	6768 N	18066 Nmm	52588 Nmm	259 Nmm			
30	Spannumg MPa	5 MPa	2 MPa	25 MPa	8 MPa	33 MPa	0 MPa		100	
31	**Grundplatte Bis Dom 1-2**									
32	Geometrie	268 mm^2	268 mm^2	268 mm^2	2400 mm^3	1570 mm^3	3320 mm^3	B6	FAT	39%
33	Kraft / Moment	971 N	800 N	5564 N	27347 Nmm	64247 Nmm	3925 Nmm			
34	Spannumg MPa	4 MPa	3 MPa	21 MPa	11 MPa	41 MPa	1 MPa		100	
35	**Dom 6-1 Bis Deckplatte**									
36	Geometrie	268 mm^2	268 mm^2	268 mm^2	2400 mm^3	1570 mm^3	3320 mm^3	B6	FAT	395%
37	Kraft / Moment	123 N	1347 N	12244 N	258560 Nmm	7260 Nmm	2112 Nmm			
38	Spannumg MPa	0 MPa	5 MPa	46 MPa	108 MPa	5 MPa	1 MPa		100	
39	**Dom 6-1 Bis Deckplatte**									
40	Geometrie	268 mm^2	268 mm^2	268 mm^2	2400 mm^3	1570 mm^3	3320 mm^3	B6	FAT	395%
41	Kraft / Moment	123 N	1347 N	12244 N	258560 Nmm	7260 Nmm	2112 Nmm			
42	Spannumg MPa	0 MPa	5 MPa	46 MPa	108 MPa	5 MPa	1 MPa		100	

erneut Prüfen

neue generelle FAT Klasse

Geometriedaten ersetzen

Beanspruchungsgruppe ändern

Vorteil: geringer Aufwand für Geometrieaufbereitung; automatisierbar

Nachteil: keine lokalen Effekte; zulässige Spannungswerte

Nach dem **STRUKTURSPANNUNGSKONZEPT** werden die Spannungen von der Struktur nach einem definierten Verfahren zum Auswertepunkt an der Schweißnaht hin extrapoliert. Extrapolation

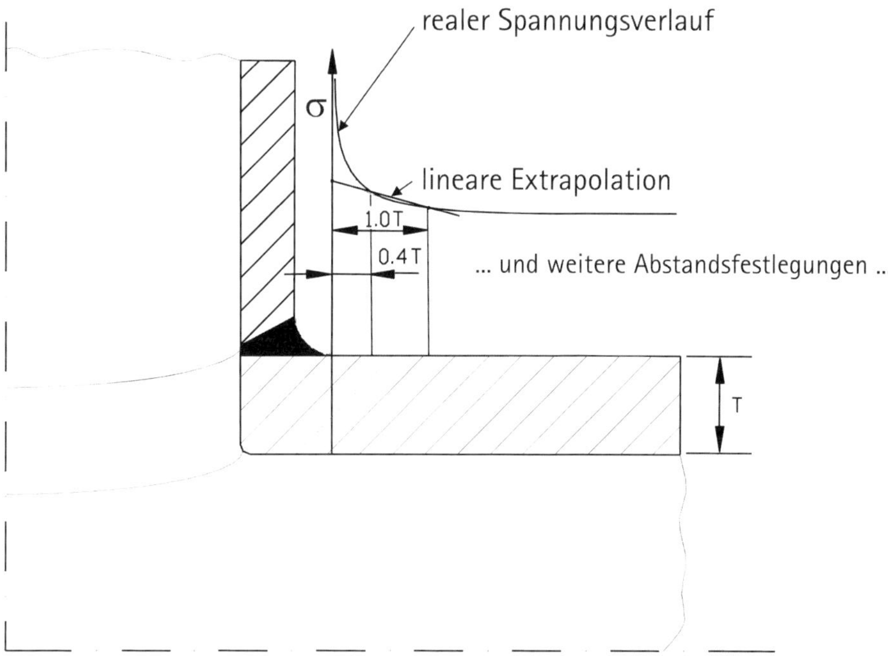

Vorteil: Lokale Effekte können besser abgebildet werden.

Nachteil: Lokale Geometrie- und Netzaufbereitung erforderlich

Beim **KERBSPANNUNGSKONZEPT** wird die Schweißnaht mit einem Ersatzmodell abgebildet, sodass die in der FEM-Berechnung ermittelten Spannungen direkt mit einem zur Modellierung passenden virtuellen Materialgesetz verglichen werden können. Das Ersatzmodell besteht in einem 1-mm-Radius. Dadurch ergibt sich ein signifikant höherer Modellierungs- und Berechnungsaufwand. Im Globalmodell ist dies in der Regel nicht sinnvoll durchzuführen, deshalb wendet man meist die Submodelltechnik an. Dabei wird ein grobes Globalmodell berechnet, um die Bereiche zu lokalisieren, die in einem zweiten Rechenschritt separat betrachtet und dabei deutlich verfeinert werden. Lokale Spannungen

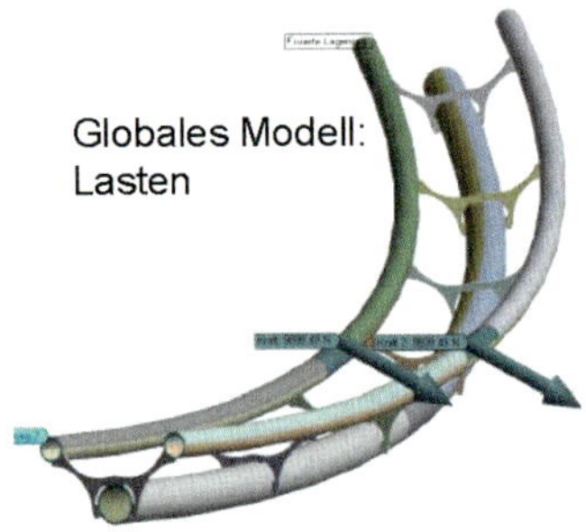

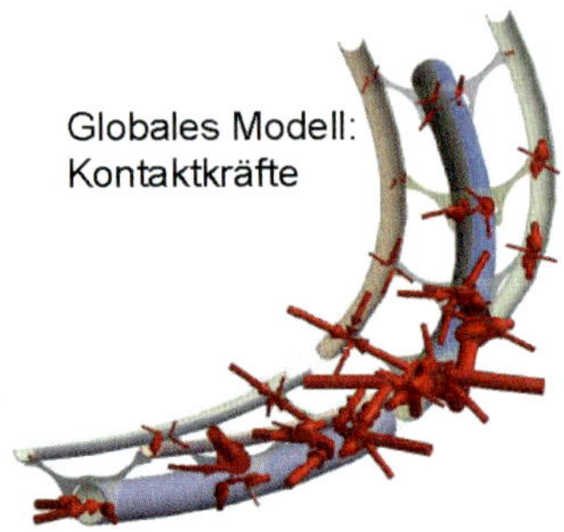

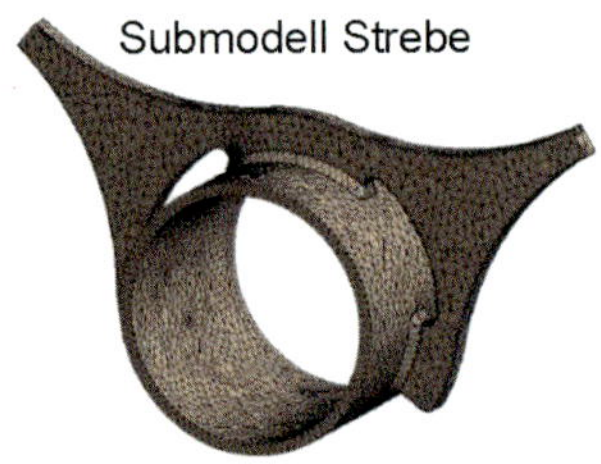

Vorteil: Beliebige Nahtformen (ab 5 mm Blechstärke)

Nachteil: 1-mm-Radius muss modelliert und fein vernetzt werden (→ Submodelltechnik)

8.6.3 Definitionen vervielfältigen

In vielen Analysen werden ähnliche Objekte mehrfach definiert, um gleiche oder ähnliche Netzeinstellungen, Kontakte, Lasten oder Lagerbedingungen zu erhalten. Um den Anwender von ermüdenden und fehleranfälligen, immer wieder gleichen Klick-Abläufen zu entlasten, bietet ANSYS Workbench für solche Fälle den Objekt-Generator. Aktivieren Sie diesen über das blaue Icon in der obersten Icon-Leiste, sodass der Objekt-Generator als graues Fenster am rechten Bildschirmrand erscheint. Wählen Sie im Modellbaum (links) das Objekt (z. B. eine Randbedingung, eine Vernetzungseinstellung, einen Kontakt ...), das sie vervielfältigen möchten. Selektieren Sie die Geometrie-Elemente, auf die Sie das gewählte Objekt übertragen möchten. Erzeugen Sie die neuen Objekte mit **ERSTELLEN** (siehe nachfolgende Abbildung).

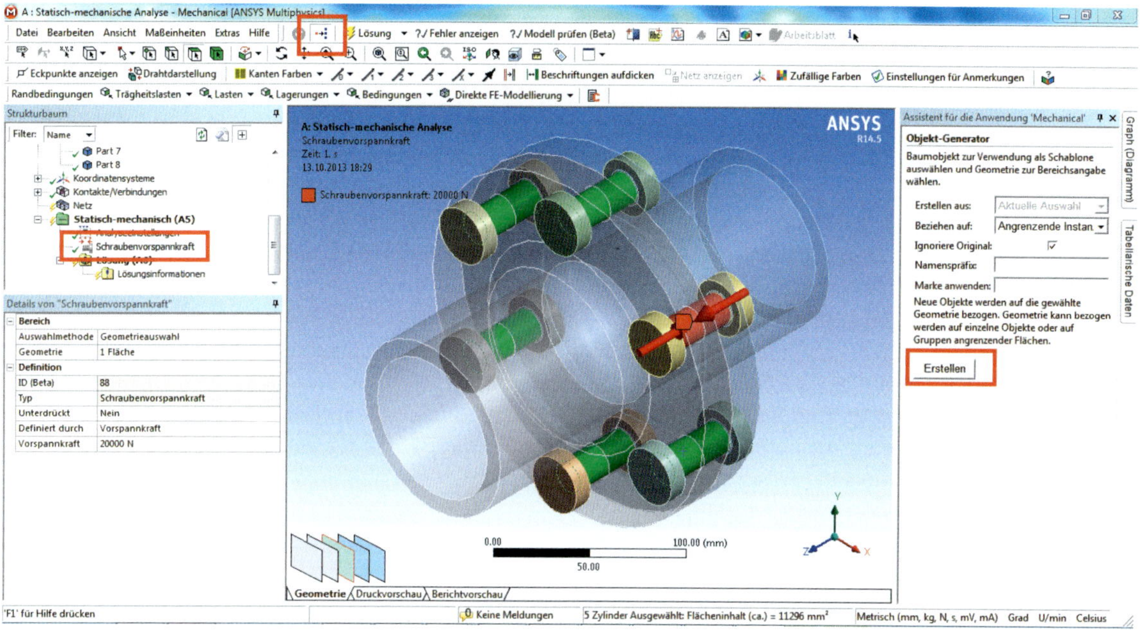

Überprüfen Sie anschließend die erstellen Objekte auf ihre Gültigkeit. Die Darstellung mit verschiedenen Farben je erzeugtem Objekt kann mit **ZUFÄLLIGE FARBEN** aktiviert werden und hilft Ihnen, die generierten Objekte besser zu unterscheiden (siehe nachfolgende Abbildung).

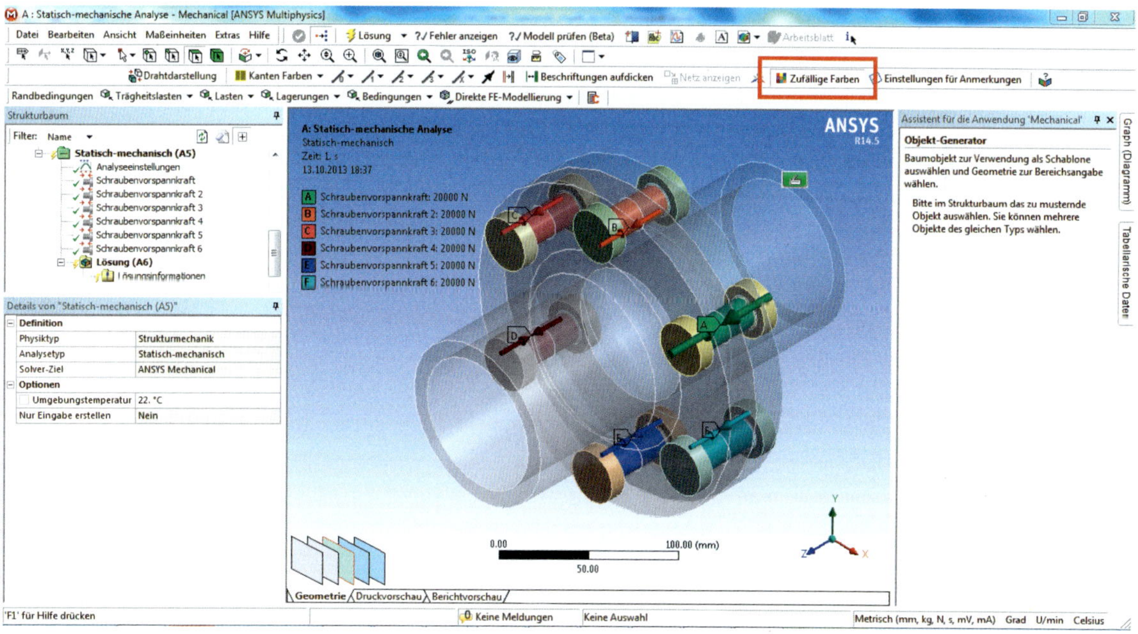

8.7 Lösung

Ablauf

Vor dem Starten einer Analyse sollte das Berechnungsprojekt gespeichert werden, damit die Vorarbeit im Falle einer während der Berechnung volllaufenden Festplatte erhalten bleibt. Die Analyse kann in der aktiven Sitzung auf der lokalen Maschine oder im Hintergrund (Batch) ebenfalls lokal oder auf einem entfernten Rechner durchgeführt werden. Die im Hintergrund laufenden Lösungen werden über den sogenannten Remote Solve Manager (RSM) organisiert. Dieser Dienst (Server) nimmt Berechnungsaufträge vom Arbeitsplatz des Anwenders (Client) entgegen, legt sie in Warteschlagen ab, bis ein Rechner dazu kommt, sie abzuarbeiten, und liefert die Ergebnisdaten an den Arbeitsplatz zurück. Die drei Komponenten Client/RSM-Server/Compute-Server können auf dem gleichen, aber auch auf verteilten Rechnern laufen. Letzteres ist gerade für größere Anwendergruppen interessant, um eine zentral verfügbare Rechenleistung, z. B. in Form eines Clusters, besser auszulasten.

Zur Nutzung des RSM wählen Sie den schwarzen Pfeil im Solve-Icon in der Mechanical-Applikation (siehe nachfolgende Abbildung).

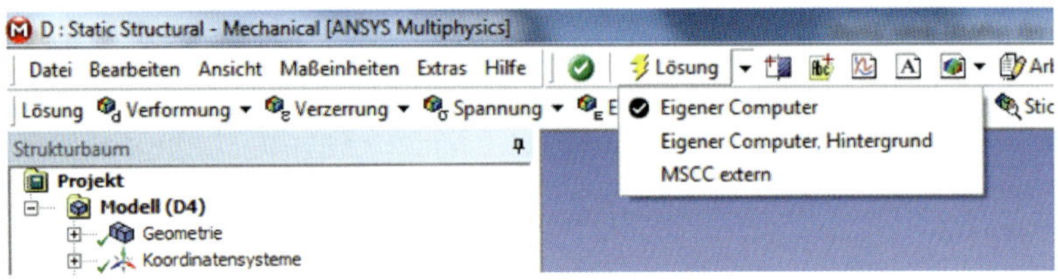

EIGENER COMPUTER, HINTERGRUND funktioniert in der Handhabung ähnlich wie eine Warteschlange für einen zentralen Berechnungsserver (hier MSCC extern; erst nach Konfiguration durch Ihren Administrator) und steht für jeden Anwender zur Verfügung. Der Hintergrundbetrieb ermöglicht es, verschiedene Berechnungsaufträge in die Warteschlange zu stellen und dann nacheinander abarbeiten zu lassen. Starten Sie Ihre Berechnung über **EIGENER COMPUTER, HINTERGRUND**, werden die Daten für die Analyse an den Hintergrundprozess oder den Compute-Server übertragen, und die Berechnung beginnt sofort, wenn eine Lizenz frei ist. Ist nur eine Lizenz verfügbar (z. B. die, die gerade für das Vorbereiten der Analyse und das Abschicken der Lizenz genutzt wird), erscheint eine Fehlermeldung, sofern der Solver nicht daran gehindert wird, sofort loszurechnen. Dies erreicht man durch zwei Alternativen:

Auf dem Server setzt man die Umgebungsvariable **ANSWAIT** auf *1*, die dafür sorgt, dass ein Solverjob dann gestartet wird, wenn eine Lizenz frei wird.

Die Warteschlange des Remote Solve Managers wird vom Anwender pausiert, bis alle Jobs eingestellt sind und die Lizenz frei ist. Wählen Sie **START/ANSYS 15.0/UTILITIES/REMOTE SOLVE MANAGER**, markieren Sie die Warteschlange, die Sie verwenden (z. B. Local), und bearbeiten Sie mit der rechten Maustaste die Eigenschaften.

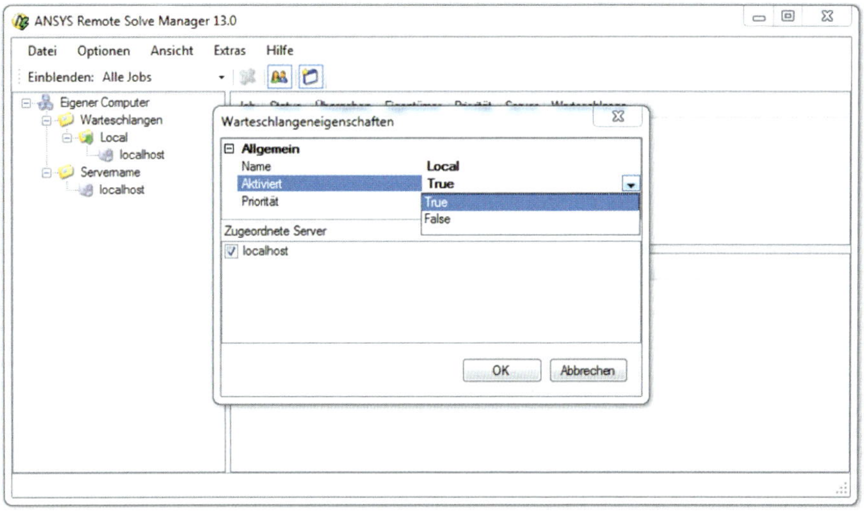

Setzen Sie die Warteschlange von **AKTIVIERT/TRUE** auf **AKTIVIERT/FALSE** (siehe vorangehende Abbildung). In diese pausierte Warteschlage können Sie nun alle Berechnungsaufträge einstellen und sie erst bei vorhandener Lizenz wieder auf aktiv setzen.

Wenn eine oder mehrere Berechnungen an den RSM übergeben wurden, ist es wichtig, beim Schließen der Workbench am Arbeitsplatz das Modell noch mal zu speichern. Bei nichtlinearen Berechnungen kann während der Analyse die Lösungsinformation aktualisiert werden (**LÖSUNGSINFORMATION**, rechte Maustaste, **ERGEBNISSE PRÜFEN**). Auch danach ist die Analyse beim Verlassen zu speichern. Während der Berechnung liefert der RSM rudimentäre Daten zum Ablauf der Analyse (Starten des Solvers, Status am Server).

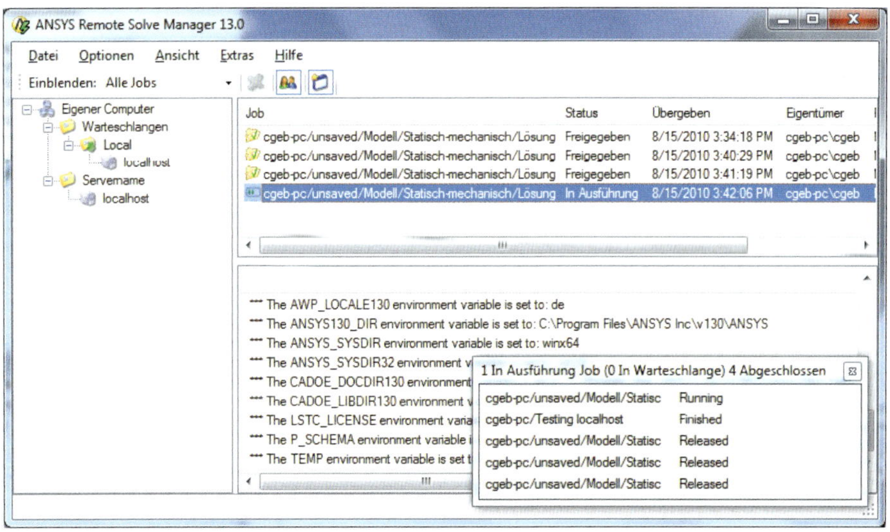

Nach Beendigung der Berechnung wird im Strukturbaum ein grüner Download-Pfeil dargestellt. Mit der rechten Maustaste können die Ergebnisse geladen werden.

Läuft die Analyse wegen eines Fehlers nicht durch, sind die erzeugten Daten (z. B. unkonvergentes Ergebnis) auf die gleiche Weise zu laden. Erst danach können sie mit der rechten Maustaste bereinigt werden.

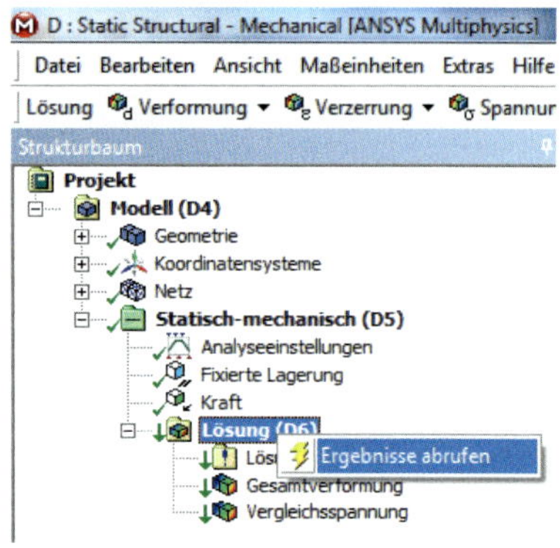

> **HINWEIS:** Öffnen Sie keine Berechnungsprojekte vom Netzlaufwerk, wenn Sie eine Analyse durchführen möchten. Die temporären Daten zu dieser Analyse werden in dem gleichen Verzeichnis abgelegt, in dem das Workbench-Projekt liegt. Durch die Übertragung aller temporären Dateizugriffe auf ein Netzlaufwerk werden die FEM-Berechnung und alle anderen Dienste, die auf dem Netzwerkzugriff basieren, ausgebremst. ■

8.7.1 Solver-Informationen

Verschiedene Quellen können Ihnen Informationen liefern, für den Fall, dass ein ungewöhnliches Verhalten oder Ergebnis auftritt:

- Die Datei *solve.out* im Berechnungsverzeichnis enthält Informationen über die Lösung des Gleichungssystems, wie Anzahl der Freiheitsgrade, Speicherbedarf, Rechenzeit, Anzahl der Elemente oder verwendeter Solver. Der Inhalt dieser Datei ist auch in ANSYS Workbench sichtbar, wenn im Strukturbaum **LÖSUNG** und **LÖSUNGSINFORMATIONEN** angewählt wird.
- *file.err* im *TEMP*-Verzeichnis enthält Fehlermeldungen von ANSYS, die während der Lösung des Gleichungssystems auftauchen.
- Wählen Sie **NETZ** im Strukturbaum an, wird im Detailfenster unter **STATISTIK** die Anzahl der Knoten und Elemente angezeigt (Statistik über das Plus-Symbol aufklappen).
- Wählen Sie **ANALYSE-EINSTELLUNGEN** im Strukturbaum an, wird im Detailfenster unter Solver-Typ der verwendete Solver dargestellt. **PROGRAMMGESTEUERT** heißt, ANSYS Workbench wählt automatisch den wahrscheinlich besten Solver für die aktuelle Aufgabe. **ITERATIV** ist für größere Modelle sinnvoll, **DIREKT** für kleinere Modelle, dünnwandige, instabile Bauteile oder Aufgabenstellungen mit (vielen) nichtlinearen Kontaktstellen.
- Weitere Informationen erhalten Sie während der Berechnung über den Punkt **LÖSUNGSINFORMATIONEN**.

- Sie können dort die **SOLVER-AUSGABE** im Detailfenster auf **KRAFTKONVERGENZ** umschalten, wenn Sie nichtlineare Simulationen (abhebende Kontakte, nichtlineares Material, geometrische Nichtlinearitäten) durchführen.

8.7.2 Konvergenz nichtlinearer Analysen

Berechnung optimieren

Bei nichtlinearen impliziten Berechnungen sind mehrere Berechnungsiterationen notwendig, die jeweils dem Umfang einer linearen Analyse entsprechen. Das Kräfteungleichgewicht zwischen äußeren und inneren Kräften sollte mit fortschreitender Iteration immer geringer werden. Dies kann auch während der Berechnung mit der **LÖSUNGSINFORMATION** kontrolliert werden (im Strukturbaum **LÖSUNG** wählen, im Kontextbereich **EXTRAS/LÖSUNGSINFORMATION**). Im Arbeitsblatt erhalten Sie folgende Solver-Ausgabe:

```
EQUIL ITER  1 COMPLETED. NEW TRIANG MATRIX. MAX DOF INC= -1.304
LINE SEARCH PARAMETER =  1.000    SCALED MAX DOF INC = -1.304
FORCE CONVERGENCE VALUE = 0.2265E+07 CRITERION= 0.3405E+05
EQUIL ITER  2 COMPLETED. NEW TRIANG MATRIX. MAX DOF INC= 0.3223
LINE SEARCH PARAMETER = 0.8414    SCALED MAX DOF INC = 0.2712
FORCE CONVERGENCE VALUE = 0.3896E+06 CRITERION= 0.3464E+05
EQUIL ITER  3 COMPLETED. NEW TRIANG MATRIX. MAX DOF INC= 0.2728
LINE SEARCH PARAMETER = 0.3901    SCALED MAX DOF INC = 0.1064
FORCE CONVERGENCE VALUE = 0.2413E+06 CRITERION= 0.3549E+05
EQUIL ITER  4 COMPLETED. NEW TRIANG MATRIX. MAX DOF INC= 0.2651E-01
LINE SEARCH PARAMETER = 0.8167    SCALED MAX DOF INC = 0.2165E-01
FORCE CONVERGENCE VALUE = 0.4531E+05 CRITERION= 0.3621E+05
EQUIL ITER  5 COMPLETED. NEW TRIANG MATRIX. MAX DOF INC= 0.2443E-01
LINE SEARCH PARAMETER = 0.3964    SCALED MAX DOF INC = 0.9686E-02
FORCE CONVERGENCE VALUE = 0.2705E+05 CRITERION= 0.3696E+05 <<<
CONVERGED
>>> SOLUTION CONVERGED AFTER EQUILIBRIUM ITERATION  5
```

Man sieht, wie das Kräfteungleichgewicht immer kleiner wird, bis es einen Grenzwert unterschreitet und damit die Lösung „konvergiert". Schaltet man von **SOLVER-AUSGABE** auf **KRAFTKONVERGENZ** um, erhält man eine grafische Ausgabe des Konvergenzverlaufs (siehe nachfolgende Abbildung auf S. 220).

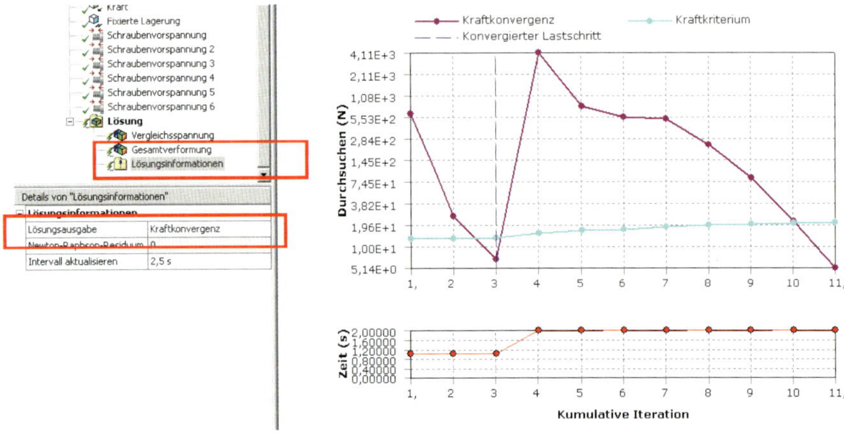

Der Vorteil der Textausgabe liegt darin, neben der Kraftkonvergenz auch den Wert für die Verschiebung im aktuellen Iterationsschritt zu sehen (max. DOF Inc = maximales Degree of Freedom Increment = maximales Verschiebungsinkrement). Dieses sollte vom Betrag her immer kleiner werden. Steigt es plötzlich stark an, ist dies ein Indikator für eine Starrkörperbewegung.

Sie sehen am Konvergenzverlauf, ob und wie schnell Sie eine Lösung erwarten können. Konvergiert Ihre Berechnung nicht, prüfen Sie folgende Punkte:

- Sind alle Bauteile gelagert? Ist ein Bauteil komplett frei beweglich, kann dies zu Problemen führen. Erfahrungsgemäß ist dies der mit Abstand häufigste Grund für ein schlechtes Konvergenzverhalten. Prüfen Sie jedes Bauteil in seinen sechs Freiheitsgraden. Vergessen Sie dabei nicht, dass reibungsfrei gelagerte Bolzen sich in axialer Richtung und in Drehrichtung frei bewegen können (unterbinden Sie dies bei Bedarf mit einer externen Verschiebung, die Sie am Pilotknoten nur in axialer und/oder Drehrichtung fixieren; das **VERHALTEN** der Lagerung sollte **VERFORMBAR** sein; andere Freiheitsgrade nicht einschränken).
- Hat jedes nicht gelagerte (fixierte) Bauteil mindestens einen Kontakt? Prüfen Sie dies im Grafikfenster mit **GEHE ZU/KÖRPER OHNE KONTAKTFLÄCHEN IM STRUKTURBAUM**. Im Strukturbaum werden dann die Bauteile markiert, die keinen Kontakt zu anderen Bauteilen haben.
- Gibt es Bauteile, die nur über abhebende Kontakte definiert sind? Prüfen Sie, ob Sie mit **VERBUNDKONTAKT** oder **KEINE TRENNUNG** arbeiten können.
- Sind Bauteile mit ausschließlich nichtlinearem Kontakt mit einer Kraft belastet, ersetzen Sie diese durch eine angegebene Verschiebung (die Sie nach der Berechnung anhand der sich einstellenden Reaktionskraft wieder anpassen müssen).

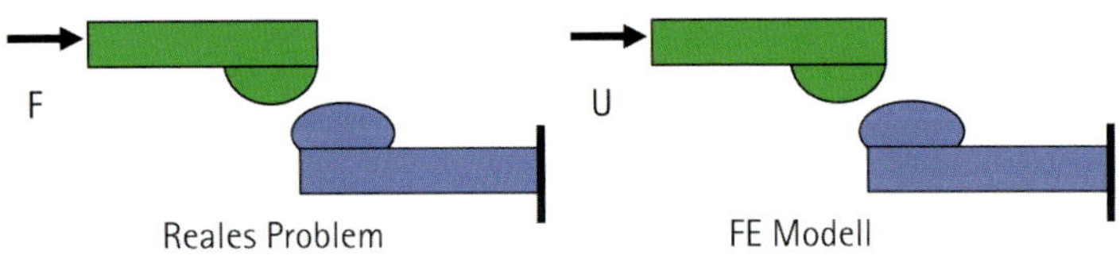

- Denken Sie bei der Randbedingung Schraubenvorspannung daran, dass die Schraube für die Berechnung zerteilt wird. Sind die beiden „Hälften“ der Schraube mit anderen Bauteilen in Kontakt? Idealerweise ist der Kontakt zwischen dem Schraubenkopf und dem anliegenden Flansch ein Verbundkontakt, ebenso der Kontakt zwischen dem eingeschraubten Gewindeschaft der Schraube und der Gewindebohrung. Vergessen Sie nicht dafür zu sorgen, dass beide Schraubenenden mit Kontakt versehen sind. Insbesondere bei Schrauben mit Nenndurchmesser und Gewindebohrung mit Kerndurchmesser ist der Abstand der Kontaktpartner zu groß für eine automatische Kontaktfindung. Sorgen Sie dafür, dass die Fläche, auf die die Schraubenvorspannkraft wirkt, *nicht* in einer Kontaktdefinition verwendet wird (Schraube selektieren, rechte Maus, **GEHE ZU/KONTAKTE FÜR AUSGEWÄHLTE KÖRPER**).
- Prüfen Sie, ob Sie bei den abhebenden Kontakten **REIBUNGSBEHAFTET**, **RAU** und **REIBUNGSFREI** die Option **KONTAKTSTEIFIGKEIT AKTUALISIEREN** auf **BEI JEDEM ITERATIONSSCHRITT** eingestellt haben (Ausnahme: Schrauben und Presspassungen). Alternativ können Sie bei sehr weichen Strukturen die Kontaktsteifigkeit manuell einstellen und in Schritten von je einer Größenordnung herabsetzen (0.1, 0.01, 0.001). Kontrollieren Sie in diesem Fall nach der Analyse die Durchdringung im Kontakt.
- Prüfen Sie, ob durch das freie Gleiten bei reibungsfreien oder **KEINE TRENNUNG**-Kontakten Bauteile frei verschiebbar sind. Stellen Sie evtl. die Kontaktoption auf den entsprechenden Kontakttyp um, der *nicht* gleitet, wenn dies für den Anwendungsfall zulässig ist.
- Definieren Sie eine feinere Netzdichte im Kontaktbereich (nicht global).
- Wenn Sie Bauteile haben, die nur mit nichtlinearen Kontakten gehalten sind, die Spalten aufweisen, schalten Sie die Option **VERSATZ HINZUFÜGEN** auf **AUF BERÜHRUNG ANPASSEN** um, sodass der Spalt nicht mehr wirksam ist (wenn das für Ihre Analyse zulässig ist).
- Wenn die Konvergenz nicht zu erreichen ist, prüfen Sie, ob die Größe der Last das Problem ist. Eventuell gibt es keinen Gleichgewichtszustand mehr, wenn die gesamte Last aufgebracht wird. Reduzieren Sie die Last testweise um Faktor 10, 100 oder 1000.

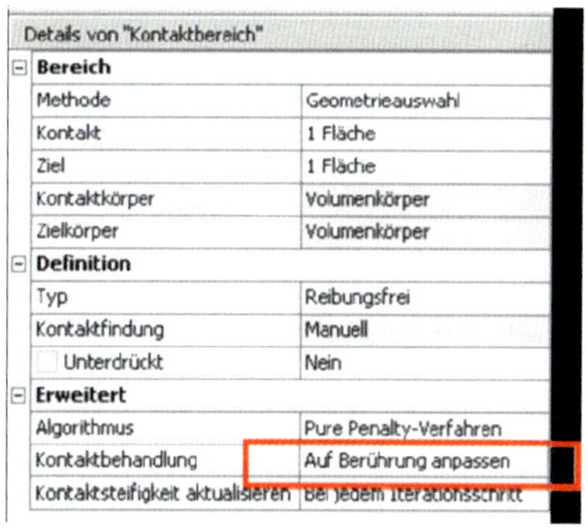

- Falls alles nichts hilft: Rechnen Sie Ihre Baugruppe zuerst einmal mit linearen Eigenschaften, z. B. linear-elastischem Material oder nicht abhebenden Kontakten (**VERBUND, KEINE TRENNUNG**). Prüfen Sie die Randbedingungen. Stimmen diese? Prüfen Sie die Verformungen, auch und gerade auf große, freie Bewegungsmöglichkeiten einzelner Bauteile oder Baugruppen. Eine Modalanalyse zeigt freie Bewegungsmöglichkeiten mit Eigenfrequenzen nahe Null, die Schwingungsform zeigt die Bewegungsrichtung.
- Denken Sie an die Symmetrie: Sie erlaubt es oft, Bewegung aus dem System zu eliminieren, und verhilft somit zu einem stabileren Verhalten.
- Definieren Sie eine elastische Lagerung mit kleinen Steifigkeitswerten. Prüfen Sie am Ende der Analyse, ob die Reaktionskräfte dort wirklich klein genug sind, dass eine Verfälschung des Systemverhaltens ausgeschlossen werden kann.

8.7.3 Wenn die Berechnung nicht durchgeführt wird

Wenn die Analyse nicht durchgeführt wird, kann dies grundsätzlich zwei Problemklassen als Ursache haben: eine fehlgeschlagene Vernetzung oder eine fehlgeschlagene Berechnung.

Vernetzung

- Ist die Vernetzung erfolgreich, ist im Strukturbaum ein grüner Haken bei „Netz“. Wenn nicht, prüfen Sie folgende Punkte:
- Wenn Probleme während der Vernetzung auftreten, kann eine höhere Elementdichte Abhilfe schaffen. Je kleiner die Elemente, desto einfacher ist die Vernetzung für den implementierten Vernetzungsalgorithmus. Setzen Sie den Relevanzwert für das betroffene Bauteil hoch und/oder definieren Sie eine kleinere Elementgröße.
- Wenn Ihnen ANSYS Workbench eine Stelle anzeigt, an der das Vernetzungsproblem auftritt, definieren Sie dort eine kleine lokale Elementgröße (Anhaltswert: ca. zweimal Linienlänge der kürzesten markierten Linie)
- Bei Vernetzungsproblemen, die auf extrem kleine störende Geometrien zurückzuführen sind, kann es helfen, über diese hinweg zu vernetzen, d. h., sie nicht einzeln zu vernetzen (was standardmäßig passiert). Nutzen Sie die **VIRTUELLE ZELLE**, um solche Flächen benachbarten Flächen zuzuschlagen (im Strukturbaum **VIRTUELLE TOPOLOGIE** einschalten, Flächen selektieren, **VIRTUELLE ZELLE** erzeugen).
- Prüfen Sie, ob ein Volumenstoß **INNERHALB EINES VOLUMENS** vorliegt. Bei einem solchen Volumenstoß berührt eine Linie des Volumens die Fläche desselben Volumens (z. B. ein Volumen, das aus zwei Würfeln besteht, wobei einer mit einer Kante auf der Seitenfläche des anderen steht). Eine solche Linienberührung ist in der Realität nicht gegeben. Entweder findet eine Durchdringung statt, oder es besteht ein Spalt. Ein exaktes Maß 0 für diese Verbindungsstelle wird nie auftreten können. Für die Verwendung in ANSYS Workbench ist daher entweder das Volumen an dieser Stelle aufzudicken (z. B. durch Verrunden) oder ein Spalt zu generieren.

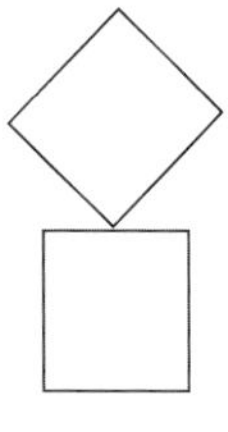

Gleichungslösung

Wenn die Vernetzung erfolgreich war (grüner Haken bei Netz), die Berechnung aber während der Gleichungslösung abbricht, prüfen Sie folgende Punkte:

- Ist das Teil vollständig gelagert oder können eine Starrkörperbewegung (Rigid Body Motion) und dadurch Divergenz auftreten?
- Ist bei expliziten Analysen das Abbruchkriterium zu eng gesetzt? Erhöhen Sie in den Analyseeinstellungen den maximalen Energiefehler.
- Ist die Materialdefinition in Ordnung? E-Modul und Dichte (bei dynamischen Analysen) müssen einen Wert größer null aufweisen.
- Ist genug virtueller Speicher (Swapspace) in Windows eingerichtet? Der virtuelle Speicher sollte so groß sein wie der physikalische.
- Ist genug Plattenplatz frei? Insbesondere bei großen Modellen oder hoher Genauigkeit sollten mindestens 10 bis 100 GB frei sein. Die temporären Dateien werden im Standard-Windows-*TEMP*-Verzeichnis oder im Projektverzeichnis abgelegt.
- Das temporäre Verzeichnis wird wie folgt definiert: Unter **START/EINSTELLUNGEN/SYSTEMSTEUERUNG/SYSTEM/UMGEBUNG/UMGEBUNGSVARIABLE** *TEMP* und *TMP* beide auf das gleiche Verzeichnis setzen z. B. *d:\TEMP*.
- Wurde die ANSYS Workbench-Datenbasis vor der Berechnung bereits gespeichert, wird in diesem Verzeichnis ein Unterverzeichnis *Simulationsdateie*n angelegt, in dem die lokalen Daten gespeichert werden. Aus diesem Grund sollten Workbench-Projekte zur Berechnung immer von lokalen Festplatten mit ausreichend Speicherplatz geöffnet werden. Das Öffnen von Workbench-Projekten direkt von Netzlaufwerken bremst nicht nur die FEM-Berechnung aus, sondern auch andere serverbasierte Dienste.
- Damit ANSYS Workbench arbeiten kann, sind mindestens 1 GB RAM erforderlich, Freude wird man an einer solch mageren Ausstattung aber nicht haben. Schließen Sie alle sonstigen Anwendungen, damit der verfügbare Speicher von ANSYS Workbench genutzt werden kann. Ideal ist folgende Hauptspeicherausstattung: 20 GB für 300000 Knoten ermöglichen eine vollständige incore-Lösung, also eine Lösung im Arbeitsspeicher. Sie können eine incore-Lösung erzwingen, indem Sie im Strukturbaum **STATISCH-MECHANISCH/EINFÜGEN/BEFEHLE** anwählen und im Textfeld rechts das Kommando `BCSOPT,,INCORE` (Achten Sie darauf, dass beide Kommata enthalten sind).
- Bei einem „Solver Error – zu wenig Speicher" haken Sie bitte unter **EXTRAS/SOLVER VERARBEITUNGSEINSTELLUNGEN/EIGENER COMPUTER IN VERARBEITUNG/ERWEITERT** die Einstellung **ANSYS SPEICHEREINSTELLUNGEN MANUELL FESTLEGEN** an und geben bei Datenbasis einen Wert von 200 an, jedoch nicht (!) höher. Wählen Sie im Strukturbaum unter **ANALYSEEINSTELLUNGEN** statt des programmgesteuerten den iterativen Solver.
- Nutzen Sie den RSM bei expliziten Analysen oder zur Verlagerung der Analyse in den Hintergrund oder auf einen anderen Rechner, sollte der RSM konfiguriert sein (siehe Konfiguration in Kapitel 10) und auf der Server-Maschine als Dienst laufen.

8.8 Ergebnisse

Nachdem die Berechnung abgeschlossen ist, speichern Sie zuerst das Projekt und wählen die Ergebnisse an, die Ihnen eine Plausibilitätskontrolle ermöglichen. In der Mechanik sind das die Verformungen, die Reaktionskräfte und die Bewegung. Prüfen Sie, ob das Ergebnis sich so verhält, wie Sie es erwarten. Akzeptieren Sie keine unlogischen Ergebnisse, sondern hinterfragen Sie, ob die gewählten Last- und Lagerbedingungen das Verhalten des Bauteils so abbilden können, wie es in der Realität stattfindet.

8.8.1 Spannungen, Dehnungen, Verformungen

Spannungen

Der dreidimensionale Spannungszustand nach der Elastizitätstheorie sieht an einem infinitesimal kleinen Volumen wie in der folgenden Abbildung aus.

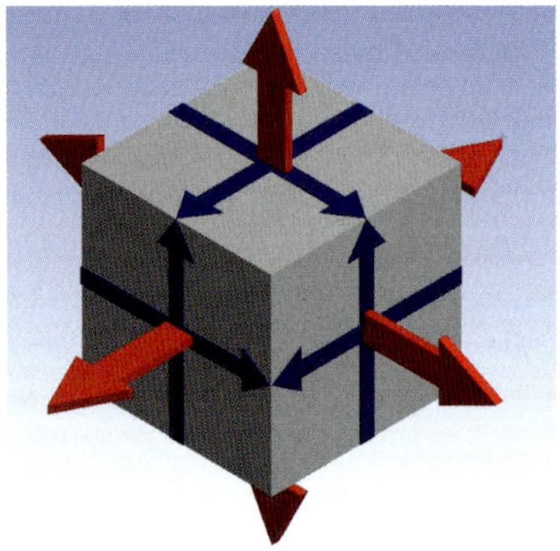

Normalspannungen und Schubspannungen

Normalspannungen (rot) sind die Spannungen σ_x, σ_y, σ_z, die senkrecht auf die zu betrachtende Fläche wirken. Die Schubspannungen τ_{xy}, τ_{yz}, τ_{xz} (blau) wirken dagegen in der betrachteten Ebene. Normalzugspannungen sind positiv, Normaldruckspannungen sind negativ. Schubspannungen sind positiv, wenn die zwei definierenden Achsen sich zueinander drehen (Rechte-Hand-Regel). Diese sechs Werte sind Komponenten des dreidimensionalen Spannungszustandes. Diese Komponenten sind in ANSYS Workbench darstellbar. Die entsprechenden Dehnungen sind ebenfalls vorhanden.

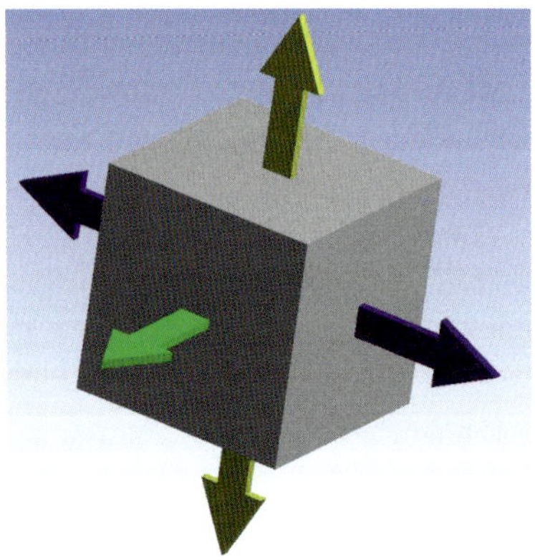

Hauptspannungen

Das infinitesimal kleine Volumen, das nach globalen Koordinaten ausgerichtet ist, kann nun so gedreht werden, dass die Schubspannungen null werden, d. h., es treten nur Normalspannungen auf. In diesem schubspannungsfreien Zustand sind die Normalspannungen maximal, man spricht dann von den Hauptspannungen. Von physikalischer Bedeutung sind die Hauptzugspannungen σ_1 und die Hauptdruckspannungen σ_3. Sie werden oft auch für die Berechnung von Vergleichsspannungen herangezogen.

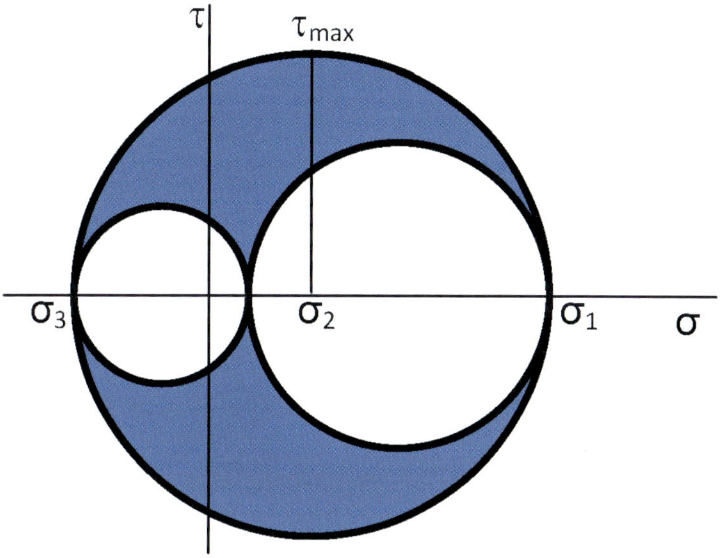

Schubspannungen

Die maximale Schubspannung erkennt man aus dem Mohr'schen Spannungskreis. Sie ergibt sich zu $\tau_{max}=(\sigma_1 - \sigma_3)/2$. Die Hauptspannungen und die maximale Schubspannungen sind Invarianten, d. h., sie hängen nicht von der Orientierung des Berechnungsmodells im Raum ab, sondern lediglich von den physikalischen Größen. Sie lassen sich daher gut zur Beurteilung des Bauteilverhaltens heranziehen.

Vergleichswert

In der Regel ist der sich einstellende Spannungszustand eines komplexen Bauteils unter realen Kräften dreidimensional. Die üblichen Vergleichsgrößen der Werkstoffe werden jedoch in einer eindimensionalen Kenngröße (z. B. Zuggrenze) ermittelt. Je nach Werkstoffverhalten kann der dreidimensionale Spannungszustand in eine skalare Vergleichsgröße umgerechnet werden, die zum einen deutlich einfacher in der Handhabung ist (beispielsweise um Varianten miteinander zu vergleichen) und schließlich auch einen Vergleich der errechneten Spannung mit den zulässigen Spannungen aus den Werkstoffversuchen ermöglicht.

Insgesamt gibt es vier verschiedene Methoden, eine solche Spannung zur Bewertung des dreidimensionalen Spannungszustandes zu berechnen:

- Vergleichsspannung nach von Mises, Gestaltänderungshypothese (Max. Equivalent Stress)

  Anwendung: Zähes Material wie Alu oder Stahl, das durch Auftreten plastischer Deformation versagt, wenn die errechnete Vergleichsspannung größer als der Werkstoffkennwert ist

  Werkstoffkennwert: Fließgrenze (nur bei deutlich ausgeprägtem Fließen!) oder Bruchgrenze

  Formel: $\sigma_{equivalent} = \sqrt{0.5((\sigma 1-\sigma 2)^2 + (\sigma 2-\sigma 3)^2 + (\sigma 3-\sigma 1)^2)}$

- Maximale Schubspannung, Schubspannungshypothese

  Anwendung: Kunststoffe

  Formel: $\sigma_{Intensity} = \sigma_{Tresca} = 2\tau_{max}$
- Mohr-Coulomb-Theorie, Theorie der internen Reibung (Mohr-Coulomb Stress)

  Anwendung: sprödes Material wie gehärtete Stähle

  Formel: $\sigma_1/S_{maxZug} + \sigma_3/S_{maxDruck} < 1$
- Maximale Zugspannung (Max. Tensile Stress)

  Anwendung: Gusswerkstoffe wie z. B. Gusseisen

  Werkstoffkennwert: Bruchgrenze aus dem Zugversuch

  Formel: $\sigma_{Zug} = \sigma_1$ = Hauptzugspannung (Maximal Principal Stress)

Je nach Werkstoff und Belastung ist also die richtige Vergleichsspannungshypothese auszuwählen.

Von den oben beschriebenen Spannungen lassen sich folgende mit ANSYS Workbench berechnen:

Verfügbare Spannungsergebnisse

- Vergleichsspannungen nach von Mises
- Maximale Hauptspannungen
- Mittlere Hauptspannung
- Minimale Hauptspannung
- Maximale Schubspannung Intensität = Vergleichsspannung nach Tresca
- Normalspannungen in globaler X-Richtung
- Normalspannungen in globaler Y-Richtung
- Normalspannungen in globaler Z-Richtung
- Schubspannungen in der XY-Ebene
- Schubspannungen in der YZ-Ebene
- Schubspannungen in der XZ-Ebene
- Hauptspannungsvektor
- Fehlerenergie

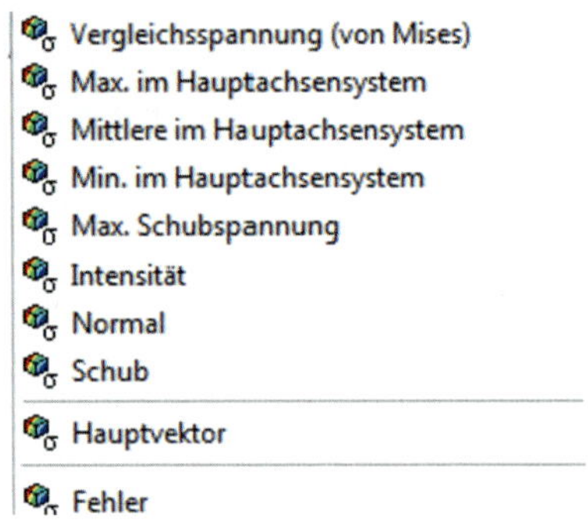

Normal- und Schubspannungen können in lokalen Koordinatensystemen (kartesisch, polar) dargestellt werden.

Dehnungen

Bedeutung der Namensgebung analog wie bei den Spannungen

Achtung: Angaben nicht in Prozent, sondern absolut (0.001 = 0.1 %)

Verformungen

Plausibilitätsprüfung

Die Verformung ist das wichtigste Hilfsmittel, um die Güte einer Berechnung zu überprüfen. Der wesentliche Faktor, der die Genauigkeit einer Berechnung bestimmt, ist die Güte der Randbedingungen. Zur Kontrolle der Randbedingungen betrachtet man die Verformung, da man diese noch recht einfach auf Plausibilität überprüfen kann. Ein sehr wertvolles Hilfsmittel dabei ist die Skalierung der Verformung. Die Skalierung kann vergrößert werden, sodass die Verformungstendenz besser sichtbar wird.

Der automatische Skalierungsfaktor kann verstärkt (2× Autom., 5× Autom.) oder abgemindert werden (0.5× Autom.). Es kann auch ein eigener Skalierungsfaktor eingetippt werden.

HINWEIS: Bei nichtlinearen Analysen ist das lineare Hochskalieren der Verformung eigentlich nicht zulässig. Insbesondere bei Kontakten mit Abstand oder Durchdringung können dadurch auf den ersten Blick seltsame Effekte auftreten. Wählen Sie in solchen Fällen den Skalierungsfaktor eins.

Schlüssel zu guter Genauigkeit

Stimmt das Verformungsverhalten in der Berechnung nicht mit dem erwarteten Verformungsverhalten im realen Anwendungsfall überein, sollten die Randbedingungen neu überdacht und umdefiniert werden.

Gesamtverformung: Vektorsumme der Verformung (Deformation)

Verschiebungskomponente:

Verfügbare Verformungsergebnisse

X-Komponente der Verformung (world X component)

Y-Komponente der Verformung (world Y component)

Z-Komponente der Verformung (world Z component)

Verformungen können in lokalen Koordinatensystemen (kartesisch, polar) dargestellt werden.

8.8.2 Darstellung der Ergebnisse

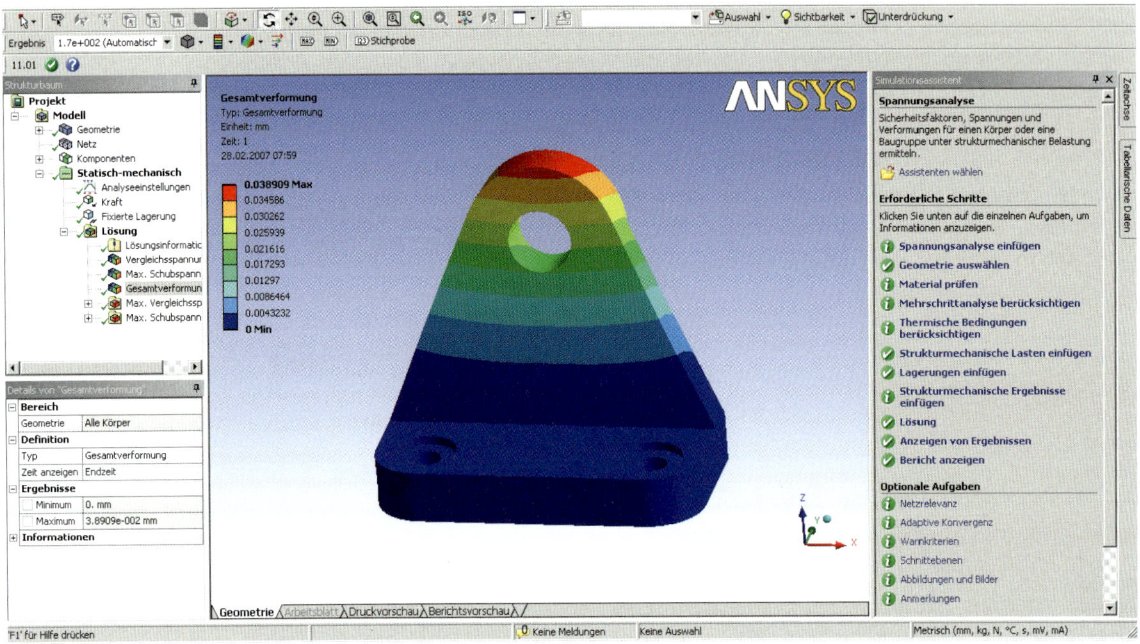

Nicht nur der Maximalwert ist bedeutsam.

Bei Konturplots (Farbbildern) entspricht jeder der farblich gekennzeichneten Bereiche der numerischen Spanne, die in der Legende angegeben ist. Beispielsweise liegen in der vorangehenden Abbildung die Verformungen im orangen Bereich zwischen 0.03 und 0.034 mm (**Achtung:** evtl. vorhandenen Skalierungsfaktor bei der Einheit direkt über der Legende beachten!). Durch diesen Konturplot lässt sich also sehr schnell die Verteilung eines Ergebnisses für das komplette Bauteil erfassen. Dies gilt nicht nur für Verformungen, sondern auch für Spannungen, Dehnungen und Temperaturen. Beachten Sie auch das Vorzeichen. Bei richtungsgebundenen Verformungen (nicht bei der Gesamtverformung) ist hier die Richtung in positiver oder negativer Achsenrichtung angegeben, bei einigen Spannungen und Dehnungen bestimmt das Vorzeichen die Art der Spannung (positiv = Zug, negativ = Druck).

ANSYS Workbench gibt Ihnen die Möglichkeit, die Ergebnisdarstellung weitgehend Ihren Wünschen anzupassen. Dazu wählen Sie bitte aus den Kontextfunktionen folgende Icons:

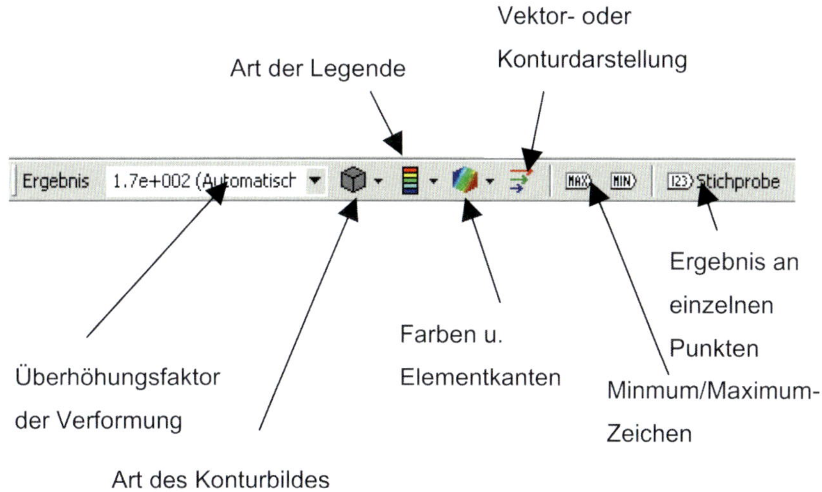

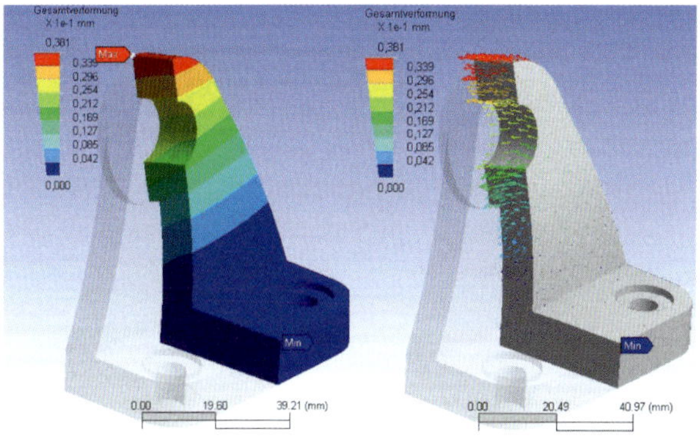

Kontur und Vektordarstellung eines Verformungsergebnisses

Vektorielle Größen (Hauptspannungen, Verformungen, Wärmefluss) lassen sich wahlweise als Konturbild oder Vektoren darstellen. Bei den Spannungen muss dabei das Ergebnis **HAUPTVEKTOR** definiert werden, bei den Verformungen die Gesamtverformung. Bei aktiver Vektordarstellung können die Vektoren über die zusätzliche Leiste in Größe, Dichte und Form verändert werden.

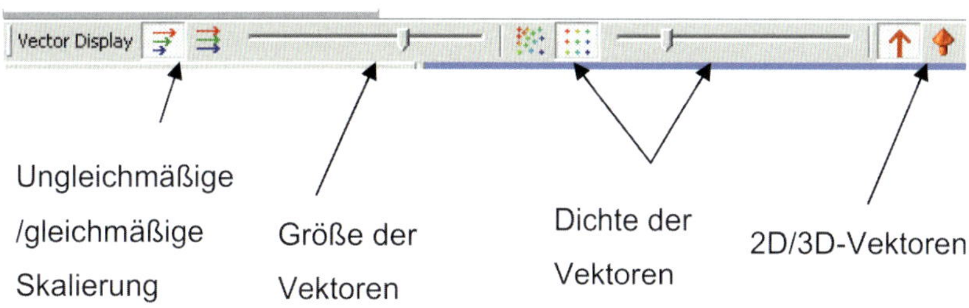

Vektordarstellung

Der Wertebereich der Farblegende kann nach eigenen Wünschen angepasst werden. Dazu muss direkt die Legende im Grafikfenster angeklickt werden.

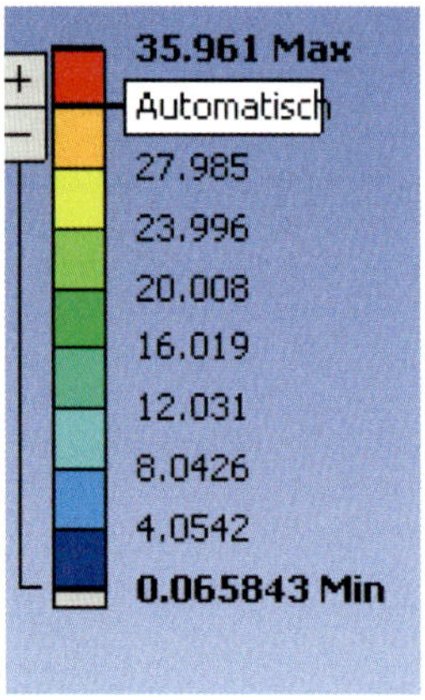

Wertelegende verändern

Über das Plus- oder Minuszeichen kann die Zahl der Farben erhöht oder verringert werden. Wird eine Trennlinie zwischen den Farben angeklickt, kann der zugehörige Legendenwert durch Ziehen mit der Maus oder durch numerische Eingabe verändert werden. Bei den Minimal- und Maximalwerten ist ein manuelles Überschreiben möglich, allerdings kann der maximale Wert nur durch einen größeren Wert, der minimale Wert nur durch einen kleineren Wert überschrieben werden.

Über die rechte Maustaste kann die Legende weiter bearbeitet werden. Dort findet sich u.a. eine Funktion **ALLE RÜCKSETZEN**, mit der die Legende wieder auf die automatisch ermittelte Voreinstellung zurückgesetzt wird.

Darüber hinaus kann man mit der rechten Maustaste:

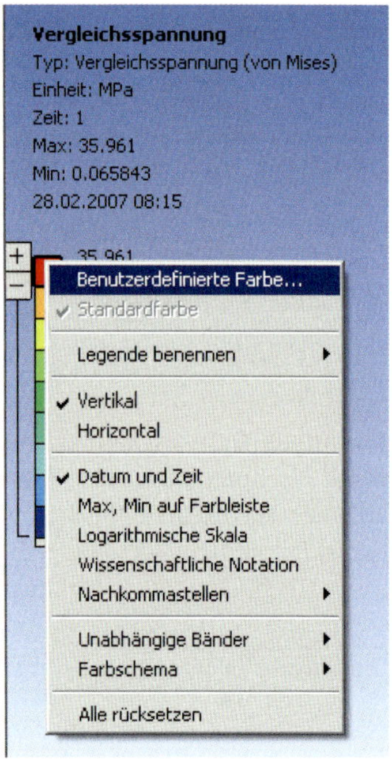

- einzelne Farben umdefinieren
- die Legende horizontal oder vertikal ausrichten
- Datum und Uhrzeit ein- und ausblenden
- Minimal- und Maximalwerte an der Legende ein-/ausschalten
- eine logarithmische Einteilung der Legende einstellen
- das Zahlenformat einstellen
- unter **NACHKOMMASTELLEN** festlegen, mit wie vielen Ziffern ein Zahlenwert dargestellt wird (entspricht Nachkomma plus Vorkommastellen, die Namensgebung der Funktion ist hier also nicht korrekt)
- unter **UNABHÄNGIGE BÄNDER** den Farbbereich auf einen Teilbereich der Werteskala eingrenzen und alle Bereiche außerhalb z.B. mit Grau darstellen
- unter **FARBSCHEMA** den Farbverlauf von Rot nach Blau, Blau nach Rot oder Schwarz-Weiß umdefinieren
- mit **LEGENDE BENENNEN** selbst definierte Einstellungen zusammenfassen, benennen und verwalten (z.B. exportieren für Wiederverwendung)

8.8.2.1 Fokussierung der Ergebnisdarstellung

Ergebnis auf Bereiche begrenzen

Bei Berechnungen von Baugruppen oder Bauteilen kann es vorkommen, dass nicht immer nur das Bauteil oder der Bauteilbereich mit den höchsten Spannungen (oder Verformungen, Temperaturen etc.) von Interesse ist, sondern dass andere Bereiche für die Untersuchung herangezogen werden sollen. Um nun nicht die Farblegende dem zu untersuchenden Bereich anpassen zu müssen, gibt es in ANSYS Workbench das Begrenzen der Ergebnisdarstellung auf bestimmte Bereiche. Dies können Punkte, Kanten, Flächen, Bauteile oder Baugruppen sein.

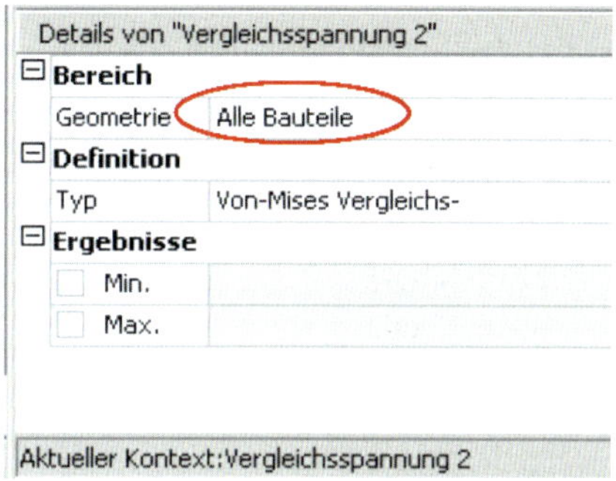

Durch den **BEREICH** im Detailfenster kann die Ergebnisdarstellung auf die gesamte Baugruppe (Default), einzelne Teile oder eine oder mehrere Bauteilflächen, Kanten oder Punkte begrenzt werden.

Anschließend müssen Sie mit **LÖSUNG** (rechte Maustaste) oder dem gelben Blitz oben in der Mitte Ihr Ergebnis wieder aktualisieren lassen.

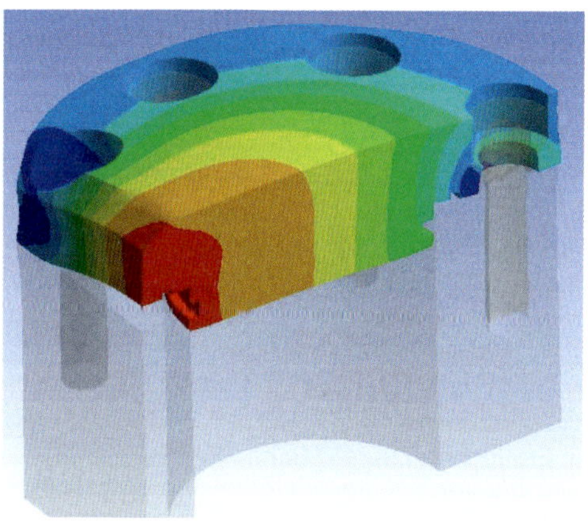

Oftmals ist es von Interesse, wie sich ein Ergebnis entlang einer Linie verhält. Dazu wählen Sie als Bereich eine oder mehrere Linien aus, und ordnen Sie diese unter **GEOMETRIE** zu. Nach dem Aktualisieren sieht beispielsweise die Verformung einer Walze entlang der Berührlinie wie in der nachfolgenden Abbildung (siehe S. 232) aus.

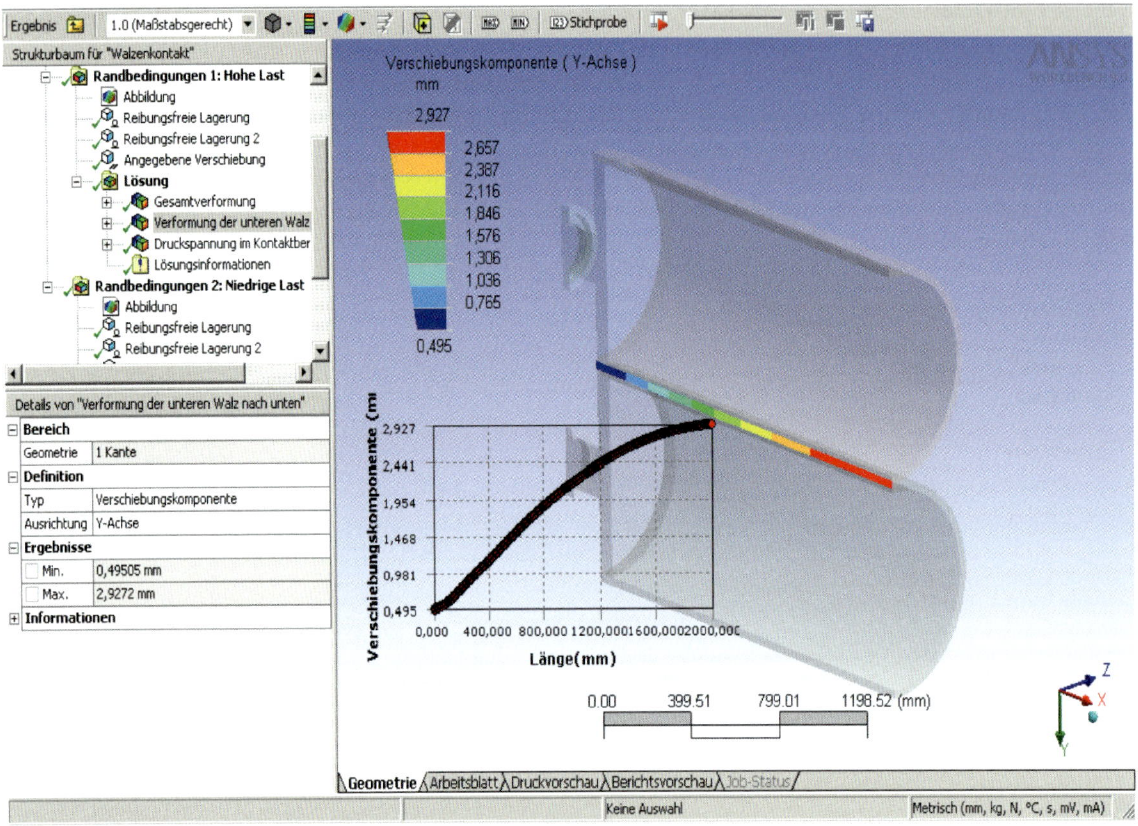

Analog lassen sich bestimmte Ergebnisse auch an Punkten exakt auswerten. Sofern an der interessanten Stelle ein Punkt selektierbar ist, können Sie diesen als Bereich verwenden.

Relevante Punkte herausgreifen

Sollten Sie eine schnelle Aussage brauchen, wie groß der Zahlenwert eines Ergebnisses an einer ungefähren Stelle Ihres Bauteils ist, benutzen Sie die **STICHPROBE**-Funktion aus dem Kontextbereich. Wenn Sie mit der Maus über Ihr Bauteil fahren, wird das jeweilige Ergebnis an der Maus angezeigt. Mit der linken Maustaste können Sie bestimmte Punkte dauerhaft mit dem Ergebnis beschriften.

Alternativ kann eine Stichprobe auch über ein lokales Koordinatensystem definiert werden. Dazu sind im Strukturbaum die Koordinatensysteme einzuschalten und ein lokales Koordinatensystem an der auszuwertenden Stelle zu erzeugen (siehe Abschnitt 8.5.3).

Wählen Sie im Strukturbaum **LÖSUNG**, klicken Sie die rechte Maustaste und wählen Sie **EINFÜGEN/STICHPROBE**, z. B. für Spannungen, an. Ändern Sie im Detailfenster die Positionsmethode auf **KOORDINATENSYSTEM** und die Ausrichtung und Position auf das lokale Auswerte-Koordinatensystem. Wählen Sie gegebenenfalls die Ergebnisse und die Zeitpunkte, für die Sie Ergebnisse sehen möchten.

Pfade

Neben Linien, die im Geometriemodell bereits vorhanden sind, können auch Auswertungen entlang von Linien quer durch das Modell erfolgen. Diese Auswertelinien werden Pfade genannt. Dazu ist auf der Modellebene die Funktion **KONSTRUKTIONSGEOMETRIE** zu aktivieren und die Funktion **PFAD** auszuwählen. Den Start- und den Endpunkt des Pfades können Sie durch Anklicken von **GEOMETRIE** und Zuordnen im Detailfenster erreichen. Für den gezeigten Pfad ist jeweils die seitliche Fläche auszuwählen, sodass deren Flächenschwerpunkt als Anfangs- und Endpunkt des Pfades verwendet werden. Um ein Ergebnis auf den Pfad zu beziehen, erzeugen Sie sich ein zusätzliches Berechnungsergebnis, wählen Sie im Detailfenster statt der Geometrie-Selektion den Pfad, und ordnen Sie darunter den gerade definierten Pfad zu.

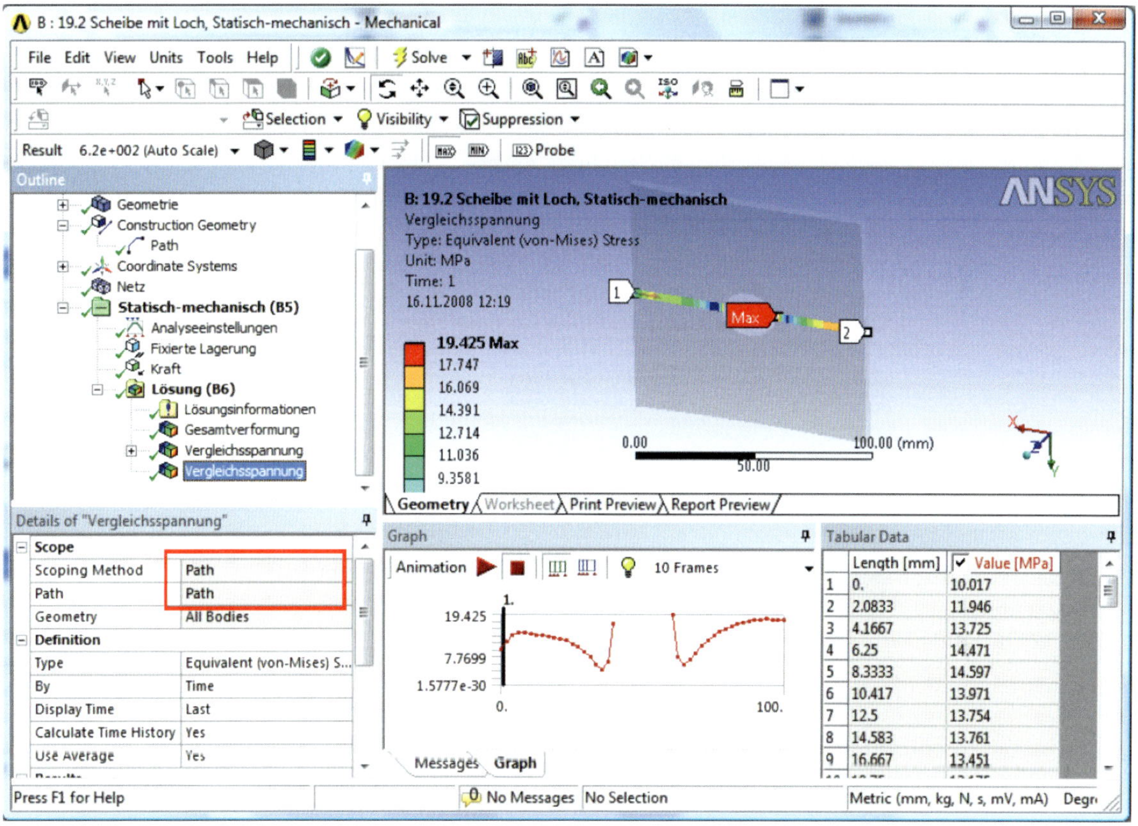

Eine weitere interessante Auswertemöglichkeit besteht mit externen Punkten. Wenn auskragende Strukturen auf deformierten Bauteilen sitzen, lässt sich damit die Bewegung eines Punktes dieser Struktur auswerten, ohne sie zu modellieren. Definieren Sie den externen Punkt, bevor Sie die Analyse starten, da er einen zusätzlichen Knoten in das FE-Modell einfügt. In Anschluss an die Berechnung können Stichprobenergebnisse für diesen Punkt definiert werden, um die Deformation, Position oder Geschwindigkeit auszuwerten.

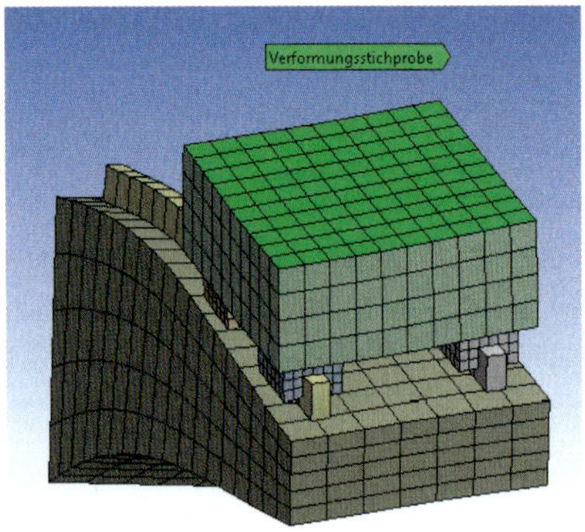

Kontaktergebnisse

Bei Analysen mit nichtlinearem Kontakt sollte die Genauigkeit des Kontaktes geprüft werden. Die im Penalty-Verfahren immer vorhandene Durchdringung sollte mindestens eine Größenordnung kleiner sein als die bestimmende Deformation. Ist bei einer Presspassung von z. B. 0.05 mm die Penetration 0.005 mm, wären das 10 % der Pressung, die im Kontakt „verschwinden". Fügen Sie daher im Strukturbaum unter **LÖSUNG** das Kontakt-Tool ein und definieren Sie das Kontaktergebnis **DURCHDRINGUNG**. Für das Beispiel in Abschnitt 9.8 ergibt sich das in der folgenden Abbildung dargestellte Bild.

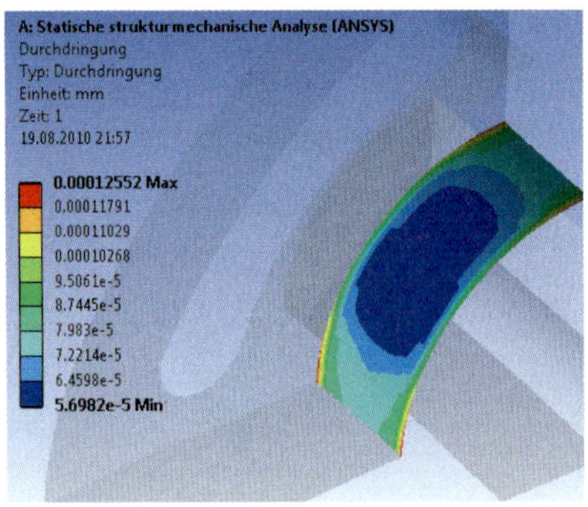

Im Kantenbereich beträgt demnach die Durchdringung 0.1 Mikrometer bei 25 Mikrometer radialem Übermaß, also 0.4 %, ist damit also hinreichend klein. Wäre sie zu groß, sollte die Kontaktsteifigkeit um den Faktor 10 oder 100 erhöht werden. Weitere interessante Berechnungsergebnisse für Kontakte sind der Kontaktdruck und die Relativbewegung (Gleitweg).

8.8.2.2 Animation

Ein Film sagt mehr als 1000 Worte

Zur Ergebnisinterpretation und Untersuchung des physikalischen Verhaltens des berechneten Bauteils kann innerhalb von ANSYS Workbench die animierte Ergebnisdarstellung gewählt werden. Dazu klicken Sie im Fenster (siehe nachfolgende Abbildung) auf **GRAPH (DIAGRAMM)**.

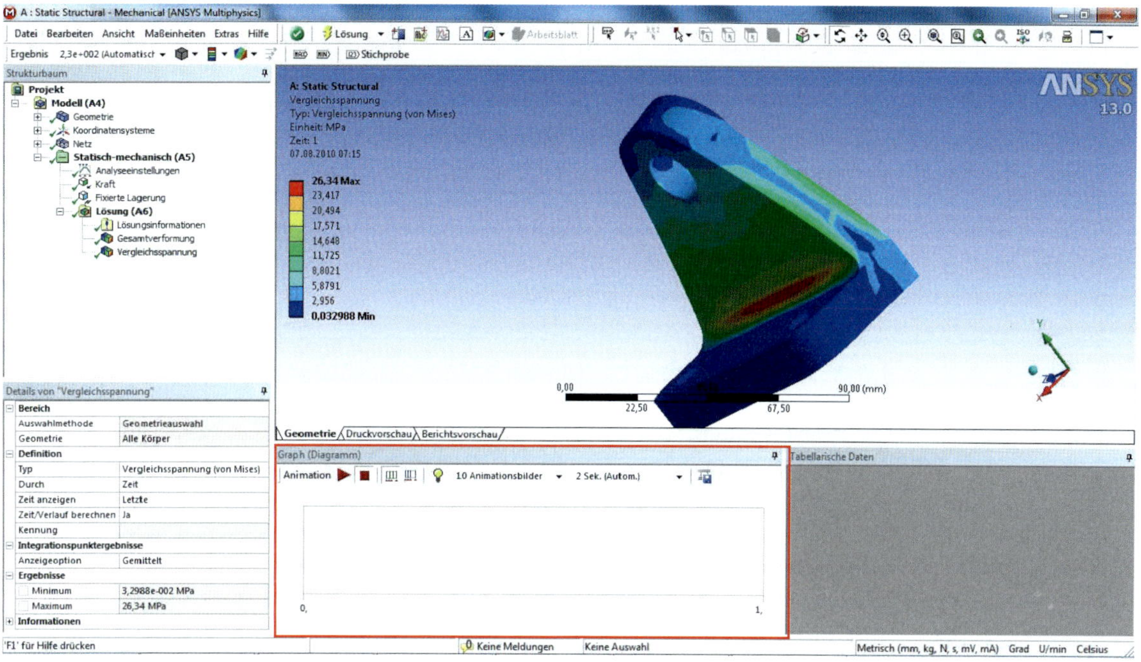

Sollte dieses Fenster nicht unterhalb des Grafikfensters verfügbar sein, wurde es vorher geschlossen. Sie finden dann am rechten Bildschirmrand ein Register **GRAPH/DIAGRAMM** (siehe nachfolgende Abbildung).

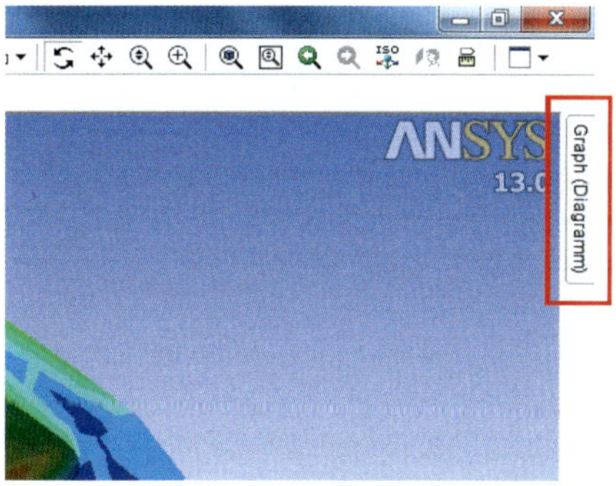

Fenster anordnen

Wählen Sie dieses Register und im erscheinenden Fenster den Reißnagel oben rechts aus, erscheint die Zeitachse wieder unterhalb des Grafikfensters. Alternativ rufen Sie **ANSICHT/FENSTER/LAYOUT ZURÜCKSETZEN** auf.

Durch das „Pfeil-nach-Rechts"-Icon wird die Animation gestartet, durch das „Rechteck"-Icon gestoppt. Die Anzahl der Bilder kann eingestellt werden, um kleinere oder bessere Animationsdateien zu erhalten. Die Animationsgeschwindigkeit kann als Zeit für einen Filmdurchlauf definiert werden (z. B. drei Sekunden pro Durchlauf).

Der Pausenknopf dient dazu, die Animation anzuhalten und mithilfe der unteren Zeitachse auf ein Einzelbild der Animation zuzugreifen. Mit der kleinen Stecknadel in der oberen rechten Ecke dieses Fensters kann die Zeitachse ausgeblendet werden. Solange das Icon mit den sich umschlingenden Pfeilen (**ROTIEREN**) aktiv ist, kann das Bauteil durch Bewegung der Maus, bei gedrückter linker Maustaste, bewegt werden. Bei aktivierter Lupe (**ZOOM**) ist analog dazu das Zoomen, bei aktiviertem Kreuz (**VERSCHIEBEN**) das Verschieben des Objektes möglich. Die Animation kann als AVI-File gespeichert werden, um sie auf jedem beliebigen Windows-Rechner auch ohne ANSYS Workbench abspielen zu können.

8.8.3 Automatische Dokumentation – Web-Report

Baum = Bericht

Mit ANSYS Workbench besteht die Möglichkeit, sich alle Berechnungsprojekte automatisch in einem internetfähigen Bericht dokumentieren zu lassen. Dabei werden alle Namen für Lastfälle, Randbedingungen, Ergebnisse usw. in diesen Bericht übernommen. Um diese Funktion sinnvoll zu nutzen, empfiehlt es sich, während einer Berechnung den einzelnen Objekten innerhalb des ANSYS Workbench-Strukturbaums sprechende Namen zu geben. Nachdem eine Berechnung durchgelaufen ist, kann mit dem Icon **BERICHTVORSCHAU** in den Bericht gewechselt werden.

Bilder im Bericht

Der Bericht enthält alle berechneten Varianten, alle Eingaben und alle wesentlichen Ergebnisgrößen wie Spannungen, Verformungen und Sicherheitsbeiwerte. Bilder, die in den Bericht eingefügt werden sollen, müssen im Strukturbaum als **ABBILDUNG** abgelegt werden.

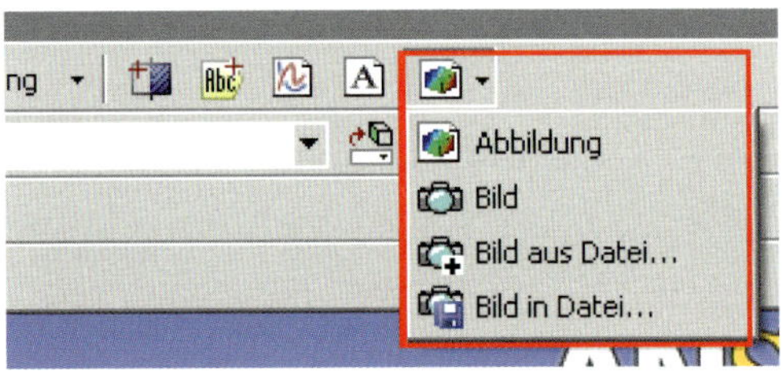

Dabei gibt es verschiedene Varianten:

- **ABBILDUNG**: Hiermit wird eine gespeicherte 3D-Ansicht definiert. Diese kann nachträglich geändert werden. Ändert sich das Ergebnis durch Änderungen im Strukturbaum, wird das Bild mit geändert (dient also zur Dokumentation des jeweils aktuellen Zustandes).
- **BILD**: Hiermit wird die aktuelle Grafikansicht als Bilddatei eingebunden. Diese ändert sich nicht, wenn der Strukturbaum sich nicht ändert (dient also zur Dokumentation des Zustandes beim Erzeugen des Bildes).
- **BILD AUS DATEI**: Hierüber kann eine Grafikdatei importiert werden.
- **BILD IN DATEI**: Hiermit kann die aktuelle Ansicht in eine Grafikdatei exportiert werden.

Für jedes Bild lassen sich unterschiedliche Eigenschaften wie Blickwinkel, Zoomfaktor etc. definieren. Der Bericht wird je nach Oberfläche in Deutsch, Englisch, Französisch oder Italienisch erstellt.

Dieser Bericht kann direkt per E-Mail verschickt, in Word oder PowerPoint oder als HTML-File gespeichert werden (**SENDEN AN/MICROSOFT WORD**). Beachten Sie, den Bericht in Word mit **SPEICHERN UNTER** als Word-Dokument zu speichern (Umstellen von Dateityp **WEBSEITE** auf Dateityp **WORD-DOKUMENT**).

Ergebnisbilder exportieren

Die Ergebnisdarstellung von ANSYS Workbench kann in JPG, PNG, BMP, TIF oder EPS exportiert werden. Damit ist die Weiterverarbeitung der Ergebnisse in anderen Programmen wie Word oder PowerPoint problemlos möglich. Das jeweils sichtbare CAD-Fenster kann durch das Kamera-Icon als Grafikdatei abgespeichert werden. Die Darstellung bezüglich Beleuchtung und Transparenz kann im Strukturbaum auf der Geometrieebene im **DETAILFENSTER** den eigenen Wünschen angepasst werden.

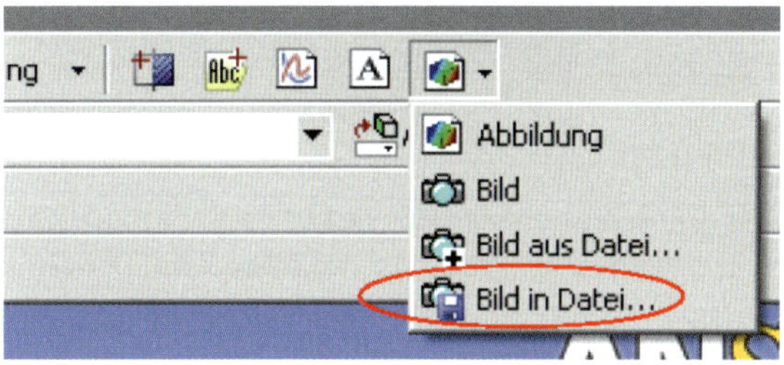

8.8.4 Schnitte

Zu jedem Ergebnis in ANSYS Workbench können ein oder mehrere Schnitte definiert werden. Dazu wählen Sie das Icon **NEUE SCHNITTEBENE** an (siehe nachfolgende Abbildung).

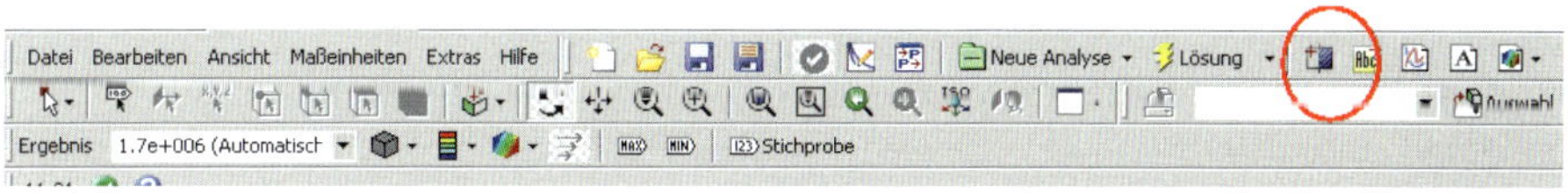

Ziehen Sie bei gedrückter Maustaste eine Linie über Ihr Modell. Diese Linie ist die Schnittebene, mit der das Bauteil geschnitten wird. Unterhalb des Detailfensters unten links wird eine Auflistung aller Schnittebenen angezeigt.

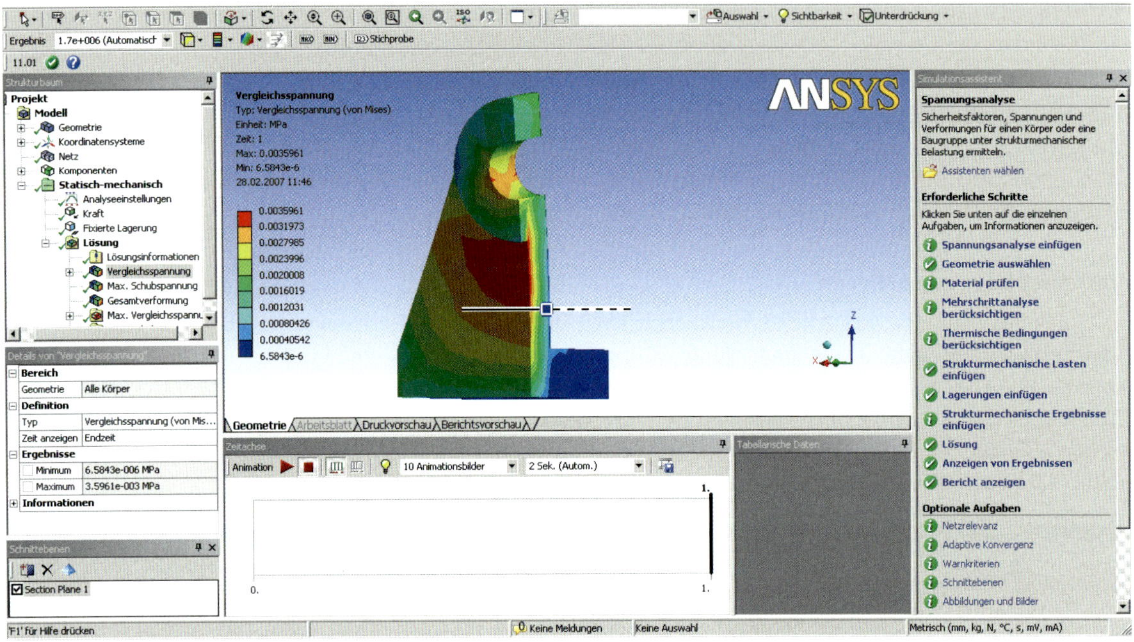

Schnitte verändern

Das Bauteil wird im Halbschnitt gezeigt. Die Schnittebene kann auf der gepunkteten Linie dynamisch verschoben werden. Durch Anwählen der gepunkteten Linie kann die sichtbare Seite umgeschaltet werden. Eine gute Darstellung ist die Kombination mit dem unverformten Modell, die statt des unverformten Modells dann den weggeschnittenen Teil der Struktur darstellt.

Für jeden erzeugten Schnitt wird in dem neuen Fenster **SCHNITTEBENEN** unten links eine Schnittebene angezeigt, die aktiviert oder deaktiviert werden kann. Eine solche Schnittebene kann auch wieder gelöscht werden, indem sie im entsprechenden Fenster markiert und die **LÖSCHEN**-Funktion in der Kopfleiste des Schnittebenen-Fensters verwendet wird. Die Pyramide rechts daneben legt fest, wie bei einer Schnittdarstellung von Netzen entlang der Schnittebene oder entlang der nächsten Elementflächen geschnitten wird (kein Schneiden von Elementen). Dies ist hilfreich zum Beurteilen der Elementqualität.

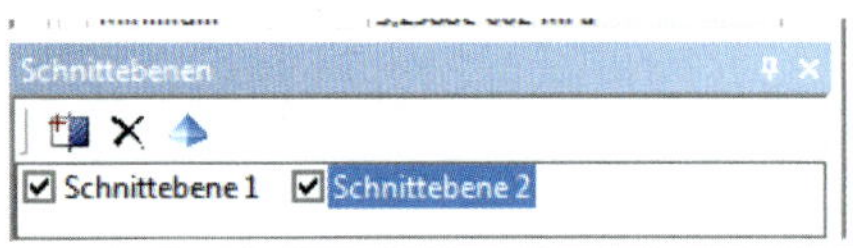

Zwischen der geschnittenen und ungeschnittenen Darstellung kann mit **AUSSEN** oder **SCHNITTEBENEN** umgeschaltet werden oder durch Anwählen des Hakens der **SCHNITTEBENE** (siehe nachfolgende Abbildung).

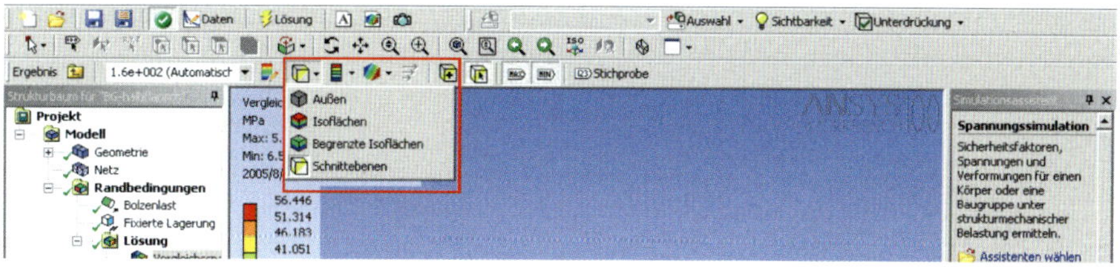

Sollten Sie das SCHNITTEBENEN-Fenster einmal gelöscht haben, können Sie es über ANSICHT/FENSTER/SCHNITTEBENEN wieder zurückholen.

8.8.5 Reaktionskräfte und -momente

Um Reaktionskräfte an Lagerungen zu sehen, sind STICHPROBEN zu definieren. Dazu wählen Sie im Strukturbaum LÖSUNG und im Kontextbereich STICHPROBE und KRAFTREAKTION aus.

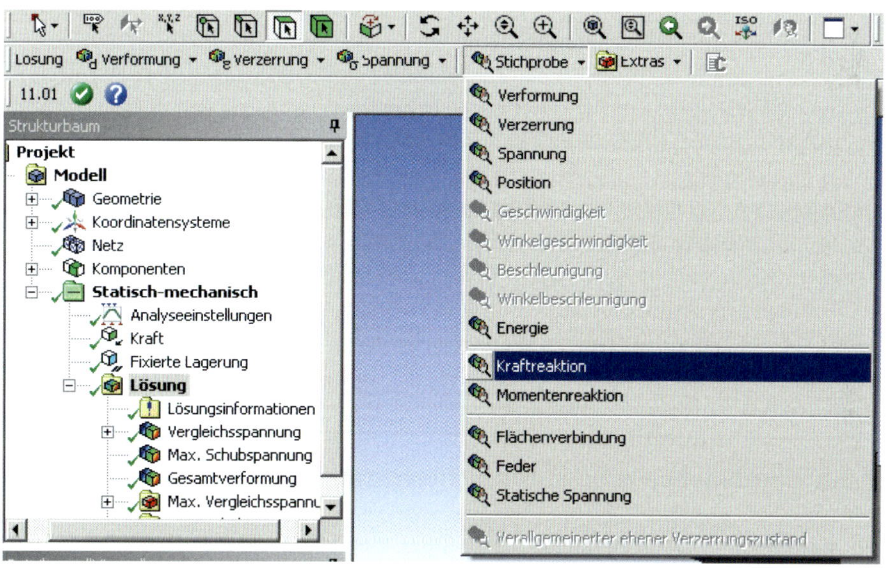

Im DETAILFENSTER können Sie unter RANDBEDINGUNG auswählen, für welche Randbedingung Sie Ihre Reaktionskräfte berechnen sollen, ebenso die Art des Ergebnisses und den Zeitpunkt. Dabei ist jedoch zu beachten, dass bei Mehrfachselektion (bei der Definition der Lagerung) die Kraftsumme angezeigt wird. Will man also für jede Fläche die Reaktionskraft einzeln, muss dies bereits bei der Definition der Lagerstellen beachtet und jede Fläche einzeln gelagert werden.

Typisches Beispiel: In einem Flansch soll die maximale Schraubenkraft ermittelt werden (siehe nachfolgende Abbildung auf S. 240).

Logische Gruppen bilden

Definiert man *eine* Lagerung, die alle sechs Bohrungen enthält, ist die Reaktionskraft die Summe der Kräfte in den sechs Bohrungen. Um die einzelnen Kräfte je Bohrung zu erhalten, muss also jede Bohrung in einer separaten Lagerung fixiert werden.

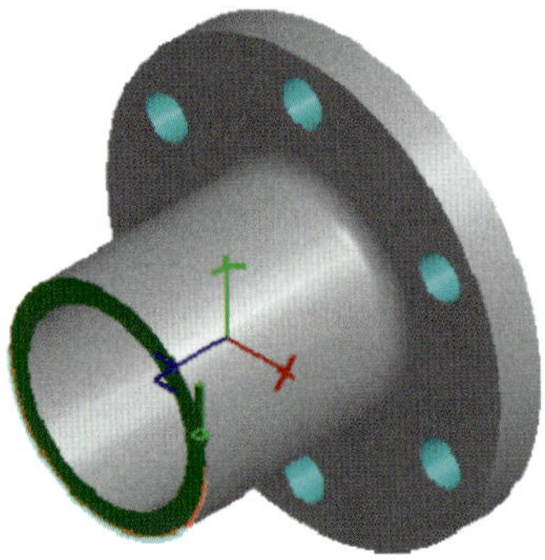

Beliebte Fehlerquelle

Ist eine Kante zwei unterschiedlichen Randbedingungen zugeordnet, werden die Knotenkräfte beiden Lagerungen zugerechnet. In diesem Fall stimmt also das Kräftegleichgewicht nicht ganz. Es ist daher die Geometrie unterschiedlicher Lagerungen strikt zu trennen, wenn Reaktionskräfte ausgewertet sollen.

Die Reaktionskräfte der „schwachen Federn" sollten gering sein (ingenieurmäßig null), da die schwachen Federn nur der numerischen Stabilisierung der Berechnung dienen, für den Fall, dass ein Bauteil nicht ausreichend gelagert ist.

In expliziten Analysen müssen die Reaktionskräfte *vor* der Analyse definiert werden. Wählen Sie dazu im Strukturbaum die **LÖSUNGSINFORMATIONEN** und erzeugen Sie mit der rechten Maustasten Ergebnisse für Kontaktkräfte oder externe Kräfte. Diese Kräfte beziehen sich immer auf einen ganzen Körper (im Detailfenster zuzuordnen). Liegt bereits ein Berechnungsergebnis vor, muss es gelöscht werden, um Reaktionkräfte definieren zu können. Bei stark verrauschten Ergebnissen kann im Detailfenster ein Filter definiert werden, um das Ergebnis zu glätten.

8.8.6 Ergebnisbewertung mit Sicherheiten

Die Konturbilder für Spannungen, Dehnungen und Verformungen zeigen Ihnen sehr detailliert, wo kritische Bereiche in Ihrer Konstruktion auftreten. Oft ist jedoch eine schnelle Aussage über das Bauteilverhalten wünschenswert, die anhand einer einzigen Kenngröße zu erkennen gibt, ob das Bauteil die geforderten Spezifikationen erfüllt. Je nach Material und Belastung können verschiedene Kenngrößen gefordert sein, die aus den Spannungen abgeleitet sind. Sie können diese Kenngrößen berechnen, indem Sie das Kontext-Icon **EXTRAS/SPANNUNGS-TOOL** anwählen.

Ausnutzungsgrad des Materials

Eine weitverbreitete Größe ist der Sicherheitsbeiwert (kurz: die Sicherheit) nach der Von-Mises-Vergleichsspannung. Sie setzt die im Bauteil auftretende Spannung (Vergleichsspannung nach von Mises) in Relation zu der maximal zulässigen Spannung, die durch den Werkstoff bestimmt ist (Fließgrenze, Bruchgrenze) oder die vom Anwender vorgegeben wird. Das Verhältnis der auftretenden zur zulässigen Spannung muss kleiner 1 sein, damit das Bauteil nicht versagt, d. h., die Sicherheit muss größer 1 sein. Auch die Sicherheit kann in Form eines Konturbildes auf der 3D-Geometrie dargestellt werden. Je nach Material muss die zugrunde liegende Vergleichsspannung nach der Von-Mises-Vergleichsspannungshypothese oder einer andere Vergleichsspannungshypothese berechnet.

Die hier errechneten Sicherheitswerte basieren auf den in der FEM-Analyse ermittelten Vergleichsspannungen. Diese hängen u. a. von der Vernetzungsgüte, der Genauigkeit der Randbedingungen usw. ab.

8.9 Lösungskombinationen

Lösungen vergleichen

Lösungskombinationen sind eine effiziente Möglichkeit, Ergebnisse von zwei oder mehreren Lastfällen zu überlagern. Man kann dies verwenden, um eine Struktur mit Einheitslasten in verschiedenen Richtungen zu belasten und die Spannungen und Verformungen dieser Einheitslasten mit verschiedenen Lastfaktoren zu addieren. Voraussetzung dafür sind Lastfälle, d. h. im Projektmanager werden Lastfälle durch Kopieren der Zelle 5 (Setup) generiert, sodass technische Daten, Geometrie und Modell gleich sind und lediglich die Kräfte variieren. Lastfallüberlagerungen dürfen eigentlich nur für lineare Systeme durchgeführt werden, bei denen die Lagerbedingungen gleich sind. ANSYS Workbench erlaubt jedoch auch die aller anderen Lastfälle, was eine gewisse Gefahr darstellt, wenn Nichtlinearitäten eine Überlagerung verfälschen. Andererseits ermöglicht dies, zwei nichtlineare Lastfälle voneinander abzuziehen (Überlagerung mit Faktor 1 für Lastfall 1 und Faktor –1 für Lastfall 2), um die Differenzen zweier nichtlinearer Lösungen zu ermitteln.

Fügen Sie in Ihrem Berechnungsprojekt alle zu überlagernden Lastfälle ein. Es ist dabei entscheidend, dass tatsächlich Lastfälle definiert sind, welche die Zellen 2 bis 4 gemeinsam haben (erkennbar an der grauen Einfärbung, siehe nachfolgende Abbildung).

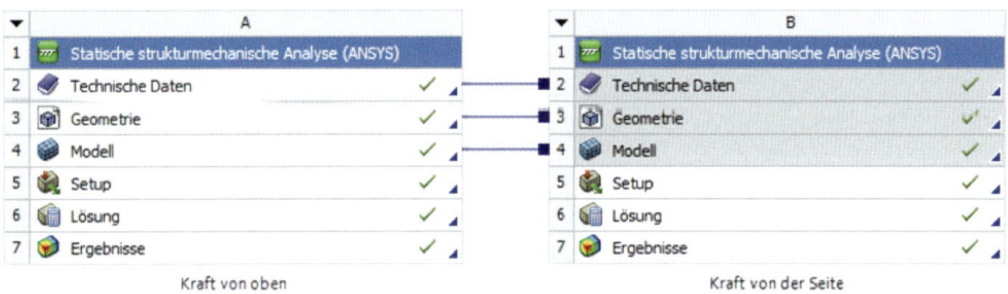

In der Mechanical-Applikation sind dann unter einem Modell die beiden Lastfälle in zwei Ästen enthalten. Über die Ebene **MODELL** kann mit der rechten Maustaste eine Lösungskombination eingefügt werden, für die im Arbeitsblatt die Koeffizienten für die Überlagerung festgelegt werden können. Unterhalb der Lösungskombination definieren Sie die Ergebnisse, die Sie für die überlagerte Lösung auswerten möchten.

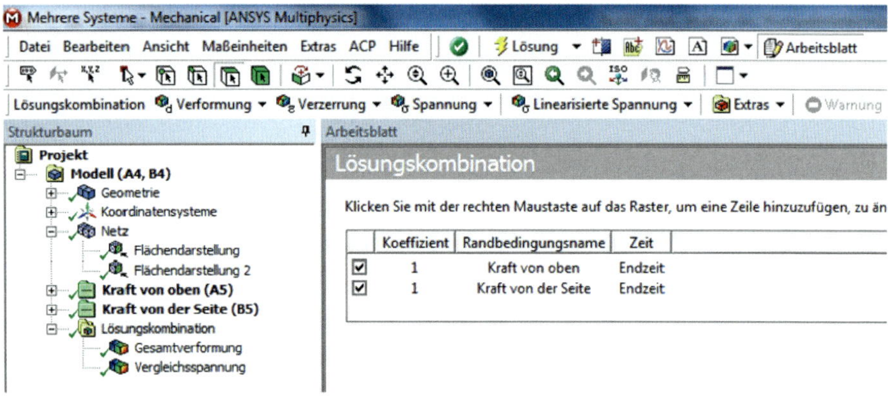

9 Übungen

Damit Sie etwas vertrauter werden mit der Bedienung des Programms und auch den Einfluss von verschiedenen Eingabegrößen auf Ihr Ergebnis sehen, sollten Sie die folgenden Übungen praktisch am Rechner durcharbeiten. Beginnen Sie Ihre erste Analyse an dem detailliert dokumentierten Beispiel aus Kapitel 7. Die dort vermittelten Vorgehensweisen werden in den nachfolgenden Übungen vorausgesetzt. Es empfiehlt sich generell, mit einfachen Aufgaben zu beginnen, für die möglichst bereits analytische Lösungen existieren. Auf diese Weise können Sie erkennen, wie gut die Ergebnisse der Berechnung mit den Sollwerten übereinstimmen.

Mit Bekanntem beginnen

Probieren Sie verschiedene Varianten durch. Vergleichen Sie unterschiedliche Materialien, Lasten und Einspannungen. Experimentieren Sie mit ANSYS Workbench. Setzen Sie sich mit der technischen Mechanik auseinander. Versuchen Sie zu verstehen, *warum* sich ein Bauteil so verformt, wie Sie es berechnen, und *wie* der Spannungsverlauf im Bauteil ist. Erst wenn Sie einfache Teile unter einfachen Lastfällen plausibel berechnen können, sollten Sie sich selbst gestellten Aufgaben zuwenden. Die einzelnen Ergebnisse der Beispiele können je nach installierter Version (Service-Pack, Betriebssystem etc.) von den hier gezeigten ein wenig abweichen, die Tendenz sollte jedoch ähnlich sein.

HINWEIS: Für den Fall, dass Ihnen Ergebnisse unlogisch erscheinen, stehen Ihnen die CADFEM-Hotline oder das CAD.DE-Forum zur Verfügung.

Alle Übungsbeispiele sind im zum Buch gehörigen Download-Paket enthalten. Es enthält neben den Geometrien im STEP-Format auch die Musterlösungen. Die Musterlösungen liegen platzsparend nur als Definition ohne Berechnungsergebnisse vor. Entpacken Sie das Gesamtarchiv und importieren Sie die Archive für die einzelnen Beispiele im Projektmanager mit **DATEI/ARCHIV WIEDERHERSTELLEN.**

Das Download-Paket finden Sie unter *http://downloads.hanser.de*.

Um alle Berechnungsergebnisse in der jeweiligen Übung zu erhalten, wählen Sie die entsprechende Analyse an. Wählen Sie dann über die rechte Maustaste **BERECHNUNG AKTUALISIEREN** oder **PROJEKT AKTUALISIEREN** in der oberen Icon-Leiste des Projektmanagers an. Wenn Sie alle Lösungen für alle Beispiele berechnen lassen wollen, benötigen Sie knapp 30 GB Plattenplatz.

9.1 Biegebalken

Die Mutter aller FEM-Übungen

Berechnen Sie die Verformung und Spannung eines einseitig eingespannten Biegebalkens mit dem Querschnitt 10 × 10 mm und 100 mm Länge. Der Werkstoff ist Stahl. Am freien Ende des Balkens wirkt eine Last von 1000 N nach unten. Zum Vergleich wird eine analytische Handrechnung durchgeführt, um die Güte des mit ANSYS Workbench errechneten Ergebnisses bewerten zu können.

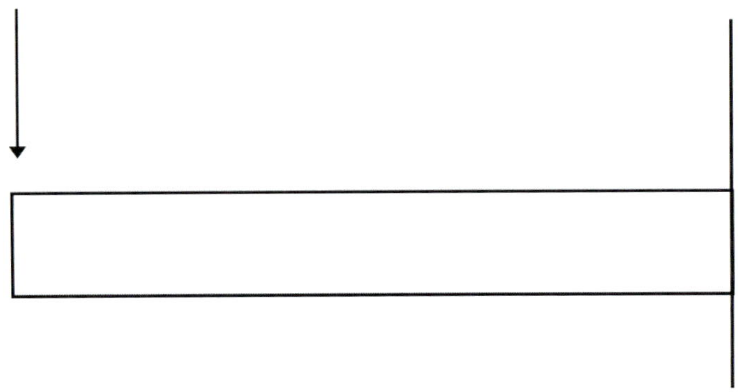

Analytische Lösung

Berechnung der Verformung u

u = Fl**3/(3EI)

u = 2 mm

Berechnung der Biegespannung σ_b

$\sigma_b = M/W$

$\sigma_b = 1000 \times 100 \times 6/10 \times 10^2$

$\sigma_b = 600\ N/mm^2$

Lösung mit ANSYS Workbench

Datei: *Balken.stp*

Genauigkeit der Ergebnisse (Von-Mises-Vergleichsspannung) in Abhängigkeit der Netzdichte:

Relevanz	Verformung	Spannung
0	2,00 mm	610 N/mm²
−100	Abbruch, zu wenige Elemente	Abbruch, zu wenige Elemente
+100	2,00 mm	608 N/mm²

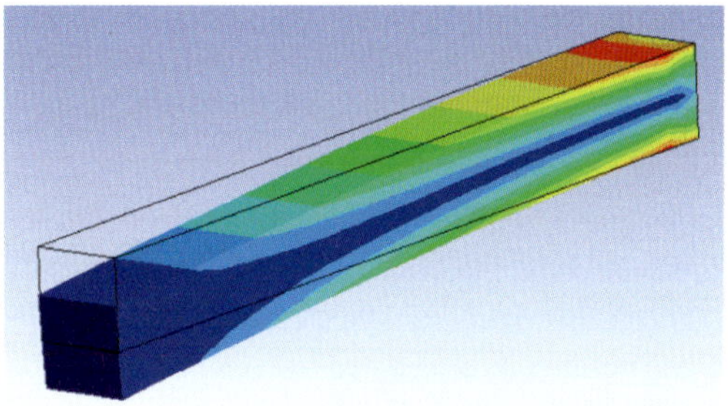

Weitere interessante Punkte

Wie erkennt man Zug- und Druckspannungen?

- Lassen Sie sich die Spannungskomponente in Balkenlängsrichtung anzeigen (Normalspannung, Richtung im Detailfenster auf die Z-Achse einstellen).

Warum tritt die maximale Vergleichsspannung nicht am Balkenende auf? Warum ist die Normalspannung am Balkenende so hoch?

- Am Balkenende ist durch die Einspannung eine sehr starke Vereinfachung im Modell enthalten. An Stellen großer Vereinfachungen ist eine Auswertung nicht sinnvoll. Die größte Spannung tritt nach einer Elementreihe (von der Einspannung aus gesehen) auf (Querkontraktion behindert!). Schalten Sie nun in der Ergebnisauswertung die Elementkanten ein. Die Lagerung an der Einspannstelle vereinfacht und beeinflusst das lokale Ergebnis an genau dieser Stelle.

Was müsste man tun, um die Spannung am Balkenende doch noch auszuwerten?

- Definieren Sie ein fokussiertes Ergebnis für die Spannung in Balkenlängsrichtung für eine der Längskanten. Exportieren Sie dieses Ergebnis nach Excel (inklusive Knotenpositionen, einstellbar unter EXTRAS/OPTIONEN/MECHANISCH/EXPORT). Dann ergibt sich das in der folgenden Abbildung (siehe S. 246) dargestellte Bild.

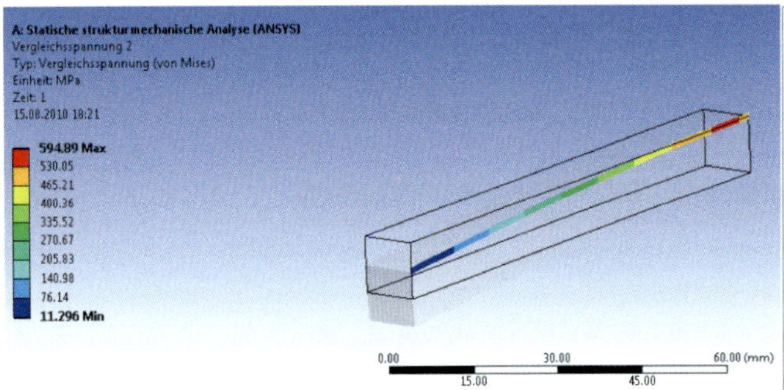

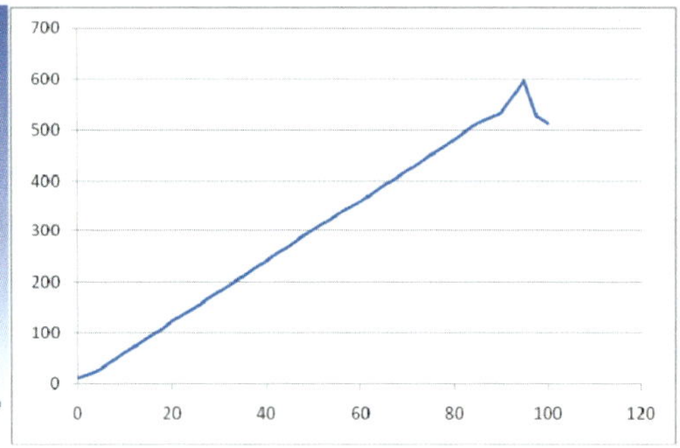

- Die Spannung zeigt den erwarteten linearen Anstieg bis auf die Störstelle am Ende. Durch eine Extrapolation könnte man auf die Werte an der Einspannstelle schließen.
- Sie könnten statt der gemittelten Spannungen die ungemittelten auswerten.
- Alternativ könnte man das Berechnungsmodell ausweiten, sodass man einen Teil des anschließenden Bereichs in die Berechnung mit einschließt. Weiterer Vorteil: Man kann den Einfluss des Übergangs mit berücksichtigen.

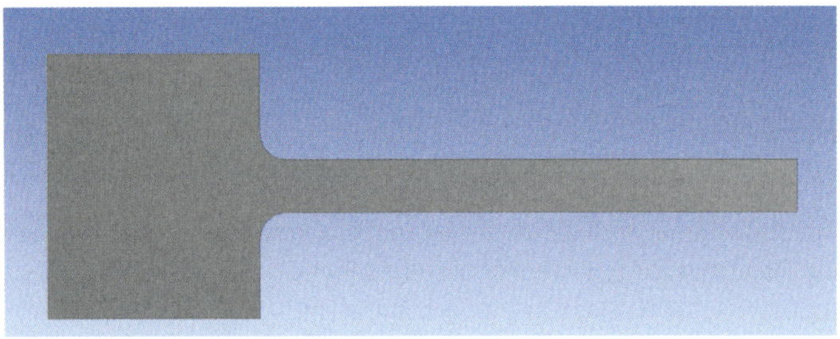

9.2 Scheibe mit Bohrung

Ergebnisgenauigkeit absichern

Berechnen Sie die Kerbspannung, die an einer Bohrung in einer auf Zug belasteten Scheibe auftritt. Die Scheibe ist 100 × 100 mm groß, 5 mm dick, mit einer Bohrung vom Durchmesser 20 mm im Zentrum. Der Werkstoff ist Stahl, die Zugbelastung 10 000 N.

Versuchen Sie, das Ergebnis zu verifizieren.

Analytische Lösung

$\sigma_{Nenn} = F/A$

$\sigma_{Nenn} = 10.000\ N/(5 \times 80)\ mm^2$

$\sigma_{Nenn} = 25\ N/mm^2$

$\sigma_{Kerb} = 2{,}6 \times \sigma_{Nenn}\ N/mm^2 = 65\ N/mm^2$

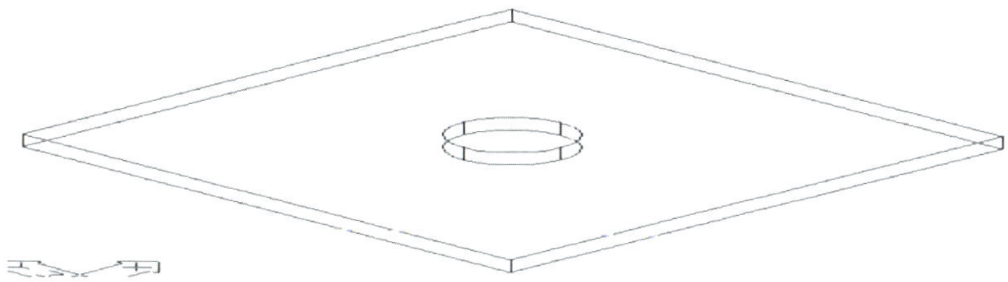

Lösung mit ANSYS Workbench

Die mit ANSYS Workbench errechnete Spannung liegt je nach eingestellter Genauigkeit zwischen 52 und 68 N/mm^2. Hier ist die Abhängigkeit des Ergebnisses von der Genauigkeit (Netzdichte) aufgrund des besonders hohen Gradienten (Kerbeffekt) sehr stark ausgeprägt.

Versuchen Sie, die Genauigkeit durch Setzen von manuellen Elementgrößen weiter zu steigern. Die Symmetrie am Viertelmodell können Sie über den Support **REIBUNGSFREIE LAGERUNG** anwenden (keine Bewegung aus der Symmetrieebene heraus).

Alternativ definieren Sie eine Konvergenzprüfung *nur* für die Bohrungsfläche. Andernfalls wird in dem Bereich der Lagerung eine singuläre (= unendlich hohe) Spannung berechnet.

	Global grobes Netz (Schieberegler – 100)	Global mittleres Netz (Schieberegler 0)	Global feines Netz (Schieberegler + 100)	Adaptives Netz mit 1 % Konvergenz	Mittleres Netz (Schieberegler 0) plus lokale Netzdichte 1 mm
ANSYS gemittelte Vergleichsspannung	59,4	67,6	67,7	66,3	64,8
ANSYS ungemittelte Vergleichsspannung	62,9	70,4	68,0	68,1	64,8

Trägt man in einem Diagramm die Spannungen in Abhängigkeit von der Netzdichte auf, so erhält man etwa das in der folgenden Abbildung dargestellte Bild.

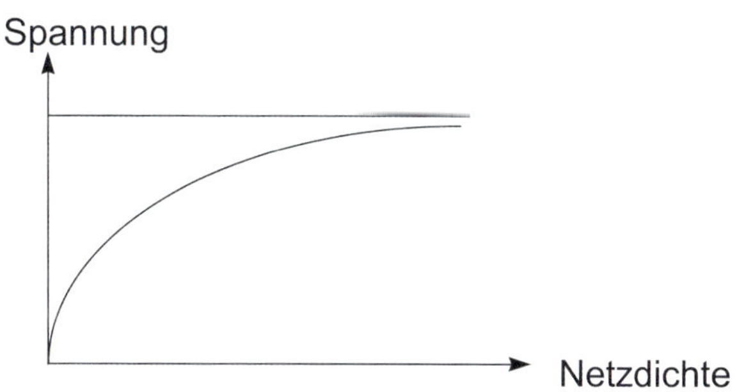

Die Spannungen, die mit der FE-Methode berechnet werden, nähern sich also asymptotisch dem realen, konstanten (da von der Netzdichte unabhängigen) Wert an. Je gröber die Vernetzung ist, desto steifer ist die FE-Struktur – und man nähert sich in der Regel von unten an die realistische Spannung an!

Will man also die Güte einer Berechnung prüfen, können zwei bis drei weitere Berechnungen mit unterschiedlichen Netzdichten zeigen, in welchem Bereich der Asymptote man sich bewegt.

TIPP: Der Unterschied zwischen gemittelter und ungemittelter Spannung gibt Hinweise, wie genau der berechnete Spannungswert ist – je geringer, desto genauer. Globale Netzverfeinerungen bringen in der Regel wenig Genauigkeit, während lokale Netzverfeinerungen die Genauigkeit gezielt steigern können und die Rechenzeiten nur moderat steigen.

9.3 Parameterstudie

Automatisch Varianten berechnen lassen

Parameterstudien erlauben es, innerhalb einer Berechnung verschiedene Varianten (Material, Lasten, Geometrie) zu definieren und zu berechnen. Als Ergebnis erhält man die ausgewählten Ergebnisse in Abhängigkeit von den Eingabegrößen. Damit verbessert sich das Verständnis für die Effektivität der verschiedenen konstruktiven Maßnahmen. Die in dieser Übung verwendete Basisfunktionalität zur automatisierten Variantenberechnung und Designverbesserung steht über den **PARAMETERMANAGER** in allen Mechanikprodukten zur Verfügung und eignet sich für Fragestellungen mit 1 bis 2 Parametern. Für weitergehende Analysen, z. B. verifizierte Antwortflächen für quantifizierbare Ergebnisse und nichtlineare Aufgabenstellungen sowie Robust-Design-Optimierung, steht mit optiSLang eine einfach handhabbare, umfassende Lösung optional zur Verfügung (siehe Abschnitt 9.4).

Beispiel: Kettenglied

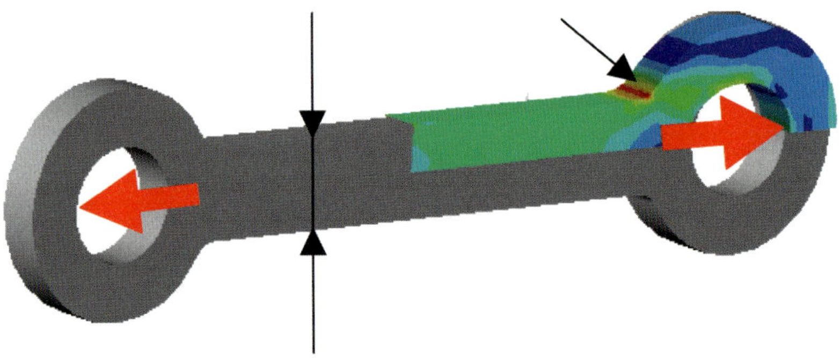

Bei diesem Kettenglied, das auf Zug belastet wird, könnte die Frage auftauchen, ob es sinnvoller ist, den Rundungsradius oder die Stegbreite zu vergrößern. Diese Aufgabe soll in einer Parameterstudie gelöst werden. Aufgrund des symmetrischen Lastfalls wird mit einem Viertelmodell gerechnet, das im CAD-System wie in der folgenden Abbildung aufgebaut ist (siehe auch Abschnitt 8.4.1).

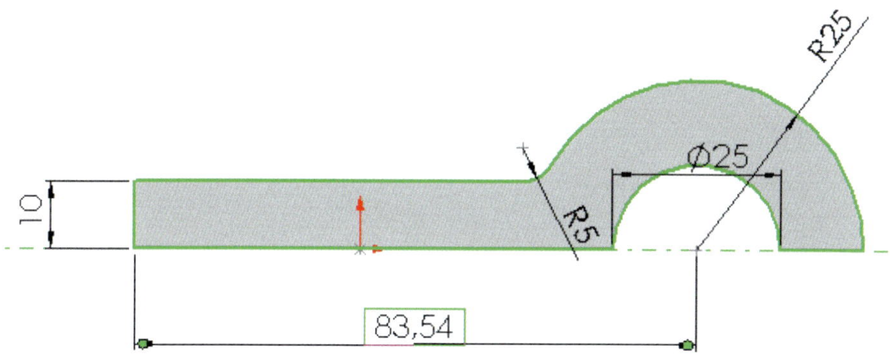

Der Verrundungsradius *R5* und die (halbe) Stegbreite *10* werden im CAD-System mit den beiden Namen *Radius_DS* und *Stegbreite_DS* versehen (im ANSYS DesignModeler dazu das *P* vor dem Parameterwert der Bemaßung aktivieren und Namen vergeben). Die Kennzeichnung von Parametern mit *DS* sorgt dafür, dass diese Parameter an ANSYS Workbench übergeben werden. Definieren Sie die in der folgenden Abbildung dargestellten Randbedingungen.

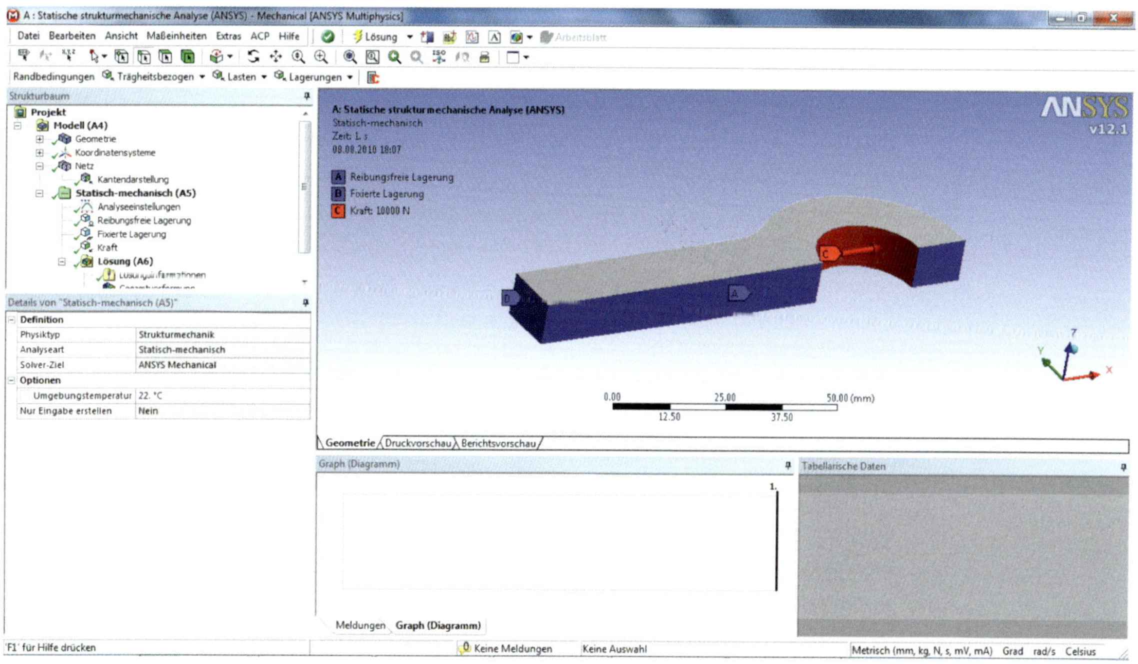

Berechnen Sie folgendes fokussiertes Spannungsergebnis (siehe Abbildung). Achten Sie dabei auf eine hinreichend feine Vernetzung. Um in allen Geometrievarianten eine gute Netzfeinheit zu haben, können Sie an den beiden Verrundungslinien die Zahl der Elemente vorgeben (hier 10) und einen langsamen Übergang bei der Vernetzung wählen.

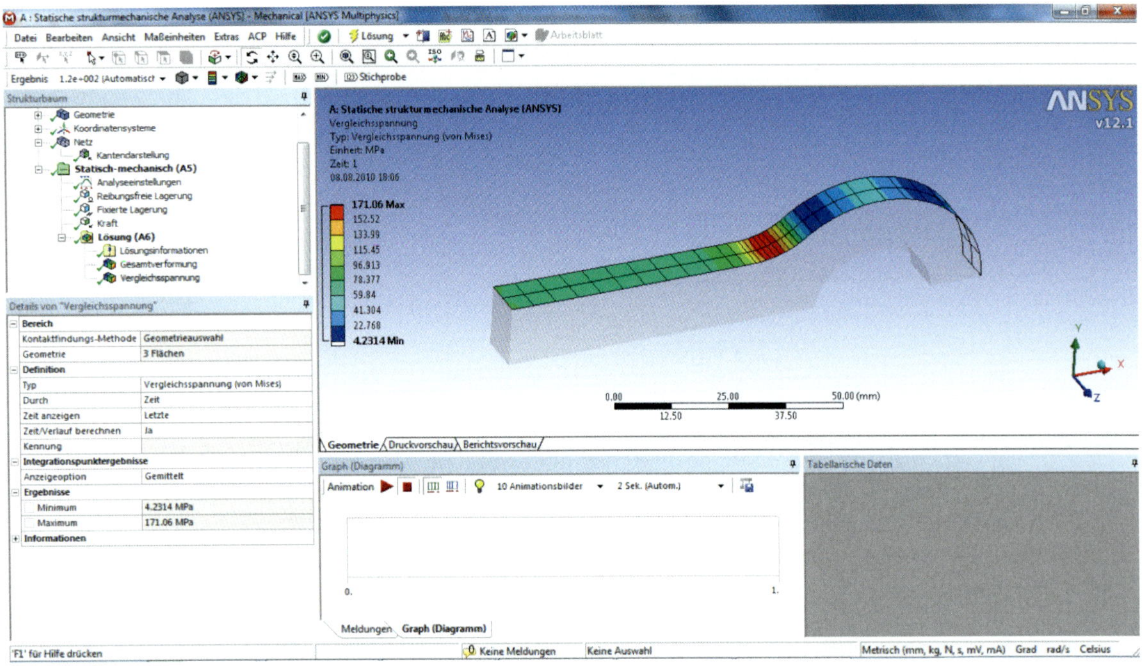

Achten Sie darauf, die Spannungsdarstellung auf oben gezeigte Flächen einzugrenzen. Eine eventuell höhere Spannung in der Bohrung soll nicht berücksichtigt werden, da sie durch die beiden Parameter nur unwesentlich beeinflusst wird.

Nach der Berechnung kennzeichnen Sie die Simulationsparameter mit *P* im **DETAILFENSTER**. Dazu gehen Sie im Strukturbaum auf **GEOMETRIE** und wählen das Bauteil an. Im **DETAILFENSTER** erscheint die in der folgenden Abbildung dargestellte Ausgabe.

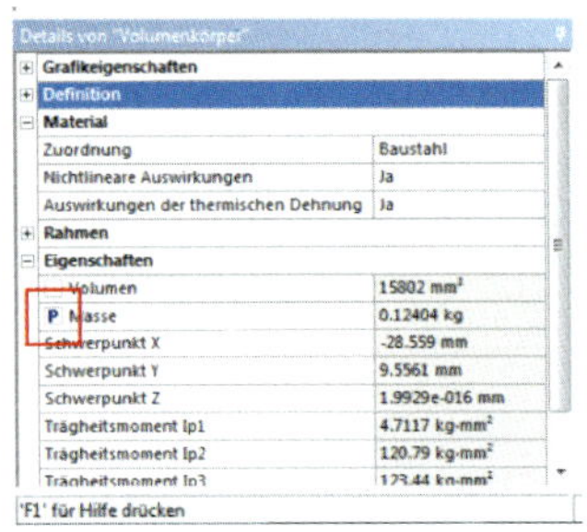

Durch Anklicken der linken Checkbox erscheint ein *P*, das die angewählte Größe, hier die Masse, als Parameter kennzeichnet. Damit ANSYS Workbench ein oder mehrere Ergebnisse in der Parameterliste anzeigt, müssen alle gewünschten Ergebnisgrößen als Parameter gekennzeichnet werden. Dazu wird die fokussierte Spannung unter **LÖSUNG** angewählt und der Maximalwert ebenfalls mit einem *P* gekennzeichnet. Auf die gleiche Weise lassen sich auch Eingabegrößen wie Kräfte oder Drücke als Parameter kennzeichnen. Sollen auch Materialparameter variiert werden, sind die Kennwerte über den Projektmanager in den technischen Daten als Parameter zu markieren (nicht in dieser Übung).

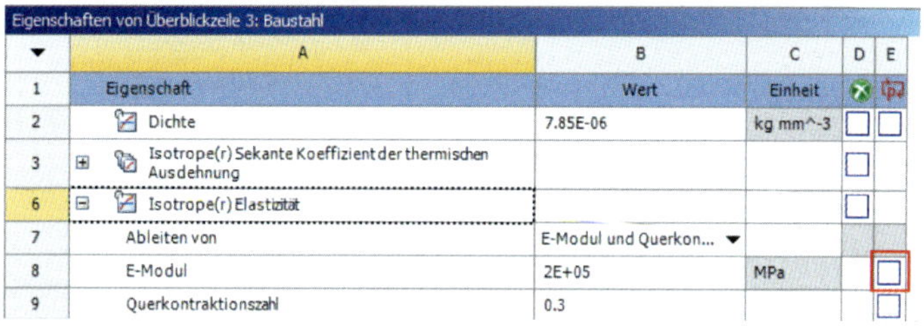

Eigenschaften von Überblickzeile 3: Baustahl

	A	B	C	D	E
1	Eigenschaft	Wert	Einheit		
2	Dichte	7.85E-06	kg mm^-3		
3	Isotrope(r) Sekante Koeffizient der thermischen Ausdehnung				
6	Isotrope(r) Elastizität				
7	Ableiten von	E-Modul und Querkon...			
8	E-Modul	2E+05	MPa		
9	Querkontraktionszahl	0.3			

Zur Definition der Studien wechseln Sie zum Projektmanager, und führen Sie einen Doppelklick auf das Parameter-Set aus.

Auf der linken Seite sind die Eingabeparameter, die beiden Geometrievariablen *Radius_DS* und *Stegbreite_DS* und die beiden Ausgabeparameter Masse und Vergleichsspannung zu sehen. Auf der rechten Seite können Sie weitere Variantenberechnungen definieren, indem Sie für die Eingabeparameter zusätzliche Varianten definieren. Tragen Sie in der untersten Zeile neue Parameter für *Stegbreite_DS* und *Radius_DS* ein.

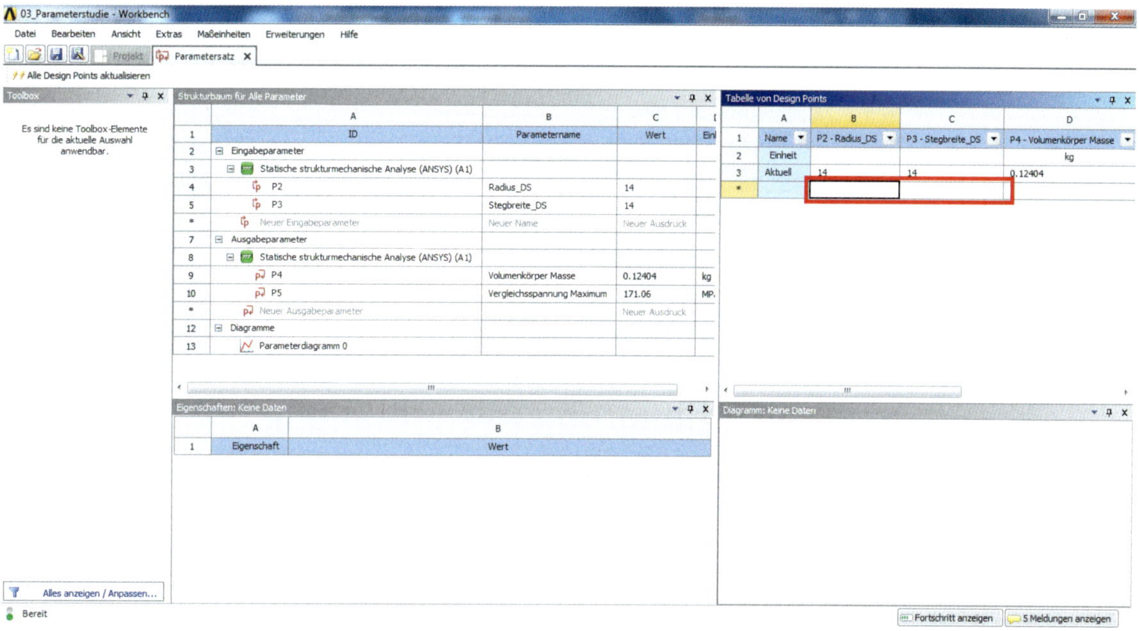

Diese Parameterkombinationen können per Copy & Paste auch aus Excel importiert werden. Wenn alle Berechnungen definiert sind, werden die Berechnungen oben in der Mitte mit **ALLE DESIGN POINTS AKTUALISIEREN** gestartet. Es werden jetzt die verschiedenen Studien durchgerechnet und das Ergebnis in der Tabelle abgelegt. Wichtig: Das CAD-System sollte aus Performance-Gründen im Hintergrund offen sein! Wenn **FORTSCHRITT ANZEIGEN** unten rechts im Projektmanager aktiviert ist, kann der aktuelle Status jedes Berechnungsdurchlaufs live verfolgt werden.

Automatisch Varianten berechnen lassen

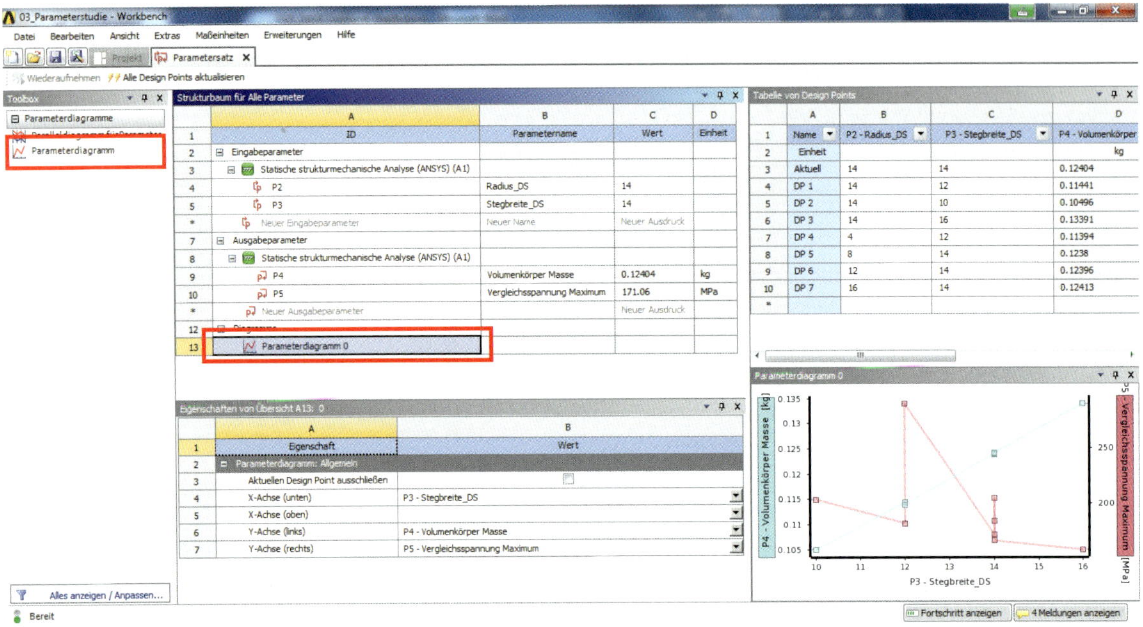

Nachdem die Analysen fertiggestellt sind, wählen Sie **DIAGRAMME** an, und führen Sie einen Doppelklick auf **PARAMETERDIAGRAMME** aus (siehe vorhergehende Abbildung). Definieren Sie in der unteren Tabelle, welche Eingabe- und Ausgabegrößen Sie für Ihren Graphen verwenden. Per Copy & Paste kann die Wertetabelle auch an Excel übergeben werden, um dort eine erweiterte Auswertung vorzunehmen.

9.4 Designstudien, Sensivitäten und Optimierung mit optiSLang

Systematische Designvariation

Für Designvariationen, bei denen eine hohe Genauigkeit oder Wirtschaftlichkeit eine große Rolle spielt, bietet sich der Einsatz von *optiSLang* an. Mit optiSLang wird der Anwender durch ein stochastisches Sampling unterstützt, d. h., innerhalb der anwenderdefinierten Parametergrenzen werden automatisch zufällig verteilte Designs erzeugt und berechnet. Diese Zufälligkeitsverteilung basiert auf einem ausgeklügelten Verfahren *(Latin Hypercube Sampling)* und stellt sicher, dass der Parameterraum möglichst gleichmäßig erfasst wird. Die Berechnungsergebnisse dieser zufällig verteilten Designs werden alle erfasst und in ein mathematisches „Ersatzmodell" überführt, welches das gleiche Verhalten abbildet, aber – da keine Simulationen mehr durchgeführt werden müssen –, um Größenordnungen schneller Antworten liefert. Dieses Ersatzmodell nennt man deshalb auch Verhaltensmodell oder Metamodell.

Metamodell und Prognosefähigkeit

In optiSLang wird dieses Verhaltensmodell nicht nur automatisch erzeugt, sondern in seiner Prognosefähigkeit auch verifiziert. Damit lässt sich in automatisierter Weise das bestmögliche mathematische Modell finden, das den Zusammenhang zwischen Ergebnissen und Designvariablen beschreibt: das *Metamodel of Optimal Prognosis (MOP)*. Die Prognosefähigkeit des *Metamodells of Optimal Prognosis* spiegelt also die Genauigkeit wider, mit der anhand von Eingangsgrößen und Metamodell Ergebnisse prognostiziert werden können. Diese Funktionalität ist die Grundlage für eine wirtschafliche Berechnung komplexer Aufgabenstellungen, weil bei Erreichen der gewünschten Prognosefähigkeit keine weiteren Analysen mehr durchgeführt werden müssen und so mit der minimal möglichen Zahl von Analysen das gewünschte Ergebnis erreicht werden kann. Bei allen Analysen mit hohen Ansprüchen an Genauigkeit und Wirtschaftlichkeit, insbesondere jedoch bei nichtlinearen Zusammenhängen, ist die Prognosefähigkeit ein entscheidendes Mittel, um Wirtschaftlichkeit und Genauigkeit miteinander zu vereinen.

Beispiel: Spannhülse

Die dargestellte Spannhülse (Datei *Spannhuelse.agdb*) wird als Aufnahme von Fräs- oder Bohrwerkzeugen verwendet. Sie wird zusammen mit dem Bearbeitungswerkzeug in die Werkzeugspindel eingesetzt. Über den Konus wird die Spannhülse in der Werkzeugspindel zentriert. Zieht man am hinteren Ende der Spannhülse, so erzeugt der Konus eine Kraftwirkung in Richtung des eingesetzten Werkzeugs, wodurch dieses kraftschlüssig mit der Spannhülse verbunden wird. Die Klemmkraft zwischen Spannhülse und Fräs- bzw. Bohrwerkzeug wirkt an den Grenzflächen der beiden Bauteile.

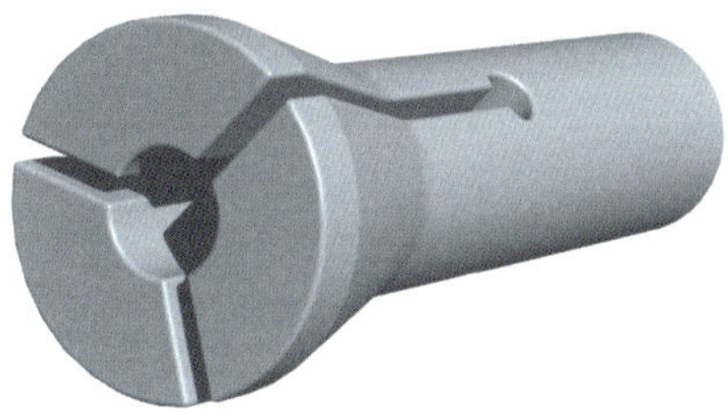

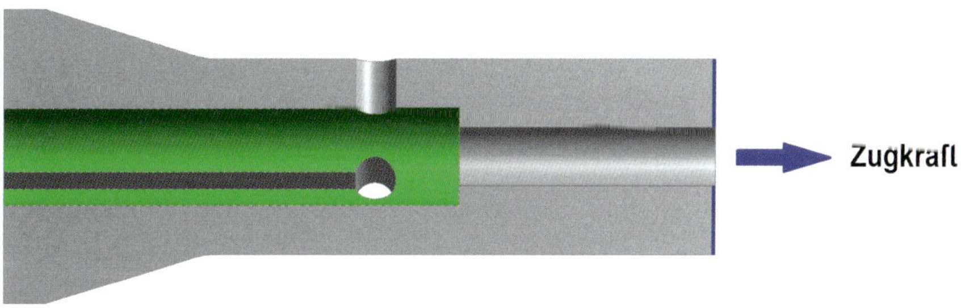

Mit der Finiten-Elemente-Berechnung soll diese Spannhülse so ausgelegt werden, dass nachfolgende Kriterien erfüllt werden:

- Die Von-Mises-Spannungen sollen 180 N/mm^2 nicht überschreiten.
- Minimale Masse
- Maximale Klemmkraft

Da es sich bei der Spannhülse um ein symmetrisches Bauteil handelt, können Symmetrierandbedingungen gewählt werden, sodass die Knotenanzahl und Berechnungsdauer sinkt. Für die FEM-Berechnung wird ein Sechstelmodell verwendet. Ziehen Sie die Geometriedatei *Spannhuelse.agdb* per Drag & Drop in den Workbench-Projektmanager.

Überprüfen Sie die Einstellungen der Maßeinheiten im Projektmanager unter *Einheiten*. *Metrisch* (kg, mm, s, °C ,mA, N, mV) sollte jetzt angehakt sein. Aktivieren Sie außerdem *Werte wie definiert anzeigen*.

Parametrisierung der DesignModeler Geometrie

Im DesignModeler können Geometrien erzeugt, parametrisiert und/oder für die FEM-Analyse aufbereitet werden. In der Beispielgeometrie sind bereits zwei Parameter definiert. Legen Sie für die Schlitzbreite und die dazugehörige Bohrung folgende Parameter fest, indem Sie den DesignModeler mit Doppelklick auf **GEOMETRIE** öffnen und die fehlenden Parameter in *Plane 7* und *Sketch 10* anwählen, die Parameterbox vor dem Parameternamen mit *D* kennzeichnen und den Parameter benennen (D2: *Hole_Diameter_DS*, V3: *Groove_Width_DS*). Überprüfen Sie die Parametrisierung unter **PARAMETER** in der Menüleiste innerhalb des DesignModelers.

Berechnung einer statisch-mechanischen Analyse mit Parametrisierung

Modell aufbauen

Im ersten Schritt wird eine statisch-mechanische Analyse mit einer groben Vernetzung durchgeführt. Ziehen Sie einen Block **STATISCH-STRUKTURMECHANISCHE ANALYSE** auf den **GEOMETRIE**-Block. Für die erste Berechnung genügen die Standard-Materialeigenschaften und die Vernetzung mit dem Standardnetz. Um eine möglichst kurze Rechenzeit zu erreichen, wird die Simulation ohne Nichtlinearitäten, z. B. Kontakten, großen Verformungen oder Materialnichtlinearitäten durchgeführt. Die Reibung wird ebenfalls vernachlässigt.

Definieren Sie die Symmetrierandbedingung mit einer **REIBUNGSFREIEN LAGERUNG** an den Flächen, die durch den Symmetrieschnitt entstehen (Hinweis: 2 Flächen, die Flächen des Schlitzes werden nicht selektiert). Wählen Sie für die Konusflächen (ohne Verrundung) eine **REIBUNGSFREIE LAGERUNG**, die ein Gleiten in Tangentialrichtung ermöglicht. Vereinfachend wird davon ausgegangen, dass ein Abheben nicht stattfindet. Berücksichtigen Sie den Fräser/Bohrer als Randbedingung mit einer **REIBUNGSFREIEN LAGERUNG**: Gleiten in der Fläche soll möglich sein, normal dazu nicht. Bringen Sie die Zugkraft auf die Stirnfläche am Ende des zylindrischen Teils der Spannhülse auf, achten Sie dabei darauf, die Kraft auf das Symmetriemodell anzupassen (d. h. 2500 N für ein Sechstelmodell).

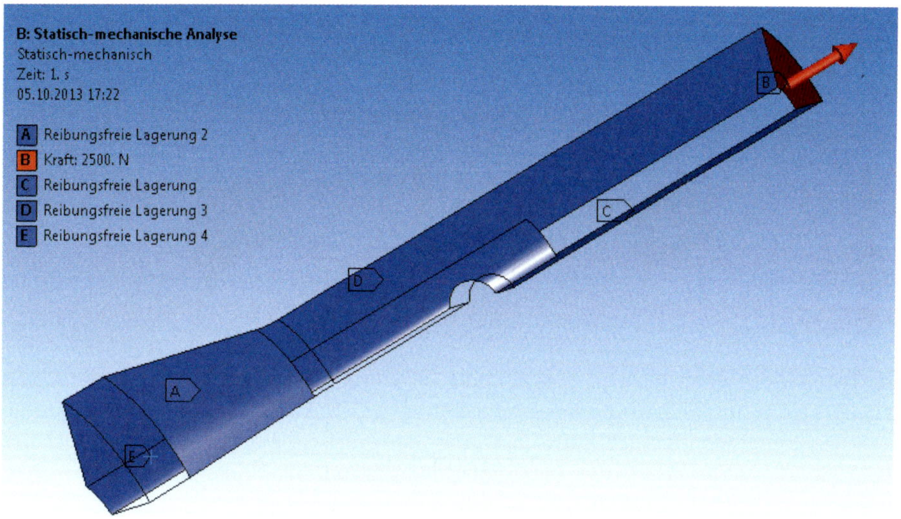

Erste Ergebnisse

Die Verformung zeigt ein Gleiten des Konus entlang der Konusfläche, analog der realen Einspannbedingung.

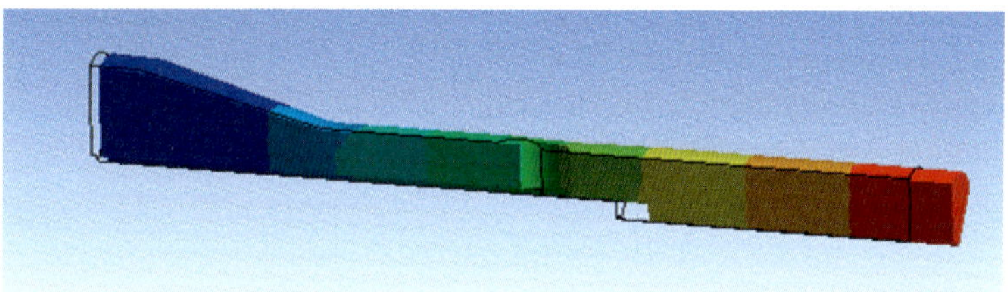

Bewerten Sie die Güte der Vernetzung durch Vergleich von gemittelten und ungemittelten Spannungen. Im Übergangsbereich zwischen dem Konus und der Rundung macht eine Auswertung keinen Sinn, da die reibungsfreie Lagerung der Konusfläche einer unendlich steifen Lagerung entspricht, die zu einer Singularität am Auslauf dieser Randbedingung führt. Diese Vereinfachung durch die Randbedingung schließt also eine genaue Ergebnisberechnung an der Konusfläche aus. Die eigentlich interessante Spannungskonzentration liegt in der Bohrung am Ende des Schlitzes. In diesem Bereich ist der Verlauf der Spannung jedoch nicht glatt, was rein optisch bereits eine ungenügende Vernetzung anzeigt. Auch die Differenz von ca 50 % zwischen gemittelten und ungemittelten Spannungswerten bestätigt den optischen Eindruck einer zu groben Vernetzung (siehe nachfolgende Abbildung).

Vernetzungsgüte prüfen

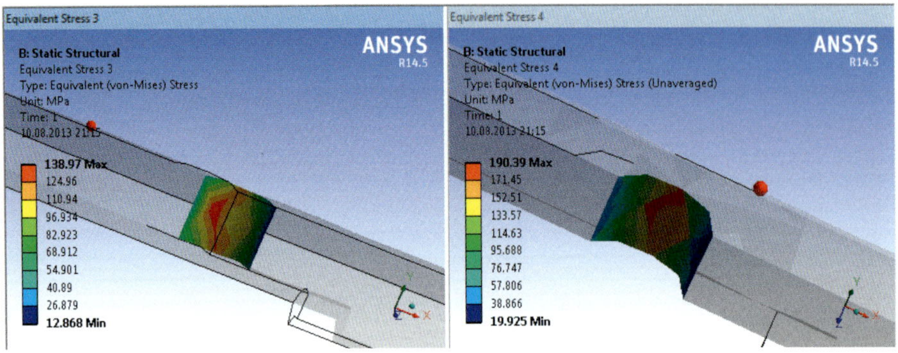

Im Bereich der Bohrung wird deshalb eine Netzverfeinerung durchgeführt. Die lokale Elementgröße für die Bohrung soll 0,4 mm betragen. Des Weiteren ist ein **STRUKTURIERTES NETZ** in diesem Bereich hilfreich. Durch Neuberechnung ergibt sich im Bereich der Bohrung eine Abweichung von gemittelten und ungemittelten Spannungen von ca. 1 %. Damit ist der Einfluss klein und die Vernetzung hinreichend gut.

Parametrisierung der Ergebnisse

Parameter definieren

Für die Berechnung einer Sensitivitätsanalyse sind Eingangsparameter und Ausgabeparameter notwendig. Die berechneten Ergebnisgrößen können als Ausgabeparameter in der Sensitivitätsanalyse verwendet werden. Im Mechanical Editor können Parameter ähnlich wie im DesignModeler definiert werden. Soll beispielsweise die maximale Gesamtverschiebung parametrisiert werden, so klicken Sie in das Quadrat vor *Maximum*. Anschließend erscheint ein *P*, welches anzeigt, dass die Verschiebung als Parameter im Parametermanager vorliegt. Die Eingabe eines Parameternamens ist nicht erforderlich.

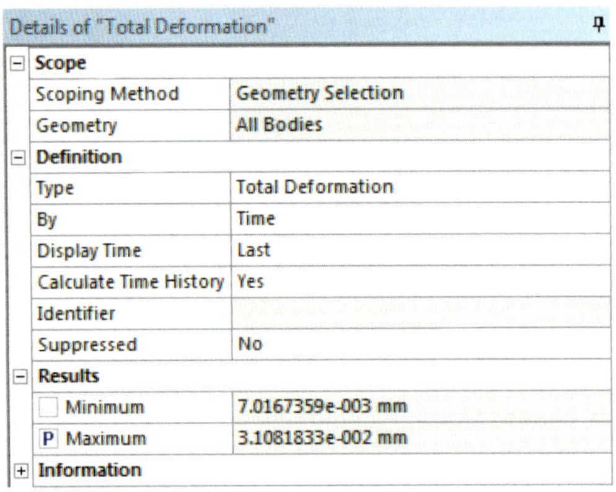
Details of "Total Deformation"

Scope	
Scoping Method	Geometry Selection
Geometry	All Bodies
Definition	
Type	Total Deformation
By	Time
Display Time	Last
Calculate Time History	Yes
Identifier	
Suppressed	No
Results	
Minimum	7.0167359e-003 mm
P Maximum	3.1081833e-002 mm
Information	

Parametrisieren Sie nacheinander die Bauteilmasse, die globale maximale Verschiebung, die globale maximale Von-Mises-Vergleichsspannung (gemittelt) und die Klemmkraft (die Reaktionskraft der reibungsfreien Lagerung am Innendurchmesser erhält man durch Ziehen der **REIBUNGSFREIEN LAGERUNG** auf **LÖSUNG**). Überprüfen Sie die Parametrisierung im Parametermanager, indem Sie in den Projektmanager wechseln und auf **PARAMETER SET** doppelklicken.

Nach erfolgreicher Parameterdefinition sieht die Parameterliste im Parametermanager wie in der nachfolgenden Abbildung aus.

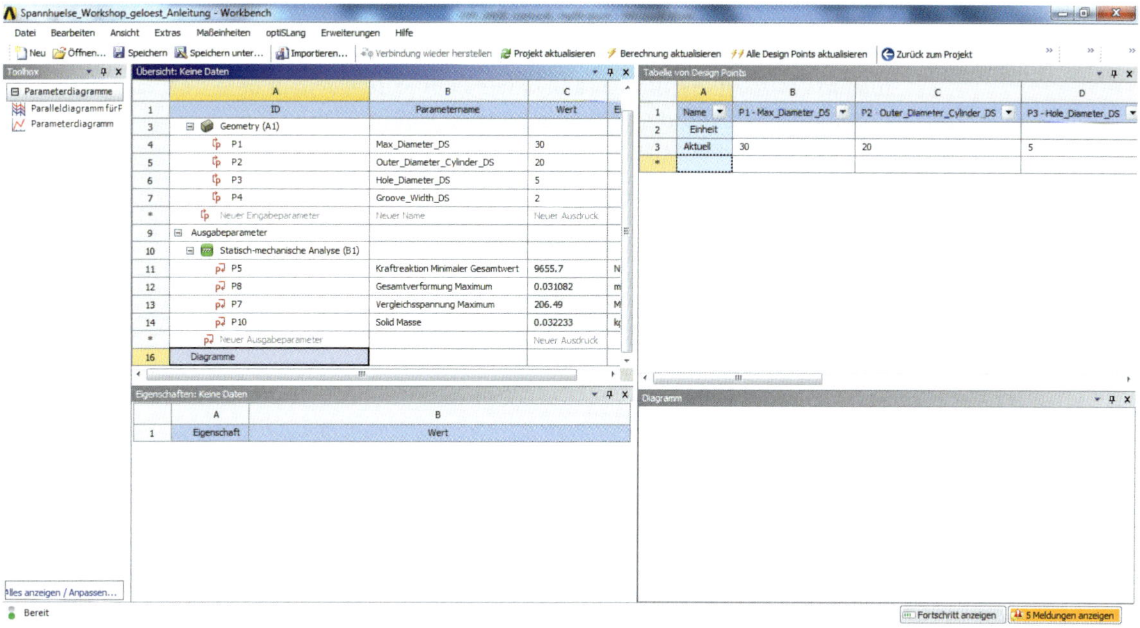

Sensitivitätsanalyse

Design of Experiment

Ein Designraum wird während einer Sensitivitätsanalyse untersucht und im Anschluss mit einem geeigneten Modell approximiert. Zu Beginn eines *Design of Experiments (DoE)* werden *n* parametrische Simulationen ausgeführt, indem der Designraum gescannt wird und die Sensitivitäten berechnet werden. Für jeden Satz von Eingabeparametern werden die dazugehörigen Ergebnisgrößen berechnet. Die Eingabeparameter werden nach einer stochastischen Methode *(stochastic sampling)* automatisch definiert, um die stochastische Verteilung der Designs zu berechnen.

Fügen Sie eine Sensitivitätsanalyse in den Projektmanager ein, indem Sie aus der Kategorie *optiSLang* den Block **SENSITIVITY** in den Projektmanager ziehen. Jetzt können Sie ein Design of Experiment (DoE) durchführen.

Definieren Sie folgende Grenzen für die Eingangsparameter:

- *Max_Diameter_DS*: Ref Value = 30; Bereich [25;35]
- *Outer_Diameter_Cylinder_DS*: Ref Value = 20; Bereich [18;23]
- *Hole_Diameter*: Ref Value = 5; Bereich [3;6]
- *Groove_Width_DS*: Ref Value = 2; Bereich [1;2.5]

Stochastische Designs

Anschließend gehen Sie mit **NEXT** weiter zu den **CRITERIA**. Eine Eingabe ist nicht erforderlich. Deshalb können Sie mit **NEXT** zum nächsten Fenster wechseln. Belassen Sie als Sampling-Methode **ADVANCED LATIN HYPERCUBE SAMPLING** (**ALHS**). Die Anzahl an

DesignPoints soll 50 betragen. Schließen Sie nach der Definition mit **FINISH** ab. Jetzt werden die Analyseeinstellungen für den DoE-Block festgelegt. Mit einem Klick auf **DOE** gelangen Sie zu den **PROPERTIES**, welche im rechten Fenster erscheinen. Aktivieren Sie den RSM-Mode und legen Sie die Anzahl an Designs fest. Sie sollte mit der DesignPoint-Anzahl übereinstimmen. Speichern Sie das Projekt und starten Sie die Analyse (ca. 20 min). Nachdem der Designraum untersucht wurde, erstellt optiSLang ein Verhaltensmodell *Metamodel of optimal Prognosis (MoP)*, welches die Zusammenhänge zwischen den Eingangsgrößen und den Ergebnisgrößen beschreibt.

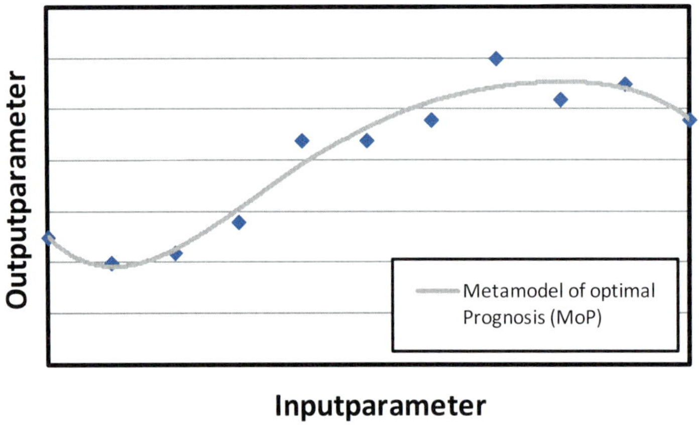

Des Weiteren bewertet optiSLang die Qualität des Verhaltensmodells mit einem Koeffizienten, dem *CoP (Coefficient of Prognosis)*. Er ist ein Maß dafür, wie gut die auftretenden Variationen durch das Verhaltensmodell erklärt werden können. Je größer der CoP ist, desto genauer kann eine Voraussage getroffen werden.

Nach Beendigung des DoE aktualisieren Sie die **MOP**-Zelle und updaten diese. Es wird ein *Metamodel of optimal Prognosis* erstellt. Schließen Sie das **STATISTICS**-Fenster von optiSLang. Wechseln Sie in das **RESPONSE SURFACES**-Fenster von optiSLang.

Ergebnisgüte der Sensitivitätsstudie prüfen

Prognosefähigkeit

Bestimmen Sie die Güte der Sensitivitätsananlyse durch den *Coefficient of Prognosis (CoP)* der maximalen Von-Mises-Spannung und der Gesamtverformung. Im optiSLang Postprocessing oben links wählen Sie **FILE/RELOAD AS/APPROXIMATION**, dann das Fenster **RESPONSE SURFACE 3D PLOT**, anschließend wählen Sie links in der Parameterleiste als Ergebnis die Von-Mises-Spannung aus. Mit 93 % für die Spannung bzw. 98 % für die Verformung weist der Coefficient of Prognosis eine hohe Prognosefähigkeit aus, d. h. die Güte des Metamodells ist hoch genug für weitergehende Schritte.

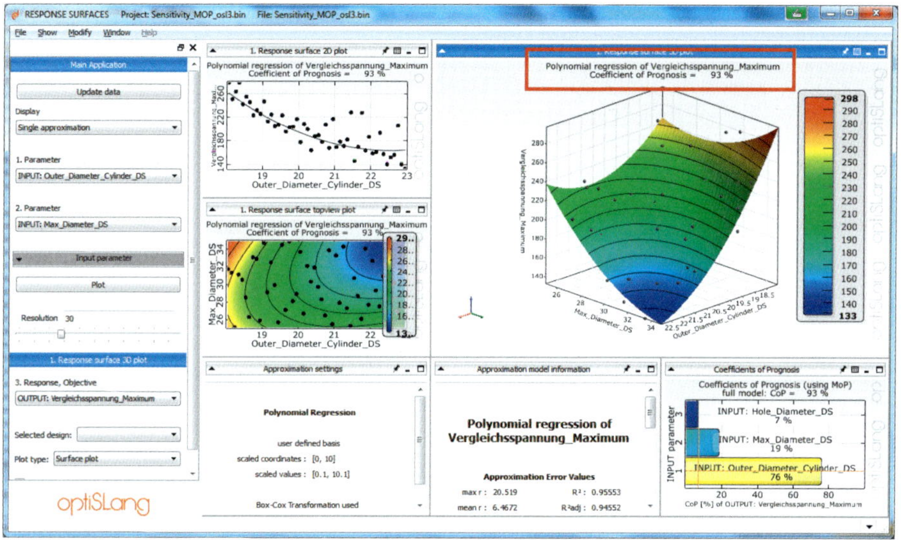

Statistikergebnisse

Wechseln Sie in die Statistikumgebung mit **FILE/RELOAD AS/STATISTIC**. Die Auswertung erfolgt jetzt im Fenster *Linear Correlation Matrix*. In der *Linear Correlation Matrix* können lineare Zusammenhänge zwischen den Eingabe- und Ergebnisgrößen festgestellt werden. Die Matrix ist auf der Nebendiagonale spiegelsymmetrisch und teilt sich in vier Bereiche (Matrizen) auf. Es können folgende Zusammenhänge aufgezeigt werden.

- **Links unten:** Spalten Eingangsgrößen zu Reihen Eingangsgrößen
- **Links oben:** Spalten Eingangsgrößen zu Reihen Ergebnisgrößen
- **Rechts unten:** Spalten Ergebnisgrößen zu Reihen Eingangsgrößen
- **Rechts oben:** Spalten Ergebnisgrößen zu Reihen Ergebnisgrößen

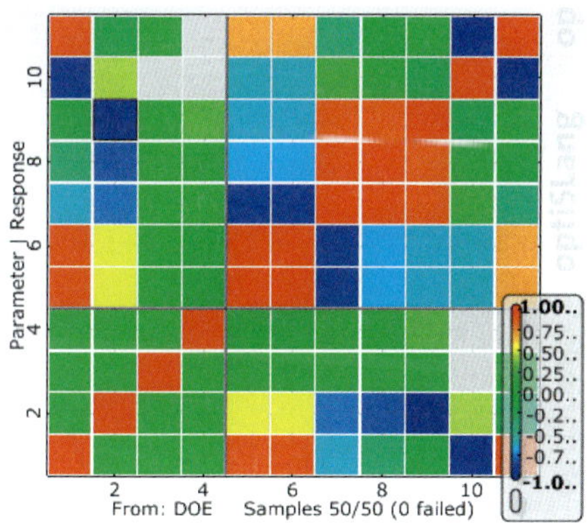

Was sagen die farbigen Felder aus?

Die roten Felder zeigen sensitive Parameter mit starker Korrelation zwischen Eingangs- und Ergebnisgröße. Beide Größen verhalten sich gleichsinnig.

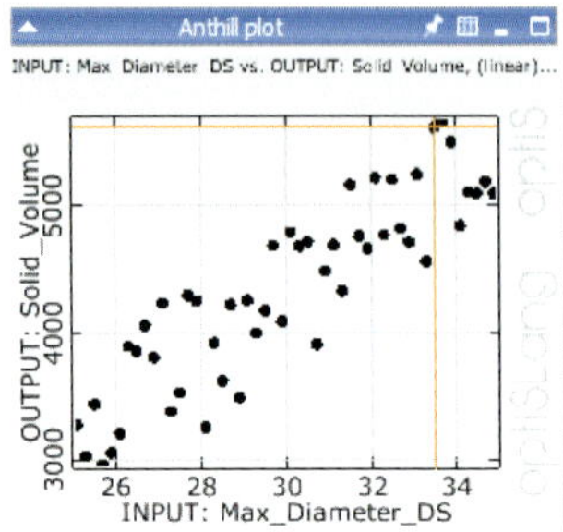

Blaue Felder zeigen sensitive Parameter mit starker Korrelation zwischen Eingangs- und Ergebnisgröße. Beide Größen verhalten sich gegensinnig.

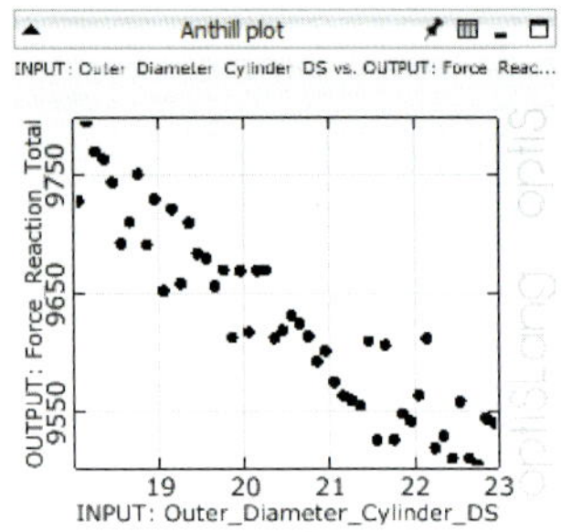

Graue oder grüne Felder zeigen nicht sensitive Parameter, keine Korrelation zwischen Eingangs- und Ergebnisgröße.

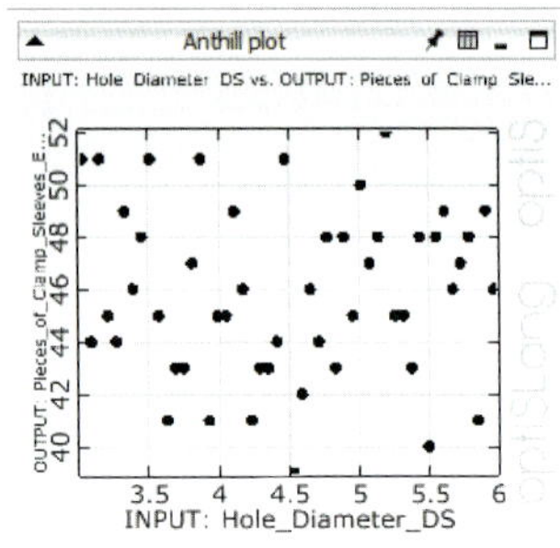

Eine weitere Möglichkeit der Auswertung stellt der *Parallel Coordinates Plot* dar. Öffnen Sie ein weiteres Fenster mit **SHOW/PARALLEL COORDINATES PLOT**.

Gute Designs finden

Die berechneten Designs werden als Linienzüge dargestellt, d.h., jede Linie repräsentiert ein Design. Im linken, weißen Bereich sind die Eingangsgrößen und im rechten, grauen Bereich die Ergebnisgrößen aufgelistet. Ändern Sie die Ansicht des Fensters mit **ALT + B** (**RMB/APPEARANCE/DISABLE BEZZIERS**).

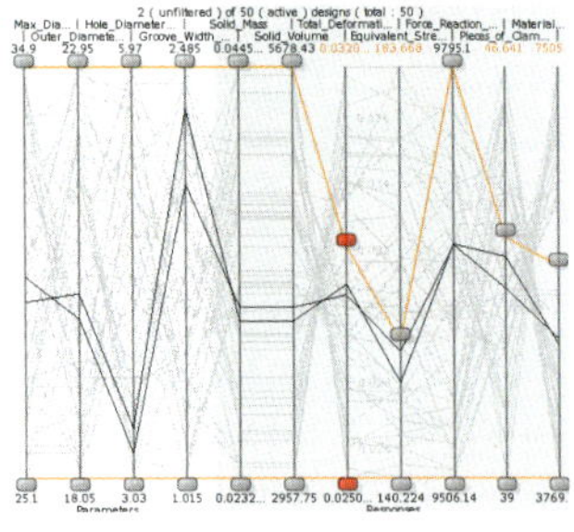

Verändern Sie die Position der Schieberegler bei den Ergebnissen am oberen und unteren Ende der jeweiligen Werteskala. Auf diese Weise filtern Sie Designs auch gleichzeitig nach mehreren Designkriterien. Konkurrierende und sich ausschließende Designs werden so sehr leicht nachvollziehbar und konstruktive Maßnahmen besser erklärbar.

Durch mehrfache, nachjustierbare Grenzwerte kann aus den berechneten Designs recht einfach eine kleine Gruppe relativ guter Designs gefunden werden. Eine Optimierung geht darüber hinaus und sucht auch in den Bereichen, die bis dahin im DOE noch nicht vorhanden sind.

Optimierung mit zwei Zielfunktionen und Nebenbedingungen

Die Spannhülse soll in ihrem Design optimiert werden, sodass die nachfolgenden Kriterien erfüllt werden:

Die Klemmkraft soll maximiert (Ziel 1) und die Masse minimiert werden (Ziel 2), dabei darf die Von-Mises-Spannungen 180 N/mm^2 nicht überschreiten (Nebenbedingung).

Konkurrierende Ziele

Ziehen Sie im Projektmanager aus der **OPTISLANG**-Toolbox die **OPTIMIZATION** auf die Zelle **MOP** (C3). Bestätigen Sie den Parameterraum mit **NEXT**. Ziehen Sie aus der Spalte **RESPONSE** die Vergleichsspannung zu den **CONSTRAINTS**. Definieren Sie den Grenzwert 180 MPa. Ziehen Sie von den **RESPONSES** die Kraftreaktion zu den **OBJECTIVES** und schalten Sie das Ziel von **MIN** auf **MAX** um (siehe nachfolgende Abbildung). Ziehen Sie die Gesamtverformung von den **RESPONSES** zu den **OBJECTIVES**, belassen Sie das Ziel bei Minimieren **MIN**. Benennen Sie **OBJECTIVE** und **OBJECTIVE_0** in Kraft und Masse um sowie **CONSTRAINT** in Spannung.

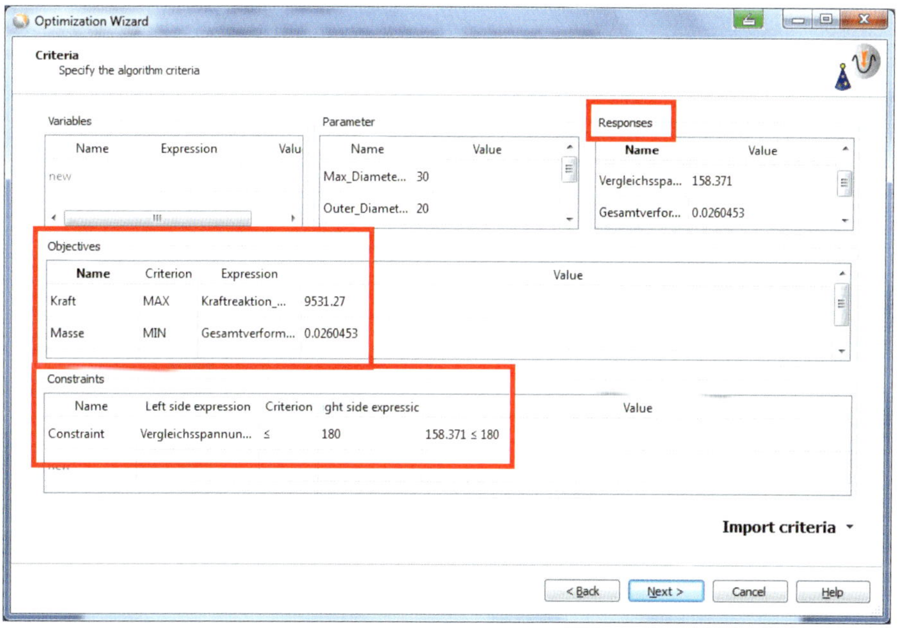

Gehen Sie mit **NEXT** weiter zum nächsten Schritt, bestätigen Sie die zusätzlichen Informationen zu Ihrer Optimierungsaufgabe, und wählen Sie im nächsten Schritt den Optimierungsalgorithmus (siehe nachfolgende Abbildung).

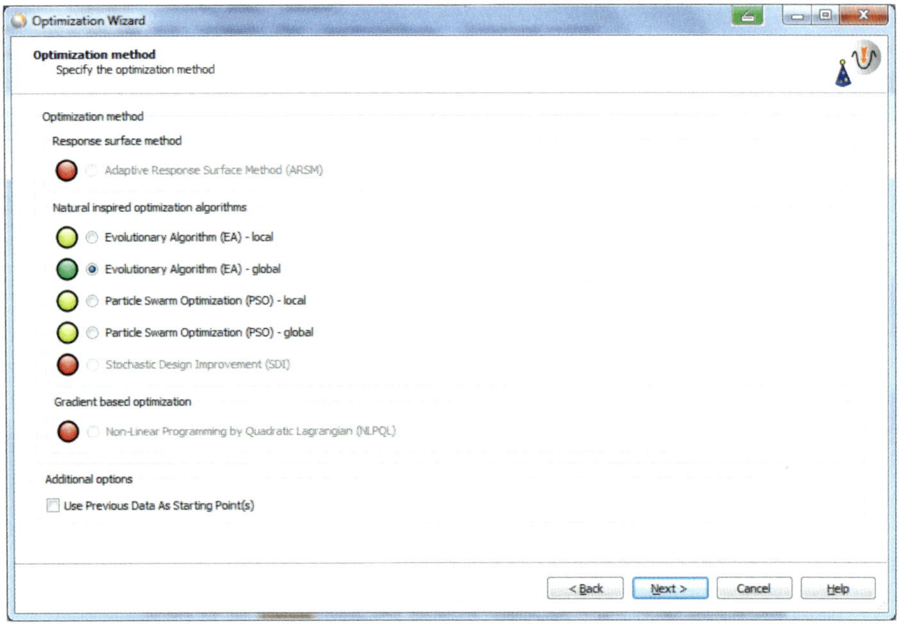

optiSLang wählt anhand der Aufgabenstellung das passende Verfahren aus, erfahrene Anwender können diesen Vorschlag jedoch übersteuern und abändern. Im nächsten Schritt können die Einstellungen für den Optimierer noch angepasst und anschließend mit Finish abgeschlossen werden.

Wählen Sie im Projektmanager die Zelle für den Optimierer (D2) und mit der rechten Maustaste **SYSTEM AKTUALISIEREN**. Die Optimierung läuft nun auf dem Verhaltensmodell (Metamodell) aus der Sensitivitätsstudie, sodass jede neue Designstufe sehr schnell berechnet werden kann.

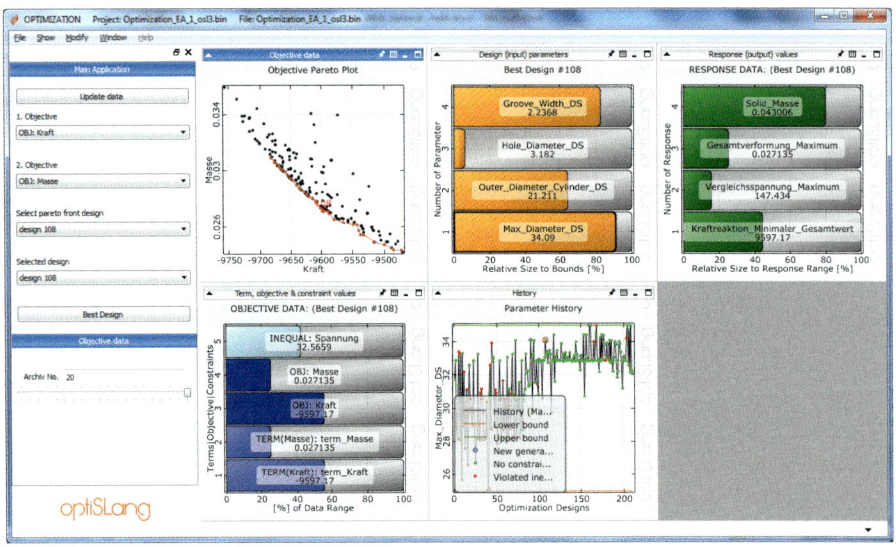

Solange im Projektmanager die Optimierung noch als **IN BEARBEITUNG** angezeigt wird, kann im optiSLang Postprocessing mit **UPDATE DATA** der aktuelle Zwischenstand visualisert werden, ebenso nach Beendigung der Optimierung.

Optimierungsergebnisse

Der *Objective Pareto Plot* zeigt das Ergebnis der Optimierung mit dem idealen Ergebnis links unten, das von den verschiedenen Designs mehr oder weniger gut angenähert wird. Die rote Linie ist die sogenannte *Pareto-Front*. Sie tritt auf bei Optimierungen mit zwei konkurrierenden Zielen und beschreibt optimale Designs, bei denen die eine Zielgröße nur auf Kosten der anderen verbessert werden könnte. Wählt man mit der Maus eines dieser optimalen Designs aus, werden in Orange die zugehörigen Designvariablen, in Grün die Berechnungsergebnisse und in Blau die Ergebnisse in Relation zu den Optimierungskriterien dargestellt.

Nachdem diese Optimierung auf dem Metamodell der Sensitivitätsstudie basiert, empfiehlt es sich zur Kontrolle, das optimierte Design durch eine erneute FEM-Berechnung zu verifizieren. Im Idealfall bestätigt sich das Ergebnis. Bei einer ungenauen Abbildung der Zusammenhänge zwischen Designvariablen und Ergebnissen (sichtbar an einem niedrigen *Coefficient of Prognosis*) kann eine Abweichung auftreten, die entweder durch eine Sensitivitätsstudie mit mehr Designs und dadurch einer (hoffentlich) höhere Prognosefähigkeit verhindert werden kann, oder man setzt stattdessen eine Optimierung nicht auf dem Metamodell, sondern mit echten FEM-Analysen auf, die allerdings entsprechend längere Rechenzeiten benötigt.

Bewährtes Vorgehen

In der Praxis hat sich eine Arbeitsweise bewährt, die beide Verfahren berücksichtigt. Die Sensitivitätsstudie (DoE) ist ein üblicher erster Schritt, um die grundsätzlichen Zusammenhänge zu verstehen, wichtige von unwichtigen Paramtern zu trennen und mit den wichtigen Größen weiterzuarbeiten. Bei einer guten Prognosefähigkeit ist eine Optimierung auf dem Metamodell mit geringem numerischen Aufwand verbunden, sodass verschiedene Optimierungs-Set-ups einfach und schnell durchgespielt werden können. Zeigt eine Analyse eine schlechte Prognosefähigkeit durch das ermittelte Metamodell, kann die Optimierung auf Basis von echten FE-Analysen immer noch nachgeschoben werden, im Idealfall dann bereits mit an dem Metamodell ermittelten Optimierungseinstellungen.

9.5 Temperatur und Thermospannungen

Einfache Kopplung

Ein dickwandiges Stahlrohr mit Innendurchmesser 200 mm und Außendurchmesser 280 mm dient zur Förderung von 90 °C heißem Wasser. Welche Außentemperatur stellt sich ein, wenn die Umgebungstemperatur 20 °C ist und starke Konvektion (20 W/mK) herrscht?

Da über die Länge des Rohrs kein Gradient auftritt, wird nur einen Teilbereich betrachtet. Da auch in Umfangsrichtung kein Gradient vorliegt, kann das Berechnungsmodell durch Symmetrie auf ein Segment vereinfacht werden *(ring.stp)*. Wenn eine thermisch-mechanisch gekoppelte Berechnung durchgeführt wird, muss das Bauteil gelagert werden. Da im Anschluss noch untersucht werden soll, welche Spannungen auftreten, wenn die radiale Ausdehnung behindert ist, muss darauf geachtet werden, dass durch die Lagerung keine unerwünschten Nebeneffekte mit in die Rechnung aufgenommen werden.

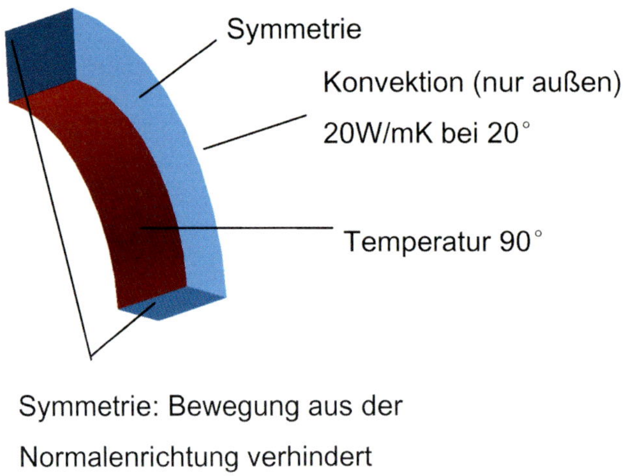

Lösung mit ANSYS Workbench

Es stellt sich die in der folgenden Abbildung dargestellte Temperaturverteilung ein.

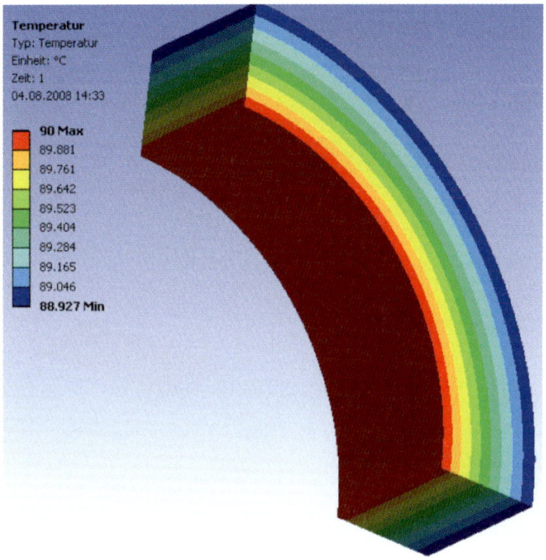

Welche Axialspannungen treten auf, wenn (nur) die axiale Bewegung nicht möglich ist?

- Innen: 163 N/mm² Druck (höher, da höhere Temperatur)
- Außen: 160 N/mm² Druck

Welche Radialspannungen treten auf, wenn (nur) die radiale Bewegung nicht möglich ist (außen radial gehalten)?

- Außen ca. 60 N/mm² Druck (nur an zwei Stellen fällt die Radialspannung mit einer globalen Spannungskomponenten SX und SZ zusammen) → Radialspannungen auswerten

Welche Vergleichsspannungen nach von Mises treten auf, wenn beide Bewegungen verhindert werden? Wie setzen sich diese zusammen?

- Axialspannung 270 N/mm² (gestiegen durch Querkontraktion der behinderten Radialbewegung)
- Radialspannung 87 N/mm² Druck (gestiegen durch Querkontraktion der behinderten Axialbewegung)

Statt der Auswertung der Radial- oder Tangentialrichtung nur an bestimmten Orten, an denen diese Richtungen mit den globalen Richtungen zusammenfallen, können auch sehr komfortabel Ergebnisse in einem zylindrischen Koordinatensystem erzeugt werden.

9.6 Festigkeit eines Pressenrahmens

Vernetzung üben und Variante berechnen

Der Rahmen einer C-Presse soll auf Steifigkeit und Festigkeit überprüft werden. Für die Bewertung der Steifigkeit sind der Öffnungswinkel und die Unebenheit des unteren Pressentischs zu ermitteln sowie die Festigkeit mit einem Eckenradius R20 sowie R100. Die Belastung ist 100 kN. Die Fixierung der Presse erfolgt in den vier Bohrungen der Bodenplatte. Die Geometriedateien heißen *c-presse_20.stp* und *c-presse_100.stp*.

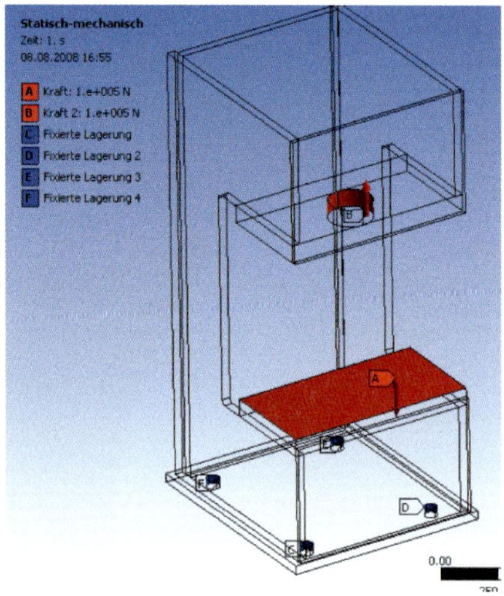

Spannungsaussage erfordert Netzverdichtung

Für die Bewertung der Spannungen ist ein hinreichend gutes Netz mit lokaler Netzverdichtung in den beiden Verrundungen eines Seitenblechs zu definieren. Das andere Seitenblech kann mit der vergleichsweise groben Vernetzung ohne lokale Netzverdichtung berechnet werden, wenn man sich bei der Spannungsauswertung nur auf die feiner vernetzte Seite bezieht.

Vorteil: Die Zahl der Knoten bei nur einseitiger Netzverfeinerung bleibt geringer, d. h., die Rechenzeit ist kürzer.

Zur Netzkontrolle gibt es zwei Möglichkeiten

a) Adaptive Vernetzung

b) Manuelle Elementgröße

Für die adaptive Vernetzung sind folgende Schritte für jede Verrundung separat durchzuführen:

- Selektieren einer Verrundungsfläche
- Definieren eines zusätzlichen Berechnungsergebnisses (bei selektierter Fläche dann nur für diese)
- Definieren Sie eine Konvergenz von 2 % für dieses lokale Ergebnis. Definieren Sie, fünf Verfeinerungsschritte zuzulassen (Strukturbaum **LÖSUNG** wählen, im Detailfenster **MAX. ANZAHL DER VERFEINERUNGSZYKLEN** setzen).

Die in der nachfolgenden Abbildung dargestellte Vernetzungseinstellung und das Berechnungsergebnis für die obere Verrundung sind das Resultat.

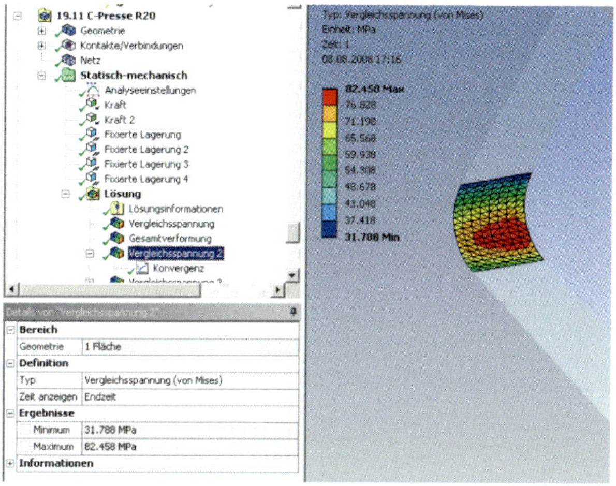

Probieren Sie alternativ die manuelle Vernetzung aus, indem Sie die Konvergenz unter den lokalen Spannungsergebnissen löschen und im Strukturbaum unter **NETZ** eine **ELEMENTGRÖSSE** definieren. Sorgen Sie dafür, dass ein hinreichend feines Netz generiert wird. Versuchen Sie sich vorzustellen, wie der Spannungsverlauf in der Kerbe aussehen wird, und definieren Sie eine lokale Elementgröße, die fein genug ist, damit mindestens fünf bis zehn Knoten im Hotspot liegen. Sind Sie bezüglich der lokalen Elementgröße im Zweifel, nehmen Sie den kleineren Wert (hier 1,5 bis 2 mm).

Manuelle Netzverdichtung

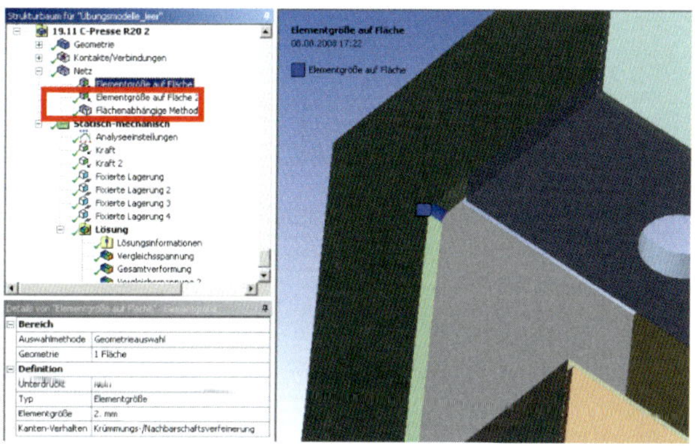

Um den Effekt der manuellen, lokalen Netzverdichtung besser zu sehen, definieren Sie für den Körper, an dem Sie die Netzverdichtung erzeugen, eine **METHODE** für **TETRAEDERVERNETZUNG** (nur erforderlich in diesem Beispiel: bei Praxismodellen in der Regel von Haus aus gegeben).

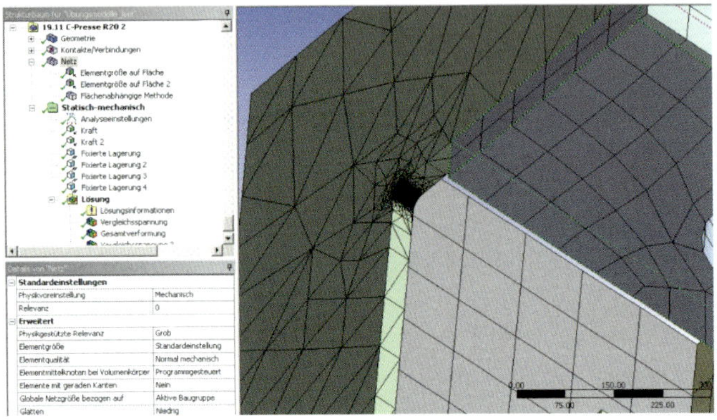

Auch mit der manuellen Netzverdichtung sollte sich ein Spannungswert von ca. 83 MPa ergeben.

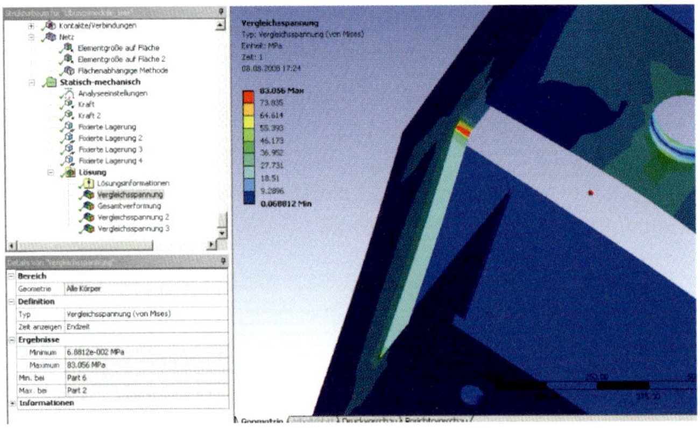

Die Unebenheit des unteren Pressentisches sehen Sie am besten, indem Sie ein zusätzliches Verformungsergebnis bei selektierter Tischfläche definieren.

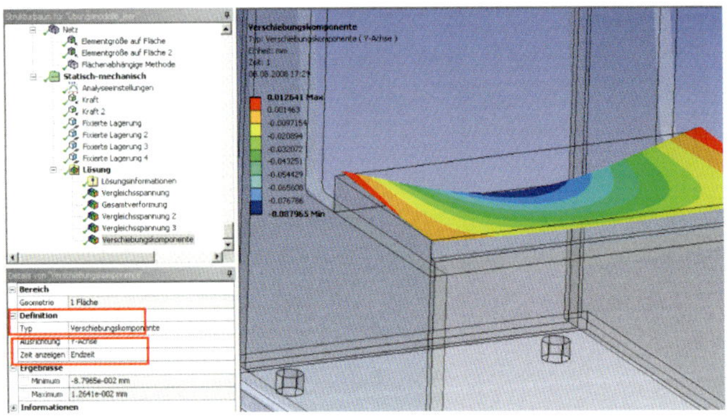

In ähnlicher Weise lässt sich die Verformung in y-Richtung für die obere Seitenkante darstellen.

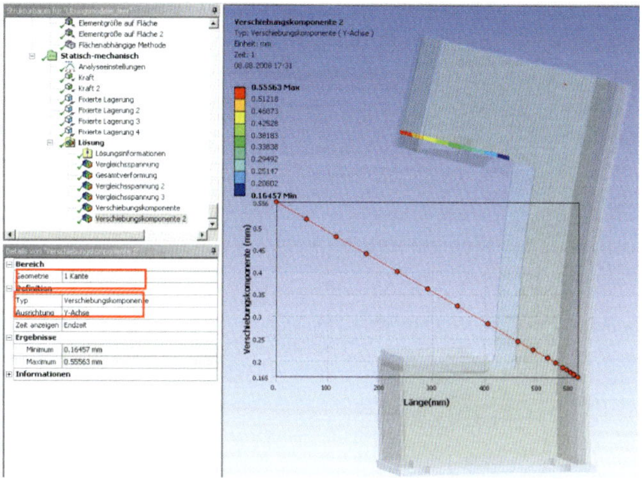

Damit ergibt sich ein Verformungswert von 0,16 bis 0,55 mm. Die Differenz von 0,39 mm ist die Schrägstellung, was bei einer Länge von 580 mm einen Winkel von 0,038° ergibt.

Geometrieänderung untersuchen

Wenn Sie die Geometrievariante mit R100 auf die gleiche Weise berechnen wollen, können Sie im Projektmanager eine Kopie des Systems anlegen (**GEOMETRIE**, rechte Maustaste, **DUPLIZIEREN**). Wählen Sie anschließend Zelle **C3**, klicken Sie auf die rechte Maustaste, wählen Sie **GEOMETRIE ERSETZEN** und geben Sie die neue Geometriedatei (*c-presse_100.stp*) an.

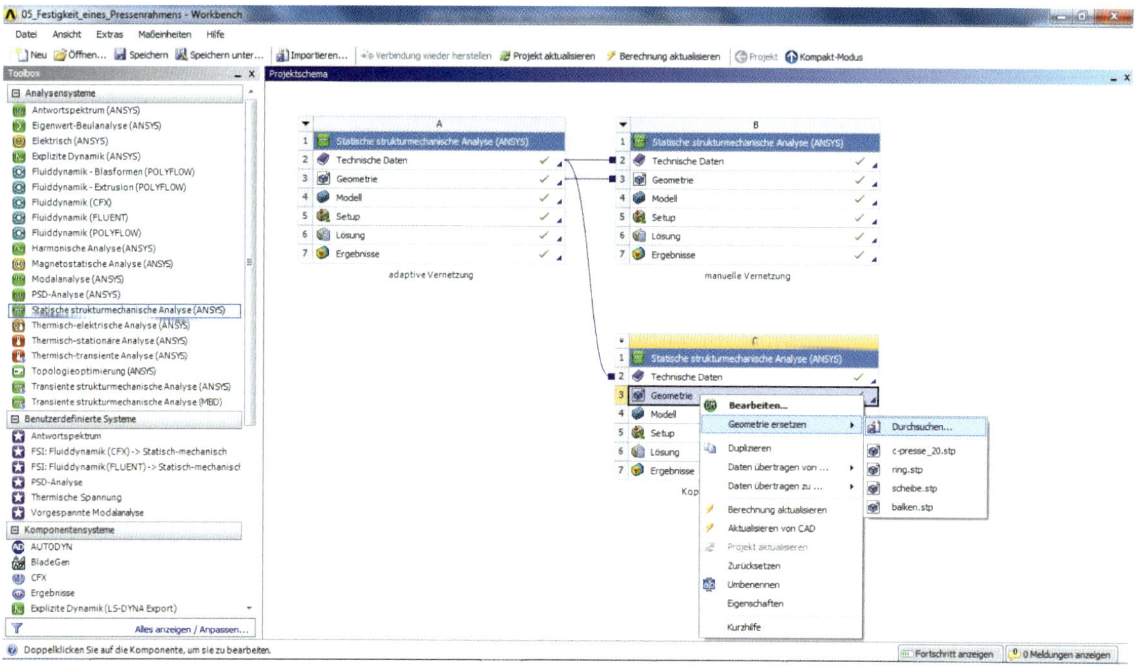

Da hier keine assoziative CAD-Direktschnittstelle verwendet wurde, bleiben zwar alle Modelldefinitionen im Baum erhalten, jedoch muss die geometrische Zuordnung erneut vorgenommen werden. Die produktive Arbeit sollte besser auf Basis von CAD-Direktschnittstellen statt der Neutralformate ACIS, Parasolid oder STEP stattfinden, bei denen die Zuordnung auch bei komplexen Geometrieänderungen erhalten bleibt (siehe Abschnitt 8.1.2). Bei leistungsschwachen Rechnern vergrößern Sie die manuelle lokale Elementgröße von 1,5 mm etwas (ca. 5 mm).

Bei hoher Bildschirmauflösung können mehrere Fenster nebeneinander gesetzt werden, um Ergebnisse direkt gegenüberzustellen.

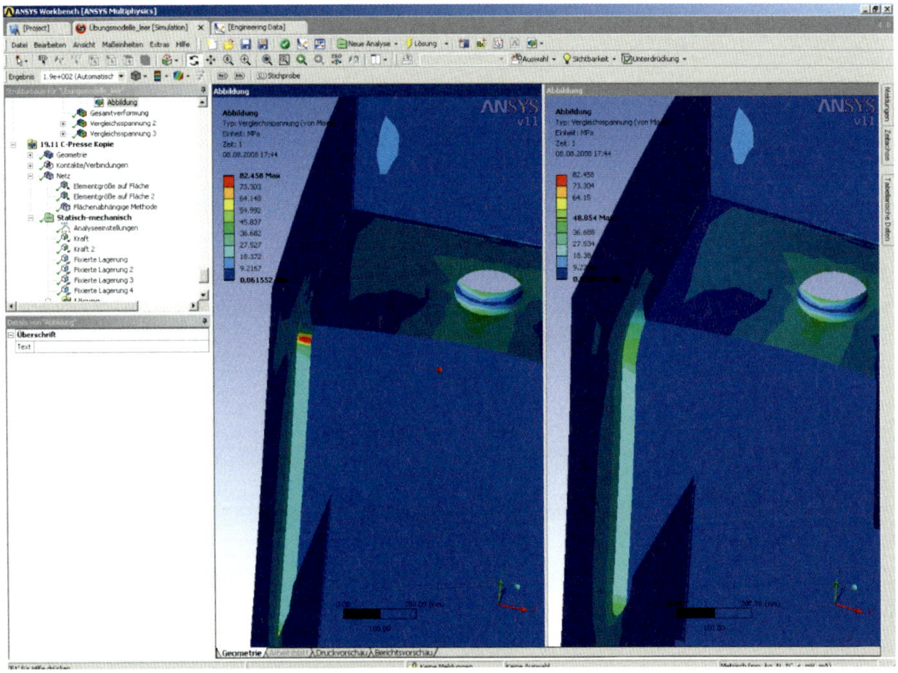

9.7 FKM-Nachweis

Zur Bewertung einer errechneten Spannung hat sich der Festigkeitsnachweis nach der *FKM-Richtlinie* durch seine strukturierte Vorgehensweise etabliert, insbesondere bei dynamische Lasten. Der komplette Nachweis kann im Rahmen dieser Übung nicht vermittelt werden, lediglich die handwerklichen Aspekte der Übertragung von FEM-Ergebnissen in die Abarbeitung anhand der Richtlinie.

Die FKM-Bewertung als an die ANSYS-Analyse anschließender Schritt kann manuell erfolgen, gestützt über ein separates Softwareprogramm wie z. B. *RifestPlus* von der IMA Materialforschung und Anwendungstechnik GmbH in Dresden oder durch den in die Workbench eingebundenen Festigkeitsnachweis der *CADFEM ihf Toolbox*. In dieser Übung wird die Vorgehensweise anhand der beiden letzten Werkzeuge dargestellt.

Anhand eines Drehteils aus 42CrMo4, das schwellend auf Zug belastet wird, sollen die Spannungen und Auslastungsgrade nach FKM ermittelt werden.

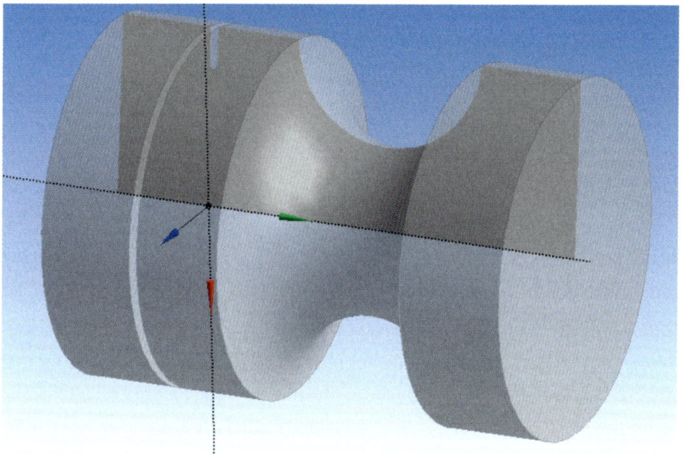

Die Geometrie liegt als 3D-Segmentmodell mit 15° vor (*Einstiche.stp*). Die gesamte Zugkraft beträgt 72 000 N, d. h., für ein Segment von 15° dann noch 3000 N.

Die in der folgenden Abbildung dargestellten Randbedingungen spiegeln die Belastungssituation wider.

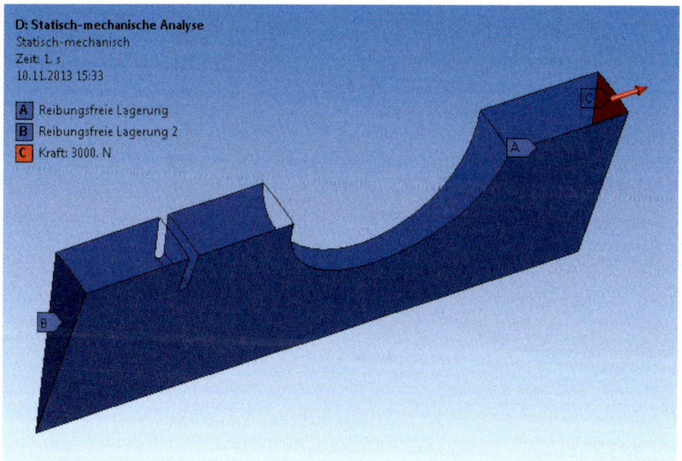

Mit einer geeigneten Vernetzung ergeben sich die in der folgenden Abbildung (S. 272) dargestellten Vergleichsspannungen.

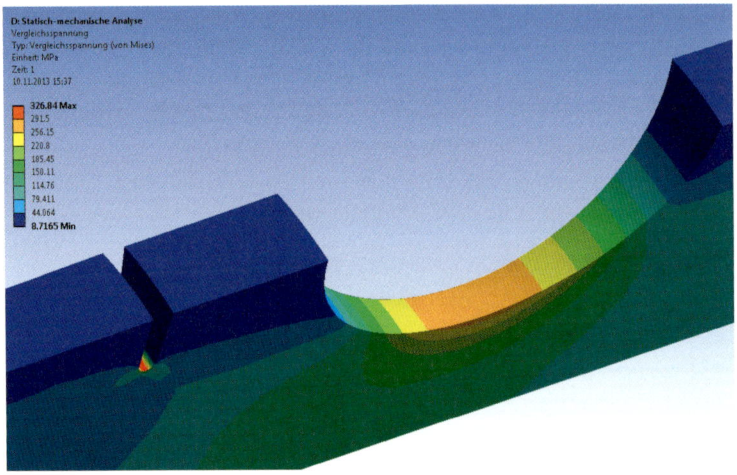

Prüfen Sie die Ergebnisgenauigkeit und stellen Sie durch in den Kerben lokal definierter Elementgrößen eine hohe Genauigkeit sicher. Minimieren Sie dazu die Differenz zwischen gemittelten und ungemittelten Spannungen.

Vernetzungsempfehlung

Mit lokalen Elementgrößen von 0,03 mm und 0,5 mm, einer strukturierten Vernetzung auf den beiden Kerbflächen und erweiterten Größenfunktionen (**NETZ/ELEMENTGRÖSSE/ ERWEITERTE GRÖSSENFUNKTIONEN/FIXIERT** sowie einer Wachstumsrate von 1,3) erhalten Sie ein lokal verfeinertes Netz, das Spannungswerte und Gradienten genau abbilden kann.

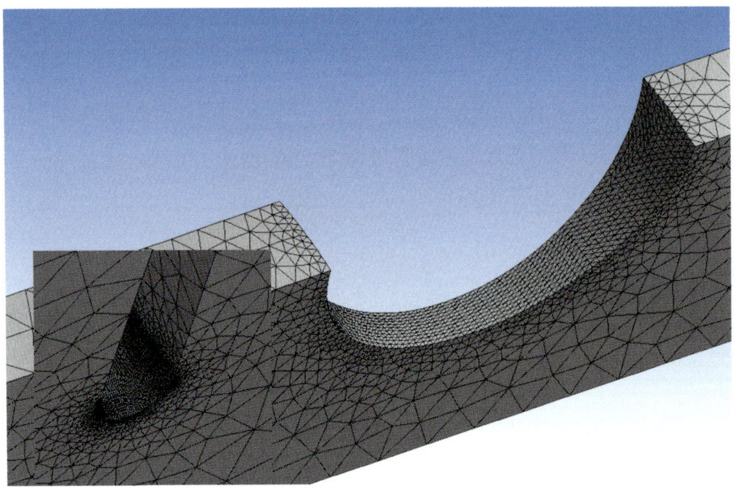

Stützwirkung

Die Wichtigkeit, das Netz hinreichend fein zu definieren, liegt in der sogenannten Stützwirkung bei starken Spannungsgradienten. Diese Stützwirkung beschreibt, dass bei dynamisch belasteten Bauteilen und einem starken Spannungsabfall die niedrig belasteten, angrenzenden Materialbereiche die höher belasteten stützen. Somit wirkt ein Spannungswert mit starkem Abfall weniger schädigend, als der gleiche Spannungswert mit schwachem Abfall.

Für die Bewertung hat dies weitreichende Konsequenzen: Es genügt nämlich nicht mehr, nur den Ort der höchten Maximalspannung auszuwerten. Vielmehr ist die Kombination von Maximalspannung und dem damit verbundenen Spannungsgradienten entscheidend. Das bedeutet also, für die Bewertung von dynamisch belasteten Bauteilen sind gegebenenfalls mehrere Punkte (im Zweifel das ganze Volumen) innerhalb des Bauteils auf Festigkeit nachzuweisen.

Kontaktdefinition

Der Festigkeitsnachweis in *RifestPlus* erfordert die Eingabe der Spannungen in der Oberfläche und an einem zweiten Punkt darunter, um den Gradienten zu erfassen. Dieser zweite Punkt sollte nahe genug sein, um ein schnelles Abklingen hinreichend gut zu erfassen. Eine halbe bis ganze Elementkantenlänge hat sich bewährt, sofern die Vernetzung auch in Tiefenrichtung fein genug ist, weshalb neben der lokalen Elementgröße die Wachstumsrate zur Kontrolle des Übergangs von der lokalen Netzverfeinerung ins grobe Globalnetz ein hilfreicher Parameter ist.

Um die Spannungsgradienten entlang von Pfaden zu erhalten, benötigen Sie Pfade, die Sie im Strukturbaum wie folgt einfügen können:

Wählen Sie **MODELL** und fügen Sie per rechter Maustaste **KONSTRUKTIONSGEOMETRIE** ein. Wählen Sie **KONSTRUKTIONSGEOMETRIE** und fügen Sie einen **PFAD** ein. Geben Sie für den Pfad an der kleinen Kerbe die globalen Koordinaten 0/16,5/0 und 0/0/0 ein, für den an der großen Kerbe 23/10/0 und 23/0/0.

Definieren Sie ein zusätzliches Spannungsergebnis für die Normalspannung in *x*. Wechseln Sie dabei im Detailfenster die **AUSWAHLMETHODE** von **GEOMETRIEAUSWAHL** auf **PFAD** und ordnen Sie einen der beiden Pfade zu (siehe nachfolgende Abbildung).

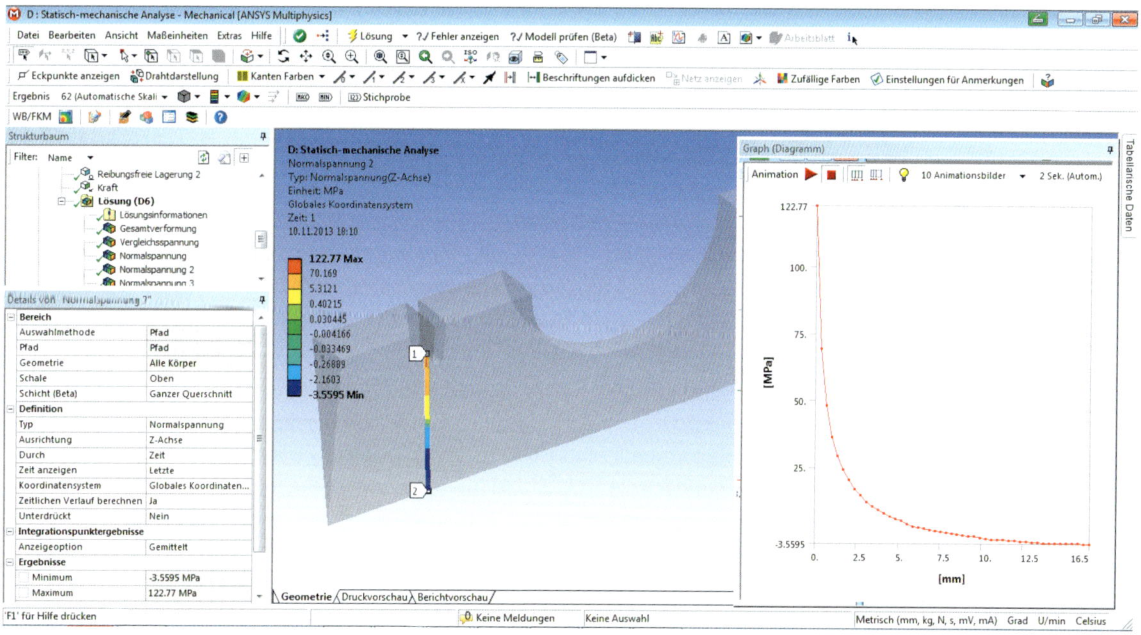

Vergleicht man die beiden Pfade z. B. für die Normalspannung in *x* (beide Pfadergebnisse anwählen, Icon **NEUES DIAGRAMM**), erkennt man den unterschiedlichen Verlauf an beiden Kerben und kann die weniger schädigende Wirkung des höheren Spannungswerts besser nachvollziehen (Grün: große Kerbe, kleinerer Maximalwert, kleine Stützwirkung. Rot: kleine Kerbe, hoher Maximalwert, starke Stützwirkung).

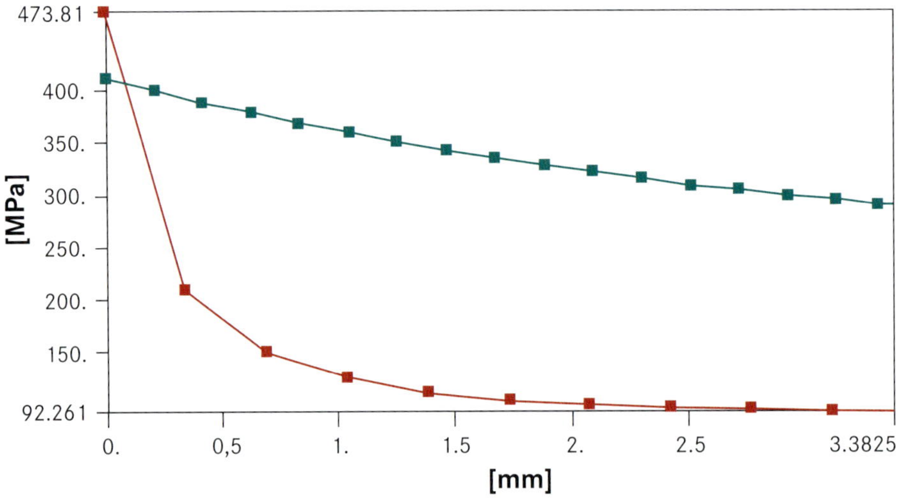

Punktuelle Auswertung übersieht Bauteilversagen

Für die Übergabe der Spannungswerte an RifestPlus benötigt man für jeden Auswertepunkt den Spannungsmaximalwert und den Spannungsgradienten für die beiden Spannungen in der Oberfläche (hier *x* und *z*) bzw. die beiden dominierenden Hauptspannungen. Für die Normalspannung in x-Richtung an der kleinen Kerbe ist der Maximalwert an der Oberfläche 474 MPa, bei einem Abstand von 0,3 mm nur noch 200 MPa. Da in RifestPlus die Amplitudenwerte einzugeben sind, teilt man diese Werte bei schwellender Belastung durch 2. Für die z-Richtung ergeben sich Werte von 123/2 MPa und 68/2 MPa. In RifestPlus ergibt sich damit für den Ort der Maximalspannung (kleine Kerbe) ein dynamischer Auslastungsgrad von 96 %. Beachtet man jetzt nicht, dass an der größeren Kerbe bei niedrigerem Spannungsniveau von ca. 400 MPa durch die schwächere Kerbe eine geringere Stützwirkung vorliegt und dadurch der Auslastungsgrad steigen kann, erkennt man nicht, dass eine entsprechende Bewertung nach der FKM-Richtlinie einen Auslastungsgrad von über 120 % ergibt.

Es empfiehlt sich deshalb, eine Bewertung für das gesamte Bauteilvolumen vorzunehmen, um die besonders kritischen Kombinationen von Maximalspannung und Spannungsgradienten nicht einzeln manuell, sondern in einem Arbeitsgang als 3D-Ergebnis zu berechnen. Die in Workbench integrierte FKM-Richtlinie der *CADFEM ihf Toolbox* kann im Workbench-Projektmanager (sofern verfügbar und installiert) über den Menüeintrag **ERWEITERUNGEN** aktiviert werden. Ist der Mechanical Editor bereits geöffnet, schließen Sie ihn und aktivieren erst danach die Option **WB/FKM** (siehe nachfolgende Abbildung).

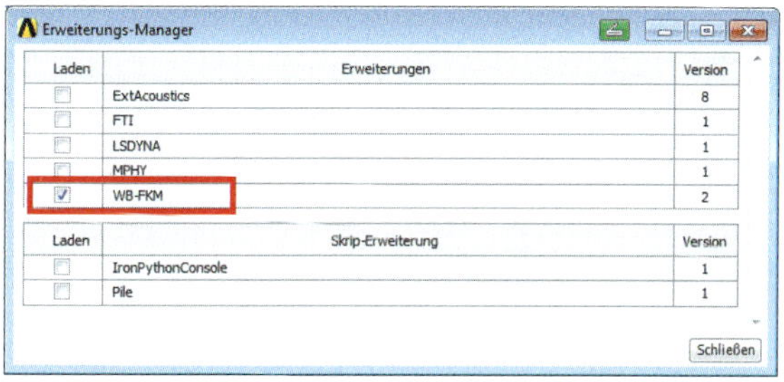

Dadurch stehen beim erneuten Öffnen des Mechanical Editors zusätzliche Funktionen zur FKM-Bewertung zur Verfügung. Wählt man in dieser Icon-Leiste die erste Funktion an, ist bei den **LASTFALLDEFINITIONEN** mit **ANWENDEN** die jeweilige Selektion abzuschließen, ebenso bei den **GLOBALEN PARAMETERN** und den **LOKALEN PARAMETERN**. Das **ANWENDEN**-Icon ist dabei möglicherweise durch ein zu großes oder ungünstig positioniertes Fenster im Vordergrund verdeckt. In diesem Fall verschieben oder verkleinern Sie die WB/FKM-Fenster, welche die Sicht auf das Detailfenster unten links verdecken. Das FKM-Ergebnis wird wie alle anderen FEM-Ergebnisse durch Aktualisieren der Berechnung aufbereitet und dargestellt. Aufgrund des Auslastungsgrads auf der gesamten 3D-Geometrie kann man deutlich erkennen, dass der kritische Auslastungsgrad nicht am Ort der höchsten Spannung auftritt.

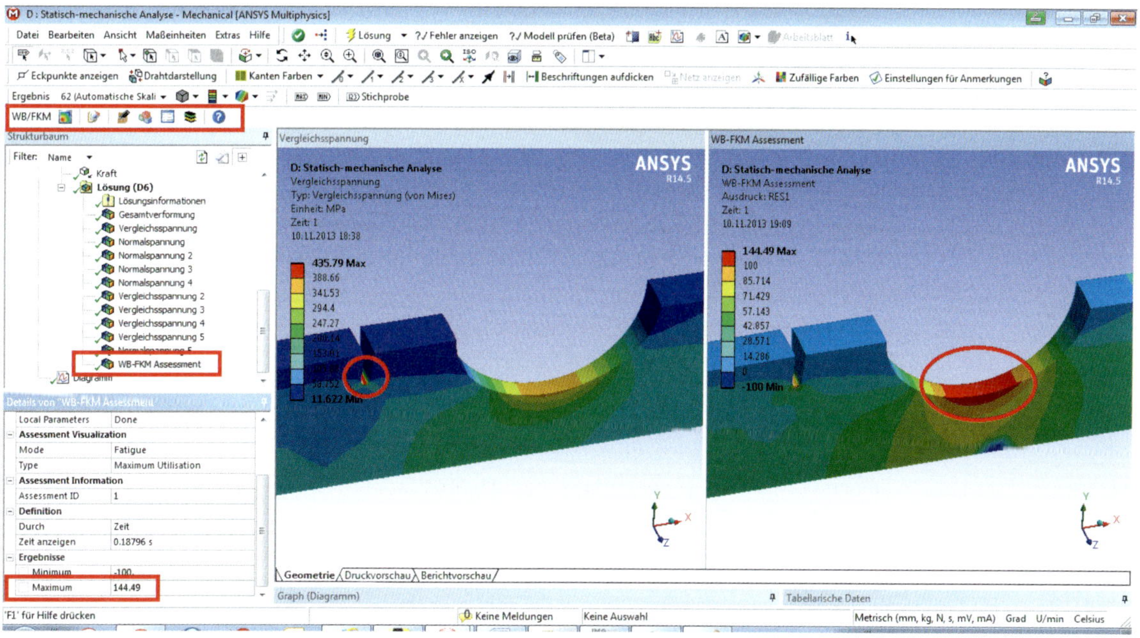

Die nahtlosen Einbindung von WB/FKM ermöglicht nicht nur eine schnellere Arbeitsweise, sondern auch die systematische Variation für Sensitivitätsstudien und Optimierung, da das FKM-Ergebnis wie alle anderen Simulationsdaten parametrisch mit der FEM-Berechnung verknüpft ist.

9.8 Presspassung

Durchdringende Geometrie

Presspassungen sind ein häufig eingesetztes Element für kraftschlüssige Welle-Nabe-Verbindungen. Einfache, rotationssymmetrische Bauteile lassen sich schnell mit geschlossenen Formeln berechnen. Sobald die Steifigkeitsverhältnisse etwas komplexer werden, ist diese Vorgehensweise jedoch nicht mehr anwendbar. In solchen Fällen kann die FEM-Analyse eine schnelle, leistungsfähige Alternative sein. Insbesondere bei der Kombination von verschiedenen Lasten wie Temperatur und/oder Fliehkräften.

Die im Folgenden dargestellte Geometrie soll mit einer Überdeckung (Durchdringung) von 0,1 % untersucht werden *(presspassung.stp)*.

Belastung aus Schrumpf, Drehzahl und Temperatur

Der Durchmesser der Stahlhohlwelle beträgt 50 mm, d. h. das Übermaß ist 0,05 mm. Das Übermaß ist geometrisch modelliert, also der Durchmesser der Welle ist 0,05 mm größer als der Durchmesser der Bohrung der aufgeschrumpften Aluminiumscheibe.

Untersuchen Sie, um wie viel Prozent das übertragbare Moment abnimmt, wenn sich die Welle mit 14 000 U/min dreht. Vergleichen Sie darüber hinaus die Abnahme des übertragbaren Moments, wenn zusätzlich die Temperatur von 22 °C auf 60 °C steigt.

Lösung in ANSYS Workbench

Kontaktdefinition

Um das Übermaß zu eliminieren, werden die beiden Körper so verformt, dass die beiden Kontaktflächen aufeinanderliegen. Die Scheibe wird also aufgeweitet und die Hohlwelle etwas komprimiert. Damit dies möglich ist, muss nach dem Einladen der Geometrie der automatisch erzeugte Kontakt auf **REIBUNGSFREI**, **REIBUNGSBEHAFTET** oder **RAU** umgestellt werden, weil erst mit diesen eine Berücksichtigung eines Spalts oder einer Durchdringung stattfindet (siehe Abschnitt 8.5.5). Sollten Sie die Kontaktoption **KONTAKTSTEIFIGKEIT AKTUALISIEREN** gesetzt haben, schalten Sie sie auf **NIE** um.

Neben der Kontaktdefinition sind lediglich die Materialzuweisung und die Symmetriebedingung durch eine **REIBUNGSFREIE LAGERUNG** erforderlich, um die Berechnung durchzuführen.

Zur Auswertung ist es hilfreich, ein zylindrisches Koordinatensystem zu definieren, sodass Sie Verformungen in radialer Richtung (Verschiebungskomponente X in zylindrischem Koordinatensystem) oder Radial- und Umfangsspannungen unterscheiden können. Zur besseren Unterscheidung benennen Sie Ihr zylindrisches Koordinatensystem so.

Vernetzung der Kontaktpartner

Damit sich ein guter (genauer) Spannungsverlauf einstellt, sorgen Sie dafür, dass ein feines Netz vorliegt. Für prismatische Geometrien wie in diesem Beispiel definieren Sie dazu eine **ELEMENTGRÖSSE** auf einer Kante. Definieren Sie auf den beiden 90°-Bögen der Kontaktflächen der Welle und der Nabe eine Anzahl von 20 Elementen in tangentialer Richtung (im Detailfenster umschalten von **ELEMENTGRÖSSE** auf **ANZAHL DER EINTEILUNGEN**). In axialer Richtung definieren Sie ebenfalls eine Elementgröße von 2 mm auf eine Längskante der Scheibe und eine Längskante der Welle. Achten Sie darauf, dass beide Definitionen im Detailfenster mit **STRIKT/HARDCODIERT** definiert sind, sodass diese Vorgabe vom Vernetzer nicht verletzt werden darf.

Das Netz sollte in Umfangsrichtung dann koinzidente Knoten aufweisen.

Nach der Analyse lässt Sie sich die radiale Verformung darstellen.

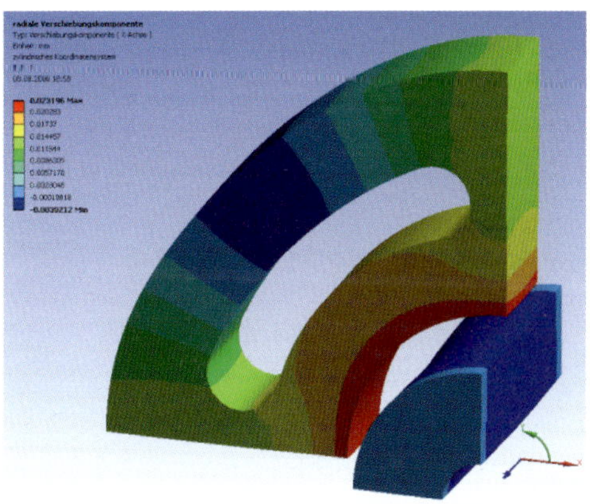

Alles nur Optik

Die automatische Überhöhung der Verformung mit einem Skalierungsfaktor führt dazu, dass die eigentlich aufeinanderliegenden Flächen auseinanderdriften. Die Zahlenwerte der radialen Verformung zeigen für die Scheibe einen Wert von +0,02 mm an (d.h. nach außen), für die Welle von −0,003 mm (nach innen). Bei einem Skalierungsfaktor von 200 wird die optische Darstellung die Scheibe um 0,02 × 200 = 4 mm nach außen verformen und die Welle um 0,6 mm nach innen. Das tatsächliche Übermaß beträgt allerdings lediglich 0,05 mm, sodass durch das Hochskalieren der Verformung eine optische Lücke entsteht. Stellen Sie den Skalierungsfaktor auf 1 (maßstabsgerecht), stimmt die Darstellung mit dem physikalischen Zustand überein. Prüfen Sie auch die Durchdringung im Kontaktbereich (siehe Abschnitt 8.5.5).

Die Normalspannungen in X im zylindrischen Koordinatensystem zeigen die radialen Spannungen. Wählen Sie vor dieser Ergebnisdefinition die Innenfläche der Scheibenbohrung, sehen Sie die Normalspannungen im Kontaktbereich, die man in erster Näherung auch als Kontaktdruck bewerten kann, falls die gegebene Lizenzstufe das Kontakt-Tool (**LÖSUNG/EINFÜGEN/KONTAKT-TOOL**) nicht beinhaltet.

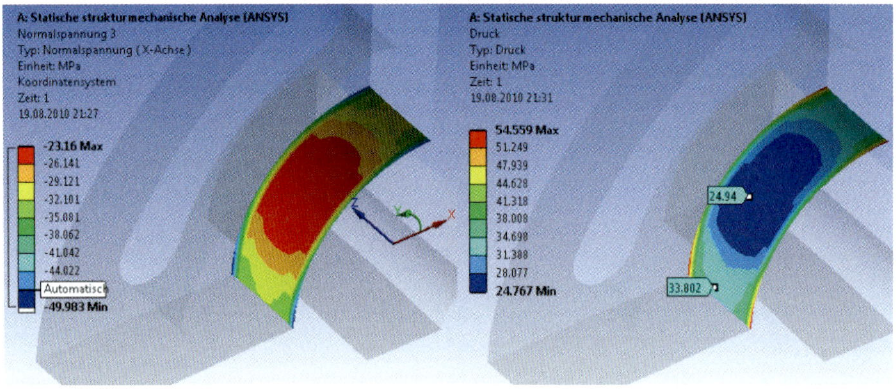

Druckspannungen auswerten

Achten Sie darauf, dass die roten Spannungsfelder, die mit den niedrigsten Werten sind, da die Druckspannung ein negatives Vorzeichen hat. Die Druckspannung unterhalb der radialen Stege (bei den Symmetrieebenen) liegt bei ca. 30 bis 40 MPa. Dazwischen, innerhalb des nierenförmigen Durchbruchs, ist durch die geringere radiale Steifigkeit der Kontaktdruck entsprechend geringer (ca. 23 bis 26 MPa). An den Kanten des Kontaktbereichs tritt eine singuläre Druckspannung auf. Um ein übertragbares Moment zu berechnen, müsste man die Normalspannungen aufsummieren, um die Normalkraft zu erhalten. Für eine konservative Abschätzung könnte das Minimum für die weitere Berechnung verwendet werden.

$\sigma_{Radial} = 24{,}8$ MPa (minimale Druckspannung im Kontakt-Tool)

$\tau_{tangl} = \sigma_{Radial} \times \mu$

mit $\mu = 0{,}15$

ergibt sich

$\tau_{tangl} = \sigma_{Radial} \times 0{,}15 = 3{,}7$ MPa

Reibmoment berechnen

Sobald daher die Schubspannung größer wird als 3,7 MPa, fängt die Presspassung an zu rutschen und versagt (von der Reserve durch den vorsichtig abgeleiteten Kontaktdruck einmal abgesehen). Das übertragbare Moment ergibt sich aus:

$M_{max} = \tau_{tangl} \times A \times d/2 = \tau_{tangl} \times l \times d^2 \times \pi/2$

$M_{max} = 3{,}7 \text{ MPa} \times 20 \text{ mm} \times 50^2 \text{ mm}^2 \times 3{,}1415/2 = 290.597 \text{ Nmm} \sim 290 \text{ Nm}$

Um den Einfluss der Drehzahl zu sehen, **DUPLIZIEREN** Sie im Projektmanager das System mit der rechten Maustaste auf Zelle A5 und fügen in der Kopie eine **ROTATIONSGESCHWINDIGKEIT** ein. Nach der erneuten Berechnung sinkt die minimale Radialspannung von 25 MPa auf 18 MPa und damit auch das übertragbare Moment um 28 %.

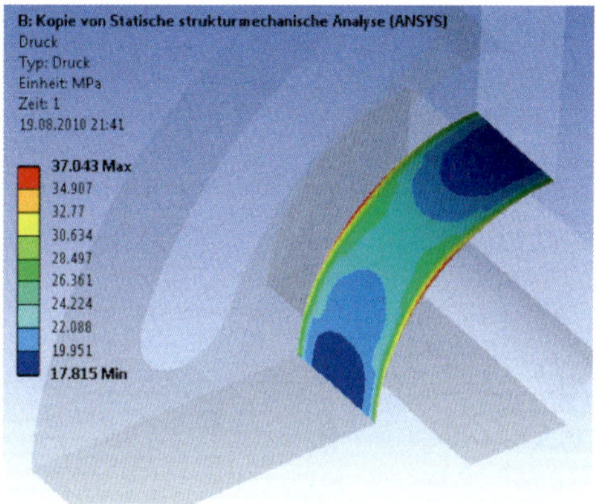

Für die Berechnung der thermischen Deformation duplizieren Sie System B mit einem Rechtsklick auf das Set-up (Zelle B5). Wechseln Sie in die Mechanical-Applikation, fügen Sie bei den Lastbedingungen die Option **THERMISCHE BEDINGUNG** ein, und legen Sie eine gleichmäßige Temperatur von 60 °C fest (für alle Körper). Die Referenztemperatur von 22 °C legen Sie im Detailfenster fest, nachdem Sie im Strukturbaum den Lastfall **STATISCH-MECHANISCH 3** markiert haben. Durch die Erwärmung um 38 °C dehnt sich die Alu-Scheibe stärker als die Stahlwelle, sodass die Normalspannung weiter abnimmt, auf minimal 4 MPa.

9.9 Hertz'sche Pressung

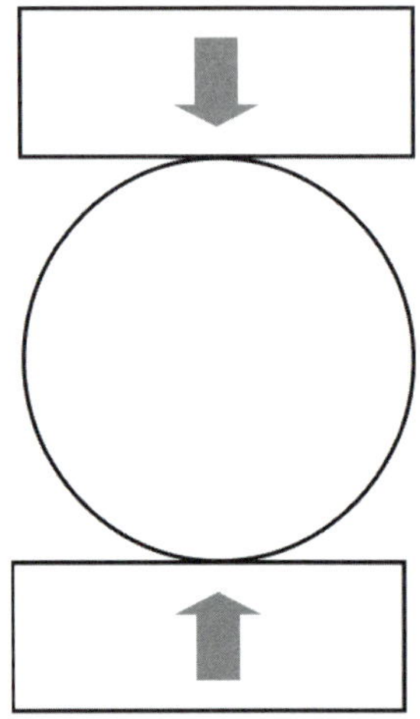

An einem Wälzkörper soll die Hertz'sche Pressung in Abhängigkeit von der Druckkraft untersucht werden. Der Wälzkörper wird mit einer Kraft von bis zu 1000 N belastet.

Modellaufbau und Analyseeinstellungen

Das Berechnungsmodell *(hertz.stp)* ist als Viertelmodell ausgeführt, da Geometrie und Belastung symmetrisch sind. Dazu definieren Sie jeweils eine **REIBUNGSFREIE LAGERUNG** an den Flächen des Symmetrieschnitts sowie an den ebenen Flächen vorn und hinten, in der Annahme, dass dieser Wälzkörper von großer Länge ist (ebener Verzerrungszustand). Bei der Berechnung als Halbmodell ist auch die Kraft auf 500 N zu halbieren. Um den Einfluss der Druckkraft auf die Hertz'sche Pressung zu sehen, ist es zweckmäßig, die Last in einer Mehrschrittanalyse schrittweise zu steigern und zu beobachten, wie die Pressung sich verändert. Der Kontakt zwischen Wälzkörper und Lauffläche muss nichtlinear (**REIBUNGSFREI**) definiert sein, damit sich der Kontaktbereich, der anliegt, mit der Kraftgröße einstellen kann. Definieren Sie eine **MEHRSCHRITTANALYSE** mit den sechs Lastschritten 0, 100, 200, 300, 400, 500 N. In die Tabelle der Kraftangaben können Sie die Werte alle manuell eingeben oder eine lineare Interpolation für bestimmte Zwischenschritte von ANSYS Workbench errechnen lassen. Dazu geben Sie zwei Grenzpunkte ein, z. B. Lastschritt 2 = 100 und Lastschritt 6 = 500, dann werden die mit „=" gekennzeichneten Zwischenwerte automatisch linear verteilt.

Tabellarische Daten

	Schritte	Time [s]	✓ Kraft [N]
1	1	0.	0.
2	1	1.	0.
3	2	2.	100.
4	3	3.	= 200.
5	4	4.	= 300.
6	5	5.	= 400.
7	6	6.	500.
*			

Manuelle Vernetzung

Um die Maximalspannungen, die sich unterhalb der Kontaktfläche einstellen, gut abzubilden, ist es hilfreich, ein sehr feines Netz im Kontaktbereich zu erzeugen. Durch die strukturierte Hexaedervernetzung der Lauffläche empfiehlt es sich, das Netz zur Kontaktstelle hin zu verdichten, indem die Anzahl der Elemente je Kante mit einer Verzerrung definiert wird. Die vorderen und hinteren Linien können dabei in einer Definition zusammengefasst werden, die oberen und unteren sowie die beiden seitlichen jedoch nicht.

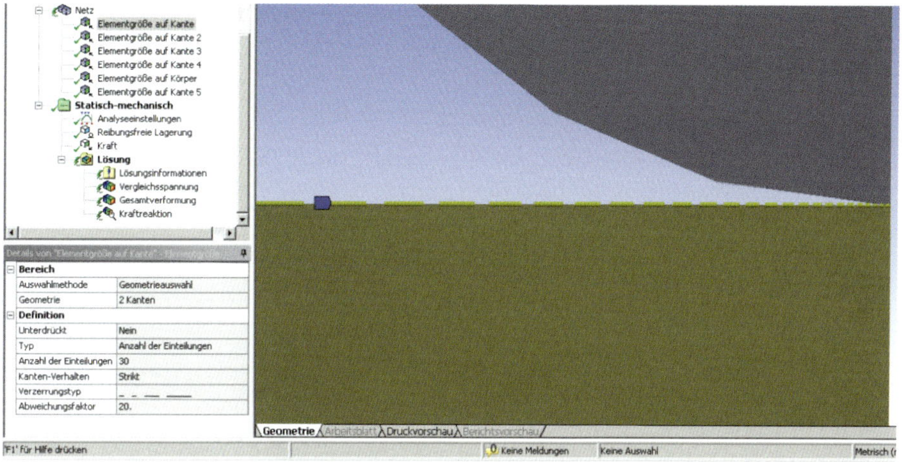

Die **ANZAHL DER EINTEILUNGEN** ist die Zahl der Elemente entlang dieser Linie, der **ABWEICHUNGSFAKTOR** das Verhältnis von kleinstem zu größtem Element, der **VERZERRUNGSTYP** die Möglichkeit, am ersten Ende, am zweiten Ende, an beiden Enden oder in der Mitte die Elemente zu verdichten.

Im Wälzkörper selbst ist ein **EINFLUSSBEREICH** eine gute Möglichkeit, die Elementdichte nur im Kontaktbereich zu erhöhen. Dazu sollten Sie den Wälzkörper selektieren und eine **ELEMENTGRÖSSE** definieren und dann die Option **ELEMENTGRÖSSE** im Detailfenster auf **EINFLUSSBEREICH** umschalten (siehe nachfolgende Abbildung). Um den Zentrumspunkt des Einflussbereichs wählen Sie ein zuvor definiertes lokales Koordinatensystem in der Mitte der Berührlinien aus.

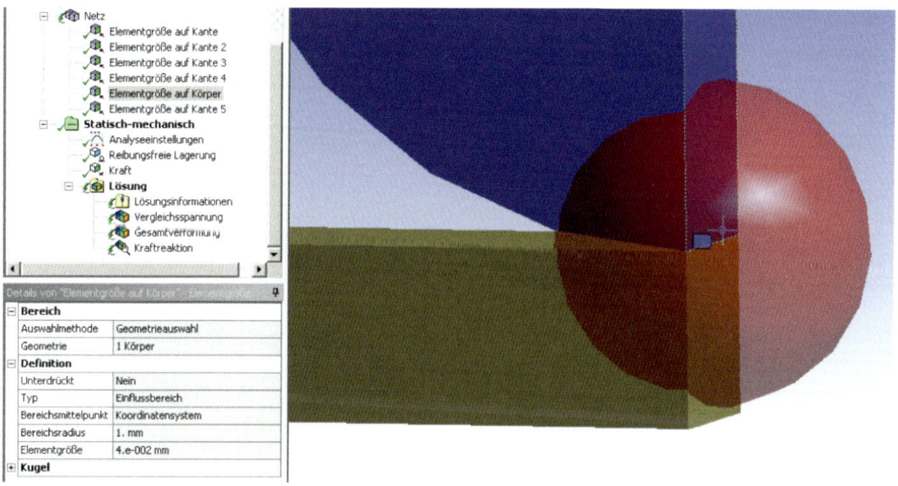

Da über die Tiefe kein Gradient zu erwarten ist, genügen hier wenige Elemente (vier Stück).

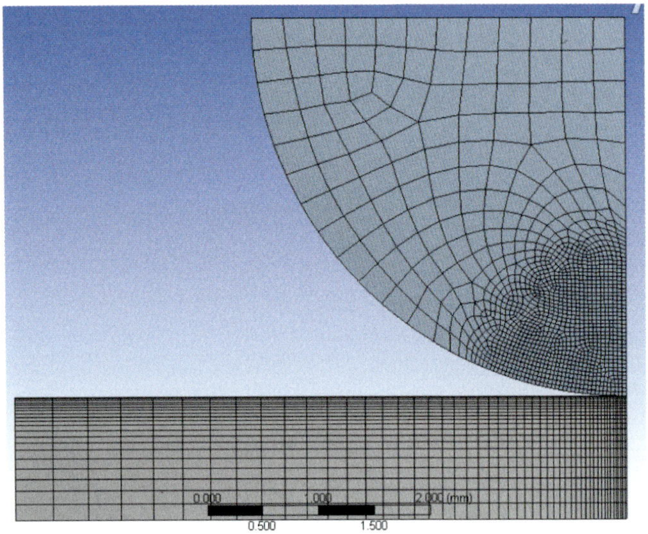

Mit insgesamt nur ca. 11 000, aber an der wichtigen Stelle fein verdichteten, Elementen lässt sich diese nichtlineare Mehrschrittanalyse in einigen Minuten berechnen. Beachten Sie, dass der Kontakt die **KONTAKTBEHANDLUNG** auf **BERÜHREN ANPASSEN** aufweist.

Die in der folgenden Abbildung dargestellte Vergleichsspannungsverteilung stellt sich ein.

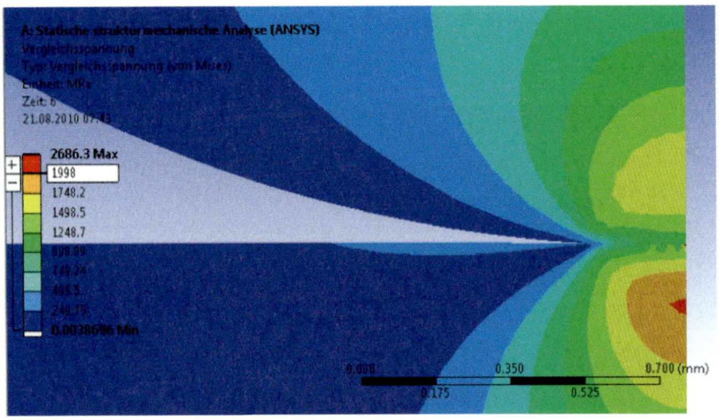

An der Symmetrieebene stellt sich eine kleine Singularität ein, deshalb kann die Legende durch Verziehen der Trennlinie zwischen Rot und Orange an den Spannungsverlauf dynamisch angepasst werden. Alternativ definieren Sie sich ein Ergebnis mit einem Mittelwert pro Element.

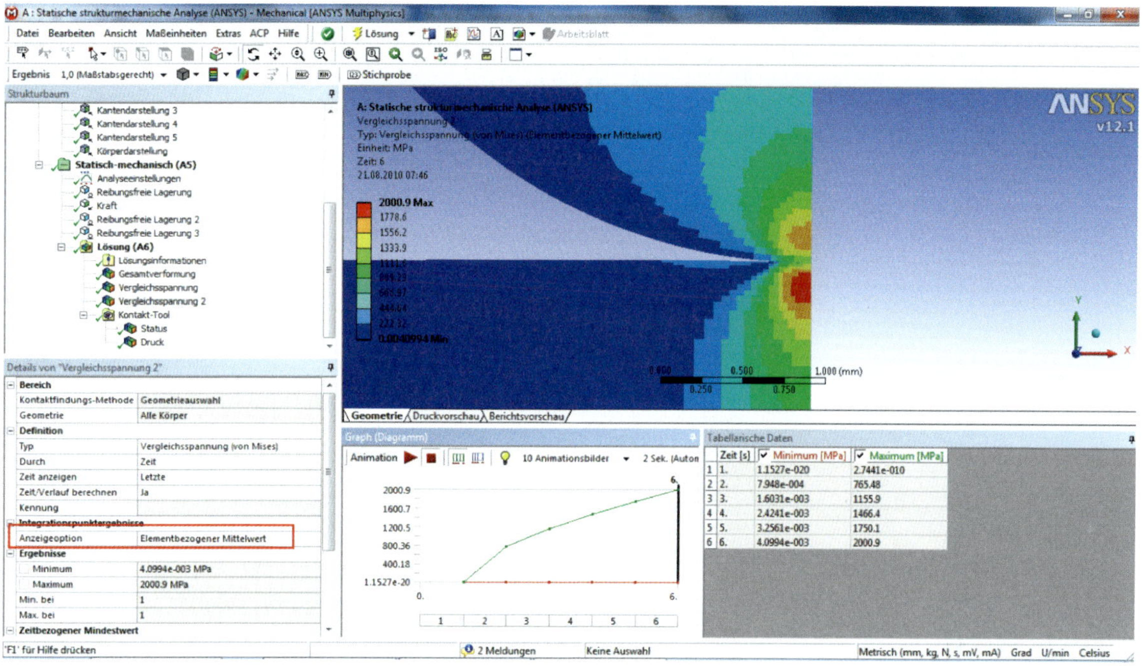

Die Abhängigkeit der Vergleichsspannung von den Lastschritten sieht man an der Zeitachse unterhalb des Grafikfensters. Durch die lineare Verteilung der Last über die verschiedenen Lastschritte kann die x-Achse mit der Laststeigerung gleichgesetzt werden. Dies ist jedoch nicht immer der Fall, daher bietet ANSYS Workbench die Möglichkeit, ein x-y-Diagramm von zwei Größen mit der Funktion **NEUES DIAGRAMM** zu erstellen.

Auswertung

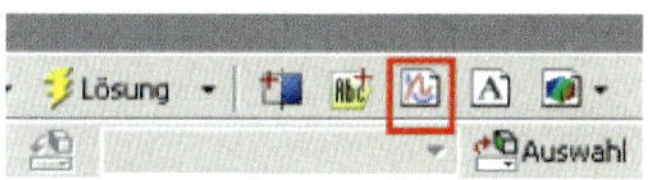

Markieren Sie vor dem Anwählen von **NEUES DIAGRAMM** die beiden Größen, in diesem Fall also die Kraft und die Von-Mises-Vergleichsspannung, erhalten Sie ein x-y-Diagramm, das Sie im Detailfenster auf die interessanten Größen einschränken sollten (siehe nachfolgende Abbildung).

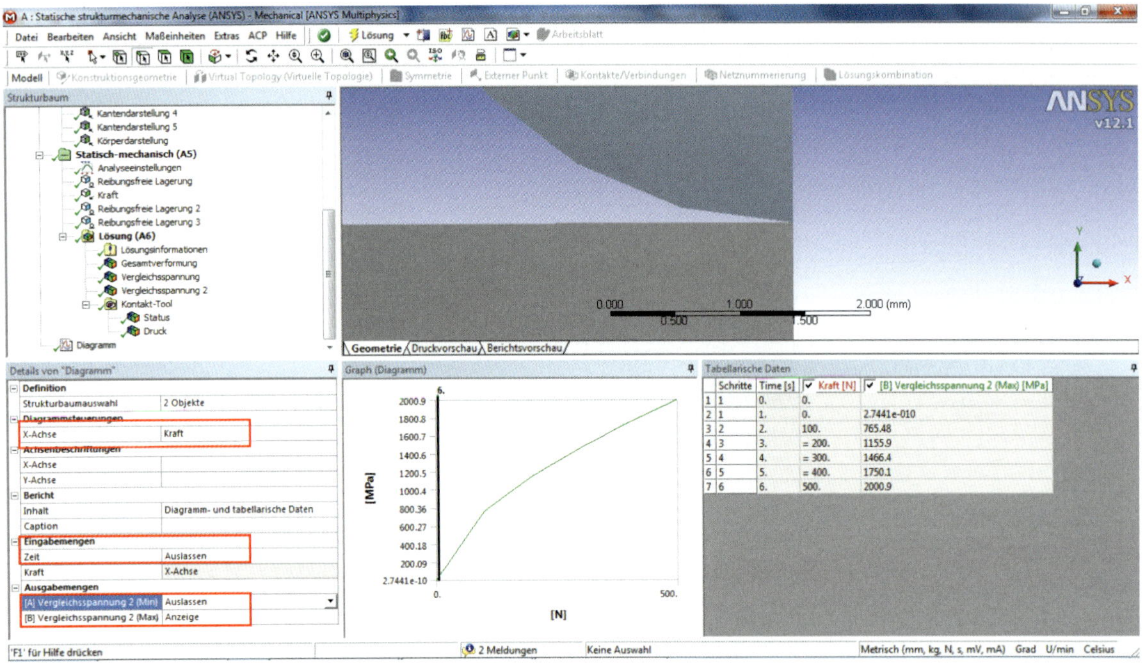

Zulässige Spannungswerte sind für Hertz'sche Pressungen meist recht schwer zu erhalten. Als groben Anhaltswert kann man zulässige Spannungswerte von Kontaktsituationen wie Kugel auf Fläche mit $2{,}15 \times R_m$ und Zylinder auf Fläche mit $1{,}77 \times R_m$ heranziehen.

9.10 Steifigkeit von Kaufteilen

Ersatzsteifigkeit

Kaufteile werden im CAD-Modell oft nur vereinfacht als ein einzelnes Bauteil abgebildet, da nicht alle geometrischen Details für eine Zusammenbaukonstruktion erforderlich sind. Für eine FEM-Analyse sind solche Kaufteile in idealisierter Form nicht ohne Weiteres einsetzbar. Stellvertretend für solche Kaufteile soll eine Linearführung, wie sie im Werkzeugmaschinenbau häufig eingesetzt wird, in dieser Übung berechnet werden. Dazu wird ein Verfahren über Ersatzsteifigkeiten aufgezeigt, mit dem bekannte Steifigkeiten für eine Baugruppenuntersuchung in die FEM-Analyse eingebracht werden können. Dieses Verfahren erhebt nicht den Anspruch höchster Perfektion, da die Steifigkeiten oft nichtlinear-orthotrop (last- und richtungsabhängig) sind. Dem *Pareto-Prinzip* folgend kann oft mit relativ einfachen Mitteln der Einfluss der Steifigkeiten dieser Kaufteile abgeschätzt werden. Detailaussagen innerhalb oder in unmittelbarer Umgebung der Kaufteile sind mit diesem Verfahren nicht möglich, da das Kaufteil wie eine „Blackbox" behandelt und nur durch das nach außen wirksame Verhalten (die Steifigkeit) abgebildet wird.

Für eine Werkzeugmaschine soll die Steifigkeit einer Achse, inklusive der Steifigkeit der Linearführungen, berechnet werden. Für die verwendeten Linearführungen liegen Kennlinien für die statische und die dynamische Steifigkeit vor.

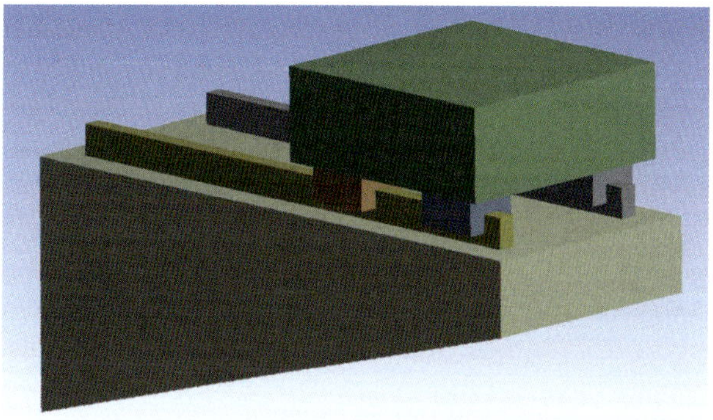

Abbildung der Steifigkeit durch Anpassung der Materialeigenschaften

Arbeitsschritte

Der grundsätzliche Ablauf für Bauteile, für die eine Steifigkeit durch Messungen oder Herstellerangaben bekannt ist, sieht folgendermaßen aus:

- Lager geometrisch einfach modellieren (also Schiene + Führungswagen)
- Vorab-Modell zum Kalibrieren der Ersatzsteifigkeit:
  - Alle Bauteile, bis auf eine Schiene und einen Führungswagen, unterdrücken (Schiene und Führung selektieren, rechte Maustaste klicken, **ALLE ANDEREN KÖRPER UNTERDRÜCKEN** auswählen)
  - Schiene festhalten
  - Verformung von 1 mm auf den Führungswagen vorgeben, Berechnung durchführen und Reaktionskräfte prüfen
  - Material des Führungswagens modifizieren, bis Reaktionskraft = Betrag der Lagersteifigkeit (→ Kraft/1 mm Federweg = Lagersteifigkeit)

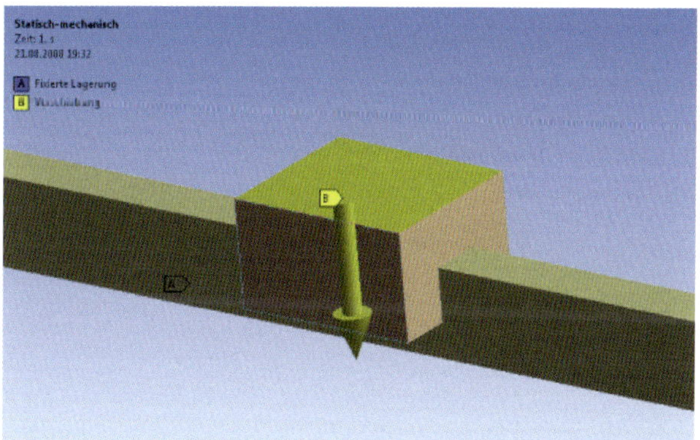

- Randbedingungen des Kalibrierungslastfalls löschen, alle unterdrückten Bauteile aktivieren, kalibriertes Material allen Führungswagen zuordnen, eigentlichen Lastfall berechnen

Im Sinne einer wirtschaftlichen Lösung sollte man einen linearen Kontakt verwenden (**VERBUND** oder **KEINE TRENNUNG**). Darüber hinaus wäre bei nichtlinearen Kontakten die Frage der Ersatzsteifigkeit kaum zu lösen, da die Kontaktbedingungen im Kalibrierlastfall und im Anwendungsfall wahrscheinlich unterschiedlich sind. Der lineare Kontakt **VERBUND** oder **KEINE TRENNUNG** ist die erste Wahl, da er schnell rechnet und gleichartiger Kraftfluss bei der Kalibrierung und der Anwendung gegeben ist.

Bei der hier beschriebenen Vorgehensweise hat es sich bewährt, die Schiene festzusetzen und den Wagen in der später dominanten Verformungsrichtung mit einer angegebenen **VERSCHIEBUNG** von 1 mm zu belasten. Nach der Analyse kann man an der Verschiebung oder der Lagerung die Reaktionskraft in der Belastungsrichtung ablesen. Wenn man statt einer Verschiebung eine Kraft vorgibt, hat man das Problem, dass die Deformation über das Bauteil (Wagen) ungleichmäßig ist, sodass eine eindeutige Deformation nicht einfach abgelesen werden kann. Daher die Empfehlung, die **VERSCHIEBUNG** zu verwenden. Der Wert der Reaktionskraft wird in der Regel zu hoch sein, sodass das Material eines der beiden Teile der Führungsschiene angepasst werden muss (vorzugsweise des Wagens, da die Schiene die Gesamtsteifigkeit oft in nicht vernachlässigbarer Weise beeinflusst). Da die Berechnung schnell durchgeführt ist, empfiehlt es sich, mit korrigiertem Material die Reaktionskraft in der dominanten Belastungsrichtung zu verifizieren. Hier sieht man auch schon eine wesentliche Einschränkung: Die dominante Belastungsrichtung sollte vorher bekannt sein. Mit einem isotropen Material kann der Wert nur für eine Richtung angepasst werden, die anderen Richtungen ergeben sich mehr oder weniger automatisch. Ambitionierte Anwender könnten durchaus versuchen, durch andere Verhältnisse von Breite, Länge und Höhe das Verhältnis der Steifigkeit in diese verschiedenen Richtungen zu verändern. Da aber für jede Variante auch die Kalibrierung neu vorzunehmen ist, sprengt dies den Aufwand, den man normalerweise für eine entwicklungsbegleitende Simulation in Kauf nimmt. Sollte die orthotrope Steifigkeit eine essenzielle Notwendigkeit sein, kann mit ANSYS Professional oder weitergehenden Lizenzstufen ein solches Verhalten direkt abgebildet werden (sechs Steifigkeitswerte zwischen zwei Bauteilen).

Mittelung

Die Verwendung der dynamischen oder statischen Steifigkeit hängt vom Analysetyp Statik bzw. Modalanalyse ab. Muss das gleiche Modell für beide Analysearten verwendet werden (z. B. vorgespannte Modalanalyse), muss man einen gewichteten Mittelwert ableiten.

Statische Steifigkeit

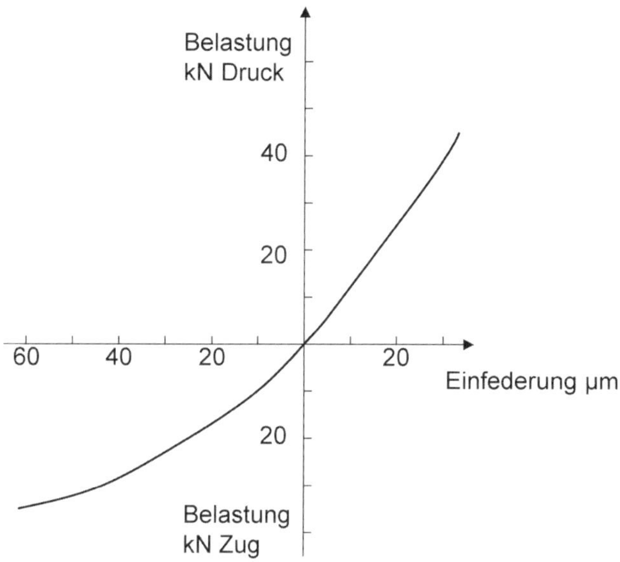

Dynamische Steifigkeit

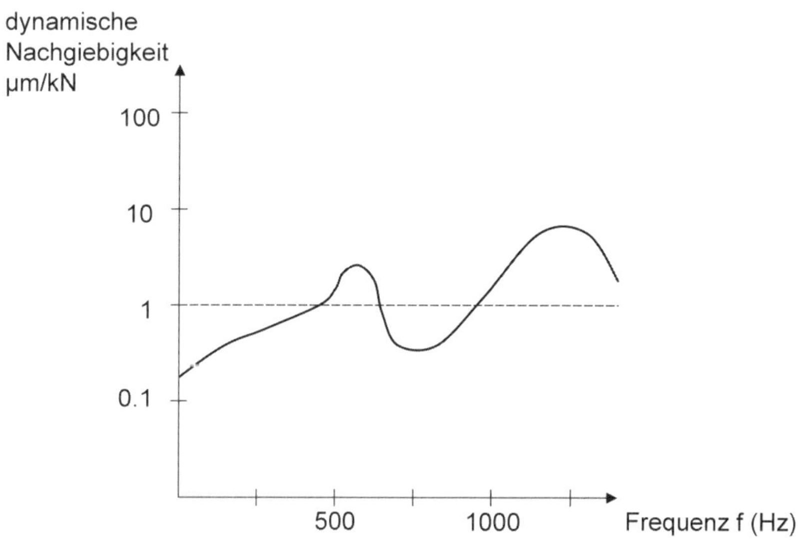

Schaut man sich die statische Kurve an, ergibt sich bei mittlerem Druck eine Einfederung von ca. 25 µm bei 30 kN, d. h. eine Steifigkeit von ca. 1200 kN/mm. Auf der Zugseite ergibt sich bei niedrigen Lasten eine Steifigkeit von ca. 900 kN/mm (18 µm Einfederung bei 20 kN Zug) und bei hohen Lasten von 580 kN/mm (60 µm Einfederung bei 35 kN Zug). Welchen Wert bevorzugt man hier? Tja, Mut zur Lücke. Für eine erste Abschätzung könnte

Vorgehensweise

man 900 kN/mm ansetzen. Dieser Wert ist bei Druck etwas zu niedrig und nur bei großer Zugbelastung zu hoch.

Vergleicht man diese 900 kN/mm mit der dynamischen Steifigkeit, wäre das eine Gerade etwas unterhalb von 1; in erster Näherung ein durchaus akzeptabler Wert.

Liegen zusätzlich Diagramme für seitliche Belastungen vor, könnte man ähnlich vorgehen: Steifigkeiten ermitteln, mit den Steifigkeiten der Belastungsrichtungen vergleichen. Dann überlegen: Wird die Führung mehr auf Zug, auf Druck oder seitlich belastet? Schließlich schieben Sie bei der Gewichtung der einzelnen Steifigkeitswerte den Schwerpunkt mehr in die eine oder andere Richtung.

Verifizieren

Diese Vorgehensweise kann die Steifigkeiten nicht für alle Belastungsrichtungen und -arten gleich gut berücksichtigen und bildet die nichtlinear-orthotropen Eigenschaften der Führungen in stark vereinfachter Form ab. Um zu sehen, wie groß der Einfluss der Lagersteifigkeit auf das Gesamtergebnis ist, kann die Steifigkeit variiert werden (z. B. um +/− 30 % ändern). Wenn sich das Ergebnis kaum ändert, ist die Gesamtsteifigkeit wenig sensitiv bezüglich der Lagersteifigkeit, d. h., die zu optimierende Größe steckt in einem Teil der zu konstruierenden Struktur. Wenn sich das Ergebnis stark ändert, ist die Lagersteifigkeit eine kritische Größe und muss sorgfältig in die Steifigkeitsbetrachtung einbezogen werden, gegebenenfalls dann mit weitergehenden Lizenzstufen für die detaillierte Beschreibung der richtungsabhängigen, nichtlinearen Kennlinien.

Für die Beispielgeometrie ergibt die Struktur, ohne Berücksichtigung der Steifigkeiten der Linearführung unter einer Belastung von 10 kN, eine Verformung von 9,8 µm, d. h. eine Steifigkeit von 1020 kN/mm.

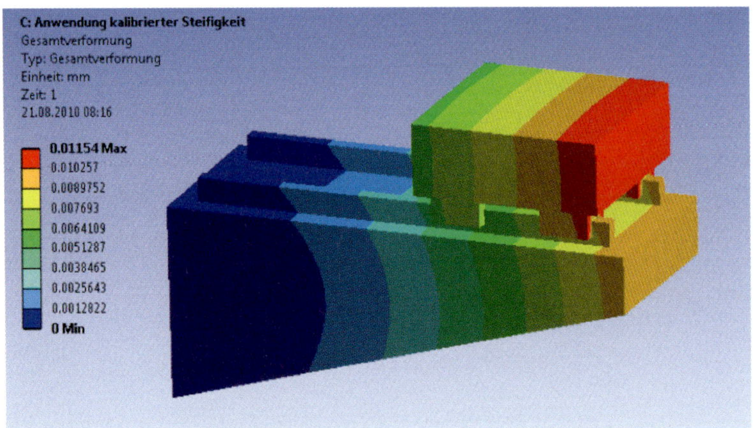

Berücksichtigt man jedoch die Steifigkeit nach vorangehend beschriebener Methode, ergibt sich eine Verformung von 11,5 µm, d. h. eine Steifigkeit von nur 870 kN/mm.

Abbildung über Federelemente

Richtungsabhängige Steifigkeit

Die Abbildung der Steifigkeiten über die zuvor beschriebene Anpassung der Materialeigenschaften ist ein stark vereinfachendes Verfahren, das die Richtungsabhängigkeit der Steifigkeiten nicht berücksichtigen kann. Mit weitergehnden Lizenzstufen lassen sich diskrete Federelemente zwischen Bauteilen platzieren, sodass sich unabhängig von der geometrischen Modellierung Steifigkeiten für die verschiedenen Freiheitsgrade definieren lassen. Diese Federelemente werden in der ANSYS-Dokumentation „Bushings" bzw. „Buchse" genannt.

Die nicht per Kennwert abgebildeten Teile der Baugruppe werden mit normaler (nicht der kalibrierten) Materialsteifigkeit abgebildet. Die idealisierten Bauteile mit richtungsabhängiger Steifigkeit werden wie in der folgenden Abbildung modelliert.

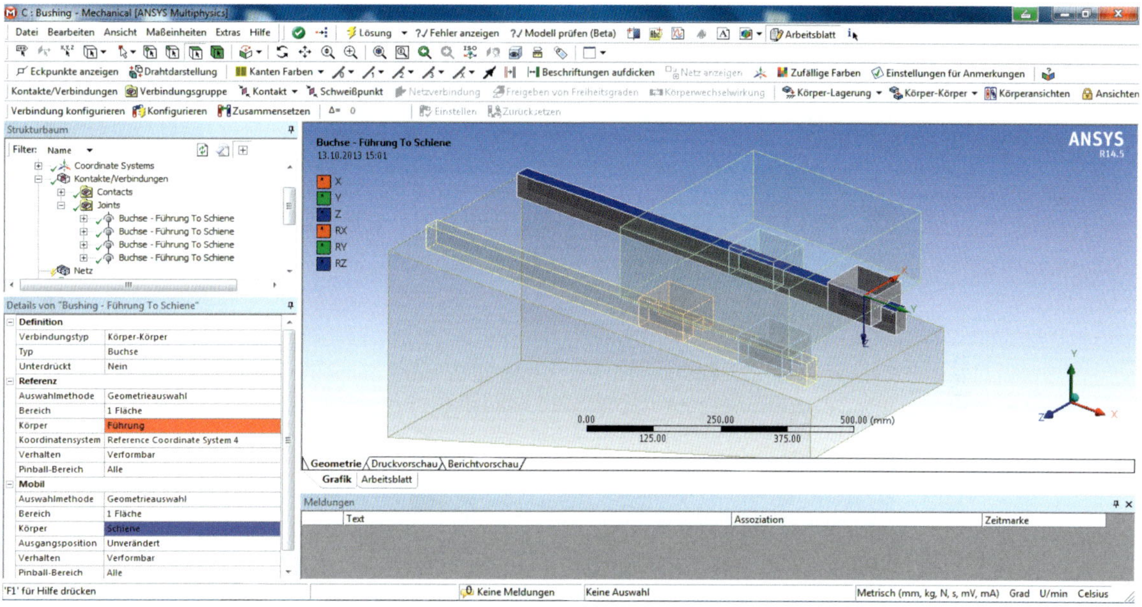

Im Strukturbaum wählen Sie **KONTAKTE/VERBINDUNGEN** und anschließend mit der rechten Maustaste **EINFÜGEN/VERBINDUNG (JOINTS)**. Ordnen Sie bei **REFERENZ/BEREICH** die Anschlussflächen des ersten, bei **MOBIL/BEREICH** die Anschlussflächen des zweiten Bauteils zu, zwischen denen die zu definierende Steifigkeit gelten soll. Bei einer Linearführung könnte das z. B. die Außenfläche der Laufschiene und die Gegenfläche des Laufwagens sein. Achten Sie im Detailfenster auf die Eigenschaft **VERHALTEN**. Ist das Verhalten **STARR**, bedeutet dies, dass eine künstliche Steifigkeit in dem Bereich der zugeordneten Fläche wirkt. Bei kleinen, lokalen Geometrien ist dies kein Problem. Bei großflächigen oder langen Flächen sorgt diese Versteifung unter Umständen für eine deutliche Verfälschung der realen Bauteilsteifigkeit. Es empfiehlt sich daher das Umschalten von **STARR** auf **VERFORMBAR**. Schalten Sie anschließend den Typ der Verbindung (des Gelenks = Joints) von **FIXIERT** auf **BUCHSE** (Bushing). Damit erhalten Sie die Möglichkeit, in der Tabelle für die Steifigkeitskoeffizienten Werte in die sechs Hauptrichtungen der Matrizendiagonale einzutragen. Die Werte abseits der Diagonalen liefern die Möglichkeit, Koppelterme zu definieren, die z. B. eine Verschiebung in x-Richtung aufgrund einer Kraft in y-Richtung ergeben. Neben den Steifigkeiten für drei Verschiebungen und drei Rotationen können so für dynamische Analysen richtungsabhängige Dämpfungswerte erfasst werden (siehe nachfolgende Abbildung).

Steifigkeitskoeffizienten

Steifigkeit	Pro Einheit X (mm)	Pro Einheit Y (mm)	Pro Einheit Z (mm)	Pro Einheit θx (°)	Pro Einheit θy (°)	Pro Einheit θz (°)
Δ X-Kraft (N)	1.e+006					
Δ Y-Kraft (N)	0.	1.e+006				
Δ Z-Kraft (N)	0.	0.	1.e+006			
Δ X-Moment (N-mm)	0.	0.	0.	0.		
Δ Y-Moment (N-mm)	0.	0.	0.	0.	0.	
Δ Z-Moment (N-mm)	0.	0.	0.	0.	0.	0.

Dämpfungskoeffizienten

Viskose Dämpfung	Pro Einheit X (mm)	Pro Einheit Y (mm)	Pro Einheit Z (mm)	Pro Einheit θx (°)	Pro Einheit θy (°)	Pro Einheit θz (°)
Δ Kraft * Zeit X (N-s)	0.					
Δ Kraft * Zeit Y (N-s)	0.	0.				
Δ Kraft * Zeit Z (N-s)	0.	0.	0.			
Δ Moment * Zeit X (N-mı	0.	0.	0.	0.		
Δ Moment * Zeit Y (N-mı	0.	0.	0.	0.	0.	
Δ Moment * Zeit Z (N-mı	0.	0.	0.	0.	0.	0.

9.11 Druckmembran mit geometrischer Nichtlinearität

Zum Messen von Differenzdrücken werden dünne, gewellte Membranen aus Metall verwendet, deren Auslenkung ein Maß für den Differenzdruck darstellt.

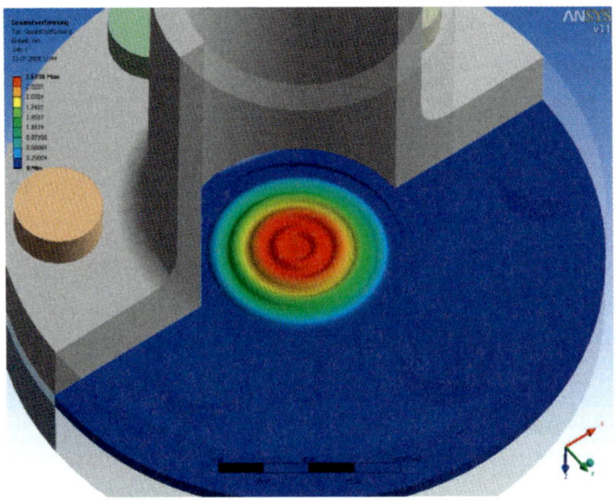

Für eine gegebene Stahlmembran *(membran.stp)* soll die Auslenkung in Abhängigkeit vom Differenzdruck (bis 120 bar) ermittelt werden.

Die Analyse wird als statische, strukturmechanische Analyse in mehreren Lastschritten durchgeführt. Zur Verifikation der Randbedingungen wird aufgrund der kürzeren Berechnungszeit ein einzelner Lastschritt mit 10 bar berechnet.

Start mit kleinem Druck

Starten Sie ANSYS Workbench, legen Sie eine statische-strukturmechanische Simulation im Projektbereich ab. Da Stahl als Standardmaterial vordefiniert ist, kann in Zelle A3 mit der rechten Maustaste direkt die Geometrie zugeordnet und mit der Bearbeitung des Modells in der Mechanical-Applikation begonnen werden. Die Standardvernetzung ergibt recht grobe Tetraederelemente mit starken Krümmungen. Definieren Sie für das Volumen der Membran eine Methode (**NETZ/EINFÜGEN/METHODE**), wechseln Sie bei **QUELL-/ZIELAUSWAHL** auf **MANUELLE QUELLE UND MANUELLES ZIEL** und ordnen Sie bei Quelle und Ziel jeweils eine der beiden Flächen zu, die durch den Symmetrieschnitt entstanden sind, sodass ein Hexaedernetz entsteht.

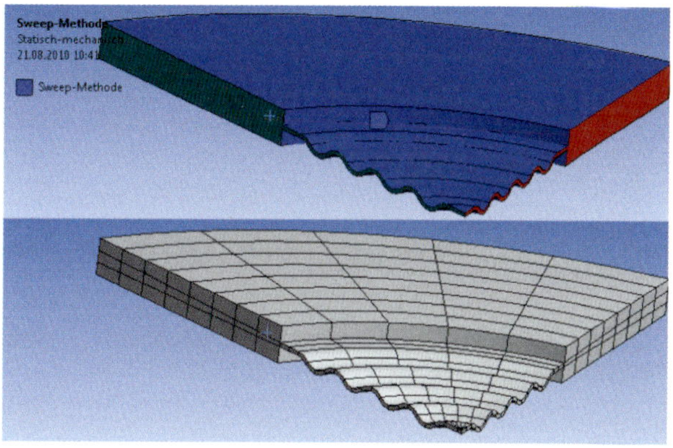

Definieren Sie eine Symmetriebedingung (am schnellsten durch eine **REIBUNGSFREIE LAGERUNG** auf beide Symmetrieflächen), die Druckbedingung von 10 bar = 1 MPa (dabei hilft die Tangentialselektion) und eine fixierte Lagerung, in der Annahme, dass die Reibung zu den Flanschen hinreichend groß ist, diese Lagerung sicherzustellen. Die Deformation der Membran beträgt dann 2,62 mm.

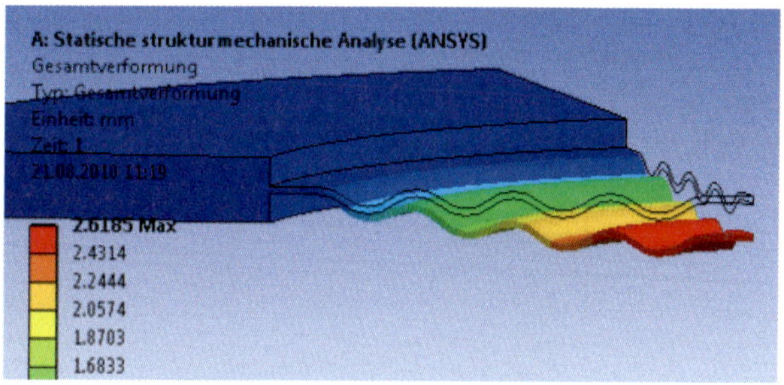

Um den Einfluss einer radial frei arbeitenden Membran zu simulieren (d. h. im Extremfall ohne Reibung), definieren Sie im Projektmanager einen Lastfall (Zelle A5, rechte Maustaste, **DUPLIZIEREN**), löschen Sie die beiden fixierten Lagerungen und ersetzen Sie sie durch reibungsfreie. Die Deformation steigt auf 2,64 mm, also um weniger als 1 %, d. h., die Lagerung beeinflusst das Ergebnis kaum.

Druck steigern

Um den Differenzdruck schrittweise von 10 auf 120 bar steigern zu können, aktivieren Sie in den Analyseeinstellungen die Mehrschrittanalyse, indem Sie die **ANZAHL DER LASTSCHRITTE** mit 10 vorgeben. Wählen Sie den bereits definierten Druck aus, um die Tabelle für den Druckverlauf über die zehn Schritte zu ändern. Es genügt, in der Spalte Zeit (Time) 12 s die gewünschten 12 bar einzutragen (siehe nachfolgende Abbildung). Alle Zwischenwerte werden automatisch errechnet.

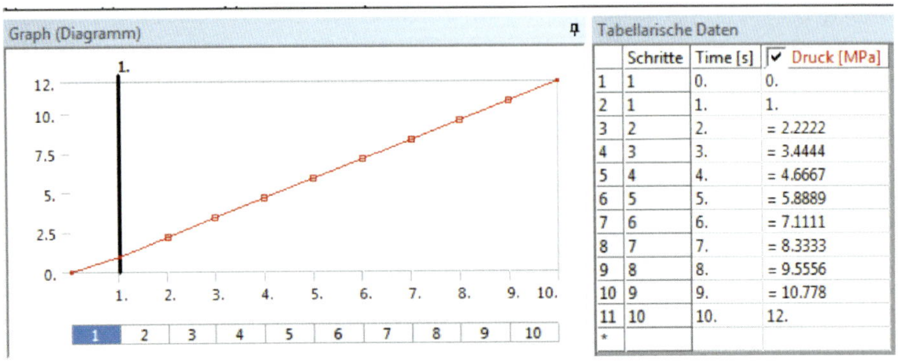

Starten Sie dann die Analyse und beobachten Sie die Deformation über die zehn Lastschritte.

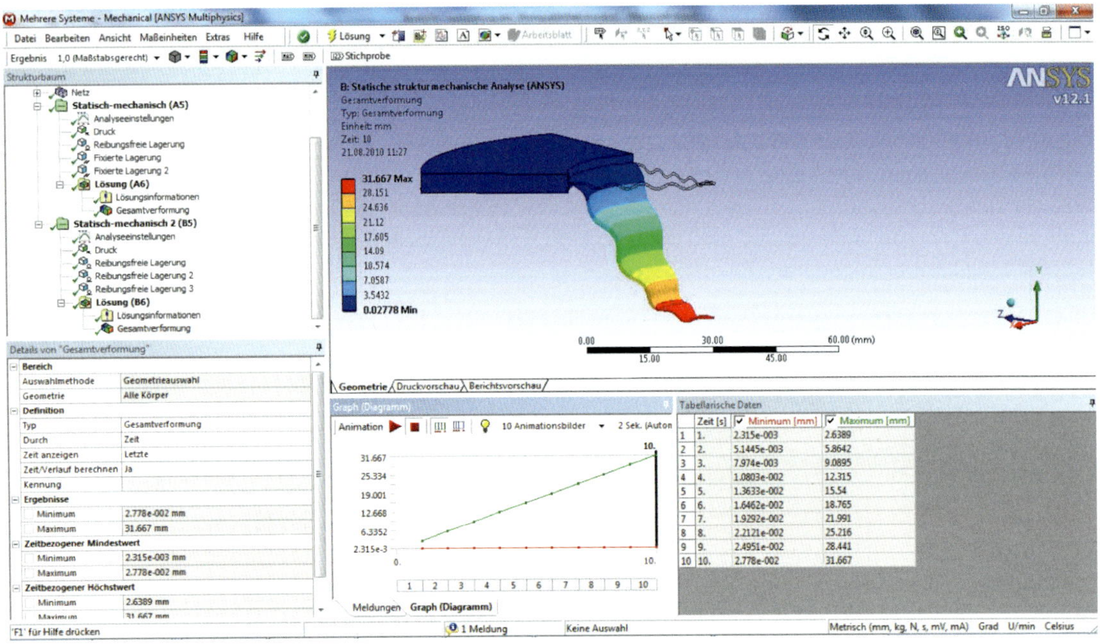

Linear vs. nichtlinear

Die Verformung steigt mit der Analyse linear an und ergibt mit maßstabsgerechter 1:1-Skalierung ein unplausibel erscheinendes Verformungsbild. Bei den Meldungen erscheint der Hinweis: Die Verformung ist im Vergleich zum Modellrahmen zu groß. Spätestens bei diesem Hinweis sollte der Gedanke an die geometrische Nichtlinearität präsent werden. Sie berücksichtigt, dass sich die Steifigkeit mit der Deformation ändert. Um die Analyse ohne und mit geometrischer Nichtlinearität vergleichen zu können, wechseln Sie zum Projektmanager und legen einen weiteren Lastfall an (Duplizieren auf Zelle B5). Zurück in der Mechanical-Applikation wählen Sie den Ast für die dritte Analyse und schalten Sie unter den **ANALYSEEINSTELLUNGEN** die **GROSSE VERFORMUNG** ein. Mit dieser Nichtlinearität dauert die Analyse etwas länger, liefert allerdings auch ein Ergebnis, das die versteifende Wirkung der Zugspannungen in der Membran berücksichtigt, die erst mit der Verformung entstehen und der Membran zusätzliche Steifigkeit verleihen. Die Verformung unter Berücksichtigung dieses wichtigen Effekts ist 6,2 mm, d. h., der Fehler der linearen Analyse liegt ca. bei Faktor 5! Um den Kraft-Weg-Verlauf für beide Membrane zu vergleichen, selektieren Sie im Baum das Ergebnis der Gesamtverformung der nichtlinearen Analyse, das der linearen Analyse und das des Drucks aus einer der beiden. Fügen Sie dann ein neues Diagramm ein und passen Sie die Einstellungen im Detailfenster an. Der Unterschied zwischen der linearen Lösung (Grün) und der nichtlinearen Lösung (Blau) wird damit sehr deutlich (siehe nachfolgende Abbildung).

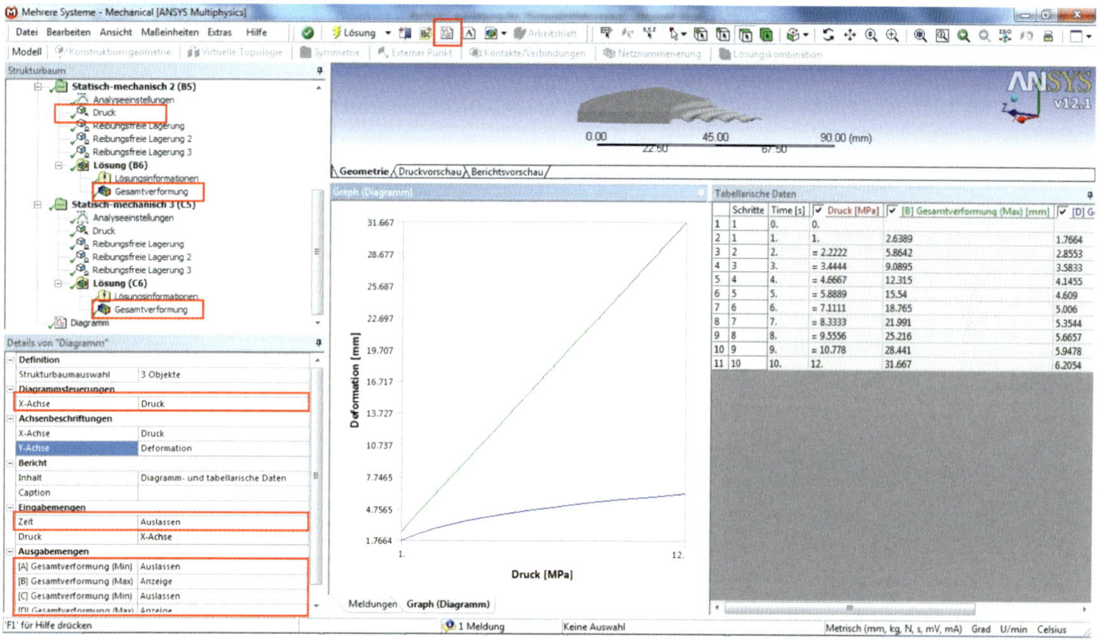

Die geometrischen Nichtlinearitäten nicht zu berücksichtigen, kann bei Verformungen, die „groß" sind, zu deutlichen Fehlern führen. Wenn keine Sicherheit darüber besteht, ob der Effekt eine Rolle spielt, ist die Option **GROSSE VERFORMUNG** im Zweifel zu aktivieren. Je mehr Konvergenzschritte die Analyse benötigt, desto größer ist auch der Einfluss.

9.12 Elastisch-plastische Belastung einer Siebtrommel

Festigkeit und Plastizität

Eine Siebtrommel, wie sie zum Filtern des Feststoffanteils aus Schlämmen verwendet wird, soll auf Festigkeit überprüft werden.

Die Fliehkraftbelastung der Trommel soll nicht berücksichtigt werden, lediglich die Belastung durch den gefilterten Feststoff in Form einer Flächenlast von 4, 8 und 16 N/mm².

Nachdem sowohl die Fliehkraft als auch die Geometrie symmetrisch sind, kann ein Segmentmodell verwendet werden. Als Material kommt Stahl mit einer Fließgrenze von 500 MPa und einem Tangentenmodul von 5000 MPa zum Einsatz.

Legen Sie eine neue statisch-strukturmechanische Analyse an, und erweitern Sie den vordefinierten Stahl um die Plastizität (Zelle A2, rechte Maustaste, **BEARBEITEN**). Ziehen Sie unter **PLASTIZITÄT** das Materialmodell für **BILINEARE ISOTROPE VERFESTIGUNG** per Drag & Drop auf den verwendeten Stahl (Baustahl) und definieren Sie im Eigenschaftenfenster die Streckgrenze und den Tangentenmodul (siehe nachfolgende Abbildung). Achten Sie auf die Einheiten und stellen Sie sie gegebenenfalls über Maßeinheiten mit dem Einheitensystem Nr. 8 passend ein.

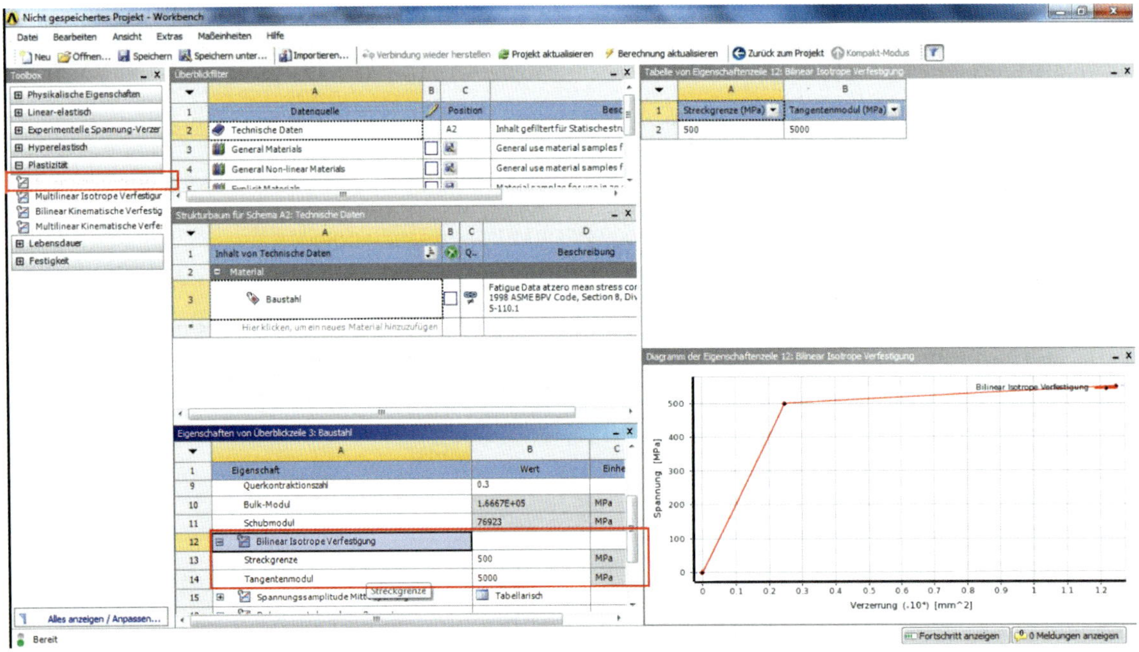

Um die Spannungs-Dehnungs-Kurve zu kontrollieren, wählen Sie im Eigenschaftenfenster die **BILINEAR-ISOTROPE VERFESTIGUNG** noch einmal an. Wechseln Sie oben **ZURÜCK ZUM PROJEKT** und weisen Sie die Geometrie *siebtrommel.stp* zu. Starten Sie die Definition des Modells mit einem Doppelklick auf Zelle A4. Definieren Sie an allen Flächen, die durch den Symmetrieschnitt entstanden sind, Symmetrierandbedingungen (reibungsfreie Lagerungen). Bilden Sie die axiale Fixierung der Absätze durch Lagerungen in axialer Richtung ab (radialfrei). Eine geeignete Randbedingung mit diesen Bewegungsmöglichkeiten ist wieder die reibungsfreie Lagerung. Definieren Sie eine Druckrandbedingungen mit 4 MPa in der ersten Analyse als Ein-Schritt-Analyse, um herauszufinden, an welcher Stelle lokale Spannungsspitzen auftreten (Musterlösung System A).

Netzdichte prüfen

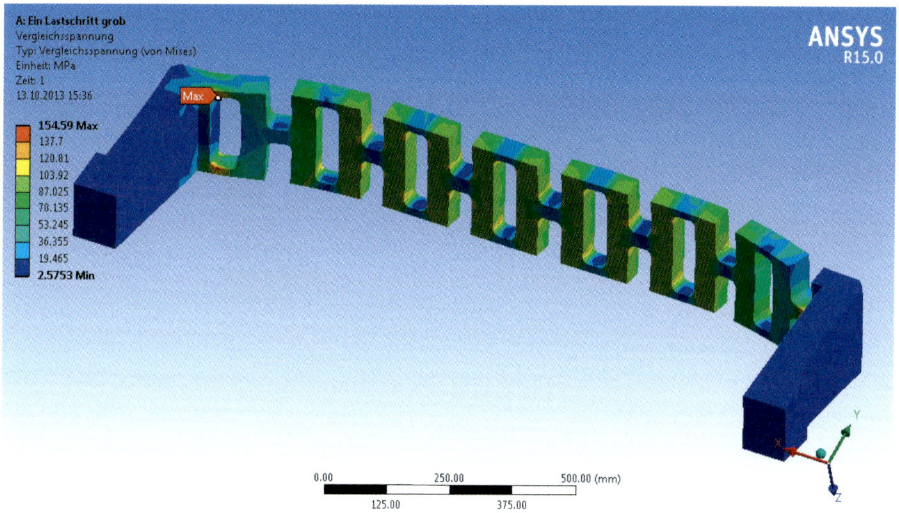

Der Ort der Maximalspannung liegt in der ersten Öffnung. Auch die dritte Öffnung von außen ist noch einigermaßen hoch belastet. Um einen besseren Einblick über die Zahlenwerte zu bekommen, definieren Sie drei einzelne fokussierte Ergebnisse (siehe Abschnitt 8.8.2.1) für die ersten Öffnungen.

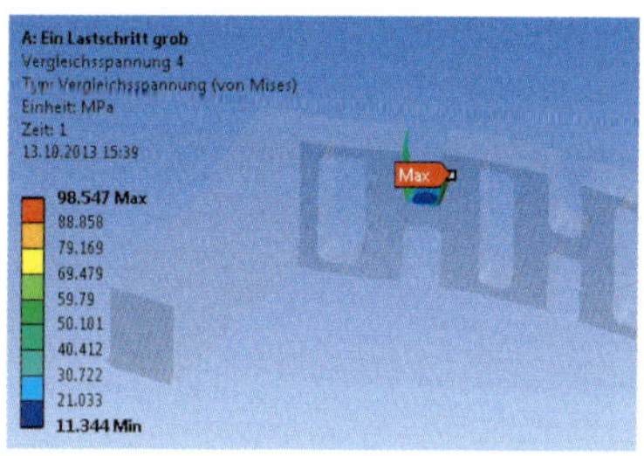

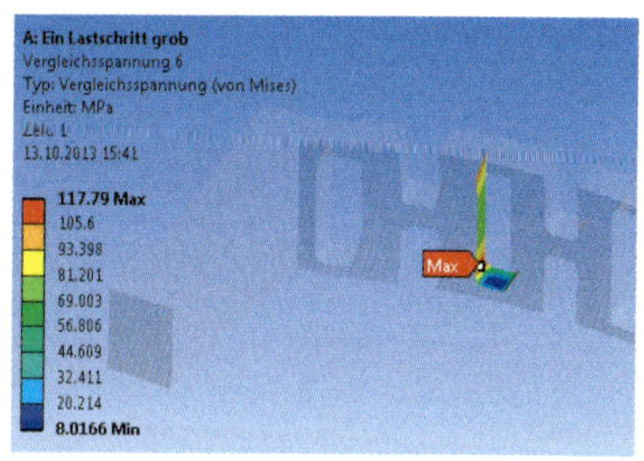

Vergleichen Sie jeweils die gemittelte und ungemittelte Vergleichsspannung (siehe Abschnitt 8.5.6.3), um einen Eindruck zu erhalten, wie gut die Genauigkeit ist.

	Öffnung 1	Öffnung 2	Öffnung 3
Gemittelte Vergleichsspannung (MPa)	155	99	118
Ungemittelte Vergleichsspannung (MPa)	205	123	150

Der große Unterschied zwischen gemittelten und ungemittelten Spannungen lässt auf eine geringe Genauigkeit schließen. Um die Spannung mit hoher Genauigkeit zu ermitteln, insbesondere bei lokaler Plastifizierung an der Oberfläche, würde ein reines Tetraedernetz für eine genaue Abbildung des Spannungsgradienten in das Material, recht geringe Elementgrößen (hier z. B. 1 mm) und damit eine große Zahl von Elementen insgesamt bedeuten (siehe Musterlösung System D).

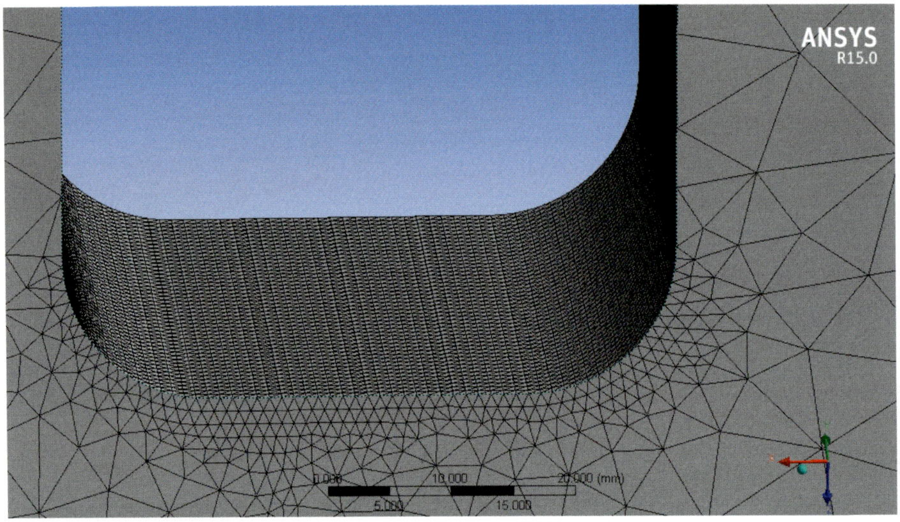

Daher bietet sich für solche Analysen, mit dem Bedarf für eine feine Auflösung des Spannungsgradienten in die Tiefe (Plastizität, Ermüdung), eine Prismenschichtvernetzung an, ergänzt um eine etwas gröbere lokale Elementgröße (2 mm) und strukturierte Vernetzung. Trotz der in der Fläche etwas gröberen Vernetzung (2 mm bei der Prismenschicht vs. 1 mm im reinen Tetraeder) wird das Netz in Tiefenrichtung sehr fein sein: Hier ergeben sich für die oberste Prismenschicht ca. 0,3 mm, sodass der Bereich der Plastifizierung genau aufgelöst werden kann. Dadurch ergibt sich eine bessere Genauigkeit der Prismenschichtvernetzung (0,3 mm vs. 2 mm Dicke der obersten Elementschicht) bei gleichzeitig verringerter Knotenzahl (in diesem Beispiel ca. 577 000 vs. 1 100 000 Knoten).

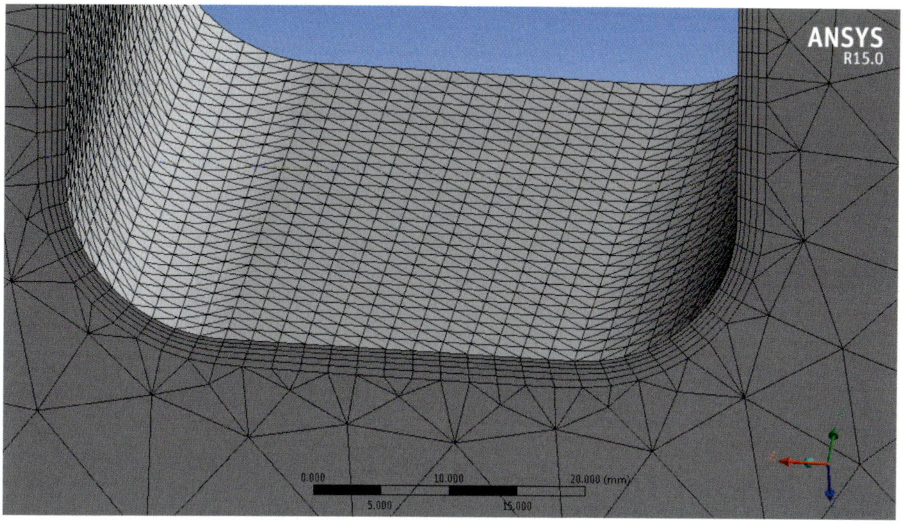

Prüfen Sie die Ergebnisgüte nach Neuberechnung.

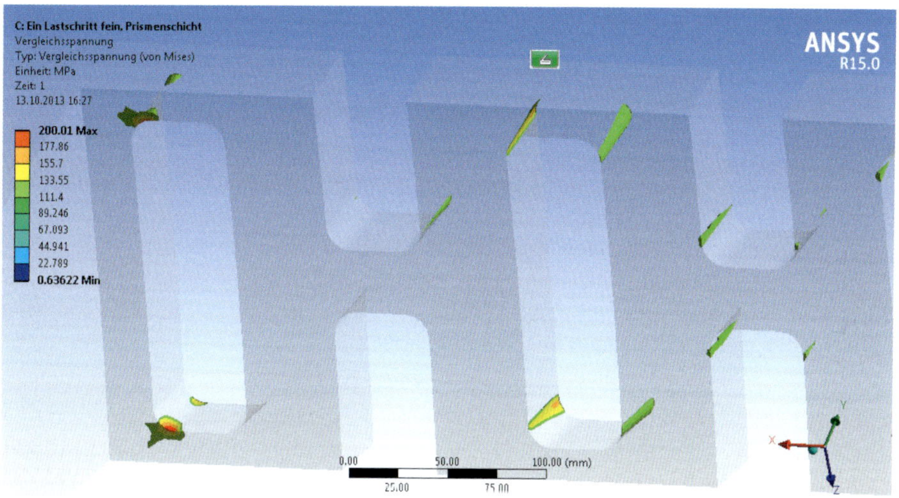

	Öffnung 1	Öffnung 2	Öffnung 3
Gemittelte Vergleichsspannung (MPa)	200	140	162
Ungemittelte Vergleichsspannung (MPa)	203	141	164

Erst nach Verifikation ins Plastische

Die Differenz von gemittelten und ungemittelten Spannungen ist klein, somit ist das Netz hinreichend fein und die erforderliche Netzgüte verifiziert. Setzen Sie die Zahl der Analyseschritte hoch auf drei und verdoppeln Sie jeweils die Belastung, indem Sie die Druckrandbedingung zur Zeit 2 s auf 8 N/mm^2 und zur Zeit 3 s auf 16 N/mm^2 setzen. Definieren Sie ein zusätzliches Berechnungsergebnis: die plastische Vergleichsdehnung (zu finden unter **VERZERRUNG**) in gemittelter und in ungemittelter Form. Die Analyse dauert jetzt auch auf modernen Computern etwas länger, mit einer halben Stunde sollten Sie rechnen. Eine plastische Vergleichsdehnung tritt in Lastschritt 1 und 2 nicht auf, da kein Bereich der Struktur die Fließgrenze erreicht. Erst zwischen zweitem und drittem Lastschritt beginnt das Fließen und führt zu einer plastischen Dehnung von 0,0022 mm/mm, d.h. 0,22 % (gemittelt) und 0,23 % (ungemittelt).

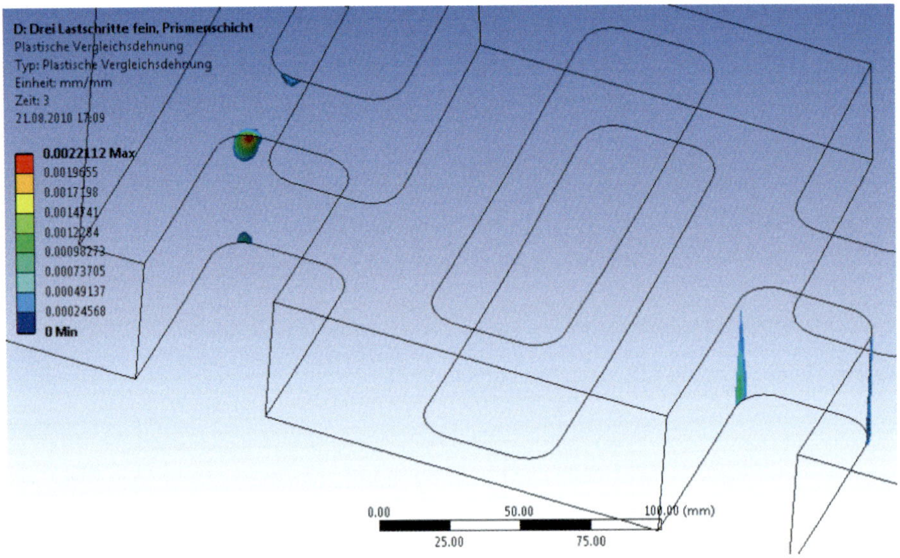

Die Glattheit der Lösung und der Unterschied zwischen gemittelter und ungemittelter Spannung (511 MPa zu 540 MPa) lassen noch ein wenig Spielraum für Ungenauigkeit durch die Vernetzung (siehe auch Musterlösung System C). Eine nochmalige Verfeinerung in Form eines Submodells zeigt dann aber, dass ein feineres Netz nichts mehr an den Werten ändert: Die plastische Dehnung bleibt bei 0,23 %, die Spannungen sind 511 MPa und 514 MPa (gemittelt/ungemittelt).

Vergleich: Plastische Dehnung mit Prismenschichtvernetzung im Global- und Submodell

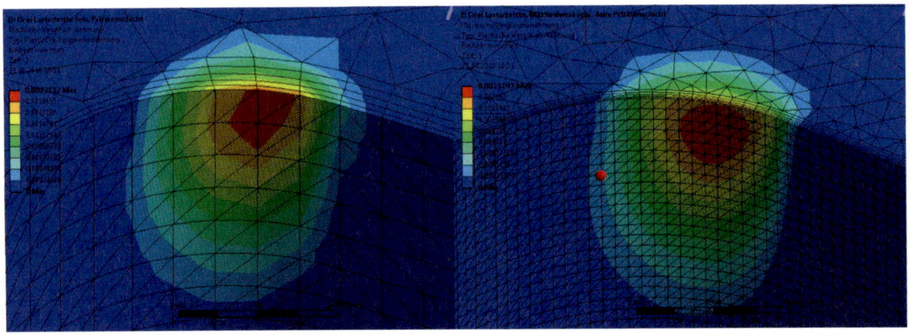

Neuber-Verfahren

Für Berechnungen mit einem isotropen, linear-elastischen Material kann mittels des sogenannten *Neuber-Verfahrens* die elastisch-plastische Dehnung in einem Kerbgrund abgeschätzt werden. In das Spannungs-Dehnungs-Diagramm wird die Neuber-Hyperbel eingezeichnet, für die gilt, dass das Produkt aus Spannung und Dehnung gleich ist. Der Schnittpunkt der Neuber-Hyperbel mit der Spannungs-Dehnungs-Kurve ergibt dann den elastisch-plastischen Spannungs-Dehnungs-Zustand. Für Zwischendurch

In der betrachteten Siebtrommel beträgt die Spannung bei linear-elastischem Materialmodell (siehe Musterlösung System F, eigene Materialdefinition ohne Plastizität, gesamte Last in einem Schritt) ca. 800 MPa, die Dehnung 0,4 %. Weitere Stützpunkte der Neuber-Hyperbel sind z. B. für 0,2 % zu $800 \times 0{,}4/0{,}2 = 1\,600$ MPa, für 0,6 % zu $800 \times 0{,}4/0{,}6 = 533$ MPa, sodass sich die magentafarbene Hyperbel ergibt. Für die Siebtrommel erhält man laut Neuber-Verfahren eine elastisch-plastische Spannung von ca. 518 MPa, was recht gut zu dem Ergebnis der elastisch-plastischen Analyse passt.

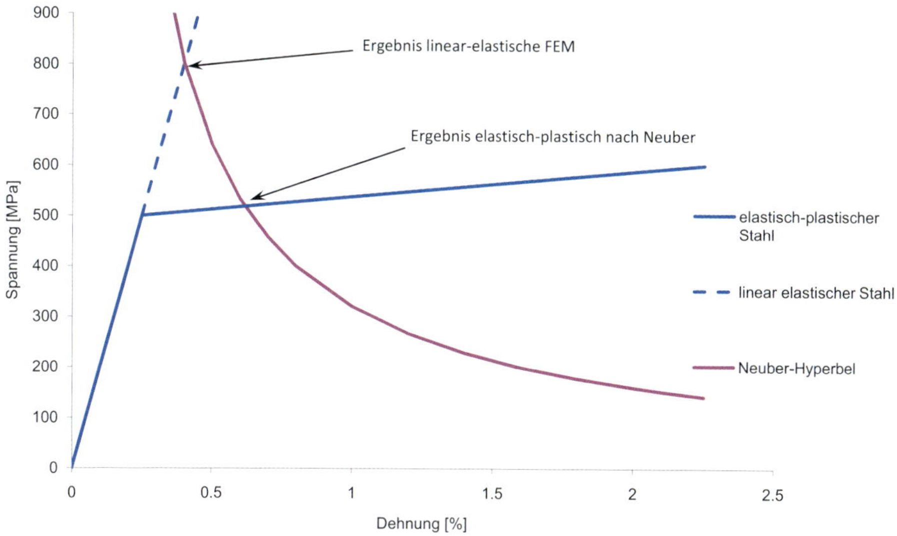

Auf diese Weise lassen sich bei FEM-Analysen mit nur linear-elastischem Materialmodell im Kerbgrund lokale (!) plastische Bereiche schnell abschätzen.

Submodelltechnik

Mit der Submodelltechnik wird nach einer ersten, gröberen Analyse der interessante Teilbereich herausgeschnitten und mit einem verfeinerten Detailgrad (Netz, Geometrie) nachgerechnet. Der große Vorteil dabei ist, dass das Submodell nur einen kleinen Ausschnitt der Struktur beinhaltet, sodass man sich dort eine deutlich feinere Auflösung leisten kann, d. h. eine sehr hohe Genauigkeit und trotzdem eine hohe Rechengeschwindigkeit hat. Dadurch, dass das zu verfeinernde Detail separat betrachtet werden kann, die Bedingungen des Globalmodells jedoch trotzdem beinhaltet sind, kann man lokale Modifikationen vornehmen, ohne dass Rechenaufwand für das Globalmodell anfällt. Der Verschie- FEM-Lupe bungszustand aus dem Globalmodell wird automatisiert übertragen, sodass keine weiteren Randbedingungen zu definieren sind – es gelten die äußeren Bedingungen des Globalmodells auf den Schnittgrenzen des Submodells. So lange sich die Steifigkeit nicht ändert, können am Submodell sogar Optimierungen vorgenommen werden, ohne das Globalmodell neu rechnen zu müssen. Auch wenn im vorliegenden Beispiel der Geschwindigkeitsvorteil klein erscheinen mag, so bietet die Submodelltechnik in der Praxis eine hervorragende und extrem effiziente Möglichkeit, zielgerichtet und fokussiert Details herauszugreifen und genauer zu untersuchen. Wird beispielsweise in einer Analyse, deren Globalmodell bereits mehrere Stunden zur Lösung benötigt, eine Netzverfeinerung oder die lokale Optimierung einer Verrundung erforderlich, kann das Submodell die lokale Betrachtung ermöglichen, ohne das Globalmodell ein zweites Mal erneut berechnen zu müssen. Um die Submodelltechnik zu nutzen, gehen Sie wie folgt vor.

- Führen Sie die Analyse am Globalmodell durch (hier Analysesystem A, unverfeinertes Netz).
- Legen Sie im Projektmanager eine Kopie der Analyse A (Globalmodell) an, die eine eigenständige Geometrie erlaubt, d. h. keine gemeinsame Geometrie des Systems A für das Globalmodell und des neuen Systems für das Submodell (wählen Sie die Zelle A3, klicken Sie auf die rechte Maustaste und wählen Sie **DUPLIZIEREN** aus).
- Bearbeiten Sie die Geometrie im Analysesystem für das Submodell. Schneiden Sie mithilfe des DesignModelers, SpaceClaim oder CAD-Systems Ihr Submodell aus dem Gesamtmodell heraus.

  Wichtig: Es muss an der gleichen Position bleiben, da die Übertragung der Verschiebungen anhand der Position der Knoten erfolgt.

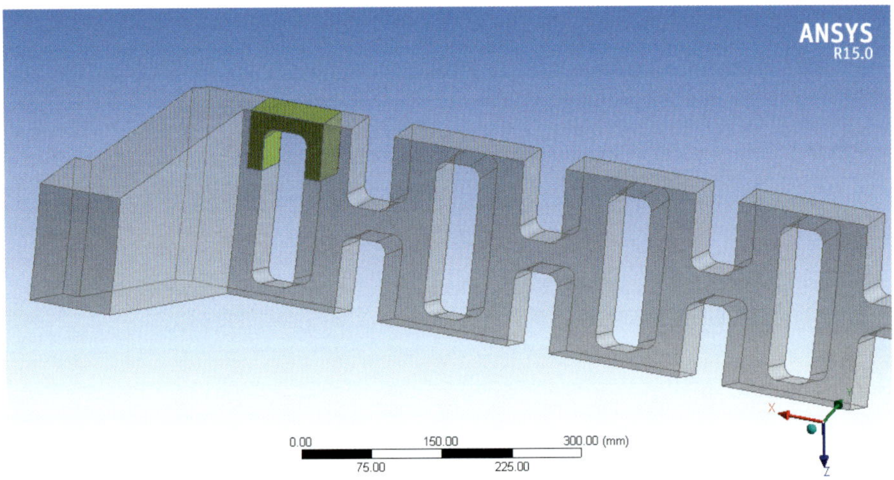

- Ziehen Sie im Projektmanager per Drag & Drop eine Verbindung von der Lösung des Globalmodells zum Set-up des Submodells (siehe nachfolgende Abbildung).

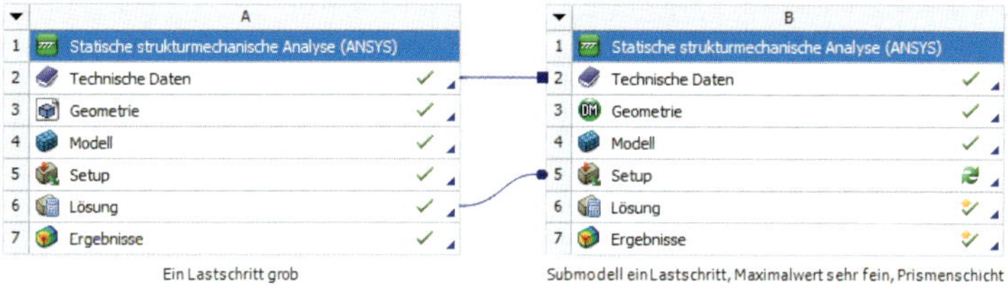

- Öffnen Sie das Analysesystem für das Submodell. Wählen Sie im Strukturbaum im Lastfall **STATISCH-MECHANISCH/SUBMODELING** und fügen Sie über die rechte Maustaste die **SUBMODELL-RANDBEDINGUNG** ein. Selektieren Sie die Flächen, die durch den Schnitt des Submodells entstanden sind, und zusätzlich diejenigen Flächen, auf denen im Globalmodell Randbedingungen definiert sind. Ordnen Sie diese Flächen der Submodell-Randbedingung zu (in diesem Fall 5 Flächen). Für diese Flächen werden die globalen Verschiebungen auf die neuen Knoten des Submodells umgerechnet und übertragen. Zur Visualisierung des Globalmodells kann im Detailfenster bei den Grafiksteuerungen die Option **QUELLPUNKTE ANZEIGEN** eingeschaltet werden (siehe nachfolgende Abbildung).

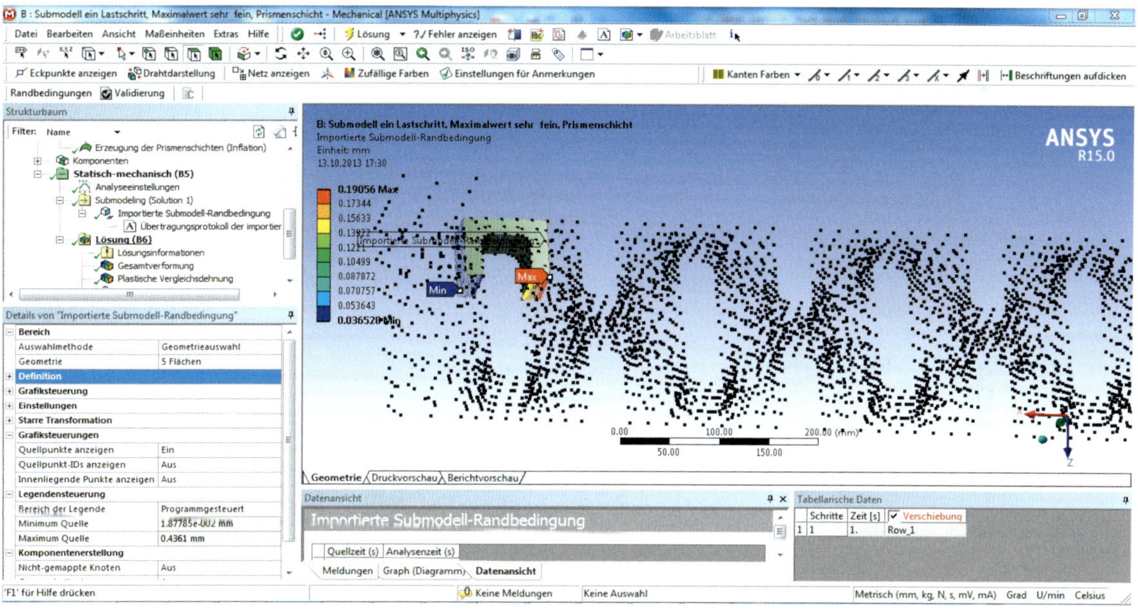

- Achten Sie darauf, dass das Schnittufer des Submodells weit genug von dem auszuwertenden Bereich entfernt ist, sodass sich keine Beeinflussung z. B. des Spannungszustands durch den Submodellschnitt ergibt.
- Definieren Sie keine weiteren Randbedingungen, weil der Verzerrungszustand von einem im Gleichgewicht befindlichen Globalmodell herrührt. Aktualisieren Sie die Analyse, und berechnen Sie die Spannungen im Submodell. Der Vergleich mit dem verfeinerten Globalmodell mit Prismenschicht ergibt die gleichen Spannungswerte, allerdings ist das Submodell deutlich kleiner.

9.13 Bruchmechanik an einer Turbinenschaufel

Risse bewerten

Aufgrund hoher Drehzahlen sind Turbinen hohen Belastungen ausgesetzt. Durch Fertigungsprozesse, Temperatureinflüsse oder äußere Belastungen können Risse in den Turbinenschaufeln entstehen, die die Lebensdauer negativ beeinflussen. Zur Bewertung eines Anrisses einer solchen Turbinenschaufel *(Turbinenschaufel.stp)* soll in ANSYS Workbench eine bruchmechanische Analyse durchgeführt werden, um durch Modellierung einer Rissgeometrie und der daran ermittelten Spannungsintensitätsfaktoren eine Aussage über Versagensmechanismen, Restlebensdauer oder zukünftige Wartungsintervalle zu ermöglichen.

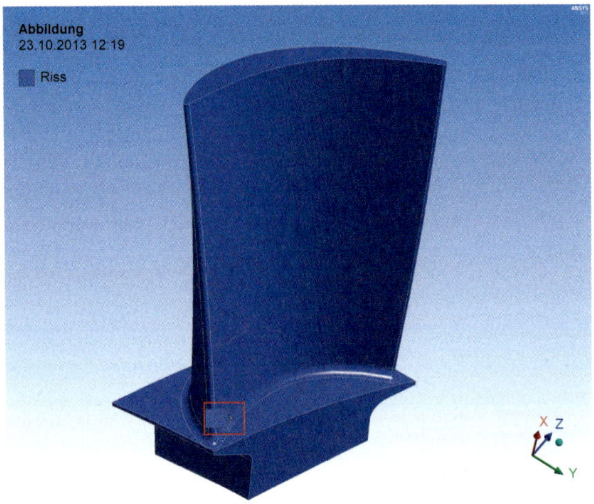

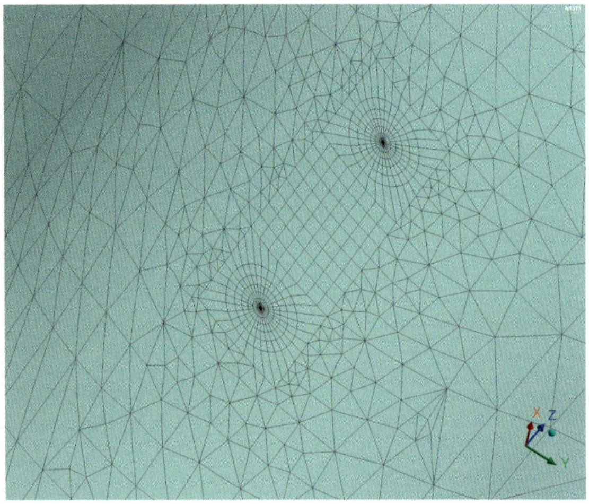

Die Analyse wird als zyklisch symmetrisches Modell zuerst ohne Anriss berechnet, um Verformung und Spannung im nicht angerissenen Zustand zu berechnen. In einem zweiten Arbeitsschritt wird der Riss modelliert und die Spannungsintensitätsfaktoren werden berechnet.

Legen Sie im Workbench-Projektmanager eine neue **STATISCH-MECHANISCHE ANALYSE** an. Ordnen Sie der Zelle Geometrie (A3) mit der rechten Maustaste die Step-Datei *Turbinenschaufel.stp* zu. Editieren Sie die Modelleigenschaften mit einem Doppelklick in dem daraufhin erscheinenden Mechanical Editor. Da die Standard-Materialdefintion von Stahl verwendet werden soll, definieren wir anschließend die Vernetzung. Dazu selektieren Sie die Verrundungsfläche zwischen Schaufel und Schaufelfuß und definieren eine **STRUKTURIERTE VERNETZUNG**. Für die beiden lang gezogenen Verrundungsflächen definieren Sie zusätzlich eine Elementgröße von 3 mm und für die Verrundungen am Anfang und Ende des Profils eine Elementgröße von 1 mm. Für eine gute globale Vernetzung wählen Sie im Strukturbaum **NETZ** dann im Detailfenster unter **ELEMENTGRÖSSE** die Option **ERWEITERTE GRÖSSENFUNKTIONEN/FIXIERT** und setzen die **PHYSIKGE-**

STÜTZTE RELEVANZ auf FEIN. Damit ergibt sich in etwa das in der folgenden Abbildung dargestellte Netz.

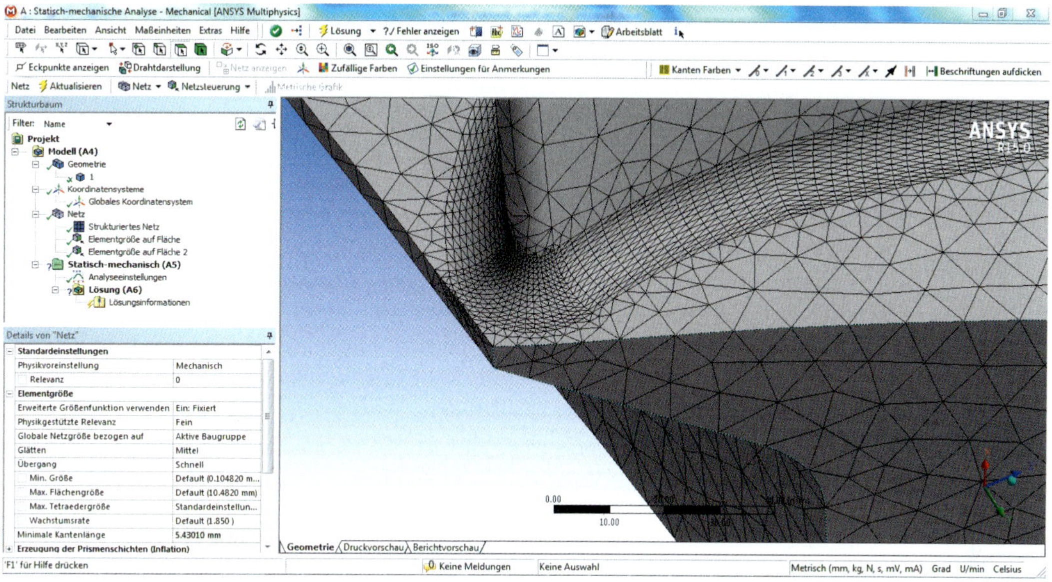

Definieren Sie eine Drehzahl von 1000 U/min um die globale z-Achse. Legen Sie die vordere und hintere ringförmige Stirnfläche des Schaufelfußes so fest, dass sie in radialer Richtung frei, in axialer Richtung jedoch fixiert ist (reibungsfreie Lagerung).

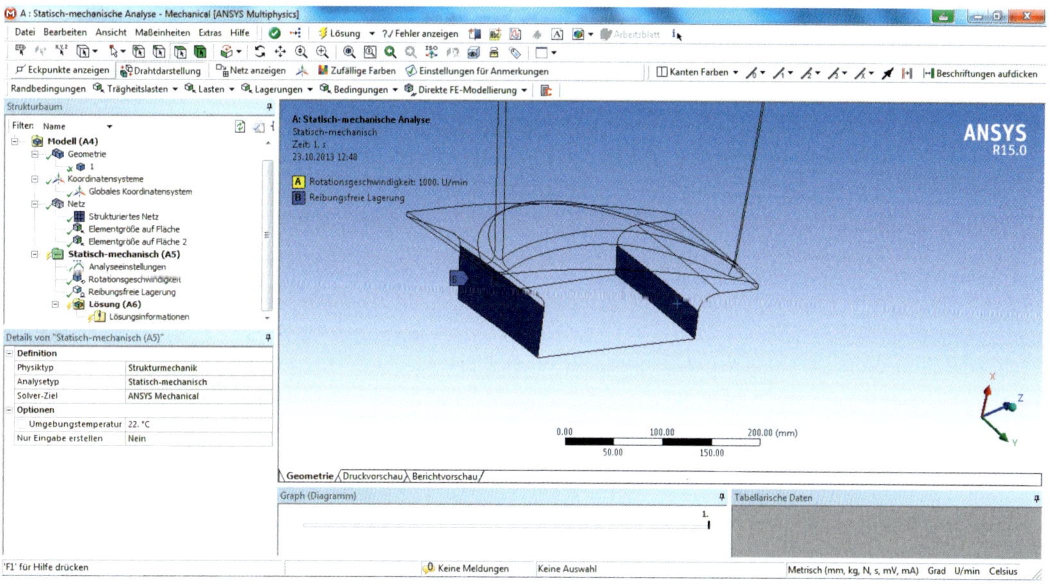

Zyklische Symmetrie

Um den Drehpunkt der Drehgeschwindigkeit zu sehen, können Sie Ihr Modell einpassen (Lupe mit Würfel). Da die in Workbench verfügbare zyklische Symmetrie die gleichzeitige Verwendung von Rissobjekten derzeit noch nicht unterstützt, finden Sie eine Makrofunktion *Commando_Object_fuer_zyklische_Geometrie_per_CE.txt* bei den Eingabedaten, die Koppelgleichungen *(Constraint Equations, CE)* zwischen den Knoten der beiden Schnittufer der zyklischen Symmetrie erzeugt und damit die Anwendung der Bruchmechanikberechnungen für zyklisch symmetrische Bauteile ermöglicht. Um diese Makrofunktion zu nutzen, fügen Sie im Lastfall **STATISCH-MECHANISCH** ein **BEFEHLE**-Objekt ein. Wählen Sie es im Strukturbaum an und importieren Sie über die rechte Maustaste die Makrodatei *Commando_Object_fuer_zyklische_Geometrie_per_CE.txt*. Mit dieser Makrofunktion werden im zylindrischen Koordinatensystem die Knoten in die Ebene des zweiten Schnittufers transferiert, dort werden sogenannte Koppelgleichungen erzeugt, danach werden die Knoten wieder zurückübertragen. Die zuvor generierten Koppelgleichungen bleiben dabei erhalten. Wie auch die sonstigen einfachen Koppelgleichungen *(Constraint Equations, CE)* behalten die so generierten ihre Gültigkeit bei kleinen Deformationen. Damit die Makrofunktion arbeiten kann, benötigt sie

- ein zylindrisches Koordinatensystem mit der Nr. 12, das im Drehpunkt des Bauteils liegt,
- eine Komponente **SEITE 1**, die die Geometrie des ersten Schnittufers enthält (die erste Seite aus Sicht des zylindrischen Koordinatensystems, dabei die Rechte-Hand-Regel beachten),
- eine Komponente **SEITE 2**, die die Geometrie des zweiten Schnittufers enthält.

Wählen Sie im Strukturbaum **KOORDINATENSYSTEME/EINFÜGEN/KOORDINATENSYSTEM** und schalten Sie im Detailfenster den **TYP** auf **ZYLINDRISCH**. Definieren Sie die **NUMMERIERUNG** um auf **MANUELL** und kontrollieren Sie, ob die manuelle Nummerierung des neu zu erzeugenden Koordinatensystems auf 12 eingestellt ist. Definieren Sie *Ursprung/definiert durch/Globale Koordinaten* mit den Werten 0/0/0. Für eine leichtere Weiterverarbeitung ist es empfehlenswert, das Koordinatensystem in „zyklisches Koordinatensystem" umzubenennen (im Baum anwählen und die Taste F2 drücken). Zur Definition der Komponente **SEITE1** selektieren Sie eine Fläche und wählen über die rechte Maustaste die Funktion **KOMPONENTE ERSTELLEN**. Achten Sie bei der Vergabe des Namens darauf, kein Leerzeichen einzubauen.

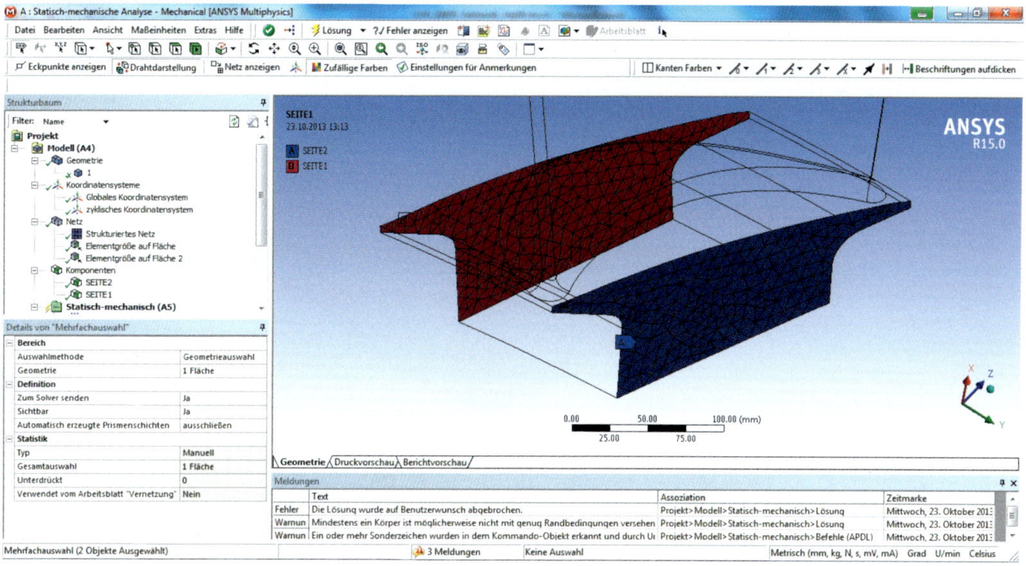

Starten Sie die Analyse und kontrollieren Sie das Ergebnis. Um die korrekte Funktionsweise des Makros für die zyklische Symmetrie zu sehen, prüfen Sie die erstellte Verformung auf Plausibilität: Die Ergebnisgrößen müssen an den Schnittufern gleich sein. Besonders leicht erkennbar ist dies, wenn man Ort und Verlauf der Konturlinien vergleicht. Für die Verformung ist ein guter Übergang gegeben.

Plausibilitätskontrolle

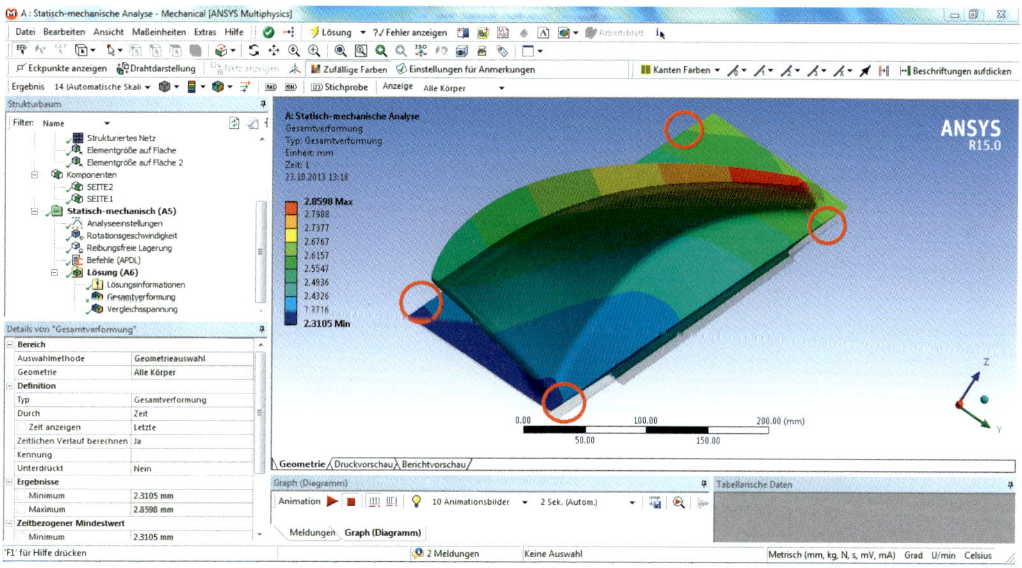

Schaut man sich die Spannungen als abgeleitete Größen mit modifizierten Lagen an, sieht man durch die Kopplung, die sich lediglich auf Verschiebungen bezieht, Unstetigkeiten, die recht nah an der Auswertestelle (Verrundung am Profilende) liegen.

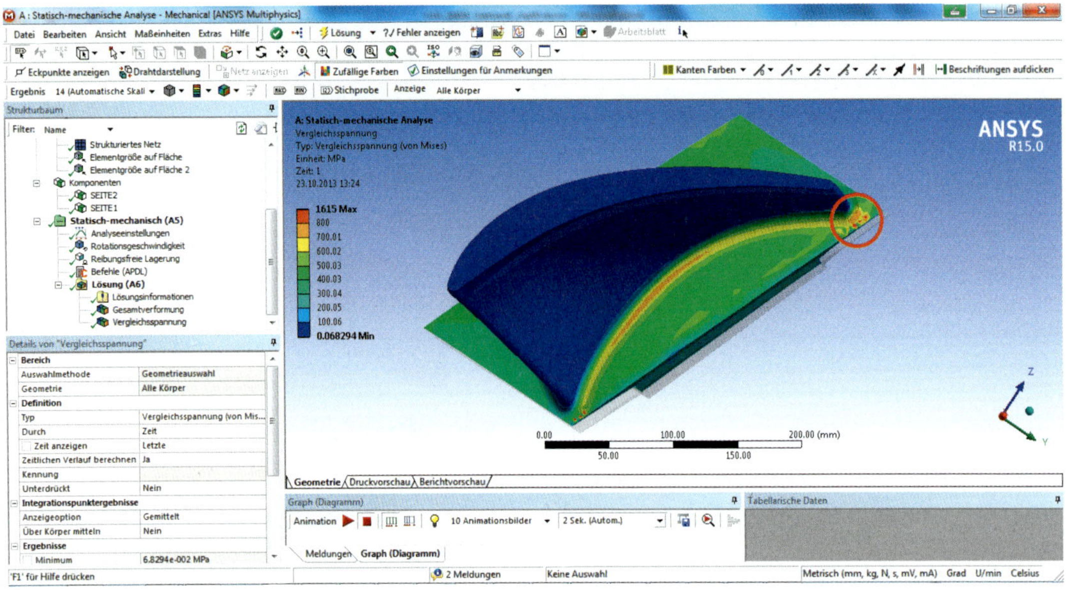

Um den Einfluss der Kopplungen zu vermindern, könnte das Segment verbreitert werden, um den Spannungsverlauf in der Ausrundung aus der Einflusszone der Kopplung zu entfernen. Der Einfluss der Kopplungen wird jedoch umso geringer, je näher die Knoten aufeinanderliegen. Deshalb definieren Sie ein gleiches Oberflächennetz bei den Netzeinstellungen, ordnen Sie die durch den zyklisch symmetrischen Schnitt entstehenden Flächen zu und wählen Sie das zylindrische Koordinatensystem für die Transferrichtung der Netzübertragung aus.

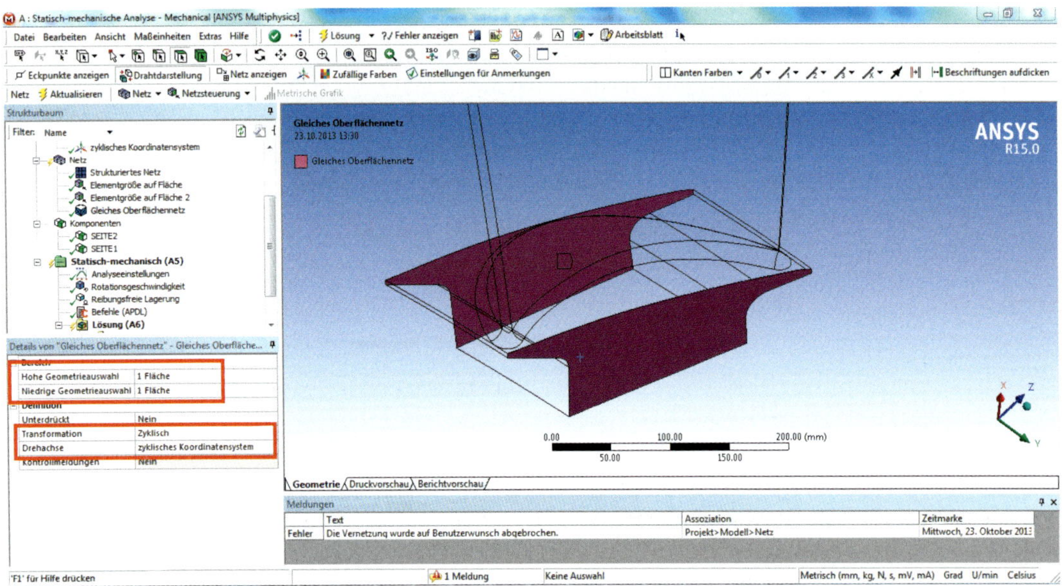

Mit diesen Vernetzungseinstellungen vermindert sich der Einfluss der Koppelgleichungen auch für die Spannungsergebnisse. Der Vergleich der gemittelten und ungemittelten Spannungen ergibt Werte von 883 MPa und 895 MPa, also Abweichungen kleiner als 2 %, und bestätigt damit eine hinreichende Netzgüte.

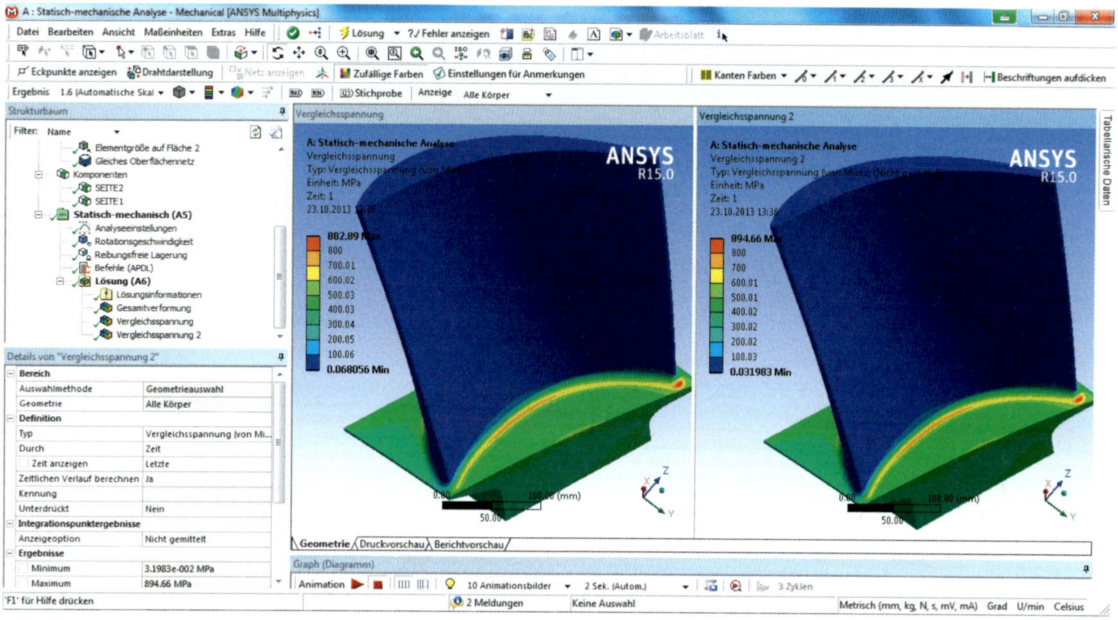

Bruchmechanische Berechnung

Zur Berechnung bruchmechanischer Ergebnisse wie Spannungsintensitätsfaktoren oder J-Integrale können in Workbench Risse modelliert werden. Diese Risse sind automatisch mit einem Netzmuster hinterlegt und ermöglichen so eine unkomplizierte Modellaufbereitung. Vorausgesetzt werden lediglich ein Tetraedernetz, da nur dadurch ein automatischer Übergang vom modellierten Riss zur umliegenden Vernetzung gewährleistet werden kann, und ein lokales Koordinatensystem, dessen x-Achse die Tiefenrichtung des Risses definiert.

Um in dem aktuellen Anwendungsfall einen Riss zu modellieren, erzeugen Sie zunächst ein weiteres lokales Koordinatensystem über die globalen Koordinaten an der Position 1287, −140,941 [mm].

Rissgeometrie modellieren

Drehen Sie anschließend das Koordinatensystem um −120° um die z-Achse (6. Icon der Koordinatenfunktionsleiste, **DELTA RZ**, −120 im Detailfenster eingeben). Aktivieren Sie die Bruchmechanik durch Anwählen von **MODELL** im Strukturbaum und **BRUCHMECHANIK** in der kontextsensitiven Funktionsleiste oberhalb des Grafikfensters. Fügen Sie anschließend einen **RISS** ein, dem Sie unter **GEOMETRIE** die **TURBINENSCHAUFEL** zuordnen, darüber hinaus als Koordinatensystem das zuletzt definierte, und legen Sie die halbelliptische Rissform durch den **ERSTEN** und **ZWEITEN RADIUS** fest. Vervollständigen Sie den **PROFILRADIUS** mit 1 mm.

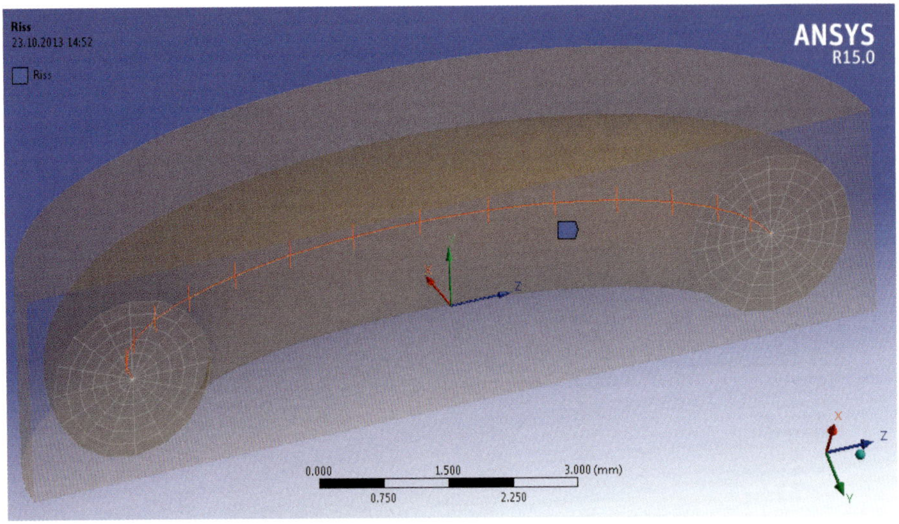

Durch Aktualisieren der Bruchmechanik im Strukturbaum ergibt sich das in der folgenden Abbildung dargestellte Netz.

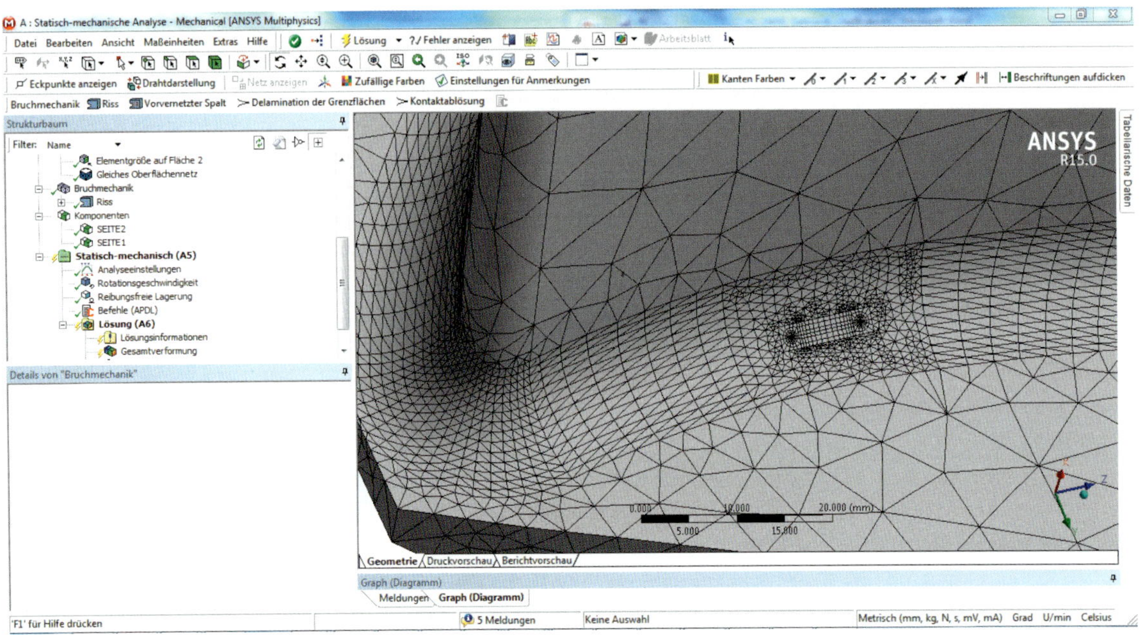

HINWEIS: Der im Netz modellierte Anriss liegt immer normal zur Oberfläche, auch wenn die Lage der x-Achse davon abweicht. In diesem Fall wird bei den Meldungen ein entsprechender Hinweis gegeben.

HINWEIS: Damit die Rissgeometrie erzeugt und vernetzt werden kann, wird in dem zugehörigen Volumen eine Tetraedervernetzung benötigt, da sonst kein Übergang zum globalen Netz erzeugt werden kann.

Aktualisieren Sie die Analyse und erzeugen Sie zusätzliche Ergebnisse, indem Sie im Strukturbaum **LÖSUNG/EINFÜGEN/RISSWERKZEUGE** auswählen, unter **RISSAUSWAHL** die **RISSGEOMETRIE** zuordnen und dann über die rechte Maustaste oder die kontextsensitive Funktionsleiste die **BRUCHMECHANIK-ERGEBNISSE** definieren, die Sie für eine Bewertung benötigen (siehe nachfolgende Abbildung).

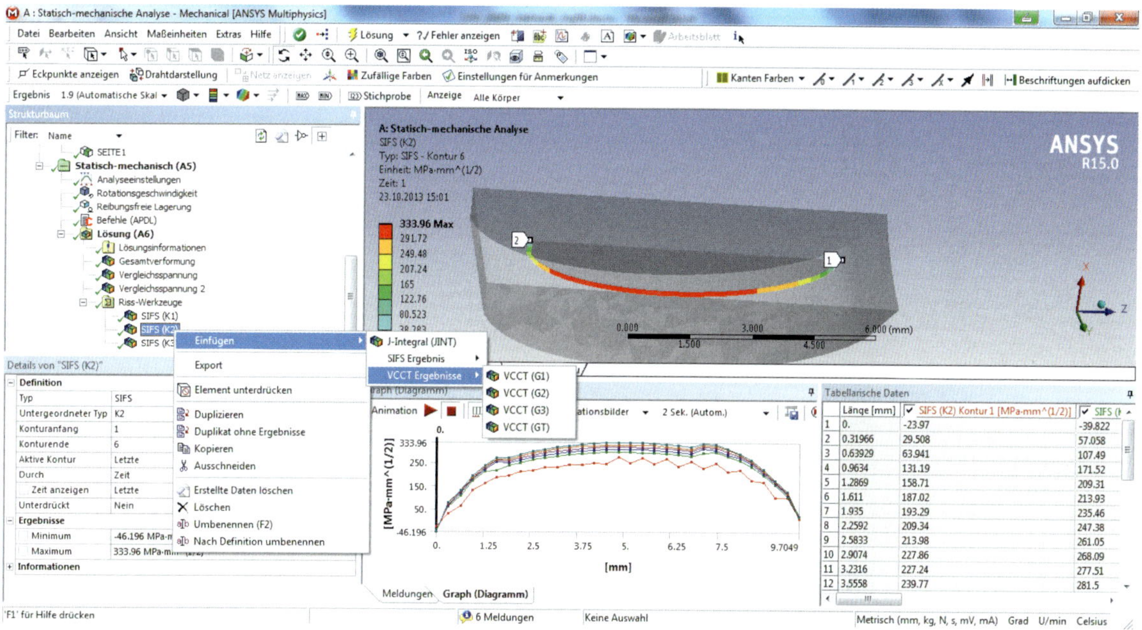

Durch den parametrischen Arbeitsprozess in ANSYS Workbench lassen sich die relevanten Einflussgrößen sehr einfach parametrisieren. Die Abmessungen der Halbellipse, das Netzmuster, aber auch die Orientierung des Anrisses durch die parametrische Koordinatensystemerzeugung im DesignModeler ermöglichen es Ihnen, diese Einflussgröße variabel zu halten und einer systematischen Variation in Form einer Sensitivitätsstudie (*DoE, Design of Experiments*) zuzuführen. Nähere Informationen dazu finden Sie in Abschnitt 9.4.

9.14 Schraubverbindung

Der Deckel eines schwellend druckbelasteten Gehäuses kann wegen Platzmangels nicht gleichmäßig verschraubt werden. Dadurch besteht die Gefahr, dass die Schrauben ungleichmäßig belastet werden und die Schraubverbindung zu klaffen beginnt. Durch eine FEM-Simulation sollen die Deformation an der Deckelauflage und die Belastung der einzelnen Schrauben ermittelt werden. Aus Performance-Gründen soll die Berechnung an einem halbsymmetrischen Modell durchgeführt werden, da zwischen den Flanschflächen ein nichtlinearer Kontakt definiert sein muss. Der Druck beträgt 400 bar, die Schraubenvorspannung 160 kN bei einem Anziehfaktor von 2,5. Das Setzen der Schrauben soll aufgrund der Oberflächen, des Materials und der Zahl der Trennfugen mit 8 µm angenommen werden. Der Dateiname ist *deckel.stp*.

HINWEIS: Sollten Sie die Konfigurationsempfehlung verwenden, schalten Sie für diese Übung das Aktualisieren der Kontaktsteifigkeit aus.

Lösung mit ANSYS Workbench

Kontakt anpassen

Die automatische Kontakterkennung definiert alle Kontakte als Verbund. Der Kontakt zwischen Deckel und Gehäuse muss ein nichtlinearer, abhebender Kontakt (reibungsfrei) sein, da andernfalls die Belastung auf den Deckel nicht über die Schrauben in das Gehäuse geleitet wird. Die Analyse wird als Mehrschrittanalyse definiert, der erste Schritt mit dem Druck null und der Vorspannkraft von 160 kN, der zweite mit Druck 40 MPa und der Option SPERREN für die Vorspannkraft. Als Lagerbedingung wird an allen Flächen, die durch den Symmetrieschnitt entstehen, REIBUNGSFREIE LAGERUNG definiert, ebenso an dem Schnitt des Gehäuses. Damit ergeben sich der erste und zweite Lastschritt wie im Folgenden dargestellt.

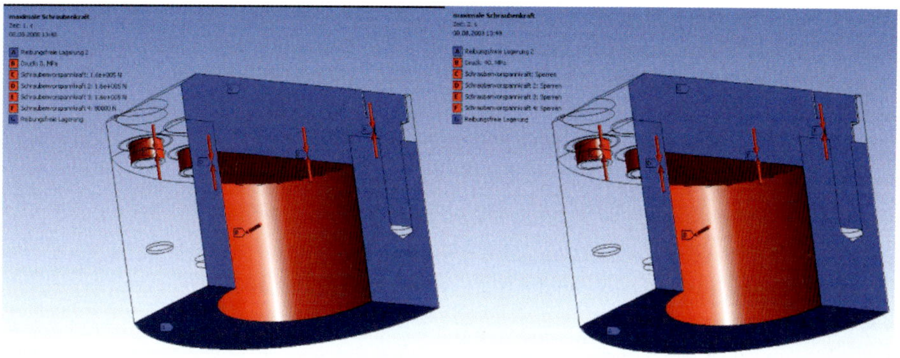

Konvergenz beobachten

Durch den nichtlinearen (abhebenden) Kontakt wird die Analyse mit einem iterativen Berechnungsverfahren durchgeführt. Das Ungleichgewicht zwischen äußeren und inneren Kräften ist am Anfang hoch und wird während der Berechnung immer kleiner. Diese Annäherung an den Gleichgewichtszustand kann man während der Berechnung kontrollieren, wenn man im Strukturbaum auf **LÖSUNGSINFORMATION** geht und im Detailfenster **KRAFTKONVERGENZ** anwählt (oberes Diagramm).

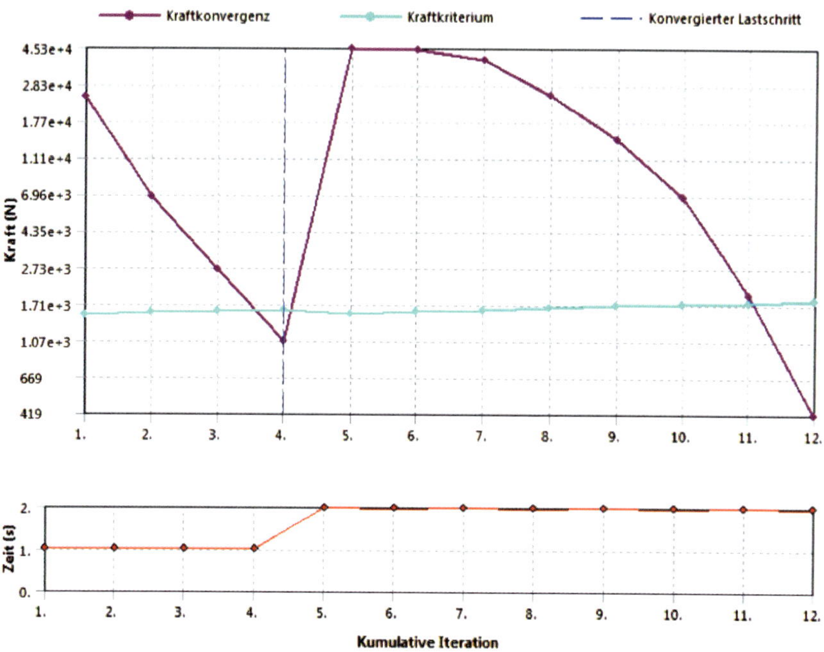

Hier sieht man beispielsweise, dass der erste Lastschritt in vier Iterationen konvergiert, da das Kraftungleichgewicht (Lila) schrittweise kleiner wird, bis es einen Grenzwert unterschreitet. Nachdem dieser Gleichgewichtszustand gefunden wurde, wird die äußere Last (der Druck) aufgebracht und das Kraftungleichgewicht steigt wieder an. Von Iteration 7 bis 12 geht das Ungleichgewicht wieder zurück bis zur konvergenten Lösung.

Dieser Konvergenzmonitor hat das Ziel, dem Anwender während der Berechnung eine Rückmeldung zu geben, ob die Berechnung in absehbarer Zeit einen Gleichgewichtszustand findet (konvergiert) oder nicht (divergiert). Wenn Divergenz auftritt, ist in den meisten Fällen ein nicht gelagertes Bauteil die Ursache. Die Konvergenz bezüglich des Gleichgewichts bei nichtlinearen Analysen sollte nicht verwechselt werden mit der Konvergenz des Ergebnisses in Abhängigkeit von der Vernetzung.

Ungleiche Schraubenkräfte

Um die Schraubenkräfte zu erhalten, ziehen Sie nach Beendigung der Berechnung die Schraubenvorspannkraft im Strukturbaum auf **LÖSUNG**.

Bei 160 kN Vorspannung berechnet ANSYS Workbench folgende Betriebskräfte:

- Schraube 1: 166 kN
- Schraube 2: 166 kN
- Schraube 3: 164 kN
- Schraube 4: 164 kN (Halbmodell → 2 × 82 kN)

Der Anstieg der Schraubenkraft ist kleiner als 4 % der maximalen Schraubenkraft ((165 – 160)/(160/0,9)) → axiale Schraubenkraft ist unkritisch.

Setzen

Um den Vorspannkraftverlust durch Setzen von F_Z mit Einfließen zu lassen, kann die Nachgiebigkeit der Schrauben und Platten aus dem Vorspannweg und der Vorspannkraft ermittelt werden.

$$\delta_S + \delta_P = \frac{\textit{Schrauben} - \textit{Vorspann} - \textit{Weg}}{\textit{Schrauben} - \textit{Vorspann} - \textit{Kraft}}$$

Der Vorspannweg ergibt sich in ANSYS Workbench als Ergebnis der Schraubenvorspannung.

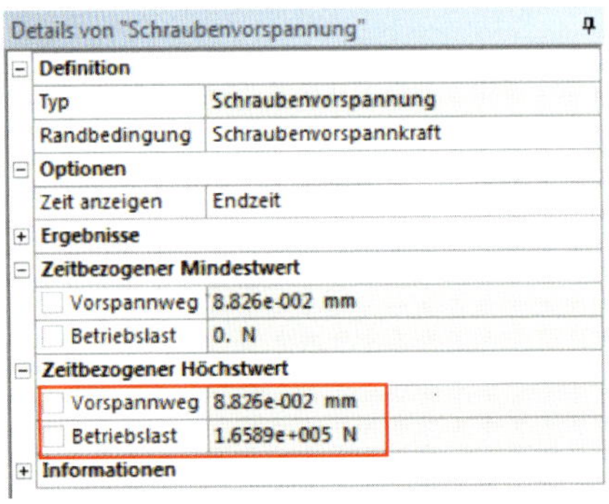

Die Gesamtnachgiebigkeit errechnet sich zu 0,09 mm/160 000 N = 5,6e-7 mm/N. Mit 8 µm Setzen ergibt sich damit ein Vorspannkraftverlust F_Z von

F_Z = 0,008 mm/(5,6e-7 mm/N) = 14 220 N = 14 kN

Worst Case

Die minimale Vorspannkraft unter Berücksichtigung des Setzens und des Anziehfaktors ist dann

F_{vmin} = (160 kN/2,5) – 14 kN = 50 kN

Führt man eine zweite FEM-Analyse (im Projektmanager Zelle A5 duplizieren) mit der minimalen Vorspannkraft durch, zeigt sich ein typisches Verhalten: Die absolute Höhe der Schraubenkraft ist niedriger, der Unterschied zwischen Schraubenkraft ohne äußere Last (d. h. nur Vorspannung) und mit äußerer Last (d. h. Vorspannung und Druck) steigt jedoch an.

Mit einer Vorspannkraft von 50 kN berechnet ANSYS Workbench die Schraubenbetriebskraft zu 81 kN.

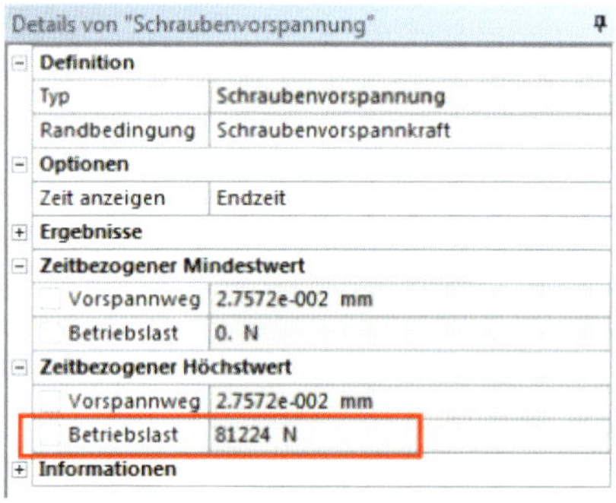

Der dynamische Lastanteil ist damit 81 kN – 50 kN = 31 kN. Aus dieser Schwingbreite ergibt sich eine Amplitude von 31 kN/2 = 15,5 kN. Mit einem Spannungsquerschnitt von 245 mm² ist die Spannungsamplitude dann

Dynamische Schraubenbelastung

$\sigma_a = F/A = 15\,500\ \mathrm{N}/245\ \mathrm{mm}^2 = 63\ \mathrm{MPa}$

Nachdem eine Schraube M18 eine zulässige Spannungsamplitude von 46 MPa aufweist (siehe Dubbel[1], Stichwort: Dauerhaltbarkeitsgrenzen für schlussvergütete Schrauben), ist die Dauerfestigkeit dieser Schraube nicht gegeben.

Weitergehende Betrachtungen der Biegefestigkeit, Einschraubtiefe und Flächenpressung sollten bei Bedarf ergänzt werden.

9.15 Elastomerdichtung

Zur Auslegung einer Dichtung aus hyperelastischem Material soll untersucht werden, welche Kontaktdrücke vorliegen, wenn die Dichtung sowohl in y-Richtung gestaucht als auch in x-Richtung eine sich verengende Nut geschoben wird. Die Reibung beträgt 0,15. Das Material liegt in Form einer Excel-Datei *TREOLAR_VERSUCHSDATEN.XLS* als Spannungs-Dehnungs-Kurve für ein- und zweiachsigen Zug sowie Schub vor. Vor der eigentlichen Analyse ist ein geeignetes hyperelastisches Materialmodell zu wählen und für die

1 Grote, K.-H./Feldhusen, J.: Dubbel. Taschenbuch für den Maschinenbau. 23. Auflage. Springer, Berlin 2012

vorliegenden Materialkurven zu bestücken. Die Geometrie soll als in 2D ebener Dehnungszustand den Querschnitt eines längeren Profils beschreiben.

Materialdaten eingeben

Starten Sie ANSYS Workbench und legen Sie eine neue statische Analyse an. Editieren Sie in der Zelle A2 mit der rechten Maustaste die Materialdaten. Wählen Sie eine editierbare Materialdatenbank an (gegebenenfalls durch Anhaken der Stift-Checkbox auf editierbar umschalten) und legen Sie dann eine Stufe tiefer ein neues Material an. Benennen Sie es und legen Sie die Tabellen für den Import der Spannungs-Dehnungs-Kurven aus dem Versuch an.

Ziehen Sie dazu **UNIAXIALE, BIAXIALE** und **SCHUBVERSUCHSDATEN** aus der Kategorie **EXPERIMENTELLE SPANNUNG-VERZERRUNGS-DATEN** aus der Toolbox auf Ihr gerade neu angelegtes Material. Wählen Sie dann im unteren Fenster **EIGENSCHAFTEN** die Materialeigenschaft **UNIAXIALE VERSUCHSDATEN** und kopieren Sie über die Zwischenablage die passende Spannungs-Dehnungs-Kurve in die Tabelle oben rechts (rechte Maustaste, **EINFÜGEN**, siehe nachfolgende Abbildung).

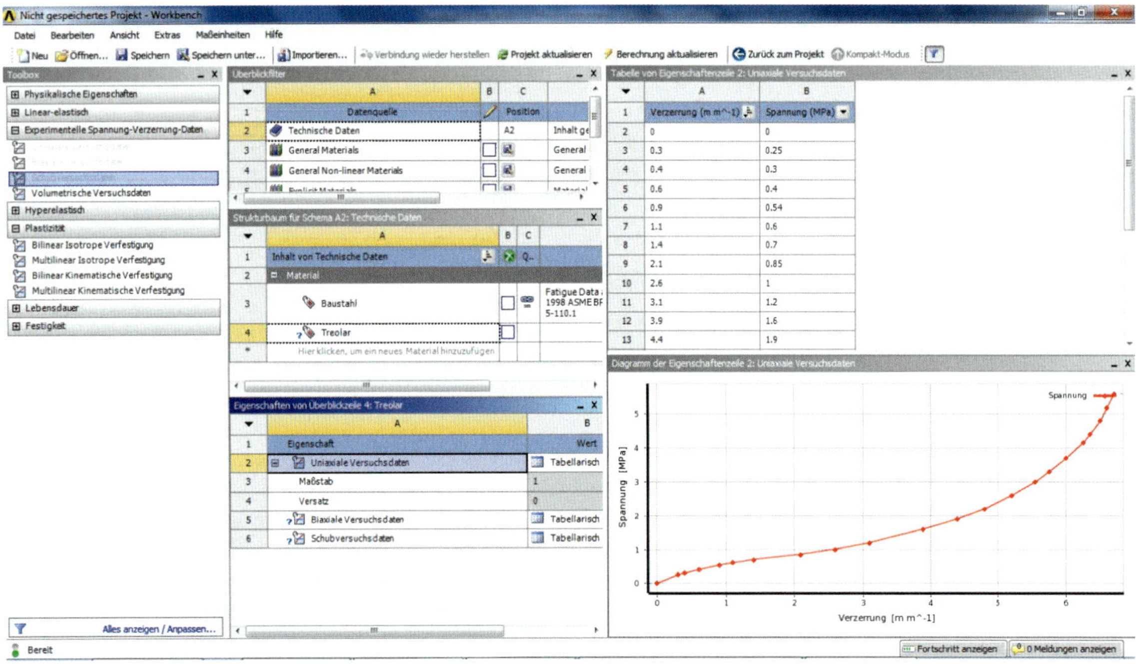

Gehen Sie für die Kurven für zweiachsigen Zug und Schub analog vor. Achten Sie beim späteren Import eigener Spannungs-Dehnungs-Werte darauf, dass die Dehnung einheitenlos ist. 0,1 in der Tabelle entspricht daher einer Dehnung von 10 %. Alle Spannungs-Dehnungs-Werte sind wahre Werte, keine Ingenieurwerte (gegebenenfalls Umrechnen nach Abschnitt 4.1.2). Wenn alle drei Kurven importiert wurden, liegen die Messdaten für das Material vor, der ANSYS Solver braucht diese jedoch als mathematisches Modell. Für diese Abbildung stehen in ANSYS verschiedene Materialmodelle zur Verfügung, z. B. Neo-Hook, Mooney-Rivlin, Yeoh, Odgen usw. Neo Hook ist dabei ein sehr einfaches Modell, das

Dehnungen nur von 50 bis 70% gut abbilden kann. Für die komplette Spannungs-Dehnungs-Kurve, die uns bis über 600% vorliegt, ist Neo Hook wahrscheinlich zu wenig mächtig. Um es trotzdem zu verifizieren, ziehen Sie es von der Toolbox auf Ihr neu angelegtes Material TREOLAR. Zwei gelb markierte, also zwingend zu füllende, Eingabefelder für Neo Hook erscheinen: Gleitmodul und Inkompressibilitätsparameter, die direkt eingetragen werden können. In Ermangelung von Testdaten verwenden viele Anwender folgende Gleichung, um aus der Shore-Härte den Gleitmodul herzuleiten, auch wenn dies nur ein sehr grober Anhaltswert ist, der kein Ersatz für eine gemessene Spannungs-Dehnungs-Kurve ist.

Materialmodell mit Parametern füttern

Der Inkompressibilitätsparameter wird oft zu 0–0,001 angenommen. Nachdem in unserem Fall Spannungs-Dehnungs-Kurven vorliegen, können Sie über ein sogenanntes Curve-Fitting die Kenndaten von ANSYS ermitteln lassen, und zwar derart, dass das mathematische Modell möglichst gut die Messdaten abbildet.

Wählen Sie dazu **CURVE FITTING**, klicken Sie die rechte Maustaste und wählen Sie **CURVE FITTING LÖSEN** aus (siehe nachfolgende Abbildung).

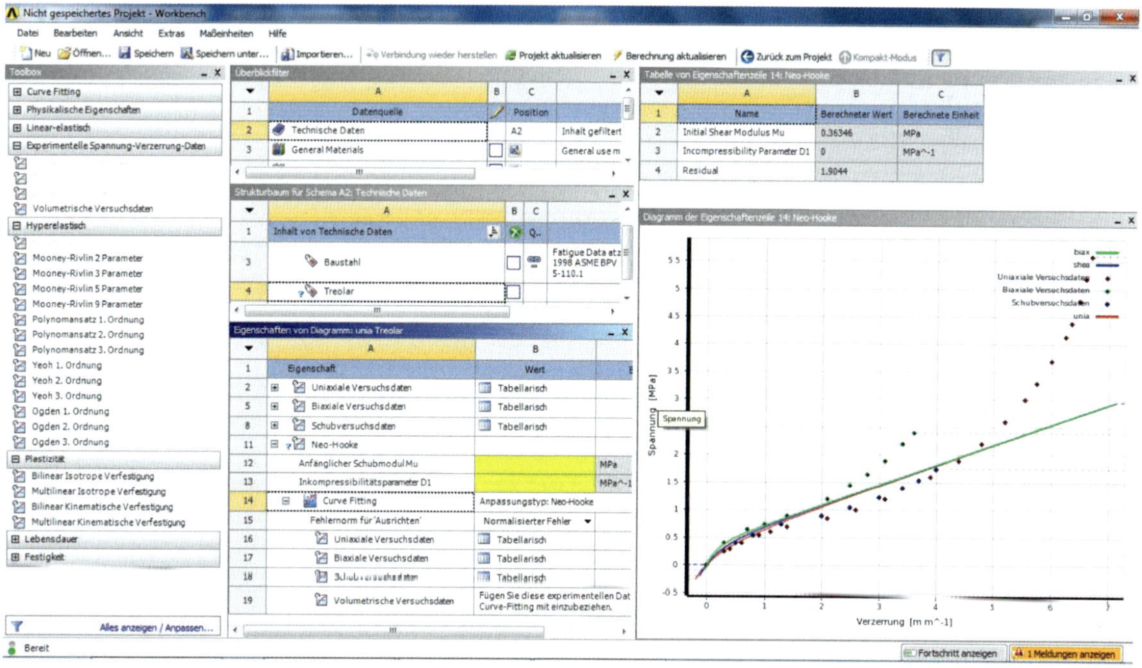

Wie man an der schlechten Übereinstimmung des mathematischen Modells (Kurve) und der Messwerte (Punkte) erkennen kann, ist das Neo-Hook-Modell nicht dazu geeignet, die vorliegenden Messdaten abzubilden. Wählen Sie im Eigenschaftenfenster die Zelle A11 und löschen Sie das Neo-Hook-Modell. Verwenden Sie anschließend das Mooney-Rivlin-9-Parameter-Modell und ermitteln Sie dafür die entsprechenden Konstanten.

Nachdem dieses Modell das Materialverhalten besser abbilden kann, übernehmen Sie die ermittelten Konstanten vom **CURVE FITTING**, klicken die rechte Maustaste und wählen **KOPIE HAT WERTE FÜR EIGENSCHAFT BERECHNET** (meint: berechnete Eigenschaften übernehmen) aus (siehe vorhergehende Abbildung). Ab ANSYS Version 13 steht ein neues, modernes Materialmodell zur Verfügung, das direkt auf den Messpunkten aufsetzt (Antwortfunktion, Response-Function-Modell), sodass kein Curve Fitting mehr erforderlich ist.

2D-Kontaktanalyse

Damit ist die Materialdefinition abgeschlossen und Sie können mit **ZURÜCK ZUM PROJEKT** zum Projektmanager zurückkehren, um die Geometrie zu importieren. Dazu wählen Sie in Ihrem System A Zelle A2, klicken die rechte Maustaste und ordnen Sie die Step-Datei *HYPER_2D-PLAIN_STRAIN.STP* zu. Wenn Sie einen weiteren Rechtsklick auf **GEOMETRIE** ausführen, können Sie die **EIGENSCHAFTEN** öffnen, um die **ANALYSEART** von 3D auf 2D umzuschalten. Prüfen Sie, ob die Verarbeitung von Flächenkörpern angewählt ist, damit die 2D-Geometrie importiert wird. Schließen Sie das Eigenschaftenfenster, wählen Sie mit der rechten Maustaste **MODELL** in Zelle A4 und bearbeiten Sie Ihr Modell.

Im Strukturbaum können Sie **GEOMETRIE** anklicken und über das Detailfenster das 2D-Verhalten von **EBENER SPANNUNGSZUSTAND** auf **EBENER VERZERRUNGSZUSTAND** (ebener Dehnungszustand) umschalten. Damit legen Sie fest, dass ein Querschnitt eines unendlich langen Profils betrachtet wird. Ordnen Sie dann den Bauteilen die Materialien zu (Nut + Platte = Stahl, Dichtung = Treolar). Öffnen Sie den Kontaktordner. Dort finden Sie die automatisch generierten Kontakte. Schauen Sie sich die Kontakte einzeln an. Der Kontakt nach unten umfasst nur die direkt gegenüberliegenden Linien, die Verrundungen und die rechte Seitenlinie der Nut sind nicht enthalten.

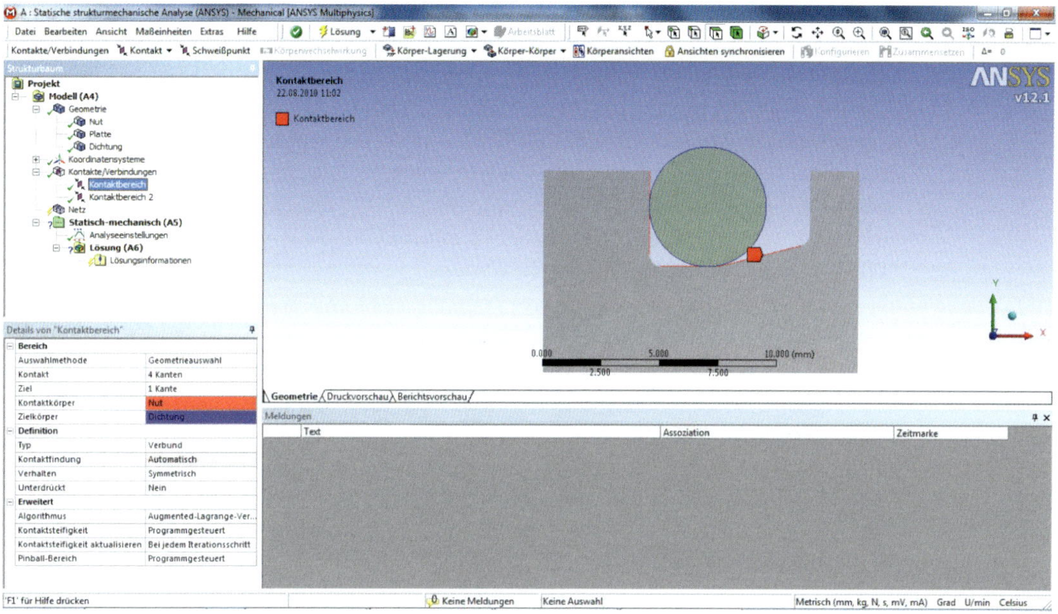

Drücken Sie **ESC** oder wählen Sie den Hintergrund, damit Ihre Selektionsmenge leer ist (**KEINE AUSWAHL** am unteren Bildschirmrand). Wählen Sie das Feld **4 KANTEN** im Detailfenster des zu bearbeitenden Kontakts. Die vier zugeordneten Linien werden selektiert. Wählen Sie in der Icon-Leiste das grüne Icon (siehe nachfolgende Abbildung).

Kontakt und Vernetzung

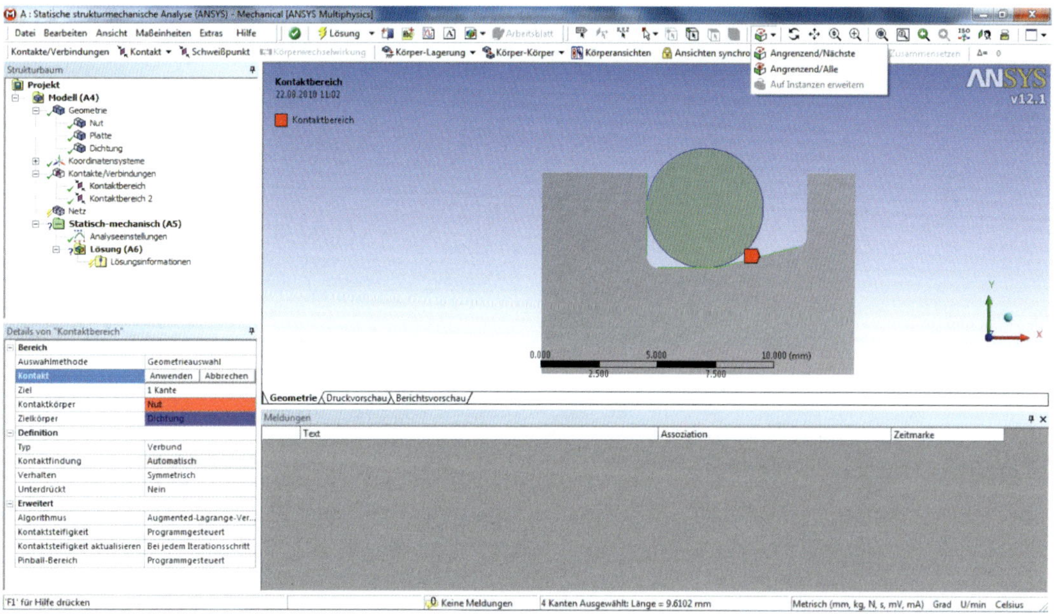

Klicken Sie auf **AUSWAHL ERWEITERN/ANGRENZEND/ALLE**, dann werden die fehlenden Linien ergänzt, und beenden Sie die Selektion im Detailfenster mit **ANWENDEN**. Die Standard-Klebe-Kontakte sollten durch reibungsbehaftete Kontakte ersetzt werden, die Abrollen, Haften und Gleiten abbilden können. Wählen Sie also beide Kontakte an, und ändern Sie den Kontakttyp von **VERBUND**- auf **REIBUNGSBEHAFTET** mit einem Reibwert von 0,15. Zur Kontrolle: Die Kontakteinstellungen nach den in diesem Buch beschriebenen Konfigurationsempfehlungen (siehe Kapitel 10) sollten beim Kontakt von **ALGORITHMUS** auf **AUGMENTED LAGRANGE** und **STEIFIGKEIT AKTUALISIEREN** auf **BEI JEDEM ITERATIONSSCHRITT** gestellt werden.

Da die Standardvernetzung für dieses Modell recht grobe Ergebnisse liefert, ist es empfehlenswert, im Detailfenster unter **NETZ** bei **ELEMENTGRÖSSE** die globale **ELEMENTGRÖSSE** auf 0,5 mm einzustellen. Definieren Sie darüber hinaus eine lokale Elementgröße von 0,25 mm für den O-Ring. Da in hyperelastischen Analysen große Elementverzerrungen auftreten, ist es empfehlenswert, die Verwendung von Mittelknoten für alle hyperelastischen Bauteile zu unterbinden. Selektieren Sie die Fläche des O-Rings, wählen Sie im Strukturbaum **NETZ/EINFÜGEN/METHODE**, definieren Sie die Vernetzung mit **VIERECKEN** und schalten Sie die **ELEMENTMITTELKNOTEN** auf **NICHT BEIBEHALTEN**.

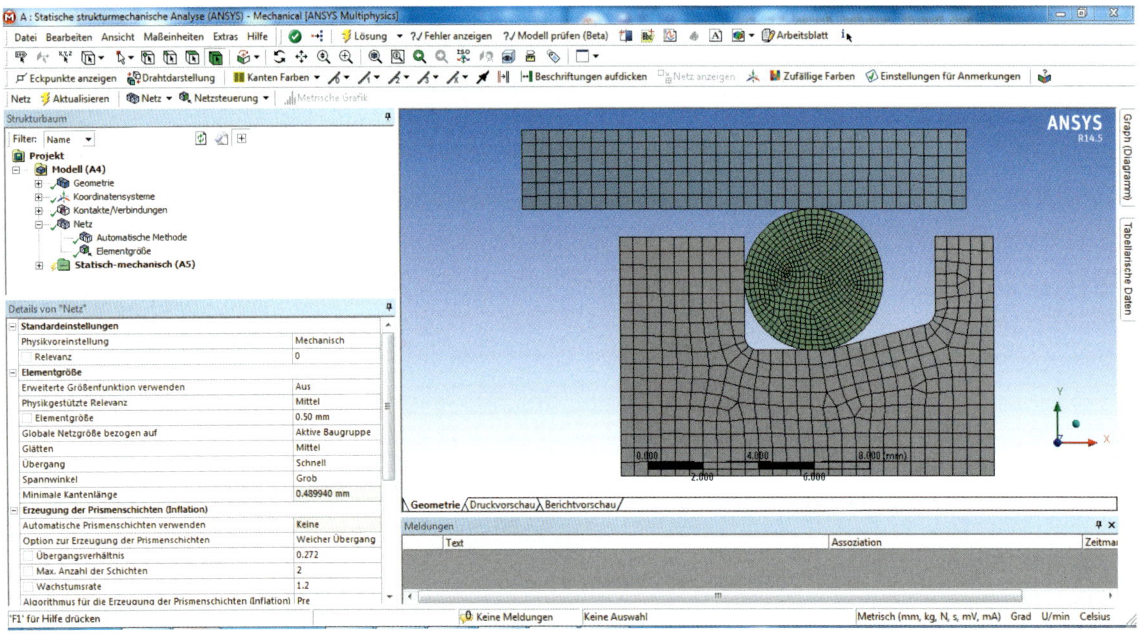

Randbedingungen und Lösung

Zur Lagerung wird das untere Bauteil mit Nut an der unteren Linie komplett fixiert (Selektionsfilter sollte auf *Linie* eingestellt sein). Für das Verschieben gehen Sie zuerst nach unten und dann nach rechts, definieren Sie unter **ANALYSEEINSTELLUNGEN** die **ANZAHL LASTSCHRITTE** mit 2. Schalten Sie dort auch die **GROSSE VERFORMUNG** ein, damit die geometrischen Nichtlinearitäten mit berücksichtigt werden. Legen Sie außerdem fest, in wie viele Teilschritte die Analyse zerteilt werden soll, um den nichtlinearen

Verlauf abbilden zu können (**AUTOMATISCHE ZEITSCHRITTSTEUERUNG** auf **EIN** mit 10/10/100 Sub-Steps). Das sollte sowohl für den ersten Lastschritt (**AKTUELLE SCHRITT-NUMMER** = 1) als auch den zweiten Lastschritt definiert werden (**AKTUELLE SCHRITT-NUMMER** = 2). Definieren Sie dann die Belastung als vorgegebenen Weg über die Lagerbedingung **VERSCHIEBUNG IN** für die x- und y-Komponente mithilfe der Option **TABELLARISCHE DATEN**: Im ersten Schritt ist die seitliche Verschiebung x = 0, die Verschiebung in Hochrichtung y = −0,8. Im zweiten Schritt bleibt die Verschiebung y = −0,8 erhalten, und Sie verändern die Verschiebung in horizontaler Richtung mit x = 4. Achten Sie darauf, dass die Tabelle am Ende der Definition wirklich die in der folgenden Abbildung dargestellten Werte hat.

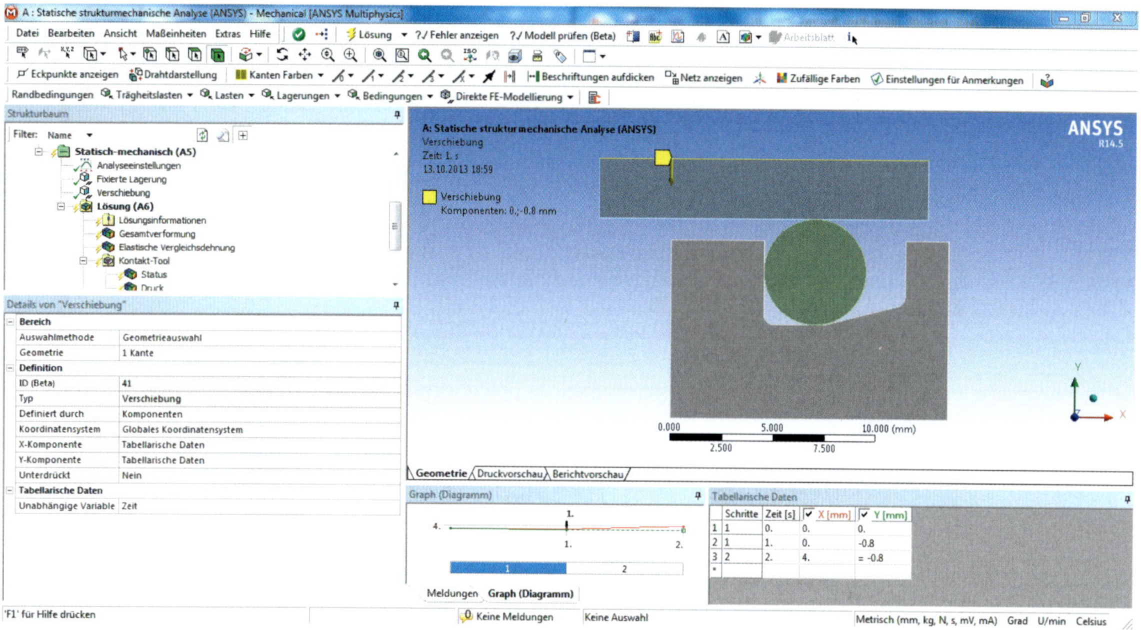

ANSYS ergänzt automatisch undefinierte Werte mit gleichen/interpolierten/extrapolierten Werten, sodass je nach Reihenfolge auch andere Werte durch diesen Automatismus eingetragen sein könnten (erkennbar durch das =-Zeichen vor der Zahl).

Speichern Sie die Analyse und starten Sie die Berechnung. Nach einigen Minuten sollte die Analyse fertig sein und Sie können sich die Bewegung und Deformation oder die Dehnungen ansehen.

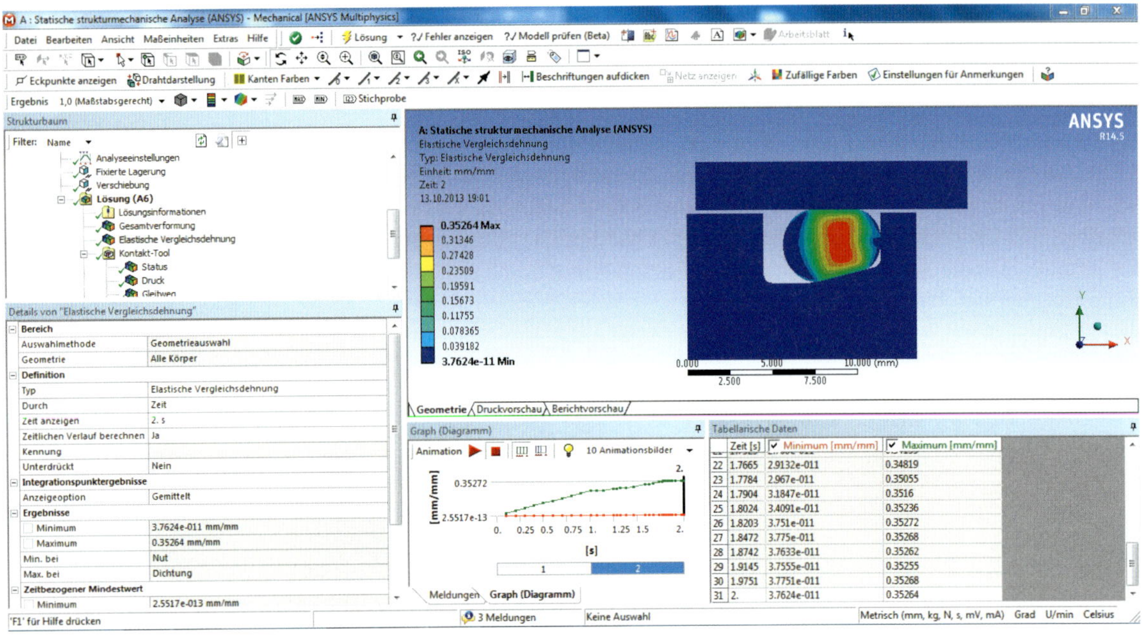

Definieren Sie eine Animation mit 100 Bildern in fünf Sekunden, und starten Sie die Animation. Wenn Sie ein Ergebnis zu einem bestimmten Zeitpunkt zwischen Anfang und Ende sehen möchten, geben Sie bei dem jeweiligen Ergebnis im Detailfenster bei **ZEIT ANZEIGEN** die Zeit direkt ein oder gehen Sie auf den Graphen unterhalb des 3D-Fensters und wählen Sie mit der rechten Maustaste einen Zeitpunkt sowie **DIESES ERGEBNIS ABRUFEN**. Wenn Sie so ein neues Ergebnis definieren, berechnen Sie es mit **LÖSUNG** in der oberen Icon-Leiste. Um die Reaktionskräfte für diese Bewegung zu sehen, ziehen Sie die **VERSCHIEBUNG** auf **LÖSUNG**, und aktualisieren Sie die Analyse. Um kontaktspezifische Ergebnisse zu sehen, wählen Sie im Strukturbaum **LÖSUNG/EINFÜGEN/KONTAKT-TOOL**. Selektieren Sie die Kreislinie der Dichtung, und ordnen Sie sie dem gelb markierten Feld **GEOMETRIE** zu (Linie selektieren, **KEINE AUSWAHL** anklicken, dann **ANWENDEN**). Wenn das Kontakt-Tool definiert ist, können Sie wiederum über die rechte Maustaste weitere Kontaktergebnisse einfügen, wie z. B. Status, Reibspannung, Kontaktdruck, Gleitweg und Durchdringung.

Welche Kontaktergebnisse lassen sich in diesem Fall sinnvoll auswerten?

Die Kontaktdurchdringung zeigt an, wie genau der Kontakt funktioniert. Die Durchdringung sollte klein genug sein, dass das physikalische Ergebnis davon nicht beeinflusst wird. In diesem Fall wird die Dichtung um mehrere Zehntel Millimeter zusammengedrückt, d. h., eine Durchdringung von einigen Mikrometern ist zwei Größenordnungen darunter, sodass keine Beeinträchtigung des Ergebnisses zu erwarten ist. Wenn die Verhältnisse nicht so eindeutig wären, könnte man entweder die Kontaktsteifigkeit erhöhen (Faktor 10–100) oder den Kontaktalgorithmus von **AUGMENTED LAGRANGE** auf **LAGRANGE** umschalten (empfehlenswert nur bei 2D-Analysen, da der Rechenaufwand erheblich zunimmt, dafür aber auch praktisch keine Durchdringung mehr vorhanden ist).

Der Kontaktdruck zeigt an, wie stark die Dichtung auf den metallischen Gegenkörper gedrückt wird, und wird oft als Bewertungsgrundlage für die Dichtigkeitsbewertung verwendet.

Der Gleitweg visualisiert die Relativbewegung von zwei Kontaktpartnern. Am oberen Rand der Dichtung tritt eine relativ hohe Relativbewegung auf (ca. 0,4 mm), sodass dort mit erhöhtem Verschleiß zu rechnen ist.

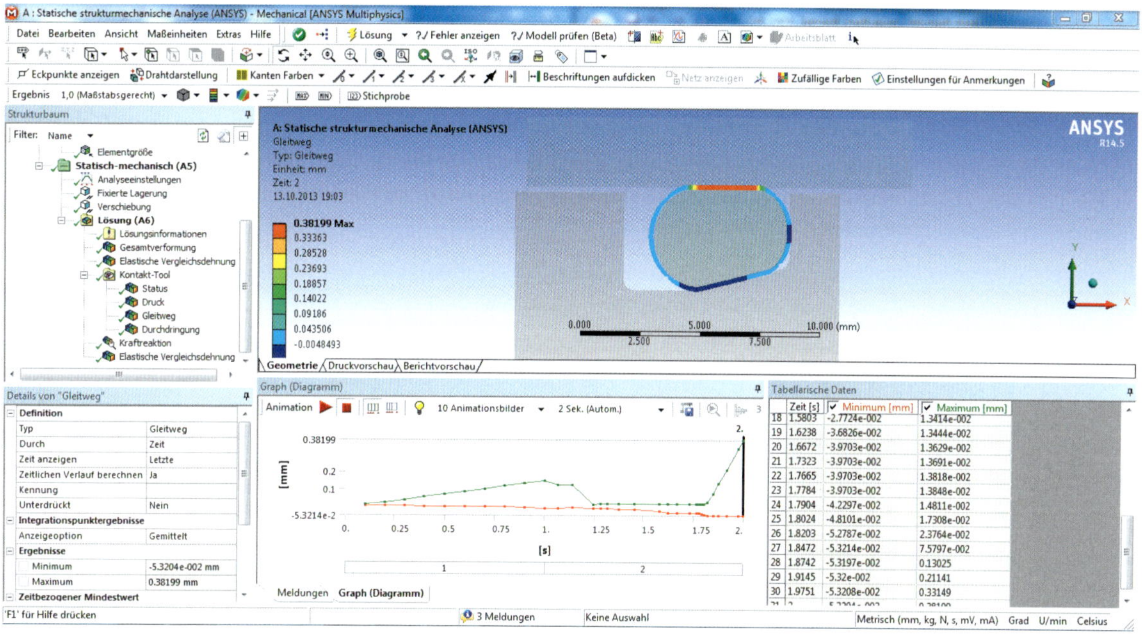

Die Analyse ist bezüglich der auftretenden Effekte noch ausbaufähig: Soll der mitwandernde Druckbereich durch das Verschieben oder Verformen der Dichtung mit berücksichtigt werden, können Sie unter dem Stichwort „Fluid Pressure Penetration" in der Hilfe nähere Informationen finden.

9.16 Aufbau und Berechnung eines Composite-Bootsrumpfs

Geschichtete Faserverbundwerkstoffe mit Glas-(GFK) und Kohlenstofffasern (CFK) haben ein hohes Potenzial, energieeffiziente Systeme zu entwickeln. Geringes Gewicht und hohe Steifigkeit zeichnen sie für viele Anwendungen im Flugzeug- und Fahrzeugbau oder in der Automatisierungstechnik aus.

Ausgangsbasis

Die Modellierung der Materialien, des Lagenaufbaus, der Faserorientierung und des Versagens werden in ANSYS durch ein spezialisiertes Werkzeug namens ANSYS Composite PrepPost (ACP) realisiert.

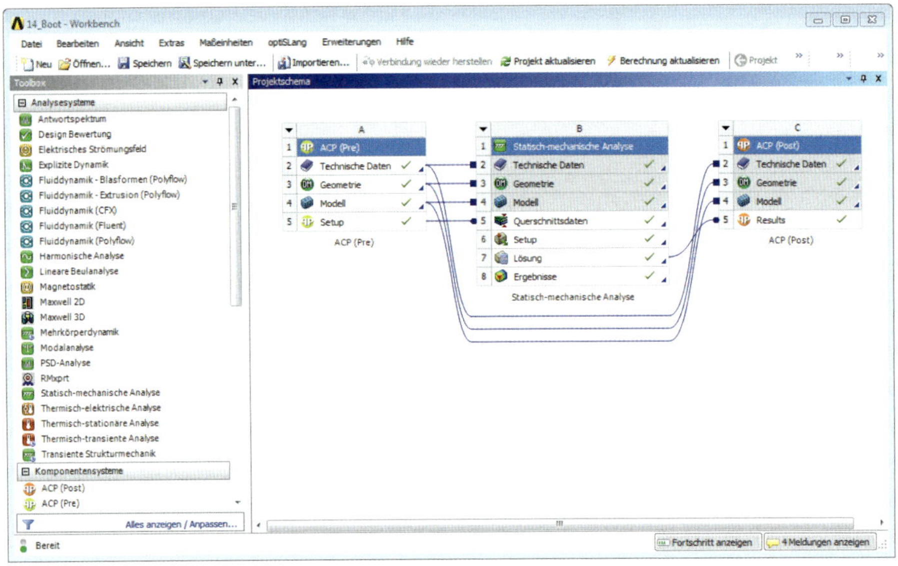

Der Arbeitsprozess für die Simulation von Faserverbundbauteilen in ANSYS Workbench setzt sich zusammen aus einem Preprocessing Modul, dem Analysesystem und einem Postprocessing Modul zur Auswertung der Faserverbundmaterialien. Der generelle Workflow wird an einem Prinzipmodell eines Bootsrumpfs gezeigt.

Für diese Struktur existiert bereits ein Geometriemodell, ein FEM-Modell mit Lasten und Randbedingungen, allerdings noch aus homogen-isotropem Material (Stahl). Ergänzend zu den üblichen Eigenschaften sind Komponenten definiert, die im ACP für die Definition des Lagenaufbaus verwendet werden.

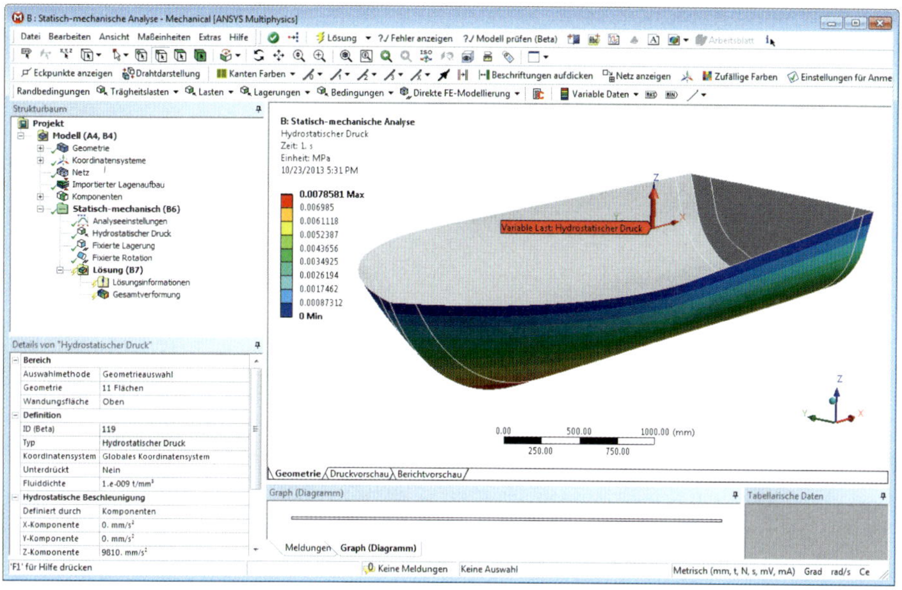

Materialdefinition

Faserverbundmaterialien werden, wie üblich, in den technischen Daten in ANSYS Workbench angelegt. Hier können sowohl die orthotropen Materialeigenschaften wie auch die Lagenart definiert werden.

Zur Materialdefinition öffnen Sie die **TECHNISCHEN DATEN** der ACP-Preprocessing-Komponente und erstellen Sie mit den folgenden Materialdaten ein Material für eine Glasfaserlage und ein Kernmaterial:

Glasfaserlage

Orthotrope Elastizität

Ex = 52 000 MPa	Ey = 14 000 MPa	Ez = 14 000 MPa
µxy = 0,28	µyz = 0,3	µxz = 0,28
Gxy = 3500 MPa	Gyz = 3400 MPa	Gxz = 3500 MPa

Orthotrope Spannungslimits

Sxt = 780 MPa	Syt = 31 MPa	Szt = 31 MPa
Sxc = −480 MPa	Syc = −100 MPa	Szc = −100 MPa
Sxy = 60 MPa	Syz = 10 MPa	Sxz = 60 MPa

Orthotrope Dehnungslimits

ext = 0,0244	eyt = 0,0038	ezt = 0,0038
exc = −0,01	eyc = −0,0125	ezc = −0,0125
exy = 0,015	eyz = 0,012	exz = 0,015

Tsai-Wu Kopplungs Konstanten

XY = −1 YZ = −1 XZ = −1

Lagentyp: Regulär (UD Lage)

Kernmaterial

Orthotrope Elastizität

Ex = 230 MPa	Ey = 230 MPa	Ez = 230 MPa
µxy = 0,3	µyz = 0,3	µxz = 0,3
Gxy = 17 MPa	Gyz = 14 MPa	Gxz = 17 MPa

Orthotrope Spannungslimits

Sxt = 1,6 MPa	Syt = 1,6 MPa	Szt = 1,6 MPa
Sxc = −1,2 MPa	Syc = −1,2 MPa	Szc = −1,2 MPa
Sxy = 1,3 MPa	Syz = 1,1 MPa	Sxz = 1,3 MPa

Lagentyp: Orthotroper homogener Kern

Sie können ebenfalls Beispielmaterialien aus der mitgelieferten *Composite Materials*-Materialdatenbank verwenden. Sie finden diese Beispielmaterialen als Datenquelle in den TECHNISCHEN DATEN.

Erstellung des Faserverbundmodells

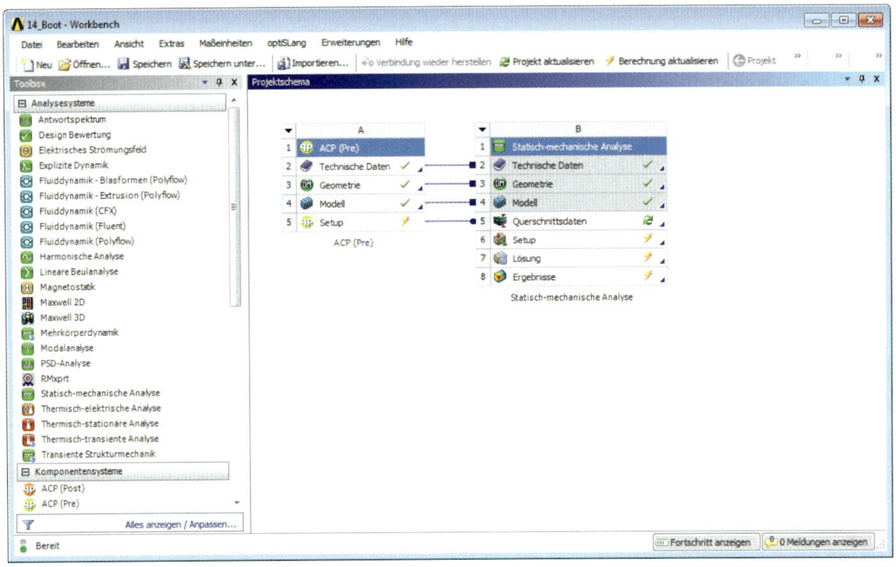

Aktualisieren Sie nach der Erstellung der Materialien das Modell der ACP-(Pre)-Komponente. Öffnen Sie das Set-up der ACP-(Pre)-Komponente für die Modellierung des Faserverbundlagenaufbaus.

Der ACP bringt wie die Mechanical-Applikation einen eigenen Strukturbaum mit, den der Anwender von oben nach unten abarbeiten kann. Bei allen Definitionen gilt dabei, dass ein gelber Blitz ein noch nicht aktuelles Objekt visualisiert, dessen Status mit der rechten Maustaste und **UPDATE** aktualisiert werden kann (ebenso über die globale Update-Funktion in der Icon-Leiste oben rechts). Zur Definition der Faserverbundlagen, die Sie später ablegen möchten, öffnen Sie **MATERIAL DATA/FABRICS** und definieren Sie mit der rechten Maustaste eine Glasfaserverbundlage und eine Kernlage. Legen Sie die Dicke der Glasfaserlage mit 1 mm und der Kernlage mit 60 mm fest. Wählen Sie für die Glasfaserlage das erstellte Glasfasermaterial und für die Kernlage das Kernmaterial aus.

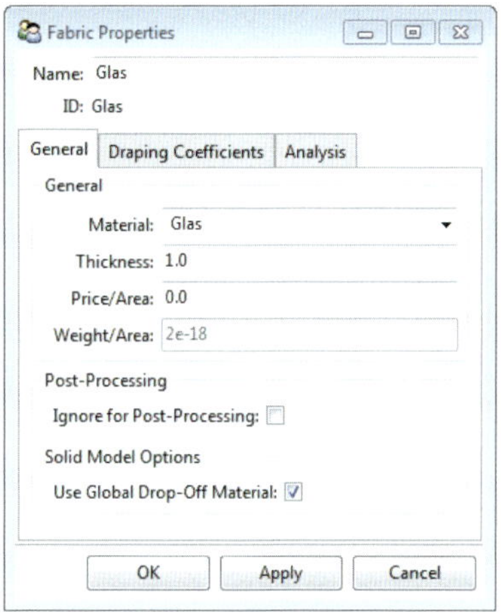

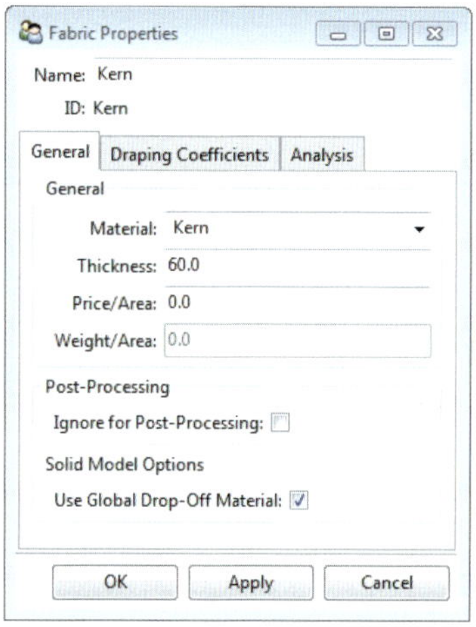

Verwenden Sie textile Halbwerkzeuge mit einem definierten Lagenaufbau, können Sie diese als Stackup definieren und analog dem Fertigungsprozess mit diesem Stackup statt einzelnen Lagen arbeiten. Definieren Sie ein Stackup mit drei Glasfasergewebelagen von 0/90/0 sowie einen mit −45,0 und 45 Grad. Wählen Sie dazu in der Tabelle unter Fabrics die einzelne Lage und den Winkel.

In ähnlicher Weise lassen sich sogenannte *Sub Laminates* definieren, die lediglich für den Modellaufbau im ACP zusammengefasst werden, fertigungstechnisch jedoch über das Ablegen einzelner Lagen realisiert sind (und demzufolge auch einzeln im Ply Book auftauchen).

Die Komponenten der Mechanical-Applikation werden im ACP zu Elementsätzen *(Element Sets)*, über die der Lagenaufbau in der Struktur mittels Orientierung *(Oriented Element Sets)* und Kombination in sogenannte *Modeling Ply Groups* realisiert wird.

Um einige zusätzliche Funktionen kennenzulernen, soll in der Rückwand eine kreisförmige Elementreferenzrichtung verwendet werden.

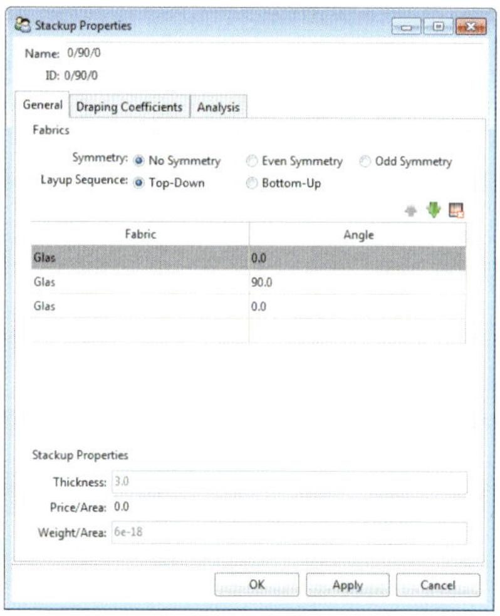

Definition der Rückwand

Definieren Sie dazu unter **ROSETTES** lokale Koordinatensysteme, indem Sie bei **ORIGIN** (Ursprung) einen Knoten selektieren und die beiden Richtungen numerisch eingeben.

Koordinatensystem	Position mit Blick in Fahrtrichtung	Richtung 1	Richtung 2
ACP.1	Links oben	0,0,1	0,1,0
ACP.2	Mitte unten	0, − 1,0	0,0,1
ACP.3	Rechts oben	0,0, − 1	0, − 1,0

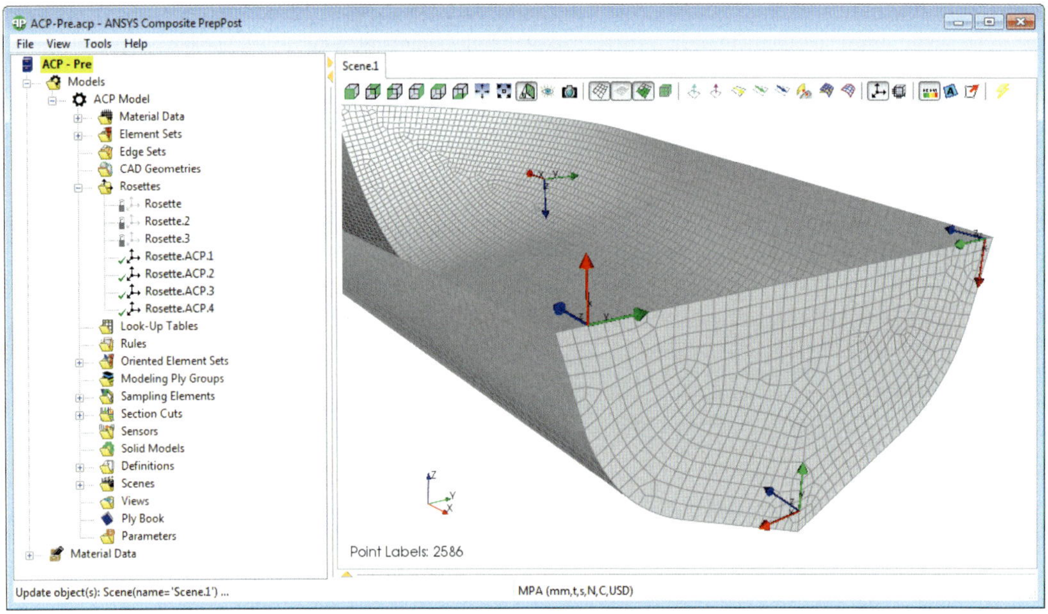

Anschließend definieren Sie ein *Oriented Element Set*. Mit **ORIENTATION POINT** und **ORIENTATION DIRECTION** legen Sie die Auflegerichtung, d. h. die Richtung des Lagenaufbaus für die Rückwand, nach innen fest. Wählen Sie dafür jeweils ein Element der Rückwandfläche aus, wechseln Sie bei Bedarf die Orientierung. Unter **ROSETTES** selektieren Sie mit gedrückter **CTRL/STRG**-Taste die Koordinatensysteme 1, 2 und 3 und die Selection Method *Minimum_Distance_Superposed*.

Kontrollieren Sie mit dem magentafarbenen Pfeil-Icon die Auflege- und mit dem gelben die Elementreferenzrichtung. Die Referenzrichtung wird durch die x-Richtung der ausgewählten Koordinatensysteme bestimmt.

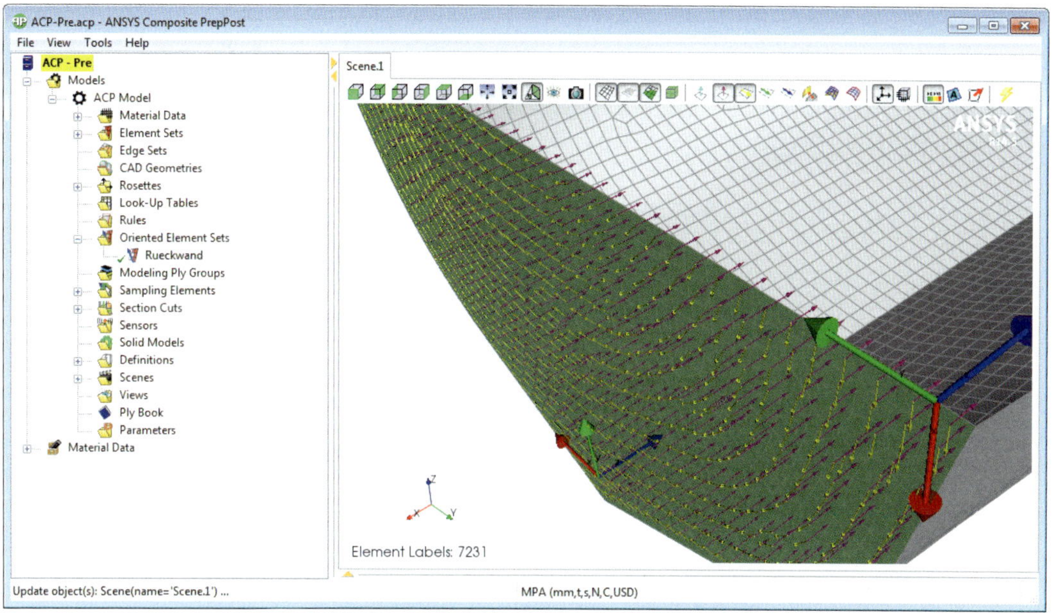

Erzeugen Sie anschließend unter **MODELING PLY GROUPS** eine *Ply Group* für die Rückwand, und fügen Sie mit der rechten Maustaste und **CREATE PLY** eine neue Lage ein. Dies kann nun eine einzelne Lage *(Fabric)*, ein vorgefertigter Lagenaufbau *(Stackup)* oder eine Zusammenfassung von Lagen *(Sub Laminates)* sein. Möchten Sie den Stackup 0/90/0 und −45/0/45 auf beiden Seiten des Kerns nicht nur für die Rückwand verwenden, sondern auch am Boden, empfiehlt es sich, ein *Sub Laminate* dafür zu definieren, um den gleichen Aufbau nur einmal statt dreimal festzulegen. Nachteilig ist dann jedoch, dass nachträgliche Änderungen des Lagenaufbaus sich auf alle Plies auswirken, die dieses Sub Laminate verwenden.

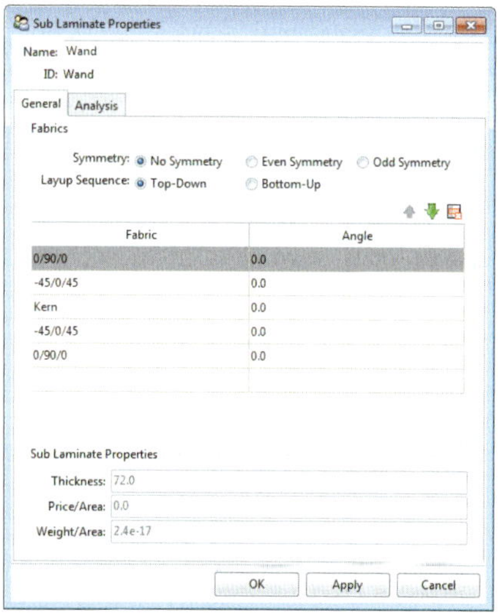

Einer Geometrie einen Lagenaufbau zuordnen

Analog der Rückwand gehen Sie bei den Böden links und rechts vor. Beginnen Sie mit der Definition der Oriented Element Sets. Verwenden Sie zur Orientierung der Auflagerichtung wieder ein Element der Fläche.

Boden links und rechts

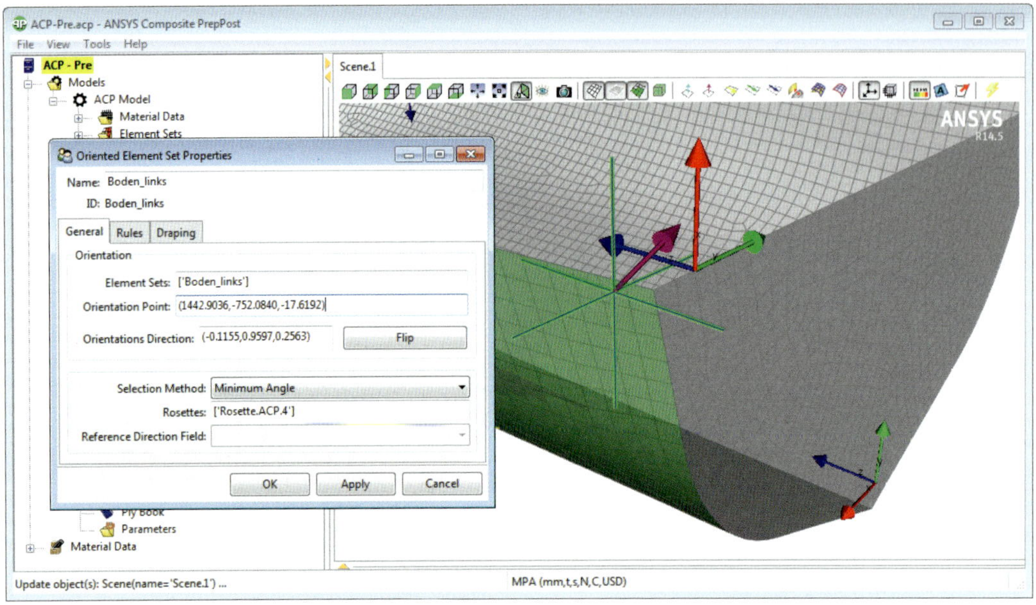

Drapieren

Als Koordinatensystem definieren Sie eines mit den Richtungen – 1,0,0 und 0,1,0. Bei den Modeling Ply Groups *ModelingPly2* bzw. *ModelingPly3* aktivieren Sie das Drapieren und wählen den Startpunkt *(Seed Point)*, z. B. ein Element am Ende des Kiels. Mit dem Drapieren erhalten Sie nicht nur den Zuschnitt, sondern auch den Einfluss des Drapierens auf die Faserorientierung. Vergleichen Sie für eine Lage z. B. *P1L1_ModelingPly.2* die Faserorientierung ohne Drapieren (Grün) und die Faserorientierung mit Drapieren (Blau).

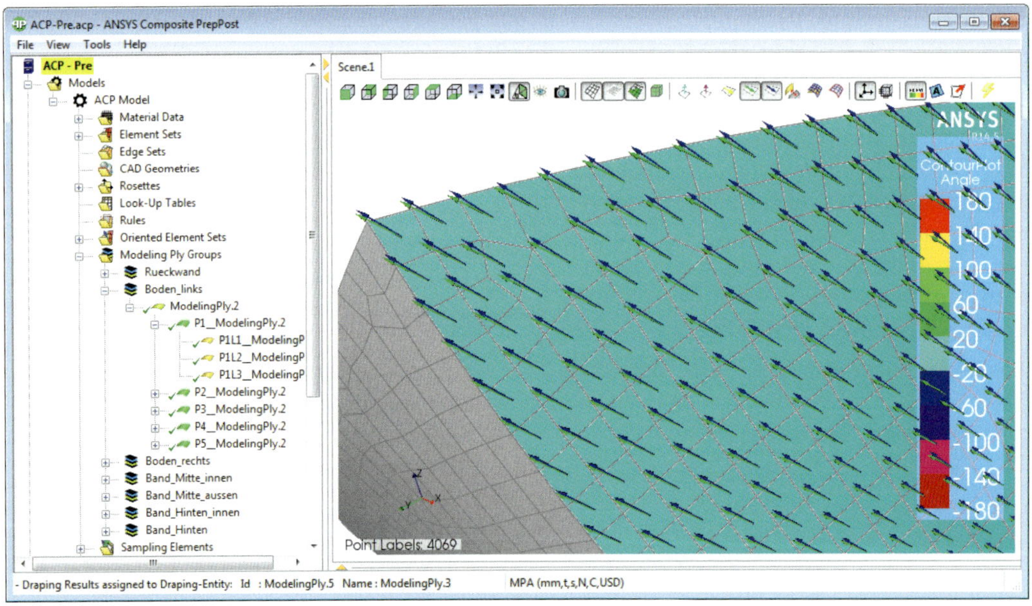

Zur Kontrolle des Aufbaus können Sie einen Schnitt *(Section Cut)* nutzen. Orientieren Sie ihn, sodass der Schnitt durch die relevante Struktur geht, passen Sie den Skalierungsfaktor und den Typ an, damit Sie die einzelnen Lagen/Plies in der gewünschten Weise visualisiert bekommen. Drehen Sie das Modell so, dass Sie die Innen- und Außenseite sehen, für den Fall, dass der Schnitt verdeckt sein sollte.

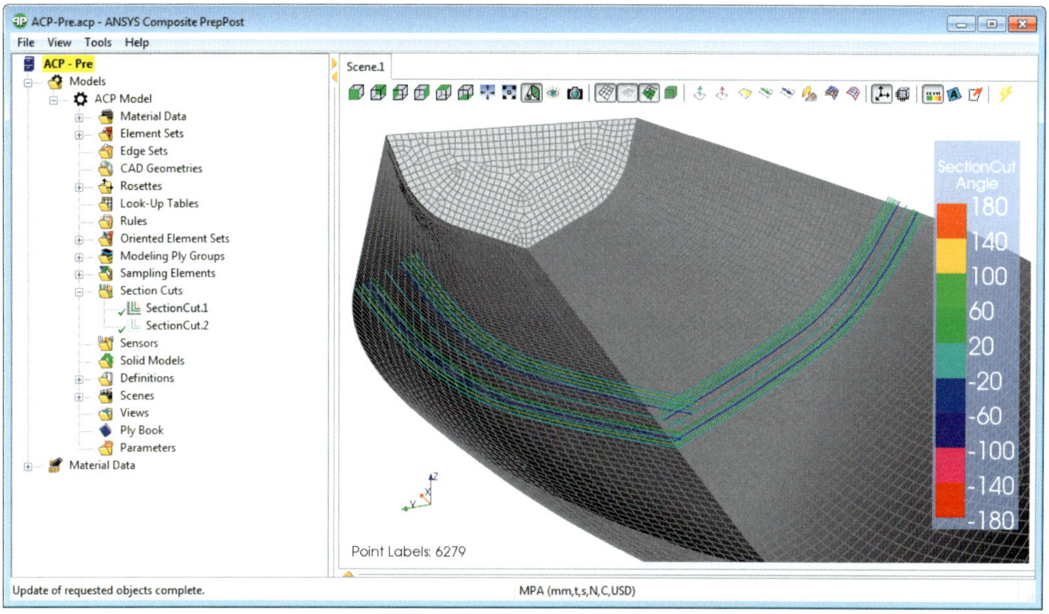

Zur Verbindung der beiden Böden in der Mitte definieren Sie jeweils für die Innen- und Außenseite ein eigenes Oriented Element Set. Eines sollte wie die Böden und die Rückwand nach innen, das andere jedoch nach außen orientiert sein (*Orientation Direction* wechseln). Fügen Sie für jedes der beiden Bänder eine Ply Group ein, die Sie mit der rechten Maustaste und **GENERATE PLY** bestücken können. Zur Visualisierung aktualisieren Sie den Schnitt (**SECTION CUT/UPDATE**). Bei Bedarf ändern Sie über **TOOLS/PREFERENCES** die Hintergrundfarbe.

Verbindungen

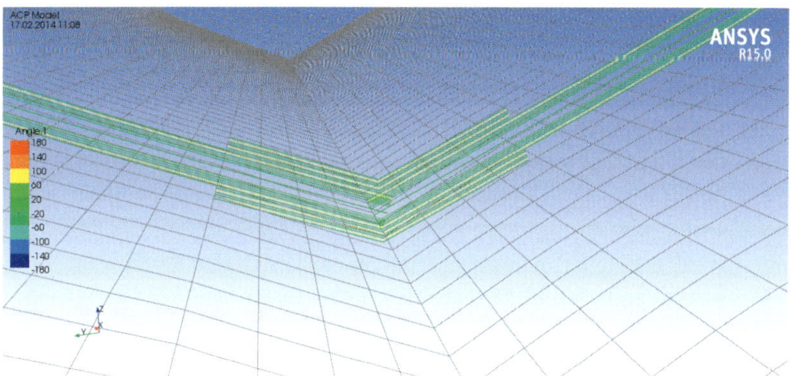

Auf die gleiche Weise verbinden Sie die Rückwand mit den Böden über die beiden Elementgruppen *Hinten_rechts* und *Hinten_links*, die Sie gemeinsam in einem orientierten Element-Set zusammenfassen können.

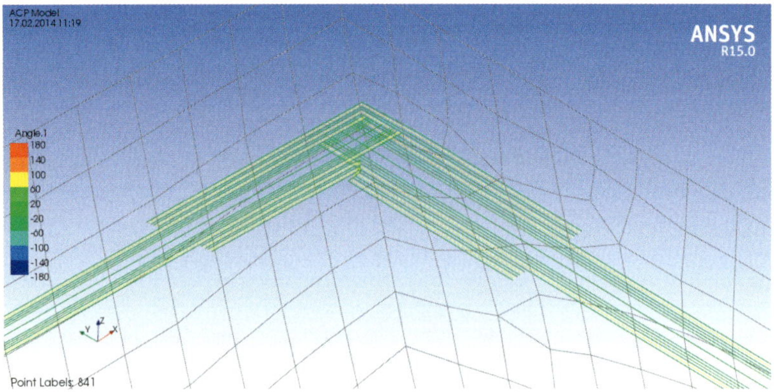

Weitere Darstellungsmöglichkeit

Welcher Lagenaufbau liegt am Ende des Kiels vor, wo sich die Verbindungsbänder überlappen? Definieren Sie ein *Sampling Element*, wählen Sie bei **SAMPLING POINT** ein Element aus dem Überlappungsbereich, und passen Sie bei Bedarf die Richtung an. Im Strukturbaum wird der Lagenaufbau wiedergegeben. Alternativ verschieben Sie den Schnitt nach hinten in den Überlappungsbereich.

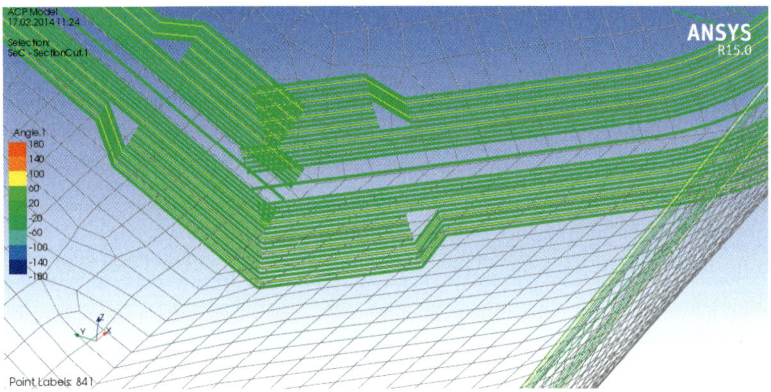

Änderungen im Lagenaufbau können jederzeit durch Einfügen bei den Stackups, Sub Laminates oder den Ply Groups realisiert werden. Die assoziative Verknüpfung mit dem ANSYS-Modell über die Komponenten und die Integration in die Workbench-Umgebung ermöglichen darüber hinaus Variantenstudien und Optimierungen mit parametrischen Geometrien.

Berechnung

Die Berechnung wird, wie üblich, nach der Definition der Lasten und Randbedingungen aus ANSYS Mechanical gestartet. In diesem Fall wurden Lasten und Randbedingungen schon im Vorfeld definiert.

Auf der Projektseite aktualisieren Sie das Set-up in der ACP-(Pre)-Komponente und die Querschnittsdaten in der **STATISCH-MECHANISCHEN ANALYSE**. Anschließend öffnen Sie das Set-up der **STATISCH-MECHANISCHEN ANALYSE**. Starten Sie die Berechnung durch einen Klick auf Lösung.

Composite-Auswertung

Die Auswertung von Ergebnissen, die nicht faserverbundspezifisch sind, wie die Gesamtverformung oder die Spannungsauswertung von Metallkomponenten, kann in ANSYS Mechanical erfolgen. Für die Auswertung der Faserverbundmaterialien fügen Sie auf der Projektseite eine neue ACP-(Post)-Komponente hinzu. Ziehen Sie die neue Komponente zuerst auf das Modell der ACP-(Pre)-Komponente. Anschließend ziehen Sie die Lösung der statisch-mechanischen Komponente auf **RESULTS** der neuen ACP-(Post)-Komponente. Aktualisieren Sie das System, um die Ergebnisse in das ACP-(Post)-Modul zu laden. Für die Auswertung der Faserverbundmaterialien öffnen Sie anschließend die Ergebnisse (Results) der ACP-(Post)-Komponente.

Darzustellende Größen, wie z. B. Verformungen, Spannungen, Dicken oder die Sicherheit, müssen vor der Visualisierung definiert werden (dieser Schritt erfolgt unter **DEFINITIONS**). Ein besonders interessantes Ergebnis ist das Versagen *(Failure)*, bei dem Sie verschiedene Versagenskriterien, wie Puck, Tsai-Wu oder Tsai-Hill, aktiveren und konfigurieren können. Um einen Konturplot zu erhalten, erzeugen Sie eine Szene (unter **SCENES**) mit den in der folgenden Abbildung dargestellten Einstellungen.

Unter dem Reiter **GENERAL** wählen Sie die *Solution 1* als Ergebnis aus. Das Entfernen des *Ply Wise*-Häkchens erlaubt Ihnen eine schnelle Einschätzung des Faserverbundaufbaus. Im Contourplot wird so je Element das Ergebnis der am höchsten belasteten Lage mit der Verwendung des ungünstigsten Versagenskiteriums dargestellt. Falls Sie mehrere Lastfälle definiert haben, wird auch dies berücksichtigt und der ungünstigste Lastfall für dieses Element dargestellt. Diese Darstellung erlaubt Ihnen eine schnelle Identifizierung der kritischen Bereiche und Lagen der Faserverbundstruktur.

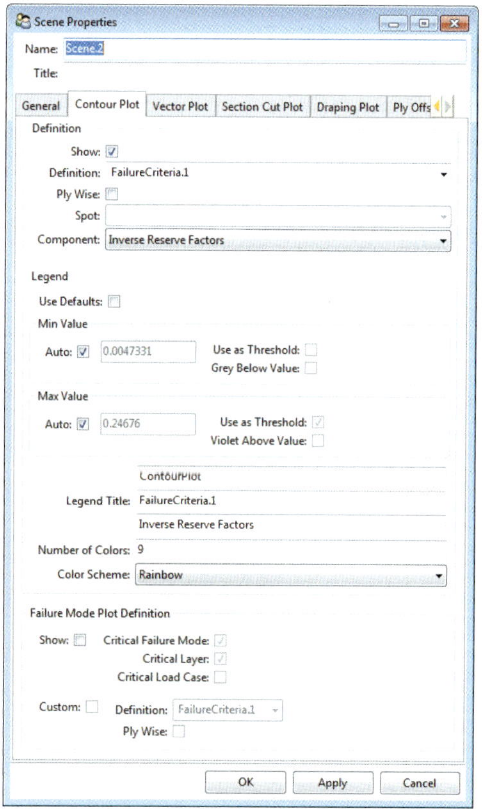

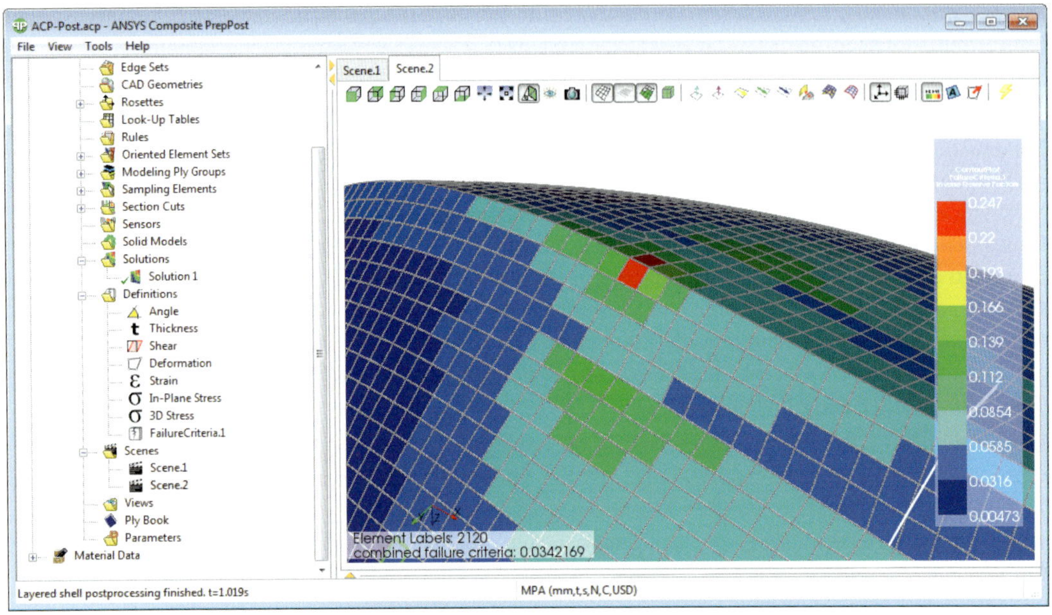

Im dargestellten Versagenskonturplot des inversen *Reserve-Faktors (IRF)* erkennt man auf einen Blick alle relevanten Größen: den kritischen Ort und an dem Zeichenkürzel den Versagensmodus (cf = core failure, tw = tsai-wu, th = tsai-hill etc.), die betroffene Lage sowie die Lastfallnummer.

Um die genannten Zeichenkürzel einzuschalten, klicken Sie auf TOGGLE TEXT PLOT rechts oben in der Ansichtsleiste (siehe nachfolgende Abbildung).

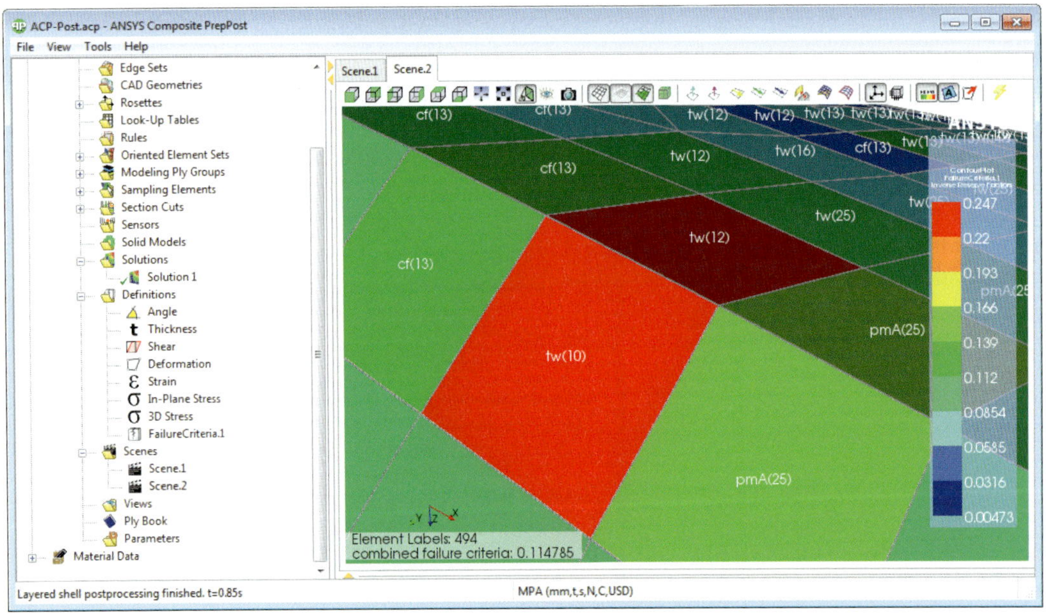

Sie können die Lagen des Faserverbundaufbaus einzeln auswerten, indem Sie das Häkchen unter *Ply Wise* wieder aktivieren. Selektieren Sie anschließend die einzelnen Lagen *(Analysis Plies)* im Strukturbaum für eine lagenweise Auswertung.

Das Einlegebuch *(Ply Book)* für die modellierte Struktur kann fast auf Knopfdruck erstellt werden. Sie benötigen dazu mindestens eine Ansicht *(View)*. Mit **AUTOMATIC SETUP** werden die Kapitel basierend auf den einzelnen Modeling Ply Groups generiert. Manuell sollte man dort noch die Ansicht *(View)* so anpassen, dass die jeweilige Modeling Ply Group gut erkennbar ist.

9.17 Beulen einer Getränkedose

Die vielleicht bereits vorliegende praktische Erfahrung mit Stabilität dünnwandiger Strukturen in Form von Getränkedosen soll in dieser Übung durch eine Reihe von FEM-Analysen mit ANSYS ergänzt werden. Für eine leere Getränkedose soll eine exemplarische Stabilitätsbetrachtung durchgeführt werden, um zu ermitteln, bei welcher Belastung sie einknickt und wie das Versagen aussieht. Das Modell ist stark idealisiert und weist höhere Wandstärken auf als reale Dosen, vertrauen Sie daher den hier ermittelten Werten bei praktischen Versuchen nicht zu sehr. Die Dose liegt als Step-File *(soda_can.stp)* vor, die Wandstärke soll 0,2 mm betragen, das Material ist Aluminium. In einem ersten Schritt soll durch eine lineare Beulanalyse die Stabilitätsgrenze abgeschätzt werden. Die lineare Beulanalyse besteht aus einer statischen Berechnung und einer darauf aufbauenden Beulanalyse zur Ermittlung des Beulfaktors (statische Last × Beulfaktor = Beullast). Mit einer nichtlinearen Beulanalyse soll dieser grobe Anhaltswert verifiziert werden.

Lineare Beulanalyse vorbereiten

Starten Sie ANSYS Workbench, importieren Sie das Step-File im Projektmanager über **FILE/IMPORT**, wählen Sie den Importfilter **GEOMETRIEDATEIEN**, und wählen Sie die Datei *SODA_CAN.STP* aus. Im Projektmanager wird die Geometrie als separates System A abgelegt. Definieren Sie mit der rechten Maustaste auf A2 die **EIGENSCHAFTEN** so um, dass auch Flächenkörper importiert werden. Ziehen Sie aus der Toolbox eine statische Analyse auf die Geometrie in Zelle A2. Erzeugen Sie in der gleichen Weise eine Verknüpfung mit einer linearen Beulanalyse, indem Sie sie aus der Toolbox auf die Zelle B6 mit der Lösung der statischen Analyse ziehen. Damit werden die Berechnungsergebnisse der Statik verwendet, um in der Beulanalyse den Lastmultiplikator zu berechnen, bei dem die Struktur kollabiert.

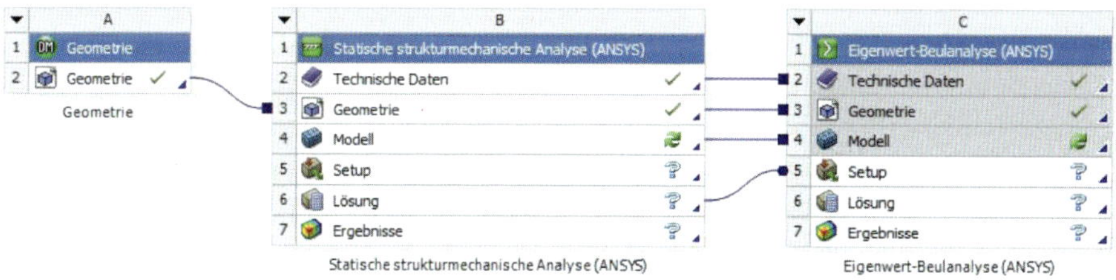

Wählen Sie in Zelle B2 mit der rechten Maustaste **BEARBEITEN**, um das Material Aluminium aus der Materialdatenbank zu importieren. Wählen Sie dazu im oberen Bereich Datenquelle die Materialdatenbank **GENERAL MATERIALS** und fügen Sie das Material **ALUMINIUMLEGIERUNG** mit dem gelben +-Symbol zu den aktuellen Engineering-Daten hinzu. Wechseln Sie **ZURÜCK ZUM PROJEKT** und definieren Sie die statische Analyse mit einem Doppelklick auf das Modell in B4.

Statische Analyse

Wählen Sie im Strukturbaum **GEOMETRIE** und ordnen Sie im Detailfenster dem Bauteil eine Blechstärke von 0,2 mm und das Material Aluminiumlegierung zu. Wählen Sie den schmalen konkaven Rand der Dose aus und definieren Sie eine lokale Elementgröße von 0,3 mm, da dieser Bereich anfangen wird, zu beulen (wenn hierüber Unsicherheiten bestehen, hilft eine grobe Vorabanalyse, den interessanten Bereich einzugrenzen). Wählen Sie im Strukturbaum **NETZ** und setzen Sie im Detailfenster unter **ELEMENTGRÖSSE** die **PHYSIKGESTÜTZTE RELEVANZ** auf **MITTEL**. Dadurch wird die globale Vernetzung feiner und das Ergebnis genauer als mit der Standardvernetzung (siehe nachfolgende Abbildung).

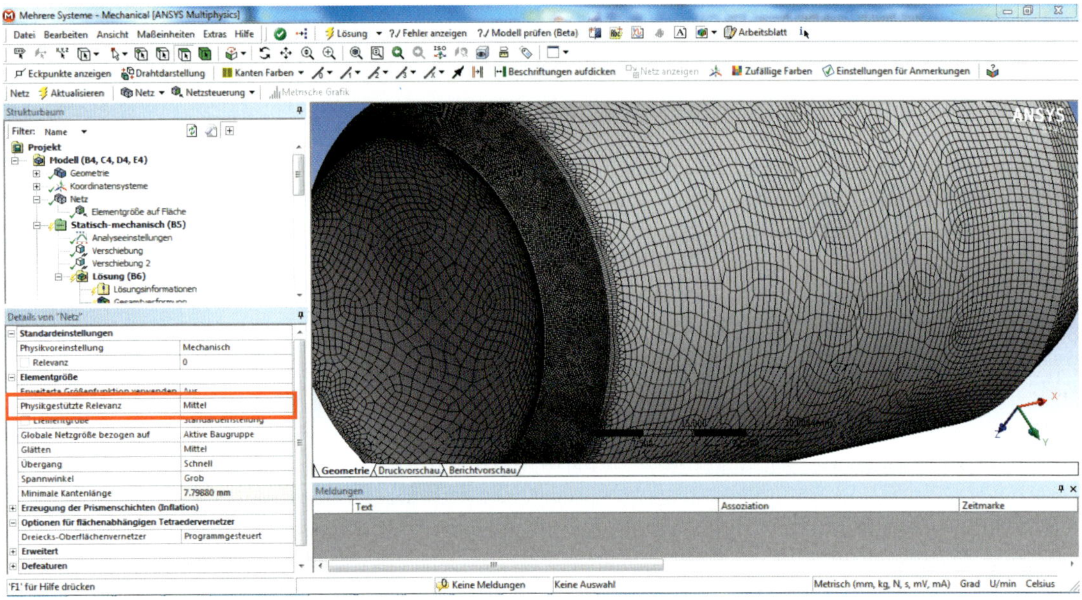

Beulfaktor ermitteln

Zur Definition des Belastungszustands fixieren Sie die untere Aufstandslinie mit einer **VERSCHIEBUNG** von x = 0, y = 0 und z = 0. Der obere Kreis wird in y und z ebenfalls mit einer Verschiebungsrandbedingung auf null festgesetzt, damit der obere Kreis ein Kreis bleibt, unter der Annahme, dass die Lasteinleitung genau diese Bedingung erfüllt (z. B. durch Reibung oder durch eine Fixierung). Definieren Sie eine Einheitslast durch eine Verschiebung von −1 mm auf die obere Kreislinie in Richtung der negativen x-Achse. Ziehen Sie eine der beiden Verschiebungsrandbedingungen per Drag & Drop auf **LÖSUNG**, um die Reaktionskraft zu ermitteln. Führen Sie die statische Analyse und die darauf aufbauende Beulanalyse durch. Lesen Sie die Reaktionskraft in der statischen und den Lastmultiplikator in der Beulanalyse ab; wählen Sie dazu **KRAFTREAKTION** in der Statik und **LÖSUNG** in der Beulanalyse (siehe nachfolgende Abbildung auf S. 335).

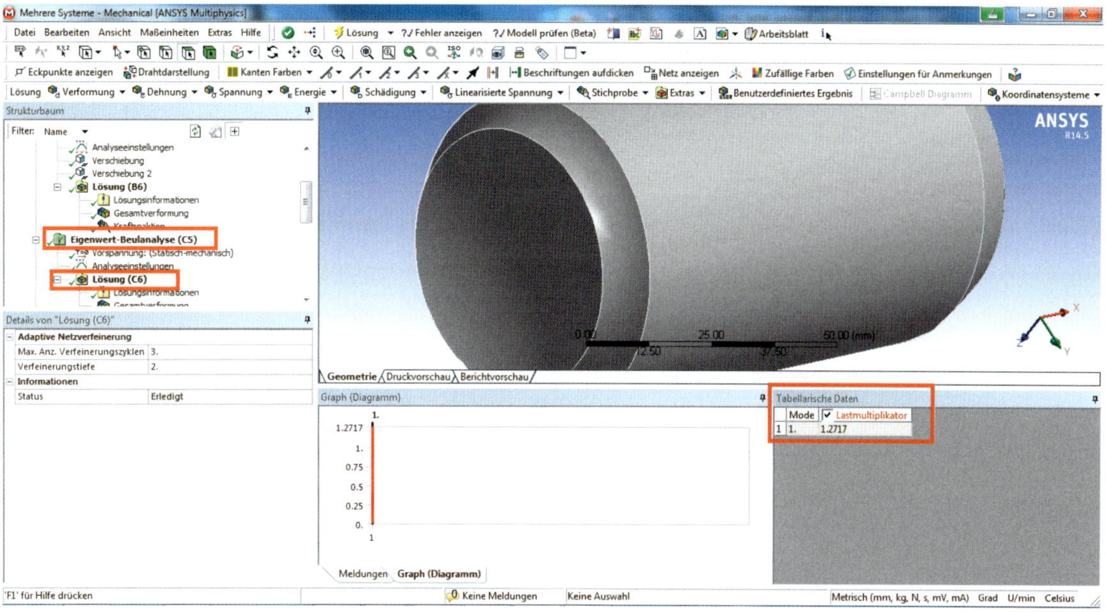

Ist das rechte untere Fenster mit der Tabelle nicht sichtbar, wählen Sie im Menü **ANSICHT/ FENSTER/LAYOUT ZURÜCKSETZEN**. Die lineare Beulanalyse ergibt eine Beullast von $1{,}27 \times 5100$ N = 6500 N.

Um diesen Kennwert mithilfe einer nichtlinearen Beulanalyse genau zu bestimmen, können Sie eine statische Analyse mit geometrischen Nichtlinearitäten durchführen, bei der die Last schrittweise gesteigert wird, bis die Struktur kollabiert. Was bedeutet das physikalisch? Die Last wird erhöht, bis die Struktur durchschlägt. In diesem Beulpunkt hat die Struktur keine Steifigkeit mehr, d. h., mit einer minimalen Laststeigerung wird die Deformation schlagartig sehr groß. Im Beulpunkt gibt es streng genommen keine statische Lösung mehr. Es ist deshalb empfehlenswert, statt die Verschiebung bei steigender Kraft besser den Verlauf der Kraft bei ansteigender, vorgegebener Verformung zu beobachten. Der Beulpunkt ist dann dadurch erkennbar, dass die erforderliche Kraft bei zunehmender Verformung abfällt.

Variation für nichtlineares Beulen

Um eine solche weitergehende Analyse durchzuführen, duplizieren Sie im Projektmanager in Zelle B5 und öffnen Sie die Analyse mit einem Doppelklick. Bei einer um Faktor 3 höheren Verschiebung sollte das Beulen wahrscheinlich auftreten, deshalb ändern Sie die Verschiebung in der Verschiebungsrandbedingung von – 1 auf – 3 mm ab. Setzen Sie in der neuen Analyse D5 unter **ANALYSEEINSTELLUNGEN** im Detailfenster die Option **GROSSE VERFORMUNG** auf **EIN**, um die geometrischen Nichtlinearitäten zu aktivieren. Um den Verlauf der Verschiebung in Abhängigkeit der Laststeigerung besser zu sehen, definieren Sie zusätzliche Zwischenschritte für die Berechnung. In einer nichtlinearen Analyse wird die Laststeigerung dynamisch vom System angepasst. Sie kann vom Anwender aber kontrolliert und übersteuert werden. Wechseln Sie daher unter **ANALYSEEINSTELLUNGEN** die Option **AUTOMATISCHE ZEITSCHRITTSTEUERUNG** von **PROGRAMMGESTEUERT** auf **EIN**, so können Sie mit **ANFÄNGLICHE SUBSTEPS** festlegen, mit welchem Lastanteil die Analyse beginnen soll (z. B. 10 für 1/10 der Last). Mit **MIN. SUBSTEPS** wird festgelegt, wie viele Zwischenschritte mindestens durchgeführt werden sollen (z. B. ebenfalls 10), während **MAX. SUBSTEPS** festlegt, wie weit die Last heruntergebrochen werden darf, wenn die Nichtlinearitäten zu einem numerisch kniffligen Verhalten führen (z. B. 100).

Schrittsteuerung	
Anzahl Lastschritte	1.
Aktuelle Schrittnummer	1.
Zeit nach Schritt	1. s
Automatische Zeitschrittsteuerung	Ein
Definiert durch	Substeps
Anfängliche Substeps	10.
Min. Substeps	10.
Max. Substeps	100.

Aufgrund des schrittweisen Lösungsverfahrens dauert diese nichtlineare Analyse deutlich länger als die lineare. Bei mindestens 10 Lastschritten und mehreren Gleichgewichtsiterationen pro Lastschritt, um die sich ändernde Steifigkeit mit der äußeren Kraft und den sich einstellenden Verschiebungen ins Gleichgewicht zu bringen, ergibt sich bei geschätzten durchschnittlich fünf Iterationen pro Lastschritt ein Gesamtaufwand von 10×5 Iterationen, d. h., das Gleichungssystem wird intern 50-mal komplett gelöst. Dafür hat die nichtlineare Beulanalyse neben dem Vorteil der höheren Genauigkeit auch die Möglichkeit, Materialnichtlinearitäten, Kontakt oder Imperfektionen der Struktur (z. B. Ovalität) mit zu berücksichtigen. Erzeugen Sie ein Ergebnis für die Reaktionskraft (Drag & Drop von **VERSCHIEBUNG** auf **LÖSUNG**).

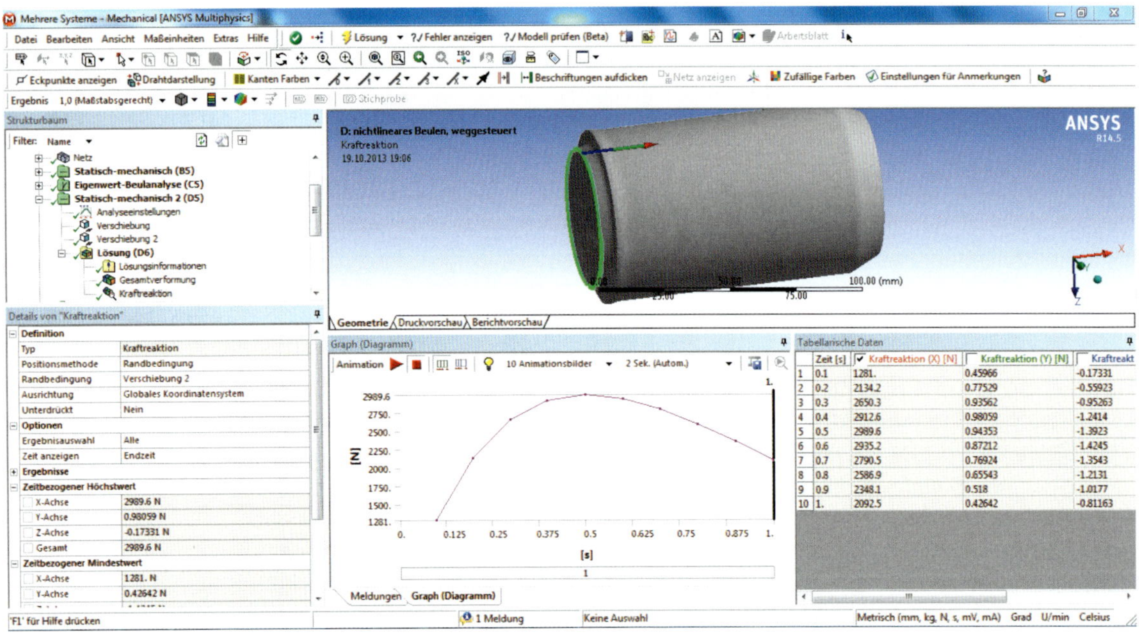

Der Verlauf der Kraft steigt bis ca. 3000 N an und fällt dann ab. Bei 3000 N kollabiert demzufolge die Struktur. Interessanterweise liegt der Wert der nichtlinearen Analyse unterhalb des linearen Berechnungsergebnisses. Wir sprechen daher bei der linearen Analyse auch von einer nichtkonservativen Lösung, bei der als alleiniger Anwendung hohe Sicherheitsbeiwerte angewendet werden müssen. Zur Abschätzung einer Größenordnung ist sie aber durchaus geeignet. Unter Berücksichtigung einer Vorverformung (z. B. Delle im zylindrischen Teil, Schrägstellung) würde die nichtlineare Beullast noch einmal minimiert werden. In der Praxis werden nichtlineare Beulanalysen daher oft mit einer verformten Struktur durchgeführt, um diesem Effekt Rechnung zu tragen. Die Vorverformung wird dabei über eine statische Analyse berechnet oder anhand der skalierten Beulform aus einer linearen Beulanalyse aufgebracht. Ein Beispiel für diesen Ablauf finden Sie bei den Musterlösungen im Projekt *IMPERFEKTIONEN.WBPJ*. Lesen Sie dazu auch die Anmerkungen im Strukturbaum zu den darin enthaltenen Analysen.

Weggesteuerte Belastung

Was wäre passiert, wenn die nichtlineare Analyse nicht weggesteuert (über eine vorgegebene Verschiebung), sondern kraftgesteuert (über die Vorgabe einer ansteigenden Kraft) belastet worden wäre? Kopieren Sie im Projektmanager Ihr System D, indem Sie in Zelle D5 mit der rechten Maustaste duplizieren, und öffnen Sie System E. Ändern Sie die Verschiebungsrandbedingung am oberen Rand so ab, dass Sie keine Verschiebung mehr vorgeben: Wählen Sie das Feld mit dem Zahlenwert für die x-Verschiebung an, wählen Sie über den kleinen schwarzen Pfeil die Option **FREI**. Die Verschiebungskomponenten in y- und z-Richtung bleiben auf null gesetzt, d. h. die Kreislinie bleibt als Kreislinie erhalten, da wir davon ausgehen, dass die Reibung mit dem Gegenkörper eine freie Bewegung verhindert.

Kraftgesteuerte Belastung

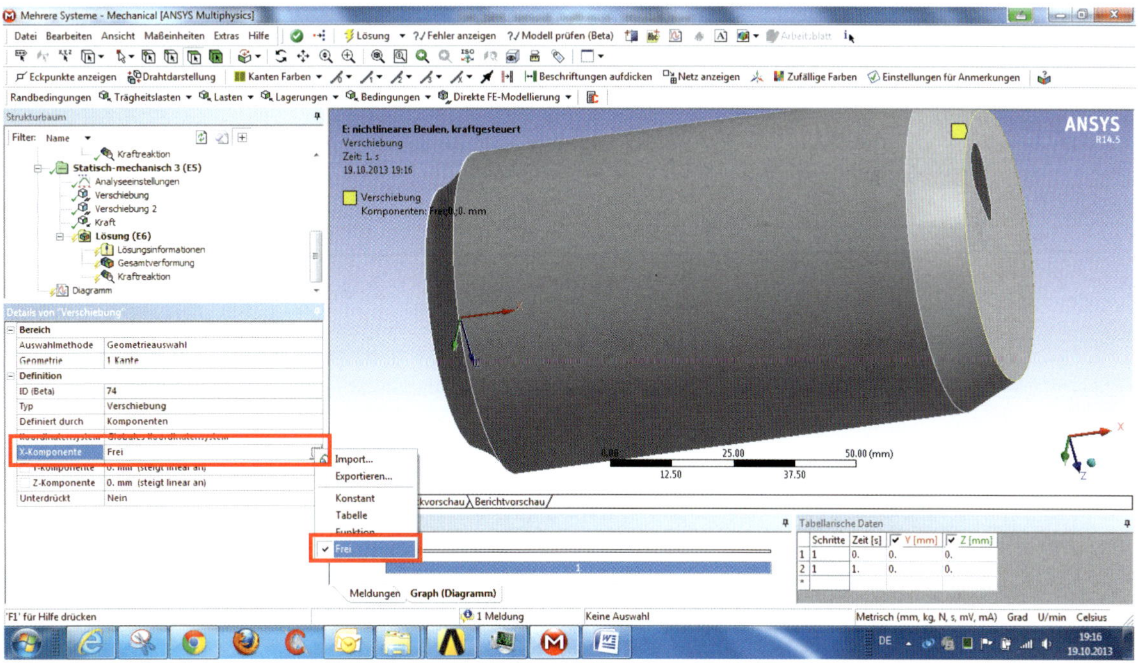

Definieren Sie dann zusätzlich auf die obere Kreislinie eine Kraft von 6500 N, und starten Sie die Analyse erneut. Wählen Sie im Strukturbaum die Lösungsinformation, und schalten Sie im Detailfenster um von **SOLVER-AUSGABE** auf **KRAFTKONVERGENZ**. Das Residuum, in Lila, wird in den ersten Iterationen immer kleiner, bis es klein genug ist, dass der Gleichgewichtszustand erreicht ist. Dann steigt die Kraft an, und die nächste Iteration beginnt. Den Anstieg der Kraft sieht man in der roten Kurve unten, wobei Zeit 1 bedeutet, dass 100 % der Last, also 6500 N, aufgebracht sind. Aus der weggesteuerten Analyse wissen wir, dass bei 3000 N die Beullast erreicht ist. Demzufolge sieht man einen guten Konvergenzverlauf bis ca. Zeit 0,5, d. h. 50 % der 6500 N, also knapp unterhalb 3250 N. Ab diesem Lastniveau treten Konvergenzprobleme auf, da die Last von der Struktur nicht mehr aufgenommen werden kann. Am Konvergenzverlauf ließe sich also ebenfalls erkennen, wann der Instabilitätspunkt erreicht ist.

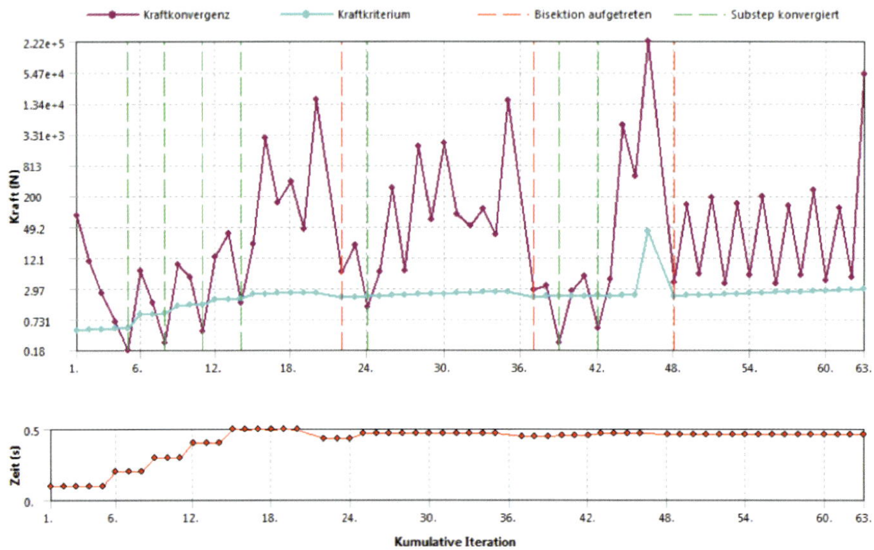

Leider gibt es neben der physikalischen Instabilität auch Konvergenzprobleme aufgrund numerischer Instabilitäten, sodass schlechte Konvergenz kein hinreichendes Kriterium ist, um den Instabilitätspunkt zu finden. Schaut man sich jedoch, nach dem irgendwann erfolgenden Abbruch der Berechnung, die Verschiebung in Abhängigkeit von der Last an, sieht man gegen Ende der Analyse einen überproportional starken Anstieg der Deformation, sodass damit eine Verifikation wieder möglich ist.

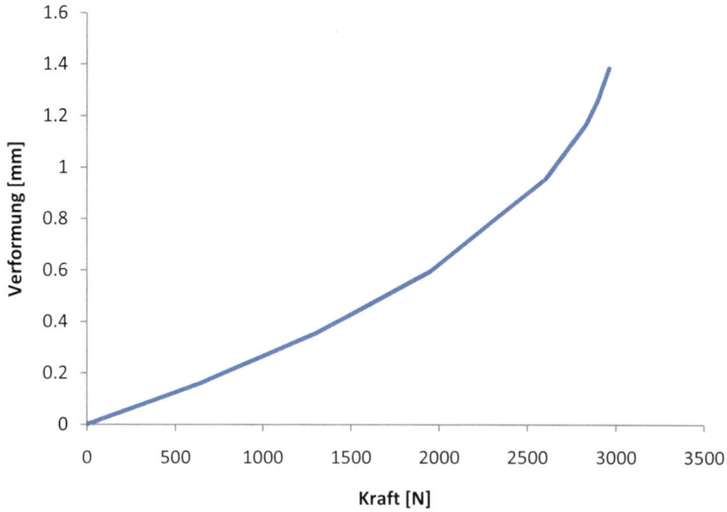

Nachbeulverhalten

Das dynamische Anpassen des Lastniveaus anhand des Konvergenzverhaltens kostet jedoch sehr viel Rechenzeit. Darüber hinaus ist die Interpretation, wann eine Verschiebung „groß“ genug ist, um den Beulpunkt zu definieren, nicht immer einfach. Deshalb ist der weggesteuerte Ansatz mit seiner hohen Lösungsgeschwindigkeit und eindeutigen Aussage zu bevorzugen.

Werden die Kontaktsituationen und die Materialnichtlinearitäten anspruchsvoller, wird der implizite Berechnungsansatz sehr viele Gleichgewichtsiterationen brauchen, um die Lasthistorie abzubilden. In solchen Fällen ist es eine Überlegung wert, diesen Prozess mit dem expliziten Lösungsverfahren und kleinen Zeitschritten, aber ohne Gleichgewichtsiterationen abzubilden. Damit lassen sich dann auch komplexe Umformprozesse und komplexe Kontaktsituationen robust berechnen.

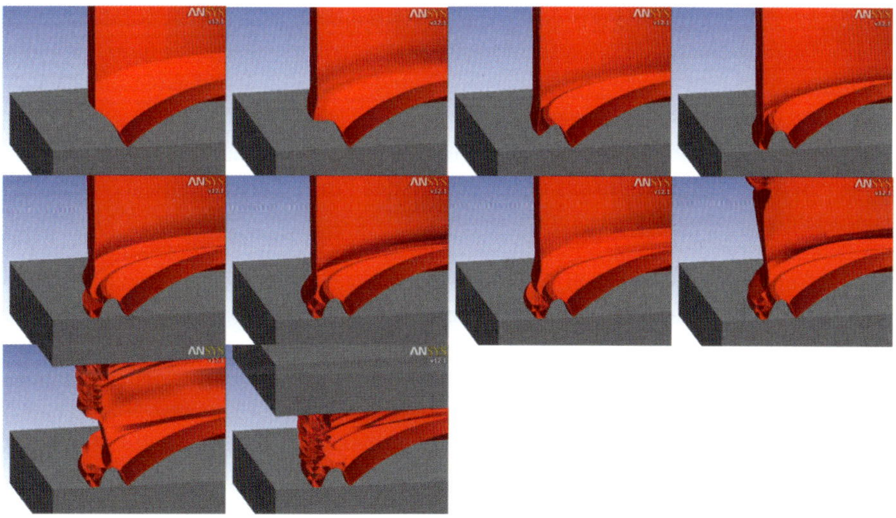

Abfolge beim Zusammendrücken einer Getränkedose – explizite Lösung

9.18 Schwingungen an einem Kompressorsystem

Maschinensatz einer Kälteanlage (Quelle: Wikipedia)

In der Kältetechnik werden die einzelnen Komponenten einer Kältemaschine wie Kompressoren, Verdampfer und Verflüssiger auf einem Grundrahmen montiert und betrieben.

Einflussgrößen

Aufgrund der rotierenden Maschinen besteht die Gefahr, dass das System zu Schwingungen angeregt wird, die zu Festigkeits- und Lärmproblemen führen können. Durch eine Schwingungsanalyse per FEM können solche Probleme rechtzeitig erkannt und Gegenmaßnahmen ergriffen werden. Ein exemplarischer Ablauf einer solchen Schwingungsanalyse soll an der idealisierten Beispielgeometrie *Kaeltemaschine.stp* durchgeführt werden. Die Kompressoren sind idealisiert als Blöcke modelliert. Auch in der Praxis kann man dies tun, sofern die Masse und Trägheitsmomente (!) durch eine Ersatzgeometrie und ein Dummy-Material an die reale Geometrie angepasst wurden. Alternativ könnten statt Blöcken auch die Punktmassen in der Mechanical-Applikation verwendet werden, die in Masse, Trägheit und Steifigkeitsverhalten (flexibel/starr) vom Anwender direkt definiert werden können. Ein typischer Anwendungsfall für diese Punktzusatzmassen sind Elektronikleiterplatten, auf denen Bauelemente idealisiert abgebildet werden.

Ausgangsbasis Modalanalyse

Beginn jeder Analyse, die sich mit Schwingungsproblemen befasst, ist die Modalanalyse. Ziehen Sie eine Modalanalyse aus der Toolbox in den Projektbereich, ordnen Sie die Geometriedatei zu, und starten Sie mit einem Doppelklick auf Zelle A4 (Modell) die Definition der Details. Prüfen Sie die Materialzuweisung (in diesem Beispiel Stahl) und die Kontakte. Bei den Kontakten sind lediglich lineare Kontakte erlaubt, d. h. Verbund und keine Trennung. Abhebende Kontakte und andere Nichtlinearitäten erfordern eine transient-dynamische Analyse. Deshalb muss für eine Modalanalyse ein linearisiertes Modell gebildet werden. Ändert ein Kontakt seinen Bereich der Berührung je nach Schwingungsrichtung, bietet es sich an, zwei vergleichende Modalanalysen durchzuführen, einmal mit großflächiger Kontaktdefinition und einmal mit lokaler Kontaktdefinition (durch Auftrennen der Flächen im CAD oder im DesignModeler), um damit den Bereich der auftretenden Frequenz abzuschätzen.

In der vorliegenden Baugruppe werden alle Kontakte erkannt, die erforderliche Definition von Eingaben beschränkt sich auf die fixierten Lagerungen an den vier Aufstellpunkten. Unter den Analyseeinstellungen kann die Zahl der zu berechnenden Eigenfrequenzen eingetragen werden (z. B. 10). Bevor die Analyse gestartet wird, sollte man bedenken, dass sowohl die Steifigkeit als auch die Masse in der Analyse korrekt abgebildet ist. In vielen Strukturen sind Komponenten enthalten, die nichts zur Steifigkeit beitragen, aber zur Masse, wie z. B. Verkabelung oder noch nicht modellierte Kleinteile. In solchen Fällen wird oft vereinfachend die Dichte etwas erhöht, um pauschal diesen Einfluss zu erfassen.

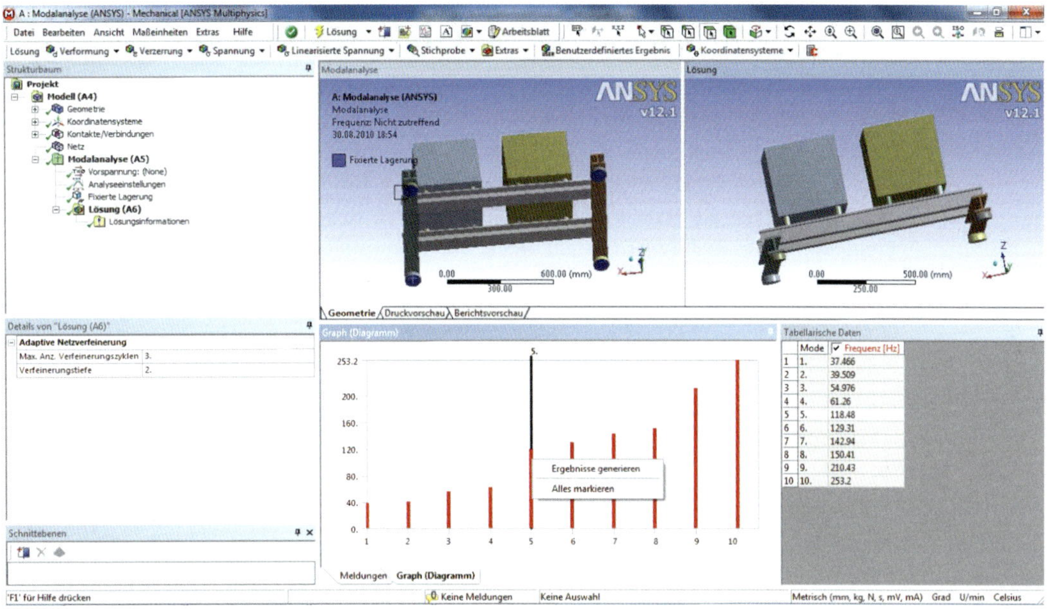

Nach der Berechnung erhält man mit einem Klick auf **LÖSUNG** die Liste der Eigenfrequenzen tabellarisch und als Graph angezeigt. Um alle auftretenden Eigenschwingungsformen (Eigenformen) zu sehen, wählen Sie mit der rechten Maustaste eine **EIGENFREQUENZ** an, mit der rechten Maustaste **ALLES MARKIEREN** und dann erneut mit der rechten Maustaste **ERGEBNISSE GENERIEREN**. Da in einer Modalanalyse keine Amplituden für Verformung oder Spannungen ermittelt werden können (siehe Abschnitt 4.4.1), empfiehlt es sich, die Legende und Farbverteilung auszuschalten (Menü **ANSICHT/LEGENDE**; Icon **KONTUREN/VOLUMENKÖRPER (AUSGEFÜLLT)**).

Auswertung anhand der Eigenfrequenzen

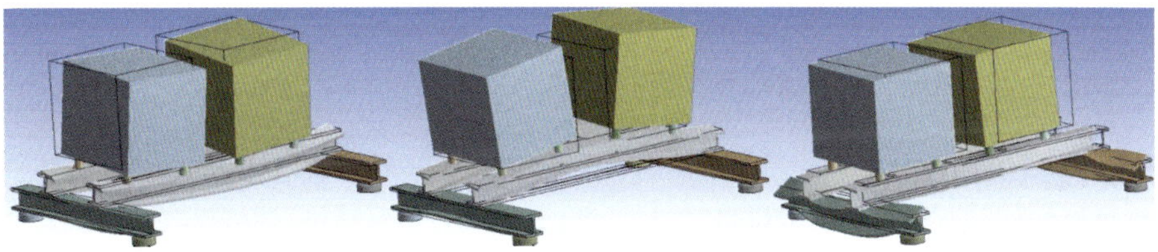

Erste bis dritte Eigenform der Kältemaschine

Vernetzung prüfen

Tritt bei den Kompressoren eine Drehzahl von 3.300 U/min auf, liegt die mögliche Anregungsfrequenz bei 3300/60 = 55 Hz. Damit würde mit hoher Wahrscheinlichkeit die dritte Eigenform besonders stark angeregt werden (Resonanz). Um die Güte der Analyse in Bezug auf diese Schwingungsform zu prüfen, können Sie die für diese Schwingungsform besonders stark deformierten Bereiche feiner vernetzen. Damit Sie diese Bereiche erkennen, die neben einer feineren Vernetzung auch für Versteifungsmaßnahmen besonders interessant sind, fügen Sie ein Ergebnis für eine relative Spannungsverteilung für die dritte Eigenform ein (**LÖSUNG/EINFÜGEN/SPANNUNG/VERGLEICHSSPANNUNG**, im Detailfenster **MODE** auf 3, **ANALYSEEINSTELLUNGEN/AUSGABESTEUERUNGEN/SPANNUNG** berechnen auf **JA**).Um die Spannungsverteilung zu sehen, schalten Sie die Konturen wieder ein, die Legende besser nicht, da in der Modalanalyse ohne Anregung lediglich die Verteilung, jedoch nicht die Höhe der Spannungen für die angegebene Schwingungsform berechnet werden kann. An der Spannungsverteilung erkennt man ebenso wie am deformierten Zustand, dass die beiden kurzen Querträger stark deformiert werden, d.h., eine Netzverfeinerung sollte genau hier stattfinden. Um in Längsrichtung mit einem groben, im Querschnitt aber mit einem feinen Netz zu rechnen, definieren Sie eine kleine Elementgröße (z.B. 3 mm) lediglich an der Querschnittsfläche der beiden Träger.

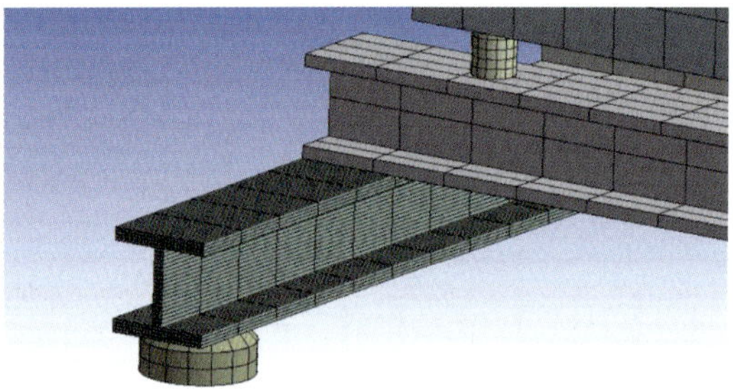

Mit der verfeinerten Vernetzung sinkt die dritte Eigenfrequenz aufgrund der besseren Steifigkeitsabbildung von 55 Hz auf 53 Hz, eine noch feinere Vernetzung ändert daran nichts mehr.

Angeregte Schwingung

Möchte man Amplituden für Verformungen und Spannungen berechnen, kann man aufgrund der regelmäßigen deterministischen Belastung, z.B. durch eine sinusförmige Unwuchtkraft von den beiden Kompressoren, eine harmonische Analyse durchführen. Die nun folgende Beschreibung orientiert sich an der Arbeitsweise abVersion 13 (der Ablauf in Version 12 ist direkt als harmonische Analyse, d.h. ohne Modalanalyse, zu definieren). Wechseln Sie zum Projektmanager, und ziehen Sie aus der Toolbox die harmonische Analyse auf die Lösung der Modalanalyse (Zelle A6, siehe nachfolgende Abbildung).

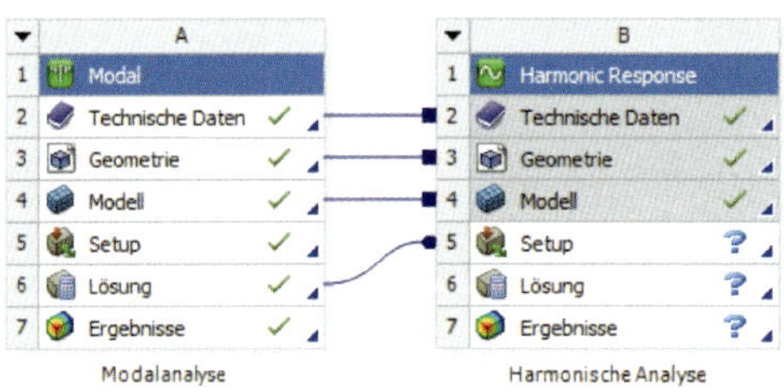

Mit einem Doppelklick auf B5 definieren Sie das Set-up für die harmonische Analyse. Unter den Analyseeinstellungen legen Sie fest, in welchem Frequenzbereich Sie auswerten möchten. Orientieren Sie sich hierbei an den Frequenzen, welche die Modalanalyse ergibt (0 bis 250 Hz). Mit **ERGEBNISSE BÜNDELN** auf **JA** werden die Berechnungsergebnisse im Bereich der Eigenfrequenzen dichter gesetzt, als in dem meist weniger interessanten Bereich dazwischen. Die Anzahl der Berechnungspunkte zwischen den Eigenfrequenzen legen Sie mit **FREQUENZBÜNDELUNG** auf 20 fest (Maximalwert) sowie **SPANNUNGEN BERECHNEN** und **DEHNUNG BERECHNEN** auf **NEIN**. Unter **DÄMPFUNGSSTEUERUNG/KONSTANTES DÄMPFUNGSVERHÄLTNIS** definieren Sie eine Dämpfung von 2 % = 0,02 (Schätzwert).

Details von "Analyseeinstellungen"

Optionen	
Min. Wert des Bereichs	0. Hz
Max. Wert des Bereichs	250. Hz
Frequenzbündelung	20
Lösungsmethode	Modale Superpositi...
Ergebnisse bündeln	Ja
Ergebnisse für alle Frequenzen speichern	Ja
Ausgabesteuerungen	
Spannung berechnen	Nein
Dehnung berechnen	Nein
Dämpfungssteuerungen	
Konstantes Dämpfungsverhältnis	2.e-002
Beta-Dämpfung definiert durch	Direkte Eingabe
Beta-Dämpfungswert	0.
Analysedatenverwaltung	

Als Belastung definieren Sie eine Kraft von 100 N, die auf einen der beiden Kompressoren in Hochrichtung der Maschine wirkt. In der Praxis werden Unwuchtkräfte umlaufend sein, was für den Einstieg etwas zu komplex wird, sodass Sie diese Übung mit einer bzw. zwei Kräften, die jeweils in eine Richtung wirken, beginnen sollten.

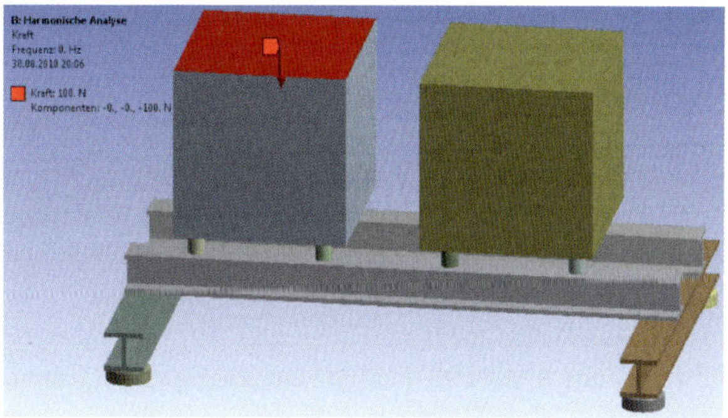

Auswertung der harmonischen Analyse

Um die Amplituden über der Frequenz darzustellen, definieren Sie einen Frequenzgang für das gewünschte Ergebnis, z. B. die Verformung in z-Richtung. Wählen Sie dazu unbedingt einen geeigneten Punkt aus, beispielsweise einen oberen, mittig gelegenen Eckpunkt eines Kompressors. Die Wahl der Auswertepunkte ist vergleichbar mit der Positionierung von Beschleunigungsaufnehmern in der Messtechnik und sollte in der Praxis an genügend vielen Auswertestellen geschehen, um alle relevanten Effekte zu erfassen.

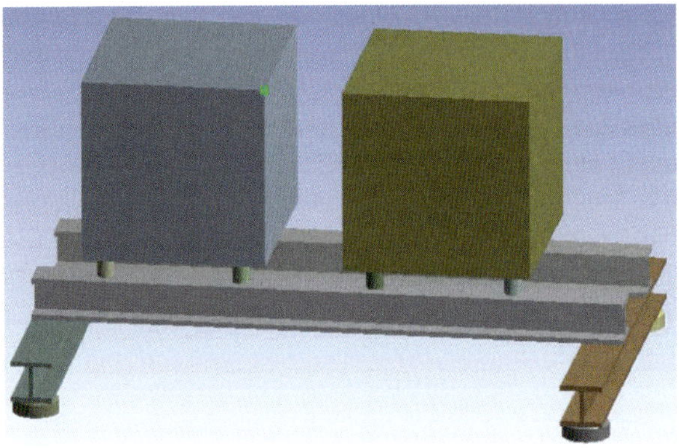

Sie erhalten damit ein sogenanntes Bode-Diagramm für jede Auswerterichtung (z. B. in z).

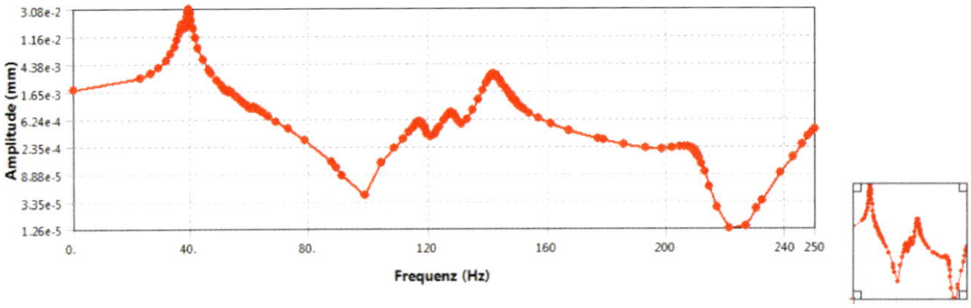

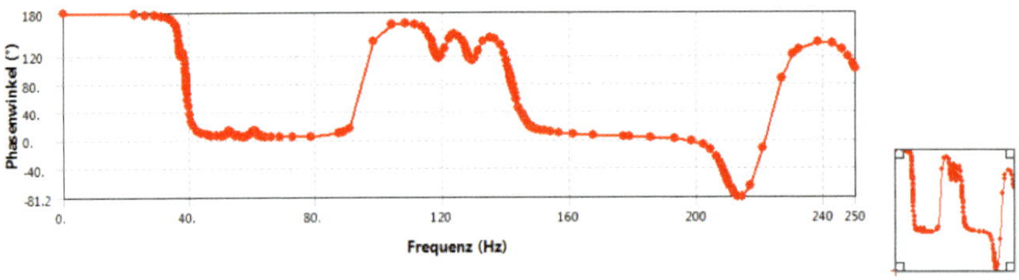

Man sieht, dass vor allem die erste und die zweite Eigenfrequenz hohe Amplituden in z-Richtung an der beobachteten Stelle aufweisen, ebenso die siebte bei ca. 140 Hz. Die dritte Eigenfrequenz tritt dagegen kaum in Erscheinung. Das untere Diagramm zeigt den Phasenwinkel, der im Resonanzfall ±90 Grad beträgt und damit dazu beitragen kann, interessante Frequenzen besser zu erkennen. Ein weiteres Hilfsmittel ist die Diagrammlupe rechts unten, deren Ecken verschoben werden können, um im Hauptdiagramm einen Teilbereich größer darzustellen.

Möchten Sie das Verhalten der gesamten Struktur für eine bestimmte Frequenz sehen, man spricht bei diesem Prozess auch von Expandieren, wählen Sie im Strukturbaum **LÖSUNG/EINFÜGEN** und das gewünschte Ergebnis. Überschreiben Sie im Detailfenster bei der Option **FREQUENZ** die Eigenschaft **LETZTE** mit der von Ihnen gewünschten Frequenz, z. B. 55 Hz, weil dort der Betriebspunkt des Kompressors liegt, so erhalten Sie eine Schwingungsamplitude von 3 µm.

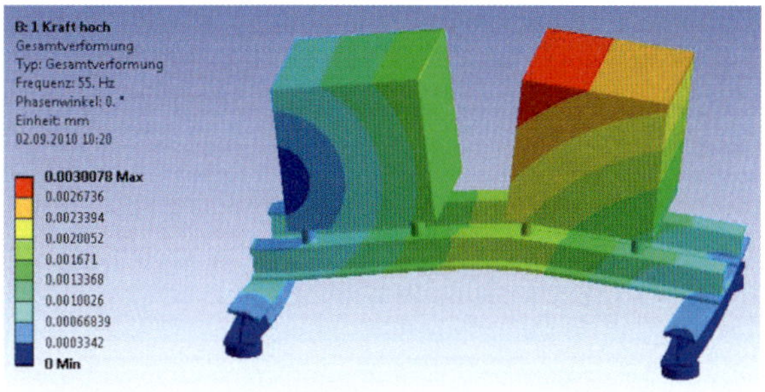

Um Spannungsamplituden berechnen zu können, ist es erforderlich, in den Analyseeinstellungen der harmonischen Analyse unter den Ausgabesteuerungen die Option **SPANNUNG BERECHNEN** zu aktivieren.

Für eine detailliertere Auswertung und Gegenüberstellung verschiedener Varianten können Sie über die rechte Maustaste auf einem Frequenzgang diesen im Excel-Format exportieren. Vergleichen Sie auf folgende Weise:

- Zahl und Größe der Kräfte (vergleichen Sie eine bzw. zwei Kräfte)
- Richtung der Kräfte (vergleichen Sie Hoch- und Längsrichtung)
- Phasenverschiebung der Kräfte (vergleichen Sie gleich- und gegenphasige Kräfte)
- Umlaufende Kräfte (2 Kräfte im Winkel von 90°, Phasenverschiebung 90°)

Verschiedene Dämpfungen

Variantenvergleich

Auf diese Weise lässt sich z. B. erkennen, dass die Anregungsrichtung eine große Rolle spielt. So tritt die Längsschwingung verstärkt auf bei Anregung in Längsrichtung (53 Hz, Rot, Grün), jedoch nicht bei gegenphasiger Anregung (53 Hz, Gelb). Die Schwingungen in Hochrichtung (40 Hz, Blau) werden bei gegenphasigen Kräften besonders verstärkt (40 Hz, Gelb, Hebelwirkung).

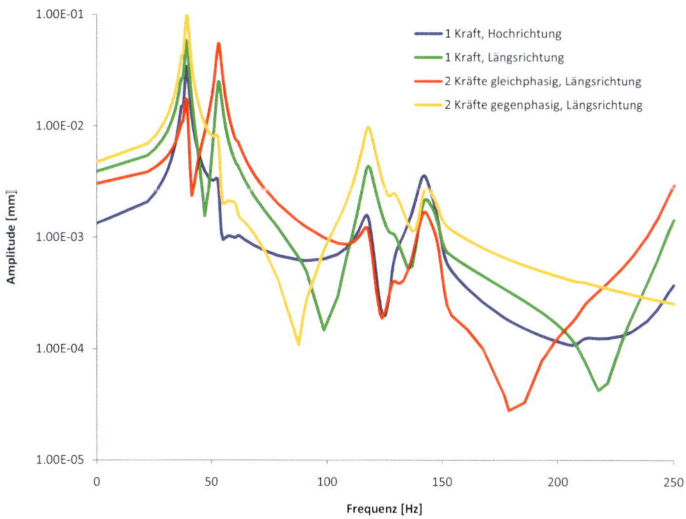

Verformungsamplituden am Kompressor in Abhängigkeit von der Anregung

Nachdem die Dämpfung in dieser Analyse - wie in vielen Anwendungen aus der Praxis - auf einer Schätzung beruht, sollte man sich einen Überblick verschaffen, wie durch eine Unschärfe in dieser Eingangsgröße das Ergebnis beeinflusst wird. Vergleichen Sie beispielsweise 2, 10 und 30% Dämpfung miteinander.

Verformungsamplituden im Bereich der ersten Eigenfrequenz in Abhängigkeit von der Dämpfung

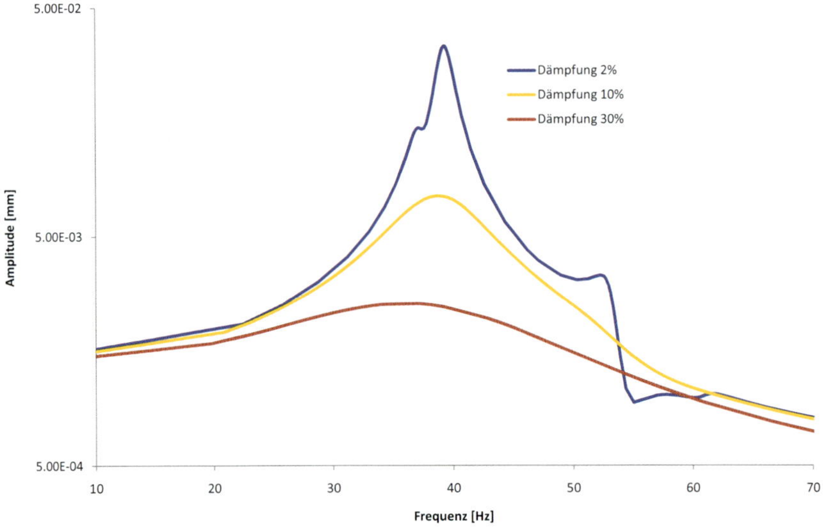

In realen Anwendungen wird die Dämpfung meist deutlich kleiner sein. Interessant zu sehen, ist der starke Einfluss auf die Amplitude und gleichzeitig der sehr geringe Einfluss auf die Frequenz. Durch einen Abgleich zwischen Berechnung und Versuch kann der Dämpfungswert verifiziert und damit für ähnliche Anwendungen als besserer Schätzwert verwendet werden.

9.19 Mehrkörpersimulation

Als Mehrkörpersysteme bezeichnet man Zusammenbauten, die über Gelenke beweglich miteinander verbunden sind. Gelenke sind dabei nicht nur Drehgelenke, sondern alle Arten von Verbindungen, die Relativbewegungen zulassen, wie z.B. Führungen (Schiebegelenke) oder Kugelgelenke.

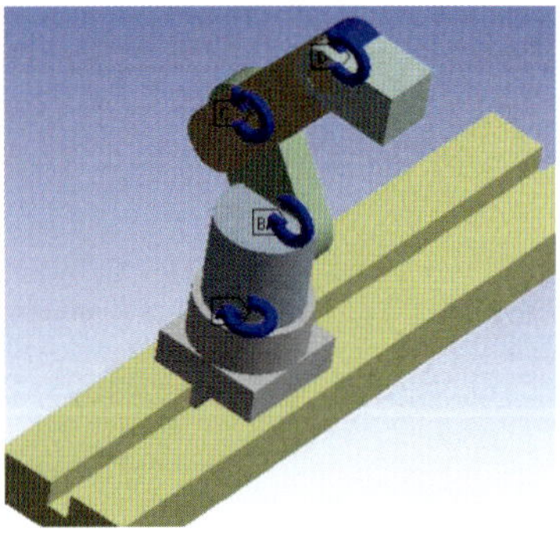

Ein typisches Mehrkörpersystem ist ein Industrieroboter. Für ein Prinzipmodell eines solchen Roboters soll die Bewegung während eines Arbeitszyklus abgebildet werden.

Starrkörpersimulation

Mehrkörpersystem definieren

Legen Sie dazu aus der Toolbox eine Starrkörperdynamik im Projektbereich ab. Das Standardmaterial soll ohne weitere Anpassungen übernommen werden, sodass Sie direkt die Geometrie *Roboter.stp* zuordnen und mit einem Doppelklick auf das Modell (Zelle A5) in die Mechanical-Applikation wechseln können, um die Details zur Simulation festzulegen. Öffnen Sie in der Mechanical-Applikation den Strukturbaum unter **GEOMETRIE** und kontrollieren Sie, dass alle Körper von ihrem **STEIFIGKEITSVERHALTEN** her auf **STARR** gestellt sind. Löschen Sie alle automatisch generierten Kontakte und wählen Sie mit der rechten Maustaste **AUTOMATISCHE VERBINDUNGEN ERSTELLEN**. Prüfen Sie die automatisch generierten Gelenke dahingehend, ob sie die korrekten Bewegungsmöglichkeiten ermöglichen. Wählen Sie dazu das Gelenk in der Liste der **KONTAKTE/VERBINDUNGEN** an und dann in der Icon-Leiste **KONFIGURIEREN**. Sie erhalten dann ein 3D-Symbol für das Gelenk, bei dem die Bewegungsmöglichkeiten farbig hervorgehoben sind.

Per gedrückter Maustaste können Sie das Gelenk nun verändern, um die Bewegung zu untersuchen. Anhand der Bewegung beider Gelenkpartner erkennt man, dass die Struktur noch nicht fixiert ist. Dazu können Sie die Unterseite selektieren und in der kontextsensitiven Icon-Leiste die Funktion **KÖRPER-LAGERUNG/FIXIERT** auswählen. Um die Zahl der Freiheitsgrade, d. h. Bewegungsmöglichkeiten, zu prüfen, wählen Sie im Strukturbaum **KONTAKTE/VERBINDUNGEN** und anschließend in der Icon-Leiste die Funktion **ARBEITSBLATT**. Gerade bei komplexen Systemen kann durch die Kontrolle der Freiheitsgrade und durch die Konfigurieren-Funktion die Arbeitsweise des Mehrkörpersystems kontrolliert werden. Vermeiden Sie überbestimmte Systeme (Overconstraint-Meldung), indem Sie die Freiheitsgrade der Gelenke anpassen.

Bewegung vorgeben

Da alle Körper als Starrkörper definiert sind, ist keine Vernetzung erforderlich, die einzelnen Körper werden jeweils durch ihre Masse und Trägheitseigenschaften repräsentiert. Um die Bewegung des Roboters zu definieren, ziehen Sie die vier Drehgelenke auf die Analyse, sodass Sie für jedes Gelenk Vorgaben machen können. Der gesamte Ablauf besteht aus dem Abfahren von sechs Positionen.

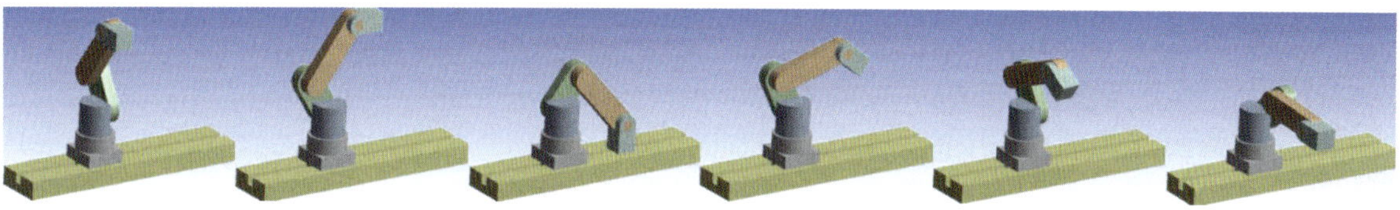

Bei allen sechs Positionen sind also für jedes Gelenk die Bewegungen zu definieren. Am einfachsten geschieht dies durch die Vorgabe der Drehwinkel zu jedem Zeitpunkt. Dazu legen Sie die Zahl der Lastschritte auf sechs fest und geben folgende Drehwinkel bei den einzelnen Gelenken an.

Lastschritt	Zeit [s]	Gelenk A [°]	Gelenk B [°]	Gelenk C [°]	Gelenk D [°]
1	1	-90	0	0	0
2	2	-90	70	-32	13
3	3	-90	0	-32	0
4	4	0	0	-32	0
5	5	0	90	30	62
6	6	0	0	0	0

Auswertung Bewegung

Wenn Sie nach erfolgter Analyse Animationen erzeugen oder exportieren, sollten Sie bei MKS-Analysen die Zahl der Bilder erhöhen (100 – 200), damit ein ruckelfreier Ablauf mit genügend feiner zeitlicher Auflösung gewährleistet ist. Um Gelenkkräfte oder Momente zu visualisieren, fügen Sie mit der rechten Maustaste auf **LÖSUNG** eine **STICHPROBE/VERBINDUNG** ein, wählen Sie das jeweilige Gelenk aus und aktualisieren Sie die Lösung. Für das Gelenk B erhalten Sie damit beispielsweise den in der folgenden Abbildung dargestellten Momentenverlauf.

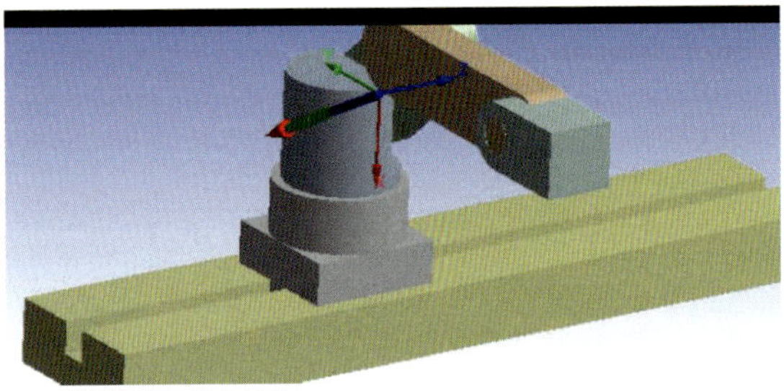

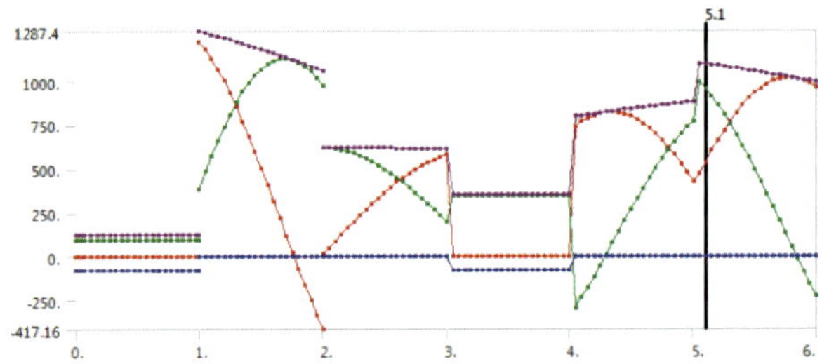

Der Momentenverlauf ist unstetig, da für das Gelenk lediglich Positionsvorgaben in Form von Winkeländerungen gemacht wurden. Ein sanfter Übergang von einer Bewegung in die nachfolgende ist damit nicht gewährleistet und würde in der Praxis zu Lärm und Festigkeitsproblemen führen.

Einzelne elastische Komponente nachrechnen

Um die ermittelten Belastungen in Form von Kräften, Momenten und Beschleunigungen für eine Festigkeitsberechnung an einer bestimmten Komponente weiterzuverwenden, können die Bewegungslasten für eine statische Analyse exportiert werden (dazu müssen Sie ein beliebiges Ergebnis anwählen, anschließend **BEWEGUNGSLASTEN EXPORTIEREN** auswählen und *MotionLoads.txt* auf dem Dateisystem abspeichern).

Kräfte automatisch übertragen

Legen Sie im Projektmanager durch Duplizieren auf A1, A2 oder A3 ein zweites System an, jedoch nicht durch Drag & Drop oder Doppelklick per Toolbox (über diesen Weg würde die Geometrie neu eingelesen, sodass die Motion-Daten keine entsprechende Referenz finden, sichtbar an den CAD-Attributen im Detailfenster, wenn das Bauteil im Strukturbaum markiert wird). In der Kopie können Sie den Analysetyp von Starrkörperdynamik auf Statik ersetzen (rechte Maustaste auf B1, **ERSETZEN DURCH/STATISCHE STRUKTURMECHANISCHE ANALYSE**). Bearbeiten Sie Zelle B4 und unterdrücken Sie dort alle Teile bis auf das eine, für das Sie die FEM-Analyse durchführen möchten (selektieren Sie es, klicken Sie auf die rechte Maustaste und wählen **ALLE ANDEREN KÖRPER UNTERDRÜCKEN**). Wählen Sie unter **GEOMETRIE** das Bauteil an und ändern Sie das Steifigkeitsverhalten auf *flexibel*.

Unterdrücken Sie ebenfalls alle Gelenke sowie alle Ergebnisse und fügen Sie dann die Bewegungslasten ein (**STATISCH-MECHANISCH/EINFÜGEN/BEWEGUNGSLASTEN/ MOTIONLOADS.TXT**, siehe folgende Abbildung).

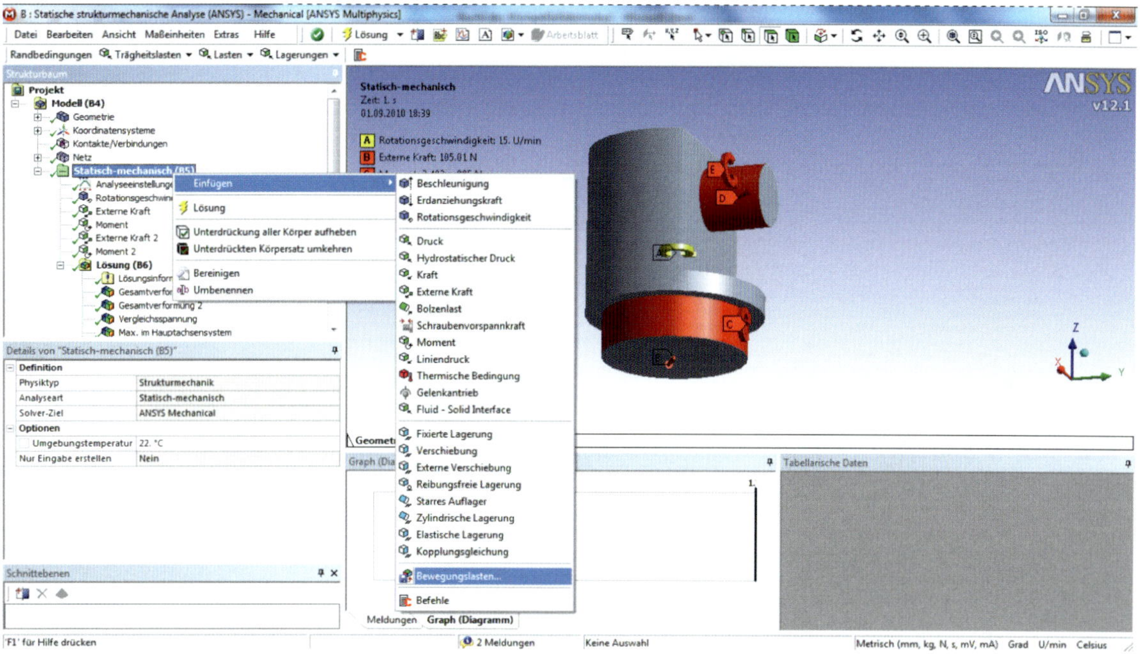

Die in diesem Lastfall definierten Belastungen haben sich aus der dynamischen Analyse ergeben und sollten nicht mit anderen Belastungen gemischt werden. Der Vorteil dieser Vorgehensweise liegt in der sehr schnellen Analyse. Die dynamische Simulation anhand des Mehrkörpersystems wird dazu verwendet, die dynamischen Belastungen zu ermitteln, die auf eine einzelne Komponente wirkt, um diese automatisch zu übertragen.

Mehrkörpersimulation mit elastischen Komponenten

Flexible MKS

Die Verknüpfung FEM-MKS kann auch noch auf eine andere Art und Weise stattfinden: Spielt die Elastizität der Komponenten für das dynamische Verhalten eine Rolle, ist das zuvor gezeigte sequenzielle Vorgehen nicht geeignet, da keine Rückkopplung von der FEM- zur MKS-Analyse gegeben ist. In solchen Fällen wird die FEM-vernetzte Komponente als Teil der Mehrkörpersimulation in jedem Zeitschritt mit berücksichtigt. Dafür gehen Sie wie folgt vor: Duplizieren Sie die Starrkörperanalyse (Zelle A4, **DUPLIZIEREN**), ersetzen Sie auf Zelle A1 den Analysetyp durch **FLEXIBLE DYNAMIK**, bearbeiten Sie das Modell (Zelle A4), wechseln Sie im Strukturbaum der Mechanical-Applikation unter **GEOMETRIE** das Bauteil 2 von **STARR** auf **FLEXIBEL**. Definieren Sie (gerade für Übungszwecke und erträgliche Rechenzeiten) anschließend eine grobe Vernetzung und unter den

Analyseeinstellungen die Zeitschrittsteuerung. **Wichtig:** Definieren Sie diese nicht für jeden Lastschritt einzeln, sondern für alle sechs gemeinsam. Wählen Sie dafür im Graphen mit der rechen Maustaste **ALLES AUSWÄHLEN** und legen Sie anschließend im Detailfenster den anfänglichen (1e-3 s), minimalen (1e-3 s) und maximalen Zeitschritt (1e-2 s) fest. Kontrollieren Sie diese Zeitschrittdefinitionen, indem Sie in der Icon-Leiste das **ARBEITSBLATT** aktivieren.

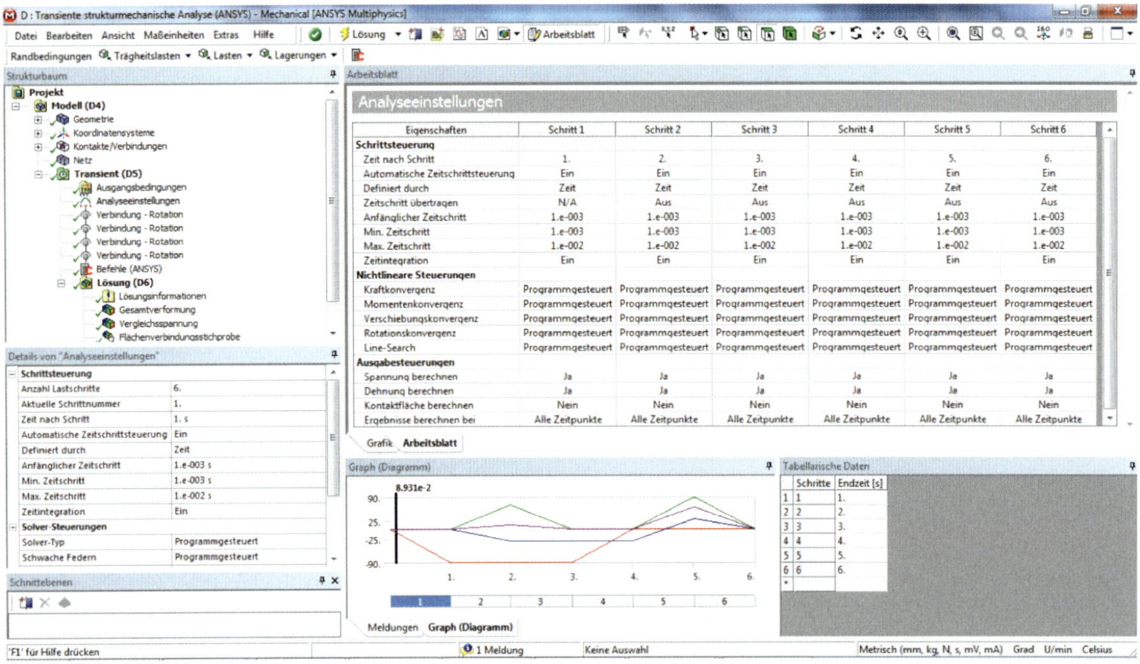

Fügen Sie außerdem mit einem Rechtsklick auf Analyseeinstellungen **BEFEHLE** mit folgendem Inhalt ein, damit Sie für bis zu 100 000 Zeitschritte Ergebnisse berechnen lassen können (die Standardeinstellung von 1000 ist für diese Analyse sonst zu gering):

```
fini
/config,nres,100000
/solu
```

Starten Sie die Analyse mit diesen Änderungen, wird diese Mehrkörpersimulation mit einer Komponente 2, basierend auf einem FEM-Netz, berechnet, d. h. also, unter Berücksichtigung der Elastizität dieses Bauteils. Dabei wird für jeden Zeitpunkt das FEM-Modell neu durchgerechnet, sodass diese handhabungstechnisch einfache Methode relativ viel Rechenzeit benötigt. Es existieren weitergehende Verfahren, mit denen das elastische Verhalten der betroffenen Komponente kondensiert wird (basierend auf der statischen und dynamischen Steifigkeit, Component Mode Synthesis, CMS), sodass in den vielen Zeitschritten der transienten Analyse nicht mehr das komplette FEM-Modell, sondern nur noch das reduzierte zum Einsatz kommt, wodurch jeder Zeitschritt und damit die ganze Analyse sehr viel schneller wird.

Betrachten Sie den Verlauf der Spannungen (die aufgrund des groben Netzes keine quantitative Bewertung erlauben), werden Sie feststellen, dass gerade am Übergang von einem Lastschritt zum nächsten hohe Spannungswerte auftreten.

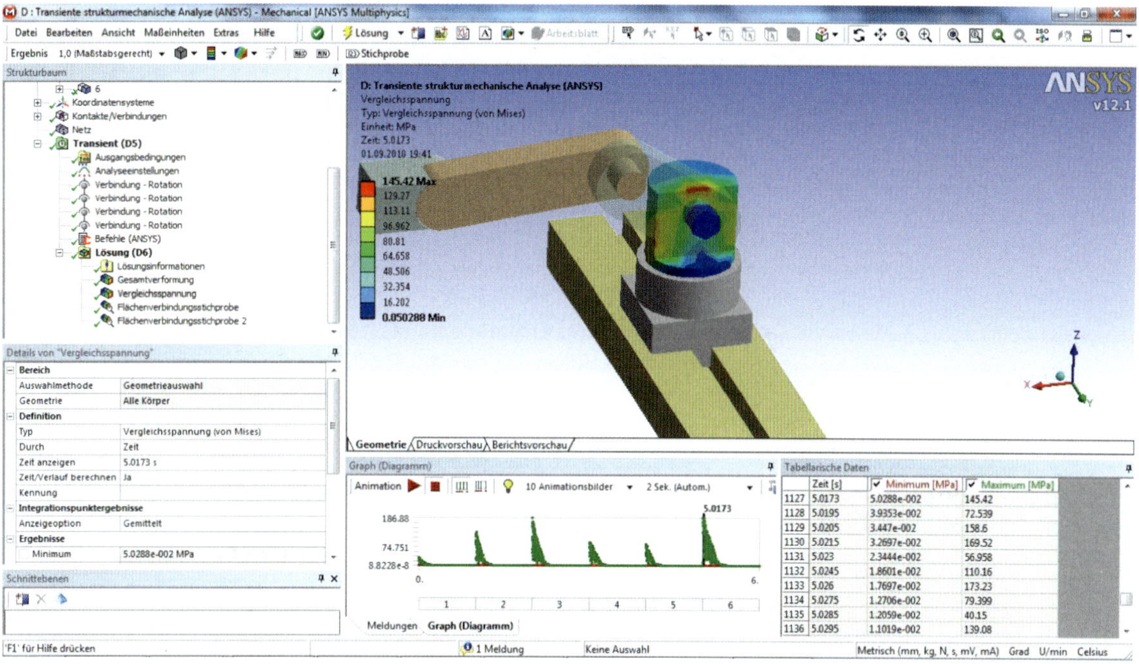

Die zeitlichen Sprünge in den Spannungen (und Kräften) sind ein Zeichen für einen hohen Ruck (= Ableitung der Beschleunigung) zwischen den verschiedenen Bewegungsphasen. Die ursprünglich vorgegebene, lineare Veränderung der Position erfordert eine plötzliche Änderung der Beschleunigung, d. h. theoretisch einen unendlich großen Ruck. Statt einer linearen Veränderung der Gelenkposition in sechs Lastschritten kann mit einer zeitlich feiner aufgelösten Vorgabe eine sinusoidale Bewegung definiert werden (siehe System D in der Musterlösung).

Ruck verringern

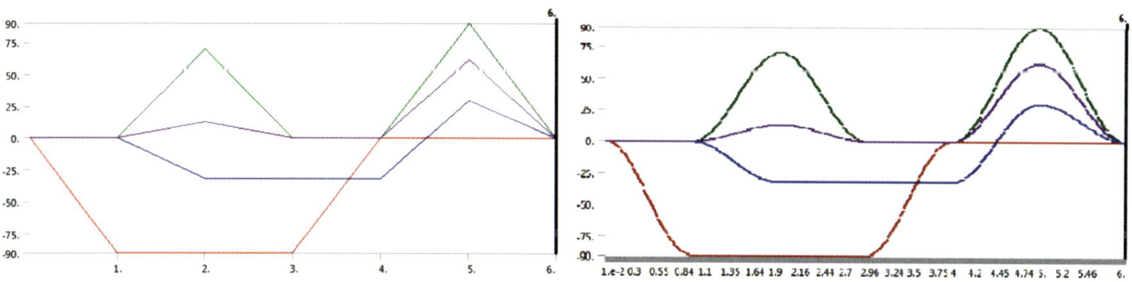

Vorgabe der Gelenkpositionen linear und sinusoidal veränderlich

Damit vermeidet man die Unstetigkeiten der Gelenkmomente (und -kräfte) und vermindert den Ruck.

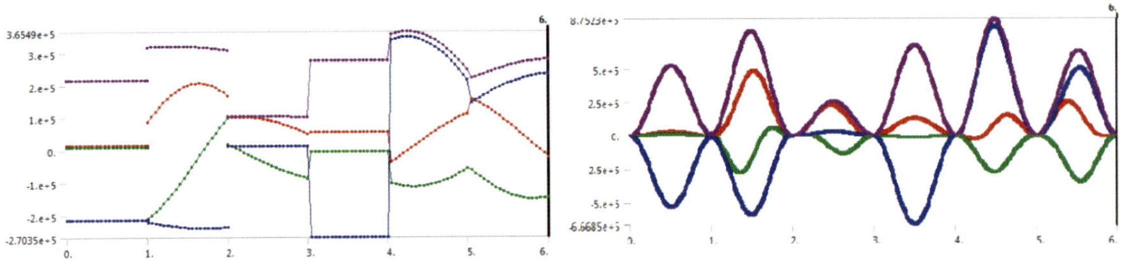

Gelenkmomente bei linear veränderlicher und sinusoidaler Bewegung

Man sieht jedoch auch, dass das erforderliche Maximalmoment deutlich höher ist, um eine solche ruckverminderte Bewegung zu erreichen.

9.20 Containment-Test einer Turbine

Containment-Tests dienen dazu, die Integrität einer Schutzeinrichtung im Versagensfall vorherzusagen. Anwendungsfälle sind z. B. abfliegende Schaufeln von Flugzeugtriebwerken, Turboladern oder anderen Arten von Turbomaschinen sowie Hochgeschwindigkeitsfräsmaschinen, bei denen Werkzeugfragmente im Betrieb wegbrechen, oder Kernkraftwerke, die auch einem Flugzeugabsturz standhalten sollen. Solche Tests können effektiv durch Simulation bereits während der Entwicklung durchgeführt werden. Ein kleines Testbeispiel soll den Ablauf einer solchen Analyse zeigen.

Physikalisches Problem

Von einer Turbine, die sich mit 20 000 U/min dreht, löst sich eine Schaufel. Der Ablauf für eine transiente Simulation des Auffangens bzw. Durchschlagens des Mantels wird exemplarisch gezeigt. Das Material von Schaufel und Mantel ist Stahl mit einer Fließgrenze von 300 MPa und einem Tangentenmodul von 5000 MPa oberhalb der Fließgrenze. Der Mantel soll idealisierend für die reale Lagerung an der oberen Sichtlinie fixiert werden. In einer zweiten Variante der Berechnung wird das Verhalten untersucht, wenn beim Mantel (und nur dort) ein Materialversagen ab einer plastischen Dehnung von 10 % auftritt.

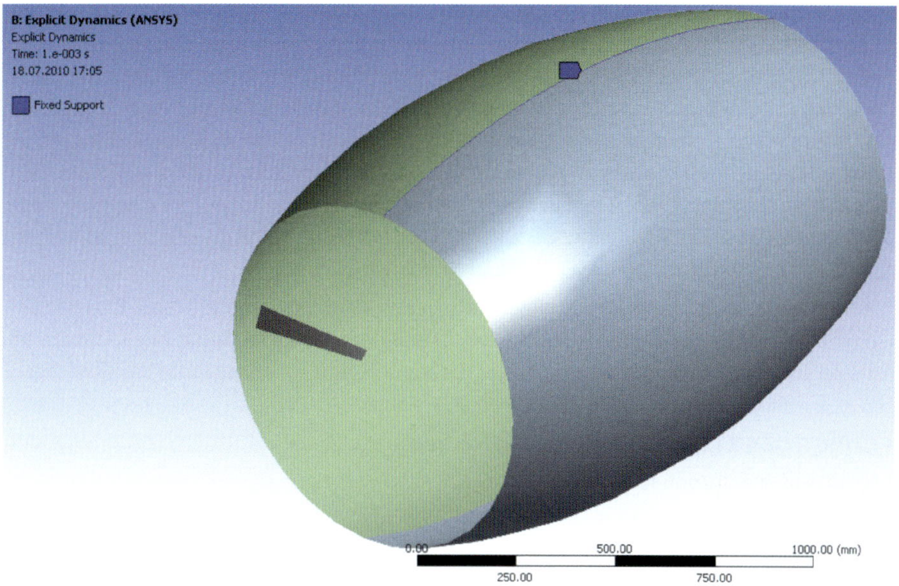

Aufgrund des instationären Zustands, der untersucht werden soll, ist eine transient-dynamische Analyse durchzuführen. Eine Mehrkörpersimulation mit starren oder elastischen Körpern kommt wegen der Material-Nichtlinearität nicht infrage, die implizite transient-dynamische Analyse würde aufgrund der Nichtlinearitäten im Material und beim Kontakt Konvergenzprobleme aufweisen. Durch diese Kombination von Faktoren kommt daher nur eine explizite transiente Analyse infrage. Starten Sie dazu ANSYS Workbench, und definieren Sie diese Analyse, indem Sie die **EXPLIZITE DYNAMIK** von den verfügbaren Analysen in den Arbeitsbereich ziehen. In der neu definierten Analyse ergänzen Sie das vordefinierte Material um ein plastisches Materialmodell, indem Sie auf Zelle A2 **TECHNISCHE DATEN** gehen und mit der rechten Maustaste das Material editieren. In der aktuellen Simulation ist ein linear-elastisches Material Stahl bereits definiert. Öffnen Sie links in der Toolbox die Materialmodelle für Plastizität, und ziehen Sie das bilinear elastisch-plastische Materialmodell (**BILINEAR ISOTROPE VERFESTIGUNG**) von der Toolbox auf Ihr Material. Im Eigenschaftenfenster darunter erhalten Sie zwei zusätzliche Eingabefelder, in denen Sie die Fließgrenze (300 MPa) und den Tangentenmodul (5000 MPa) eintragen können.

Gehen Sie zurück zum Projekt, und ordnen Sie der Zelle A2 die Geometrie *turbine.stp* zu, und stellen Sie die Eigenschaften so ein, dass Flächenkörper mit importiert werden. Danach können Sie in Zelle A4 mit der rechten Maustaste und **BEARBEITEN** in die Definition des Modells und der Analyse einsteigen.

Explizite Analysedetails

Im Strukturbaum sehen Sie unter **GEOMETRIE** eine Baugruppe aus zwei Schalenkörpern, von denen einer der beiden aus Gründen einer effizienteren Vernetzung nochmals aus zwei Sub-Parts besteht. Wählen Sie einen oder mehrere Körper an, können Sie links unten im Detailfenster die Eigenschaften, wie z. B. Blechstärke (2 mm) oder Materialzuordnung, sehen. Beim Einladen der Geometrie wurden automatisch Kontakte generiert. Für diese transient-dynamische Analyse wurde ein reibungsfreier (d. h. abhebender) Kontakt auf **ALLE KÖRPER** festgelegt. Zwischen allen Körpern wurde daher ein allgemeiner Kontakt definiert, der auch den Selbstkontakt (Kontakt eines Bauteils mit sich selbst) einschließt. Diese Default-Definition passt für unsere Analyse, da die Schaufel mit dem Mantel, bei extremer Deformation aber auch mit sich selbst in Kontakt kommen kann. Definieren Sie einen zweiten Körperkontakt zwischen den beiden Gehäuseschalen mit der Option **VERBUND**, damit diese beiden Teile sich wie eines verhalten. Steht Ihnen der DesignModeler zur Verfügung, verbinden Sie diese beiden Teil-Bauteile, indem Sie sie selektieren und mit der rechten Maustaste eine **BAUTEILGRUPPE ERZEUGEN**.

Die Standardvernetzung liefert ein unstrukturiertes Netz, das unnötig kleine Elementkanten erzeugt und damit die Berechnungszeit unnötig erhöht. Es ist daher empfehlenswert, für eine grobe Vorabberechnung, die dazu dienen soll, den Ablauf und die Randbedingungen zu prüfen, folgende Netzeinstellungen zu wählen:

- **STRUKTURIERTES NETZ** für alle drei Flächen
- 30 mm Elementgröße in der Schaufel
- 100 mm Elementgröße im Mantel

Die Beschreibung des Lastfalls setzt sich aus drei Komponenten zusammen:

1. **Ausgangsbedingungen zum Start des betrachteten Zeitfensters**
   Die Schaufel dreht sich mit 20 000 U/min um die globale x-Achse. Zur Kontrolle der Lage des Koordinatensystems kann das globale Koordinatensystem im Strukturbaum unter Koordinatensysteme angeklickt und visualisiert werden. Wechseln Sie den Selektionsfilter auf Körper, selektieren Sie die Schaufel, wählen Sie im Strukturbaum **AUSGANGSBEDINGUNGEN** und fügen Sie mit **EINFÜGEN/WINKELGESCHWINDIGKEIT** eine Drehzahl von 20 000 U/min um die x-Achse ein. Stellen Sie dazu im Detailfenster die Definitionsart von **VEKTOR** auf **KOMPONENTEN** um. Das Symbol für die Drehzahl wird nicht am Ursprung der Drehachse angezeigt, sondern an dem Bauteil, für das es definiert wurde. Die Drehachse ist im Detailfenster zur Drehgeschwindigkeit angegeben (globales Koordinatensystem), die Achse über die Komponente x definiert.
2. **Bedingungen während des betrachteten Zeitfensters**
   Wechseln Sie im Selektionsfilter zu **LINIEN**, selektieren Sie die obere Trennlinie des Mantels und definieren Sie eine fixierte Lagerung, um die Befestigung des Mantels zu beschreiben (stark idealisiert).
3. **Analyseeinstellungen**
   Wählen Sie im Strukturbaum **ANALYSEEINSTELLUNGEN** und definieren Sie, wie lange Sie die Schaufel in Ihrer Analyse beobachten wollen. Tragen Sie eine Endzeit von 1,5 ms (1.5e-3 s) ein. Für eine schönere Darstellung können Sie unter den **AUSGABESTEUERUNGEN** im Detailfenster mit **ANZAHL VON PUNKTEN** festlegen, für wie viele Zeitpunkte Ihres Zeitfensters Sie Ergebnisse abgespeichert habe möchten (z. B. 50).

Definieren Sie die Ergebnisse, die Sie sehen möchten, wie z. B. die Gesamtdeformation und die plastische Dehnung. Bedenken Sie, dass die grobe Vernetzung erst einmal nur dazu dient, den prinzipiellen Ablauf zu verifizieren. Erst mit einer verfeinerten Vernetzung lassen sich sinnvolle Aussagen erzielen.

Speichern Sie Ihr Projekt und starten Sie die Analyse. Nach einigen Sekunden Berechnungszeit erhalten Sie die Lösung für die grobe Vernetzung. Animieren Sie den Ablauf und prüfen Sie die Plausibilität des Ergebnisses. Die Schaufel bewegt sich tangential zur Drehachse weg und wird irgendwann vom Mantel aufgefangen. Falls die Analyse nicht startet, beachten Sie den Hinweis in Abschnitt 10.2 zur Konfiguration des RSM.

Grobe Vorabberechnung zur Verifikation

Um von den Farben der Farblegende nicht abgelenkt zu werden, lässt sich die Falschfarbendarstellung für die Deformation durch die Bauteilfarbe ersetzen. Wählen Sie dazu ein Ergebnis und dann das Icon **KONTUREN** und schalten Sie auf **VOLUMENKÖRPER (AUSGEFÜLLT)** um (siehe nachfolgende Abbildung).

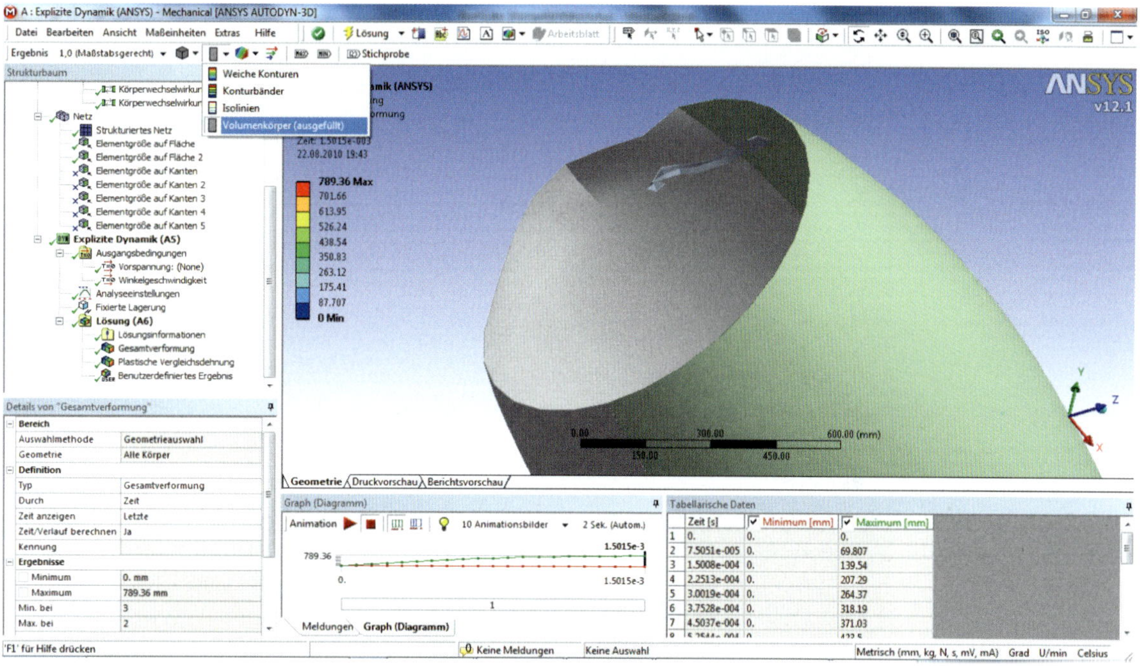

Kontrollieren Sie, ob die Hourglass-Energie wie erforderlich weniger als 10 % der internen Energie beträgt. Ist sie größer, ist die Dämpfung gegen die Hourglass-Deformation zu hoch. Wählen Sie im Strukturbaum **LÖSUNG**, und ändern Sie im Detailfenster unten links die Option **LÖSUNGSINFORMATIONEN** von **SOLVER-AUSGABE** zu **ENERGIEÜBERSICHT** (siehe nachfolgende Abbildung auf S. 356).

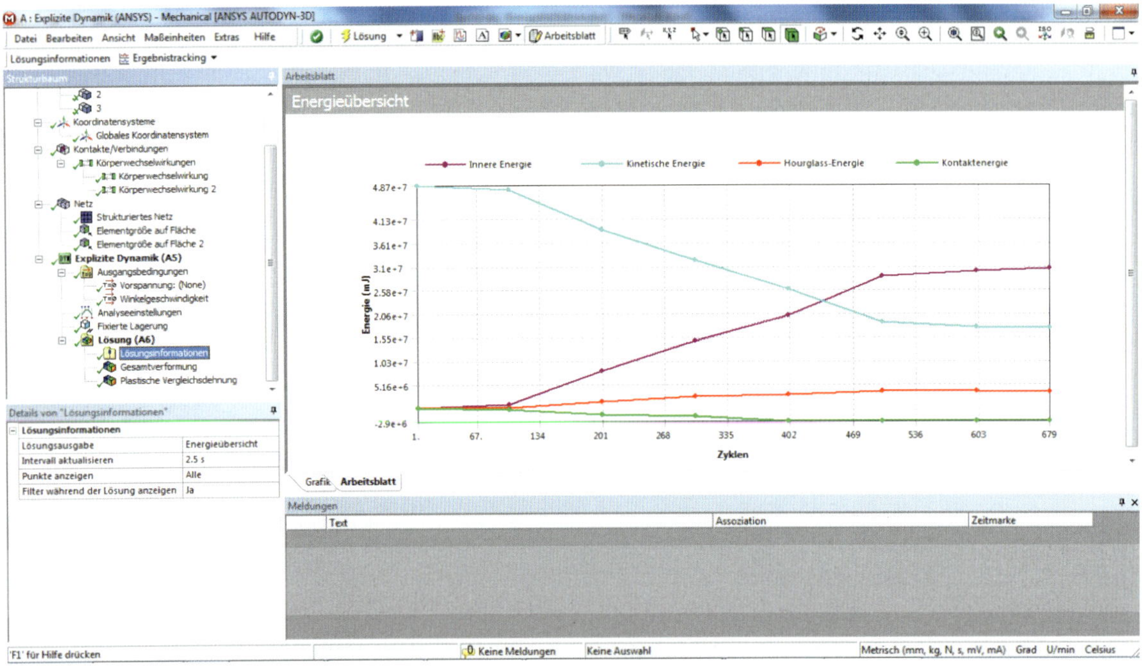

Die rote Kurve für die Hourglass-Energie liegt bei ca. 10% der violett dargestellten internen Energie, damit ist die Hourglass-Dämpfung gerade noch klein genug. Die kinetische Energie (Hellblau) der abfliegenden Schaufel wird in dieser groben Vorabanalyse zu mehr als der Hälfte in Deformation überführt (violette Kurve). Um die Bereiche zu visualisieren, die besonders viel Formänderungsarbeit aufnehmen, können Sie im Strukturbaum unter **LÖSUNG** mit der rechten Maustaste mit **EINFÜGEN** ein **BENUTZERDEFINIERTES ERGEBNIS** einfügen. Für den Ausdruck fügen Sie unter **AUSDRUCK** den Wert `INT_ENERGYALL` ein (wird als = `INT_ENERGYALL` dargestellt).

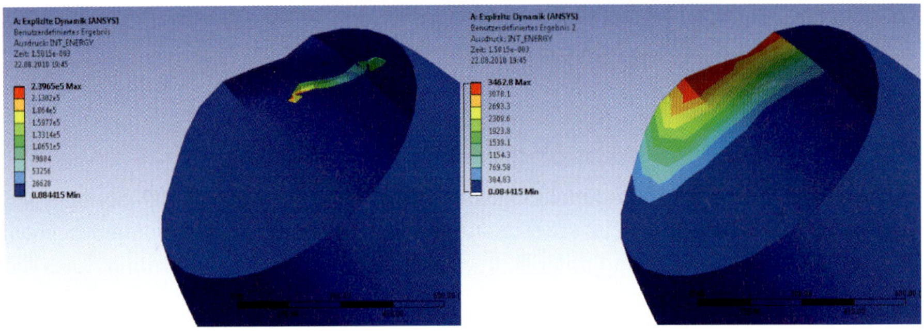

Andere Ausdrücke von Ergebnisgrößen für benutzerdefinierte Ergebnisse können Sie ermitteln, indem Sie im Baum auf **LÖSUNG** gehen und in der Icon-Leiste oben **ARBEITSBLATT** auswählen. Bei Verwendung von plastischem Material ist die kumulierte plastische Dehnung `EFF_PL_STNALL` ein weiteres interessantes Ergebnis.

Berechnung verfeinern

Die Energiedichte der internen Energie (d.h. der Formänderungsarbeit) ist in dieser Analyse in der Schaufel besonders hoch. Erst wenn man den Mantel separat auswertet (siehe Abschnitt 8.8.2.1) oder die Legende anpasst, wird sein Energieanteil sichtbar. Die geringe Energiedichte liegt aber auch an der deutlich zu groben Vernetzung des Mantels. Definieren Sie ein Netz, das 5 mm in der Schaufel beträgt (Elementgröße), im Mantel 60 Teilungen an einem 180°-Bogen (Elementgröße mit Typ = Anzahl der Einteilungen) sowie 100 Teilungen in Längsrichtung mit einem Verhältnis von 10:1 vom größten zum kleinsten Element aufweist.

Empfehlung: Blenden Sie jeweils eine Halbschale aus, während Sie die andere vernetzen. Definieren Sie die Elementanzahl in Längsrichtung mit zwei separaten Elementgrößen, da die Richtung der Linien unterschiedlich ist und die Verfeinerung an entgegengesetzten Enden stattfindet, wenn alle Linien in einer Definition enthalten sind.

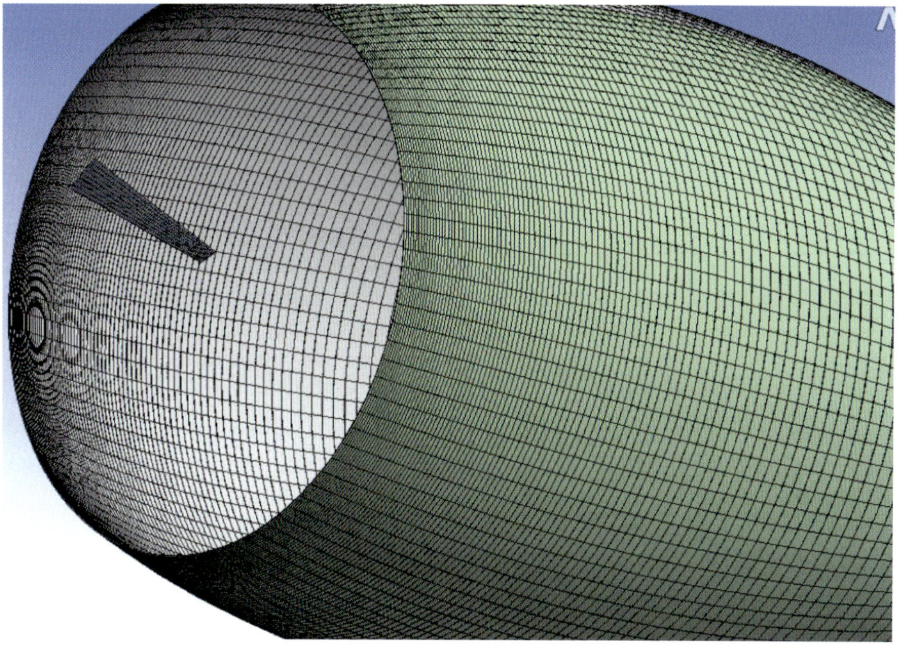

Aktualisieren Sie die Analyse. Lokale Deformationen im Mantel sind erst so möglich, die lokale Steifigkeit sinkt, die Deformation im Mantel steigt.

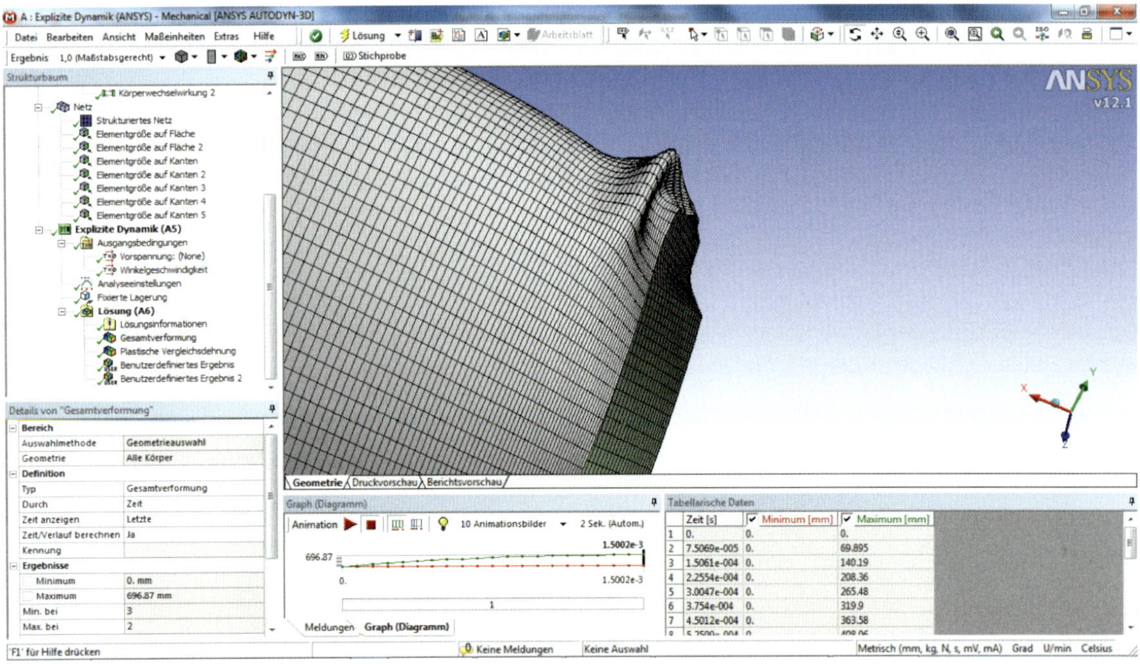

Versagen berücksichtigen

Die plastische Dehnung beträgt im Mantel und in der Schaufel deutlich mehr als 10 %. Um gezielt ein Versagen des Mantels und damit einen Durchschlag zu provozieren, sollten Sie nur für den Mantel ein Versagenskriterium für plastische Dehnungen größer 10 % definieren.

Schließen Sie dazu das Mechanical-Fenster der aktuellen Analyse und legen Sie im Workbench-Projektmanager eine Kopie der bisherigen Berechnung an. Wählen Sie Zelle A4, klicken Sie die rechte Maustaste und wählen Sie **DUPLIZIEREN**. Wählen Sie den Link zwischen A2 und B2 und löschen Sie ihn mit rechts, damit Sie in Analyse B2 eine eigene Materialdefinition vornehmen können. Gehen Sie auf Zelle B2, klicken Sie die rechte Maustaste und wählen Sie **BEARBEITEN**. Wählen Sie das Material **BAUSTAHL** und duplizieren Sie es mit der rechten Maustaste. Mit einem Doppelklick auf den Namen können Sie den Namen des kopierten Materials ergänzen z. B. auf **BAUSTAHL MIT VERSAGEN**. Ziehen Sie links aus der Toolbox das Modell für ein Versagen durch plastische Verzerrung auf das gerade kopierte Material. Definieren Sie im Eigenschaftenfenster den Wert für die plastische Dehnung, ab der der Stahl im Mantel versagt (10 % = 0,1). Gehen Sie **ZURÜCK ZUM PROJEKT**, doppelklicken Sie auf die Zelle Modell (B4), um die Materialänderung in die Analyse zu übernehmen. Weisen Sie im Strukturbaum unter **GEOMETRIE** dem Mantel (Teil 1 und Teil 3) das neue Material mit Versagenskriterium zu. Damit dieses Versagenskriterium in der Analyse auch berücksichtigt wird, wählen Sie im Baum Analyseeinstellungen, klappen Sie im Detailfenster die **EROSIONS-EINSTELLUNGEN** auf und setzen Sie die Option **AUFGRUND MATERIALVERSAGENS** auf **JA**. Starten Sie die Analyse erneut, und beobachten Sie, wie die Schaufel den Mantel durchschlägt.

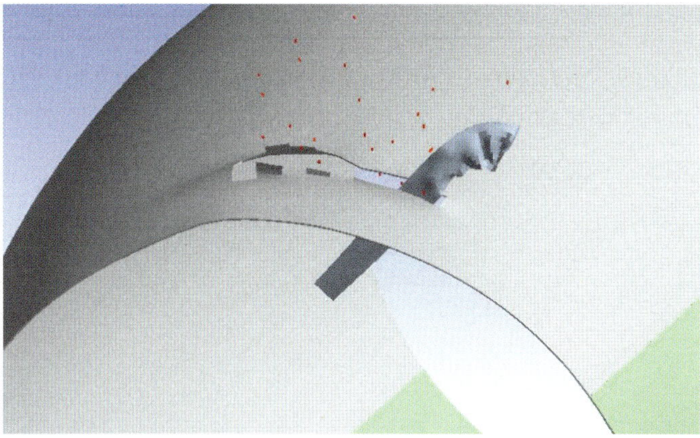

Die kinetische Energie bleibt in diesem Fall sehr viel stärker erhalten, weil das Material des Mantels der Bewegung der Schaufel deutlich geringeren Widerstand entgegensetzt.

9.21 Falltest für eine Hohlkugel

Der Aufprall einer Hohlkugel aus Stahl und einer aus Polyethylen aus 1 m Höhe auf eine Stahlplatte soll untersucht werden. Ziel ist es zu sehen, wie stark die Kugel sich im Aufprall verformt und welcher Verlauf der Dehnungen über die Zeit sich ergibt. Aufgrund der nichtlinearen Effekte (Kontakt, Material, geometrische Nichtlinearität) und des instationären Vorgangs wird diese Analyse explizit gerechnet. Die vergleichsweise lange und wenig spannende Zeit für das Fallen (ca. 450 ms) wird in der Analyse durch entsprechende Randbedingungen ersetzt: Die Kugel wird mit einem minimalen Abstand über der Platte positioniert und erhält für die Simulation eine Anfangsgeschwindigkeit, die der Endgeschwindigkeit beim Fallen entspricht ($v = \sqrt{(2 \times g \times h)} = 4{,}4$ m/s).

Starten Sie ANSYS Workbench und laden Sie die Datei *Hohkugel_Falltest.stp* mit **DATEI/IMPORTIEREN** in Ihr Projekt. Ziehen Sie aus der Toolbox eine **EXPLIZITE DYNAMIK** auf Zelle A2. Bearbeiten Sie die Materialen unter Zelle B2, indem Sie aus der Materialdatenbank **GENERAL MATERIALS** das Material **POLYETHYLEN** importieren.

Wechseln Sie durch Bearbeiten von Zelle B4 in die Mechanical-Applikation, und definieren Sie dort die folgenden Details zur Analyse.

Modell aufbauen

Unter der Annahme, dass die Platte eine deutlich höhere Steifigkeit als die Kugel hat, schalten Sie das **STEIFIGKEITSVERHALTEN** der Platte (Bauteil 2) auf **STARR**, das Material der Kugel ist mit Stahl vordefiniert und kann für die erste Variante so belassen werden. Löschen Sie einen einzelnen, automatisch generierten **FLÄCHE-FLÄCHE-KONTAKT** aus dem Kontaktordner. Verwenden Sie stattdessen den ebenfalls erzeugten **KÖRPER-KONTAKT** unter Körperwechselwirklung. Erzeugen Sie ein Netz, das für die explizite Analyse geeignet ist, indem Sie für die Kugel eine **ELEMENTGRÖSSE** von 2 mm und die Vernetzungsmethode **SWEEP** vorgeben (**NETZ/EINFÜGEN/METHODE**, dann **METHODE/SWEEP** und **QUELL/ZIEL-AUSWAHL/AUTOMATISCH DÜNN** und **ANZAHL DER EINTEILUNGEN** für die erste Vorabanalyse auf 2).

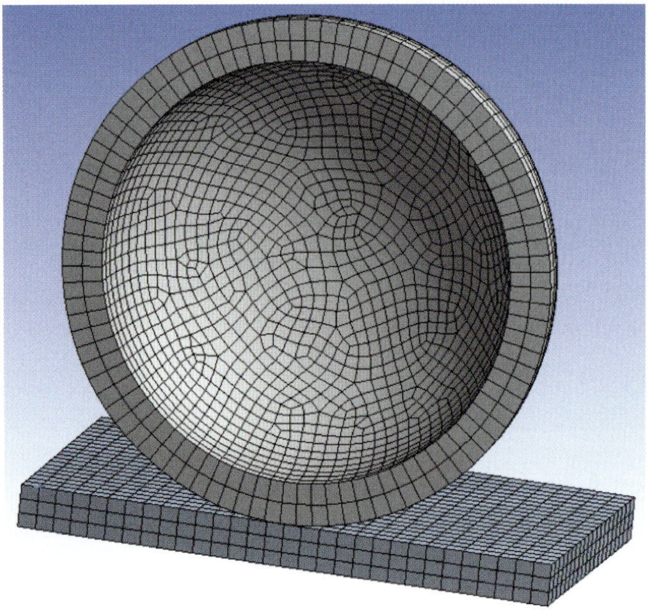

Fügen Sie unter den Ausgangsbedingungen für die Hohlkugel eine Geschwindigkeit von 4400 mm/s in Richtung der Platte ein. Denken Sie auch an die Symmetriebedingung in der Symmetriefläche der Kugel (Verschiebung x = 0). Die Platte ist starr, deshalb erhält diese keine Symmetriebedingung, aber eine auf den Körper bezogene **FIXIERTE LAGERUNG** (Selektionsfilter auf Körper umstellen). Unter den Analyseeinstellungen legen Sie die Endzeit fest. Da Sie diese nicht kennen, schätzen Sie einen Wert, und prüfen Sie anhand des Ergebnisses, ob das Zeitfenster hinreichend lang war (das ist einer der Gründe, mit einem groben Netz zu beginnen; in dem Fall einer Stahlkugel sind 0,2 ms hinreichend lang). Ebenfalls unter den Analyseeinstellungen können Sie festlegen, wie viele Berechnungsergebnisse Sie für dieses Zeitfenster abspeichern möchten (**UNTER AUSGABESTEUERUNG/ANZAHL VON PUNKTEN** auf 100 setzen). Definieren Sie ein Berechnungsergebnis (z.B. Vergleichsdehnung) und starten Sie die Analyse. Wenn die Berechnung nicht durchgeführt wird, prüfen Sie die Konfiguration des Remote Solve Managers RSM (vgl. Kapitel 10). Nach ca. 2 min erhalten Sie den Verlauf der Dehnungen, die Sie sich auch animiert mit 100 Bildern in 5 s anzeigen lassen können.

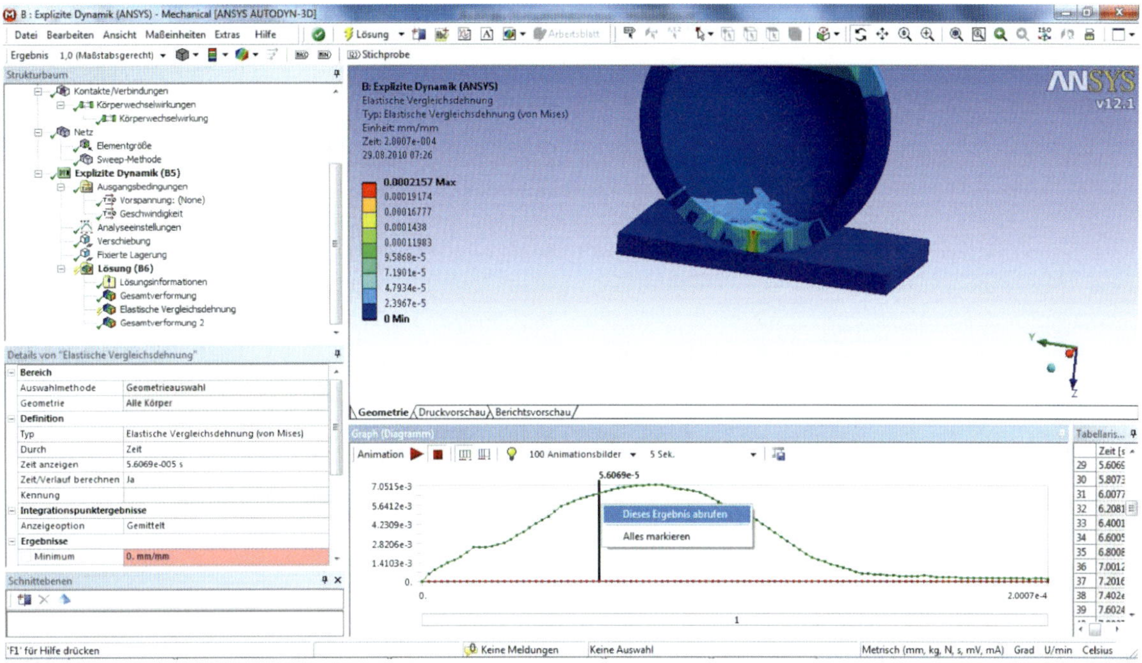

Möchten Sie ein Ergebnis für einen bestimmten Zeitpunkt sehen, wählen Sie diesen im Graphen an und über die rechte Maustaste **DIESES ERGEBNIS ABRUFEN** (siehe vorhergehende Abbildung). Alternativ können Sie direkt im Detailfenster des betroffenen Ergebnisses unter **ZEIT ANZEIGEN** die Zeit eintragen. Ebenfalls praktisch: Im Animationsfenster können Sie während der Animation die **PAUSE**-Funktion aktivieren und dann den schwarzen senkrechten Balken nach rechts und links schieben, wodurch die Ergebnisse im Grafikfenster sofort aktualisiert werden.

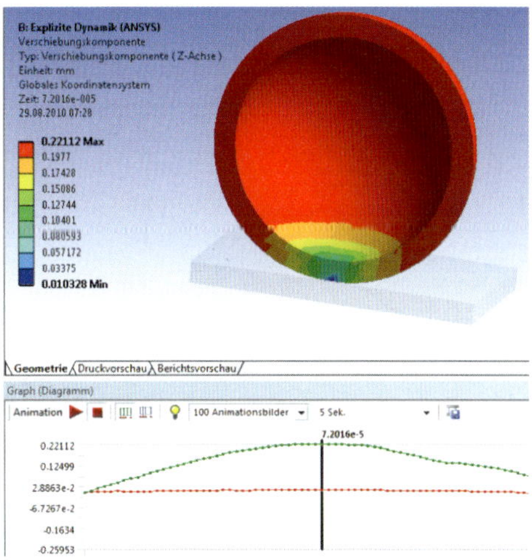

Wie stark plattet sich die Kugel ab? Definieren Sie ein Ergebnis für die z-Verformung, fokussiert auf die Kugel. Wählen Sie im Verlauf (Graph) den Zeitschritt im Maximum, und rufen Sie dafür das Ergebnis ab.

Die Verformung der Hohlkugel insgesamt beträgt in z-Richtung 0,221 mm, an der Berührstelle 0,01 mm. Die Abplattung der Kugel ist die Differenz, also 0,201 mm. Auf den ersten Blick erscheint das Ergebnis plausibel. Schaut man sich unter den Lösungsinformationen jedoch die Energieübersicht an, sieht man, dass die Analyse noch recht ungenau ist.

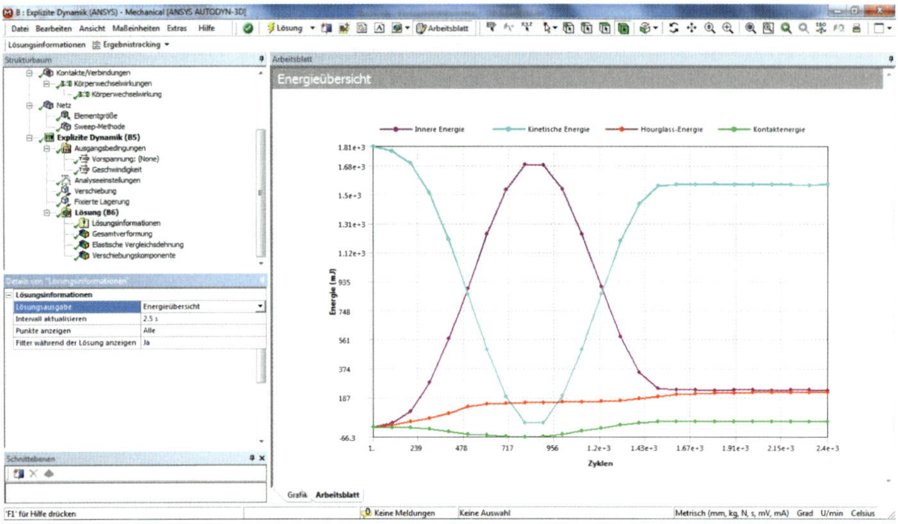

Hourglass-Dämpfung verbessern

Die kinetische Energie wird in innere Energie, d. h. Formänderungsarbeit der Kugel,und anschließend wieder in kinetische Energie umgesetzt, aber auch in Hourglass-Energie. Diese Hourglass-Energie steigt gegen Ende noch einmal an. Der Anteil dieser künstlichen Dämpfung ist recht hoch. Im Idealfall sollte sie so gering sein, dass die kinetische Energie am Anfang und am Ende gleich ist. Die *Standard-Hourglass-Dämpfung* dämpft neben dem Hourglassing auch Starrkörperrotationen, die *Flanagan-Belytschko-Dämpfung* dagegen nicht. Mit der Flanagan-Belytschko-Dämpfung sieht das Ergebnis deutlich besser aus, da die kinetische Energie nach der Deformation wieder auf den Ausgangswert ansteigt.

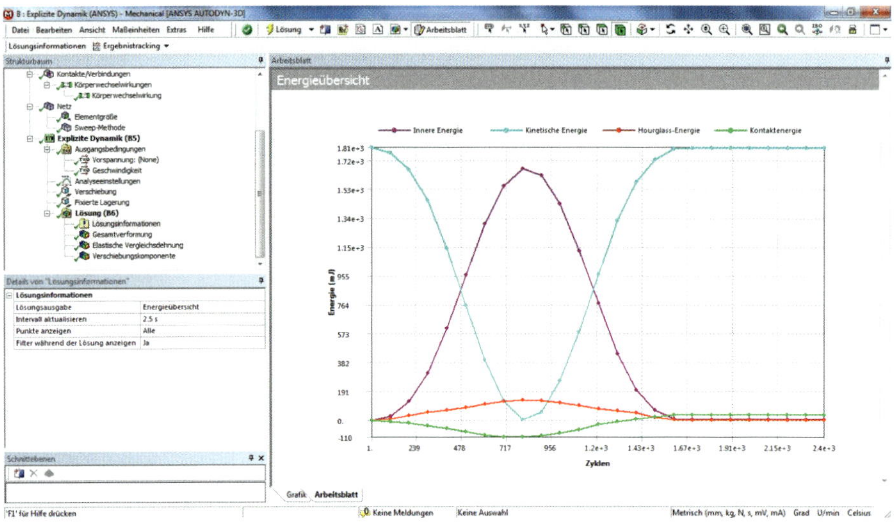

Die Energiebilanz am Ende der Berechnung stimmt nun zwar, aber während des Aufpralls ist die Hourglass-Dämpfung immer noch recht hoch. Analog der in Abschnitt 4.4.4 dargestellten punktuellen Belastung führt der lokal stattfindende Kontakt ebenfalls zu einer solchen punktuellen Kontaktkraft und regt damit die Hourglass-Moden an. Um dies zu vermeiden, kann die Vernetzung verfeinert werden, sodass der Kontakt sich über eine größere Fläche verteilt. Mit einer Elementgröße von 0,5 mm und 7 Elementen über die Wandstärke der Hohlkugel ergibt sich der in der folgenden Abbildung dargestellte, bessere Verlauf.

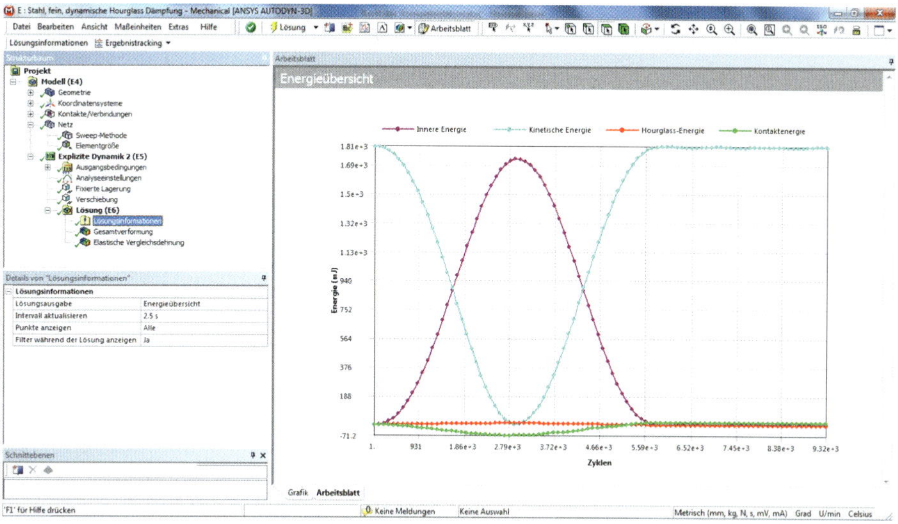

Materialvariante vergleichen

Im Zuge einer schnelleren Berechnung wurde die Materialvariante Polyethylen zwar mit Flanagan-Belytschko-Dämpfung, aber mit dem groben Ausgangsnetz durchgeführt, da mit der geringeren Steifigkeit das zu betrachtende Zeitfenster deutlich ausgedehnt werden muss.

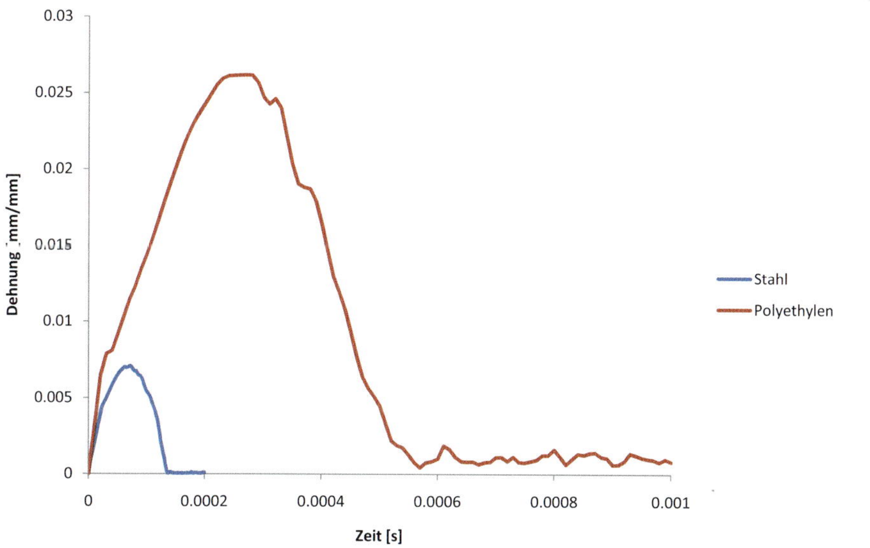

Verlauf der Dehnungen für eine aufprallende Stahl- oder Polyethylen-Hohlkugel

Um die Reaktionskräfte auszuwerten, sollten Sie vor der Analyse auf **LÖSUNGSINFORMATION** klicken, dann auf die rechte Maustaste klicken und schließlich **EINFÜGEN** wählen, um bauteilbezogene Kontakt- oder Reaktionskräfte zu erzeugen (d. h. es können Bauteile zugeordnet werden, jedoch keine Flächen, Kanten oder Punkte). In z-Richtung ergeben sich für das Halbmodell in der Polyethylenvariante folgende Reaktionskräfte:

Für manche Auswertungen ist es wünschenswert, lokale Schwingungen in der Ergebniskurve, sogenanntes Rauschen, abzumildern und den Verlauf zu glätten. Definieren Sie dafür im Detailfenster einen Filter mit z. B. 5000 Hz, ergibt sich der in der folgenden Abbildung dargestellte Verlauf.

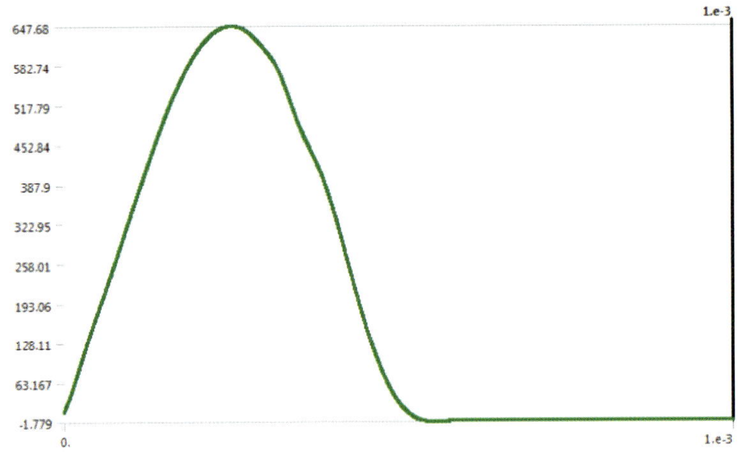

9.22 Lineare Dynamik einer nichtlinearen Elektronikbaugruppe

Die explizite Dynamik (siehe Abschnitt 4.4.4) bietet große Vorteile bei schnell ablaufenden Prozessen und starken Nichtlinearitäten, bedingt jedoch auch einen sehr kleinen Zeitschritt. Bei langen Analysezeitfenstern, z. B. bei Analysen im Bereich von 1 s und länger (Kopplung zu Analysen mit anderen Zeitkonstanten), ist der Ansatz der impliziten Zeitintegration oft eine effektive Alternative. Der Zeitschritt der Analyse hängt nicht mehr von der Größe der verwendeten finiten Elemente ab, sondern von der zu lösenden Physik. Darüber hinaus bietet die modale Superposition weiteres Potenzial zur Beschleunigung der Analyse. Die modale Superposition kann verwendet werden, wenn das Modell linear ist und ermöglicht die Antwort aus einer Linearkombination von Eigenmoden aus der Modalanalyse zu berechnen. Im Fall von auftretenden Nichtlinearitäten werden diese linearisiert. Dafür steht in ANSYS die Technik der *Linear Perturbation* zur Verfügung, die den nichtlinearen Zustand im Arbeitspunkt linearisiert und für nachfolgende Arbeitsschritte, wie die Modalanalyse und der darauf aufbauenden linearen Dynamik, bereitstellt.

Beschleunigung der Analyse

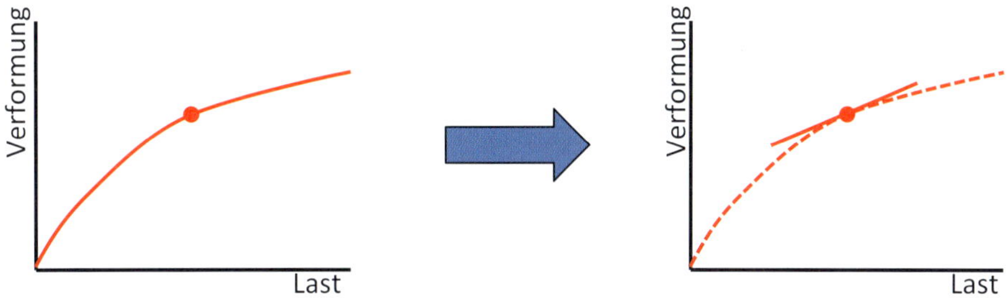

Das heißt, die Steifigkeit der Struktur richtet sich nach der Situation im Arbeitspunkt, nicht nach der Ausgangssituation und der Ausgangssteifigkeit. Um diesen Arbeitspunkt zu ermitteln, wird im ersten Schritt eine nichtlineare, statische Analyse durchgeführt, welche die Nichtlinearitäten voll erfasst. Für die darauffolgende modalbasierte Dynamik wird der Zustand im Arbeitspunkt linearisiert („eingefroren“) und die damit berechneten Ergebnisse wie Eigenmoden, Eigenfrequenzen und Amplituden genauer abgebildet, als mit der Ausgangssituation des unverformten und unbelasteten Zustands.

Linearisierung

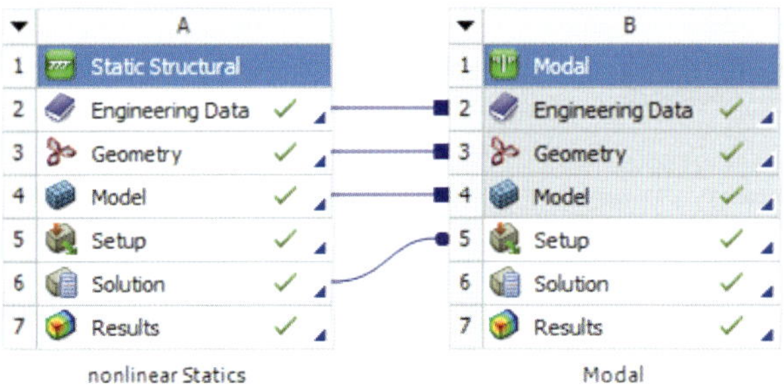

Am Beispiel des Gehäuses einer exemplarischen Elektronikbaugruppe soll diese Vorgehensweise genutzt werden, um den Einfluss einer nichtlinearen Kontaktsituation mit Schraubenvorspannung auf die Eigenfrequenzen zu ermitteln.

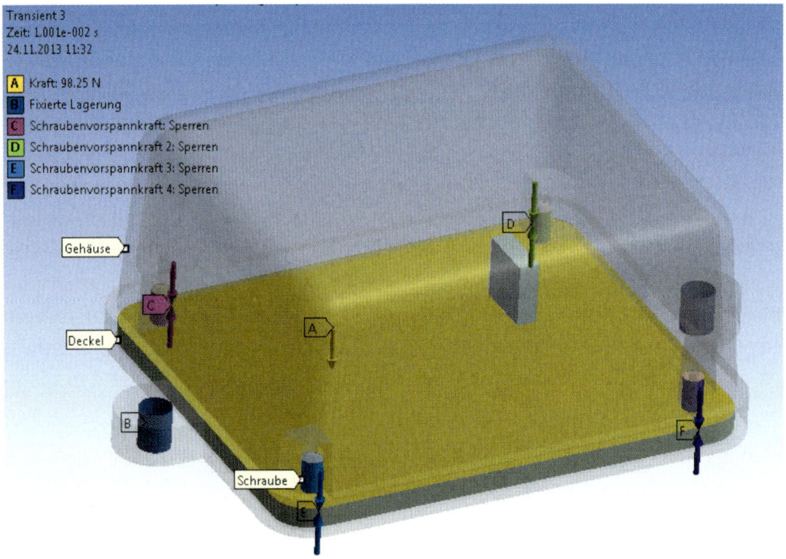

Achten Sie darauf, dass die Vernetzung in diesem Beispiel ebenso wie die Geometrie bewusst grob gehalten wird, um den Bedarf an Rechenzeit und Plattenplatz überschaubar zu halten. In einem ersten Berechnungsschritt soll der Einfluss der Kontaktsituation auf die Eigenfrequenz untersucht werden, anschließend die transiente Deformation des Gehäusedeckels auf die Schocklast.

Eigenfrequenzen

Führen Sie dazu zunächst eine Modalanalyse von der Baugruppe durch. Gehäuse und Deckel sind aus Aluminium, die Schrauben aus Stahl, das Elektronikbauteil, das z. B. einen Beschleunigungssensor repräsentieren könnte, aus Polyethylen (PE). Da die Modalanalyse lineare Modelle voraussetzt, verwenden Sie vorerst überall Verbundkontakt. Die Lagerung findet an den beiden außen angeflanschten Bohrungen statt. Mit einer globalen Vorgabe unter **NETZ/EINSTELLUNG** für die **PHYSIKGESTÜTZTE RELEVANZ** auf **MITTEL** ergeben sich die in der folgende Tabelle dargestellten Eigenfrequenzen.

Nummer	Eigenfrequenz (Hz)
1	848
2	2.162
3	2.593
4	3.395
5	3.738
6	4.240

Durch den Verbundkontakt ist die Verbindung zwischen Deckel und Gehäuse zu steif abgebildet. Verwenden Sie deshalb die sich im Arbeitspunkt einstellende Kontaktsituation einer nichtlinearen statischen Analyse als Startpunkt für die Modalanalyse, und vergleichen Sie das Ergebnis daraus mit obiger Liste von Eigenfrequenzen. Definieren Sie dazu eine modelltechnisch änderbare, statisch-strukturmechanische Analyse, indem Sie im Workbench-Projektmanager auf Zelle B4 die Modalanalyse duplizieren und im neu erscheinenden Analysesystem mit der rechten Maustaste auf Zelle C1 **ERSETZEN DURCH/ STATISCH-MECHANISCHE ANALYSE** anwählen. Definieren Sie in dieser Analyse den Kontakt zwischen Deckel und Gehäuse als **REIBUNGSBEHAFTET** mit einem Reibwert von 0,15 und bringen Sie mit 2 Lastschritten die Schraubenvorspannung auf: im ersten Lastschritt die Vorspannkraft von 10 kN, im zweiten **SPERREN** Sie sie (siehe auch Abschnitt 9.14). Nach dem Löschen der Ergebnisse der Modalanalyse und dem Aktivieren der großen Deformationen starten Sie die Analyse und prüfen Sie die Kontaktsituation zwischen Deckel und Gehäuse (**LÖSUNG/EINFÜGEN/KONTAKTTOOL/KONTAKTTOOL**).

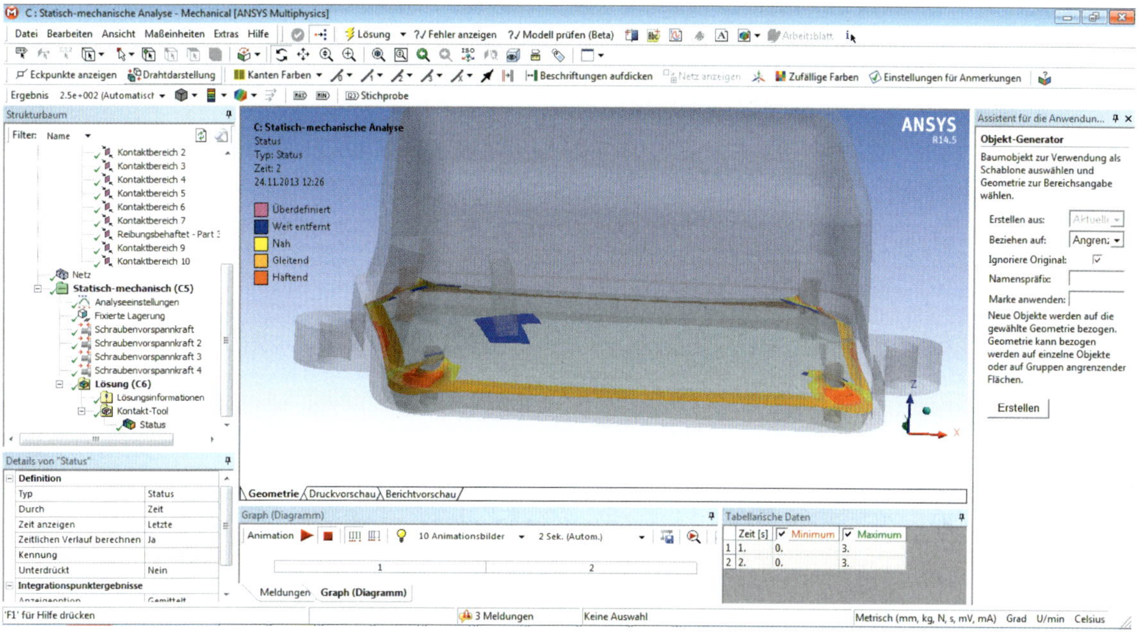

Die anzuwendende Technik der *Linearen Perturbation* linearisiert die Kontaktsituation, indem automatisch die haftenden Bereiche (Rot) als Verbundkontakt, die gleitenden (Orange) als Keine-Trennung-Kontakt definiert werden. An den sehr kleinen, gelb markierten Bereichen *(Nah)* liegt kein Kontakt vor, d. h., hier können sich die beiden Kontaktpartner voneinander trennen oder durchdringen, es werde im linearisierten Modell hier keine Kräfte übertragen. Durch diese Vorgehensweise wird nicht mehr die gesamte Fläche fest mit dem Gegenstück verbunden, sondern aufgrund der Kontaktsituation im Arbeitspunkt der sich einstellende Kontaktzustand „eingefroren“. Ähnlich wird im Falle nichtlinearer Materialeigenschaften die Steifigkeit des Materials über einen konstanten Wert, d. h., die Steigung der Spannungs-Dehnungs-Kurve im Arbeitspunkt, realisiert. Eine solche Linearisierung von Kontaktsituationen und/oder Materialeigenschaften kann die reale Situation nicht mit absoluter Genauigkeit abbilden, ist aber immer dann eine hilfreiche Option, wenn keine nichtlinearen Modelle eingesetzt werden können, z. B bei Analysen im Frequenzbereich oder transienten Analysen auf Basis modaler Superposition und nur kleinen Auslenkungen.

Um im vorliegenden Fall die in der nichtlinearen statischen Analyse berechnete Kontaktsituation für die Modalanalyse zu verwenden, wechseln Sie in den Workbench-Projektmanager und ziehen Sie aus den verfügbaren Analysesystemen eine Modalanalyse auf die Zelle **LÖSUNG** (Zelle C6) der **STATISCH-MECHANISCHEN ANALYSE**. Öffnen Sie diese Modalanalyse und prüfen Sie die Einstellungen der **VORSPANNUNG** im Detailfenster: Mit dem **KONTAKT-STATUS/WAHREN STATUS** übertragen Sie die linearisierte Konktaktsituation der Statik auf die aktuelle Modalanalyse und die darauf aufbauenden dynamischen Analysen. Die Lagerungen der nichtlinear-statischen Analyse werden ebenfalls übernommen. Weitere Lagerungen zu definieren, ist deshalb in der Modalanalyse nicht erforderlich und durch ausgegraute Lagerungsrandbedingungen auch nicht möglich.

Kontaktsituation richtig erfassen

Aktualisieren Sie die Analyse und beobachten Sie die Veränderung der Eigenfrequenzen (siehe folgende Tabelle).

Mode Nummer	Eigenfrequenz (Hz) mit Verbundkontakt	Eigenfrequenz (Hz) mit linearisierter Kontaktsituation
1	848	820
2	2.162	2.093
3	2.593	2.274
4	3.395	2.965
5	3.738	3.319
6	4.240	3.465

Nachdem der Verbundkontakt in der ursprünglichen Vorgehensweise vollflächig definiert war, liegen damit durchweg höhere Eigenfrequenzen vor. Die in der nichtlinearen statischen Analyse ermittelte Kontaktsituation begrenzt dagegen die Regionen mit Verbundkontakt auf die haftenden Kontaktbereiche rund um die Schrauben (Rot).

Die sehr kleinen, lokal begrenzten gelben Bereiche „Nah“ erlauben ein Separieren und Durchdringen der beiden Kontaktpartner, die großflächigen, orangefarbenen Bereiche ein Gleiten in der Kontaktfläche. Nachdem in realen Schwingungssituationen von einer kleinen Relativbewegung zwischen anliegenden Bauteilen ausgegangen werden kann, wird mit einer solchen regional abgestuften Verbindungsmodellierung statt einer vollflächigen Verbindung die Steifigkeit geringer, wodurch die Eigenfrequenzen sinken.

Transiente Dynamik mit modaler Superposition

Wie gut diese Art der Linearsierung ist, kann - aufgrund der geringen Größe dieses Übungsmodells - der Vergleich mit einer volltransienten Analyse zeigen. Dazu soll das Verhalten der verschraubten Baugruppe auf einen halbsinusförmigen Lastimpuls von 250 N in 0,4 ms untersucht werden. Dieser Kraftpuls könnte von einem plötzlichen Druckanstieg (Phasenumwandlung, Lichtbogen) oder Trägheitskräften nicht modellierter Bauteilstrukturen (Vergussmasse) herrühren.

Eine sehr effiziente Methode, um den zeitlichen Verlauf der Deformation auf eine zeitlich veränderliche Last zu ermitteln, besteht in der Linearkombination der Eigenformen aus der Modalanalyse, der sogenannten modalen Superposition. Sie kann angewendet werden, indem im Workbench-Projektmanager die **TRANSIENTE STRUKTURMECHANIK** auf die Zelle **LÖSUNG** (Zelle 6) der Modalanalyse gezogen wird.

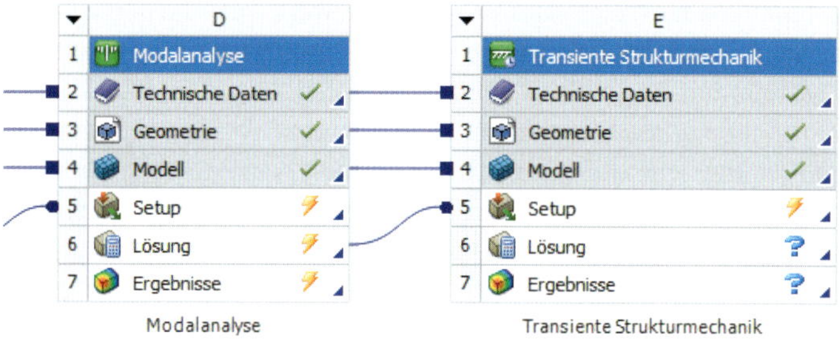

Im Mechanical Editor legen Sie bei den **ANALYSEEINSTELLUNGEN** fest, dass Sie 100 Lastschritte rechnen möchten, mit denen der Verlauf der Krafthistorie gut aufgelöst werden kann. Kopieren Sie die Zeiten aus der Excel-Datei mit dem Kraft-Zeit-Verlauf (*Elektronikbox_Kraftpuls.xls*, Arbeitsblatt *MSUP*, Zelle *A3-A102*) in die **TABELLARISCHEN DATEN** unterhalb des Grafikfensters (siehe nachfolgende Abbildung). Definieren Sie eine Kraft im Deckel nach unten (– y) und kopieren Sie die Kraftwerte aus der Excel-Datei (Zelle B3-B102) in die entsprechende Kraft-Zelle (**Achtung:** bei Zeit 0 bleibt der Wert 0, erst ab der darauffolgenden Zelle Werte einfügen).

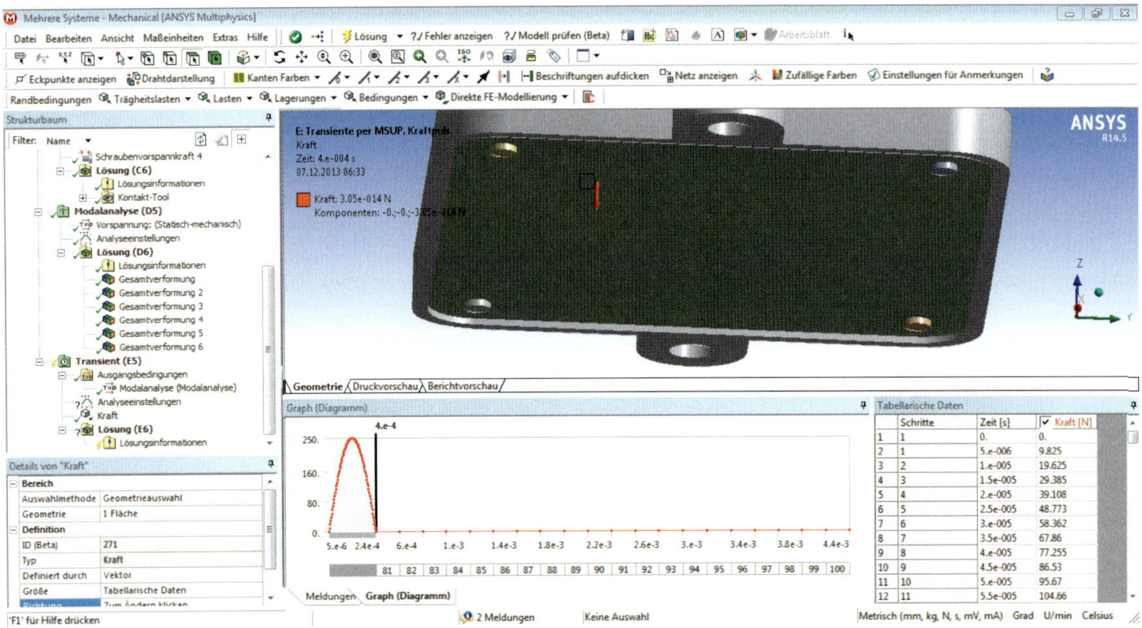

Das bei den Analyseeinstellungen noch sichtbare Fragezeichen weist auf eine noch unvollständige Definition hin. Bei transienten Analysen ist die Zeitschrittweite die Abtastrate, mit der Ergebnisse zu bestimmten Zeitpunkten ermittelt werden. Ist sie zu fein, steigen Berechnungsaufwand und Plattenplatz zu stark an. Ist sie zu grob, können dynamische Effekte, die auf höheren Frequenzen basieren, nicht mehr erfasst werden. Als grobe Daumenregel geht man davon aus, dass die beteiligte Schwingungsform mit der höchsten Frequenz in 20 Zeitschritten aufgelöst werden soll. Geht man in dieser Anwendung davon aus, dass die höchste aufzulösenden Eigenfrequenz 2 000 Hz ist, ergibt sich mit einer Schwingungsperiode von 0,5 ms die erforderliche Zeitschrittweite von 0,025 ms. Durch die aus der Excel-Datei vorgegebenen Zeitschritte in der Analyse und im Kraftverlauf ist eine hinreichend feine Zeitschrittweite gegeben, wenn Sie jeden Zeitschritt mit einem Substep (der Anzahl der Zwischenschritte) festlegen. Dazu markieren Sie im Baum die **ANALYSEEINSTELLUNGEN**, dann rechts in den **TABELLARISCHEN DATEN** eine Zeile und wählen mit der rechten Maustaste **ALLE SCHRITTE MARKIEREN**. Im Detailfenster schalten Sie die **AUTOMATISCHE ZEITSCHRITTSTEUERUNG** aus und **DEFINIERT DURCH** auf **SUBSTEPS**. Die **ANZAHL DER LASTSCHRITTE** legen Sie fest auf je einen Lastschritt.

Da das Analysesystem linearisiert ist, tritt keine Dämpfung durch Reibung in den Fügestellen auf. Definieren Sie daher als pauschalen Schätzwert für die globale Dämpfung unter **ANALYSEEINSTELLUNGEN/DÄMPFUNGSSTEUERUNGEN** ein **KONSTANTES DÄMPFUNGSVERHÄLTNIS** (entspricht Lehr'scher Dämpfung oder Dämpfungsgrad) von 0,02 = 2 %.

Starten Sie die Analyse, erhalten Sie auf einem aktuellen Rechner in ca. 3 min eine Lösung. Um einen einzelnen Punkt über die Zeit zu verfolgen, wie z. B. den Mittelpunkt des Deckels, erzeugen Sie sich ein Koordinatensystem am Ort der Auswertung (Fläche selektieren, dann Koordinatensystem erzeugen) und definieren Sie eine Stichprobe für

Verformung (**LÖSUNG/EINFÜGEN/STICHPROBE/VERFORMUNG** mit Positionsmethode, Ausrichtung und Position je per Koordinatensystem).

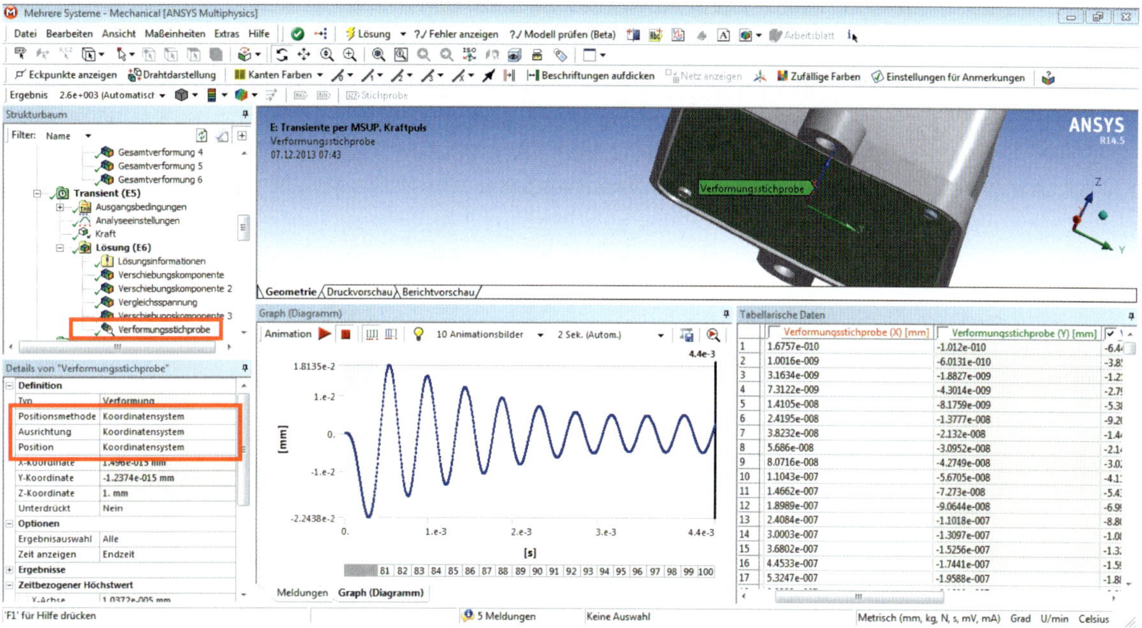

Die so erzeugten Daten können innerhalb von ANSYS über die Funktion **DIAGRAMM** weiterverarbeitet oder per Copy & Paste an Excel übergeben werden.

Lohnt sich modale Superposition?

Auf den ersten Blick mag der Arbeitsprozess der nichtlinearen Statik, der anschließenden Modalanalyse mit Linearisierung und der darauf aufbauenden transientende Dynamik der modalen Superposition mühsam erscheinen. Die Alternative dazu ist eine volle transiente Analyse, bei der zu jedem Zeitpunkt das Gleichungssystem komplett gelöst wird, d. h. inklusive der nichtlinearen Effekte und der dadurch erforderlichen Gleichgewichtsiterationen.

Volle transiente Dynamik

Dazu legen Sie eine neue transiente strukturmechanische Analyse an, indem Sie im Projektmanager die **TRANSIENTE STRUKTURMECHANIK** auf die Zelle 4 der letzten Analyse ziehen. Dadurch, dass lediglich Material, Geometrie und Netz geteilt wird, jedoch keine Ergebnisdaten aus der Modalanalyse, wird auf diese Weise eine transiente Analyse definiert, die unabhängig von den vorhergehenden Berechnungsschritten voll gelöst wird, d. h., für jeden Zeitschritt ein iteratives Bestimmen der Lösung. Dadurch können alle Arten von Nichtlinearitäten mit erfasst werden, der numerische Aufwand und der Plattenplatzbedarf steigen, ebenso die Berechnungszeit.

Eine direkte Übertragung der Last aus der modalbasierten transienten Analyse ist nicht möglich, da die Vorspannung in einem ersten Lastschritt erfasst werden muss. Definieren Sie (vorerst) 2 Lastschritte und definieren Sie die Schraubenvorspannung mit der Vorspannkraft und der Option **SPERREN** für den 2. Lastschritt. Setzen Sie danach die Zahl der

Lastschritte auf 100 hoch, wird die Definition **SPERREN** auf alle nachfolgenden Zeitschritte übernommen. Legen Sie anschließend die Zeitschritte fest, indem Sie aus dem Excel-Arbeitsblatt **VOLL** die Zellen *A3-A102* per Copy & Paste in die Tabelle der Zeitschritte der Analyseeinstellungen übertragen. Definieren Sie anschließend eine Kraft und übertragen Sie ebenfalls per Copy & Paste den Kraft-Zeit-Verlauf von Excel (Zelle *A2-B-102*) in die ANSYS Workbench-Tabelle der Kraftdefinition. Achten Sie unbedingt auf die Reihenfolge dieser Arbeitsschritte, die richtige Selektion in Excel und die richtige Postion des Cursors beim Einfügen der Daten in die ANSYS-Tabellen. Der Kraft-Zeit-Verlauf sollte dann wie in der folgenden Abbildung aussehen.

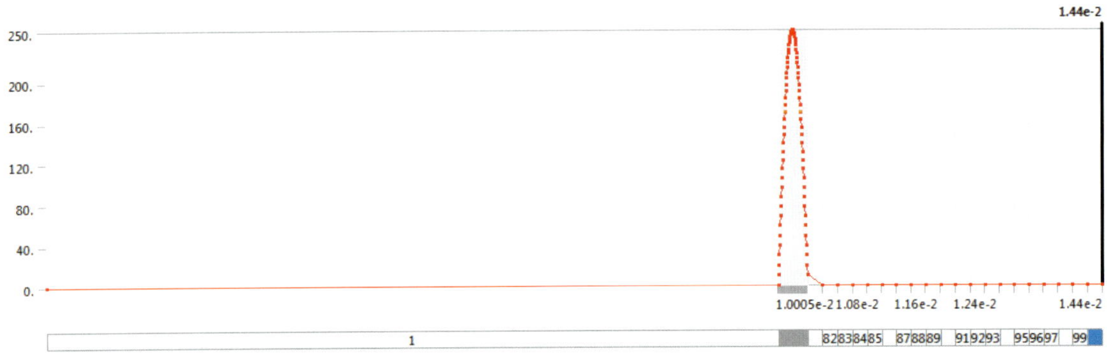

Der erste, relativ lange Zeitschritt von 0,1 s dient zum Vorspannen der Schraube. Um keinen dynamischen Effekt durch dieses immer noch recht schnelle Vorspannen zu erzeugen, schalten Sie die Zeitintegration im ersten Lastschritt aus. Wählen Sie dazu in den Analyseeinstellungen den ersten Lastschritt als aktuellen Lastschritt und setzen Sie die **ZEITINTEGRATION AUS**. Schalten Sie die **AUTOMATISCHE ZEITSCHRITTSTEUERUNG AUS** und **DEFINIERT DURCH** von **ZEIT** auf **SUBSTEPS**, um direkt die Anzahl der Substeps in den Lastschritten definieren zu können. Markieren Sie in der Tabelle der Zeitschritte rechts einen oder mehrere Zeitschritte, um die Zahl der folgenden Lastschritte (Substeps) zu definieren, an denen Lösungen zwischen den definierten Lastschritten ermittelt werden.

Lastschritt	Anzahl Substeps
1	1
2-80	2
81-100	5

Je höher diese Zahl der Substeps, desto höher die Abtastrate und die berechenbare Schwingungsfrequenz, aber auch desto höher der Berechnungsaufwand und der Plattenplatzbedarf. Die Festlegung der Zahl der Substeps ist in der Praxis daher eine wichtige Maßnahme, um Genauigkeit und Performance sicherzustellen. Entscheidende Eckpunkte für die aufzulösende Frequenz und die Zahl von 20 Zeitschritten für die zugehörige Periode.

Die Angabe einer Dämpfung für den Energieverlust im Kontakt ist in der volltransienten Analyse nicht erforderlich, da durch die Reibung im Kontakt Energie dissipiert wird. In vielen technischen Applikationen ist die Dämpfung der Fügestellen dominant, bei Bedarf können weitere Dämpfungseigenschaften, z. B. über die Materialdefinition, ergänzt werden. Achten Sie beim Lösen auf ausreichend Festplattenspeicher (30 GB) und vergleichen Sie das Ergebnis der beiden transienten Analysen miteinander.

Vergleich der Superposition gegenüber der vollen Lösung

Das Ergebnis der Deckeldurchbiegung über die Zeit ist gut vergleichbar, wenn man den Versatz durch die Schraubenvorspannung in der vollen transienten Analyse herausrechnet und Dämpfung als eine der typischen Unschärfen außen vor lässt.

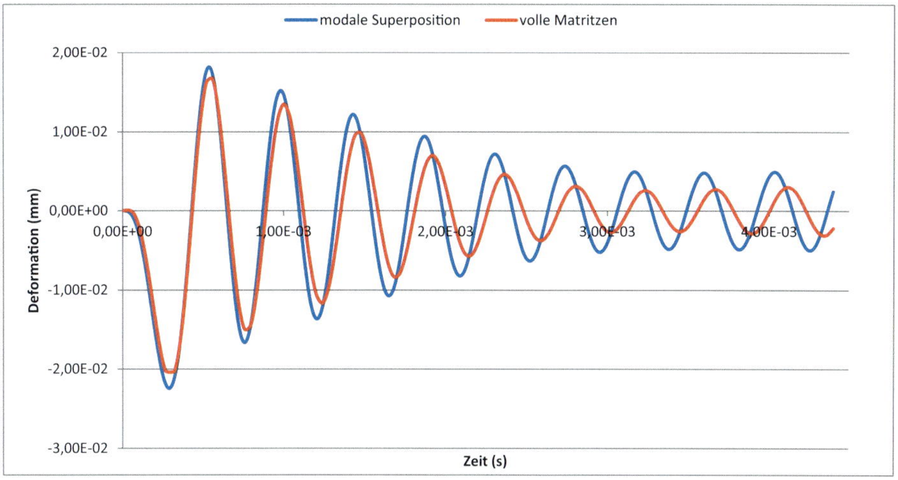

Der Vergleich der Spannungen zeigt größere Unterschiede, da in der linearisierten Analyse der Effekt der Vorspannung fehlt und nur der dynamische Lastanteil in der transienten Berechnung enthalten ist.

Verändert man beide Analysen so, dass der Kraftpuls 2500 N statt 250 N in der Amplitude groß ist, werden die Unterschiede spürbarer.

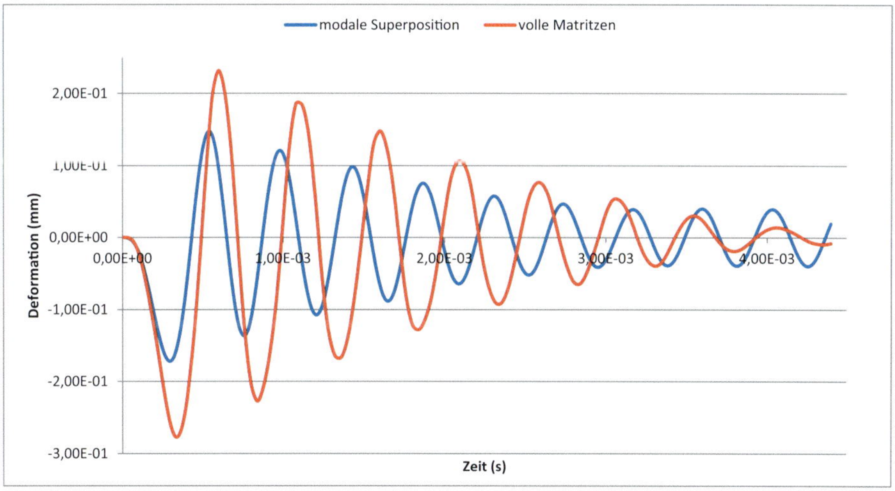

Durch die größere Last werden die Amplituden der Auslenkung größer und die Kontaktsituation ändert sich stärker. Der Kontakt arbeitet mehr und die Struktur wird weicher. Das bedeutet, die Frequenzen sinken, und die Periodendauer wird länger (Versatz der roten Kurve). Eine Linearisierung auf Basis der Ausgangskontaktsituation bietet dafür keine gute Basis, weshalb die Lösung per modaler Superposition für große dynamische Auslenkungen keine genaue Lösung liefern kann.

Abwägen der richtigen Technik

Der numerische Aufwand beim Wechsel von modaler Superposition auf volle Matrizen steigt in diesem kleinen Beispiel von 3 min auf eine knappe Stunde, d. h. um mehr als das Zwanzigfache. Mit dem größeren numerischen Aufwand geht andererseits auch eine höhere Genauigkeit einher. Die sich in der Schwingung im Zusammenhang mit dem nichtlinearen Kontakt ergebende Kontaktsituation wird für jeden Zeitschritt ermittelt und fließt damit in die korrekte Abbildung der Steifigkeit in der Schwingung mit ein. Es besteht daher keine Notwendigkeit, sich Gedanken über die richtige Linearisierung zu machen. Auf der anderen Seite bietet die gezeigte Vorgehensweise der Linearisierung und der darauf basierendenden transienten Analyse per modaler Superposition eine hervorragende Möglichkeit, schnell und unkompliziert einen ersten Eindruck zu gewinnen, um Trends zu erkennen und Maßnahmen abzuschätzen, da die Nichtlinearität nur in der statischen Analyse auftritt, der restliche Arbeitsprozess auf linearen Analysen basiert und dadurch extrem schnell und robust ist. Darüber hinaus ist bei frequenzabhängigen Materialeigenschaften (frequenzabhängige Steifigkeit oder Dämpfung z. B. von Elastomeren) eine Analyse im Frequenzbereich zwingend, da im Zeitbereich keine geeignete Materialdefinition getroffen werden kann, sodass auch für solche Fälle die Technik der Linearisierung und modalbasierten Analyse ihre Stärken ausspielen kann. Im Idealfall kennt man die Vorteile beider Methoden und setzt sie im richtigen Moment mit ihren jeweiligen Stärken ein.

9.23 Kopplung von Strömung und Strukturmechanik

Für ein ferngelenktes Fahrzeug soll die Verformung der Fahrzeughaube aufgrund der Umströmung berechnet werden. Ausgangslage ist eine Strömungsanalyse *(Computational Fluid Dynamics, CFD)*, von der die Druckverteilung für eine statische Verformungsanalyse übernommen werden soll. Das Zusammenspiel zwischen Strömungs-(Fluid-) und Strukturanalyse wird auch als *Fluid-Struktur-Interaktion (FSI)* bezeichnet. Die hier gezeigte FSI ist eine unidirektionale, da der Druck von der CFD an die mechanische Berechnung übergeben wird. Eine bidirektionale FSI liegt dann vor, wenn durch den Druck der Strömungskanal verändert wird und sich dadurch die Strömungsbedingungen ebenfalls ändern (z. B. Aufweiten eines Blutgefäßes durch einen Druckpuls).

CFD liegt bereits vor

Öffnen Sie das Projekt *one_FSI.wbpj* im Verzeichnis *Eingabedaten/FSI_RC_Car*. Das Projekt besteht zu Beginn aus drei Systemen.

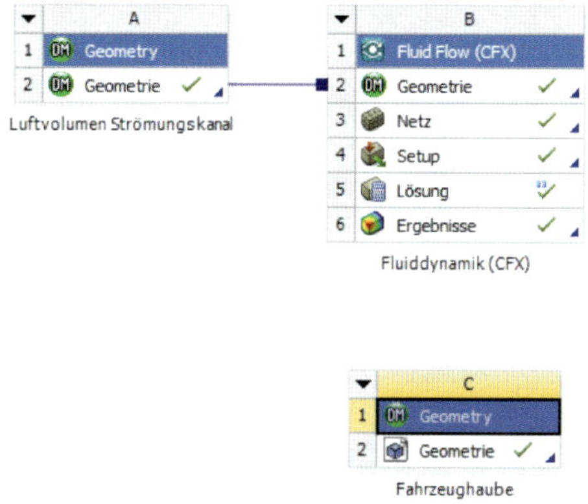

System A ist die Geometrie für die Strömungsanalyse, also der Strömungskanal im „virtuellen Luftkanal". System B bildet die Strömungsanalyse ab, mit deren Hilfe die Druckverteilung berechnet wurde. Wenn eine CFD-Lizenz zur Verfügung steht, kann das Ergebnis durch einen Doppelklick visualisiert werden.

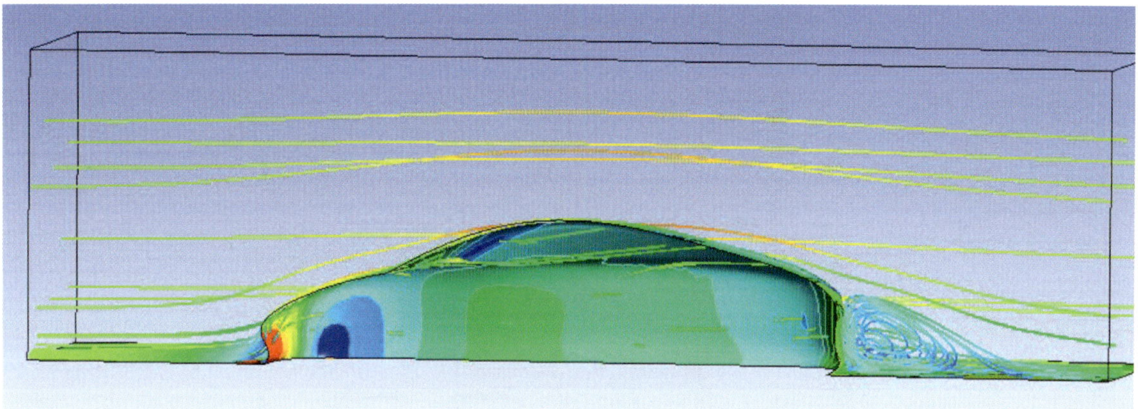

Druckverteilung (flächige Einfärbung) und geschwindigkeitsgefärbte Stromlinien aus der CFD

FEM & CFD verknüpfen

Um diese per CFD berechnete Druckverteilung für die strukturmechanische Analyse zu verwenden, gehen Sie wie folgt vor: Ziehen Sie aus der Toolbox eine **STATISCH-STRUKTURMECHANISCHE ANALYSE** auf die Geometrie der Haube (Zelle C3). Wählen Sie unter den **TECHNISCHEN DATEN** das Material **POLYETHYLEN** aus der Materialdatenbank **GENERAL MATERIALS** für die aktuelle Analyse aus. Im Projektmanager stellen Sie die Verknüpfung der CFD-Analyse mit der statisch-strukturmechanischen Analyse her, indem Sie per Drag & Drop die Zelle mit der CFD-Lösung (B5) mit dem Set-up der mechanischen Analyse (D5) verbinden. Wechseln Sie mit einem Doppelklick auf D4 in die **MECHANICAL-APPLIKATION**. Ordnen Sie unter **GEOMETRIE** dem Bauteil das Material Polyethylen zu, und definieren Sie eine geeignete Vernetzung (**METHODE/SWEEP/QUELL-/ZIEL-AUSWAHL/AUTOMATISCH DÜNN** und **ELEMENTOPTION/SOLIDSHELL** sowie eine **ELEMENTGRÖSSE** von 5 mm). Als Lagerungsbedingungen definieren Sie eine **REIBUNGSFREIE LAGERUNG** in der Symmetriefläche und eine **FIXIERTE LAGERUNG** an der Unterseite der Haube.

Für die Übertragung der Druckbelastung aus der CFD öffnen Sie im Strukturbaum den Ordner **IMPORTIERTE LAST** und ordnen Sie dem **IMPORTIERTEN DRUCK** alle neun Außenflächen im Detailfenster unter Geometrie zu (gelbes Feld **KEINE AUSWAHL** anwählen, Flächen selektieren, dann **ANWENDEN**). Zusätzlich geben Sie bei CFD-Oberfläche die CFD-Randbedingung an, von der Sie den Druck übernehmen möchten. In unserem Beispiel ist das die Wandrandbedingung der CFD-Analyse, also **WAND**. Wählen Sie **IMPORTIERTER DRUCK** und dann mit der rechten Maustaste **LASTEN IMPORTIEREN**, dadurch wird die Druckrandbedingung von der CFD-Analyse auf das mechanische Modell übertragen. Dieser Schritt erfordert eine Umrechnung (Mapping) der CFD-Druckergebnisse vom CFD-Netz auf das FEM-Netz für die Mechanik und kann einige Minuten in Anspruch nehmen. Danach steht in der mechanischen Analyse die variable Druckverteilung als mechanische Last zur Verfügung, sodass sich damit Verformungen und Spannungen berechnen lassen.

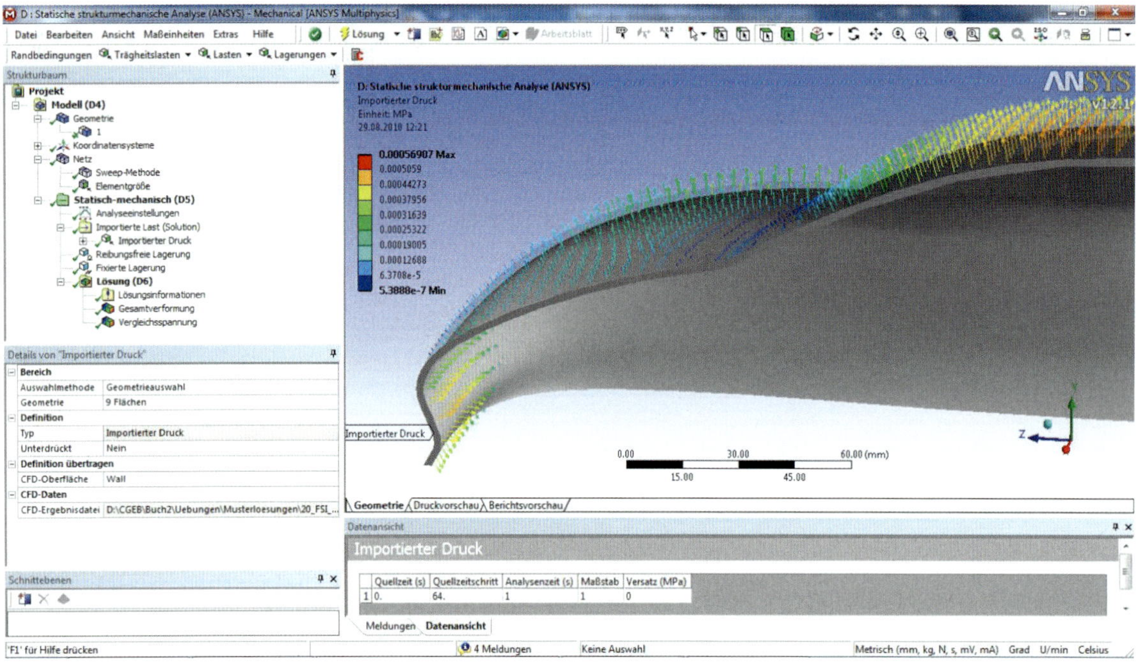

9.24 Akustiksimulation für einen Reflexionsschalldämpfer

Schall reduzieren

Um Schallemissionen zu reduzieren, werden Reflexionsschalldämpfer in Rohre eingebracht, die durch gezielte Reflexion und Überlagerung zu einem Auslöschen oder zumindest Abmildern der Schallwelle führen. Um die Wirkungsweise eines solchen Schalldämpfers zu erfassen, soll ein gerades und ein mit Schalldämpfer versehenes Rohr in einer harmonischen Akustikanalyse zwischen 0 und 950 Hz miteinander verglichen werden.

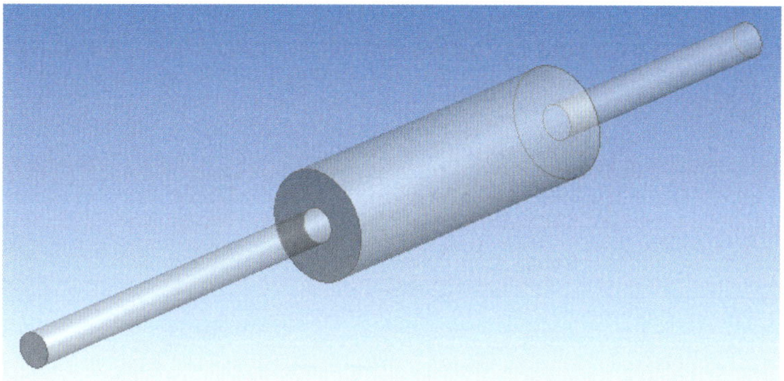

Für Analysen im Bereich der Akustik steht auf dem ANSYS Customer-Portal die Erweiterung *ACT Acoustics Extension* zum kostenfreien Download zur Verfügung. Sie ermöglicht es, in ANSYS Workbench in der gewohnten Umgebung akustisch relevante Eigenschaften, Randbedingungen, Lasten und Ergebnisse zu definieren. Laden Sie die Extension für Ihre ANSYS-Version herunter und installieren Sie diese wie im Kundenportal beschrieben. Starten Sie ANSYS Workbench und aktivieren Sie die **ACT ACOUSTIC EXTENSION** unter **ERWEITERUNGEN/VERWALTETE ERWEITERUNGEN/EXTACOUSTICS**. Laden Sie die Geometrie *Schalldaempfer.agdb* in den Workbench-Projektmanager. Verknüpfen Sie im Projektmanager eine **HARMONISCHE ANALYSE** mit der importierten Geometrie und öffnen Sie diese. Ist die Installation der Extension erfolgreich verlaufen, sehen Sie die in der folgenden Abbildung dargestellte Menüleiste oberhalb des Strukturbaums.

Vernetzung

Bei einer Schallgeschwindigkeit von 343 m/s ergibt sich eine Wellenlänge von 343 ms^{-1} : 950 s^{-1} = 0,36 m. Um eine Welle mit mindestens 10 Elementen aufzulösen, ergibt sich damit eine maximale Elementgröße von weniger als 36 mm. Für unsere Beispielgeometrie wählen wir deshalb global eine Elementgröße von 20 mm. Definieren Sie eine Multizone-Vernetzung, die im Rohr selbst in radialer Richtung mindestens 4 Elemente aufweist, um eventuell auftretende unebene Wellenfronten aufzulösen.

Definieren Sie alle Volumen als **ACOUSTIC BODY**. Damit werden die Eigenschaften des Fluids mit denen von Luft definiert. Wählen Sie in der Akustik-Menüleiste **EXITATION/ NORMAL SURFACE VELOCITY**, um die Anregung am vorderen (langen) Ende mit 0,001 m/s festzulegen. Da jeder Querschnittssprung und auch ein offenes Ende Reflektionen der Schallwelle verursacht, ist eine genaue Abbildung des Austritts am Rohrende wichtig. Daher wurde ein Kugelsegment an das eigentliche Rohrende angeschlossen, über das die Druckwelle in der Simulation im Nahfeld realistisch relaxieren kann. Die Oberfläche dieses Kugelsegments wird mit absorbierenden Eigenschaften ausgestattet, um das Entspannen des Drucks in den Raum möglichst realistisch abzubilden. Definieren Sie diese Absorption in der **AKUSTIK**-Funktionsleiste mit **BOUNDARY CONDITIONS/ABSORBING ELEMENTS** und ordnen Sie die beiden Kugelflächen der Randzone dieser Randbedingung zu (siehe nachfolgende Abbildung auf S. 378).

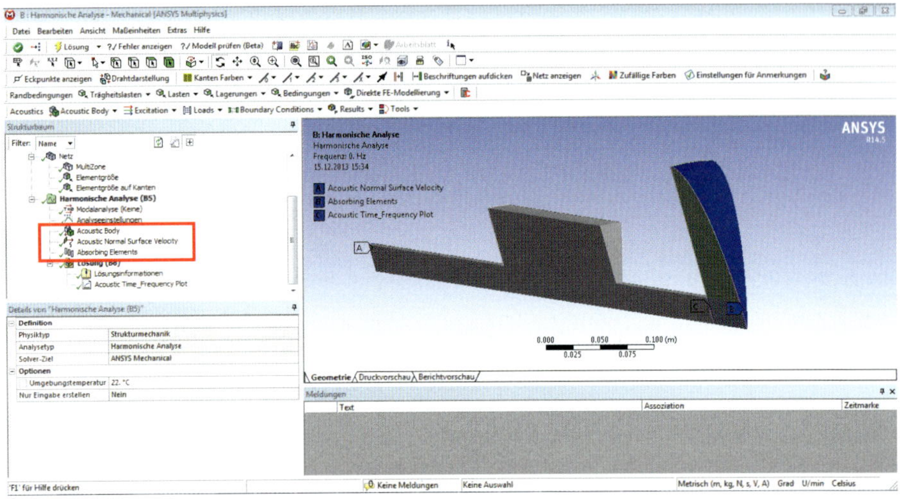

Definieren Sie im Detailfenster den **RADIUS OF ENCLOSURE** mit 0,15 m (das entspricht dem Radius des Nahfeldvolumens). Der Ursprung des Koordinatensystems liegt bereits an der erforderlichen Position im Zentrum des Entspannungsvolumens, wie ein Blick auf die Koordinatensysteme zeigt. Legen Sie in den **ANALYSEEINSTELLUNGEN** den Wertebereich der Berechnung von 0 bis 950 Hz mit 300 Lösungsintervallen fest, was einer Abstufung von 3 Hz entspricht. Wählen Sie als **LÖSUNGSMETHODE/HARMONISCH MIT VOLLEN MATRITZEN** und aktivieren Sie unter der **AUSGABESTEUERUNG** alle Ausgaben. Schalten Sie unter **ANALYSEDATENVERWALTUNG** die Option **ANSYS-DATENBASIS SPEICHERN** auf **JA**. Selektieren Sie die verdeckte Fläche zwischen Rohrende und dem inneren Teilvolumen des Nahfeldvolumens und definieren Sie für diese ein Ergebnis im Frequenzbereich mit **RESULTS/ACOUSTIC TIME_FREQUENCY PLOT**. Schalten Sie dabei die Option **RESULT** von **PRESSURE** auf **SPL** (Sound Pressure Level, Schalldruckpegel) um (siehe nachfolgende Abbildung).

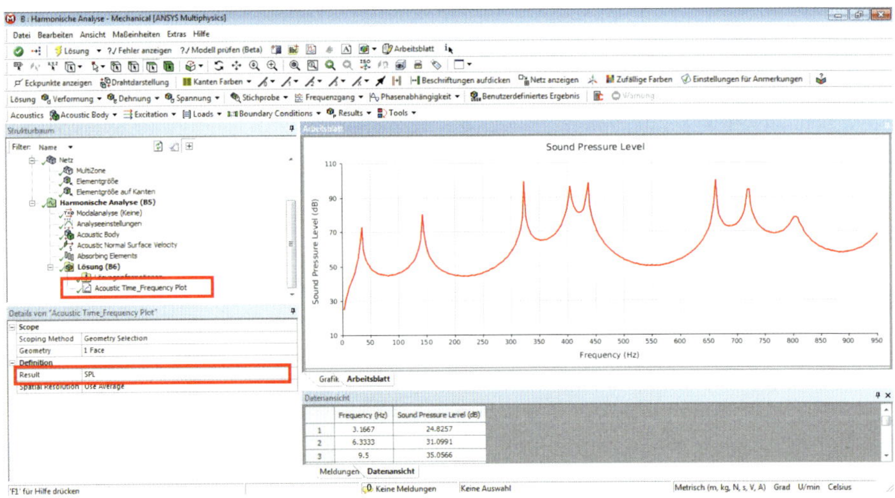

Zum nachfolgenden Vergleich des Frequenzgangs des Rohres mit und ohne Schalldämpfer, exportieren Sie die Daten zur späteren Weiterverarbeitung mit Excel per rechter Maustaste in eine Textdatei.

Wechseln Sie anschließend zurück in den Workbench-Projektmanager und in den DesignModeler. Ändern Sie in der xy-Ebene in *Skizze_1* das Maß für den Radius der Schalldämpferkammer von 80 mm auf 25,4001 mm. Das Rohr selbst hat einen Radius von 25,4 mm, sodass der kleine Unterschied der Kammer zum Rohr formal für eine gleichbleibende Topolgie in der Geometrie, aber eine unterschiedliche in der Vernetzung sorgt, da der Vernetzer den kleinen Radiussprung von 0,0001 mm ignoriert. Aktualisieren Sie die Geometrie im DesignModeler sowie in der verknüpften harmonischen Analyse und starten Sie anschließend die Berechnung im **MECHANICAL EDITOR** neu. Exportieren Sie auch diesen zweiten Frequenzgang des Schalldruckpegels am geraden Rohr und vergleichen Sie ihn in Excel mit dem zuvor generierten Frequenzgang des Rohrs mit Schalldämpfer.

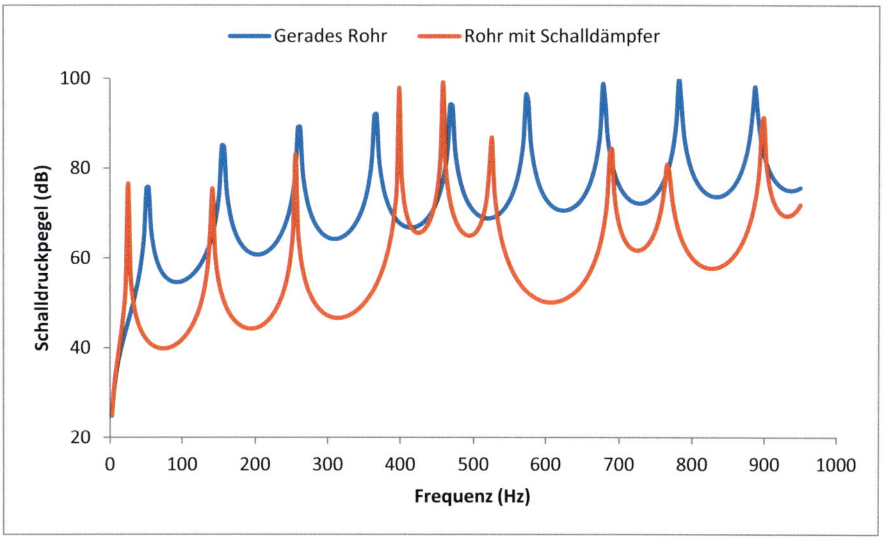

Man kann erkennen, dass der Schalldämpfer die Eigenfrequenzen verschiebt und den Schalldruckpegel global absenkt (150 bis 350 Hz, 550 bis 850 Hz). In einzelnen Bereichen wird dagegen der Schalldruckpegel erhöht, z. B. unter 100 Hz und zwischen 400 und 500 Hz. Das bedeutet, dass die Dimensionen des Schalldämpfers und damit der Frequenzbereich für die Absenkung des Schalldrucks auf den gewünschten Arbeitsbereich abgestimmt werden muss. Durch Simulation kann sichergestellt werden, dass für den gewünschten Frequenzbereich eine gute Schalldämpfung erzielt wird. Eine parametrische Variation (siehe Abschnitt 9.4) lässt diese Verbesserung gezielt erreichen, ohne Grenzwerte für andere Eigenschaften (Masse, Deformation, Festigkeit ...) zu überschreiten. Dazu können ein oder mehrere Schalldruckpegelergebnisse unter **RESULTS/ACOUSTICS SPL** definiert werden. Neben der anschaulichen Darstellung auf der gesamten Baugruppe ist für eine parametrische Variation die Fokussierung auf das Rohrende hilfreich (abweichend zur folgenden Darstellung der Selektion und Zuordnung lokaler Bereiche *vor* dem Aktualisieren der Analyse, siehe Abschnitt 8.8.2.1).

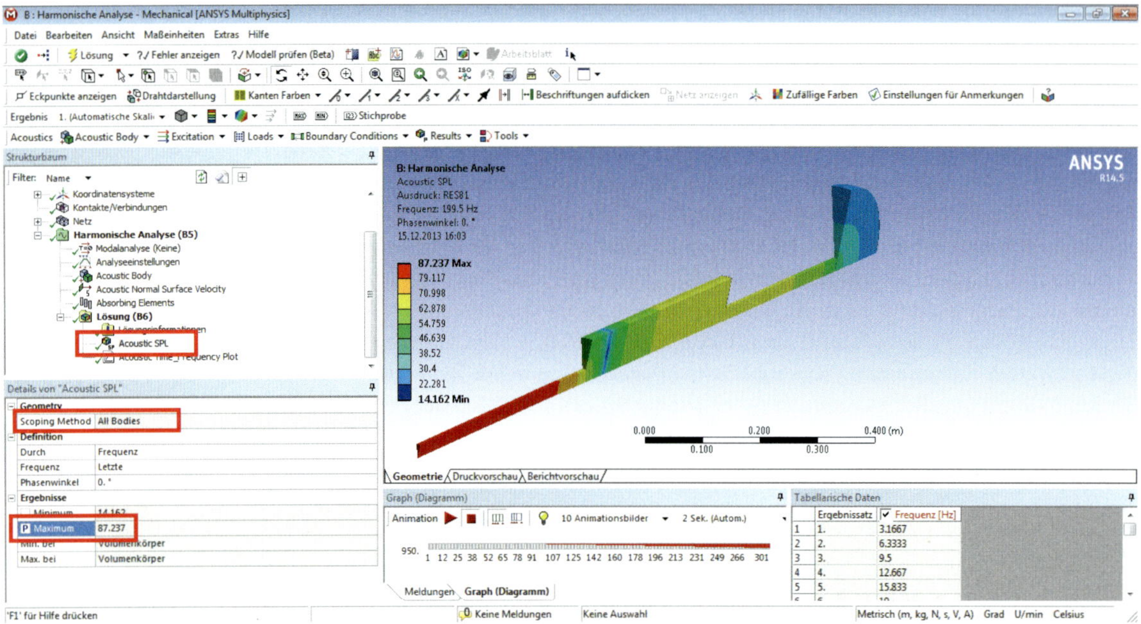

In solchen frequenzbezogenen Ergebnissen lassen sich dann die lokalen Maximalwerte parametrisieren, um sie für eine automatisierte Variantenberechnung und Optimierung als Zielgröße zu nutzen.

9.25 Schallabstrahlung eines Eisenbahnrades

Eine hohe Schallemission ist oft eine unangenehme Begleiterscheinung von mechanischen Schwingungen. Am Beispiel eines Eisenbahnrades soll exemplarisch die Schallabstrahlung aufgrund von Frequenzen bis 1000 Hz berechnet werden, wenn eine radiale Kraft von 200 N das Rad zum Schwingen anregt. Diese Analyse kann in zwei Schritten durchgeführt werden. Zunächst wird dabei die strukturmechanische Seite analysiert. Anschließend wird die Geschwindigkeit an der Oberfläche der Baugruppe auf das Luftvolumen übertragen, um die akustische Analyse fortzuführen. Diese Einwegekopplung hat den Vorteil, dass die Strukturmechanik nach ihren eigenen Kriterien definiert werden kann. So lässt sich beispielsweise die numerische Methode der modalen Superposition mit einem Clustern der Ergebnisse bei den Eigenfrequenzen nutzen. Im zweiten Schritt, der akustischen Analyse, können beispielsweise von der mechanischen Analyse unabhängige Frequenzbereiche und unabhängige Netze verwendet werden, welche die Effizienz der Analyse deutlich steigern.

Strukturdynamische Analyse

Mechanik

Importieren Sie die Geometrie *Eisenbahnrad.stp* und führen Sie eine Modalanalyse mit verknüpfter harmonischer Analyse durch (siehe auch Abschnitt 9.18). Unterdrücken Sie dazu das in der Geometrie enthaltene umschließende Luftvolumen in diesen beiden Analysen. In dynamischen Analysen soll im Allgemeinen keine Symmetrie verwendet werden, da punktsymmetrische Schwingungsmoden und deren Eigenfrequenzen entfallen. In Vorabuntersuchungen an ähnlichen Eisenbahnrädern wurde jedoch festgestellt, dass bei radialer Anregung diese punktsymmetrischen Schwingungsformen keine akustische Relevanz haben, weshalb aufgrund höherer Performance unter diesen verifizierten Bedingungen ein Halbmodell verwendet werden kann. Fixieren Sie das Rad im Zentrum und definieren Sie als Symmetriebedingung eine **REIBUNGSFREIE LAGERUNG** an den durch den Symmetrieschnitt entstandenen Flächen des Rades. Legen Sie in den Analyseeinstellungen die Anzahl der zu berechnenden Moden fest. Da vorab unbekannt ist, wieviele Eigenfrequenzen bis 1000 Hz auftreten werden, schätzen Sie die Zahl der zu berechnenden Moden (Tipp: kleiner 20) und verifizieren Sie nach der Modalanalyse, dass mindestens ein Eigenmode oberhalb 1000 Hz liegt. Passen Sie gegebenenfalls die Zahl der zu berechnenden Moden an. Um die Schwingungsformen gut aufzulösen (Kriterium: symmetrische Schwingungsformen), wählen Sie eine Elementgröße nicht größer als 40 mm. Für die verknüpfte harmonische Analyse per modaler Superposition ist eine Dämpfung zu definieren, die unbekannt ist und daher geschätzt wird (z. B. 2 %). Nach Aufbringen der Kraft von 100 N pro Halbmodell ergibt sich mit modaler Superposition und Clustern der Ergebnisse der in der folgenden Abbildung dargestellte Frequenzgang der hellblau eingefärbten Flächen für die akustisch relevante Deformation in x-Richtung.

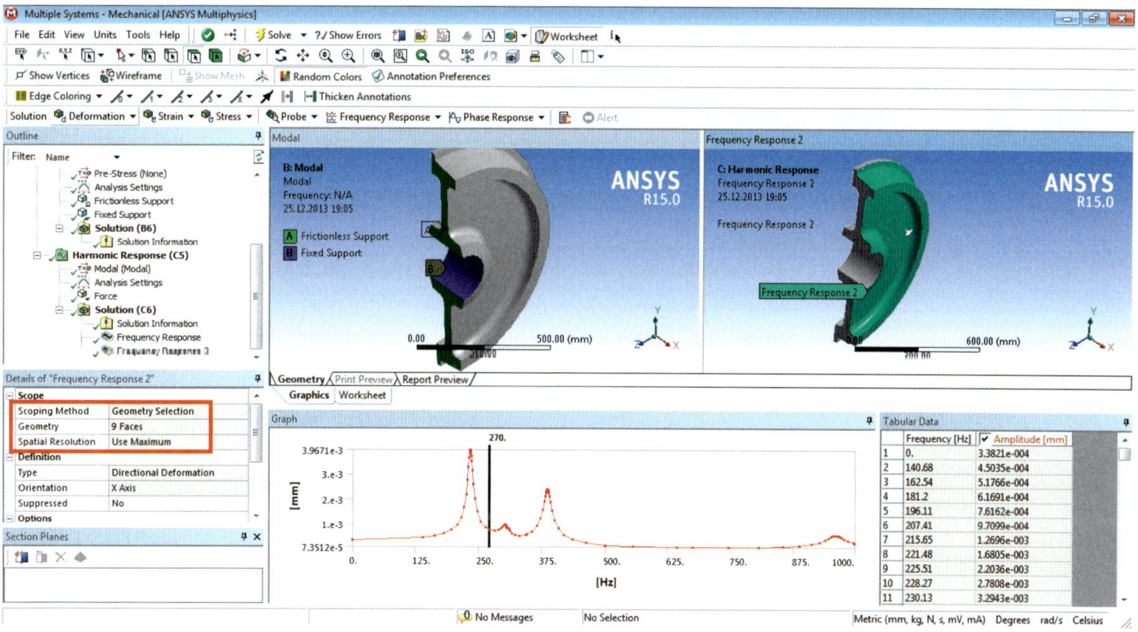

Akustische Analyse

Akustik

Zur Durchführung der Akustikanalyse installieren und aktivieren Sie die ACT Acoustics Extension vom ANSYS Customer Portal (siehe Abschnitt 9.24). Für die Berechnung der Schallabstrahlung aufgrund der vorangehend ermittelten Schwingung ziehen Sie eine zusätzliche harmonische Analyse als unabhängiges System in den Workbench Projektmanager. Verknüpfen Sie die zuvor importierte Geometrie (Zelle A2) mit der Geometrie der zweiten harmonischen Analyse (Zelle D3) und ziehen Sie eine weitere Verknüpfung von der Lösung der ersten harmonischen Analyse der Struktur (C6) zum Setup der gerade definierten harmonischen Analyse der umgebenden Luft (D5).

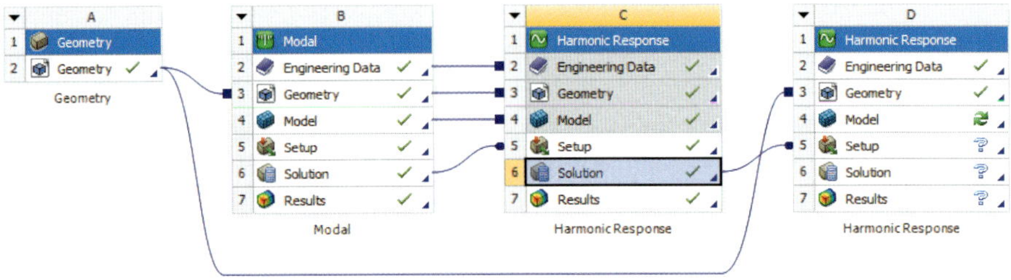

Auch wenn die Anordnung der verschiedenen Analysesysteme (System C und D) optisch anders aussehen sollte als hier dargestellt, können Sie die Verknüpfung per Drag & Drop von A2 zu D3 und C6 zu D5 anlegen. Mit diesen Verknüpfungen werden die Geometrie- und Ergebnisdaten von der ersten harmonischen Analyse (in diesem Fall die Geschwindigkeiten an der Oberfläche der Struktur) zur zweiten harmonischen Analyse als Randbedingung (hier: Anregung des Luftvolumens) übertragen. Unterdrücken Sie in der zweiten harmonischen Analyse das Strukturvolumen, sodass in der Analyse lediglich das Luftvolumen verwendet wird. Ermitteln Sie die maximale Elementgröße wie in Abschnitt 9.24 gezeigt und weisen Sie sie dem Luftvolumen zu. Wählen Sie den Lastfall **HARMONIC RESPONSE** und fügen Sie einen **ACOUSTIC BODY** für das Luftvolumen ein, wodurch Sie die Eigenschaften von Luft für diese Geometrie festlegen. Die Eigenschaften aus der Materialdefinition des Workbench Projektmanagers werden dadurch überschrieben. Definieren Sie die Anregung auf das Luftvolumen durch die Geschwindigkeiten an der Strukturoberfläche, indem Sie mit der rechten Maustaste mit **IMPORT LOAD/INSERT/ VELOCITIES** auswählen. Schalten Sie den Selektionsfilter auf **FLÄCHEN** und stellen Sie den Selektionsmodus von **EINZELSELEKTION** auf **RAHMENSELEKTION** um. Selektieren sie alle Innenflächen des Luftvolumens (= die sichtbaren Flächen des Eisenbahnrades) und ordnen Sie sie der **IMPORTED VELOCITY** zu. Legen Sie den Frequenzbereich fest, indem Sie anschließend im Detailfenster **SOURCE FREQUENCY** auf **ALL** umstellen, d. h., aus der strukturmechanischen Analyse werden die Geschwindigkeiten für alle Frequenzen übertragen. Zu Kontrollzwecken importieren und visualisieren Sie die importierten Geschwindigkeiten für einige Frequenzen.

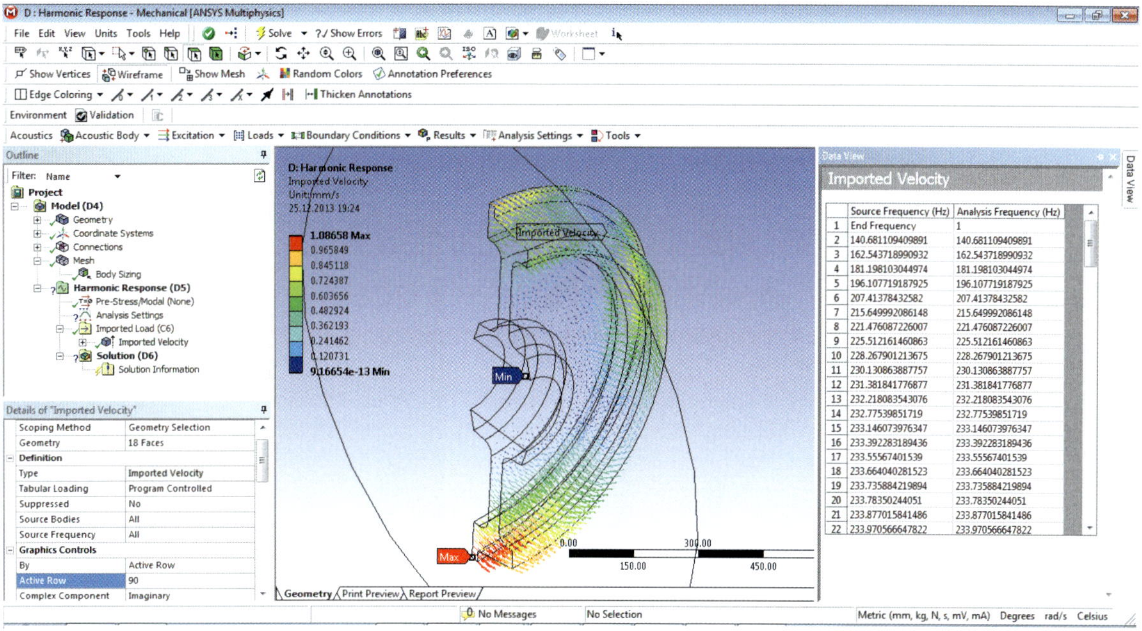

Wählen Sie im Strukturbaum die Analyseeinstellungen aus. Wählen Sie dort unter **ANALYSE DATENMANAGEMENT** die Option **DATENBASIS SPEICHERN** (**SAVE MAPDL DB**) mit **JA** aus. Legen Sie den Frequenzbereich (**RANGE**) auf 100 bis 1000 Hz fest und wählen Sie eine geeignete Zahl von Zwischenschritten (**SOLUTION INTERVALS**, z. B. 18). Für eine hohe Berechnungsgenauigkeit treffen diese Frequenzintervalle im Idealfall möglichst viele Eigenfrequenzen, ohne die Gesamtzahl an zu berechnenden Frequenzen zu stark steigen zu lassen, da der Berechnungs- und Plattenplatzbedarf dadurch groß werden kann. Schalten Sie die **SOLUTION METHOD** von **MODE SUPERPOSITION** auf **FULL** um, da durch lokale Dämpfung/Absorption an der Kugeloberfläche keine modale Superposition eingesetzt werden kann. Definieren Sie nichtreflektierende Randelemente auf der Kugeloberfläche, indem Sie die Kugelfläche selektieren, anschließend unter **BOUNDARY CONDITIONS/ABSORBING ELEMENTS** definieren und im Detailfenster den Radius des Nahfeldes passend zum Kugelradius mit 700 mm angeben. Definieren Sie darüber hinaus weitere Ergebnisse, z. B. den Schalldruckpegel über **SOUND PRESSURE LEVEL SPL**, an verschiedenen (ins Abtastraster passenden) Frequenzen und den **ACOUSTIC TIME FREQUENCY PLOT** für den Schalldruckpegel mit dem Maximum für die jeweilige Frequenz. Speichern Sie die Analyse vor dem Starten, da von Rechenzeiten im Stundenbereich auszugehen ist.

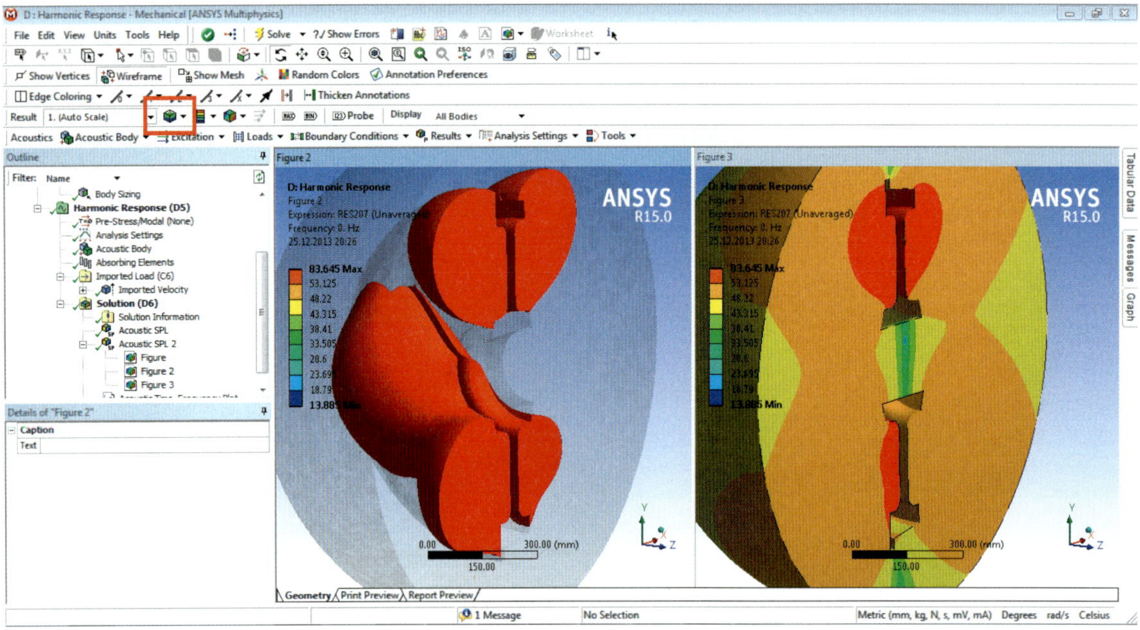

Verwenden Sie die grafischen Möglichkeiten der Feldvisualisierung als Isoflächen oder begrenzte Isoflächen oberhalb bzw. unterhalb eines Grenzwertes, um in das innere des Berechnungsgebietes hineinzuschauen, ebenso Schnitte, die Sie dynamisch durch das Modell schieben können. In der Ergebnisdarstellung lassen sich unter anderem Schalldrücke und der Schalldruckpegel als logarithmisches Verhältnis des quadrierten Effektivdrucks zum Referenzwert der Hörschwelle darstellen. Die Pegeldarstellung rafft die oft große Spreizung der Druckwerte, verschafft einen guten Überblick und schlägt die Brücke zur Messtechnik.

Im Resonanzbereich verfeinern

Möchten Sie – anders als in der hier gezeigten Vorgehensweise – gezielt nur den Schalldruckpegel an ausgewählten Frequenzen ermitteln (anstatt in äquidistanten Schritten über einen Frequenzbereich) empfiehlt sich je eine harmonische Analyse wie zuletzt definiert, bei der das **SOLUTION INTERVAL** auf 1 steht und das Frequenzbereich-Maximum mit dem gewünschten Frequenzwert definiert ist. Um dieses Vorgehen im Rahmen einer parametrischen Analyse zu nutzen, fügen Sie auf der Ebene des Lastfalls **HARMONIC RESPONSE** einen **COMMAND BLOCK** mit folgendem Code ein:

```
HARF, ARG1, ARG2
```

Die Argumente `ARG1` und `ARG2` definieren dabei den Frequenzbereich (von … bis). `ARG2` stellt also die gewünschte Frequenz als Eingangsparameter dar und kann – wie sonstige Eingabegrößen – im Detailfenster durch Anwählen der kleinen Box, in der ein **P** erscheint, zu einem Parameter definiert werden. Werden auch die Ausgabegrößen wie der Schalldruckpegel an der Kugeloberfläche oder im Volumen parametrisiert, steht im Workbench ein Parameterset zur Verfügung, um per parametrischer Analyse an beliebigen Frequenzen den Schalldruckpegel zu ermitteln – auch und gerade im Bereich der Eigenfrequenzen.

Wie wichtig die Berücksichtigung der Eigenfrequenzen ist, zeigt sich in einem Vergleich der Schalldruckpegel – einmal ohne (rot) und einmal mit zusätzlichen (blau) Berechnungen in diesen Frequenzbereichen (siehe nachfolgende Abbildung).

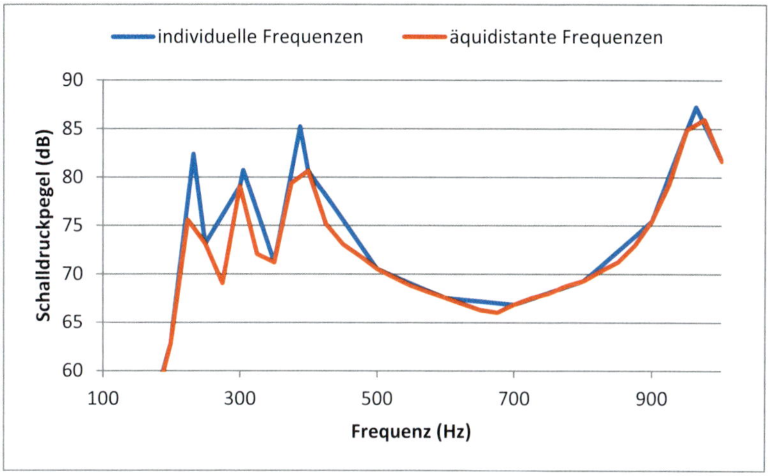

In der Abbildung kann man deutlich erkennen, dass die Analyse mit einem fixen Abtastraster von zu berechnenden Frequenzen (rot) die Eigenfrequenzen nicht mit einschließt, dadurch den jeweiligen Maximalwert im Resonanzfall nicht erfasst und demzufolge nur den groben Trend über den Frequenzverlauf abbilden kann. Daher ist eine Verfeinerung der Analyseschritte im Bereich der Eigenfrequenzen für eine hohe Ergebnisgenauigkeit empfehlenswert.

9.26 Elektrisch-thermisch-mechanischer Mikroantrieb

In der Mikrosystemtechnik (MEMS, Microelectromechanical Systems) werden Elektronik, Sensoren und Aktuatoren in einem oft nur einige Zehntelmillimeter großen System auf einem Substrat/Chip zusammengefasst. Anwendungen finden sich beispielsweise für Beschleunigungssensoren (Airbags, Festplatten, Smartphones), Tintenstrahldruckköpfe oder Mikrospiegelsysteme für DLP-Projektoren.

Mikrospiegelantrieb mit thermomechanischen Aktuatoren

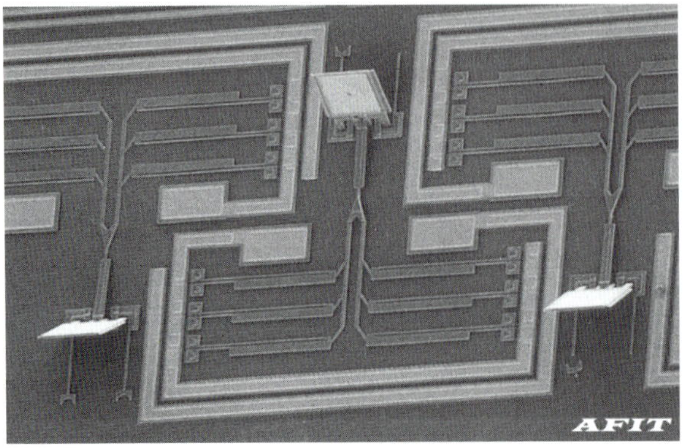

Eine Möglichkeit, Aktuatoren (Antriebe) in extrem kleinen Dimensionen zu realisieren, soll mit der Simulation eines elektrisch-thermisch-mechanischen Antriebs untersucht werden. Dabei wird durch einen Stromfluss eine Joul'sche Erwärmung erzeugt, die wiederum zu einer Ausdehnung führt. Es sind also drei physikalische Domänen beteiligt: das elektrische und das thermische Feld sowie die mechanischen Deformationen.

Die Analyse könnte daher über drei sequenzielle Berechnungssysteme aufgebaut werden.

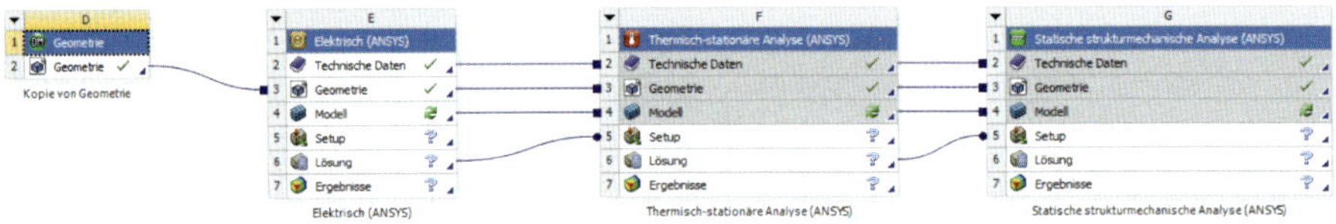

Lastvektorkopplung

In diesem Aufbau wird das Ergebnis der vorangehenden auf die nachfolgende Analyse übertragen und dort als Randbedingung verwendet. Eine Rückkopplung der nachfolgenden auf die vorangehende Analyse ist nicht gegeben. Da die elektrische Leitfähigkeit für viele Materialien temperaturabhängig ist, kann das elektrische und thermische Feld in der Praxis oft nicht (wie in diesem Analyseablauf vorausgesetzt) entkoppelt betrachtet werden. Eine nachträgliche Kombination von Systemen ist nicht möglich, daher kann man das elektrische und thermische System auch direkt kombiniert verwenden. Den Vorteil der höheren Flexibilität bezahlt man auf der anderen Seite mit einem größeren Gleichungssystem und längerer Rechenzeit.

Thermisch-elektrische Matrixkopplung

Legen Sie zur importierten Geometrie *Mikro_Aktuator.stp* ein elektrisch-thermisches und ein statisch-strukturmechanisches System an, indem Sie aus der Toolbox eine **THERMISCH-ELEKTRISCHE ANALYSE** auf die Geometrie (A2) ziehen und eine **STATISCH-STRUKTURMECHANISCHE ANALYSE** auf deren Lösung (B6).

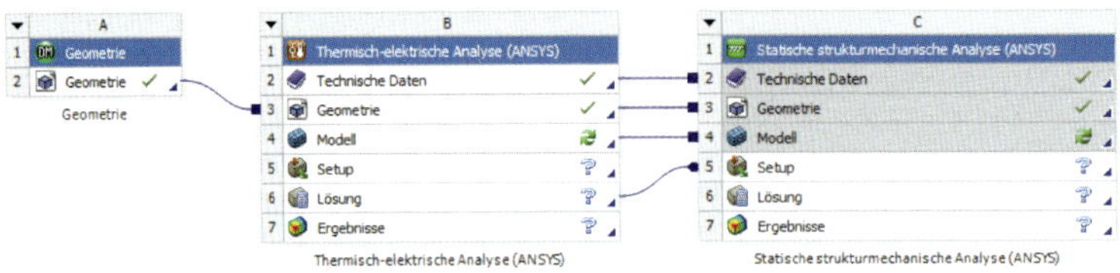

Definieren Sie in den **TECHNISCHEN DATEN** (B2) ein neues Material **SILIZIUM** wie in der nachfolgenden Abbildung dargestellt.

aften von Überblickzeile 6: Silizium

A	B	C
Eigenschaft	Wert	Einheit
Dichte	2.34E-06	kg mm^-3
Isotrope(r) Tangente Koeffizient der thermischen Ausdehnung	2E-05	C^-1
Orthotrope(r) Elastizität		
E-Modul - X-Richtung	1.8E+05	MPa
E-Modul - Y-Richtung	1.7E+05	MPa
E-Modul - Z-Richtung	1.3E+05	MPa
Querkontraktionszahl XY	0.28	
Querkontraktionszahl YZ	0.26	
Querkontraktionszahl XZ	0.26	
Schubmodul XY	52000	MPa
Schubmodul YZ	52000	MPa
Schubmodul XZ	52000	MPa
Isotrope(r) Wärmeleitfähigkeit	0.15	W mm^-1 C^-1
Isotrope(r) Widerstand	2.3E-05	ohm mm

Bearbeiten Sie das elektrisch-thermische Modell (Zelle B4) und definieren Sie die Randbedingungen. An den Terminals (ausgeschnittene große Rechtecke) herrscht ein Potenzialunterschied von 100 mV und eine Temperatur von 22 °C (entstehende Wärme wird ideal abgeleitet).

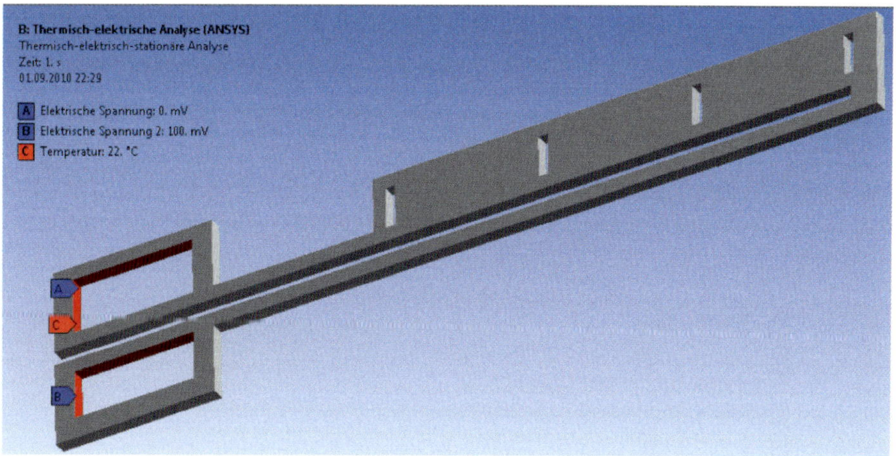

Führen Sie die Analyse durch und definieren Sie ein Ergebnis für Spannungsabfall und Stromdichteverteilung. Ergebnisse

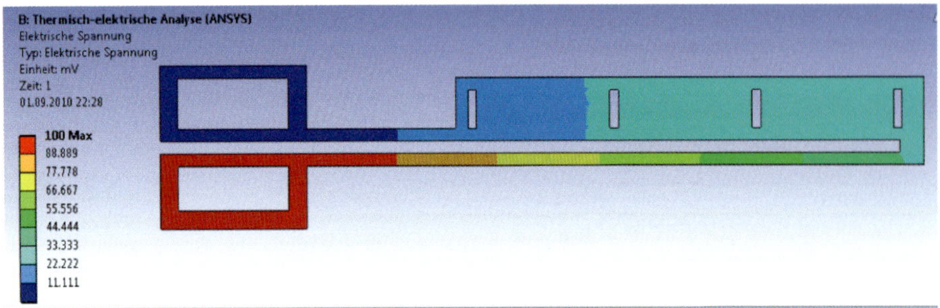

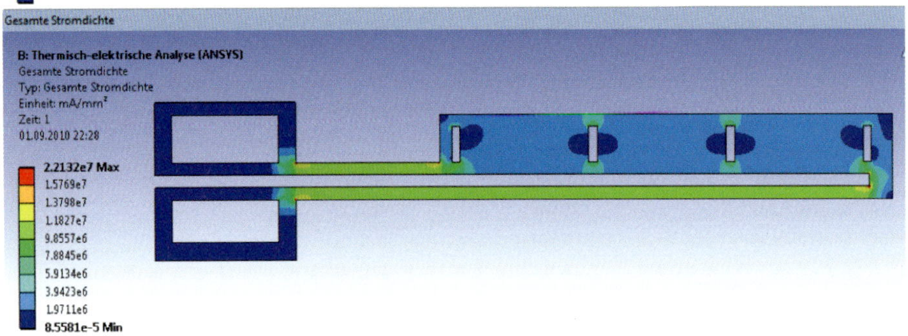

Um den Strom insgesamt zu ermitteln, ziehen Sie die elektrische Spannung auf LÖSUNG. Es ergeben sich ca. 0,3 A. Die Temperatur beträgt knapp 400 °C.

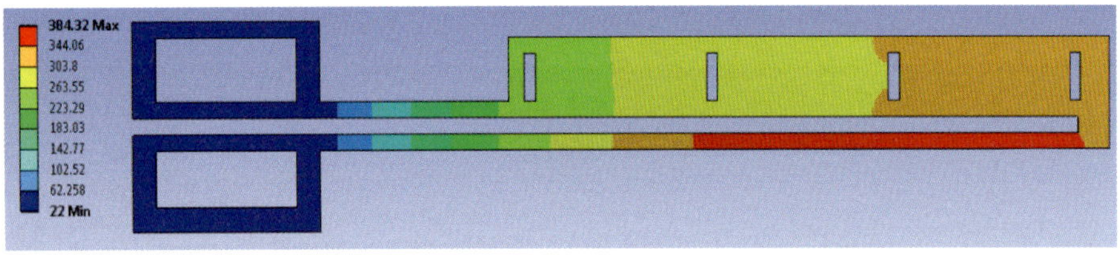

Mit einer fixierten Lagerung (ebenfalls an den Terminals) ergibt sich eine Deformation von ca. 3,5 µm, die als nutzbarer Hub, z. B. für einen Mikrospiegelantrieb, verwendet werden kann.

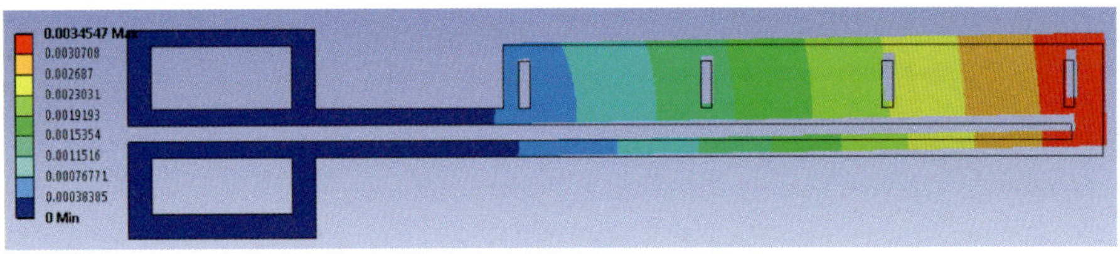

9.27 Verhaltensmodell für die Systemsimulation einer Messmaschine

3D-Objekte und Regler

Bei der Entwicklung mechatronischer Systeme ist das gut abgestimmte dynamische Zusammenspiel verschiedenster Komponenten ein entscheidender Faktor für Funktionalität und Energieeffizienz des gesamten Systems. Die Anforderungen an die einzelnen Komponenten können in der Systembetrachtung identifiziert und der Aufbau von Reglern und die Position von Sensoren optimiert werden. Typische Anwendungsfälle sind die Lageregelung, z. B. von Werkzeug- und Messmaschinen, oder die Temperaturregelung in der Produktionstechnik. Für eine belastbare Aussage ist eine Komponentenbeschreibung erforderlich, welche die relevanten Eigenschaften und Effekte hinreichend genau abbilden kann, aber eine kurze Rechenzeit gewährleistet, um viele Zeitschritte in der Systembetrachtung in kurzer Zeit rechnen zu können. Die Verwendung diskret modellierter Komponenten in Form von Widerständen, Kapazitäten oder Induktivitäten bzw. Federn, Massen und Dämpfern ermöglicht nur eine sehr grobe Abbildung der Eigenschaften. Dagegen bietet die Nutzung ausmodellierterter FE-Modelle in der Regel eine sehr detailreiche und damit zu aufwändige Beschreibung, um eine Co-Simulation von FEM- und Systemsimulation einzusetzen. Daher wurden verschiedene Verfahren entwickelt, um das Verhalten von Komponenten, die durch 3D-Feldsimulationen untersucht werden, als sogenanntes reduziertes Modell *(reduced order model, ROM)* oder Verhaltensmodell in der Systembetrachtung einzusetzen. Durch die Reduktion ist dabei eine Geschwindigkeitssteigerung gegenüber dem Originalmodell von einigen Größenordnungen typisch, während die Genauigkeit gegenüber diskreten Modellen deutlich gesteigert werden kann. Im ANSYS-Umfeld haben sich folgende Methoden herauskristallisiert, um Daten per Modell-Ordnungs-Reduktion aus der 3D-Feldanalyse auf Systemebene in Form eines sogenannten *reduced order models* weiterzuverwenden:

Modell-Ordnungs-Reduktion

- **Modale Reduktion** (SPMWRITE-Kommando in Mechanical APDL) für strukturmechanische Modelle
- **Krylov-Subspace-Methode** mit MOR4ANSYS für thermische und strukturmechanische Komponenten
- **Linear Time Invariant LTI** für strömungmechanische Modelle
- **Equivalent Circuit Extraction ECE** für magnetische Komponenten
- **Model of Optimal Prognosis MOP** für nichtlineare Komponenten

Die Vielzahl der Methoden lässt erkennen, dass es nicht die eine überragende Methode gibt, die alle Anforderungen abdeckt. So sind einige Methoden für bestimmte physikalische Domänen vorbehalten, andere für eine besonders hohe Dynamik im Komoponentenverhalten oder für die Charakterisierung von Nichtlinearitäten einer zu reduzierenden Komponente.

Die in der Mechanik häufig eingesetzte Technik eines Verhaltensmodells auf Basis einer modalen Reduktion soll an einer kleinen Systemsimulation zur Lageregelung einer Messmaschine dargestellt werden, beispielsweise, um den Aufbau und die Parameter eines solchen Reglers gut zu ermitteln. Dazu wird eine 3D-FEM-Analyse in ein Verhaltensmodell überführt und in eine Systemsimulation eingebaut.

Führen Sie eine Modananalyse der Messmaschine durch.

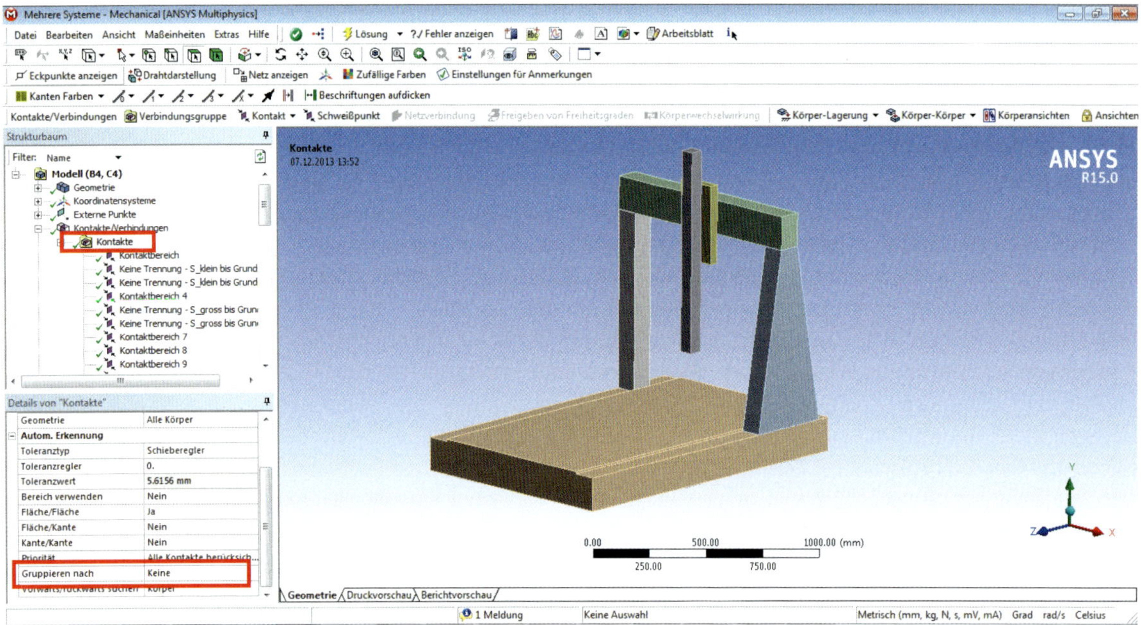

Vereinfachend sind alle Materialien als Stahl definiert. Für eine separierte Modellierung der Kontakte wählen Sie im Strukturbaum **KONTAKTE** und im Detailfenster **GRUPPIEREN NACH/KEINE**. Starten Sie die Kontakterkennung neu mit **KONTAKTE/ERSTELLE AUTOMATISCHE VERBINDUNGEN**. Definieren Sie den **TYP** für die vier Kontakte zwischen dem beweglichen Portal und dem Boden anschließend von **VERBUND** auf **KEINE TRENNUNG**, damit ein Verschieben entlang der ebenen Flächen möglich wird. Diese Kontaktdefinitionen repräsentieren so zwei Linearführungen. Fixieren Sie die Basisplatte an der Unterseite an den Auflageflächen und definieren Sie die Zahl der zu berechnenden Eigenmoden (20). Neben diesen Einstellungen einer Modalanalyse sind für das Erzeugen eines Verhaltensmodells folgende weitere Schritte vorzunehmen:

Verhaltensmodell exportieren

- Definieren Sie auf der Ebene der Randbedingungen ein Kommandoobjekt mit dem Kommando `DMPRAT,0.02`. Diese Dämpfung von 2 % wird für die Ableitung des Verhaltesmodells benötigt, da sonst unendlich hohe Amplituden im Systemsimulator auftreten.
- Definieren Sie im Menü des Mechanical Editors unter **EXTRAS/VARIABLEN MANAGER** die Variable **EXPORTTOSIMPLORER** mit dem Wert 1 und aktivieren Sie sie.
- Fügen Sie auf der Ebene der Ergebnisse ein Kommandoobjekt ein, um das Verhaltensmodell in Zustandsraumbeschreibung (*state-space-model*) zu exportieren. Die Kommandofolge entnehmen Sie der Textdatei *C:\Program Files\ANSYS Inc\v150\aisol\DesignSpace\DSPages\macros\ExportSpaceSpaceMatrices.mac*. Die Kernfunktion ist das Kommando `SPMWRITE`, das das Verhaltensmodell für ANSYS Simplorer exportiert, aber

auch auf ein Neutralformat (*matrix market exchange format*) umgestellt werden kann, um die reduzierten Modelle in Fremdsoftware einzusetzen. Detailliertere Informationen dazu finden Sie in der MAPDL-Online-Hilfe zu `SPMWRITE`.

- Definieren Sie Anschlüsse (*Pins*) für den Systemsimulator, an dem Sie Größen einspeisen oder abgreifen. Verwenden Sie dazu externe Punkte mit der Namensgebung *INPUT_ABC_DOF*. Verwenden Sie sowohl für Eingabe- als auch Ausgabe-Pins das Schlüsselwort *INPUT*, erzeugen Sie damit ein konservatives Verhaltensmodell. Die Zeichenkette ABC ist frei wählbar und kennzeichnet den Ort, sollte jedoch nicht länger als 4 Zeichen sein. Die Zeichenkette DOF steht für den Freiheitsgrad und ist entweder *UX*, *UY*, *UZ*, *ROTX*, *ROTY* oder *ROTZ*. Da wir am breiten Fuß des Messmaschineportals durch eine Kraft (z. B. vom Antrieb) in z-Richtung anregen, definieren Sie dort einen externen Punkt (**STRUKTURBAUM/PROJEKT/MODELL/EINFÜGEN/EXTERNER PUNKT**) mit Namen *INPUT_IN_UZ*. Der auszuwertende Punkt am Messkopf benötigt ebenfalls einen Pin für den Systemsimulator. Deshalb definieren wir hier ebenfalls einen externen Punkt *INPUT_OUT_UZ*, in der Annahme, dass dort ein Positionssensor zur Lageregelung angebracht werden könnte (siehe nachfolgende Abbildung).

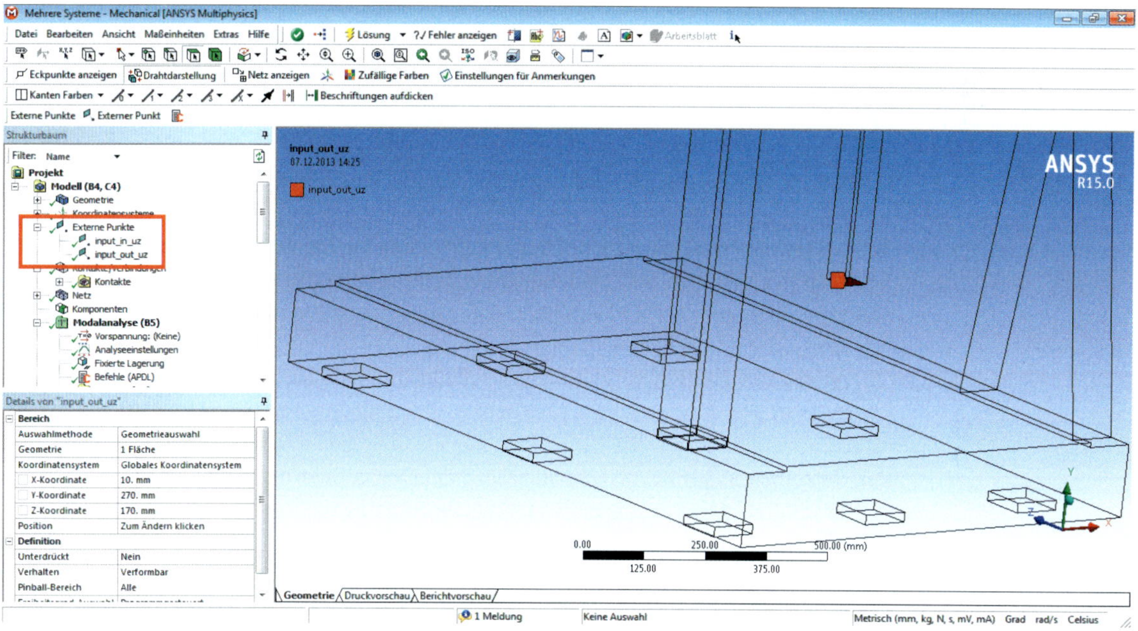

Führen Sie die Analyse durch und kopieren Sie das in der Workbench-Projektstruktur abgelegte Zustandsraummodell mit den Dateien *file.spm* und *file_spm.png* in den Arbeitsbereich Ihres Systemsimulationsprogramms.

Systemsimulation mit ANSYS Simplorer

Verhaltensmodell verwenden

Starten Sie ANSYS Simplorer und fügen Sie das Verhaltensmodell mit **SIMPLORER CIRCUIT/SUB CIRCUIT/ADD MECHANICAL COMPONENT** ein. Fügen Sie aus der Simplorer-Bibliothek eine Kraft (1 N), ein Ground, einen Verschiebungssensor und eine Masse

(1e-4 kg) ein und verschalten Sie sie wie folgt: Die Kraft *F_TRB1* wirkt vom Festlager auf den Pin *IN*, der Sensor *SM_TRB1* misst dort die Verschiebung und am Ausgang des Verhaltensmodells hängt die kleine Masse *MASS_TRB1*.

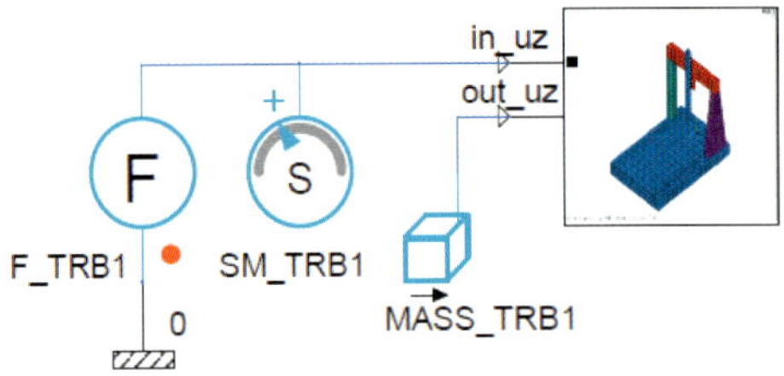

Löschen Sie im Simplorer-Strukturbaum das transiente Analyse-Set-up, definieren Sie eine neue harmonische Analyse (**ANALYSIS/SOLUTION SETUP/ADD AC**) und aktualisieren Sie die AC-Analyse. Erzeugen Sie einen Report für den Sensor mit logarithmischer Darstellung der Verschiebungsamplitude.

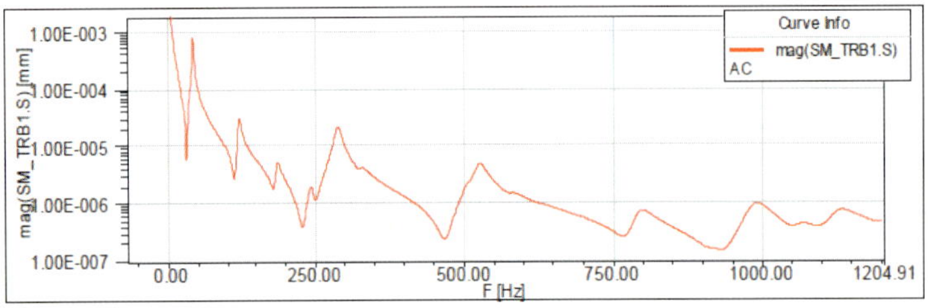

Führen Sie zur Verifikation dieser Vorgehensweise eine harmonische Analyse mit ANSYS durch und vergleichen Sie den Frequenzgang mit dem reduzierten Modell (ROM) in Simplorer mit dem des 3D-FEM-Modells in ANSYS Mechanical durch den Export zu Excel.

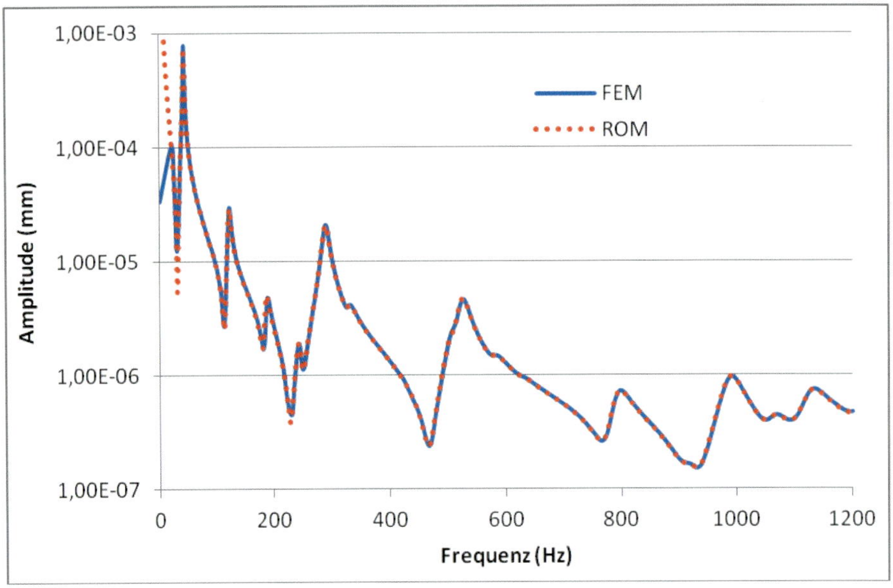

Man erkennt, beide Frequenzgänge haben den gleichen Verlauf, gleichzeitig rechnet das reduzierte Verhaltensmodell um Faktoren schneller. Durch den Vergleich mit dem FEM-Modell ist das reduzierte Modell nun validiert und es kann für transiente Analysen im Simplorer zur Auslegung von Reglern und der Abstimmung der Komponenten untereinander eingesetzt werden.

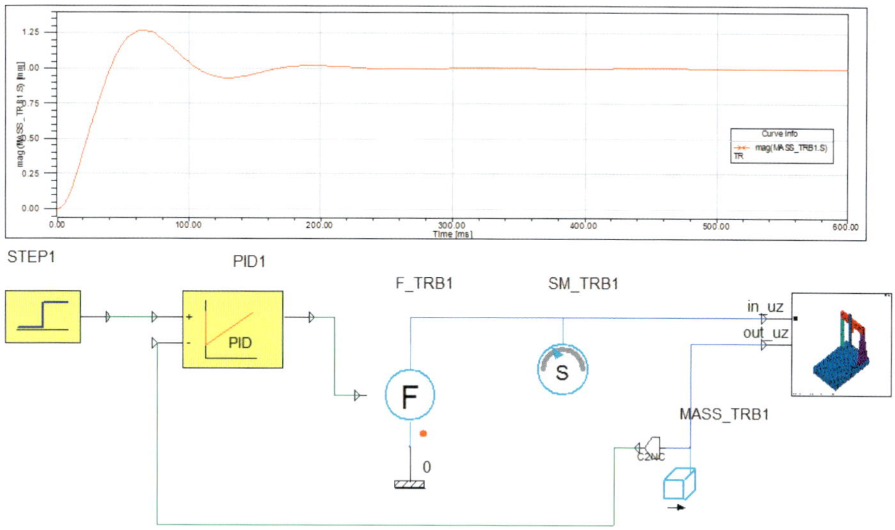

Durch die Verwendung von aus der 3D-Feldanalyse abgeleiteten Verhaltensmodellen lässt sich also deren hohe Genauigkeit kombinieren, mit der Abstimmung der dynamischen Interaktion in unterschiedlichsten Domänen – von der Mechanik über Temperatur, Strömung, Magnetfeld bis hin zu Hydraulik, Pneumatik, (Leistungs-)Elektronik, Logik, Blockdiagrammen und embedded-Software.

10 Konfiguration von ANSYS Workbench

Viele Einstellungen von ANSYS können den eigenen Bedürfnissen angepasst werden. Dazu gehören Konfigurationsdaten zum Workbench-Projektmanager selbst, zu den einzelnen Applikationen wie DesignModeler oder Mechanical, aber auch zum Ablauf des Lösungsprozesses. Diese Daten werden im Verzeichnis *%appdata%/ansys* abgelegt, können von dort gesichert und auf andere Rechner übertragen werden.

10.1 Maßeinheiten und Geometriearten festlegen

Um die mechanisch gängigen Einheiten zu verwenden, wählen Sie im Projektmanager **MASSEINHEITEN/MASSEINHEITENSYSTEME** und wählen bzw. definieren das gewünschte Einheitensystem (typischerweise kg, mm, N = Nummer 8). Einheiten

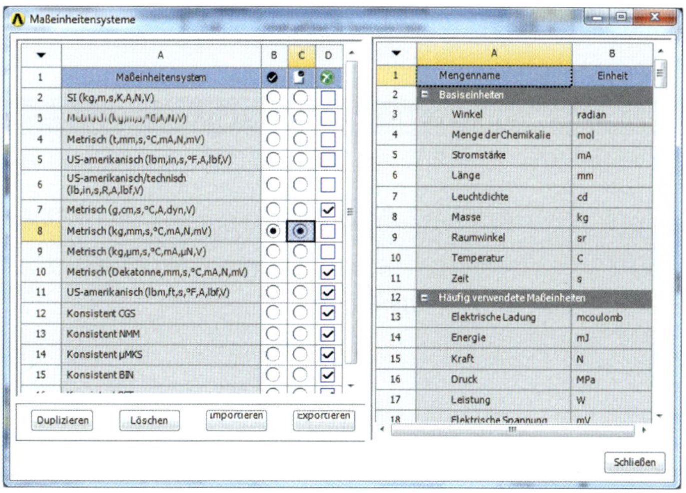

Mit der mittleren Spalte C legen Sie das zukünftige Standard-Einheitensystem fest. Nachdem Sie diese Einstellungen gemacht haben, sollten Sie im Projektmanager unter **MASSEINHEITEN** die Option **WERTE IN PROJEKTMASSEINHEITEN ANZEIGEN** wählen, um die Daten in diesen Einheiten zu sehen bzw. eingeben zu können.

Geometriearten

Für die Konfiguration des Geometrieimports wählen Sie im Projektmanager **EXTRAS/OPTIONEN//GEOMETRIE IMPORTIEREN** und setzen folgende Optionen:

- Analysis Type: 3D
- Volumenkörper - ja
- Flächenkörper - nein
- Linienkörper - nein
- Gemischter Import (ganz unten) - Volumen

Mit diesen Einstellungen werden Geometriemodelle mit Hilfsflächen (z.B. Volumenmodelle mit Gewinde) als reine Volumenmodelle importiert. Beim Import von 2D- oder Flächenmodellen ist entweder dieser Default für neu zu importierende Geometrie abzuändern oder im aktuellen System sind mit Klick der rechten Maustaste auf Zelle **A3/EIGENSCHAFTEN** die Importoption für das aktuelle System abzuändern.

10.2 Simulationseinstellungen

Simulationseinstellungen

Um die Einstellungen der FEM-Simulation zu konfigurieren, starten Sie ANSYS Workbench neu, legen Sie sich mit einem Doppelklick auf **STATISCHE STRUKTURMECHANISCHE ANALYSE** ein neues System an, importieren Sie in dem neu generierten System mit einem Rechtsklick auf **GEOMETRIE** ein beliebiges Geometriemodell und öffnen Sie mit einem Doppelklick auf **SETUP** die Simulation. Wählen Sie im neu erscheinenden Fenster unter **EXTRAS/OPTIONEN** die im Folgenden dargestellten Einstellungen.

Mechanisch

Kategorie	Empfohlene Werte
Konvergenz	Maximale Anzahl der Verfeinerungen auf 3 und angestrebte Veränderung auf 5 setzen
Kontakte/ Verbindungen	**KONTAKTSTEIFIGKEIT AKTUALISIEREN** umschalten auf **BEI JEDEM ITERATIONSSCHRITT** **KONTAKT-ALGORITHMUS** umschalten auf **AUGMENTED LAGRANGE**
Export	**KNOTENPOSITION EINFÜGEN** auf **JA**
Bericht	Konfiguration der Bilder etc.

Darüber hinaus wählen Sie unter **MASSEINHEITEN** das Einheitensystem, in dem Sie im Simulationsfenster arbeiten wollen (auch Kategorie Drehzahl und Temperatur beachten!). Die Lizenzeinstellungen können Sie im Projektmanager unter **EXTRAS/LIZENZVOREINSTELLUNGEN** definieren. Die gewünschte Lizenz (z. B. ANSYS Structural) sollte ganz oben in der Auswahlliste stehen.

Um den Remote Solve Manager (RSM) für die lokale Anwendung zu konfigurieren, wählen Sie im Projektmanager **LAUNCH REMOTE SOLVE MANAGER**. Wählen Sie im neu erscheinenden Fenster **EIGENER COMPUTER**. Hinterlegen Sie mit der rechten Maustaste und **KENNWORT FESTLEGEN** Ihren Windows-Benutzernamen und das zugehörige Windows-Passwort. Prüfen Sie die Funktion des RSM, indem Sie **SERVERNAME/LOCALHOST** anwählen und mit der rechten Maustaste einen **SERVERTEST** initiieren. In der Jobliste erscheint ein Testjob, der nach ca. 30 Sekunden den Status **ABGESCHLOSSEN** aufweisen sollte.

RSM konfigurieren

Sollte bei expliziten oder Mehrkörperanalysen die Berechnung nicht durchlaufen, ist der Remote Solver Manager RSM wahrscheinlich nicht konfiguriert. Wählen Sie dann im Workbench-Projektmanager unter **EXTRAS/OPTIONEN/PROJEKTMANAGEMENT** die Option **REMOTE SOLVE MANAGER STARTEN** an. Damit wird der RSM zukünftig bei jedem Start von Workbench mit gestartet. Wählen Sie nun im Windows-Startmenü **START/PROGRAMME/ANSYS 15/REMOTE SOLVER MANAGER/RSM 15.0** an. Wählen Sie im Desktop-Infobereich unten rechts mit der rechten Maustaste das RSM-Symbol (gelber Kreis mit schwarzem A) an und klicken Sie dann auf **JOB-STATUS ÖFFNEN**.

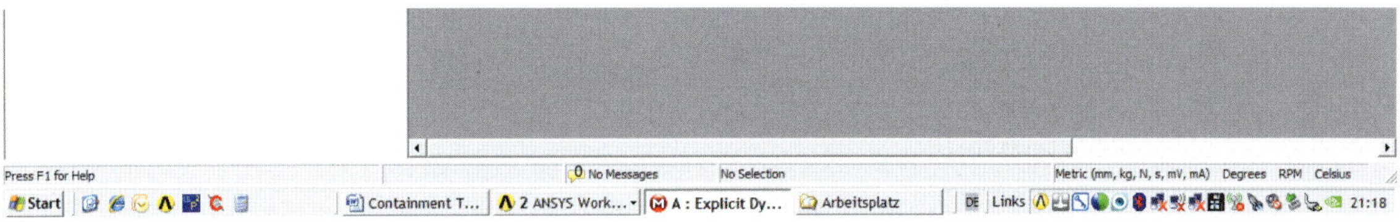

Im daraus erscheinenden RSM wählen Sie im Baum links **EIGENER COMPUTER** und über die rechte Maustaste **KENNWORT FESTLEGEN**.

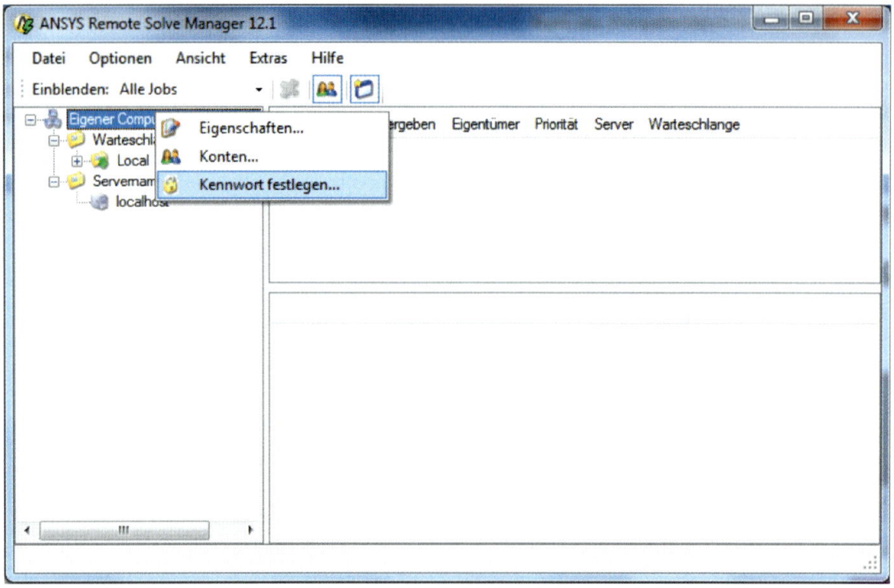

Geben Sie dann Ihren Windows-Login-Namen und Ihr Windows-Passwort ein. Öffnen Sie **WARTESCHLANGEN** und **LOKAL**, wählen Sie dann per Rechtsklick **LOCALHOST** und **SERVERTEST** aus. Im oberen rechten Fenster **JOB** erscheint ein neuer Testjob zuerst als **IN WARTESCHLANGE**, dann **IN AUSFÜHRUNG**, dann **ABGESCHLOSSEN**. Sollten Probleme auftauchen, wählen Sie den Job an und prüfen Sie die Detailinformationen im Fenster darunter. Dort sehen Sie beispielsweise, ob das angegebene Passwort Ursache sein kann oder der Plattenzugriff limitiert ist. Damit ist die Konfiguration des RSM abgeschlossen und Sie können Analysen über den RSM berechnen lassen.

11 Export von Daten

11.1 Einbindung von alternativen Solvern

Export der FE-Daten

Durch Zusatzmodule besteht die Möglichkeit, die FE-Daten, die in ANSYS Workbench generiert worden sind, auch an andere FE-Codes zu übergeben. Über diese optionale Schnittstelle lassen sich nicht nur ASCII-Files erzeugen, die in die jeweiligen FE-Systeme eingelesen werden können. Diese Solver können Ihre Ergebnisse auch automatisch an ANSYS Workbench zurückübertragen und somit direkt in der ANSYS Workbench-Umgebung genutzt werden, d. h. Pre- und Postprocessing finden in ANSYS Workbench statt. Auf diese Weise kann die durchgängige, parametrische Arbeitsweise von ANSYS Workbench mit einer bereits existierenden Solver-Infrastruktur kombiniert werden, um die Kopplung zu verschiedenen physikalischen Domänen oder Sensitivität, Optimierung und Robustheit effizient zu nutzen.

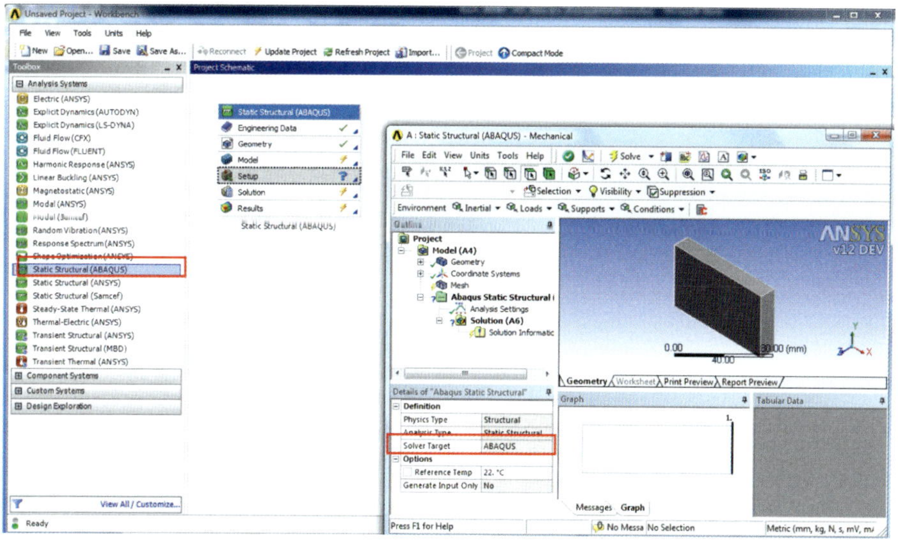

11.2 Export zu Excel

Export sinnvoll aufbereiten

Excel ist eines der am häufigsten eingesetzten Programme, um Auswertungen von Mess- oder Berechnungsdaten umzusetzen. Berechnungsergebnisse von ANSYS Workbench können in einem Excel-kompatiblen Format (*.csv) ausgeleitet werden. Nach der Installation werden per Default die Knotennummer und das jeweilige Ergebnis an diesem Knoten exportiert. Eine sinnvolle Weiterbearbeitung ist meist jedoch erst dann gegeben, wenn neben den Knotennummern auch die Knotenpositionen mit abgespeichert werden. Um dies zu erreichen, klicken Sie unter **EXTRAS/OPTIONEN/SIMULATION/EXPORT/KNOTENPOSITIONEN EINFÜGEN** auf **JA**. Generieren Sie sich dann ein Ergebnis entlang einer Linie oder auf einer Fläche.

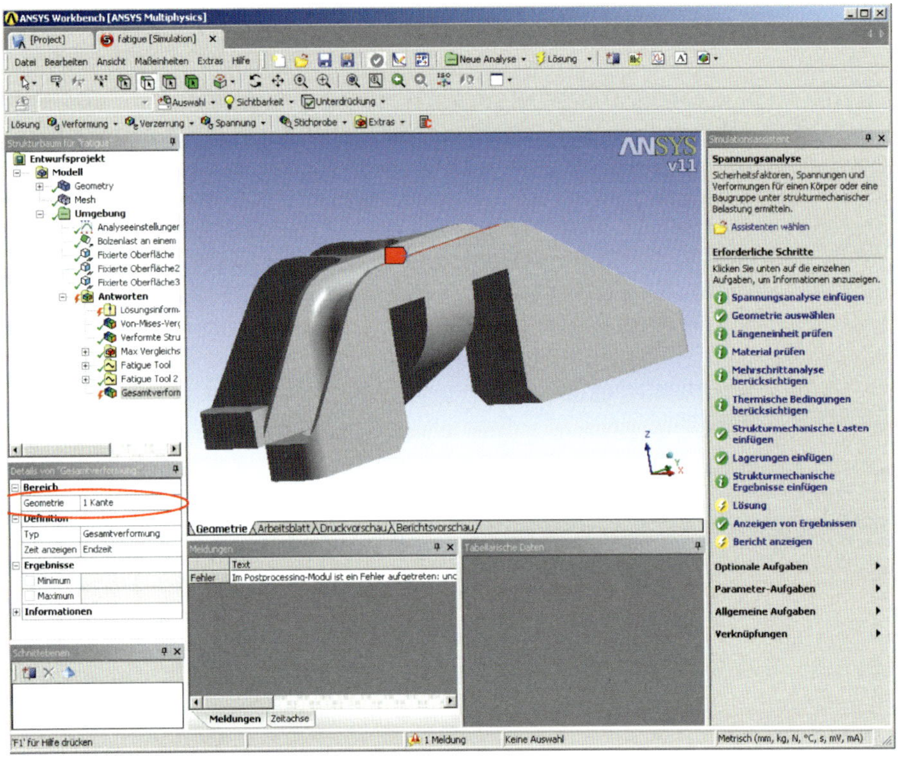

Berechnen Sie das Ergebnis (über den gelben Blitz = **LÖSUNG**) und wählen Sie das Ergebnis mit der rechten Maustaste an. Wählen Sie die Option **EXPORT** und speichern Sie die xls-Datei ab. Wenn die Datei in Excel geöffnet ist und weitere Excel-Funktionen zur Verarbeitung verwendet werden, sollte beim Speichern der Dokumententyp von **TEXT (TABSTOP)** auf **MICROSOFT EXCEL-ARBEITSMAPPE** umgestellt werden.

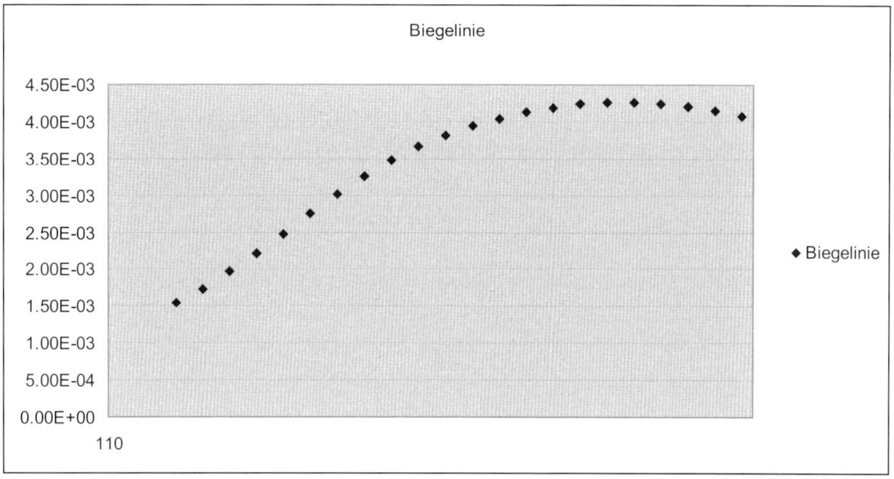

Neben der linienbezogenen Ausgabe können Ergebnisse auch auf Flächen oder Körper (gegebenenfalls auch auf die gesamte Baugruppe) bezogen exportiert werden. Es sind dann allerdings gute Excel-Kenntnisse gefordert, um diese Datenmenge vernünftig visualisieren zu können.

Index

F

G

H

I

J

K

L

M

N